VEGETATION SCIENCE *Series 3*

Ecology & Culture of the Old-Growth and Giant Trees of Traditional Village

노거수 생태와 문화

마을나무의 생태학

노거수 생태기행 100선

전면 표지 사진 설명 : 경북 경주시 외동읍 쾌능리의 소나무 노거수와 어린 후손목.
촬영: 2002. 4. 2.

후면 표지 사진 설명 : 경북 청도군 청도읍 원리의 적천사 은행나무 노거수(천연기념물 402호).
촬영: 2006. 11. 5.

표지 디자인 : 김영욱 (월드 사이언스)

표지 · 내용 사진 : 장은재

VEGETATION SCIENCE *Series 3*

Ecology & Culture of the Old-Growth and Giant Trees of Traditional Village

노거수 생태와 문화

마을나무의 생태학
노거수 생태기행 100선

장은재 • 김종원

1999년 『노거수회』 의 노력으로 마북저수지 수몰지구에서 이식해온 느티나무 노거수(포항시 북구 신광면 마북리)
촬영: 2003. 6. 22

월드 사이언스
www.worldscience.co.kr

노거수 생태와 문화

2007년 3월 10일 **인쇄**
2007년 3월 25일 **발행**

공 저 _ 장은재 • 김종원
발행자 _ 박 선 진
발행처 _ 도서출판 월드사이언스
주 소 _ 서울특별시 동작구 사당5동 240-15
등록일자 _ 1987년 12월 14일
등록번호 _ 3-136
TEL _ (02) 581-5811~3
FAX _ (02) 521-6418
URL _ http://worldscience.co.kr
E-mail _ worldscience@hanmail.net

정 가 _ 20,000원
ISBN _ 978-89-5881-084-1

이도서의 국립중앙도서관 출판시도서목록(CIP)은 e-CIP 홈페이지
(http://www.nl.go.kr/cip.php)에서 이용하실 수 있습니다.
(CIP제어번호: 2007000579)

머리말

- 첨단 과학 속의 노거수 -

노거수! 늙고, 큰 나무! 생소한 용어일 수도 있으며, 한자말이면서도 언뜻 일본식 용어라고 꾸짖는 사람도 있다. 사실 일제 강점기 동안 한국 자원조사의 일환으로 잔존하는 노거수에 대한 총조사 기록물인 『조선거수노수명목지』(朝鮮巨樹老樹名木誌)로부터 기인할 수도 있다. 그러나 일본에서는 노거수라는 용어 그 자체를 사용하지 않을뿐더러 존재하지도 않는다.

노거수는 전통 마을 공동체 문화의 독특한 산물로서 '전통마을나무'이다. 세계화의 첨단과학 시대라 하여 전통마을나무를 하나의 미신이나 원시 토속신앙으로 구속시키는 것은 특색있는 문화기반을 바탕으로 하는 세계화의 경쟁 속에서 커다란 손실이 아닐 수 없다. 전통마을나무 노거수는 분명 독특한 우리의 생명 문화임을 확신하면서, 저자들은 다음과 같은 세 가지 물음으로부터 공부를 시작하였다.

노거수가 왜 그 자리(!)에 현재 유존하고 있는가?
노거수가 그 자리에 존재하기까지의 기원(!)은 무엇인가?
왜 노거수로 그 수종(!)이 존재하는가?

우리는 이러한 질문에 답을 구하고자 보다 구체적인 생태학적 전략으로 접근하였다. 지난 1999년부터 2005년까지 경상북도 전역에 노거수에 대한 현지 식생조사를 실시하고 기록하였다. 결론적으로 노거수는 계승되고 보존되어야 할 가치가 있는 인류문화유산이며, 전통마을나무로서 민속생태학적 국민 교육과 녹색갈증의 중요 국가 자산이라는 사실을 깨달았다. 따라서 저자들은 전문가들만의 지식정보 교류와 수준을 넘어서는 우리나라 전통마을나무에 관한 자연다큐멘터리를 기록하기로 하였다.

본서는 크게 세 장으로 구성되어 있다. 제 1 장에서는 노거수의 생태와 문화에 대한 생태학적 정보를 수록해 두었으며, 학술적 연구를 위한 기반을 마련해 두었다. 제 2 장은 노거수에 대한 생태기행과 현장 자연학습이 가능하도록 주요 노거수 100그루에 대한 생태여행 가이드북의 내용으로 구성되어 있다. 따라서 각 노거수에 대한 생태계 서비스를 직접 이해할 수 있는 정보를 수록해 두었으며, 노거수의 복원과 보존을 어떻게 할 것인지에 대한 토론거리를 제시해 두었다. 제 3 장에서는 현 시점에서 경상북도 전역에 산재하는 노거수에 대한 생태적 데이터베이스를 구축해 두었다. 이것은 현세대와 미래세대를 위한 '노거수 주민등록표'로서 민속자원으로서의 전통마을나무 관리를 위한 자연역사기록물을 구축하는 것이다. 유사(遺事) 일지언정 그 유사를 꼼꼼히 수록한 삼국유사, 그 가치가 시공을 초월하듯이, 전통마을나무와 같은 자연문화유산에 대한 과학적 그리고 역사적 기록물은 무한의 가치를 포함한다.

본서는 세계화 속에서 우리나라의 독특한 마을나무 전통문화에 대한 최초의 생태기록물이다. 이것을 계기로 우리나라 전체 노거수에 대한 전국적인 현황파악과 분석 그리고 기록이 이루어질 것을 기대한다. 본서가 출판되기까지 이율경 박사, 김정섭, 윤상혁, 이명도, 조광진, 한승욱, 안경환, 임정철 등을 포함한 한국생태계관리연구소 연구원 여러분의 헌신적인 도움이 있었음을 밝혀둔다. 계명대학교 서보근교수, 유대식교수, 김현수교수, 경북대학교 박재홍교수, 울산대학교 최기룡교수, 부산대학교 주기재교수 등의 많은 교수님들의 조언과 고견에 대해서 깊이 감사드린다. 우리나라 노거수의 보존을 위해서 불철주야로 노력하시는 노거수회 이삼우 선생님의 격려와 지도, 그리고 불볕더위 속에서도 노거수 현장조사에 적극적으로 협조해주신 관계자 여러분, 이들 모든 분들의 도움을 지면으로나마 감사를 표하면서 기억하고자 한다. 그 무엇보다도 가족인 박미화 여사, 혜리양, 그리고 김정은 여사에게 감사한다.

본서에 대하여 여러분의 기탄없는 지적과 논의는 보다 완성도가 높은 우리나라의 독보적인 전통마을나무 노거수의 보존과 계승을 위한 필수적 요소라는 사실을 믿어 의심치 않는다. 마지막으로 식생학(植生學, vegetation science) 시리즈-3으로 출판되도록 협조해 주신 월드사이언스출판사 박선진 사장, 정진열과장, 이은경대리 등의 여러 출판 관계자 여러분께도 진심으로 감사드리는 바이다.

2006년 11월 11일
장은재, 김종원

'전통마을 나무' 노거수의 계승! 촬영: 2002. 5. 28

목 차

Contents

경북 고령 다산 노곡리 느티나무 노거수
촬영: 2002. 4. 29

저자소개

author

장은재 박사 (현 대구경북연구원 정책연구관)

경상북도 지방서기관

mmdjang@hanmail.net

경북 청도(生)

경북대학교 경영대학원 석사

계명대학교 대학원 박사

저서: 『경북명산과 문화유산체험』 등

김종원 박사 (현 계명대학교 교수)

jwkim@kmu.ac.kr

경북 영양(生)

경북대학교 문리과대학 학사

일본요코하마국립대학 대학원 석사

오스트리아 비엔나대학 대학원 박사

저서 : 『녹지생태학』, 『자연과 인간』등

제 1 장

노거수 생태와 문화

제 1 절 노거수란 무엇인가?

1.1 서 론

노거수(老巨樹, old-growth and giant tree)는 일반적으로 수령(樹齡)이 오래되고 거목(巨木)인 나무를 의미하는 '마을나무'로서 더욱 구체적으로 표현하면, 마을공동체의 문화적 유산인 '전통마을나무'로 규정할 수 있다. 따라서 노거수는 세 가지의 의미를 포함하고 있는데, 일차적으로 생명의 수명에 관련하는 생태적 생명환(生命環 또는 생명주기, life cycle)과 이차적으로 그에 따른 나무의 외부 형상인 수형(樹型), 그리고 문화적 자연유산(cultural natural heritage)이라는 것이다. 결국 노거수는 교목성(喬木性) 수종들(tree species)이며, 해당 장소에서 오랜 세월 동안 살아온 생태적 지표생명체(指標生命體, ecological indicator)로 고려된다. 이러한 노거수의 생태적 지표성은 지역의 잠재자연식생[1](potential natural vegetation) 정보 및 지역민의 자연과 어우러지는 민속식물학(ethnobotany) 정보를 제공한다.

1) 잠재자연식생은 1956년 R. Tüxen, 1899–1980에 의하여 독일의 자연 보전과 그 회복을 위해서 창시된 이론적 개념이며, 본래 독일어로는 "heutige potentielle natürilche Vegetation"로 기술되어 있다. 그러므로 잠재자연식생은 반드시 "현재 (heutige, present) 의 자연환경조건과 인간간섭 배제"라는 두 가지 전제 조건을 유념하여 이해되어야만 한다. 우리나라에서 엄격한 의미로 온전한 자연림은 현재 거의 존재하지 않기 때문에 식물사회의 공동체로서 잠재자연식생을 판단하기란 매우 어려운 일이지만, 자연식생의 복원을 위한 '적지적소 (適地適所)의 생태학적 정보'로 활용 가능한 매우 중요한 개념이다. 다양한 참나무류 (졸참나무, 신갈나무, 굴참나무, 떡갈나무, 갈참나무, 물참나무 등) 및 다양한 떨기나무로 어우러진 낙엽활엽수림은 한반도의 기후적 특성, 즉 온대지역에 속하면서도 계절적 몬순현상이 뚜렷한 대륙형 한반도아형의 삼림식생을 대표할 수 있는 잠재자연식생이다. 생태학의 극상(climax)은 잠재자연식생에 포함된다 (김종원, 녹지생태학 15쪽, 2006).

노거수(老巨樹)란 용어는 국어사전(이희승 2000)에는 수록되어 있지 아니하며, 국립국어원(2006)에서는 '수령이 많고 커다란 나무'라고 정의하고 있다. 일반적으로 노거수는 노수(老樹), 노목(老木), 고목(古木)이란 의미를 포함하는 오래된 나무(old tree), 그리고 거수(巨樹)와 거목(巨木)이란 의미를 포함하는 굉장히 큰 나무(tall tree, large tree, great tree, giant tree)로 이해할 수 있다. 명목(名木)이란 용어로 유서가 있어 이름난 나무로 기록하기도 한다. 노거수 관련 각 연구논문에 사용된 영어로는 the aged-big trees, big and old tree, old and large tree, the old and gigantic trees, heavily old trees, ROGEOSU 등(심근정 등 1999)으로 다양하게 사용하고 있다. 문헌상으로 1960년대 이전까지는 노거수(老巨樹)란 용어가 발견되지 않으며, 60년대 후반 이후에 빈도 높게 사용되고 있다(내무부 1967, 1972). 老樹, 老木과 巨樹, 巨木이 합쳐져서 오래되고 큰 수목을 老巨樹木으로 사용되어 오다가 자연스럽게 老巨樹로 사용되었을 것으로 판단하고 있다. 그러한 노거수라는 용어는 보호수처럼 수종별, 수령, 수고, 흉고직경 등 일정한 기준을 가지고 사용되지는 않았다. 본서에서 노거수는 保護樹의 기준을 참고하여 수목의 수령이 적어도 100년 이상 된 수목으로 수체(樹體)가 보통 수목보다 월등히 크거나 오래전부터 고사, 전설 등을 가진 수목 또는 기념수, 명목, 당산목, 동목 등의 수목으로서 “문화적 요소”에 제한적으로 적용한다.

특정 지역에 잔존하는 노거수 수종의 다양성(diversity)과 풍부성(richness)을 이해하는 것은 그 지역에 대한 잠재자연식생 정보와 민속식물자원에 대한 정량적 정성적 정보를 구축하는 것이다. 뿐만 아니라, 노거수는 지역의 자연경관을 구성하는 주요 요소이면서도 지역민의 문화적 활동의 유산으로 기여하는 생물적 요소이다. 그럼에도 불구하고 산업사회에서 노거수의 가치는 직접적인 금전적 시장가치, 즉 생명체의 간접적인 서비스 가치를 배제한 채 평가 절하됨으로써 잔존하는 노거수 개체수는 나날이 감소하고 있는 실정이다. 특히 여러 형태의 개발사업으로 인한 전통농촌문화의 해체는 잔존하는 노거수의 훼손과 유실을 가속하는 계기가 되고 말았다. 그나마 다행스럽게도 전통 유교적인 풍습과 문화가 비교적 잘 계승되고 있는 경상북도 지역은 보다 많은 수의 노거수를 보존 관리해오고 있는 실정이다. 오늘날 전국적으로 산재하는 많은 노거수 개체들은 보호수로 지정되어 식물자원 또는 천연기념물로서 관리되고 있다.

1.2 노거수 연구사

노거수는 우리 전통민속 문화에 깊은 영향을 끼친 민속식물자원(民俗植物資源)이다(심우경 1991). 시조의 묘정(廟廷)에 있는 나무를 정리한 기록이 정사에 나타나 있는 三國史記가 최초 문헌 기록으로 고려되며, 삼국 및 통일신라시대에 은행나무 노거수 등을 가꾼 기록이 포함되어 있다. 조선시대에는 태조가 장원서(掌苑署)라는 부서를 두어 화분류와 정원수목을 식재하거나 접목 지도 등을 하였다고 기술되어 있다(신세균, 심우경 1992). 그러나 고래로부터 자연발생적으로 동목(洞木), 신목(神木)으로 신성시하고 보호해 오던 노거수 전통 문화를 가지고 있었던 것은 분명한 사실이지만, 정확한 조사와 민속자원으로서 목록을 기록하거나 발간된 사례는 19세기에 이르기까지 확인되고 있지 않다. 일제 강점시기인 1919년 조선총독부(朝鮮總督府)는 『조선거수노수명목지』(朝鮮巨樹老樹名木誌)를 발간하였다. 이 자료에는 巨樹, 老樹, 名木에 대한 66종 5,330개체의 수종과 소재지, 흉고둘레, 수령, 종류 및 고사, 전설 등 임학상의 자료 및 그 보존을 위한 정보를 포함하고 있다. 한편 노거수 이용 유형별 분류에 대한 정확한 판정 기준이 명기되어 있지 않지만, 신목(神木), 당산목(堂山木), 호안목(護岸木), 정자목(亭子木), 피서목(避暑木), 풍치목(風致木), 명목(名木) 등의 7 가지로 수목의 이용 유형별로 분류한 것은 특기할만하다.

지난 1972년 대한민국 내무부에서 노거수 자원의 중요성을 인식하고 전국에 산재한 노거수를 조사하여 그 목록을 『보호수지』(保護樹誌)로 발간하였다. 13,784 개체의 보호수 속에 천연기념수로서 118개체의 주요 노거수 개체들을 포함하고 있다. 『보호수지』에는 보호수로의 선정기준을 문화재보호법(文化財保護法)에 의하여 지정된 천연기념수 이외의 나무로서 수령 100년 이상의 노거수이거나 고사, 전설이 담긴 진귀희목, 조류가 서식하는 수목 또는 풍치경관 수림을 구성하는 개체 등으로 채택하고 있다. 또한 품격분류(品格分類)를 위하여 수목의 수령과 진귀성(珍貴性)에 따라 시도(市道) 나무는 수령 500년, 시군(市郡) 나무는 수령 300년, 읍면(邑面) 나무는 수령 200년, 마을(洞)나무는 수령 100년 이상으로 하는 기준을 처음으로 채택하여 적용하였다. 이러한 내무부의 「保護樹誌」는 실질적으로 우리나라의 노거수에 대한 보다 과학적인 최초의 기재라 할 수 있다. 그 이후 1984년 산림청은 법적 근거로 주요 노거수에

대한 관리를 본격적으로 시작하였다.

한편 최근에 이루어진 노거수 개체에 대한 개별적 학술적 연구는 크게 세 가지 범주로 수행되었다: (i) 노거수의 생육실태(生育實態) 및 보호관리 분야에 관한 연구(문창국, 김삼식 1976, 심우경 1991, 신세균, 심우경 1992, 정 등 1993, 남태호 1994, 김용수 등 1996, 심근정 등 1999, 김우태 1999, 유재은 1999, 이정택 2000, 박종민, 이정택, 변무섭 2000), (ii) 노거수식물자원의 민속학적, 신앙적인 분야에 관한 연구(장정룡 1993, 송구영 1995, 박용진 1995), (iii) 노거수식물자원의 외과수술 등 보호 치료 방법 및 기타 분야에 관한 연구(강전유 1993, 이희봉 1998). 이러한 연구들은 대부분 일부 노거수 개체들에 대해서 그 가치와 기능, 생육실태와 그에 따른 보호관리 및 주민의식 등으로부터 성취되어져 있으며, 부분적으로 집단적 공간 또는 군락으로 취급하여 노거

그림 1 '노거수회' 가 창간한 잡지 「노거수」(좌측)와 노거수 보존을 위해 시민운동을 일으킨 이삼우선생(아래측 사진 가운데, 2006)

그림 2 '숲과문화연구회' 가 발간하는 과학교양잡지 「숲과 문화」

수림의 기능 및 경관적, 문화적 특성 등에 초점을 두기도 하였다. 김학범, 장동수(1994)는 마을숲 연구 속에 노거수와 인류의 수목 숭배에 대하여 고찰한 바가 있다.

노거수를 중요한 식물자원으로서 그리고 문화적 유산으로서 인식하는 시민 사회 운동이 우리나라 최초 경북 포항지역을 거점으로 시작되었다. 1992에 발족한 '노거수회'는 「노거수」라는 잡지를 발행하고(그림 1), 현장에서의 노거수 복원과 보존을 위하여 활발한 운동을 전개하였다(이종근 1992). 실질적으로 '노거수회'는 마북의 느티나무 노거수를 보존하고, 영일만 모감주나무 군락지를 천연기념물로 지정하는 등 지대한 성과를 이룩하였다(이삼우 1988, 1994).

한편 서울지역에서 활동하는 산림 분야에 종사하는 학계 전문가들이 '노거수회'가 발족한 동일한 시기(1992년)에 '숲과 문화 연구회'를 발족하면서 그들의 학술적 활동과 생각을 소개하는 「숲과 문화」라는 잡지(그림 2)를 창간하였다. 「숲과 문화」는 숲을 우선 논의의 대상으로 하면서 노거수를 다루기도 하였다. 예를 들면 예천의 석송령 노거수에 대하여 석송령 그 자체의 개체에 대한 의미보다는 소나무라는 전통적 민속식물자원으로서 그리고 삼림 자원으로서의 가치를 강조하고 토론하고 있다.

그러므로 노거수라는 생물자원 개체를 관리 계승하고 관리하기 위한 생태학적 특성 정보는 매우 미흡한 실정이다. 특히 노거수라는 생명체가 그 위치에 분포하게 되는 생물학적 기원은 전혀 규명되어 있지 않다. 이러한 노거수에 관한 선행 현황조사 및 연구들로부터 채워져야 할 다음과 같은 생태학적 현안이 대두된다: (i) 임의로 선발된 특정 개체들에 대한 단순한 주관적 기재로부터 통계적 처리를 통한 경향성 분석을 바탕으로 하는 객관적 기재, (ii) 생태학을 토대로 하는 보전생물학적 그리고 생태적 과정(process)과 분포(distribution) 특성 규명, (iii) 응용생태학적 접근(관리 전략 포함)을 보장하는 장기추적연구(long-term monitoring)가 성취될 수 있는 기본연구조사 프로토콜(protocol)의 구축. 전국적 수준에서 성취되어져야 하는 '국가 노거수 자원'에 대한 생태적 총조사의 일환으로 본서에는 우선적으로 우수한 전통 문화와 더불어 잘 보전되어 온 경상북도 노거수에 대한 종 다양성과 각각의 식물종 자원에 대한 생태학적 분포 특성을 종합 정리하였다.

1.3 노거수 기원 : 삼림, 마을숲 그리고 노거수

삼림(森林)은 초원 식생과 다르게 다층의 군락구조를 가지고 있는 식분(植分, stand)으로서 산지 또는 평지에 분포하는 식생형(vegetation type) 가운데 하나이다. 즉 태양광선 에너지의 수직적 분배에 의하여 해당 공간에서 입체적 구조를 가짐으로써 다양한 생물종의 서식 공간으로 기여하는 것이 삼림이다.

우리나라의 삼림은 지구 생물군계(biome) 가운데 온대림(溫帶林, temperate forests)에 해당하며, 참나무류(Quercus spp.)를 대표로 하는 다양한 낙엽활엽수종(落葉闊葉樹種)으로 이루어져 있다(김종원 2006). 자연림은 산지에 주로 잔존하며, 지형적으로 평지에서는 경작지 및 도시의 발달로 일정 공간을 점유하는 다층구조의 삼림식생은 거의 관찰되지 않는다. 결국 평지에서의 지속적이고 집약적인 토지이용으로 말미암아 삼림식생을 구성하던 일부 구성종의 개체들이 유존하는데, 이러한 개체들은 대부분 노거수로 고려되고 있다. 실제로 평지에 잔존하고 있는 마을숲(숲의 면적 크기에 따라 village forest 또는 village grove로 번역될 수 있음) 가운데에는 지역의 원식생(原植生, original vegetation)으로부터 기원하는 식분이 있는데, 마을숲이 여러 가지 질적 쇠퇴(degradation) 요인으로부터 점차 그 규모와 종조성이 빈약해지면서 급기야 몇 그루 또는 한 그루의 노거수 개체로 남아있는 경우도 있다(그림 3과 그림 4). 따라서 이러한 노거수는 그 지역의 잠재자연식생을 규명하는데 결정적인 식생학적 정보가 된다(김종원, 임정철 2006). 한편 노거수 개체 가운데에는 의도적으로 식재한 것으로부터 기원하는 경우도 있기 때문에 현재 우리가 목격하는 노거수는 크게 두 가지의 기원을 가지는 셈이다. 즉 지역의 잠재자연식생 정보를 포함하는 자연적 기원의 노거수 개체와 인공적으로 식재된 것으로부터 기원하는 문화적 기원이다. 은행나무(Ginko biloba) 노거수는 대표적인 문화적 기원의 노거수이다.

그림 3 마을숲의 축소는 단목군으로 진행되며, 단목군의 축소는 노거수로 남는다. (포항시 신광면 만석 1리)

이러한 노거수 기원에 대한 인식은 노거수의 집괴형상(集塊形狀, clumped pattern)에 대한 실제 사례 연구(장은재 2005)에서도 반증되고 있다. 경상북도 전체 노거수 개체 가운데 독립적인 한 개의 개체로 존재하는 단목(single tree)의 경우가 44%(1043주)를 차지하고 있으며, 2 주 이상의 단목군(單木群, a group of trees 또는 grove)의 경우가 56%(1347주)인 것으로 알려져 있다. 따라서 노거수가 단목으로 잔존하는 것보다 단목군으로 존재하는 노거수 집괴형상이 아직까지는 더 많으며, 이러한 결과는 노거수가 반드시 독립된 개체, 즉 독거 개체로만 존재하지 않는다는 사실과 마을숲 또는 단목군의 주요 구성요소로서 존재하였다는 사실을 의미하고 있다. 결국 노거수 개체가 한 그루로 잔존하는 경우는 각종의 자연재해 또는 인간간섭 요인들로부터 기인하며, 오히려 애당초 처음부터 한 그루를 식재하여 커다란 노거수로 성장할 때까지 기다렸다가 전통 마을의 노거수로 삼은 의도적 식재에 의한 노거수는 드물었다는 사실을 말해주고 있다. 이러한 사실은 노거수 수종별 단목 또는 단목군으로 잔존하는 양상을 살펴보면 더욱 명백해진다. 느티나무, 왕버들, 소나무, 팽나무 등의 노거수는 단목군의 집괴형으로 잔존하는 경우가 높으며, 반면에 은행나무 노거수는 단목으로 잔존하는 개체가 훨씬 더 많은 것으로 밝혀져 있다(장은재 2005).

그림 4 노거수(old-growth and giant tree)의 기원과 단목군(grove), 그리고 숲(forest)의 이해.

Forest - A relatively large area of closely canopied trees

Grove - A small stand of tree or fragment of former extensive woodland

Old growth & Giant Trees

Source : A Dictionary of Ecology, Evolution and Systematics (Cambridge University 1982)

일반적으로 지역에 잔존하는 노거수는 그 지역의 삼림의 임령(林齡)보다도 훨씬 수령(樹齡)이 오래된 경우가 많다. 즉 노거수는 지역에서 일정한 공간을 점유하고 있는 유일한 고령(高齡)의 잔존 생물체이며, 그러한 고령의 생물체에 의존하여 살아가는 생물종들에게 유일한 삶의 터전으로 기여하는 핵심서식처(keystone habitat) 자원(資源, resource; 생물종과 개체들의 서식을 제어하는 생태적 요소는 조건과 자원이며, 조건은 무제한이라면 자원은 소모되어 버림으로써 제한적 요소임. Tilmann 1982)이다. 예를 들면 올빼미류와 딱따구리류는 노거수를 필요로 하는 조류들이며(Park *et al*. 2005), 엄청난 수의 분해자들은 노거수에 의존한다(Swift *et al*. 1979). 따라서 향토 문화적 요소로서 잔존하는 노거수일지라도 노거수 개체에 대한 생태학적 접근이 요구되는 이유도 바로 그런 연유에서이다. 노거수는 개개 종에 따라서 차이는 있겠지만, 늙은 개체는 필연적으로 분해자들에 의하여 썩어가는 부위가 발생할 수 있다. 이처럼 보다 노쇠한 노거수 개체에서 관찰되는 생태적 메커니즘에 '외과수술'이라는 인위적 노거수 관리는 그러한 조류들의 서식을 크게 위협하게 되는 결정적인 요인이다 (그림 5). 그러나 민속적 목적에 의한 단목의 독거 노거수의 경우(참조: 제 1 장 2.1절)에는 적절한 외과수술이 적용될 수도 있다. 독립적으로 생육하고 있는 늙은 노거수는 개체 유전적으로 임계수령(참조: 제 1 장 2.4절)에 근접해 있을 뿐만 아니라 노쇠에 의한 각종 병해충에 취약하기 때문이다. 이럴 경우라 할지라도 외과 수술을 실행하기 전에 해당 노거수에 대한 주요 생물종의 서식 상황에 대한 모니터링을 통한 면밀한 생태적 조사가 선행되어야 할 것이다.

그림 5 외과수술에 의한 노거수 관리는 생태계 과정(ecological process)을 교란함으로써 생태적으로 매우 불리하다. 고사한 노거수 잔사는 생태계 부양시스템의 온전성을 증진한다 (그림 하).

1.4 전통 생활 속의 노거수

생명(生命)이란 한자로부터 생(生)으로 태어나라고 명(命)을 받은 것으로 해석할 수 있는데, 이러한 생명의 생(生)이란 상형문자 속에는 나무(木)와 흙(土)이 포함되어 있다(김종원 2006). 따라서 동양에서는 살아숨쉬는 생을 대표하는 것으로 나무를 삼은 것이다. 이것은 '하늘은 아버지요 땅은 어머니'라는 자연관에서 하늘과 땅의 연결 고리로 나무를 이해하는 것과 같다. 땅에서 솟아나는 나무 가운데 하늘과의 이음을 가지고 있는 큰 나무에 대한 수목숭배는 인간의 토속신앙적 행위의 중심에 서 있다(김학범, 장동수 1994, 김용옥 1989).

한민족 역시 노거수에는 신령(神靈)이 깃들여 있다고 믿어 왔고 울창한 삼림 속에는 神이 존재한다고 인식하여 노거수라는 자연물을 통하여 보다 큰 영감과 안녕을 기원하였다. 단군신화 속의 신수(神樹)나 신단수(神檀樹), 신라의 시조인 박혁거세의 박(朴, 점을 치는 나무) 등의 의미에서도 수목에 대한 선조들의 심원적 사고를 이해할 수 있다. 이것은 자연의 위대한 생명력에서 활력을 부활시키고 자연과 더불어 산다는 철학으로 자연과 친밀하며 위대한 감화력(感化力)을 얻으려는 욕구의 발로이다(이삼우 1988). 조선시대에는 노거수에 정2품이라는 벼슬을 하사하였고, 현대에 와서는 팽나무 노거수를 황목근(黃木根), 소나무 노거수를 석송령(石松靈)이라는 이름으로 재산을 등기하여 사람과 같이 세금을 내게 했다(예천군 보호수대장 2002; 그림 6와 그림 7).

그림 6 황목근 팽나무 (예천군 용궁면 금남리) 와 후계목. 촬영: 2003. 7. 13

그림 7 석송령 소나무(예천군 감천면 천향리). 촬영:02. 5. 10.

우리나라에서 노거수가 가장 많이 잔존하는 지역은 경상북도로 알려져 있다(장은재 2005). 그것은 풍부한 자연과 전통문화가 함께 어우러져 아름다운 자연경관과 식물자원 및 문화유산이 잔존하고 있는 경상북도의 문화적 배경과도 밀접한 상호관계가 있다(장은재 1998). 특히 한반도의 등줄기인 백두대간(白頭大簡)과 낙동정맥(洛東靜脈) 사이에 흐르는 낙동강을 터전으로 노거수 식물자원은 배달민족의 민속전통문화(民俗傳統文化)와 함께 맥을 같이 해온 셈이다. 그러나 마을의 중심공간으로서 자리 잡았던 노거수 공간은 전쟁과 산업경제의 발달 등으로 급격히 사라졌으며, 특히 전통 농촌문화의 해체를 촉발한 1970년대의 본격적인 국토개발은 유존 노거수의 존립을 크게 위협하는 결정적인 계기가 되었다. 농어촌의 近代化 사업에 따라 민속식물자원인 노거수가 마을 안길 확장과 포장 그리고 개설 등으로 훼손되고 사라져 갔다. 마을의 동제(洞祭)를 지내는 것이 미신으로 여기고 새로운 도로가 생겨나거나 마을 회관이 들어서면서 노거수는 훼손되고 근본적인 서식처의 토대마저도 잃어버렸다. 뿐만 아니라 인간 중심의 시각적 조경과 휴식 공간 수준으로 잔존 노거수가 관리됨으로써 생명체로서의 노거수는 하나의 장식 도구처럼 관리되고 말았다. 보호수 주변에 콘크리트포장, 테두리, 옹벽설치, 복토, 토양오염, 답압(踏壓), 도로개설, 체육시설 등은 노거수의 생태성과 생명성을 크게 훼손하였으며, 결국 쇠약해진 노거수는 고사(枯死)나 병사(病死)가 촉진되고 가속화되어 왔다(심근정 등 1999). 조국 근대화에 기여한 새마을운동임에도 불구하고, 일부지역에서는 전통 농촌마을의 고유성을 해체하는 역사적 계기로 기록되고 있는 것도 바로 노거수와 전통마을숲의 훼손과 유실을 초래하였기 때문일 것이다. 다행히 1984년에 山林廳에서 보호수 보호관리 요강이 공포되면서 보호수로 지정된 노거수에 대한 보전에 명실상부한 법적 근거를 마련하기에 이르렀다. 1980년대는 산업화, 도시화로 노거수의 민속식물자원으로서의 중요성은 인정하면서도 현실적으로 개발지상주의라 할 수 있는 시대정신으로부터 노거수의 보호 관리는 지역 주민의 관심 밖에 있었다. 1990년대에 들어서 지방자치단체에서는 행정적 재정적 정책 지원을 통해 수몰위기에 처한 노거수나 훼손된 노거수의 외과수술 등과 같은 일련의 노거수 보존 정책이 실행되기도 하였다. 그러나 현재는 제도적, 법적으로 보호관리 하고 있으나 지역주민의 무관심과 차량의 폭증과 급속한 산업화에 노거수 생육입지 환경조건이 극히 불량해지고, 충분한 과학적 연구가 부재한 가운데, 지역주민의 요구 등을 이유로 직간접적으로 비생태적인 인간중심적 휴양을 위한 편의시설이 설치되고 있는 실정이다.

노거수는 수령이 오래되고 웅대한 목본식물 개체로서 지역의 중요한 경관적요소이며, 천연기념물 및 보호수로 지정하여 법적 보호를 하도록 하고 있으며 민속식물종(ethnobotanical plant species)로 규정된다(Martin 1995). 따라서 민속식물종으로서의 노거수는 그 지역의 자연환경 조건에 자연적 기원의 식물종과 인위적인 식재종으로 이루어져 있다. 특히 자연적 기원의 노거수 식물종은 지역의 식물종자원에 대한 보전생물학적 정보를 제공하는 결정적인 생물적 요소이며, 식재종의 노거수 경우는 선조들의 식물자원 도입과 역사성을 이해하는데 결정적인 정보를 제공한다. 결론적으로 유존하는 우리나라의 노거수는 국가 식물자원으로서 그리고 전통생태학적 지혜로서 그 가치가 지대한 생명적 요소이다. 따라서 생명적 요소인 노거수에 대한 올바른 관리와 지속가능한 이용은 생명체로서의 노거수에 대한 생태학적 이해와 접근으로부터 시작된다.

1.5 노거수의 생태계서비스 기능

노거수를 포함한 자연유산(natural heritage ; 사례-천연기념물)은 지구환경을 구성하는 환경재(環境財)라고 하는 인류 공동의 자연자산 즉 공유자산(common property resources)으로서 금전적 가치가 아니라 존재하는 그 자체로서의 비사용 가치, 즉 존재 가치(existence value)가 있다. 그러한 노거수의 존재 가치에 대하여 얼마를 지불할 것인가에 대한 생태경제학적 평가는 노거수의 직접적인 가치라 할 수 있는 시장경제적(monetary) 가치 평가 수준을 초월한다(김종원 등 2006). 이와 같이 수목이라는 생물적 요소에 대한 간접적 가치의 부여는 노거수의 다양한 생태계서비스(ecosystem services) 기능으로부터 가능하다.

- 토착신앙(土着信仰) : 노거수는 우리나라의 역사와 더불어 오랜 세월 동안 이어온 중요한 자연자원(自然資源, natural resource)일 뿐만 아니라 생명체인 나무를 재료로 하는 문화자원(文化資源, cultural resource)이다. 당산목 노거수에는 마을의 풍요와 안녕을 기원하는 공동제사로 성황제를 지낸다. 노거수가 위치하는 좁은 공간은 신성기간의 설정, 화목, 단결, 축제적 기능 등은 마을동제를 통해 각 지역 사회의 통합과 결속의 동기를 제공하는 문화적 가치를 내포하고 있으며, 문화행사 공간으로 활용되었다(장정룡 1993). 전통적으로 노거수, 거석, 기암괴석 등의 자연물을 신앙과 기복의 표상으로 삼아 왔으며, 이러한 신앙적 행위와 관련된 당산제, 줄 달리기, 입석, 솟대 세우기 등의 여러 가지 민속이 노거수와 함께 어우러져서 전승되어 왔다(박종민 1998). 이것은 거대하고 아름다운 것에 대한 인간의 경외감의 표출이며 동시에 자연 그 자체를 신격화한 철학적 사고의 정립이며(박종민 1998), 심원생태학적(deep ecological) 발로이다. 이러한 사례는 신목, 당산목으로 괴목, 귀목나무 등으로 불리고 있는 개체들로 주로 느티나무(*Zelkova serrata*)가 높은 빈도로 관찰된다(김학범, 장동수 1993).
- 지역역사(地域歷史)의 표징 : 노거수는 특정지역의 마을, 건물, 인물과 관련된 역사의 공유물로서 그 증거 및 보완 기능을 한다. 주로 거목류(巨木類)들이 역사적 사실과 연관성을 가지면서 국가와 지역 민의 흉사(凶事)들을 예견하고 슬픔과 통분을 표시한 전설과 고사들이 무수히 존재하며 전해오고 있다. 또한 새로운 삶의 터전에 정착할 때 구심점으로서 인공적으로 식재하여 유구한 세월을 지내 오면서 그 마을의 역사를 대변하는 실체적 역할을 감당하고 있다. 느티나무, 은행나무(*Ginkgo biloba*), 회화나무(*Sophora japonica*) 등의 경우에서 높은 빈도로 분포하는 지역 역사(local history)의 표징적 가치를 포함하는 노거수의 사례가 존재한다.
- 심원적 기능 : 미적 가치, 정서형성 가치 등을 포함하는 노거수 기능이다. 미적 가치는 자연미를 구성하는 요소로서의 가치이며, 우람하고 기품 있는 노거수의 존재는 회화, 음악, 문학 등의 소재로서 예술적 미를 창조하는 근원이 되기도 한다. 정서형성 가치는 우리 민족이 전통적으로 인걸(人傑)은 지령(地靈)에 따라서 인물의 태어남과 기질의 형성이 달라진다고 믿어온 정신적 배경에서 찾아볼 수 있다. 지기(地氣)의 흥망성쇠(興亡盛衰)는 지형의 변화뿐만

아니라 그 곳에 형성된 수목의 종류와 형태에 따라서 달라진다는 것이다.

- 문화생활 건축공간 : 조선의 유교사회는 숭문을 우선으로 하는 풍조와 함께 도가적 자연관을 받아들여 자연에 몰입하는 은일적(隱逸的) 자세가 선비들 사이에 크게 전파되면서 전망이 좋은 자리를 택하여 정자(亭子) 또는 누대(樓臺)를 지어 자연을 감상하고 시작(詩作)을 하는 생활이 유행하였다(박용숙 1985). 이때 이미 조성되어 있는 마을숲 속에 정자나 누대를 짓기도 하고, 정자나 누대를 짓고 그 주변에 나무을 심어 가꾸는 경우도 있다. 또한 마을숲 속에는 가묘(家廟), 제실(齋室), 단(壇), 비각(碑閣), 비(碑) 등 조상을 숭배하거나 조상들의 덕행을 기리는 건물이나 시설물들이 전해져 내려오고 있다.
- 지리경관(地理景觀) : 지역의 전통고유경관(traditional landscape, native landscape)을 구성하는 요소로서 지역의 랜드마크(landmark) 기능을 수행하며, 지역의 이정표 기능도 한다. 노거수종을 따라서 지명을 붙인 사례로 상주시 모동면의 이리(梨里, 배나무골), 문경시 가은읍 괴리(槐里, 느티나무골) 등이 있다.
- 생명 · 우주(生命 · 宇宙) : 노거수는 지역주민과 어린이에게 영속적 교육재료로 이용되는 생명 · 우주적인 가치로서 자연생태 학습교재로 사용된다. 노거수의 수령과 수명을 고려한 생물체의 생명환(생활주기, life cycle)에 대한 이해를 도모할 수 있다.
- 교육, 홍보(弘報) : 노거수는 생태환경과 참살이(웰빙)에 대한 영상매체를 이용한 교육적 수단으로 유효하며, 생태관광의 재료가 된다.
- 학술적 잠재자연식생(潛在自然植生) : 자연적 기원의 노거수는 그 지역의 잠재자연식생 정보를 제공한다. 그러한 잠재자연식생 정보는 지역 녹색환경 복원 또는 재생을 위한 필수 정보로 기여한다.
- 풍수지리(風水地理) : 마을숲과 마찬가지로 한 그루의 노거수는 방풍(防風), 방수(防水), 방온(防溫) 등 미세 기후(microclimate)를 조절함으로써 지역 주민과 지역의 야생 생물들의 생활과 성장에 영향을 미친다. 풍수지리적으로 해석되고 있는 비보림(裨補林: 풍수상의 모자라고 허한 점을 보완하기 위하여 인위적으로 조성한 숲)과 엽승림(厭升林 : 풍수상의 불길한 기운이 마을에 미치지 못하도록 차단하기 위하여 조성한 숲)으로서 역할 등 풍수 지리적 가치를 가진다.
- 환경조절의 공익(公益) : 노거수는 수원함양, 대기정화, 토양정화, 토사유출 방지, 산소생산, 소음방지, 기상완화, 쓰레기 처리 등의 다양한 공익적 가치를 유지, 증진시킨다.

그림 8 고사한 노거수 잔사로부터 유기물을 분해하는 토양소동물의 다양성

● 생물다양성과 생물서식공간 : 거대한 노거수 한 그루에는 수많은 생물종의 삶의 터전으로 기능한다. 지역의 생물다양성 중심지(biodiversity hot spot)로서 지역 고유의 생물종 다양성과 유전자 다양성을 저장하는 중요 서식처이며, 이것을 통하여 동물 및 식물의 생체량(biomass)과 부산물(products)이 생산되고 처리(분해)된다(그림 8).

제 2 절 노거수 다양성

2.1 이용 양상

노거수는 민속적으로 다양한 유형으로 이용되어 왔으며, 크게 11가지로 구분된다: 신목(神木), 당산목(堂山木), 동목(洞木), 정자목(亭子木), 명목(名木), 피서목(避暑木), 호안목(護岸木), 풍치목(風致木), 기형목(奇形木), 희귀목(稀貴木), 보목(寶木). 그러나 이러한 노거수 유형 분류는 편이적인 것으로 하나의 노거수가 두 가지 이상의 이용 대상으로 고려되기도 한다. 오늘날 가장 많이 관찰되고 있는 노거수 이용 유형은 정자목, 당산목, 그리고 경관목이다(장은재 2005).

(1) 신목(神木)

신목은 일명 부군목(府君木), 장군목(將軍木), 동수(洞守), 동신목(洞神木)이라 하며 수체(樹體)에 신령이 깃들어 있다고 믿는 노거수이다. 수목 그 자체를 신체(身體)라 하여 제단을 베풀고 일가 또는 동리의 행복을 기원하는 개체이다. 제사를 게을리 할 때는 일가 또는 동리가 신의 노여움을 받아 재해를 입기 때문에 매년 제사를 지내야 했다. 신목의 노거수는 부락 부근에 주로 위치하고 있다(그림 9).

(2) 당산목(堂山木)

당산목은 일명 당사목(堂舍木), 성황목(城隍木), 당주목(堂主木)

등이라 부르기도 하며, 재를 지내는 산제당, 서낭당, 신당, 산신당, 산주당, 성황당 등의 당우(堂宇) 배후에 위치하는 노거수이다. 당우의 신령은 보통 출산, 병 쾌유, 행복 등을 기원하고 효험이 있다고 믿어지고 있다. 당우는 주로 산기슭, 산정, 언덕, 부락의 입구 등에 위치하고 있다(그림 9).

(3) 동목(洞木)

동목은 신목과 당산목을 통칭하여 불렀던 용어이며, 지역에 따라 신목, 당산목, 동목 등으로 달리 불리어지고 있다. 따라서 동목 속에는 신목과 당산목이 아닌 경우도 포함하고 있다. 이러한 동목은 인간이 함부로 훼손하지 못하였을 뿐만 아니라 태풍, 낙뢰 등의 자연재해로 고사하거나 가지가 부러져도 가져가 사용하지 아니하고 그대로 방치하였다. 따라서 생태적 과정이 이루어졌던 노거수 유형이다(그림 9).

신목(문경 농암 화산리; 느티나무) 촬영: 2003. 4 19

당산목(울진 근남 행곡리; 소나무) 촬영: 2002. 4. 7

동목(포항 송라 월포리; 팽나무) 촬영: 2005. 9. 15

그림 9 신목, 당산목, 동목의 사례.

(4) 정자목(亭子木)

향교, 사정(궁술장), 서당, 별장, 정자 등의 옆에 음영수(陰影樹) 또는 풍치목(風致木)으로 심은 것으로서 향교(鄕校), 서원(書院)에는 공자의 행단을 모방한다고 하여 나무를 심는 일이 많다. 여름에 무성한 잎을 드리워 휴식처를 제공하는 나무를 말한다(그림 10).

(5) 명목(名木)

성현, 왕족, 위인 등이 직접 심은 것이 많고 주로 성현, 왕족, 위인이 탄생했을 때 기념하기 위해 심은 나무, 드물게는 왕실에서 이런 종류의 수목에 당상직첩(堂上直帖: 位階)을 하사한 것이 있고, 역사적 전설, 고사 또는 신비적 전설을 가지는 것도 있다(그림 10).

정자목(청도 이서자계서원; 은행나무) 촬영: 2003. 11. 9

명목(안동 송천동; 모감주나무) 촬영: 2003. 6. 29

그림 10 정자목, 명목의 사례.

(6) 피서목(避暑木)

영자목(影子木)이라고 하고, 길가나 마을 주변에 피서의 목적으로 심거나 자생한 나무를 피서목으로 보호 관리한다(그림 11).

(7) 호안목(護岸木)

방축목(防築木)이라고도 하며, 강가에 방수(防水) 호안(護岸)의 목적으로 하천 둑에 심은 나무를 말한다. 주변 자연경관을 더욱 아름답게 할 뿐만 아니라 목적과는 달리 생태계의 구성요소로 수변 생태계의 생물 서식처로서 독특한 역할과 지역주민의 여름 휴식처를 제공하기고 한다(그림 11).

그림 11 피서목, 호안목의 사례.

피서목(고령 고령 고아리; 왕버들) 촬영: 2002. 4. 30

호안목(의성 단촌 관덕리; 왕버들)촬영: 2002. 6. 1

(8) 풍치목(風致木)

촌락의 풍치, 방풍, 방조(防潮) 또는 부락이 외부에 노출되는 것을 막기 위하여 심는다. 이들 수목 중에는 신비적 전설을 가지는 것 즉 신목과 동일하게 취급하는 것도 있다(그림12).

(9) 기형목(奇形木)

나무의 모양이 기괴한 형태의 관상 가치가 있는 나무를 말한다. 예를들면 가지와 가지가 연결된 것을 연리지라 하고, 수목과 수목이 연결된 것을 연리목이라 하여 귀하게 여겨왔다. 연리지(連理枝)는 형제간에 우정을 연리목(連理木)은 연인 간에 사랑의 정분을 더욱 두텁게 한다고 여겨왔다(그림 12).

↑ 풍치목(안동 풍천 광덕리; 팽나무) 촬영: 2005. 9. 14

↑ 기형목(고령 덕곡 가륜리; 느티나무) 촬영: 2003. 11. 6

그림 12 풍치목, 기형목의 사례

(10) 희귀목(稀貴木)

흔하지 않은 나무로 보호할 가치가 있는 나무를 말한다(그림 13). 1972년 내무부 보호수지의 범주로 채택된 바가 있다. 그러나 생물자원의 희귀성(rarity)은 매우 구체적인 학술적 용어로 채택되기 때문에 실질적으로 희귀목으로서의 대상이 되기 위해서는 그 희귀성이 정의되어야 한다(그림 13).

(11) 보목(寶木)

지역의 자연유산(natural heritage; 문화유산과 대비되는 개념으로 지역의 자연환경 조건에서 빚어낸 독특한 대상)으로 고려되는 노거수를 말한다. 1984년 산림청 보호수지에 제시된 범주이다(그림 13).

← 희귀목(경주 안강 옥산서원; 조각자나무) 촬영: 2003. 5. 11

보목(상주 은척 두곡리; 뽕나무) 촬영: 2002. 5. 31 →

그림 13 희귀목과 보목의 사례

2.2 종 다양성과 풍부성

노거수 총 2,390 주에 대한 종조사를 통하여 얻어진 사례에서 노거수의 종다양성은 총 22과(科, family) 49종(種, species)인 것으로 밝혀져 있다(장은재 2005; 표 1): 가중나무, 갈참나무, 굴참나무, 개오동나무, 고로쇠나무, 고욤나무, 눈향나무, 느릅나무, 느티나무, 돌배나무, 등나무, 떡갈나무, 뚝향나무, 말채나무, 모감주나무, 모과나무, 물푸레나무, 미류나무, 밤나무, 배롱나무, 버드나무, 비술나무, 뽕나무, 산돌배나무, 상수리나무, 개서어나무, 소나무, 시무나무, 아까시나무, 양버즘나무, 엄나무, 오리나무, 왕버들, 은행나무, 이팝나무, 전나무, 조각자나무, 졸참나무, 주엽나무, 참느릅나무, 측백나무, 탱자나무, 털왕버들, 팽나무, 해송, 향나무, 호도나무, 회화나무.

참나무과와 느릅나무과가 각각 6 종으로 가장 많은 종의 다양성을 가지고 있고, 그 다음으로 콩과 (5종), 버드나무과(4종), 측백나무과(4종) 순이다. 특히 참나무과와 느릅나무과에 속하는 종들의 다양성이 높은 것은 특기할만한 사실로 참나무과의 밤나무를 제외하면 온대지역의 목본 수종가운데 모두 장수하는 그룹이다. 따라서 마을나무 노거수로 이용되고 있는 수종은 기본적으로 장수하는 식물종임을 알 수가 있다(표 1). 노거수 가운데 높은 빈도로 출현하는 상위 식물종은 느티나무(55%), 왕버들(10%), 회화나무(8.6%), 팽나무(6%), 소나무(5.9%), 은행나무(4.1%) 순이다(표 2). 이들 6 종의 노거수는

← 모과나무노거수(구미 옥성 신기리)
촬영: 2005. 11. 7

표 1 노거수의 종 다양성(장은재 2005)

No.	과	Family	종 Species
1	소태나무과	Simaroubaceae	가중나무 *Ailanthus altissima*
2	단풍나무과	Aceraceae	고로쇠나무 *Acer mono*
3	능소나무과	Bignoniaceae	개오동나무 *Catalpa ovata*
4	참나무과	Fagaceae	갈참나무, 굴참나무, 떡갈나무, 상수리나무, 졸참나무, 밤나무 *Quercus aliena, Q. variabilis, Q. dentata, Q. acutissima, Q. serrata, Castanea crenata*
5	감나무과	Ebenaceae	고욤나무 *Diospyros lotus*
6	장미과	Rosaceae	돌배나무, 모과나무, 산돌배나무 *Pyrus pyrifolia, Chaenomeles sinensis, Pyrus ussuriensis*
7	콩과	Fabaceae	등나무, 아까시나무, 조각자나무, 주엽나무, 회화나무 *Wisteria floribunda, Robinia pseudoacacia, Gleditsia sinensis, Gleditsia japonica* var. *koraiensis, Sophora japonica*
8	층층나무과	Cornaceae	말채나무 *Cornus walteri*
9	무환자나무과	Sapindaceae	모감주나무 *Koelreuteria paniculata*
10	물푸레나무과	Oleaceae	물푸레나무, 이팝나무 *Fraxinus rhynchophylla, Chionanthus retusus*
11	버드나무과	Salicaceae	미류, 버드나무, 왕버들, 털왕버들 *Populus deltoides, Salix koreensis, S. chaenomeloides, S. chaenomeloides* var. *pilosa*
12	부처꽃과	Lythraceae	배롱나무 *Lagerstroemia indica*
13	느릅나무과	Ulmaceae	비술나무, 참느릅나무, 느릅나무, 시무나무, 팽나무, 느티나무 *Ulmus pumila, U. parvifolia, U. davidiana* var. *japonica, Hemiptelea davidii, Celtis sinensis, Zelkova serrata*
14	뽕나무과	Moraceae	뽕나무 *Morus alba*
15	자작나무과	Betulaceae	개서어나무, 오리나무 *Carpinus laxiflora, Alnus japonica*
16	소나무과	Pinaceae	소나무, 해송, 전나무 *Pinus densiflora, P. thunbergii, Abies holophylla*
17	버즘나무과	Platanaceae	양버즘나무 *Platanus occidentalis*
18	은행나무과	Ginkgoaceae	은행나무 *Ginkgo biloba*
19	두릅나무과	Araliaceae	엄나무 *Kalopanax pictus*
20	운향과	Rutaceae	탱자나무 *Poncirus trifoliata*
21	가래나무과	Juglandaceae	호도나무 *Juglans regia* var. *orientalis*
22	측백나무과	Cupressaceae	향나무, 측백나무, 뚝향나무, 눈향나무 *Juniperus chinensis* var. *sargentii, J. chinensis* var. *horizontalis, J. chinensis, Thuja orientalis*

전체 노거수의 89.6%를 차지하고 있다. 이것은 노거수 식물종 자원이 수 개의 특정 종에 크게 의존하고 있으며, 특히 한자로 괴목(槐木)

이라 부르는 느티나무가 가장 높은 빈도로 나타나고 있는 것이 특징적이다. 즉 느티나무는 '귀신을 부르는 나무' 또는 '귀신을 쫓는 나무'라는 의미를 가지는 괴(槐 = 木 + 鬼)목으로서 이용되어 왔음을 시사하고 있으며, 따라서 노거수는 일차적으로 토속 신앙적 요소임을 알 수 있다.

노거수 가운데 매우 희귀한 수종으로는 가중나무, 고욤나무, 개오동나무, 눈향나무, 등나무, 뚝향나무, 모감주나무, 밤나무, 배롱나무, 뽕나무, 산돌배나무, 오리나무, 아까시나무, 조각자나무, 주엽나무, 털왕버들, 측백나무, 양버즘나무, 호도나무, 탱자나무 등을 들 수 있다. 이들 노거수 종들은 상대적으로 수명이 짧은 유전적 특성으로부터 노령의 개체가 고사한 후에 후계목의 육성이 이루어지지 못하거나 토지 개발에 따른 유실로부터 기인한다. 특히 경북 성주군 월항면의 아까시나무(2005년에 수령 100여년으로 추정; 그림 14)의 마을나무 노거수는 매우 특이한 경우라 할 수 있는데, 그 후계목은 존재하지 않지만, 입지의 잠재자연식생 요소를 대표하는 20여년 생의 팽나무가 자연적 발생으로부터 생육하고 있다.

그림 14 아까시나무 노거수(경북 성주 월항 지방리), 사진 좌측에 약간 모습이 들어낸 나무가 입지의 잠재자연식생 요소인 팽나무(사진: 안경환)

한반도 자연식생(natural vegetation)을 대표하는 수종으로 다양한 참나무류(*Quercus* spp.)가 있으나, 노거수로서 기재되는 참나무류는 상수리나무, 굴참나무, 졸참나무, 떡갈나무, 갈참나무 등의 5종이다. 이 가운데 상수리나무와 굴참나무가 가장 높은 빈도로 관찰되는데, 참나무 종류 가운데 땔감(숯)과 식량(도토리) 그리고 버섯재배와 같이 향토적 경제부산물을 제공하는 민속식물을 대표하는 종이다. 한편 한반도 냉온대(cool-temperate zone) 중부 · 산지형의 하록활엽수림(夏綠闊葉樹林)인 신갈나무-생강나무아군단(Kim 1992)의 표징종인 신갈나무(*Quercus mongolica*)의 노거수는 알려진 바가 없다. 이것은 노거수가 전통 부락의 공간적 위치와 일치하는 민속식물자원이라는 사실을 반증하는 것으로 우리나라에서 신갈나무가 우세한 냉온대 중부 · 산지대에 자연부락이 존재하지 않는 것과 같다. 농경문화의 자연부락은 수평적 그리고 수직적으로 냉온대 남부 · 저산지 지역의 졸참나무-작살나무아군단 권역이나 난온대(warm-temperate zone)의 상록활엽수림(常綠闊葉樹林) 지역에 국한되어 발달하고 있다(김종원 2006).

장은재(2005)의 연구에 따르면, 경상북도 권역 내에서 가장 많은 노거수가 잔존하는 지자체는 안동시로 기재되었으며, 가장 적은 개체수는 도시화가 급격히 진행된 칠곡군으로 밝혀져 있다. 반면에 단위면적당 노거수 개체가 가장 많이 조사된 곳은 영주시이며, 가장 적은 개체수가 조사된 지자체는 삼림면적이 가장 넓게 차지하고 있는 봉화군이다. 이와 같이 유존 노거수 개체가 풍부한 안동과 영주는 우리나라에서 가장 유교적인 문화적 배경을 가진 전통 지역으로 인식되고 있는 사실과 일치한다.

표 2 역사적인 기록물(자료: 조선총독부 1919, 내무부 1972, 산림청 1984, 장은재 2005)으로부터 정리된 경상북도의 노거수 종 다양성과 개체수 (장은재 2005). 미확인종(unknown species)은 과거 자료에서 기재되어 있으나, 한글 식물명이 불명확한 사례임.

식물종		1919년	1972년	1984년	2005년
Abies holophylla	전나무	4 (0.8)	10 (0.3)	1 (0)	2 (0)
Acer mono	고로쇠나무				1 (0)
Acer palmatum	단풍나무		3 (0.1)		
Ailanthus altissima	가중나무	1 (0.2)	5 (0.1)	2(0.1)	1 (0)
Alnus hirsuta	물오리나무		1 (0)		
Alnus japonica	오리나무		6 (0.2)		2 (0)
Betula platyphylla var. *japonica*	만주자작나무			1 (0)	
Betula schmidtii	박달나무		1 (0)		
Buxus microphylla var. *insularis*	좀회양목		1 (0)		
Camellia japonica	동백나무		1 (0)		
Caragana sinica	골담초		1 (0)	1 (0)	
Carpinus laxiflora	서어나무		1 (0)	4 (0.2)	1 (0)
Castanea crenata	밤나무		2 (0)		2 (0)
Catalpa ovata	개오동나무				2 (0)
Celtis koraiensis var. *aurantiaca*	산팽나무			5 (0.3)	

Celtis sinensis	팽나무	30 (6.1)	145 (5.6)	81 (5.7)	144 (6)
Chaenomeles sinensis	모과나무		5 (0.1)	4 (0.2)	6 (0.2)
Chionanthus retusus	이팝나무		7 (0.2)	2 (0.1)	9 (0.9)
Cornus walteri	말채나무		5 (0.1)	4 (0.2)	25 (1)
Diospyros kaki	감나무	1 (0.2)	9 (0.3)		
Diospyros lotus	고욤나무				2 (0)
Fraxinus mandshurica	들메나무	60 (12.2)	5 (0.1)		
Fraxinus rhynchophylla	물푸레나무		1 (0)	2(0.1)	3 (0.1)
Ginkgo biloba	은행나무	45 (9.1)	116 (4.5)	84 (5.9)	99 (4.1)
Gleditsia japonica var. *koraiensis*	주엽나무	59 (12)	40 (1.5)		2 (0)
Gleditsia sinensis	조각자나무		2 (0)	1 (0)	1 (0)
Hemiptelea davidii	시무나무		14 (0.5)	5 (0.3)	11 (0.4)
Juglans mandshurica	가래나무	1 (0.2)			
Juglans regia var. *orientalis*	호도나무		1 (0)	1 (0)	2 (0)
Junipenus chinensis var. *horizontalis*	뚝향나무				1 (0)
Juniperus chinensis	향나무	3 (0.6)	48 (1.8)	24 (1.6)	37 (1.5)
Juniperus chinensis var. *sargentii*	눈향나무				2 (0)
Kalopanax pictus	음나무	2 (0.4)	8 (0.3)	10 (0.7)	10 (0.4)
Koelreuteria paniculata	모감주나무				3 (0.1)
Lagerstroemia indica	배롱나무		6 (0.2)	1 (0)	3 (0.1)
Morus alba	뽕나무		1 (0)	1 (0)	1 (0)
Paulownia coreana	오동나무	1 (0.2)			
Picrasma quassioides	소태나무		3 (0.1)	3 (0.2)	4 (0.1)
Pinus densiflora	소나무	26 (5.3)	348 (13.6)	118 (8.3)	142 (5.9)
Pinus koraiensis	잣나무	1 (0.2)	4 (0.1)	1 (0)	
Pinus thunbergii	해송			1 (0)	3 (0.1)
Platanus occidentalis	양버즘나무			1 (0)	1 (0)
Platycarya strobilacea	굴피나무		1 (0)		
Poncirus trifoliata	탱자나무				3 (0.1)
Populus davidiana	사시나무			1 (0)	
Populus deltoides	미류		1 (0)	1 (0)	1 (0)
Prunus jamasakura	벗나무		1 (0)		
Pyrus pyrifolia	돌배나무	1 (0.2)	5 (0.1)	7 (0.4)	8 (0.3)
Pyrus ussuriensis	산돌배나무		14 (0.5)	1 (0)	1 (0)
Quercus acutissima	상수리나무	8 (1.6)		10 (0.7)	34 (1.4)
Quercus aliena	갈참나무				3 (0.1)
Quercus dentata	떡갈나무		5 (0.1)	3 (0.2)	6 (0.2)
Quercus serrata	졸참나무			2 (0.1)	6 (0.2)
Quercus variabilis	굴참나무		10 (0.3)	6 (0.4)	15 (0.6)
Robinia pseudoacacia	아까시나무		2 (0)		3 (0.1)
Salix chaenomeloides	왕버들		173 (6.7)	45 (3.1)	241 (10)
Salix chaenomeloides var. *pilosa*	털왕버들				1 (0)
Salix gracilistyla	갯버들		1 (0)		
Salix koreensis	버드나무	23 (4.6)		40 (2.8)	1 (0)
Sophora japonica	회화나무		189 (7.3)	112 (7.9)	207 (8.6)
Stewartia pseudocamellina	노각나무			1 (0)	
Syringa reticulata var. *mandshurica*	개회나무			3 (0.1)	

Taxus cuspidata	주목		1 (0)		
Thuja orientalis	측백나무		1 (0)	1 (0)	1 (0)
Tilia amurensis	피나무	1 (0.2)	2 (0)	1 (0)	
Ulmus davidiana var. *japonica*	느릅나무	10 (2)	3 (0.1)	2 (0.1)	15 (0.6)
Ulmus parvifolia	참느릅나무				1 (0)
Ulmus pumila	비술나무				5 (0.2)
Unknown species 1	괴화나무		1 (0)		
Unknown species 2	귀양나무		1 (0)		
Unknown species 3	노깔나무		1 (0)		
Unknown species 4	누룩나무		4 (0.1)		
Unknown species 5	떨나무		1 (0)		
Unknown species 6	마차나무		1 (0)		
Unknown species 7	마치나무		1 (0)		
Unknown species 8	망나무		2 (0)		
Unknown species 9	매도나무		1 (0)		
Unknown species 10	백양나무		1 (0)		
Unknown species 11	새신나무		2 (0)		
Unknown species 12	소동나무		1 (0)		
Unknown species 13	참누룩나무		1 (0)		
Unknown species 14	참나무		61 (2.3)	4 (0.2)	
Unknown species 15	태구나무		1 (0)		
Unknown species 16	피나무		1 (0)		
Unknown species 17	폭나무		26 (1)		
Unknown species 18	동갈나무	1 (0.2)			
Unknown species 19	백반목	1 (0.2)			
Wisteria floribunda	등나무		1 (0)		1 (0)
Zelkova serrata	느티나무	211 (43)	1,234 (48.2)	818 (57.8)	1,315 (55)
Zizyphus jujuba var. *inermis*	대추나무		1 (0)		
종다양성		21	66	41	49
총 개체수		490	2,555	1,413	2,390

한편 1919년 전국적인 노거수 분포에 관한 초기 자료에서 21종 490주, 1972년 경상북도 권역 내에서의 자료에서 53종 2,555주, 1984년 41종 1,413주, 그리고 2005년에 49종 2,390종이 기재되었다. 이와 같이 시대별 종 다양성과 개체수에 있어서 뚜렷한 차이가 발생하는 것은 역사적 배경에 의한 조사의 여러 가지 문제가 존재할 수는 있으나, 기본적으로 선행 조사들에 있어서 노거수에 대한 명백한 정의와 범위 그리고 표준화된 조사 방법의 결여로부터 발생한 것으로 판단된다. 그러나 시대별 노거수 종 다양성과 풍부성에 대한 질적 비교로부터 시대별 노거수 변천 역사를 이해할 수 있다.

노거수 식물종의 다양성과 개체수의 변천을 이해할 수 있는 네 가지의 총목록(1919년, 1972년, 1984년, 2005년; 제 1 장 연구사 참조)에서 기재된 수종은 71종(식물종의 이름이 불명확하여 확인이 불가능한 종인 19종을 제외)인 것으로 밝혀져 있다 (표 2, 그림 15). 가중나무, 느릅나무, 느티나무, 돌배나무, 소나무, 음나무, 은행나무, 전나무, 팽나무, 향나무 등의 10종은 1919년 이후 지금까지도 이용되고 있는 노거수이다. 그러나 현재 가장 빈도 높은 노거수 종 그룹에 속하는 왕버들과 회화나무가 지금으로부터 87년 전(2005년 기점)에는 노거수로 기재되지 않거나 매우 빈약하였음을 알 수 있다. 이것은 왕버들과 회화나무가 가지고 있는 개체 유전적 특질이라 할 수 있는 상대적으로 짧은 수명에서도 비롯된 것으로 생각할 수 있다. 1919년 당시에 노거수로 기재되는 왕버들과 회화나무 개체가 있었다면, 그로부터 90여년 경과된 지금 그러한 노령의 개체가 존재하기란 이들 두 식물종의 생명주기 특질로부터 거의 불가능하다. 경상북도 내에서만 2005년 회화나무는 207주가 기재되었으나, 1919년 보고서에는 한반도 전역에서도 황해도 2주, 경상남도 1주로 기록되어 있을 뿐이다.

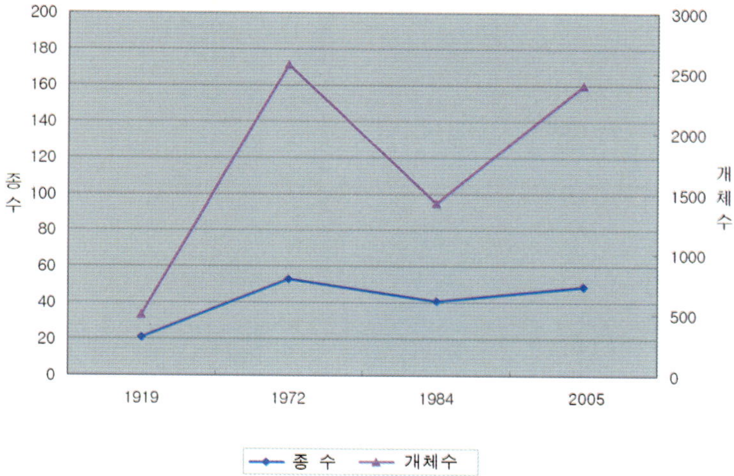

그림 15 시대별 자료에 의한 노거수 종다양성과 풍부성 (경상북도의 사례)

한편, 2005년에 경상북도 권역 내에서 단지 2주 만이 분포하는 것으로 밝혀진 주엽나무(*Gleditsia japonica* Maquel var. *koraiensis* (Nakai) Nakai)가 1972년 조사보고에서 40주가 기록되어 있다(표 2). 주엽나무는 콩과식물로 한반도 중남부 남부저산지형의 졸참나무-작살나무아군단 지역 내의 산지 계곡부에서 거대 암석이 노출되어 있는 입지에서 잘 보전된 삼림 속에 매우 드물게 관찰된다(김종원 2004). 따라서 자연성이 매우 높은 주엽나무가 크게 훼손되었거나, 1972년 연구보고서 상의 주엽나무의 식물종 오동정 또는 오기의 가능성을 내포하고 있다.

노거수의 종 다양성과 풍부성에 있어서 시대적 변천이 뚜렷하게 나타나게 되는 이유는 시대별 시대정신이라 할 수 있는 사회적 경제적 인문환경에 관계가 있다는 것을 보여주고 있다. 1984년은 1972년에 비하여 8종 1,142주가 감소한 것으로 나타났는데, 이것은 새마을운동이 전개된 이후 농촌 근대화 및 산업화로 전통 토속신앙의 폄하와 관리 소홀, 그리고 보호수 지정기피 등과 같은 시대적 상황에서 비롯된 것으로 판단된다. 생육토지소유자가 보호수지정을 기피한 원인으로 사유재산권을 원활히 행사할 수 없다는 점에서 고의 누락했을 개연성이 있기 때문이다. 또한 경주지역 노거수가 타 지역에 비하여 약 75%포인트 감소(11%에서 4%로)한 반면에 오히려 안동과 의성지역은 각각 약 22%포인트와 80%포인트 정도로 증가하였다(상세한 자료 정보는 장은재 2005년을 참조). 이러한 결과는 경주지역은 도시화 및 산업화가 급속히 진행되면서 많은 노거수가 사라진 반면에 안동, 의성지역은 상대적으로 답보 수준의 개발 양상과 탈 농촌 현상이라 할 수 있는 농촌 해체에 따른 인구의 급격한 감소로부터 노거수의 방치와 발달에서 그 원인을 찾아 볼 수 있을 것이다.

2.3 노거수 소유자 및 품격

1919년 조선총독부의 조선노거수명목지(朝鮮巨樹老樹名木誌)에 수록된 노거수식물자원 총 490주는 동유(洞有) 273주, 리유(里有) 122주, 사유(私有) 47주, 국유(國有) 22주, 향교 7주, 면유(面有), 사찰, 서당 각 2주, 기타 불분명 10주로 이루어져 있다. 따라서 동유와 리유를 합한 마을 소유와 면유와 국유를 합한 공유의 노거수는 약 87%에 이르며 사유는 겨우 10%에 불과하다. 그러나 노거수에 대한 소유자는 1984년 이후 크게 변화하게 되는데(그림 16), 법적 보호관리는 국가나 지방자치단체로 유지되면서도 노거수의 생육 입지의 토지소유 형태는 개인 소유로 이전되었다. 1985년 산림청 보호수지에 따르면 사유의 노거수는 전체 가운데 95%에 이르렀다. 이와 같이 노거수에 대한 개인소유 범주로의 소유자 변화는 노거수 개체의 보존과 지속가능성을 전적으로 소유자 개인의 의지에 의존하는 것으로 공익적 요소로서의 노거수 특성을 고려할 때 매우 불리한 계기를 제공하게 되었다. 특히 산업화에 의한 농촌 공동체의 해체는 노거수에 대한 직간접적인 공동체적 간섭이 배제됨으로써 특정 소유자에 의한 노거수의 훼손이 가속화 될 수밖에 없다. 마을나무 노거수 문화의 보존과 계승은 전통농촌문화의 계승과 발전을 위한 필수적 요소이기 때문에 공익자산으로서의 법제도적 공동체적 접근이 요구되는 실정이다.

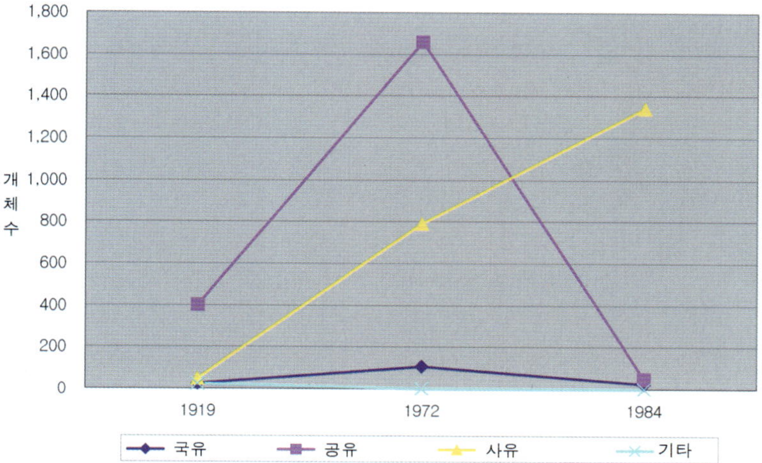

그림 16 시대별, 소유자별 노거수 현황(경상북도 사례)

한편 노거수에 대한 품격은 1972년 내무부의 보호수지에서 처음으로 기술된 바가 있다. 500년 이상의 노거수를 도(道)나무, 300년 이상 시군(市郡)나무, 200년 이상 읍면동(邑面洞)나무, 100년 이상 수목을 마을나무로 지정하고 그 품격에 따라 보호 관리하였다. 현재 품격별 지정은 폐지되었기 때문에 최근 정보는 없다. 사실 노거수에 대한 수령별 품격 부여는 노거수라는 생명적 요소에 대한 특성을 배제한 비생물적 관리 방식이었다. 식물종은 각 종별 생명주기(life cycle, 생명환 또는 생활환)가 다르며, 서식처 환경 조건에 따라 각각 개체의 생명주기 양상 또한 다르기 때문이다. 따라서 노거수 보존과 계승을 위한 관리 범주는 오히려 생명체로서의 노거수 수종의 생태적 특성에 따라 설정하는 것이 바람직하다. 본서에서는 그러한 노거수 관리와 모니터링을 위한 범주로 네 가지의 범주를 설정하고, 각 범주 판정을 위한 기초적인 생태조사 기법을 수록해 두었다(제 3장 노거수 생태 데이터베이스 참조).

2.4 노거수 개체군 동태

(1) 임계 수령

식물은 생활주기에 따라 일이년생과 다년생으로 구분하는데, 모든

목본(木本) 식물은 다년생이다. 우리나라와 같이 온대 지역에서 목본 식물종 가운데에 찔레나무와 같은 관목형의 목본 식물종 수명은 5~50년 정도라면, 느티나무와 같은 교목형의 목본 식물종의 수명은 50~2,000년에 이른다. 특히 목본 식물종들은 천이(遷移 succession) 계열 상에서 상대적인 종 유전적인 수명을 가늠할 수 있는데, 선구상(先驅狀) 목본 식물종은 천이후기의 종국상(終局狀) 목본 식물종에 비하여 수명이 짧다. 소나무와 졸참나무를 비교할 때, 소나무의 수명은 졸참나무에 비하여 절대적 수명은 짧다. 이와 같이 수종에 따른 수명의 일반적 경향성은 각 개체가 처해져 있는 생태적 서식환경에 따라 차이가 나며, 드물게 관목 식물종이 수백 년 사는 경우도 있는가 하면, 교목 식물종이 수 십 년 내에 죽는 개체도 있다. 따라서 식물종의 수명은 일차적으로 해당 식물종의 유전적인 수명과 이차적으로 그 개체가 서식하는 생육환경에 의한 수명이 있는 것이다. 결국 식물종에 대한 절대적인 수명 길이에 대한 정보는 오차 범위가 클 수밖에 없다는 것을 의미한다. 그럼에도 불구하고 생명체인 식물종도 각 종별 생존하고 있는 늙은 개체에 대한 수령 조사를 통해서 최대 장수 수명 또는 한계 수명을 추정해 볼 수 있을 것이다.

마을나무 노거수는 기본적으로 인간에 의해 보호받아 온 늙은 수목 개체를 의미하는데, 인간에 의해 선택된 노거수로서 단명(短命)하는 식물종보다는 장수(長壽)하는 식물종이였을 것이다. 지금까지 알려진 노거수 수종 49종(1장 2.2절 참조) 가운데 종유전적으로 수명이 짧은 수종은 뽕나무, 밤나무, 가중나무, 아까시나무 등이며, 장수의 수종으로 느티나무, 팽나무, 은행나무, 참느릅나무, 그리고 하록의 참나무류 등을 들 수 있다.

장은재 (2005)의 연구에 의하면, 경상북도 노거수 개체들의 수령 분포는 100년에서 2,000년 사이인 것으로 나타났으며, 수령 200년에서 300년 사이의 수령을 가진 개체수가 가장 많았다(전체 개체수 가운데 35%). 또한 수령 500년을 기점으로 차츰 개체수가 감소하는 것으로 나타났다(표 3). 가장 오래된 노거수는 수령 1,000년생의 느티나무 3주(영덕군 창수면과 지품면; 그림 17)와 향나무 1주(영덕군)가 기록되었으며, 수령 910년생 회화나무 1주(영덕군)와 수령 900년생 은행나무 1주(칠곡군)도 잔존하고 있는 것으로 보고되어 있다.

1972년도 내무부 보호수지에 기록된 수령 1,500년의 최고령 은행나무 노거수(청도군)는 820년생(2005년)으로 수정되었다. 주엽나무는 1919년 조선총독부 조사에서 1,000년생(영천시) 2주가 잔존하는 것으로 그리고 1972년의 내무부 조사에는 2,000년생(경산시)이 잔존하는 것으로 기록되어 있으나, 오늘날에는 존재하지 않는다. 주엽나무의 종유전적 수명을 고려할 때, 그러한 1천년, 2천년 등의 수령에 대한 기록정보는 신뢰성이 매우 낮은 것이다. 왕버들은 300년 이하의 수령을 가진 개체가 대부분(전체 왕버들 가운데 83%)이며, 반면에 소나무와 팽나무는 500년 이하의 개체들(각각 93%와 97%)이 그리고 은행나무는 500년 이상의 개체들(30%)이 우세하다 (표3).

따라서 노거수의 임계수령(臨界樹齡, threshold age of tree: 해당 노거수 개체수가 기하급수적으로 감소하는 노거수 수령)은 평균 500년으로 고려되며, 수종별로는 느티나무가 1,000년, 소나무와 팽나무가 500년, 왕버들과 회화나무가 300년으로 고려된다. 이러한 노거수 수종별 임계수령은 각 수종의 개체 유전적 특성을 반영하고 있으며, 노거수 후계목의 식재와 같은 노거수의 지속적인 보존을 위한 노거수 관리의 핵심적 정보로 기여한다.

그러나 이러한 현존하는 노거수의 수령은 계량적 정확성과 통계적 엄격성이 확보되어 있지 않다. 대부분 현재의 노거수 수령은 현지 안내 상황판 정보 또는 지역민의 구전과 경험에 바탕을 둔 정보이기 때문이다. 그러면서도 그러한 노거수 수령은 오차가 클 뿐이지, 전혀 신뢰할 수 없는 정보는 또한 아니다. 주변 지역에서 발견되는 벌채목이나 가공 탁자 등으로부터 노거수의 수종에 따른 굵기와 수령에 대한 조견 정보를 이용하여 그런 오차를 최소화할 수 있으며, 필요에 따라서는 많은 비용을 들인다면 최첨단 기술에 의한 정확한 수령을 측정할 수도 있을 것이다.

표 3 시대별 노거수 수령 분포 현황(경상북도 사례, 장은재 2005)

연령 계급	1919년	1972년	1984년	2005년
100 - 200 년	88 (17.9%)	1,006 (39.4%)	312 (22%)	614 (25.6%)
200 - 300 년	140 (28.5%)	838 (32.8%)	478 (33.7%)	837 (35%)
300 - 500 년	212 (43.2%)	547 (21.4%)	486 (34.3%)	728 (30.4%)
500 - 1,000 년	40 (8.1%)	153 (5.9%)	132 (9.3%)	207 (8.6%)
1,000 - 1,500 년	10 (2%)	9 (0.3%)	5 (0.3%)	4 (0.1%)
1,500 - 2,000 년	0 (0%)	0 (0%)	2 (0.1%)	0 (0%)
총계	490주	2,553주	1,415주	2,390주

그림 17 최고령 노거수로 알려져 있는 경북 영덕군 창수면의 느티나무. 촬영: 02. 4. 12

(2) 노거수 수형 – 수고, 수관, 흉고직경

노거수의 개체 형상은 수고(樹高, 나무높이, tree height), 수관(樹冠, 나무지붕, tree crown), 흉고직경(胸高直徑, 가슴높이직경, DBH)으로 결정된다. 일반적으로 노거수는 독거(獨居)의 개체로 분포하기 때문에 노거수 수종의 유전적 고유 수형(樹型)을 보여주고 있다. 그러나 노거수 각 개체의 생육입지의 서식 조건과 기후환경조건에 따라 그 수형은 달라진다. 특히 현 생육지에서 해당 수종의 최고 형상의 한계까지 성장한 경우도 있으며, 그에 따라 태풍이나 폭설, 돌풍, 벼락 등과 같은 자연 교란에 의해 물리적 훼손이 발생한다.

노거수 수형에 관한 사례 연구(장은재 2005)에서 전체 노거수의 평균 수고는 15m이며, 최대 수고는 은행나무 37m(안동시 길안면 용계리)이다. 기타 수종별 최고 높이를 살펴보면, 전나무 31m(김천시 부항면 대야리), 느티나무 29m(경주시 현곡면 하구리), 양버즘나무 29m(경산시 와촌면 동강리), 굴참나무 28m(울진군 북면 신화리), 느릅나무 27m(안동시 길안면 천지리), 소나무 27m(봉화군 소천면 분천리), 왕버들 26m(영천시 자양면 보현리), 회화나무 25m(포항시 남구 연일읍 택전리), 팽나무 24m(포항시 남구 연일읍 중명리)이다(참조: 제 2 장 노거수 100선).

선행 자료에는 기록되어 있지만 현재 관찰되지 않는 기록적인 노거수 개체가 있다. 1919년 조선총독부 자료에 의하면, 수고 63m

의 느티나무(영덕군 조보면 노물리), 60m 들메나무(영양군 일월면 도계리), 56m 은행나무(영천시 신령면 화성리), 45m 주엽나무(영덕군 영해면 성내리) 등의 초교목(超喬木) 개체가 기록되어 있으나, 현재는 존재하지 않는다. 1972년 내무부의 기록에는 82m 느티나무(경산시 용성면 당리동), 80m 팽나무(월성군 안강읍 검단동), 70m 은행나무(경산시 자인면 교촌동), 70m 회화나무(경산시 자인면 서부동), 49m 전나무(김천시 부항면 대야동), 45m 소나무(성주군 대가면 도남동), 40m 왕버들(상주시 상주읍 가압동) 등의 초교목이 기재되어 있으나, 현재 생육을 확인할 수 없다. 또한 수고 30m 이상의 노거수로 가중나무 1주, 감나무 1주, 굴참나무 3주, 들메나무 2주, 배나무 1주, 시무나무 1주, 음나무 1주, 이팝나무 2주, 잣나무 1주, 주엽나무 3주, 폭나무 2주 등의 기재는 노거수종의 다양성으로부터 매우 특기할만한 일이지만, 현재 확인할 수 없었다. 1984년 산림청 기록에는 70m 느티나무(예천군 용문면 니지리), 50m 전나무(김천시 부항면 대야리), 39m 은행나무(문경시 농암면 연천리), 30m 소나무(영주시 순흥면 청구리), 30m 상수리나무(문경시 가은면 민지리), 28m 음나무(문경시 호계면 부곡리), 27m 회화나무(예천군 개포면 경산리), 25m 팽나무(예천군 지보면 수월리), 25m 왕버들(문경시 농암면 지리) 등이 최고 높이의 개체들로 기록되어 있으나 오늘날 생육을 확인할 수 없다. 한편 높이 1.7m의 콩과 골담초[*Caragana sinica* (Buchoz) Rehder]가 노거수식물자원 목록에 기재되어 있으나, 반목본성(半木本性)의 골담초는 교목성(喬木性)의 노거수 자원으로의 분류는 적당하지 않으며, 관목성(灌木性) 민속식물 희귀개체로 고려하는 것이 타당하다.

노거수의 상관적 수형을 특징짓는 요소는 수관(樹冠)이다. 특히 노거수는 독립개체(비교: 삼림이라는 식물군락 내부에 서식하는 개체)로 서식하고 있기 때문에 노거수 수종별 독특한 형상을 관찰할 수 있다. 노거수의 온전한 수관은 지역의 경관과의 조화 및 이미지를 창출한다. 노거수 수관은 폭(width)을 이용하여 그 형상을 가늠해 볼 수 있다. 수관 폭은 노거수 개체가 가지는 직간접적인 생태계서비스 기능에 관계한다. 예를 들면, 수관 폭이 큰 노거수일수록 피음(被陰) 효과, 미기후 조절, 야생 생물 서식공간, 사람들의 휴양 공간 등이 클 것이며, 심지어 경관적 요소로서 그리고 풍수와 토속 신앙에 대한 심리적 영향력은 지대할 것이다. 경상북도의 사례(장은재 2005)를 살펴보면, 수관 폭이 가장 큰 개체는 왕버들(김천시 구성면 구미리)로서 42m에 달하였다. 그 다음으로 은행나무 39m(청도군 매전면 하평리), 37m(안동시 길안면 용계리), 느티나무 38m(경주시 내남면 부지리), 소나무 34m(예천군 감천면 천향리), 양버즘나무 32m(경산시 와촌면 동강리), 팽나무(김천시 덕곡동 호동마을),

회화나무(안동시 도산면 온혜리), 느릅나무(안동시 길안면 천지리), 상수리나무(상주시 화북면 입석리) 등은 모두 28m, 굴참나무 27m(안동시 임동면 대곡리)인 것으로 알려져 있다. 주요 수종별 평균 수관 크기는 은행나무, 느티나무, 왕버들, 팽나무, 회화나무, 소나무 순이며, 경상북도 전체 노거수의 평균 수관 폭은 17m인 것으로 알려져 있다.

한편 노거수 수고와 수관폭을 이용한 노거수의 개체크기를 유형화 할 수 있으며, 노거수 수종별 개체유형을 분류한다면 해당 유형별 노거수의 계량적 생태계서비스 가치(이명균, 임동순 2006)를 부여할 수 있을 것이다.

노거수 개체유형에 따른 생태계서비스 가치 평가 순서	단계
노거수 생태크기(㎡) = 수고(m) × 수관폭(m)	(1)
노거수 생태크기의 10 등급화 (최고값,최저값 평균값의 표준화 과정을 거침)	(2)
각 등급에 대응하는 생태계서비스 가치에 대한 계량화	(3)
각 등급의 대응하는 관리방안 구축	(4)

1919년 조선총독부의 노거수에 대한 전국 조사 이후로 적용되어 온 노거수의 흉고직경 척도는 1984년에 산림청의 노거수에 대한 보호수 지정 기준(수고, 수령, 흉고직경)으로 채택되었다(산림청 예규 2001.4.27 시행). 수목의 흉고직경(DBH) 또는 흉고둘레(CBH: Circumference of breast height)는 식물개체군 내에서의 특정 식물종의 밀도와 환경조건에 따른 생장에 관한 일반적 지표로 이용한다. 그러나 노거수의 경우에는 독립된 개체로 생육하고 있으면서 사람들에 의한 직간접적인 관리가 이루어지고 있는 자연 개체군에서와 완전히 다른 환경조건에서 성장 생육하고 있기 때문에 보호수 지정의 지표로서는 생태학적 해상도가 낮은 척도라 할 수 있다. 노거수에 대한 보호수 지정은 위에서 기술한 개체유형을 이용하는 것이 바람직하다. 한편 사례 연구(장은재 2005)에 따르면, 흉고둘레 3~4m의 노거수 개체(전체 조사 대상 노거수 개체 가운데 27%)가 가장 많으며, 평균 흉고둘레는 4.8m인 것으로 알려져 있다. 최고 흉고둘레는 은행나무 14.5m(안동시 길안면 용계동), 느티나무 12.4m(안동시 풍천면 하회마을), 소나무 10.1m(경주시 왜동읍 괘능리), 팽나무 8.7m(김천시 농소면 연명리), 왕버들 8.6m(의성군 점곡면 윤암리), 회화나무 6.8m(경주시 안강읍 옥산리) 등이다. 선행 자료를 살펴보면, 1919년의 조선총독부 자료에서 은행나무 10.51m(김천시 조룡리), 1972년 내무부 자료에서 은행나무

22m(경산시 교촌리), 1984년 산림청 자료에서 느티나무 10m(영주시 안정면 단촌리)가 최고로 기록되어 있다. 이 가운데 김천 은행나무(10.18m), 영주 느티나무(10.20m)는 현재 잔존하고 있으며, 은행나무는 33cm 줄었고, 느티나무는 20cm 는 것으로 나타나는데, 이것은 조사의 부정확한 조사로부터 발생한 것으로 판단된다.

느티나무 노거수(의성 안사 신수리)

촬영: 2005. 10. 30

제 3 절
노거수 서식처의 생태 환경

3.1 지형과 해발고도

서식처(habitat)는 생물종의 생태학적 생육환경을 총화한 일정한 공간이며, 자원의 범주에 포함된다. 따라서 서식처는 우리의 주소와 같은 속성을 가진다. 주어진 자연환경 조건과 인간간섭에 노출되어 있는 서식처는 모든 생물종에게 서식의 기회를 제공하는 경쟁의 공간이다. 결국 특정 서식처에는 특정의 생물종이 대응하는 '서식처-생물종'의 진단적 특성이 있는 것이다.

인공적으로 식재한 개체이건 자연적 기원을 가진 개체이건 현재 해당 장소에서 생육하고 있는 노거수는 그 장소의 생태적 서식환경에 오랫동안 노출되어 온 생명체이다. 그래서 현재 노거수가 생육하는 서식처의 생태적 생육환경조건을 이해하는 것은 노거수에 대한 생태적 관리의 첫걸음이다.

노거수의 서식처는 생태지리학적 지형(topography) 구분으로 계류역(溪流域), 충적대지(沖積臺地, 구릉지 포함), 충적저지(沖積低地, 저습지 포함), 산지 급경사지(急傾斜地), 기타 등에 따라 살펴볼 수 있다. 경상북도의 사례 연구는 현재의 노거수는 계류역(35%), 충적대지(34%), 산지 급경사지(17%), 충적저지(10%), 기타(4%) 순으로 분포하고 있다(장은재 2005; 그림 18). 따라서 산지 계류역과 대부분 밭(건생형의 경작지)으로 이용되고 있는 충적대지에서 노거수의 약 80%가 잔존하는 셈이다. 이것은 오늘날 토지이용 양식과 밀접한 상호관계가 있는데, 충적저지와 같은 서식처는 논 경작지로 이용되거나 도시화로 변화된 입지이기 때문이며, 충적대지는 산지와 충적저지 사이에 위치하면서 전통적인 농촌부락의 언저리를 포함하고 있기 때문이다(그림 19).

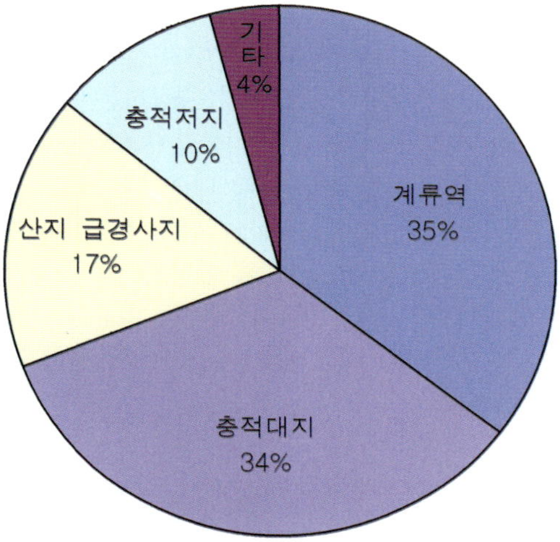

그림 18 노거수 서식처의 입지특성(경상북도 노거수 사례)

산지계류역의 느티나무(경주 감포 노동) 촬영: 02.4.2

산지 경사지의 소나무(군위 고로 학암) 촬영: 03. 5. 6

충적대지의 팽나무(김천 농소 연명) 촬영: 02. 5. 16

충적저지의 왕버들(김천 구성 과명) 촬영: 02. 5.16

그림 19 지형에 따른 노거수 분포 다양성

지형에 따른 주요 수종별 분포 특성(그림 20)으로부터 노거수-서식처지형을 대응시킬 수 있다. 느티나무-산지계류역, 팽나무-충적대지, 소나무-산지 급경사지, 왕버들-충적저지. 이러한 사실은 각 서식처 유형이 가지고 있는 입지 환경조건에 대응하는 노거수 수종의 잠재자연식생(김종원 2004) 정보와 정확하게 일치한다. 따라서 경상북도의 노거수는 지역의 잠재자연식생 정보를 제공하는 결정적인 식물종 자원이며, 보존의 가치가 매우 높은 식물자원으로 규정된다. 한편 회화나무와 은행나무는 특정의 지형과 대응시킬 수가 없다. 회화나무와 은행나무는 반고유종(apophyten; 김종원 2004)이며, 은행나무는 한반도 내에서 생명환(life cycle; 정착 발아 성장 개화 결실 산포 등)을 성취하면서 저절로 자생하는 개체는 발견되지 않으며, 회화나무는 퇴적암 하천 하식애에서 매우 드물게 서식하는 것으로 알려져 있다(김종원 미발표).

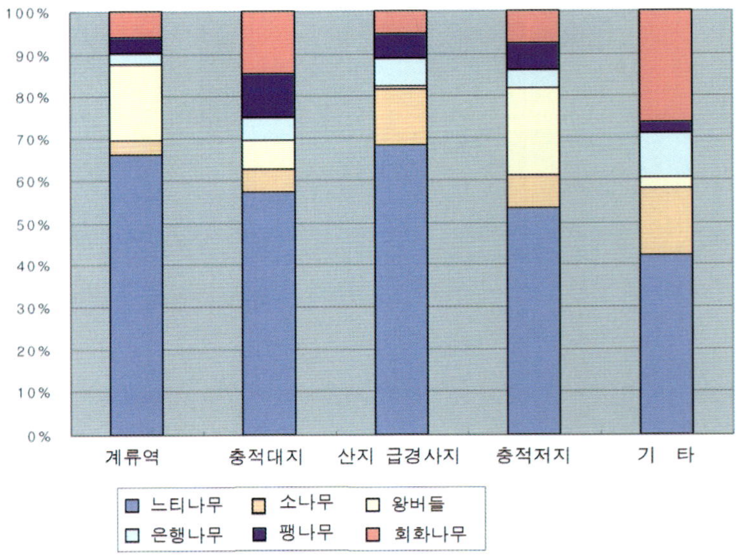

그림 20 지형에 따른 노거수 수종의 출현 빈도(경상북도 사례)

노거수는 식물종이지만 문화적 요소이기 때문에 지형과 마찬가지로 부락의 위치와 밀접한 관계를 가지고 있다. 수평적으로 냉온대 남부 · 저산지 지역 이하의 지역에 발달하고 있는 부락의 위치는 곧 바로 노거수의 수평적 분포(horizontal distribution)이다. 이러한 수평적 위치는 해당 지역 내에서 수직적 분포(vertical distribution)에 대응시킬 수 있다. 경상북도 사례에서 노거수는 해발고도 41~280m의 범위에 집중적으로 분포(전체 노거수의 82%) 하며, 최고 592m에 기록되고 있다(그림 21). 이러한 해발고도 범위는 냉온대 남부 · 저산지의 식생지리학적으로 졸참나무-작살나무아군단

식생지역 내에 해당한다. 노거수 수종 가운데 소나무(해발고도 11m-592m)와 느티나무(해발고도 7.5m-570m)가 가장 넓은 수직 분포 범위를 나타내고 있는 반면에 왕버들(해발고도 53m-305m)이 가장 좁은 분포 범위를 가지고 있다.

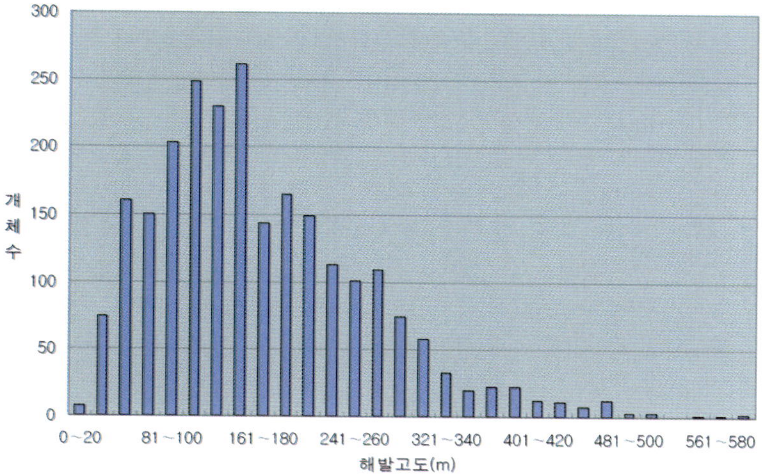

그림 21 노거수의 수직적 분포(해발고도) 경향성.

3.2 경관 요소

노거수는 전통 부락에서의 중요한 경관(landscape) 요소로 기여한다. 특히 개방된 지역 환경 속에서 특정 공간을 채워주는 심원적 또는 풍수지리적 기능을 감당하는 노거수는 해당 지역의 경관 조화에 결정적으로 기여한다. 따라서 부락을 중심으로 노거수가 어디에 위치하느냐에 따라 노거수의 경관적 요소로서의 특성을 이해할 수 있을 것이다.

사례 연구에서 노거수의 84%가 부락을 중심으로 잔존하고 있으며, 그 가운데 41%가 부락 입구 위치에서 그리고 27%가 부락 내부에 포함되어 분포함으로써 마을 사람들은 물론 부락을 왕래하는 모든 사람들에게 인지되는 경관적 식물자원임을 알수 있다(그림 22). 결국 노거수는 그 기원이 자연적이건 식재된 것이건 지역민에 의해 의도적으로 보호 관리됨으로써 잔존해왔음을 의미하고 있다.

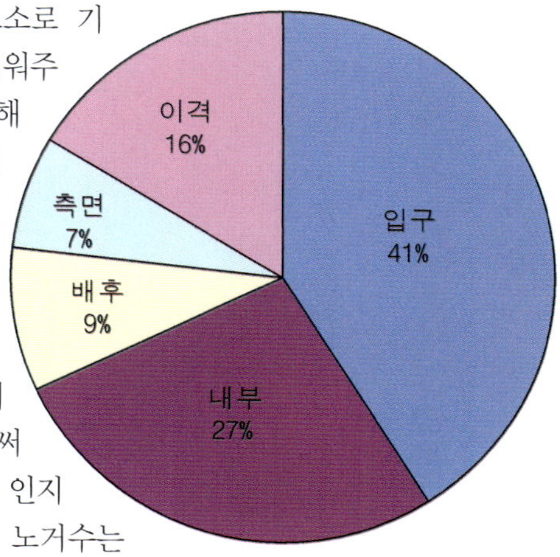

그림 22 마을경관 속의 노거수 위치

마을 경관 요소로서의 노거수 수종별 특이성이 있는 것으로 알려져 있다(장은재 2005; 그림 23). 소나무는 부락 내부에서 가장 낮은 빈도로 나타나면서도 다른 경관 위치에서 가장 높은 빈도(38%)로 나타나는데 앞에서 언급된 소나무의 지형적 특성인 산지 급경사와 일치한다. 따라서 산지 급경사지에 부락이 발달한 경우는 매우 드물 뿐만 아니라, 이러한 지형적 경관적 요소로 기여하는 소나무 노거수의 경우는 풍수지리적 기능이 배제되고, 단지 심원적 토속신앙적 요소로 기능한다. 반면에 부락 내부에는 식재로부터 유래하는 회화나무 노거수의 빈도(48%)가 상대적으로 높다. 은행나무(17%)의 경우는 미약하나마 부락의 배후 경관요소로 나타나고 있는 것이 특징적이다. 또한 하천을 중심으로 발달하고 있는 일부 농촌 부락의 경우는 왕버들 노거수가 높은 빈도로 잔존하고 있다. 느티나무와 팽나무는 마을입구에 빈도 높게 위치하는데, 이것은 수형이 크고 아름다운 민속식물로서 느티나무를 마을 입구에 위치하게 하여 마을 경관과 마을의 상징성을 나타내고(그림 24), 또한 팽나무는 이동교통수단인 말을 메어두는 역마 역할을 하였다고 전해오고 있다.

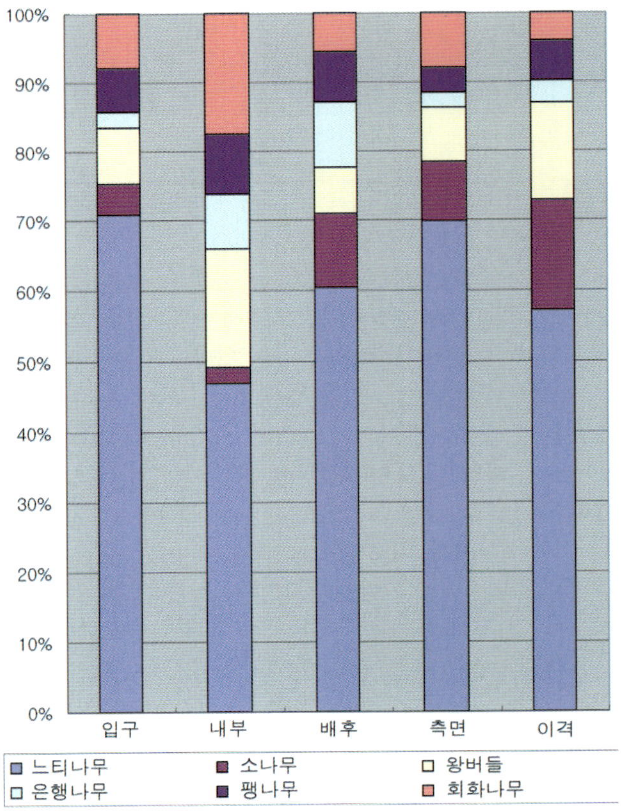

그림 23 마을경관 속의 노거수 수종별 위치

그림 24 마을 입구에 위치하는 노거수(군위, 부계 가호리, 느티나무) 촬영: 02. 3. 13

3.3 미지형

노거수는 인위적으로 관리되고 있는 전통 민속식물자원이기 때문에 그 생육입지의 지면 형상은 대체로 평탄한 것이 일반적이다. 사례 연구에서 노거수 생육 입지의 81%가 평면이며, 나머지 19%가 경사져 있는 것으로 나타났다. 지역의 잠재자연식생 요소인 수종들의 생육입지의 경사도(inclination) 범위는 인위적으로 식재된 은행나무나 회화나무의 경우보다 넓다. 식재로부터 유래하는 은행나무와 회화나무 노거수는 경사 5도 이하에서만 기재되고 있다. 이와 대조적으로 80~90도에 이르는 계류변 급경사지와 같은 극단적인 생육입지에 잔존하는 느티나무 노거수가 국지적으로 기재되기도 한다(그림 25). 이러한 계류변 급경사지 비탈면은 느티나무의 고유 서식처 가운데 하나이다.

그림 25 계류 급경사지에 생육하고 있는 노거수(영천 화북 정각; 느티나무) 촬영:02. 3.15

노거수 생육입지의 미지형(microtopography)은 평탄형과 돌출형이 우세(96%)하고, 배수가 불량할 수 있는 함몰형은 매우 드물게(3%) 분포한다. 특히 인공 식재 기원의 회화나무는 함몰형에서 자연 기원의 왕버들은 돌출형에서 가장 낮은 비율로 분포한다(장은재 2005; 그림 26). 이것은 노거수의 고유적인 분포 특성과 일치한다. 왕버들은 건조한 입지에서 그리고 회화나무는 과습한 입지에서 생육하지 않는다.

결국 미지형적 특성을 고려해 볼 때, 노거수가 개체 수준에서 생태적 분포 특성과 상관없이 획일적인 관리가 이루어져서 아니 된다는 것을 말하고 있다. 종 수준에서 부분적으로 잠재자연식생 정보를 제공하는 생태적 서식 환경조건에 부합하는 관리가 요구된다는 것을 의미한다. 특히 해당 식물종의 각각의 개체는 현재 위치하는 생육입지의 미지형 환경 구배에 따라 생육(활력도 및 생명환)에 영향을 받는다는 생태적 배려가 필요하다는 것이다.

그림 26 주요 노거수 수종별 미지형 분포

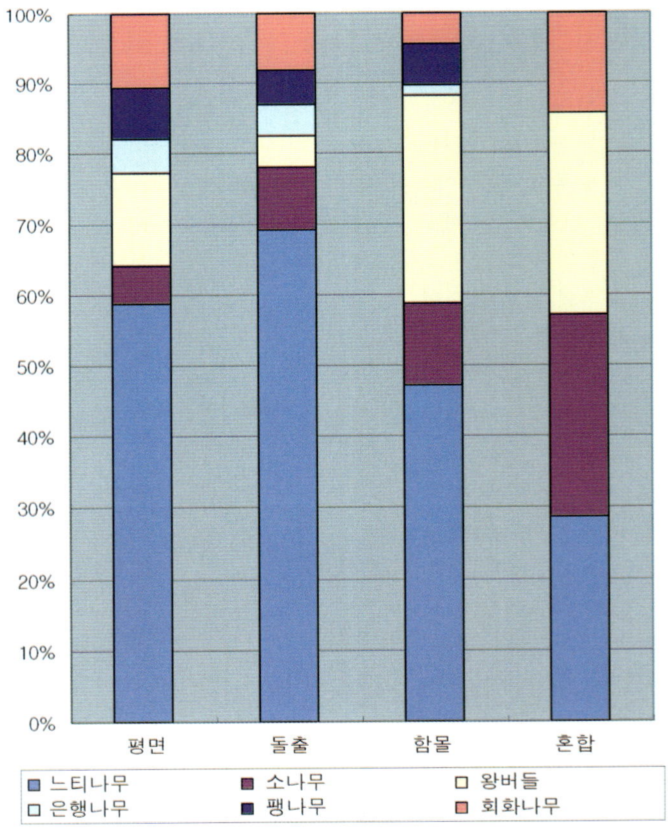

3.4 지역적 분포 특성

노거수는 수종별 지역적 분포(regional distribution)특성이 있는 것으로 밝혀져 있다(장은재 2005). 경상북도 전역에 걸쳐서 노거수 주요 수종 6 가지에 대한 수평분포(horizontal distribution) 경향성을 분석한 결과, 느티나무는 전 지역에 분포하고 있는 광역분포형이며, 팽나무는 동해안분포형, 소나무는 산지분포형, 왕버들은 하천분포형으로 규정되었다(그림 27).

- 느티나무(*Zelkova serrata* (Thunb.) Makino) 노거수는 경상북도 전 지역에서 고른 분포를 보여주고 있으며, 영주, 예천, 문경, 상주 등의 내륙북서지역에 집중 분포하고, 동해안 도시지역인 포항과 태백산 주변의 깊은 산간지역인 봉화와 울진지역은 상대적으로 분포빈도가 낮다. 느티나무는 느릅나무과에 속하는 낙엽활엽수 교목으로 난온대 상록활엽수림 지역과 냉온대 남부/저산지 및 중부/산지의 식생지역에서 화성암 계열의 암석권을 기반으로 하는 충적대지, 산지 계곡 및 계류, 급경사지 등에 자생하고 있다(김종원 2004, 2006).
- 왕버들(*Salix chaenomeloides* Kimura) 노거수는 느티나무 다음으로 높은 빈도(10%)로 잔존하고 있는 노거수 수종으로 낙동강 중류 및 상류 지역을 중심으로 자리 잡고 있는 경상북도의 지리적 위치에 대응한다. 해안지역과 백두대간의 산간지역에는 분포하지 않으며, 한반도 남부지방이 분포의 중심지이면서 중부지방의 저지대에 점점이 산재하는 것으로 밝혀져 있다(이율경 2005). 결국 경상북도를 벗어나는 북부지역 및 기타지역에는 왕버들 노거수가 매우 드물게 잔존할 것으로 판단된다. 우리나라 최대의 왕버들군락지로서 성주군 성밖숲에 60여 개체의 노거수가 천연기념물(403호)로 지정 · 보호되고 있다. 단일 수종에 의한 군락 형상을 두고 식재된 식분으로 판단하고 있지만, 이것은 식재가 아닌 자연적 기원의 마을숲이다(김종원, 임정철 2006). 하천 고수부지 및 제방권의 잠재자연식생을 대표하는 수종인 왕버들은 버드나무과의 교목으로서 현무암계, 화강암계, 변성퇴적암계, 화강편마암계의 암석권에 집중분포하고 있는 것으로 밝혀져 있다(김종원 2004, 이율경, 김종원 2005).
- 회화나무(*Sophora japonica* L.) 노거수는 경상북도 내에서 세 번째로 많은 분포(8.7%)를 보이고 있으며, 안동을 중심으로 한 유교문화권과 경주를 중으로 한 불교문화권에 집중적으로 분포하고 있는 것이 특징이다. 이러한 수평적 분포 경향성으로부터도 회화

나무는 의도적으로 식재된 종임을 알 수가 있다. 중국으로부터 도입된 반고유종[apophyten: 동일한 식물 지리적 분포에 속하면서도 현재 한반도 내에서 자연적으로 자생하는(naturalized) 개체가 극히 드물게 관찰되는 민속식물]이다(김종원 2004). 회화나무는 콩과의 낙엽활엽수 교목으로 사찰과 서원 그리고 마을 입구나 우물가에 식재되었으며, 식재된 입지로부터 일탈하여 인근 야생 입지에서 서식하는 개체가 발견되는데 퇴적암(주로 셰일) 층위가 발달한 하천 하식애에서 생육하고 있다(김종원 미발표).

- 팽나무(*Celtis sinensis* Pers.) 노거수는 동해안과 중서부지역에 집중분포하고 있으며, 회화나무와 수평적 분포가 중첩되어 있는 경향을 보인다. 그러나 입지는 팽나무의 자연 서식처인 해안단구 및 하안단구의 돌출 지형에서 통기성과 통수성이 우수한 토양환경에서 잔존하고 있다. 팽나무는 난온대, 냉온대 남부/저산지대 및 중부/산지대의 충적대지와 산지 계곡과 급경사지에 서식하고 있는 느릅나무과에 속하는 낙엽활엽수 교목이다(김종원 2004).

- 소나무(*Pinus densiflora* Sieb. et Zucc.) 노거수는 수평적으로 낙동강 집수역인 낙동정맥과 백두대간의 중심으로 하는 산지지역에 집중분포하고 있는 것이 특징이다. 소나무는 냉온대 남부/저산지 및 냉온대 중부/산지의 산악지역 및 산지 계류에서 위극상(pseudoclimax) 식생으로 발달하고 있으며(김종원 2004), 화강암계, 현무암계, 화강편마암계, 변성퇴적암계 지질권역의 사력지 토양 환경에서 생육분포하고 있다(이우철 1995, 김종원 2006). 따라서 그러한 자연적 입지 특성을 고려할 때, 충적대지 또는 충적저지에 분포하는 다수의 소나무 노거수는 인위적으로 식재된 것으로부터 기원하는 개체일 가능성이 매우 높다.

- 은행나무(*Ginkgo biloba* L.) 노거수는 유교와 불교에 관련된 전통마을, 사찰, 향교, 서원, 재실 등의 시설지구에 주로 분포하고 있다. 따라서 은행나무는 상기의 회화나무와 마찬가지로 불교 도입과 함께 원산지인 중국으로부터 도입되어 식재된 반고유종 민속식물이며, 경상북도 전역에 점점이 분포하고 있다.

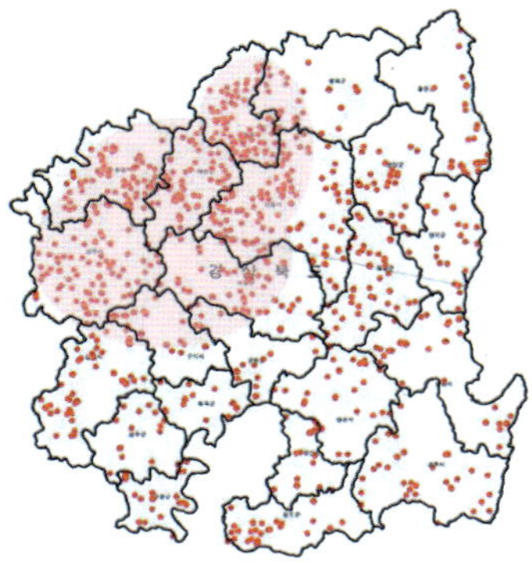

(a) 느티나무 *Zelkova serrata*

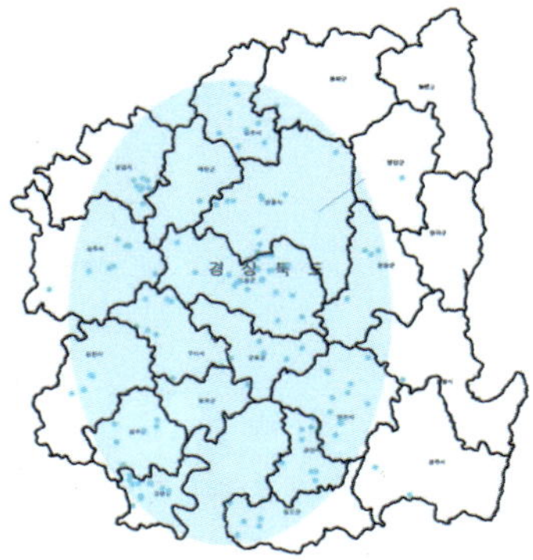

(b) 왕버들 *Salix chaenomeloides*

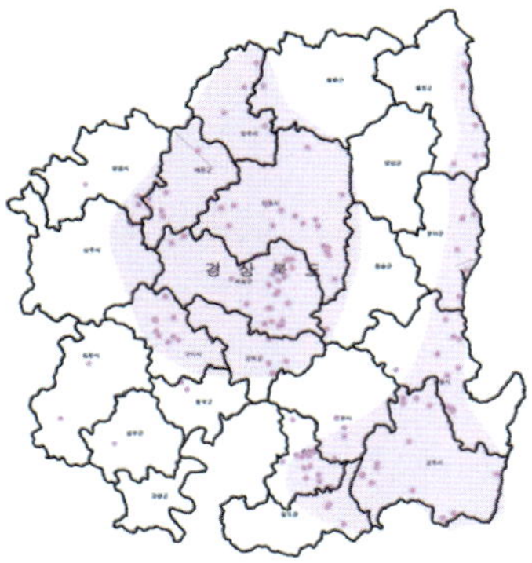

(c) 회화나무 *Sophora japonica*

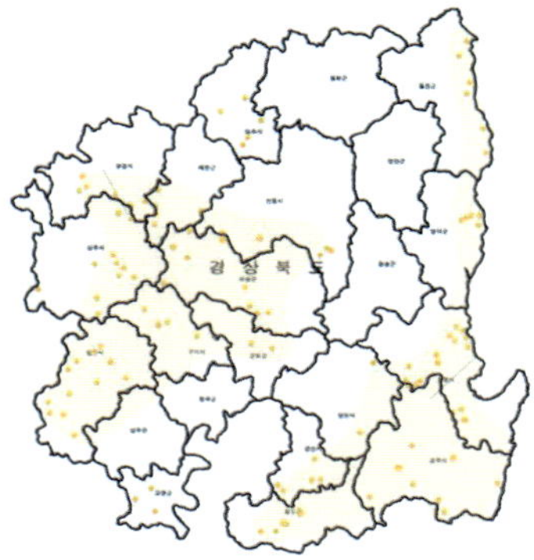

(d) 팽나무 *Celtis sinensis*

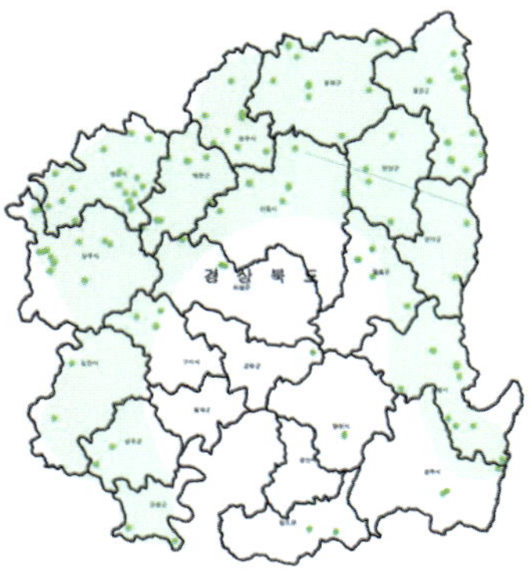

(e) 소나무 *Pinus densiflora*

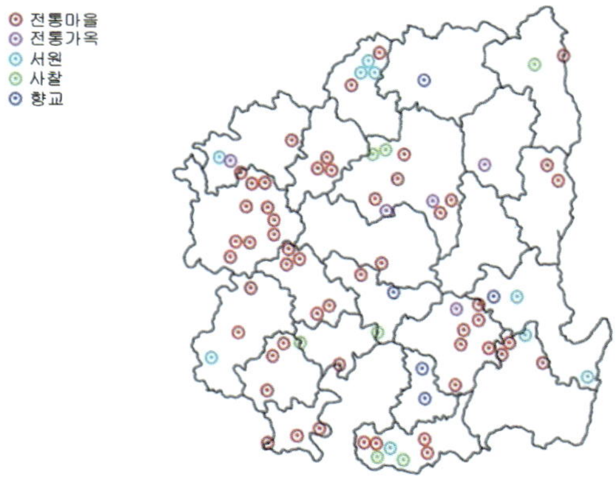

(f) 은행나무 *Ginkgo biloba*

그림 27 주요 노거수의 지역적 분포 경향성

제 4 절 노거수 유형화

4.1 생태경관 분류

노거수의 유형화는 크게 세 가지로 구분할 수 있다. 제 1 장 2.4절에서와 같이 직접적인 분류 기법으로 노거수의 수고와 수관폭을 이용한 개체유형분류법, 간접적인 분류기법으로 노거수의 경관연결성과 서식처 생태건강성을 이용한 생태경관분류법, 그리고 개체동태정보를 이용한 개체동태분류법(참조: 4.2 절)이 있다. 생태경관분류법은 개체유형분류법에 비하여 노거수 개체 정보에 내재된 다양한 생태적 정보를 발굴하여 보다 진보된 해상도 높은 노거수 유형분류 기법이다.

노거수의 서식처 입지환경 조건에 대한 상세 현장 조사 자료를 토대로 수리적 좌표결정법(ordination)으로 노거수를 그룹화 할 수 있다. 특히 고유값(eigen value)이 높은 제 1 번과 제 2 번 축을 이용하여 가장 신뢰도가 높은 내재된 생태적 정보를 발굴한다. 경상북도 전체 노거수에 대한 사례 연구(장은재 2005)에서 제 1 축은 노거수의 경관적 특성을 나타내는 경관연결성에 대응되며, 제 2 축은 서식입지의 생태적 건강성에 대응된 것으로 나타났다. 경관 연결성(참조: 제 1 장 3.2절)은 지역 경관 내에서의 노거수 공간위치에 따라 부락 입구 또는 전면, 부락 배후, 부락 측면, 부락 내부, 부락으로부터 격리 등의 5 가지로 구분된다. 서식처의 건강성은 생태적 온전성(서식처 자연환경조건)과 취약성(각종 개발압력)으로 설명된다. 그림 28에서처럼 축의 상단으로부터 서식처 건강성이 우수한 노거수들이 배열하며, 축의 하단부에는 서식처의 물리적, 환경적 훼손에 노출되어 있는 노거수 개체들이 배열하고 있다. 이러한 좌표 결정에 따른 경향을 토대로 10 가지의 노거수 생태경관유형이 분류된다(표 4).

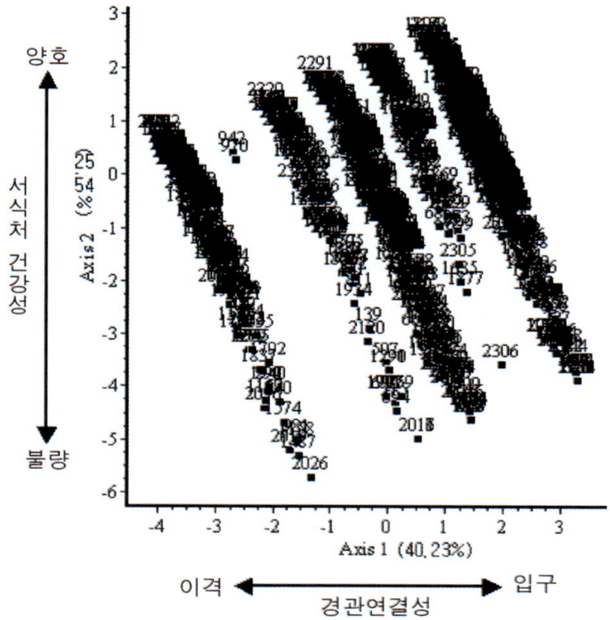

그림 28 2,390개 노거수의 서식처 생태환경 정보를 이용한 좌표결정.

표 4 노거수 서식처의 경관연결성과 생태건강성 매트릭스. 10 가지 생태경관 유형이 구분된다

		경관연결성				
		이격	측면	내부	배후	입구
생태건강성	양호	I	II	III	IV	V
	불량	VI	VII	VIII	IX	X

서식처 유형화에 있어서 생태건강성(서식처 온전성 및 취약성)의 범주는 노거수의 보존에 직접적으로 영향을 미치는 요소이다. 즉 서식처의 온전성과 취약성이 불량한 노거수에 대해서는 보존을 위한 보다 적극적인 생태적 관리방안이 고려되어야 하는 대상일 뿐만 아니라, 주요 감시대상 노거수(참조: 제 3 장 1절)로 기재된다. 경상북도 노거수에 대한 사례 연구(표 5, 장은재 2005)에서 약 45%의

노거수가 생태건강성이 불량한 것으로 나타났다. 이 가운데 절대감시 대상의 노거수는 [유형-VIII]의 부락 내부에 위치하면서 서식처의 생태건강성이 불량한 것으로서 높은 구성비를 나타내고 있으며, [유형-X]의 부락입구에 위치하면서 생태건강성이 불량한 유형의 노거수는 주요감시 대상의 노거수로서 가장 높은 구성비로 나타났다. 부락으로부터 후방, 측방 그리고 이격되어 분포하고 있는 노거수는 서식처 생태건강성이 양호한 것으로 나타났으며, 반면에 부락의 내부 또는 입구의 노거수들은 불량한 것으로 나타났다(그림 28). 부락으로부터 이격되어 있는 노거수들의 75%가 매우 양호한 상태의 생태건강성을 가지고 있으나, 부락 내부와 입구의 노거수들 가운데 각각 47%와 44%가 양호한 상태로 보존되고 있음으로써 부락 내부와 입구의 노거수들 가운데 반 이상이 서식환경이 불량한 상태인 것으로 밝혀졌다. 이것은 결국 노거수가 부락 내부 및 입구에 위치함으로써 비교적 높은 빈도와 다양한 양식의 인간간섭에 노출될 수밖에 없기 때문일 것이다. 따라서 부락 입구 및 내부에 위치하는 노거수 가운데, 서식 입지의 생태건강성이 이미 불량한 노거수들에 대하여 보다 심도 있는 추적감시가 필요로 함을 의미하고 있다.

표 5 10가지 생태경관유형 분류에 따른 경상북도 주요 노거수 종의 구성비와 모니터링 수준

생태경관유형	모니터링 범주			주요 노거수 종						
	절대감시	주요감시	일반감시	느티나무	왕버들	소나무	은행나무	회화나무	팽나무	기타
I	1 (8.3%)	64 (6.8%)	226 (15.6%)	149 (11.3%)	29 (12%)	48 (33.8%)	11 (11.1%)	10 (4.8%)	15 (10.4%)	31 (12.8%)
II	-	22 (2.3%)	87 (6%)	55 (4.1%)	2 (0.8%)	12 (8.4%)	3 (3%)	8 (3.8%)	4 (2.7%)	25 (10.3%)
III	4 (33.3%)	74 (7.9%)	226 (15.6%)	89 (6.7%)	66 (27.3%)	8 (5.6%)	29 (29.2%)	42 (20.2%)	20 (13.8%)	50 (20.6%)
IV	-	34 (3.6%)	123 (8.5%)	79 (6%)	3 (1.2%)	18 (12.6%)	13 (13.1%)	8 (3.8%)	7 (4.8%)	29 (11.9%)
V	2 (16.6%)	62 (6.6%)	368 (25.5%)	280 (21.2%)	22 (9.1%)	32 (22.5%)	11 (11.1%)	26 (12.5%)	17 (11.8%)	44 (18.1%)
VI	-	58 (6.2%)	41 (2.8%)	51 (3.8%)	20 (9.1%)	7 (4.9%)	1 (1%)	4 (1.9%)	5 (3.4%)	9 (3.7%)
VII	-	36 (3.8%)	21 (1.4%)	42 (3.1%)	9 (3.7%)	-	-	3 (1.3%)	1 (0.6%)	2 (0.8%)
VIII	3 (25%)	224 (23.9%)	113 (7.8%)	180 (13.6%)	31 (12.8%)	6 (4.2%)	16 (16.1%)	58 (28%)	30 (20.8%)	19 (7.8%)
IX	1 (8.3%)	29 (3.1%)	24 (1.6%)	30 (2.2%)	9 (3.7%)	1 (0.7%)	4 (4%)	2 (0.9%)	6 (4.1%)	2 (0.8%)
X	1 (8.3%)	332 (35.5%)	214 (14.8%)	360 (27.3%)	50 (20.7%)	10 (7%)	11 (11.1%)	46 (22.2%)	39 (27%)	31 (12.8%)
총	12 (0.5%)	935 (39%)	1,443 (60.5%)	1,315 (55%)	241 (10%)	142 (6%)	99 (4.4%)	207 (8.6%)	144 (6%)	242 (10%)

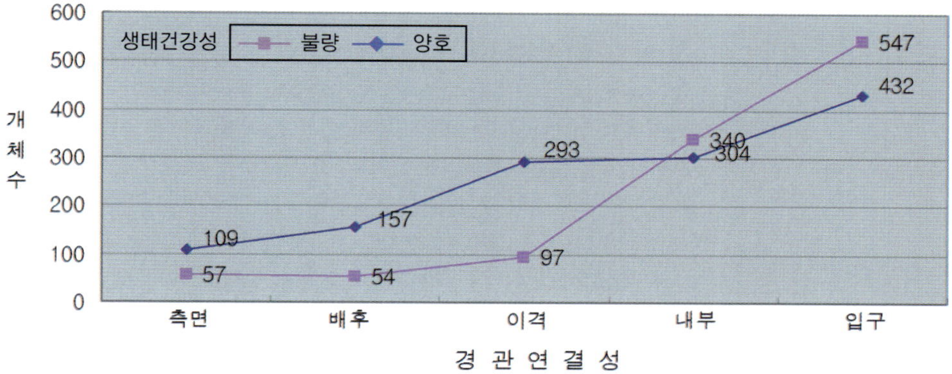

그림 29 노거수 서식처의 생태건강성과 경관연결성(경상북도 사례, 장은재 2005).

따라서 절대감시로 판정된 노거수는 [유형 III], [유형 V], [유형 VIII], [유형 X] 등으로 부락 내부 및 입구에 위치하는 노거수가 전체 12개의 절대감시 노거수 가운데 9개이다. 노거수 [유형 VIII]과 [유형 X]은 주요감시 대상의 노거수 구성비가 높으며, 부락 입구에 위치하면서 서식처의 생태성이 양호한 노거수 [유형 V]는 일반감시 구성비가 가장 높았다(그림 30).

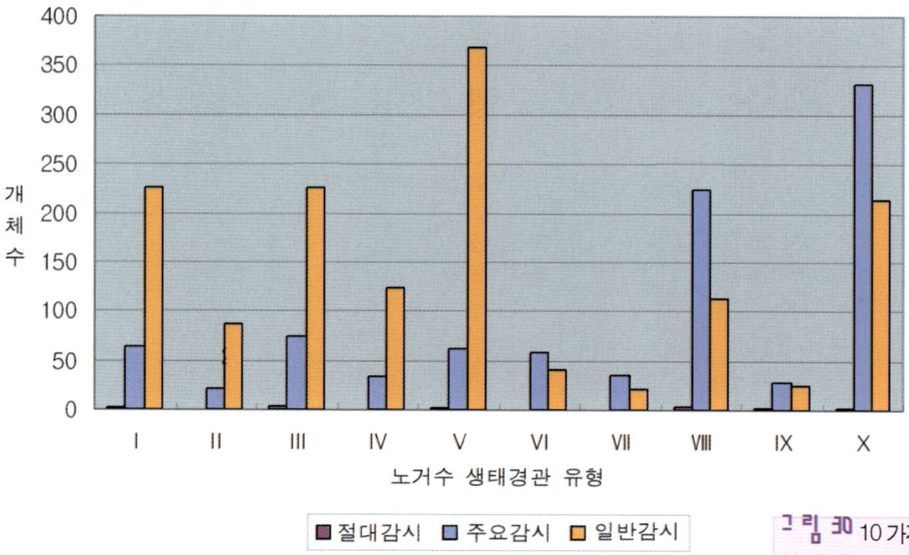

그림 30 10 가지 생태경관 유형에 따른 노거수의 감시등급 다양성.

한편, 노거수 생태경관유형에 따른 노거수 수종별 특성을 살펴보면(그림 31), 소나무는 부락으로부터 이격되어 있으면서 양호한 서식처 환경을 유지하고 있는 [유형 I]에 속하는 개체수가 가장 많으며, 부락 측방에서 불량한 서식처에 해당하는 [유형 VII]에는 소나무와 은행나무가 한 그루도 없는 것으로 밝혀져 있다(표 5). 왕버들은 노거수 [유형 III]의 부락 내부이면서도 양호한 서식처를 가지고 있는 입지에서 가장 많은 개체들이 잔존하고 있지만, 정반대로 회화나무는 부락 내부의 불량한 입지환경을 나타내는 노거수 [유형 VIII]이 가장 많다. 느릅나무과에 속하면서 우리나라 노거수 가운데 가장 흔하게 관찰되는 느티나무와 팽나무는 노거수 [유형 X]에 해당하는 부락 입구의 불량한 서식환경에 노출되어 있는 개체수가 가장 많은 것으로 밝혀져 있다. 따라서 10 가지의 노거수 생태경관유형 가운데 [유형 VI], [유형 VII], [유형 VIII], [유형 IX], [유형 X] 등에 속하는 노거수 개체들은 비록 일반감시 대상으로 판정된 개체일지라도 서식처의 건강성을 복원하기 위한 생태적 관리가 요구되는 개체들이다.

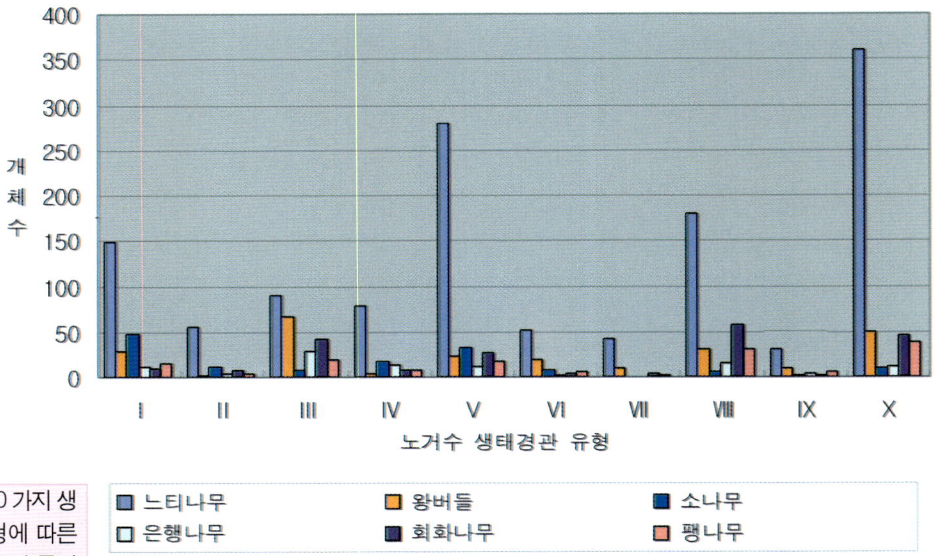

그림 31 10 가지 생태경관 유형에 따른 노거수 주요 수종별 다양성.

4.2 개체동태 분류

노거수의 개체동태(個體動態, individual dynamics)에 관한 정보(수령, 수고, 흉고둘레, 수관폭 등)를 이용하여 그 속에 내재되어 있는 정보를 발굴함으로써 노거수를 동태적 특성에 따라 모둠화(grouping)를 할 수 있다. 앞선 생태경관 분류와 마찬가지로 고유값이 높은 제

1 축과 제 2 축을 바탕으로 가장 신뢰도가 높은 동태 정보를 발굴한다. 사례연구(장은재 2005)에서 제 1 축은 수령으로 제 2 축은 수고와 같은 노거수의 형태적 특성이 대응되었다(그림 32). 앞선 생태경관분류의 좌표와 다른 양상으로 전체 노거수는 배열하였는데, 이차 공간의 중심으로부터 사방으로 퍼져 나가는 특정의 범위에 전체 노거수들이 균질한 분포를 나타내고 있다. 이것은 노거수가 일정한 크기와 수령 이상의 개체나 희귀한 속성(크기 및 수종, 그리고 형상 등)을 근거로 인간관리 하에서 보존되어 온 생물적 요소로서 변동(variation)의 폭이 그리 넓지 않는 것으로부터 기인한다.

제 1축의 좌측에서 우측 방향으로 노거수 개체의 노령화를 나타내며, 제 2축의 하단에서 상단으로 수고는 증가하면서 흉고 둘레와 수관 폭은 감소하는 경향성을 나타낸다.

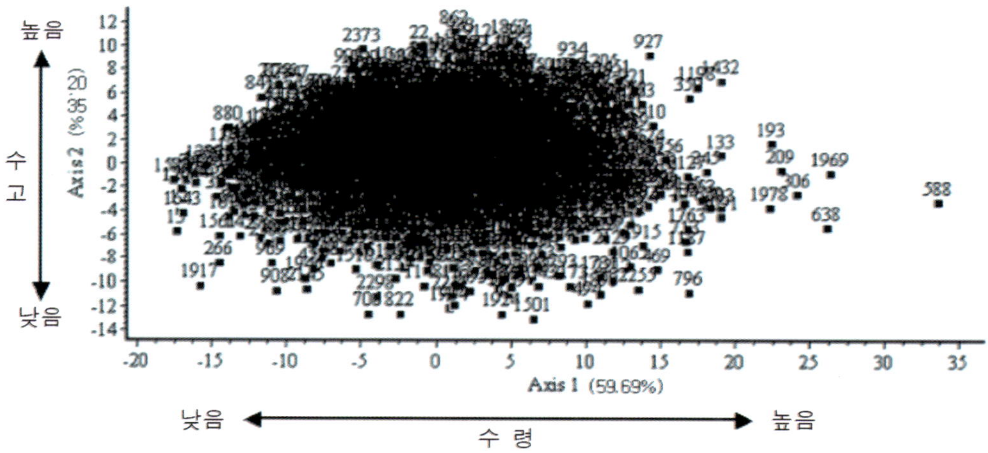

그림 32 2,390 개 노거수의 개체동태 정보를 이용한 좌표 결정.

따라서 노거수 개체의 동태는 크게 9 가지 유형으로 구분된다(표 6). 노거수 개체 동태 유형화에 있어서 수령의 범주는 위의 서식처 생태환경과 마찬가지로 노거수의 보존에 직접적인 평가 기준으로 고려되는 요소이다. 즉 수령이 높은 (노령화에 의한 수세(樹勢)의 쇠퇴) 노거수는 수령이 어린 노거수에 비하여 보존을 위한 보다 적극적인 생태적 관리방안이 고려되어야 하는 대상이며, 그 가운데 키가 큰 노거수 개체는 강풍과 병충해에 의한 피해로 고사할 위험성이 가장 높은 개체이기 때문에 주요 감시대상 노거수로 고려되어야 한다. 경상북도 사례 연구에서 노거수의 9.9%가 수령의 범주에서 노령화에 의한 수세의 쇠퇴가 발생하고 있으며, 이들 노거수 모두는 수고 크기가 평균 이상인 것으로 밝혀졌다. 이러한 노거수들은 응급조치를 통한 즉각적인 관리(보존 및 대체) 방안이 고려되어야 하는 개체들이다.

표 6 노거수의 개체동태 매트릭스. 아홉 가지 개체동태분류형이 구분된다.

		수령		
		낮음	평균	높음
수고	높음	I	II	III
	평균	IV	V	VI
	낮음	VII	VIII	IX

장기추적연구(monitoring) 수준에 따른 9 가지 노거수 유형의 구성비를 살펴보면(표 7), [개체동태유형 V]에 해당하는 평균적인 수령과 크기를 가진 노거수를 중심으로 정규분포 특성을 보이고 있다(그림 33). 개체동태 유형화에 있어서 노거수 수령과 크기의 범주는 노거수 개체 자체의 보존에 직접적인 평가 기준으로 고려되는 요소이다. 즉 노거수 수령과 크기에 대응하는 생태적 관리가 상술의 서식처 건강성에 대한 생태적 관리와의 연계성이 고려되기 때문이다. 경상북도 노거수의 99.5%가 주요감시 및 일반감시 대상의 노거수(제 3 장 참조)인데, 이 가운데 특히 일반감시 대상의 노거수는 전체 노거수의 60.5%를 차지한다. 이것은 노거수 자체가 늙은 개체(老樹)이면서 동시에 크기가 대형인 개체(巨樹)로부터 얻어진 결과이다.

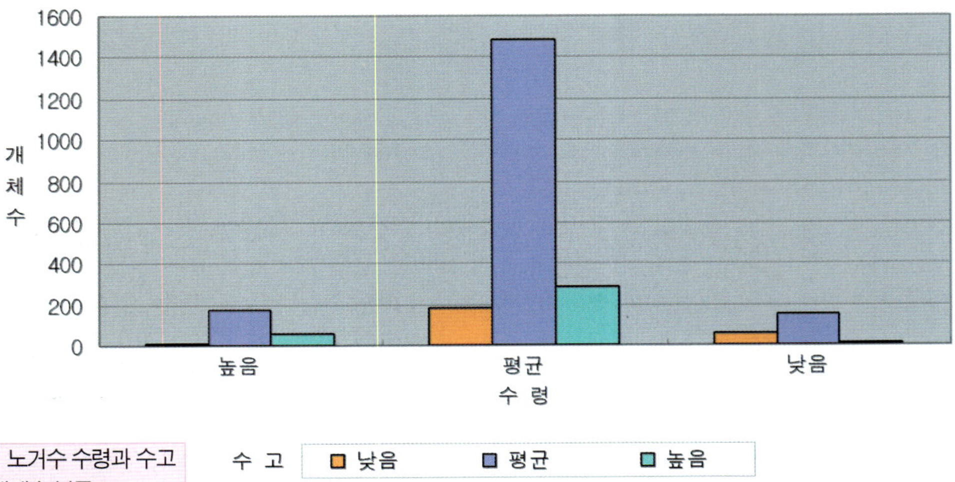

그림 33 노거수 수령과 수고에 따른 개체수 분포

표 7 아홉 가지 개체동태분류형에 따른 모니터링 범주와 주요 노거수 구성비.

개체동태유형	모니터링 범주			주요 노거수 종						
	절대감시	주요감시	일반감시	느티나무	왕버들	소나무	은행나무	회화나무	팽나무	기타
Ⅰ	–	–	9	3 (0.2%)	–	–	–	–	–	6 (2.4%)
Ⅱ	–	34	137	87 (6.6%)	2 (0.8%)	9 (6%)	20 (20%)	21 (10%)	3 (2%)	29 (11.9%)
Ⅲ	–	8	50	33 (2.5%)	2 (0.8%)	1 (0.7%)	21 (21.5%)	1 (0.5%)	–	–
Ⅳ	1	40	140	54 (4.1%)	12 (5%)	27 (19.6%)	6 (6%)	24 (12%)	10 (7.4%)	48 (19.9%)
Ⅴ	8	582	888	834 (63.4%)	182 (75%)	73 (51.5%)	35 (35.5%)	133 (64%)	109 (75.6%)	112 (46.4%)
Ⅵ	–	145	135	220 (16.7%)	20 (8.4%)	5 (3.5%)	17 (17%)	6 (3%)	8 (5.5%)	4 (1.6%)
Ⅶ	2	26	29	15 (1.1%)	4 (1.7%)	10 (7%)	–	4 (2%)	6 (4%)	18 (7.4%)
Ⅷ	1	91	54	61 (4.6%)	19 (8.3%)	16 (11%)	–	17 (8%)	8 (5.5%)	25 (10.4%)
Ⅸ	–	9	1	8 (0.6%)	–	1 (0.7%)	–	1 (0.5%)	–	–
총	12 (0.5%)	935 (39%)	1443 (60.5%)	1315 (55%)	241 (10%)	142 (6%)	99 (4.4%)	207 (8.6%)	144 (6%)	242 (10%)

한편, 수령이 크고 수고가 큰 [개체동태유형 III]과 그와 정반대 유형이라 할 수 있는 수령이 작고 수고가 작은 [개체동태유형 VII]의 노거수 개체들, 그리고 수령이 크고 수고가 작은 [개체동태유형 IX]와 이와는 정반대의 유형인 수령이 작고 수고가 큰 [개체동태유형 I]의 노거수 개체들은 유사한 개체수를 보이고 있다(표 7). 그러나 수령에 관계없이 수고가 높은 노거수들은 [개체동태유형 I] [개체동태유형 II], [개체동태유형 III]으로 절대감시 대상의 개체에 해당되는 노거수는 존재하지 않는다(그림 34). 즉 노거수의 수고로 대표되는 개체의 크기(수고, 수관, 흉고둘레 등)의 질적 빈약성으로 말미암아 노거수로 보호되고 있는 개체는 이미 존재하지 않는다는 것을 의미하며, 그러한 노거수의 크기의 균질성으로 앞의 그림 32의 좌표결정 분석에서와 같이 축의 높은 고유값과도 일치한다.

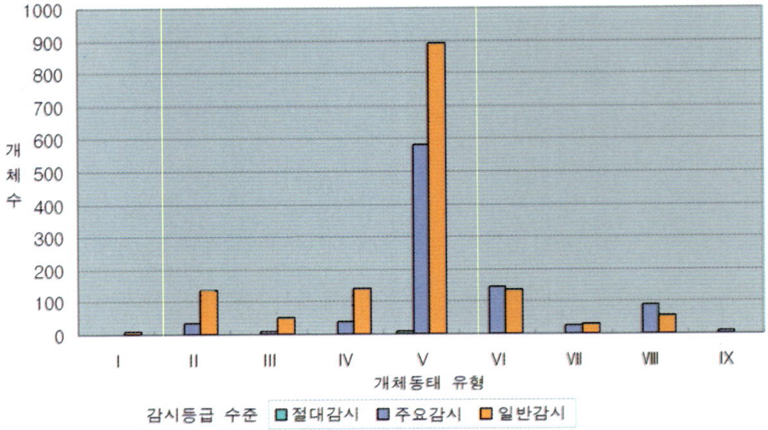

그림 34 아홉 가지 개체동태 유형에 따른 노거수 감시등급의 다양성.

개체 동태유형별 주요 노거수 종의 풍부성은 수종에 따라 그 양상이 달리 나타났다(그림 35). [개체동태유형 I]에 해당하는 어리면서 수고가 큰 노거수는 느티나무 3 그루가 기재되었으나, 다른 주요 노거수에서는 나타나지 않는다. 은행나무 노거수는 [개체동태유형 VII], [개체동태유형 VIII], [개체동태유형 IX] 등은 존재하지 않으며, 소나무는 [개체동태유형 IV]가 특징적으로 높은 구성비를 나타낸다. 특히 수령이 평균보다 작으면서 수고가 평균보다 작은 [개체동태유형 VII]의 경우는 소나무를 제외한 모든 주요 수종의 노거수 구성비에서 5% 이하를 나타낸다. 소나무는 [개체동태유형 IV]에 해당하는 노거수 개체의 구성비(19.6%)가 다른 주요 수종들에 비하여 매우 높게 나타난다. 이것은 전체 노거수 수종 가운데, 소나무 노거수가 비교적 개체 크기가 작으면서 수령이 어린 개체가 많다는 것을 의미하며, 노령이면서 평균크기의 [개체동태유형 VI]의 왕버들 경향성과 크게 대조된다(표 7, 그림 35).

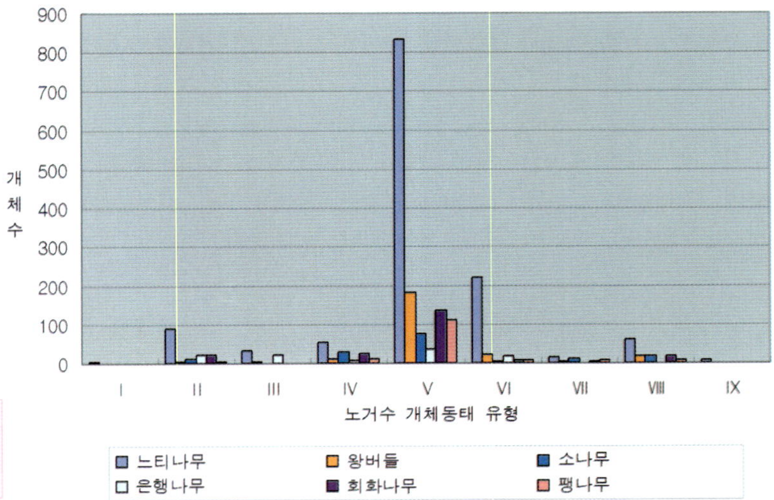

그림 35 아홉 가지 개체동태 유형에 따른 노거수 주요 수종별 다양성.

결론적으로 노거수에 대한 간접 분석에 의한 유형분류는 앞서 제시한 10 가지 서식처 생태건강성 유형 및 9 가지의 개체동태 유형 조합(combination)으로부터 구축할 수 있다. 따라서 노거수는 총 90가지의 노거수 유형으로 구분되며(표 9), 모든 노거수 개체는 90 가지 유형 가운데 하나의 유형으로 평가할 수 있다. 표 8은 노거수 평가관리 검색표(index key)로 기여한다. 90가지 노거수 유형 가운데 노거수의 보존을 위한 우선순위(conservation priority)는 노거수 개체동태 유형화의 수령 범주와 서식처 생태건강성 범주에서 고령화된 개체이면서 불량한 서식처 조건에 노출되어 있는 노거수 개체에 대하여 적용되어야 함을 알 수 있다.

표 8 노거수에 대한 간접 분석에 의한 유형분류는 앞서 제시한 10 가지 서식처 생태경관 유형 및 9 가지의 개체동태 유형을 조합에 따른 노거수 유형분류 및 평가 검색표(classification key matrix).

일련번호	코드	생태경관 유형		개체동태 유형	
		경관연결성	서식처 건강성	수고	수령
01	R-G-S-Y	이격	양호	낮음(저)	낮음(저)
02	R-G-S-A				평균(중)
03	R-G-S-L				높음(고)
04	R-G-A-Y			평균(중)	낮음(저)
05	R-G-A-A				평균(중)
06	R-G-A-L				높음(고)
07	R-G-L-Y			높음(고)	낮음(저)
08	R-G-L-A				평균(중)
09	R-G-L-L				높음(고)
10	R-B-S-Y		불량	낮음(저)	낮음(저)
11	R-B-S-A				평균(중)
12	R-B-S-L				높음(고)
13	R-B-A-Y			평균(중)	낮음(저)
14	R-B-A-A				평균(중)
15	R-B-A-L				높음(고)
16	R-B-L-Y			높음(고)	낮음(저)
17	R-B-L-A				평균(중)
18	R-B-L-L				높음(고)
19	L-G-S-Y	측면	양호	낮음(저)	낮음(저)
20	L-G-S-A				평균(중)
21	L-G-S-L				높음(고)
22	L-G-A-Y			평균(중)	낮음(저)
23	L-G-A-A				평균(중)
24	L-G-A-L				높음(고)
25	L-G-L-Y			높음(고)	낮음(저)
26	L-G-L-A				평균(중)
27	L-G-L-L				높음(고)
28	L-B-S-Y			낮음(저)	낮음(저)
29	L-B-S-A				평균(중)
30	L-B-S-L				높음(고)

31	L-B-A-Y		불량	평균(중)	낮음(저)
32	L-B-A-A				평균(중)
33	L-B-A-L				높음(고)
34	L-B-L-Y			높음(고)	낮음(저)
35	L-B-L-A				평균(중)
36	L-B-L-L				높음(고)
37	I-G-S-Y	내부	양호	낮음(저)	낮음(저)
38	I-G-S-A				평균(중)
39	I-G-S-L				높음(고)
40	I-G-A-Y			평균(중)	낮음(저)
41	I-G-A-A				평균(중)
42	I-G-A-L				높음(고)
43	I-G-L-Y			높음(고)	낮음(저)
44	I-G-L-A				평균(중)
45	I-G-L-L				높음(고)
46	I-B-S-Y		불량	낮음(저)	낮음(저)
47	I-B-S-A				평균(중)
48	I-B-S-L				높음(고)
49	I-G-A-Y			평균(중)	낮음(저)
50	I-G-A-A				평균(중)
51	I-G-A-L				높음(고)
52	I-G-L-Y			높음(고)	낮음(저)
53	I-G-L-A				평균(중)
54	I-G-L-L				높음(고)
55	B-G-S-Y	배후	양호	낮음(저)	낮음(저)
56	B-G-S-A				평균(중)
57	B-G-S-L				높음(고)
58	B-G-A-Y			평균(중)	낮음(저)
59	B-G-A-A				평균(중)
60	B-G-A-L				높음(고)
61	B-G-L-Y			높음(고)	낮음(저)
62	B-G-L-A				평균(중)
63	B-G-L-L				높음(고)
64	B-B-S-Y		불량	낮음(저)	낮음(저)
65	B-B-S-A				평균(중)
66	B-B-S-L				높음(고)
67	B-B-A-Y			평균(중)	낮음(저)
68	B-B-A-A				평균(중)
69	B-B-A-L				높음(고)
70	B-B-L-Y			높음(고)	낮음(저)
71	B-B-L-A				평균(중)
72	B-B-L-L				높음(고)
73	E-G-S-Y		양호	낮음(저)	낮음(저)
74	E-G-S-A				평균(중)
75	E-G-S-L				높음(고)
76	E-G-A-Y			평균(중)	낮음(저)
77	E-G-A-A				평균(중)
78	E-G-A-L				높음(고)
79	E-G-L-Y			높음(고)	낮음(저)
80	E-G-L-A				평균(중)

81	E-G-L-L	입구			높음(고)
82	E-B-S-Y		불량	낮음(저)	낮음(저)
83	E-B-S-A				평균(중)
84	E-B-S-L				높음(고)
85	E-B-A-Y			평균(중)	낮음(저)
86	E-B-A-A				평균(중)
87	E-B-A-L				높음(고)
88	E-B-L-Y			높음(고)	낮음(저)
89	E-B-L-A				평균(중)
90	E-B-L-L				높음(고)

표 9 90가지 노거수 유형에 대한 주요 노거수의 구성비.

일련번호	코드	주요 노거수							
		느티나무	왕버들	소나무	은행나무	회화나무	팽나무	기타	총계
01	R-G-S-Y	2 (0.1%)	1 (0.4%)	5 (3.5%)	–	–	1 (0.6%)	3 (1.2%)	12 (0.5%)
02	R-G-S-A	11 (0.8%)	3 (1.2%)	7 (4.9%)	–	1 (0.4%)	3 (2%)	4 (1.6%)	29 (1.2%)
03	R-G-S-L	–	–	–	–	–	–	–	–
04	R-G-A-Y	4 (0.3%)	–	8 (5.6%)	–	–	1 (0.6%)	4 (1.6%)	17 (0.7%)
05	R-G-A-A	89 (6.7%)	19 (7.8%)	22 (15.4%)	4 (4%)	7 (3.3%)	8 (5.5%)	16 (6.6%)	165 (6.9%)
06	R-G-A-L	28 (2.1%)	6 (2.4%)	2 (1.4%)	–	1 (0.4%)	1 (0.6%)	–	38 (1.5%)
07	R-G-L-Y	–	–	–	–	–	–	1 (0.4%)	1 (0%)
08	R-G-L-A	9 (0.6%)	–	4 (2.8%)	3 (3%)	–	1 (0.6%)	3 (1.2%)	20 (0.8%)
09	R-G-L-L	6 (0.4%)	–	–	4 (4%)	1 (0.4%)	–	–	11 (0.4%)
10	R-B-S-Y	–	–	–	–	–	–	1 (0.4%)	1 (0%)
11	R-B-S-A	1 (0%)	4 (1.6%)	1 (0.7%)	–	1 (0.4%)	–	1 (0.4%)	8 (0.3%)
12	R-B-S-L	1 (0%)	–	–	–	–	–	–	1 (0%)
13	R-B-A-Y	–	–	–	–	–	1 (0.6%)	5 (2%)	6 (0.2%)
14	R-B-A-A	37 (2.8%)	16 (6.6%)	6 (4.2%)	1 (1%)	3 (1.4%)	3 (2%)	2 (0.8%)	68 (2.8%)
15	R-B-A-L	10 (0.7%)	–	–	–	–	1 (0.6%)	–	11 (0.4%)
16	R-B-L-Y	–	–	–	–	–	–	–	–
17	R-B-L-A	–	–	–	–	–	–	–	–
18	R-B-L-L	2 (0.1%)	–	–	–	–	–	–	2 (0%)
19	L-G-S-Y	–	–	–	–	–	–	–	–
20	L-G-S-A	4 (0.3%)	–	1 (0.7%)	–	–	–	2 (0.8%)	7 (0.2%)
21	L-G-S-L	–	–	1 (0.7%)	–	–	–	–	1 (0%)
22	L-G-A-Y	2 (0.1%)	–	5 (3.5%)	–	2 (0.9%)	1 (0.6%)	8 (3.3%)	18 (0.7%)
23	L-G-A-A	37 (2.8%)	1 (0.4%)	5 (3.5%)	2 (2%)	5 (2.4%)	3 (2%)	9 (3.7%)	62 (2.5%)
24	L-G-A-L	8 (0.6%)	1 (0.4%)	–	–	–	–	1 (0.4%)	10 (0.4%)
25	L-G-L-Y	–	–	–	–	–	–	–	–
26	L-G-L-A	3 (0.2%)	–	–	1 (1%)	1 (0.4%)	–	5 (2%)	10 (0.4%)
27	L-G-L-L	1 (0%)	–	–	–	–	–	–	1 (0%)
28	L-B-S-Y	–	–	–	–	–	–	–	–
29	L-B-S-A	2 (0.1%)	–	–	–	–	–	–	2 (0%)
30	L-B-S-L	–	–	–	–	–	–	–	–
31	L-B-A-Y	3 (0.2%)	–	–	–	1 (0.4%)	–	2 (0.8%)	6 (0.2%)

32	L-B-A-A	24 (1.8%)	6 (2.4%)	–	–	2 (0.9%)	1 (0.6%)	–	33 (1.3%)
33	L-B-A-L	9 (0.6%)	3 (1.2%)	–	–	–	–	–	12 (0.5%)
34	L-B-L-Y	–	–	–	–	–	–	–	–
35	L-B-L-A	4 (0.3%)	–	–	–	–	–	–	4 (0.1%)
36	L-B-L-L	–	–	–	–	–	–	–	–
37	I-G-S-Y	2 (0.1%)	1 (0.4%)	–	–	1 (0.4%)	–	4 (1.6%)	8 (0.3%)
38	I-G-S-A	5 (0.3%)	4 (1.6%)	2 (1.4%)	–	3 (1.4%)	1 (0.6%)	9 (3.7%)	24 (1%)
39	I-G-S-L	1 (0%)	–	–	–	–	–	–	1 (0%)
40	I-G-A-Y	5 (0.3%)	6 (2.4%)	2 (1.4%)	2 (2%)	4 (1.9%)	3 (2%)	9 (3.7%)	31 (1.2%)
41	I-G-A-A	58 (4.4%)	52 (21.5%)	4 (2.8%)	10 (10.1%)	26 (12.5%)	14 (9.7%)	20 (8.2%)	184 (7.6%)
42	I-G-A-L	13 (0.9%)	2 (0.8%)	–	4 (4%)	2 (0.9%)	2 (1.3%)	1 (0.4%)	24 (1%)
43	I-G-L-Y	–	–	–	–	–	–	1 (0.4%)	1 (0%)
44	I-G-L-A	4 (0.3%)	–	–	9 (9%)	6 (2.8%)	–	6 (2.4%)	25 (1%)
45	I-G-L-L	1 (0%)	1 (0.4%)	–	4 (4%)	–	–	–	6 (0.2%)
46	I-B-S-Y	4 (0.3%)	–	–	–	–	1 (0.6%)	3 (1.2%)	8 (0.3%)
47	I-B-S-A	8 (0.6%)	3 (1.2%)	1 (0.7%)	–	2 (0.9%)	1 (0.6%)	3 (1.2%)	18 (0.7%)
48	I-B-S-L	1 (0%)	–	–	–	1 (0.4%)	–	–	2 (0%)
49	I-B-A-Y	10 (0.7%)	3 (1.2%)	3 (3%)	8 (3.8%)	1 (0.6%)	3 (1.2%)	28 (1.1%)	
50	I-B-A-A	115 (8.7%)	24 (9.9%)	5 (3.5%)	6 (6%)	39 (18.8%)	27 (18.7%)	9 (3.7%)	225 (9.4%)
51	I-B-A-L	29 (2.2%)	–	–	2 (2%)	3 (1.4%)	–	–	34 (1.4%)
52	I-B-L-Y	–	–	–	–	–	–	–	–
53	I-B-L-A	10 (0.7%)	1 (0.4%)	–	3 (3%)	5 (2.4%)	–	1 (0.4%)	20 (0.8%)
54	I-B-L-L	3 (0.2%)	–	–	2 (2%)	–	–	–	5 (0.2%)
55	B-G-S-Y	–	–	–	–	2 (0.9%)	2 (1.3%)	–	4 (0.1%)
56	B-G-S-A	2 (0.1%)	–	–	–	–	1 (0.6%)	4 (1.6%)	7 (0.2%)
57	B-G-S-L	–	–	–	–	–	–	–	–
58	B-G-A-Y	2 (0.1%)	–	2 (1.4%)	–	2 (0.9%)	–	5 (2%)	11 (0.4%)
59	B-G-A-A	50 (3.8%)	2 (0.8%)	9 (6.3%)	3 (3%)	3 (1.4%)	3 (2%)	13 (5.3%)	83 (3.4%)
60	B-G-A-L	16 (1.2%)	–	2 (1.4%)	3 (3%)	–	–	1 (0.4%)	22 (0.9%)
61	B-G-L-Y	–	–	–	–	–	–	3 (1.2%)	3 (0.1%)
62	B-G-L-A	5 (0.3%)	1 (0.4%)	5 (3.5%)	2 (2%)	1 (0.4%)	1 (0.6%)	3 (1.2%)	18 (0.7%)
63	B-G-L-L	4 (0.3%)	–	–	5 (5%)	–	–	–	9 (0.3%)
64	B-B-S-Y	–	–	–	–	–	–	–	–
65	B-B-S-A	2 (0.1%)	1 (0.4%)	–	–	–	–	–	3 (0.1%)
66	B-B-S-L	–	–	–	–	–	–	–	–
67	B-B-A-Y	–	–	–	1 (1%)	–	–	–	1 (0%)
68	B-B-A-A	18 (1.3%)	8 (3.3%)	1 (0.7%)		2 (0.9%)	6 (4.1%)	2 (0.8%)	37 (1.5%)
69	B-B-A-L	7 (0.5%)	–	–	2 (2%)	–	–	–	9 (0.3%)
70	B-B-L-Y	1 (0%)	–	–	–	–	–	–	1 (0%)
71	B-B-L-A	1 (0%)	–	–	–	–	–	–	1 (0%)
72	B-B-L-L	1 (0%)	–	–	1 (1%)	–	–	–	2 (0%)
73	E-G-S-Y	4 (0.3%)	–	5 (3.5%)	–	–	2 (1.3%)	3 (1.2%)	14 (0.5%)
74	E-G-S-A	9 (0.6%)	–	3 (2.1%)	–	4 (1.9%)	–	–	16 (0.6%)
75	E-G-S-L	1 (0%)	–	–	–	–	–	–	1 (0%)
76	E-G-A-Y	18 (1.3%)	–	8 (5.6%)	–	4 (1.9%)	3 (2%)	8 (3.3%)	41 (1.7%)
77	E-G-A-A	180 (13.6%)	19 (7.8%)	14 (9.8%)	3 (3%)	16 (7.7%)	12 (8.3%)	26 (10.7%)	270 (11.2%)
78	E-G-A-L	41 (3.1%)	3 (1.2%)	1 (0.7%)	3 (3%)	–	–	1 (0.4%)	49 (2%)
79	E-G-L-Y	2 (0.1%)	–	–	–	–	–	1 (0.4%)	3 (0.1%)

80	E-G-L-A	19 (1.4%)	–	–	2 (2%)	2 (0.9%)	–	5 (2%)	28 (1.1%)
81	E-G-L-L	6 (0.4%)	–	1 (0.7%)	3 (3%)	–	–	–	10 (0.4%)
82	E-B-S-Y	3 (0.2%)	2 (0.8%)	–	–	1 (0.4%)	–	4 (1.6%)	10 (0.4%)
83	E-B-S-A	17 (1.2%)	4 (1.6%)	1 (0.7%)	–	6 (2.8%)	2 (1.3%)	2 (0.8%)	32 (1.3%)
84	E-B-S-L	4 (0.3%)	–	–	–	–	–	–	4 (0.1%)
85	E-B-A-Y	10 (0.7%)	3 (1.2%)	2 (1.4%)	–	3 (1.4%)	–	4 (1.6%)	22 (0.9%)
86	E-B-A-A	226 (17.1%)	35 (14.5%)	7 (4.9%)	6 (6%)	30 (14.4%)	32 (22.2%)	15 (6.1%)	351 (14.6%)
87	E-B-A-L	59 (4.4%)	5 (2%)	–	3 (3%)	–	4 (2.7%)	–	71 (2.9%)
88	E-B-L-Y	–	–	–	–	–	–	–	–
89	E-B-L-A	32 (2.4%)	–	–	–	6 (2.8%)	1 (0.6%)	6 (2.4%)	45 (1.8%)
90	E-B-L-L	9 (0.6%)	1 (0.4%)	–	2 (2%)	–	–	–	12 (0.5%)
	총계	1,315	241	142	99	207	144	242	2,390
Shannon-Wiener 다양성 지수		1.39	1.19	1.32	1.40	1.27	1,18	1.49	

경상북도의 사례에서 90가지 생태유형 가운데 76가지 생태유형이 실제로 존재하는 것으로 나타났다(표 9). 이 가운데 부락의 측방에 해당하는 생태유형에서 주요 노거수종의 출현(0.286 = 36/126)이 가장 낮다. 또한 90가지 생태유형 가운데 주요 노거수종 모두가 출현한 생태유형은 10가지로 5번[R-G-A-A], 14번[R-B-A-A], 40번[I-G-A-Y], 41번[I-G-A-A], 50번[I-B-A-A], 59번[B-G-A-A], 62번[B-G-L-A], 77번[E-G-A-A], 86번[E-B-A-A] 등이다. 또한 노거수 유형 가운데 86번 [E-B-A-A] 코드의 노거수가 가장 많다(표 9, 그림 36). 즉 부락 입구에서 생태적 건강성이 불량한 노거수 가운데 평균 수고와 평균 수령을 가진 노거수가 가장 풍부하다는 것을 의미한다. 이것은 부락 입구에 위치하는 노거수에 대한 생태적 서식처 온전성을 복원하기 위한 생태적 관리가 필요로 함을 제시하고 있다. 또한 5번 코드 [R-G-A-A](6.9%), 41번 코드 [I-G-A-A](7.6%), 50번 코드 [I-B-A-A] 코드(9.4%), 77번 코드 [E-G-A-A](11.2%), 그리고 86번 [E-B-A-A] 코드(14.6%)의 노거수 구성비가 가장 높다. 이들 노거수 유형은 전체 노거수의 49.1%를 차지하며, 부락 측면과 후방에 위치하는 노거수가 포함되어 있지 않는 것이 특징이다. 부락으로부터 이격되어 있을 경우는 서식처의 생태적 온전성을 내포하고 있는 노거수들, 그리고 부락 내부와 입구에 위치하는 노거수들은 생태적 온전성이 양호한 노거수와 불량한 노거수 모두가 포함되어 있다. 따라서 경상북도 전체 노거수는 생태적 온전성이 불량한 노거수의 구성비가 46.3%이며, 이것은 경상북도에 잔존하는 노거수의 약 반은 양호한 서식처 환경을 위한 생태적 관리가 요구된다는 것을 의미한다.

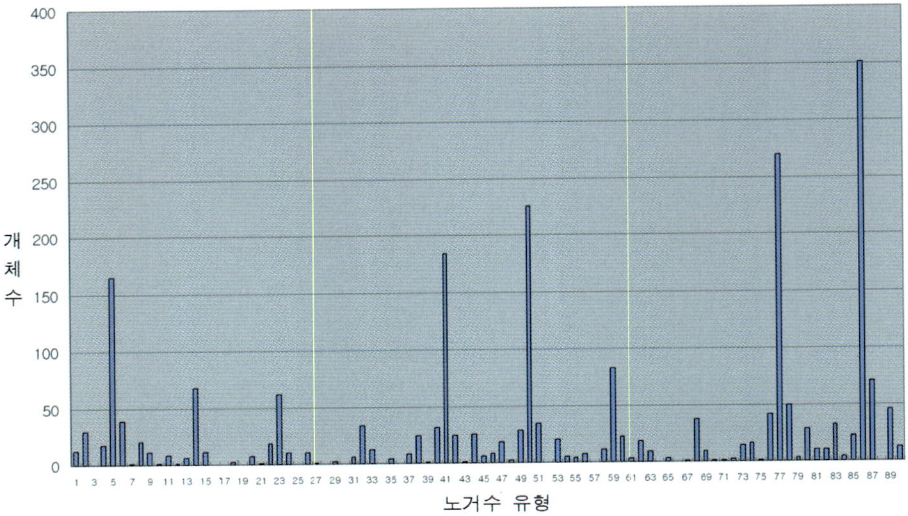

그림 36 90 가지의 노거수 유형에 대응하는 노거수 개체수, 노거수 유형 번호(X축)는 표 9와 일치함

한편, 90가지 노거수 유형에 대한 주요 수종별 풍부성(그림 37)을 살펴보면, 느티나무가 [E-B-A-A] 코드의 86번 유형과 [E-G-A-A] 코드의 77번 유형의 노거수가 가장 많은 것을 알 수 있다. 즉 마을 경관의 핵심요소로 기여하는 부락 입구에 위치하면서 서식 입지 환경에 개선을 요하는 노거수로서 평균적인 수고와 수령을 가지고 있는 것으로 특징지어진다. 반면에 왕버들 노거수는 [I-G-A-A] 코드의 41번 유형(21.5%)이 가장 높다. 즉 부락 내부에서 서식처 온전성이 양호한 왕버들 노거수 개체가 많다는 것을 의미한다. 이것은 잠재자연식생으로서 왕버들 입지의 독특성으로부터 기인한다. 왕버들의 잠재자연식생 권역은 하천 또는 계류의 가장자리 제방 또는 고수부지의 비교적 안정된 유수역(이율경, 김종원 2005)으로서 왕버들 노거수들은 그러한 유수역의 안정된 입지에서 잔존 보호되어 온 개체들이다.

소나무 노거수는 [R-G-A-A] 코드의 5번 유형이 가장 높게(15.4%) 나타난다. 즉 부락으로부터 이격되어 있으면서 서식처 환경이 양호한 입지에 잔존하는 노거수 개체들의 구성비가 높다는 것을 의미하며, 소나무 노거수 대부분(전체 소나무 노거수 개체의 83.1%)은 서식처 환경이 양호한 입지 보존으로부터 잔존하는 것이다. 소나무 노거수들은 부락으로부터 이격된 부락 근처 산지의 암각지 입지에서 자연적으로 유존하는 개체들로부터 기원한다. 은행나무 노거수는 기본적으로 부락으로부터 이격되어 있거나 측면에 위치하는 노거수들의 수(전체 은행나무 노거수 개체의 15.2%)는 매우 낮다. 또한 90가지의 노거수 생태유형 가운데 은행나무는 30가지의 생태유형만이 존재하며, 이들 유형 가운데 41번 유형의 [I-G-A-A]가 전체 은행나무 개체 가운데 10.1%로 가장 많았다. 따라서 은행나무 노거수들은 대부분 30가지 생태유형에 대응하는 노거수 개체수가 10% 이하의 출현율을 보임으로써 인위적으로 식재한 개체로부터 유래하는 것으로 균질하게 나타나고 있는 것이 특징이다.

회화나무 노거수는 부락 배후, 부락으로부터의 격리, 그리고 부락의 측면에 잔존하는 개체가 전체 회화나무 노거수의 16.9%이며, 부락의 입구와 내부에 집중적으로 잔존하고 있었다. 50번 유형 [I-B-A-A]의 부락 내부에서 생태적 온전성이 불량한 생태유형으로 회화나무 노거수 생태유형 37가지 가운데 가장 높게 나타난 유형이다.

팽나무 노거수는 부락 측면과 부락 배후에서 매우 빈약한데, 32가지 생태유형 가운데 8가지의 생태유형에 속하며, 전체 팽나무 노거수 가운데 13.1%에 지나지 않는다. 팽나무 노거수 가운데 가장 출현율이 높은 생태유형은 50번의 [I-B-A-A]와 86번[E-B-A-A]이며, 이들의 두 생태유형의 차이점은 부락 내부와 부락 입구에 잔존하는 서식처의 경관적 위치에 있다.

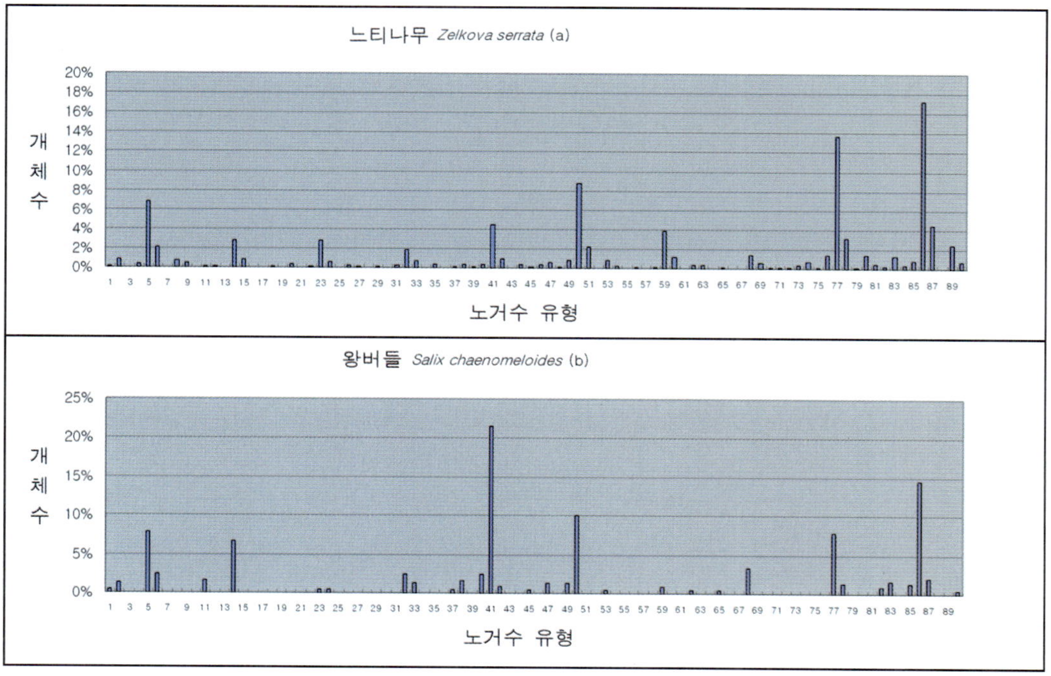

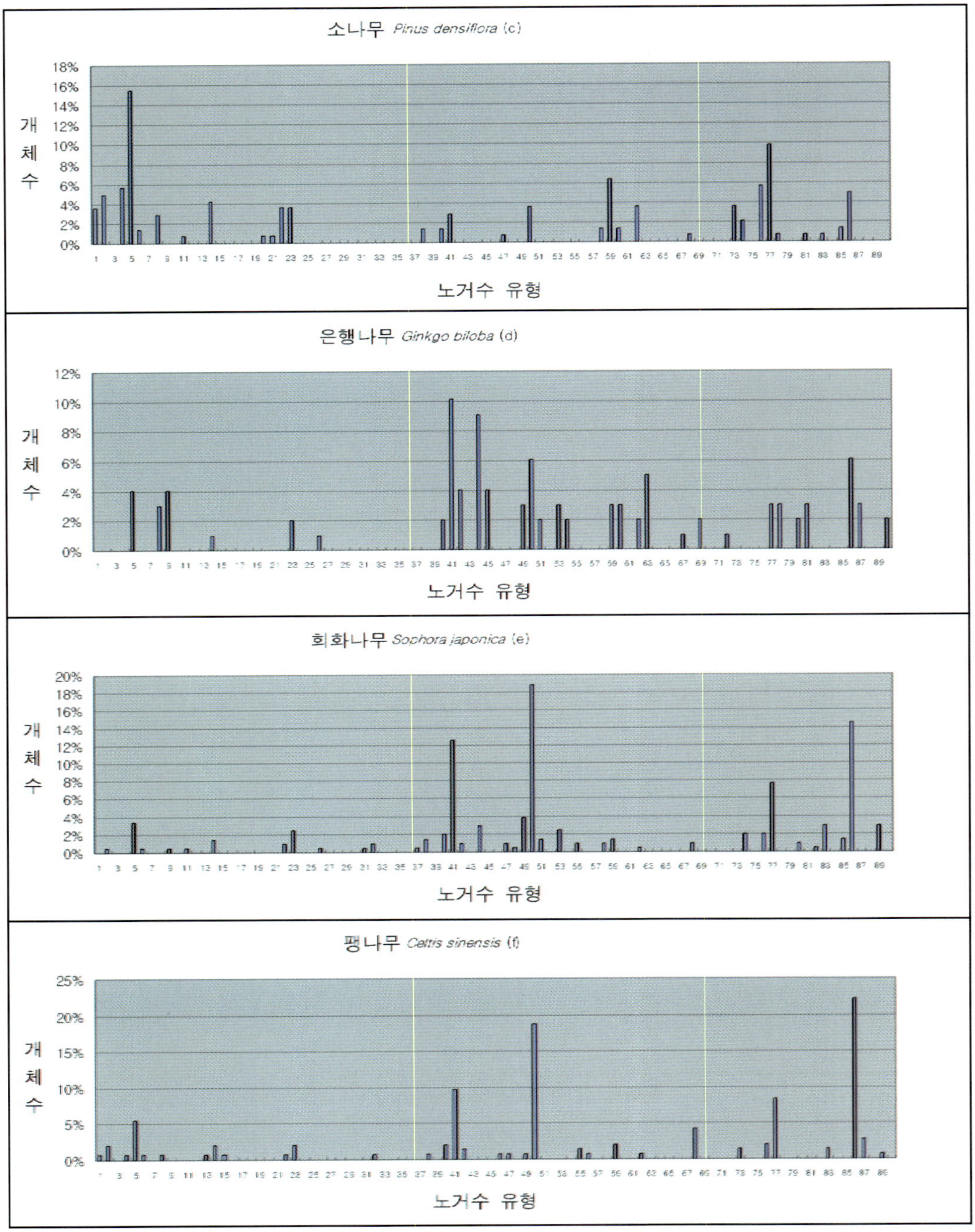

그림 31 90 가지 노거수 유형에 따른 주요 수종의 노거수 개체수. 노거수 유형 번호(X축)는 표 9와 일치함

이와 같이 노거수의 유형분류 및 평가 검색표와 개개 노거수의 모니터링 수준(참조: 제 3 장 1절)과의 대응성은 노거수에 대한 생태적 관리에 핵심적인 전략으로 대두된다.

제 2 장

노거수 생태기행

1절 잠재자연식생과 노거수 생활사

2절 노거수 생태기행 100선

3절 노거수의 고사와 설화

제 1 절 잠재자연식생과 노거수 생활사

1.1 노거수 모듈성과 성장형

현존하는 노거수는 그 기원에 따라 크게 두 가지로 구분된다. 인공적인 식재로부터 유래하는 노거수 개체와 그 입지에 대한 고유식물종으로부터 유래하는 자연기원의 노거수가 있다(그림 3 참조). 인공 식재로부터 유래하는 노거수 수종은 고유식물종과 외래식물종, 그리고 외지식물종 등 모든 유형의 식물종을 포함하는데, 고유식물종이 아닌 외래와 외지 식물종의 노거수인 경우는 모두 인공 식재로부터 유래하는 개체들이다(부록 - 용어해설 참조). 반면에 자연기원의 노거수는 그 입지와 지역의 자연환경 조건을 총화하는 잠재자연식생의 주요 구성요소로부터 잔존하거나 그 구성요소 가운데 마을공동체의 의도적 선정에서 보호되고 있는 개체이다. 따라서 자연기원의 노거수는 인공 기원 노거수의 문화적 요소로서의 가치뿐만 아니라 입지를 포함하는 지역에 대한 잠재자연식생 정보로서의 가치를 포함하고 있다(김종원 2006). 결국 잠재자연식생의 구성 요소로서 자연기원의 노거수는 궁극적으로 해당 지역의 자연식생 복원과 보존 그리고 건전한 이용에 결정적이고 과학적인 근거를 제공한다.

자연기원의 노거수이건 인공기원의 노거수이건 노거수 개체로부터 마을 공동체 또는 개인에 의하여 인공적으로 관리되어 오는 생명체이기 때문에 그로부터 획득될 수 있는 개체 생물적 그리고 문화적 정보를 포함하고 있다. 다년생인 목본 식물종의 최고 수령에 관한 정보는 잔존하고 있는 최고령 노거수 수종으로부터 추정할 수 있다(제 1 장 2.4절 참조). 상대적으로 수명이 짧은 노거수 수종들은 천이 초기(early successional stage) 식생 또는 선구식생(pioneer vegetation)의 구성요소이며, 상대적으로 수명이 긴 수종들 천이 후기(early successional stage) 식생의 구성요소이다. 천이 초기의 수종들은 호광성이면서 속성하며, 상대적 수명이 짧은 수종임으로 그만큼 잔존하는 노거수 종류 가운데 출현 빈도가 낮을 것이다. 그러나 천이 후기의 수종들은 어린 치수나 관목 수준의 성장시기에는 반음지(half-shadow) 또는 음지에서 생육하지만 수관층 교목 수준의 성장시기에는 호광성의 속성을 가진다.

따라서 천이 후기의 교목성 수종들은 수관층을 오랜 기간 우점하는 상대적으로 수명이 긴 수종인데, 그 만큼 잔존하는 노거수 종류 가운데 빈도가 높게 나타난다. 그 사례로 고유 수종 가운데 노거수로서 느티나무의 빈도(전체 노거수 가운데 55%)가 단연 우세한 것은 바로 그러한 개체 생태의 특성으로부터 기인한다. 소나무는 천이 초기상의 식물종이라기 보다는 특정의 환경조건에 의해 주기적인 스크리닝(screening, 자연선택 과정)에 의하여 유지될 수 있는 위극상(僞極相) 식생인 산지 암각지 또는 계류 사력지(砂礫地)의 잠재자연식생의 주요 요소로서 선구식생의 식물종이다. 소나무는 일생동안 피음(被陰)의 환경조건에서는 생육할 수 없는 생태적 특성을 가지고 있다. 그러므로 소나무 노거수를 오랫동안 보존하기 위해서는 직사광선을 경험할 수 있는 개방된 입지환경 조건이 유지되어야 한다. 소나무처럼 상록침엽수종이지만 노거수로 드물게 기록되고 있는 전나무(*Abies holophylla* Maxim.)는 느티나무처럼 아고산 식생 및 냉온대 북부 · 고산지대 계곡 식생의 천이 후기종이다.

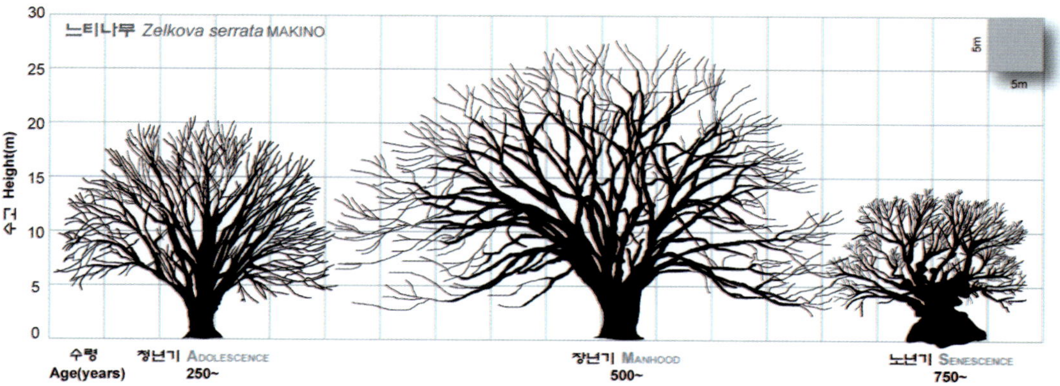

그림 38 느티나무 노거수의 성장형(growth form)

최장수 노거수 수종인 느티나무는 임계수령이 1,000년인데, 수령과 수형의 대응성으로부터 개체 생활사(生活史, life history)는 청년기(250년 ~), 장년기(500년~), 노년기(750년~) 등의 네 가지 성장형(成長型, growth form)으로 구별할 수 있다(그림 38). 그것은 식물은 뿌리, 줄기, 가지, 잎, 꽃과 열매 등의 일종의 모듈로 이루어진 모듈생물체(module organism)로서 각 모듈의 수명에 의하여 식물체의 형상이 결정되기 때문이다. 어린 모듈은 늙은 모듈보다 활력도가 높기 때문에 병해충이나 물리적 훼손에 대한 저항성이 높다. 좋은 예로 강풍이나 병해충에 의한 가지의 훼손은 늙은 가지가 젊은 가지에 비하여 훨씬 높다. 따라서 다년생의 교목성 목본 식물종인 노거수의 경우, 수령은 개체의 모듈성(modularity)에 직접적인 영향 요소로 작용하는데, 모듈의 나이, 모듈의 밀도, 모듈의 크기 등이 개체의 수령에 따라 상이하다. 느티나무의 경우 노거수로 기록되는 개체는 청년기 이상의 것이며, 늙어 가면서 명백한 수형의 변화가 나타난다. 수령 500년 이상의 장년기로 분류되는 느티나무 노거수는 수고(樹高)에 비하여 수관폭이 약 2배에 이르는 넓은 장타원형을 가진다. 수령 750년 이상의 노년기로 분류되는 노거수는 수관부의 굵은 가지가 노쇠화 하면서 강풍에 훼손되고, 수고와 수관폭이 줄어들면서 수간의 흉고둘레가 상대적으로 비대해진다. 특히 수관부의 가지 모듈성은 몇 개의 오래된 굵은 가지를 중심으로 짧고 어린 가지들이 사방으로 퍼져나는 형상이 특징이다. 이러한 노년기의 수형은 비록 수령이 그 이하의 어린 개체일지라도 생육 입지가 바람길(風動)에 위치하거나 높은 빈도로 강풍에 노출되는 개방입지에서도 관찰된다. 즉 노거수의 성장형은 생육 입지의 자연환경 조건에 따라 다변성(多變性, variety)이 존재할 수 있다는 것이다.

1.2 노거수와 성황당 그리고 남근석

노거수는 노거수가 위치하는 마을공동체 공간 속에서 행해지는 전통문화 요소에 따라 크게 세 가지로 구분된다:

❶ 노거수 개체를 중심으로 어떠한 전통 문화 요소도 가미되어 있지 않으면서 노거수만 존재하는 유형이다. 이것은 희귀한 것으로부터 국가 또는 지방의 보호수로서 발굴된 경우의 노거수이다. 여기에서의 희귀성(rariety)은 보전생물학적 척도(김종원 등 2006)로서가 아니라, 수형, 수령, 수종 등등의 범주에서 희귀하게 생각하는 전문가의 주관적 판단에 근거를 두고 있다. 따라서 보호수로서의 노거수 선정을 위한 희귀성에 관한 평가 기법의 표준화 연구가 필요함을 알 수 있다. 단순 노거수의 유형은 마을숲으로부터 기원하는 개체이거나 인공적으로 식재된 개체의 양쪽 모두로부터 존재한다.

❷ 전형적인 전통마을나무로서의 유형에는 두 가지로 구분되는데, 당집, 성황당, 돌탑 등과 같은 토속신앙적 요소를 포함하고 있는 노

거수 유형과 아래에 기술하는 음양(陰陽)의 전통 정서를 포함하고 있는 노거수 유형이 있다. 토속신앙적 노거수 유형은 기본적으로 마을 지킴이로서의 당산나무 기능을 감당하는 개체이다. 가장 많은 수의 노거수가 이 유형에 속하며, 그 만큼 많은 수로 잔존하고 있다는 것을 의미한다. 토속신앙적 행위의 신성한 공간 속에 위치하는 노거수는 자연스럽게 보존되고 보호될 수 있는 심미적 그리고 심원적 효과로 이해될 수 있다. 이것은 특히 전통마을숲으로부터 단목군 그리고 노거수 개체 수준으로 축소되어 오는 과정에서 마을 지킴이로서의 최소한 수준이라도 지켜야 하는 마을 공동체의 절박한 인식으로부터 토속신앙적 요소로 접목된 것으로 보는 것이다. 토속신앙이 깃들어 있는 노거수를 감히 인위적으로 훼손한다는 것은 무모한 행위로 받아들이고 있는 본능적인 인간의 자연에 대한 경외심 또는 녹색갈증(biophilia)의 발로이다. 즉 잔존하는 노거수를 보호하고 계승하기 위한 수단으로서 토속신앙적 요소를 계승해 왔거나 의도적으로 가미했을 개연성이 있다는 것이다.

③ 전형적인 전통마을나무의 한 유형으로 남근석(男根石, penile stone)과 같은 음양(陰陽)의 전통 정서를 포함하고 있는 경우를 들 수 있다. 남근석과 함께하고 있는 노거수에는 두 가지 특징이 있다. 남근석이 존재하는 곳의 노거수는 항상 느티나무이며, 그 위치는 마을의 입구로서 특히 나들목에 위치함으로써 마을을 드나드는 모든 사람들이 자연스럽게 반드시 조우(遭遇)할 수 있는 위치에 자리하고 있다. 남성을 상징하는 남근석에 조화를 이루는 수종으로 느티나무를 선택한 이유는 불분명하다. 그러나 전통 문화 속에서 느티나무는 교목성 수종 가운데 여성을 상징하는 것임에는 틀림이 없다. 느티나무는 수형으로 보아도 우람한 여장부의 이미지를 떠올린다. 장년기의 느티나무 수형은 장타원형으로 오지랖이 넓은 치마를 펼친 듯 하며, 풍요로움과 다산(多産)을 상징할 만큼 엄청난 양의 잎과 꽃 그리고 열매를 생산한다. 뿐만 아니라 많은 생물종이 깃들 수 있는 생물 서식처로서의 기능을 감당하기에 다른 수종에 비해서 매우 유리한 수형을 가지고 있다. 결국 느티나무는 어머니와 같은 상징성을 가진 수종인 것이다. 느티나무-남근석은 하나의 세트로서 음양오행설의 동양 정서를 나타내고 있다. 느티나무-남근석 유형(제 2 절의 노거수 100선 제 93 번 칠곡 학산리 느티나무 노거수 참조)은 느티나무가 자연적으로 분포할 수 있는 냉온대 남부·저산지대 및 난온대의 잠재자연식생 영역 내에 위치하는 마을 가운데 일부 지역에서 잔존하고 있는 것이 관찰된다. 국지적으로는 해발이 낮은 구릉지와 충적대지에 발달한 자연부락에 부분적으로 잔존하고 있다. 그러나 남근

그림 39 느티나무 - 전나무 노거수 유형(문경새재 제 1 관문 후방, 촬영: 2006년 12월 4일)

석을 대신하는 수종이 있는데, 아고산 식생 및 냉온대 북부 · 고산지대 계곡 식생의 천이 후기 종인 전나무(*Abies holophylla* Maxim.)이다. 전나무는 옆으로 퍼지는 느티나무와 대조가 되는 하늘로 곧게 치솟은 수형을 가지고 있으며, 빳빳하게 위로 서있는 열매의 형상을 남근에 대응시키기에도 손색이 없을 정도이다. 뿐만 아니라 전나무는 1년 내내 푸른 상록의 침엽수종이라면, 느티나무는 계절에 따라 상관을 달리하는 하록의 활엽수종이다. 이처럼 느티나무와 전나무는 음양의 정서에 정확하게 부합하는 식물종이라 할 수 있다. 느티나무-남근석 유형에 대응되는 느티나무-전나무 유형의 노거수 실체는 산촌 지역에서 관찰된다(제 2 절의 노거수 100선 제 23 번 김천 대야리 전나무 노거수 참조). 마찬가지로 산지 마을의 나들목 위치에 해당하는 동구(洞口)나 소위 산문(山門)이라 할 수 있는 넓은 계곡의 입구 위치에 잔존하고 있다(그림 39). 느티나무-전나무 유형은 중북부지방의 그리고 산지형 노거수 문화라고 한다면, 느티나무-남근석 유형은 남부지방의 그리고 평지형 노거수 문화라 규정할 수 있다. 전나무가 생육할 수 없을 정도의 온난 건조한 환경조건의 입지에서나 전나무가 훼손되었거나 존재하지 않는 곳에서는 남근석이 전나무를 대신한 것이다. 느티나무-전나무 유형의 산지형노거수 문화는 한반도 북방지역으로부터 유래하는 숲의 문화이다.

1.3 노거수 관리

노거수의 관리(management; 보존, 건전한 이용, 복원의 통합된 의미)는 노거수에 대한 수종 및 개체의 생태적 특성을 이해하는 것으로부터 시작한다. 수종의 생태적 특성이란 식물종의 서식처 대응성을 의미하며, 개체의 생태적 특성이란 각 노거수가 생육하고 있는 입지의 생육환경 조건에 대한 대응성을 의미한다. 이 가운데 노거수 개체가 생육하고 있는 입지 조건은 노거수 관리의 일차적 요소로 고려되는데, 그것은 노거수가 인위적으로 정성껏 관리되고 있기 때문이다. 일반적으로 외래 수종이라 할지라도 그 개체가 생육할 수 있도록 인위적인 관리가 지속적으로 이루어질 경우에는 해당 개체는 비록 환경조건이 부적합 할지라도 한 세대의 생명환(life cycle)을 완성하는 데에는 문제가 없다. 예를 들면 외래식물 어떤 종일지라도 정원에 식재해두고 인위적인 관리를 한다면, 그 개체는 지속적으로 살아가는 것을 볼 수 있다. 그러나 인간의 관리를 배제한 자연 상태의 생태적 환경 속에서는 해당 지역과 입지의 환경조건에 최적의 식물종과 개체만이 살아남을 것이다.

노거수에 대한 인위적인 관리는 크게 두 가지 유형으로 구분할 수 있을 것이다. 시멘트나 콘크리트와 같은 비생물적 요소에 의한 기계적 관리와 그러한 관리가 배제된 전통적인 관리이다. 시멘트와 콘크리트가 본격적으로 보급되기 전인 1970년대 새마을사업 이전까지는 대부분의 노거수는 전통적인 관리방식인 방치 또는 벌초 수준의 소극적인 관리에 의한 보존이 이루어져 왔다. 이러한 사실은 「朝鮮巨樹老樹名目誌」(조선총독부 1919) 및 「朝鮮の林藪」(조선총독부 1938)와 「보호수지」(내무부 1972)를 비교하면 명백해진다. 전통적인 관리에 의한 노거수의 보존은 노거수 개체의 결정적인 쇠락 과정으로 개체의 노령화에 따른 강풍에 의한 개체 손괴 그리고 이어지는 고사현상을 들 수 있으며, 드물게 토속신앙 행위로부터 발생하는 불(火)에 의한 수간부(樹幹部)의 훼손으로부터 이어지는 고사현상이다. 그러나 1970년대 이후의 노거수 개체의 생존을 위협하는 결정적인 요소는 시멘트와 콘크리트를 이용한 노거수 수간 기저부의 지표면과 미지형에 대한 과도한 관리이다. 이것은 식물체의 생육에 가장 치명적인 요소가 근권(根圈)의 생육환경 불량인데, 근권의 통기성(通氣性)과 통수성(通水性)을 불량하게 하는 것은 모든 식물종의 생육에 위협적이다. 시멘트와 같은 비생물적 요소로 지표면을 포장하는 경우, 토양권의 호흡과 수분 환경을 불량하게 함으로써 근권의 생육과 발달을 저해한다. 노령의 노거수 개체들에게 근권의 불량화는 병충해나 강풍에 의한 이차적 훼손으로 이어지고 쉽게 쇠락하여 고사되고 만다. 1980년대 들어서면서 잔존 노거수 개체들은 도시의 발달과 산업사회의 물질적 지배구조 속에서 도로 확포장, 건축물, 하수도 축조, 옹벽 설치 등의 다양한 형태로 더욱 불리한 생육환경에 노출되었다. 따라서 노거수에 대한 전통문화 계승과 보존을 추구한다면, 우선적으로 노거수 개체의 생육환경 보존함으로써 근권의 통기성과 통수성을 보장하는 지표면의 자연상태로의 복원이며, 답압(踏壓)의 영향을 배제하는 것이다.

현재 대부분의 노거수는 국가 지정의 천연기념물과 지자체 지정의 지방기념물, 산림 당국에 의한 보호수, 그리고 마을공동체에 의한 자발적인 보호 등의 여러 가지 형태로 보호되고 있다(표 10). 이러한 보호의 과정에서 노거수 생육에 역기능이 초래되지 않도록 생태적 접근의 매뉴얼이 필요하며, 일부 방치되고 있는 노거수 개체들에 대한 발굴과 보존 대책도 필요하다.

표 10 노거수 법적 보호 유형

보호유형	개요
보호수 (保護樹)	산림자원의 조성 및 관리에 관한 법률(제정 2006. 8. 4 법률 7678호) 제47조 1항에 시도지사가 지정하도록 규정하였으며, 3호에 보호수는 보존할 가치가 있는 노목(老木), 거목(巨木), 희귀목(稀貴木), 이 경우 산림밖에 있는 것을 포함한다고 규정하고 있다. 2항에 보호수 관리인을 지정하여 관리 할 수 있도록 하였으며, 3항에 관리에 필요한 사항을 관리인에게 명할 수 있으며, 비용을 지급할 수 있도록 규정하고 있다. 산림자원의 조성 및 관리에 관한 법률시행규칙(제정 2006. 8. 4 농림부령 제 1534호) 제 57조 지정번호, 수목소재지, 소유자 또는 관리자 주소성명, 지정수종, 수령, 수고, 가슴높이 지름 및 본수, 지정연월일을 고시하고 표지판을 설치하도록 규정하고 있다.
천연기념물 (天然記念物)	문화재 보호법 제 6조에 문화재청장은 문화재위원회의 심의를 거쳐 기념물중 중요한 것을 천연기념물로 지정할 수 있다고 규정하고 있다. 문화재 보호법 시행규칙(2006. 6. 23 문화관광부령 제 137호) 제 1조 지정기준 별표에 천연기념물은 문화적, 과학적, 경관적, 학문적 가치가 큰 수림, 명목(名木), 거수(巨樹), 노수(老樹,) 기형목(奇形木)으로 규정하고 있다.
지방기념물 (地方記念物)	경상북도 문화재 보호 조례(2005, 11, 4 조례 제 2888호) 제15조 1항에 도지사가 지정할 수 있도록 규정하고, 제2조 정의에 도지정문화재라 함은 도내에 있는 문화재로서 문화관광부장관이 지정하는 국가지정문화재로 지정되지 아니한 문화재중 도지사가 향토문화보호에 필요하다고 인정하여 지정한 문화재라고 규정하고 있다. 경상북도 문화재 보호 조례 시행규칙 제 4조 지정기준 별표에 학술적 가치가 큰 명목(名木), 거수(巨樹), 노수(老樹), 기형목(奇形木)이라고 규정하고 있다.

현재 잔존하는 노거수에서 관찰되는 이용 양식에는 전통적인 민속 행위 이외에 휴양의 공간이면서 마을 공동체의 의사소통의 공간으로 이용되고 있는 것이 지배적이다. 그래서인지 노거수 그 자체의 생명체와 노거수에 깃들어 사는 야생 생물들에 대한 배려는 소극적인 반면에 인간의 관점에서 노거수의 공간이 적극적으로 개발되고 있는 실정이다. 노거수 지표면의 콘크리트 및 시멘트화 이외에도 미지형의 변화, 쓰레기 소각, 방갈로 또는 체육 시설물 등의 다양한 간섭 요인이 혼재하고 있다. 미지형의 변화는 통수성, 통기성의 토양 환경에 지대한 변화를 초래한다. 또한 방갈로와 체육시설은 지표면에 강한 답압이 작용함으로써 토양의 통수성과 통기성을 매우 불량하게 한다. 쓰레기 소각은 탄화알갱이의 대량 발생으로 뿌리썩음병의 원인을 제공하기도 하며, 수간부 부후(腐朽)의 원인이 된다.

최근 노거수를 중심으로 마을 공동체의 휴양공간의 개발이 크게 주목받고 있다. 이러한 개발에는 반드시 다양한 수목의 식재에 의한 조경 사업이 병행되고 있는데, 노거수가 생육하고 있는 입지환경을 고려한 조경계획이 요구된다. 외래종(카이즈까향나무, 독일가문비나무 등) 또는 외지종(용어 해설 참조)의 도입은 노거수의 전통식생경관에도 부합되지 않을 뿐만 아니라 식재 이후의 유지비용도 지속적으로 든다. 결국 노거수를 중심으로 하는 마을 공원의 조성은 잠재자연식생을 바탕으로 미래 경관에 대한 목표 설정으로부터 성취될 수 있다. 그것은 식물은 시간의 경과에 따라 성장하고, 노쇠하면서, 마을 공원의 경관도 변화해가게 하는 생명자원이기 때문이다.

조선총독부는 1919년「朝鮮巨樹老樹名目誌」에서 한민족의 노거수 전통문화에 대하여 그리고 그로부터 18년이 경과된 1938년에는 수변보안림(水邊保安林)을 중심으로 하는 조선의 임수「朝鮮の林藪」라는 기록물에서 한민족의 전통마을숲 문화에 대해서 인류문화사적으로 독창적인 중요한 문화유산이라고 기록하고 있다. 즉 현대적 의미로 해석해 보면, 자연과 사람이 어우러지는 토지(land)와 야생(wilderness)에 대한 지속가능한 이용(sound and sustainable use)에 대한 가장 모범적인 사례라는 것이다. 우리가 노거수 문화를 계승하고 복원해야 하는 이유도 바로 여기에 있다.

↑ 천연기념물 405호 상수리나무(의성 점곡 사촌리, 가로 숲) 촬영: 2002. 6. 1

← 보호수 느티나무(안동 풍산 소산마을, 삼구정) 촬영: 2002. 3. 27

← 도기념물 11호 탱자나무(포항 청하 중산리, 보경사) 촬영: 2003. 7. 15

제 2 절 노거수 생태기행 100선

2.1 노거수 100선의 특성

노거수를 포함한 자연생태계에 대한 이해는 생물 서식처에 대한 개념 이해로부터 시작한다. 생물 서식처(棲息處, 棲息地, habitat)는 생물이 사는 특정 공간을 의미하며, 주소와 같은 것이다. 모든 집이 주소가 있듯이 모든 생물이 사는 곳은 서식처로서의 특성을 가지고 있다. 따라서 서식처는 생물이 사는 바탕이 되는 지리, 지질, 지형, 토양, 기후 등의 무생물적 조건들로 이루어져 있다. 어떤 장소에서 만나게 되는 생물종의 분포적 특성을 이해하기 위해서는 그 장소의 생물 서식처로서의 무생물적 조건을 먼저 고려해야 한다. 그 다음으로 인간의 토지이용 방식과 간섭 요소들에 대하여 고려하면 된다.

본서에서는 우리나라 최초로 구축된 특정 지역(경상북도)의 노거수(전통마을나무)에 대한 생태적 총목록(울릉군을 제외한 경상북도 전역에서 1999년부터 2005년까지 현장 조사 결과) 가운데, 전통마을나무로서의 특성을 이해할 수 있는 노거수 정보를 포함하고 있는 100 그루의 노거수를 선정하였다(그림 40, 표 11).

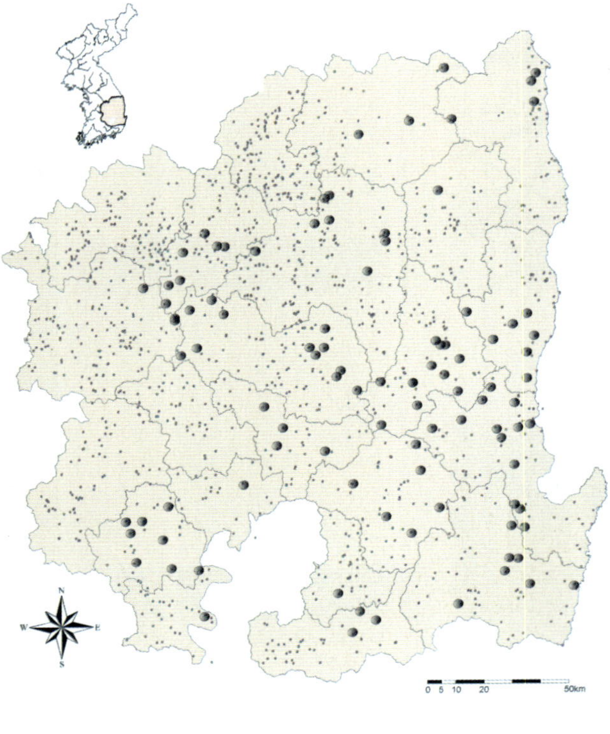

그림 40 경상북도 노거수 2390 개체의 위치와 노거수 100선으로 선정된 개체의 위치(굵은 점)

경상북도는 한반도의 동해연안 남부와 영남지방의 북부에 자리 잡고 있으며, 총면적은 19,025 ㎢로서 남한 면적의 19.1%를 차지한다. 포항시 외 22개 시군을 포함하는 우리나라에서 면적이 가장 넓은 광역지방자치단체이다(경상북도 2004).

지리 지질: 경상북도는 서쪽에서부터 소백산지괴 경상분지와 포항분지로 구분된다. 이들 각 지층의 기반위에 제4기층이 퇴적되어 있다(경상북도사편찬위원회, 1983). 지세는 동쪽에는 낙동정맥이 해안을 따라 북에서 남으로 뻗어있고, 북서쪽에는 백두대간이 강원, 충북, 전북과 도계를 따라 동북에서 서남으로 달리고 있다. 북부와 서부의 높고 험준한 백두대간은 낙동강 유역의 광활한 평야를 에워싸고 있으며, 동쪽은 동부산지, 서쪽은 서부산지로 그 가운데에 낙동강 유역(洛東江流域)의 중앙저지대로 크게 나누어진다. 따라서 경상북도는 대체로 산지가 많고, 낙동강 중상류지역을 차지하고 있는 것으로 특징지을 수 있다. 지형의 해발고도 구배는 타도(他道)에 비하여 높은 편이며, 중해발이라 할 수 있는 해발 100~500m 지역이 전도 면적의 약 64%를 차지한다(해발 100m 이하 지역 - 약 15%, 500m~1,000m 지역 - 19%, 1,000m 이상 지역 - 2%) (경상북도사편찬위원회 1983). 식생지리학적으로 경상북도는 신갈나무-생강나무군단(Lindero-Quercion mongolicae)이 가장 넓은 면적으로 이루어져 있으며, 냉온대 낙엽활엽 수림(cool-temperate broad-leaved forests)이 대표적인 잠재자연식생 지역임을 의미한다(김종원 1993).

기후: 경상북도의 기후는 대기후적(大氣候的) 양상으로 보면 한반도의 일반적인 대기후 패턴과 일치하며, 대륙성 기후 특성을 보여주고 있다(이현영 2000). 즉 하절기(6, 7, 8월)에 집중되는 강우 및 동절기(12, 1, 2월)에 연강수량의 약 10%를 차지하는 강우패턴과 동절기의 북서풍, 하절기의 남서풍이 우세한 한반도 풍계와 동일한 양상을 보여주고 있다. 그러나 태백산맥 및 소백산맥의 남부 또는 서부에 위치하는 경상북도의 지리적 위치의 특이성으로부터 편서풍이 우세한 한반도의 계절적 기단 변화에 따른 강우그늘(rain shadow) 효과가 명백하게 나타나고 있다. 이러한 기후적 특성으로부터 경상북도는 대구형-생물기후구에 해당하는 영남과우지역의 중심부에 해당한다(김종원 2004). 최근 들어 광역적인 기후변화에 의한 기후패턴은 매우 복잡한 양상을 나타내고 있는데, 특히 동해안남부형-생물기후구에 포함되는 울진, 영덕, 포항 등지의 해안지역에서는 동절기 동안의 강설량의 증가를 보여주고 있다. 그러나 경상북도 전역에 대한 연평균 기온과 연강수량은 2004년말 기준, 대구시상대 14.8°, 1,222.4mm, 안동기상대 12.1°, 1,305mm, 울진기상대 13.5°, 1,278,9mm, 포항기상대 15.1°, 1,403mm를 나타내고 있다(http://www.gb.go.kr; 2005년 통계연보, 토지 및 기후). 한편 북태평양 서부에서 발생한 태풍 두 세 개가 우리나라에 직간접으로 영향을 미치고 있으며, 경상북도 전역은 그 영향권에 노출되어 있다. 따라서 경상북도 권역 내에서의 노거수의 임계수령은 거시적으로 태풍(돌풍 포함)에 의해 영향을 받으며, 수종별 노거수의 임계수령은 기록적인 태풍의 빈도를 간접적으로 가늠할 수 있는 학술적 연구 주제가 된다.

인구 토지이용: 경상북도의 인구는 2004년 말 2,718,613명이며, 인구 밀도는 142.9명/㎢이다. 경상북도는 전체 면적의 72.2%가 임야이며, 농경지 17.2%, 대지 1.4%, 하천 3%, 구거 1.8%, 도로 1.6%, 유지 0.8%, 공장용지 0.3%, 기타 1.7%로 이루어져 있다(http://www.gb.go.kr; 2003년 통계연보, 토지지목별 현황). 따라서 우세 토지이용 방식은 임야로 나타났으며, 이것은 상술의 경상북도의 지형적 특성에 부합하는 것으로 판단할 수 있다. 경상북도를 포함한 24개 지자체의 지역별 자연환경 요소들, 토지이용에 따른 식피 다양성과 분포양식, 연평균 기온과 강수량, 해발고도 범위 등 기후와 지형 정보는 지역의 고유 식생자원의 분포와 다양성에 대한 일차적 요소들이며, 현존하는 식피의 정보는 이차적인 정보로 기여한다. 특히 경상북도를 포함한 24개 지방자치단체에 대한 「토지피복도」(환경부 2003)의 20개 면적 정보는 지자체별 토지이용(인간간섭)에 따른 노거수를 포함한 식생의 구조와 자연성을 파악하는데 결정적인 정보를 제공하고 있다.

노거수 100선에 선발된 개체들은 기본적으로 민속식물자원으로서의 특기할만한 의미를 가지고 있는 생태기행(ecotour)과 현장 학습의 재료가 될 수 있다. 이러한 기능을 감당하는 노거수는 다음과 같은 기준으로 선발하였으며, 그것은 곧 노거수에 대한 관찰 포인트가 된다:

- 노거수 수종 다양성을 이해하기 위하여 수종별 노거수 한 그루 이상 선정
- 수령, 수고, 흉고둘레, 수관폭 등의 개체정보에서 각기 대표적인 노거수(사례: 최고 수령의 노거수)
- 주민생활 및 전통민속문화와 관련하여 대표적인 노거수 (사례: 일련번호 55. 안동시 풍천면 하회마을 느티나무 노거수)
- 역사적 사실 및 인물에 관련한 대표적인 노거수 (사례: 일련번호 99. 포항시 흥해읍 성내리 회화나무 노거수)
- 토속신앙에 관련한 대표적인 노거수 (사례: 일련번호 45. 안동시 길안면 송사리 소태나무 노거수)
- 학술, 경관, 예술적인 가치에서 대표적인 노거수 (사례: 일련번호 83. 청도군 운문면 신원리 소나무 노거수)
- 기타 특이한 형상으로 판단되는 노거수 (사례: 일련번호 10. 경주시 외동읍 석계리 팽나무 노거수)

표 11 장소별(가나다순) 노거수 100선 목록

일련번호	수 종	보호범주*	수령(년)	주 소
1	양버즘나무	보호수	120	경산시 와촌면 동강리 25
2	이팝나무	보호수	320	경산시 진량면 평사리 50
3	향나무	도기념물	540	경주시 강동면 양동리(월성손씨종택)
4	은행나무	보호수	350	경주시 강동면 왕신3리(운곡서원)
5	느티나무	보호수	500	경주시 마동 588(마을회관 앞)
6	조각자나무	천연기념물	450	경주시 안강읍 옥산리 1600
7	회화나무	천연기념물	500	경주시 안강읍 육통리 1428(마을회관앞)
8	해송	보호수	270	경주시 양남면 수렴2리 563
9	소나무	노거수	300	경주시 외동읍 괘능리(마을뒤)
10	팽나무	보호수	180	경주시 외동읍 석계2리 1042(저수지 밑)
11	등나무	천연기념물	300	경주시 현곡면 오류리 527
12	느티나무	보호수	500	경주시 현곡면 하구1리 507
13	은행나무	보호수	520	고령군 개진면 부1리 30(창동)
14	느티나무	보호수	500	고령군 다산면 노곡리 산 37(새창재)
15	느티나무	보호수	600	구미시 산동면 백현리 77-1(공재쉼터)
16	소나무	천연기념물	400	구미시 선산읍 독동리 537
17	은행나무	천연기념물	600	구미시 옥성면 농소리 436
18	소나무	보호수	500	군위군 고로면 학암리 33-5
19	느티나무	보호수	620	군위군 부계면 가호1리 1231
20	왕버들	보호수	250	김천시 구성면 구미1리 246(구미마을)

21	팽나무	보호수	470	김천시 농소면 연명리 266(연명마을)
22	은행나무	천연기념물	600	김천시 대덕면 조룡리 산51
23	전나무	보호수	570	김천시 부항면 대야2리 879(대동마을)
24	산돌배나무	보호수	250	문경시 가은읍 작천리 249
25	시무나무	보호수	350	문경시 가은읍 죽문1리 203
26	느티나무	보호수	520	문경시 농암면 갈동2리 357(농암바위)
27	소나무	천연기념물	400	문경시 농암면 화산1리 942외 3필지
28	소나무	보호수	300	문경시 동로면 적성리 307
29	느티나무	보호수	200	문경시 산북면 거산리 328-2
30	탱자나무	보호수	400	문경시 산북면 대하리 460-1
31	소나무	보호수	220	문경시 산북면 대하리 668
32	느티나무	보호수	600	문경시 산양면 신전리 299(336)
33	느티나무	보호수	600	봉화군 명호면 삼동2리 301(황샛마)
34	호도나무	보호수	250	봉화군 상운면 문촌리 622
35	소나무	보호수	220	봉화군 석포면 석포리 81-1 (소천반야초교분교)
36	소나무	보호수	320	봉화군 소천면 분천리 산 246-4
37	느티나무	보호수	500	상주시 외서면 대전1리 355
38	뽕나무	도기념물	350	상주시 은척면 두곡리 324외 2필
39	은행나무	도기념물	450	상주시 은척면 두곡리 640외4필(마을회관 앞)
40	밤나무	노거수	120	상주시 화북면 입석2리
41	소나무	천연기념물	500	상주시 화서면 상현1리
42	측백나무	보호수	450	성주군 벽진면 수촌리 906
43	왕버들	천연기념물	450	성주군 성주읍 경산리 446-1일원
44	아까시나무	보호수	200	성주군 월항면 지방리 154
45	소태나무	천연기념물	600	안동시 길안면 송사1리 100-7외 4필지
46	은행나무	천연기념물	700	안동시 길안면 용계리 943외 6필지
47	느릅나무	보호수	170	안동시 길안면 천지리 606-1
48	말채나무	보호수	400	안동시 녹전면 매정리 561
49	느티나무	천연기념물	720	안동시 녹전면 사신리 256외 3필지
50	은행나무	보호수	430	안동시 서후면 지품리 806-1 (광흥사)
51	모감주나무	도기념물	300	안동시 송천 산 30-2
52	뚝향나무	천연기념물	600	안동시 와룡면 주하 634외 1필지
53	굴참나무	천연기념물	500	안동시 임동면 대곡2리 583
54	은행나무	보호수	500	안동시 정상동 770 (귀래정)
55	느티나무	보호수	620	안동시 풍천면 하회리 709-3 (하회마을내)
56	고욤나무	노거수	100	영덕군 달산면 용천리 199
57	느티나무	보호수	1000	영덕군 지품면 신안리 82
58	상수리나무	보호수	220	영덕군 창수면 삼계리 264-2
59	졸참나무	보호수	420	영덕군 창수면 신기리 198-3
60	느티나무	보호수	1000	영덕군 창수면 신리2리 339
61	느티나무	보호수	720	영양군 석보면 택전2리 850
62	갈참나무	천연기념물	520	영주시 단산면 병산1리 산338
63	은행나무	보호수	800	영주시 순흥면 내죽리 98(금성단)
64	느티나무	천연기념물	700	영주시 안정면 단촌리 185-2
65	느티나무	노거수	400	영주시 평은면 강동1리(금계마을내)
66	은행나무	보호수	720	영주시 풍기읍 성내리 22(읍사무소내)
67	은행나무	보호수	400	영천시 임고면 양항리 235(임고서원)
68	느티나무	노거수	150	영천시 화북면 자천리(오리장숲)
69	소나무	천연기념물	620	예천군 감천면 천향리 804

70	팽나무	천연기념물	500	예천군 용궁면 금남리 696
71	느티나무	보호수	800	예천군 유천면 고림리 249
72	회화나무	보호수	400	예천군 풍양면 삼강리 166-1
73	느티나무	보호수	300	예천군 하리면 율곡리 260
74	음나무	보호수	320	예천군 하리면 은산1리 184-1
75	굴참나무	천연기념물	340	울진군 근남면 수산리 381-1
76	물푸레나무	보호수	150	울진군 서면 광희리 222-2
77	향나무	천연기념물	500	울진군 죽변면 화성1리 산190
78	향나무	천연기념물	500	울진군 죽변면 후정리 산30
79	느티나무	보호수	200	의성군 안평면 석탑2리 746
80	회화나무	도기념물	600	의성군 의성읍 도서리 210-3
81	왕버들	노거수	400	의성군 점곡면 윤암리 537(소계당)
82	털왕버들	천연기념물	220	청도군 각북면 덕촌리 561외3필지
83	소나무	천연기념물	420	청도군 운문면 신원리 1789
84	은행나무	천연기념물	400	청도군 이서면 대전리 638
85	은행나무	노거수	530	청도군 이서면 서원리 87
86	은행나무	천연기념물	820	청도군 청도읍 원리 981(적천사)
87	느티나무	보호수	570	청송군 부남면 양숙리 146-1
88	개오동나무	천연기념물	450	청송군 부남면 홍원리 547
89	소태나무	보호수	300	청송군 부남면 화속1리 266번지
90	향나무	천연기념물	400	청송군 안덕면 장전리 18 (영양남씨)
91	비술나무	보호수	350	청송군 청송읍 송생리 146-5
92	느티나무	노거수	500	청송군 현서면 도리
93	느티나무	보호수	420	칠곡군 가산면 학산리 94(원정부락)
94	개서어나무	보호수	310	포항시 남구 대송면 홍계리 126
95	느티나무	보호수	720	포항시 북구 신광면 마북리 70
96	팽나무	보호수	350	포항시 북구 신광면 사정2리 447
97	모과나무	무보호수	300	포항시 북구 청하면 서정리 171
98	팽나무	보호수	310	포항시 북구 청하면 월포3리 181
99	회화나무	보호수	620	포항시 북구 흥해읍 성내리 39-8
100	배롱나무	노거수	320	포항시 흥해읍 초곡리 827

100선으로 선정된 노거수 속에는 지역의 단체장이 산림예규에 의하여 도지사가 지정하는 '보호수'라는 보호 범주에 속하는 개체가 가장 많으며, 그 다음으로 천연기념물 27 개체, 지방기념물 5 개체, 법적 제도적으로 보호의 범주에 해당되지 않는 개체 8개가 포함되어 있다. 한편, 100선으로 선발된 노거수는 39 종으로서 느티나무 25 그루가 가장 많으며, 그 다음으로 은행나무 14 그루, 소나무 11 그루 순이다. 아까시나무의 경우처럼 외래 수종이지만 매우 희귀한 노거수종도 포함되어 있다(표 12).

표 12 노거수 100선 수종의 다양성

수 종	속성	개체수	수 종	속성	개체수
갈참나무	고유종	1	소태나무	고유종	2
개서어나무	고유종	1	시무나무	고유종	1
개오동	반고유종	1	아까시나무	외래종	1
고욤나무	고유종	1	왕버들	고유종	3
굴참나무	고유종	2	양버즘나무	외래종	1
느릅나무	고유종	1	은행나무	반고유종	14
느티나무	고유종	25	음나무	고유종	1
등나무	고유종	1	이팝나무	고유종	1
뚝향나무	반고유종	1	전나무	고유종	1
말채나무	고유종	1	조각자나무	고유종	1
모감주나무	고유종	1	졸참나무	고유종	1
모과나무	식재종	1	측백나무	고유종	1
물푸레나무	고유종	1	탱자나무	식재종	1
밤나무	고유종	1	털왕버들	고유종	1
배롱나무	식재종	1	팽나무	고유종	5
비술나무	고유종	1	해송	고유종	1
뽕나무	식재종	1	향나무	고유종	4
산돌배나무	고유종	1	호도나무	식재종	1
상수리나무	고유종	1	회화나무	준고유종	4
소나무	고유종	11			

2.2 노거수 생태기행 어떻게 할 것인가

노거수 100선에 대하여 현장 방문에 직접 활용될 수 있도록 개개 노거수의 4 가지 항목별(위치정보, 개체정보, 관리정보, 건강정보; 아래의 '생태기행 정보 해설'을 참조)로 구분하여 기술되어 있다. 사진 자료에는 촬영일자를 표시하였으며 미표시된 것은 조사일자와 같다.

노거수 100선 「생태기행 정보 해설」

위치정보

- **주소** : 행정 위치 주소
- **GPS** : 노거수 생육 지점의 위도와 경도
- **해발고도(m)** : 노거수 생육 지점의 해수면(0m)으로부터의 높이
- **위치지역** : 노거수가 위치하는 장소에서 우점하는 토지이용 – 농촌, 도시, 산업지역 등.
- **경관연결성** : 마을과 노거수의 경관적 상호관계 – 입구, 내부, 측면, 배후, 이격.
- **미지형** : 노거수 생육지의 지면 형상 – 평면형, 돌출형, 함몰형, 혼합–요철형.
- **분포지형** : 노거수 생육지의 지형적 위치 – 산비탈, 산지 계류, 충적대지, 충적저지 등.
- **인접토지** : 노거수 주변의 우점 식생 – 임야, 경작지(논과, 밭), 도로 공장, 개방수면 등.
- **접근경로** : 노거수를 찾아가는 접근경로.

개체정보

■**기원** : 노거수의 생성기원 – 자연, 인공
■**식분형** : 노거수 개체의 형상 – 단목(한 그루), 단목군(두 그루 이상, 줄로 선 나무 포함)
■**점유면적** : 노거수가 차지하는 관리 면적
■**수령** : 노거수 나이의 추정치(수령1–보호수관리대장기록, 수령2–2002~4년 조사)
■**수고** : 노거수의 높이
■**흉고둘레** : 가슴 높이에서의 노거수 굵기
■**수관폭** : 노거수의 수관 (숲지붕)의 투영 면적

관리정보

■**보호범주** : 천연기념물, 보호수, 도기념물, 그에 대한 지정 번호
■**지정사유** : 보호범주에 해당하는 지정 이유 – 당산목, 희귀목 등
■**시설물** : 노거수와 관계를 가지고 있는 인공시설물 – 당집, 비석 등
■**현황판** : 노거수에 관한 정보를 게재해 둔 안내판의 유무
■**관리감독** : 노거수 관리책임자 – 개인, 이장, 군수, 도지사, 문화재청장 등
■**이용 정보** : 현재 이용되고 있는 사례 – 제사, 토속신앙, 유희 등

건강정보

■제 3 장 1 절의 노거수 생태조사 및 모니터링 기법 참조
■**감시등급** : 수형, 수관, 수피, 뿌리, 수분영양, 훼손, 병충해, 활력도, 지표면, 오염원 등에 대한 상태를 1점~5점으로 구분하여 현장 판정하여 최종 평가
■**지표면** : 노거수 생육입지의 지표면 상태 – 흙, 시멘트, 보도블록 등
■**오염원** : 노거수 생육에 위협을 하는 오염요소 – 쓰레기 투각, 소각 등

[Ecophilia – 관찰포인트]

탐방한 노거수에 대하여 다음의 질문에 대하여 답을 구해봄으로써 노거수에 대한 깊이 있는 이해를 추구할 수 있다.

1. 노거수는 왜 그 수종(樹種)인가?

2. 노거수는 왜 그곳에 위치하는가? 즉 노거수 수종의 기원은 무엇인가? 심은 것인가, 자연적 유존으로부터 유래하는 식물체인가? 특히 인간의 간섭을 배제했을 때에 그 입지에 저절로 발달할 수 있는 궁극적인 교목 수종은 무엇인지를 검토해 본다.

3. 노거수 역사(수령)와 마을공동체의 역사는 어떤 관계에 있는가? 여기에서 노거수 수령을 추정하는 것은 난이한 과제이다. 수간을 뚫어야 하는 기존의 수령측정기로 노거수의 수령 측정을 시도하는 사람은 없기 때문이다. 간접적인 수령 측정방법으로 동일한 수종에 대한 유사한 흉고둘레를 가지는 개체로부터 추정하는 것이 가능할 것이다.

4. 개체의 희귀성, 잠재자연식생 정보, 외래종, 유실수종, 음양수(陰陽樹) 등에 관한 노거수의 속성은 무엇인가?

5. 노거수 계승을 위해서 어떤 문제점이 있으며, 미래는 어떻게 될 것인가? 즉 노거수는 지속가능한 삶을 일깨워주는 교육적 수단이 되는데, 노거수라는 생명체 입장에서 현재의 생육환경이 노거수 자체에게 유리한지 불리한지를 살펴본다.

6. 가장 아름답고 온전한 노거수 상관을 관찰할 수 있는 방향은 어느 쪽인가? 노거수 생존에는 직접적인 위협이 되지 않지만, 노거수의 온전한 상관이 보존되고 있는지를 살펴보는 것이다. 지상부에 이리저리 얽힌 전깃줄이 있다면 온전한 상관을 사진에 담을 수가 없을 것이다. 뿐만 아니라 노거수 주변에 일관성이 결여되고 정확한 정보를 담고 있지 않거나 중복된 내용을 담고 있는 온갖 시설물(다양한 기념비, 표석, 안내판 등등)이 존재한다면 온전한 노거수 상관을 관찰하기에 방해가 된다. 온전한 노거수 상관을 관찰할 수 있는 방향에 포토라인의 설정을 구상해 본다.

7. 기능적 역할에 상대적 존재가치에 점수를 부여한다면 몇 점인가? 일반적인 수목의 금전적 시장 가치(가격)와 비교한다면 실질적으로 노거수의 간접가치는 매우 지대하다는 것을 알 수 있다.

(　　　　　　　　　　) 노거수 존재가치에 대한 생태평가표							
번호	가치	설명	점수부여				
(1)	연구 및 학습 재료 (교육적)		1	2	3	4	5
(2)	CO_2 흡수, O_2 배출 공기 정화 (환경적)		1	2	3	4	5
(3)	그늘, 증발산, 물(水) 순환 (기후적)		1	2	3	4	5
(4)	지리적 이정표 위치 (지리적)		1	2	3	4	5
(5)	야생생물 서식처 보금자리 (생태적)		1	2	3	4	5
(6)	문화, 민속, 생활 활동 공간 (심미적)		1	2	3	4	5
총 점							

1 경산 동강리 양버즘나무

조사일자 2002년 4월 3일 수요일

위치 정보

주소: 경산시 와촌면 동강리 25 (GPS 36°33′04″N, 128°50′21″E) 해발고도: 81m
위치지역: 농촌 경관연결성: 내부 미지형: 평면 분포지형: 충적대지 인접토지: 운동장
접근경로: 대구-포항 고속도로 와촌 IC에서 하양읍 방향, 와촌초교 교정

개체 정보

기원: 인공 식분형: 단목 점유면적: 803.8㎡ 수령1: 110년 수령2: 99년
수고1: 29m 수고2: 23m 흉고둘레1: 5.2m 흉고둘레2: -m 수관폭: 32m

관리 정보

보호범주: 보호수 11-10-2-8-1호 1982-09-20 지정사유: 경관목 시설물: 좌대
현황판: 유 관리감독: 와촌초교 이용정보: 휴식-정자

건강 정보

수형: 1 수관: 1 수피: 1 뿌리: 1 훼손: 1 지면: 1 오염: 1 활력도: 1 병충해: 1
수분/영양: 1 지표면: 흙 오염원: - 감시등급판정: 일반감시

양버즘나무(*Platanus occidentalis* L.)는 일반적으로 '플라타너스'라고 부른다. 유럽동남부 및 아시아 서부가 원산인데, 우리나라는 물론 전 세계 많은 나라에서 도입해서 식재하고 있는 공원수 및 가로수이다. 와촌초등학교의 것은 경북도 보호수로 지정된 양버즘나무로서는 유일한 개체이다. 우리나라 각급 학교 교정에 양버즘나무가 1950년대 이후에 널리 식재되어 있다. 그러나 양버즘나무는 우리나라 고유 참나무류에 비하면 수명이 매우 짧으며, 수령 50년이 되면 초교목(超喬木)의 거수(巨樹)가 된다. 수령 100여년이면 우리나라 기후의 자연선택압(특히 100년 주기의 태풍 규모)에 의하여 도목(倒木)되거나 고사한다. 따라서 양버즘나무는 노수(老樹)라기 보다는 거수(巨樹)에 해당하며, 거수가 된 상태에서의 도목은 인명과 재산의 피해를 발생시킬 수 있기 때문에 적절한 시점에 생태적 제거가 요구되는 외래수종이다.

2 경산 평사리 이팝나무

조사일자 2002년 4월 3일 수요일

위치 정보
주소: 경산시 진량읍 평사리 50 (GPS 36° 38′ 59″N, 128° 51′ 28″ E) 해발고도: 96m
위치지역: 농촌 경관연결성: 내부 미지형: 평면 분포지형: 충적대지 인접토지: 주택,경작지
접근경로: 경부고속도로 경산 IC에서 진량 – 대창방향. 주택가

개체 정보
기원: 인공 식분형: 단목 점유면적: 257.1㎡ 수령1: 320년 수령2: 320년
수고1: 16m 수고2: 16m 흉고둘레1: 3.6m 흉고둘레2: –m 수관폭: 18.1m

관리 정보
보호범주: 보호수 11-10-6호 1982-09-20 지정사유: 경관목 시설물: –
현황판: 유 관리감독: 이장 이용정보: 기타-경관

건강 정보
수형: 1 수관: 1 수피: 2 뿌리: 1 훼손: 2 지면: 1 오염: 1 활력도: 1 병충해: 1
수분/영양: 1 지표면: 흙 오염원: – 감시등급판정: 일반감시

이팝나무(*Chionanthus retusus* Lundley et Paxton)는 5월에 만개한 모습이 '나무 위에 이밥(쌀밥)을 부어 놓은 듯하다'하여 '이밥나무'라 부르기도 한다. 본래 아열대 및 난온대의 상록활엽수림(常綠闊葉樹林) 지역에서 생육하는 하록활엽수종(夏綠闊葉樹種)이며 온난한 산지 계곡 지형에서 산다. 따라서 한반도처럼 한랭 건조한 대륙성기후에서 드물게 내습하는 강력한 추위는 이팝나무의 지리적 자연분포를 제한한다. 우리나라 남부 지역에서 매우 드물게 야생하는 개체들이 관찰되기도 하지만, 대부분의 것들은 인공적으로 식재한 것으로부터 유래한다. 최근 전국적으로 이팝나무를 가로수로 대량 식재하고 있으나, 동절기의 50년 또는 100년 주기의 강(强) 추위에 의한 냉해 피해가 발생할 수 있다.

3 경주 양동리 **향나무**

조사일자 2002년 4월 14일 일요일

위치 정보
주소: 경주시 강동면 양동리(월성손씨종택) (GPS 36° 05′ 20″N, 129° 15′ 20″E) 해발고도: 57m
위치지역: 농촌 경관연결성: 내부 미지형: 평면 분포지형: 기타(종택) 인접토지: 주택
접근경로: 경주 안강-포항 방향. 양동마을 월성 손씨 종택

개체 정보
기원: 인공 식분형: 단목 점유면적: 94.9㎡ 수령1: 540년 수령2: 540년
수고1: 9m 수고2: -m 흉고둘레1: 4.1m 흉고둘레2: -m 수관폭: 11m

관리 정보
보호범주: 도기념물 8호 1974-12-10 지정사유: 경관목 시설물: -
현황판: 유 관리감독: 월성 손씨문중 이용정보: 기타-경관

건강 정보
수형: 1 수관: 1 수피: 2 뿌리: 1 훼손: 1 지면: 1 오염: 1 활력도: 1 병충해: 1
수분/영양: 1 지표면: 자갈 오염원: - 감시등급판정: 일반감시

향나무(*Juniperus chinensis* L.)는 울릉도의 섬 남부 해안 절벽에 자생하지만, 중국, 일본, 몽골에도 자생한다. 한국, 중국, 일본에서 널리 애용되는 동양적인 정원수이며, 조선시대 양반마을의 전통 가옥에서 가장 빈도 높게 이용된 수종이다. 양동리 마을 내 월성 손씨 종택(孫昭:1433-1483, 1456년 세움) 정원의 향나무 노거수는 수려한 수형을 간직하고 있으며, 정원수로서 가치가 있는 녹색 자산이다. 양동 마을에는 향나무 노거수 외에도 회화나무 노거수가 많으며, 선비의 고을로서 녹색경관을 대표한다.

4 경주 왕신리 **은행나무**

조사일자 2002년 4월 14일 일요일

위치 정보

주소: 경주시 강동면 왕신3리 78번지 (GPS 35° 53′ 07″N, 129° 18′ 130″ E) 해발고도: 100m
위치지역: 농촌 경관연결성: 기타 미지형: 평면 분포지형: 산비탈 인접토지: 임야
접근경로: 경북고속도로 경주 건천 IC-강동IC-운곡서원

개체 정보

기원: 인공 식분형: 단목 점유면적: 506㎡ 수령1: 330년 수령2: 350년
수고1: 30m 수고2: 28m 흉고둘레1: 5.7m 흉고둘레2: -m 수관폭: 25.4m

관리 정보

보호범주: 보호수 11-15-16호 1982-10-29 지정사유: 경관목 시설물:
현황판: 유 관리감독: 박정석 이용정보: 제사-신앙

건강 정보

수형: 1 수관: 2 수피: 2 뿌리: 1 훼손: 1 지면: 1 오염: 1 활력도: 1 병충해: 1
수분/영양: 1 지표면: 흙 오염원: - 감시등급판정: 일반감시

은행나무(*Ginkgo biloba* L. 銀杏)는 중국 원산의 암수딴그루(雌雄二家)로서 움직이는 정자(精子)가 있는 식물로 유명하다. 은행나무는 우리나라 자연 속에 저절로 자생하는 고유종이 아니라, 식재하여 관리되는 개체만이 생명환을 완성하는 준고유종으로 분류된다. 안동 권씨 시조를 봉향하는 운곡서원(雲谷書院, 1784년)의 노거수는 권종락이 단종 때의 권산해의 억울함을 달래주기 위해서 서울을 왕래할 때 순흥에 있는 큰 은행나무의 가지를 꺾어다 심은 것이라 전한다. 가까이에는 도연맹의 자연사상을 본받기 위하여 자연경관이 수려한 계곡 용추대 위에 세워져 있는 유연정(1811년)이 있다.

5 경주 마동 느티나무

조사일자 2002년 4월 9일 화요일

위치 정보
주소: 경주시 마동 588 (마을회관) (GPS 36° 10′ 56″N, 129° 19′ 00″E) 해발고도: 140m
위치지역: 도시 경관연결성: 입구 미지형: 평면 분포지형: 계류역 인접토지: 소하천, 주택
접근경로: 경주온천관광호텔-경주코오롱호텔(불국사) 방향 중간 좌측마을

개체 정보
기원: 자연 식분형: 단목 점유면적: 664.7㎡ 수령1: 500년 수령2: 500년
수고1: 17m 수고2: -m 흉고둘레1: 5.9m 흉고둘레2: -m 수관폭: 29.1m

관리 정보
보호범주: 보호수 11-02-03호 1982-10-09 지정사유: 정자목 시설물: 벤치, 정자
현황판: 유 관리감독: 이장 이용정보: 휴식-정자

건강 정보
수형: 1 수관: 1 수피: 1 뿌리: 1 훼손: 2 지면: 1 오염: 1 활력도: 1 병충해: 1
수분/영양: 1 지표면: 자갈, 흙 오염원: - 감시등급판정: 일반감시

촬영: 03. 5. 10

느티나무(*Zelkova serrata* Makino)는 우리나라 대표적인 마을나무이다. 경주 마동의 느티나무 노거수는 전형적인 마을나무로서 역할을 하고 있다. 우람한 수형은 마을의 위치를 알리는 이정표로서 그리고 넓은 피복면적은 만남의 공간으로서 그 존재의 가치는 무한하다. 노거수의 미기후적 기능을 학습할 수 있으며, 경관적으로도 동쪽방향으로 조망되는 토함산과 함께 지역경관과 조화를 이루고 있다. 이러한 노거수의 생태계서비스 기능을 감당함에 있어서 느티나무라는 수종의 선택은 입지의 잠재자연식생에 부합하는 적지적소적(適地適所的) 생태배려(生態配慮)라 할 수 있는 지역공동체의 지혜를 엿볼 수 있다.

조사일자 2002년 5월 12일 월요일

6 경주 옥산리 조각자나무

위치 정보
주소: 경주시 안강읍 옥산리 1600-1 (옥산서원) (GPS 35° 56′ 48″N, 129° 09′ 42″E) 해발고도: 100m
위치지역: 농촌 경관연결성: 후방 미지형: 평면 분포지형: 충적대지 인접토지: 서원
접근경로: 대구-영천-안강-포항 국도 4번선. 옥산서원

개체 정보
기원: 인공 식분형: 단목 점유면적: 171.9㎡ 수령1: 400년 수령2: 450년
수고1: 13m 수고2: 23m 흉고둘레1: 4.8m 흉고둘레2: -m 수관폭: 14.8m

관리 정보
보호범주: 천연기념물 115호 1962-12-03 지정사유: 희귀목 시설물: 보호철책
현황판: 유 관리감독: 옥산서원 독락당 이용정보: 기타-경관

건강 정보
수형: 3 수관: 3 수피: 5 뿌리: 1 훼손: 1 지면: 1 오염: 1 활력도: 3 병충해: 1
수분/영양: 2 지표면: 흙 오염원: - 감시등급판정: 주요감시

조각자나무(*Gleditsia officinalis* Hemsley, 皁角子)는 중국 원산의 콩과 반고유종으로서 주엽나무와 닮았지만, 주엽나무는 해발이 낮은 산록 곡간(谷間)이나 하반(河畔)에서 드물게 자생하는 준고유종이며, 가시의 횡단면이 둥글고, 비틀려지지 않은 곧바른 모양의 콩꼬투리 열매가 섞여나며, 흰빛이 도는 화서(花序)가 다르다. 옥산서원의 독락당 북쪽 담장 가까이에 생육하고 있는 조작자나무는 조선중기의 학자 이언적이 벼슬을 일시 그만 두고 귀향하여 독락당을 짓고 학문에 전념할 때(중종 27년, 1532년) 안채 뒤뜰에 심은 것으로 전해지고 있다. 희귀한 수종으로부터 천연기념물 115호로 지정되어 있으며, 경북도 내에서도 희귀한 노거수이다. 주엽나무, 조각자나무, 회화나무 등은 콩과식물 가운데에서는 수명이 길지만, 노거수로서는 수명이 짧은 수종들이다. 따라서 옥산서원의 조각자나무는 일찍이 수간 중심이 훼손되어 있는 매우 노쇠한 개체로 주요감시 대상의 노거수로 판정되며, 그 후계목의 양묘가 필요하다.

7 경주 육통리 **회화나무**

조사일자 2002년 4월 14일 일요일

위치 정보
주소: 경주시 안강읍 육통리 1428(마을회관앞) (GPS 36° 08′ 12″N, 129° 13′ 02″ E) 해발고도: 78m
위치지역: 농촌 경관연결성: 내부 미지형: 평면 분포지형: 충적대지 인접토지: 주택, 도로
접근경로: 서포항 IC에서 안강읍사무소 방향, 안강북부초교, 육통마을

개체 정보
기원: 인공 식분형: 단목 점유면적: 411.6㎡ 수령1: 500년 수령2: 400년
수고1: 20m 수고2: -m 흉고둘레1: 6m 흉고둘레2: -m 수관폭: 22.9m

관리 정보
보호범주: 천연기념물 318호 1982-11-04 지정사유: 당산목 시설물: 보호철책
현황판: 유 관리감독: 이장 이용정보: 제사-신앙

건강 정보
수형: 3 수관: 3 수피: 3 뿌리: 1 훼손: 2 지면: 2 오염: 3 활력도: 3 병충해: 1
수분/영양: 3 지표면: 흙, 시멘트 포장 오염원: 시멘트 포장 감시등급판정: 주요감시

회화나무(*Sophora japonica* L.)는 노거수 가운데 인공적으로 식재한 대표적인 수종이다. 중국원산이지만 최근 대구 신천 상류 용두골의 세일 침식애(浸蝕涯)에서 자생하는 개체가 알려져 있는 준고유종이다. 당산나무로 보호되고 있는 경주 육통리 노거수는 회화나무 임계수령인 300년을 크게 넘어서는 500살로 추정되는 식물체로 매우 웅대하다. 고려 공민왕 때에 김영동이란 19세 젊은이가 홍건적과 왜적의 의한 양민학살과 노략질을 물리치기 위하여 집을 나서면서, 이 나무를 심고 "소자가 돌아오지 못하더라고 나무를 자식으로 생각하시고 잘 가꾸어 주십시오"라고 하면서 부모님께 하직 인사를 하였다는 설화가 있다. 음력 정월 보름이면 마을 주민들은 제례(祭禮)를 울리며 풍작과 행운을 빈다. 그러나 인접 토지이용이 매우 불리한 생태환경으로 생존위협을 받고 있으며, 당산나무의 사라짐은 노거수 한 개체의 유실뿐만 아니라 역사적인 설화도 사라지게 됨을 인식하게 해준다.

8 경주 수렴2리 **해송**

조사일자 2002년 4월 2일 화요일

위치 정보
주소: 경주시 양남면 수렴2리 563 (GPS 36° 10′ 26″N, 129° 27′ 06″E) 해발고도: 23m
위치지역: 어촌 경관연결성: 내부 미지형: 평면 분포지형: 산비탈 인접토지: 도로, 주택
접근경로: 경주 양남-울산 방향. 관성해수욕장-만남의 광장 중간 오른쪽 바다 마을

개체 정보
기원: 자연 식분형: 단목 점유면적: 342.8㎡ 수령1: 270년 수령2: 250년
수고1: 9m 수고2: 5m 흉고둘레1: 2.7m 흉고둘레2: -m 수관폭: 20.9m

관리 정보
보호범주: 보호수 11-15-6-13호 1982-10-29 지정사유: 당산목 시설물: 좌대
현황판: 유 관리감독: 이장 이용정보: 제사-신앙

건강 정보
수형: 2 수관: 2 수피: 1 뿌리: 3 훼손: 1 지면: 3 오염: 4 활력도: 2 병충해: 3
수분/영양: 2 지표면: 시멘트 포장, 흙 오염원: 시멘트 포장 감시등급판정: 주요감시

해송(*Pinus thunbergii* Parl.)은 내륙성의 소나무에 대응되는 해안성으로 곧게 자라며, 잎의 길이도 소나무보다 길고 수피는 붉지 않고 거무칙칙하다. 일명 곰솔, 흑송(黑松)이라고도 하는데, 해송과 소나무의 잡종도 존재하는 것으로 알려져 있다. 수렴2리의 해송은 현재 입지의 고유종으로 해안선을 따라 발달하는 절벽 지형의 어깨부분에 자연적으로 생육하는 종이다. 바닷바람 영향으로 수고는 그리 높지 않지만, 연리지(連理枝)를 가지고 있어 지역민의 지극한 보호를 받고 있으며, 마을 어른으로 공경 받는 '할배나무'이다. 그러나 생육환경이 매우 불리한 주요 감시 대상으로 판정되며, 지하부와 지상부의 서식환경이 크게 위협받고 있다.

9 경주 괘능리 소나무

조사일자 2002년 4월 2일 화요일

위치 정보

주소: 경주시 외동읍 괘능리(마을뒤) (GPS 36° 14′ 16″N, 129° 19′ 27″E) 해발고도: 160m
위치지역: 농촌 경관연결성: 후방 미지형: 돌출 분포지형: 언덕 인접토지: 경작지
접근경로: 경주 불국사역-외동(울산)방향 왼쪽 괘능초교 주변

개체 정보

기원: 자연 식분형: 단목군 점유면적: 243.2㎡ 수령1: 300년 수령2: - 년
수고1: 10m 수고2: -m 흉고둘레1: 10.1m 흉고둘레2: -m 수관폭: 17.6m

관리 정보

보호범주: 노거수 - - 지정사유: 노거수 시설물: 당집
현황판: 무 관리감독: 이장 이용정보: 제사-신앙

건강 정보

수형: 4 수관: 4 수피: 4 뿌리: 1 훼손: 1 지면: 1 오염: 1 활력도: 3 병충해: 1
수분/영양: 1 지표면: 흙 오염원: - 감시등급판정: 주요감시

소나무(*Pinus densiflora* Sieb. *et* Zucc.)는 인공적으로 심겨져 기른 노거수가 있는가 하면 자연적으로 유존하는 개체로부터 유래하는 노거수가 있다. 외동의 노거수는 자연기원이면서 소나무 노거수 가운데 가장 흉고둘레가 큰 당산목이다. 태풍에 의해 가지가 훼손된 전형적인 수형을 보여준다. 낙뢰로 훼손된 것으로 알려져 있으나, 송진이 많은 소나무는 불이 붙으면 모두 타버린다. 독립 개체로 잔존하는 노거수는 낙뢰와 태풍, 돌풍의 과도한 에너지 집중에 의한 피해를 쉽게 입는다. 따라서 주변에 에너지를 분산할 수 있는 단목군 수준의 수림 조성이 필요하다. 소나무는 솔처럼 생긴 잎 모양새와 가마솥 설거지에 사용되었던 솔에서 유래하는 이름으로 적송(赤松)은 일본명이다.

10 경주 석계리 **팽나무**

조사일자 2002년 4월 3일 수요일

위치 정보
주소: 경주시 외동읍 석계2리 1042(저수지 밑) (GPS 36° 18′ 35″N, 129° 17′ 34″E) 해발고도: 108m
위치지역: 농촌 경관연결성: 후방 미지형: 평면 분포지형: 계류역 인접토지: 경작지, 도로
접근경로: 경주–외동–울산방향. 부산–포항 동행남부선은 경주 외동읍 모화역에서 석계초교지나 석계저수지

개체 정보
기원: 자연 식분형: 단목군 점유면적: 232.2㎡ 수령1: 180년 수령2: 150년
수고1: 12m 수고2: 10m 흉고둘레1: 3m 흉고둘레2: –m 수관폭: 17.2m

관리 정보
보호범주: 보호수 11-15-4-10-11호 1982-10-29 지정사유: 당산목 시설물: 당집
현황판: 유 관리감독: 이장 이용정보: 제사–신앙

건강 정보
수형: 1 수관: 1 수피: 1 뿌리: 1 훼손: 1 지면: 1 오염: 1 활력도: 1 병충해: 1
수분/영양: 1 지표면: 흙 오염원: – 감시등급판정: 일반감시

팽나무(*Celtis sinensis* Pers.)는 장수하는 수종으로 본래 밭 언저리나 제방 그리고 계류 선상지 등과 같은 통수성이 양호한 충적대지에 자생한다. 팽나무는 해안지역에 집중적으로 분포하는 해안성 노거수로 분류된다. 석계리의 팽나무는 마을로 들어가는 도로변 성황당에 위치하며, 느티나무와 한 몸으로 된 연리목으로 되어 있는 것이 특이하다. 연리목은 두 종류가 있는데, 동일한 종이거나 동일한 개체가 다시 만나 기이한 형상이 된 것과 다른 종간(種間)에 연리목이 된 경우도 있다. 전자의 경우는 효(孝)를 후자의 경우는 남녀의 사랑으로 의미를 부여하기도 한다.

11 경주 오류리 등나무

조사일자 2002년 4월 14일 일요일

위치 정보
주소: 경주시 현곡면 오류리 527 (GPS 36° 11′ 30″ N, 129° 11′ 53″ E) 해발고도: 66m
위치지역: 농촌 경관연결성: 기타 미지형: 평면 분포지형: 충적대지 인접토지: 경작지, 도로
접근경로: 경주 동국대학-안강방향 금장역-하구리방향 오른쪽 마을

개체 정보
기원: 인공 식분형: 단목군 점유면적: 326.6㎡ 수령1: 300년 수령2: – 년
수고1: 17m 수고2: –m 흉고둘레1: 1.5m 흉고둘레2: –m 수관폭: 20.4m

관리 정보
보호범주: 천연기념물 89호 1962-12-03 지정사유: 희귀목 시설물: –
현황판: 유 관리감독: 시장 이용정보: 기타-경관

건강 정보
수형: 2 수관: 2 수피: 2 뿌리: 1 훼손: 2 지면: 1 오염: 1 활력도: 2 병충해: 1
수분/영양: 1 지표면: 흙 오염원: – 감시등급판정: 일반감시

등나무(*Wisteria floribunda* (Will.) DC.)는 난온대(暖溫帶) 지역 산지 계곡 근처에서 숲가장자리 덩굴식물로 자생하는데, 오류리의 등나무 노거수는 식재한 것으로부터 유래하지만, 지리적으로 최북단에 생육함으로써 천연기념물 89호로 지정되어 있다. 모순이 있고 까다롭게 뒤얽히는 갈등(葛藤)이란 한자어는 칡(葛)과 등나무(藤)를 의미하며, 일반적으로 등나무는 왼쪽으로 칡은 오른쪽으로 감아 올라간다. 이곳에는 본래 4그루의 등나무가 있었으나, 그 가운데 피압(被壓)에 의해 팽나무가 고사하면서 두 그루는 고사해버렸다고 한다. 이러한 시나리오에 대응하는 홍화(紅花), 청화(靑花)라는 두 자매의 애틋한 신라 전설이 전해오고 있다. 수령이 300여년이라고 추정되고 있지만, 콩과식물이면서 덩굴식물인 등나무는 일반 수목처럼 수령을 적시할 수 없는 모듈생물체(module organism)이다. 전설대로 오류리의 노거수는 천년을 훌쩍 넘었을지도 모른다.

12 경주 하구리 **느티나무**

조사일자 2002년 4월 14일 일요일

위치 정보
주소: 경주시 현곡면 하구1리 507 (GPS 36° 00′ 48″N, 129° 09′ 58″E) 해발고도: 103m
위치지역: 농촌 경관연결성: 내부 미지형: 평면 분포지형: 충적대지 인접토지: 경작지
접근경로: 경주 동국대학교에서 안강방향 동해남부선 금장역에서 왼쪽 방향 마을 들판

개체 정보
기원: 자연 식분형: 단목 점유면적: 886.2㎡ 수령1: 500년 수령2: 500년
수고1: 29m 수고2: 20m 흉고둘레1: 6.7m 흉고둘레2: -m 수관폭: 33.6m

관리 정보
보호범주: 보호수 11-29호 1982-10-29 지정사유: 당산목 시설물: -
현황판: 유 관리감독: 이장 이용정보: 제사-신앙

건강 정보
수형: 1 수관: 1 수피: 1 뿌리: 1 훼손: 1 지면: 1 오염: 1 활력도: 1 병충해: 1
수분/영양: 1 지표면: 흙 오염원: - 감시등급판정: 일반감시

촬영: 03. 5. 11

느티나무 가운데 영남지역에서 가장 넓은 수관폭과 위풍당당한 장년기 수형으로 우리나라 느티나무 노거수 가운데 가장 전형적이고 완전한 형상을 관찰할 수 있다. 그러나 노거수 사진 속에 배경으로 보이는 주변 건물들의 색상과 형상이 자연스럽지 못하다. 충적저지라 할 수 있는 논 한 가운데 위치하는 느티나무 노거수로서는 매우 드문 경우이다. 느티나무는 땅 속의 통기성(通氣性)과 통수성(通水性)이 양호한 모든 생명들이 살고 싶어 하는 삶의 터전(서식처)에서 사는 장수 교목 수종이며, 엄청난 잎(생산기관)과 꽃 열매(생식기관), 그리고 많은 야생이 깃드는 다산과 풍요를 상징하는 어머니 같은 생명체로 인식되고 있다.

13 고령 부리 은행나무

조사일자 2002년 4월 29일 월요일

위치 정보
주소: 고령군 개진면 부1리 30(창동) (GPS 37° 02′ 22″N, 128° 25′ 24″ E) 해발고도: 55m
위치지역: 농촌 경관연결성: 후방 미지형: 평면 분포지형: 산비탈 인접토지: 주택, 임야
접근경로: 대구-마산 고속도로 성산IC에서 개진면 방향-박석진교 진입마을

개체 정보
기원: 인공 식분형: 단목군 점유면적: 422.5㎡ 수령1: 520년 수령2: 520년
수고1: 16m 수고2: 23m 흉고둘레1: 4.5m 흉고둘레2: -m 수관폭: 23.2m

관리 정보
보호범주: 보호수 11-19-6-2호 1982-10-29 지정사유: 정자목 시설물: 벤치
현황판: 유 관리감독: 이장 이용정보: 기타-경관

건강 정보
수형: 1 수관: 1 수피: 1 뿌리: 1 훼손: 1 지면: 2 오염: 3 활력도: 1 병충해: 1
수분/영양: 1 지표면: 시멘트 포장, 자갈 오염원: 시멘트 포장 감시등급판정: 일반감시

촬영: 03. 2. 25

촬영: 02. 5. 4

지구상에 현재 그 자생지가 존재하지 않는 준고유종 은행나무는 주로 기념수종으로 이용되는 민속식물이다. 부1리의 은행나무는 암그루이며 이 지역에 정착한 약 500 여년전 고령 신 씨의 마을 정착과 그 뒤를 이은 현풍 곽 씨의 마을 정착 시에 각각 한 그루씩 식재된 것으로부터 유래한다. 6.25 전쟁시 마을 폭격으로부터 주민의 생명을 지켜준 신비의 노거수로 알려지면서 마을 사람들에 의해 자발적인 보호가 이루어지고 있다(경북마을지 1991).

조사일자 2002년 4월 29일 월요일

14 고령 노곡리 느티나무

위치 정보
주소: 고령군 다산면 노곡리 산 37(새창재) (GPS 36° 55′ 36″N, 128° 24′ 51″E) 해발고도: 70m
위치지역: 농촌 경관연결성: 후방 미지형: 돌출 분포지형: 산비탈 인접토지: 주택
접근경로: 대구-고령 다산면사무소 방향. 마을 뒤 언덕 위치

개체 정보
기원: 자연 식분형: 단목 점유면적: 366.2㎡ 수령1: 500년 수령2: 480년
수고1: 10m 수고2: 15m 흉고둘레1: 5.1m 흉고둘레2: -m 수관폭: 21.6m

관리 정보
보호범주: 보호수 11-19-5-1호 1982-10-29 지정사유: 당산목 시설물: 벤치, 사각정자
현황판: 유 관리감독: 이장 이용정보: 휴식-정자

건강 정보
수형: 2 수관: 3 수피: 3 뿌리: 1 훼손: 2 지면: 2 오염: 2 활력도: 3 병충해: 1
수분/영양: 2 지표면: 자갈, 시멘트 포장, 흙 오염원: - 감시등급판정: 주요감시

노곡리 느티나무는 장년기에 들어선 마을의 수호신 당산나무로서 마을 뒷동산에서 낙동강을 바라보며 우뚝 솟아 있다. 노거수는 일반적으로 마을의 앞부분 입구 방향에 주로 위치하지만, 노곡리의 경우는 마을 뒷동산에 위치함으로써 독특한 의미를 가지고 있다. 마을 설화에 따르면 무덤을 옮기고 느티나무에 동신제를 지내니 6.25 전쟁 시에 마을의 피해가 없었다고 한다. 마을 주민은 후계목(後繼木)을 심어 정성껏 기르고 있다. 그러나 노거수의 입지가 돌출형이어서 쉽게 건조해질 수 있는 미지형 조건과 느티나무의 생태 특성을 감안하여 지표면에 대한 즉각적인 생태적 관리(수분과 토양의 보존)가 요구되는 보호수이다.

15 구미 백현리 느티나무

조사일자 2002년 3월 13일 수요일

위치 정보

주소: 구미시 산동면 백현리 77-1(공재쉼터) (GPS 36°35′02″N, 128°28′59″E) 해발고도: 121m
위치지역: 농촌 경관연결성: 입구 미지형: 평면 분포지형: 계류역 인접토지: 농경지
접근경로: 구미 장천면소재지에서 군위 소보면소재지 방향

개체 정보

기원: 자연 식분형: 단목 점유면적: 854.8㎡ 수령1: 600년 수령2: 600년
수고1: 21.5m 수고2: -m 흉고둘레1: 7m 흉고둘레2: -m 수관폭: 33m

관리 정보

보호범주: 보호수 199-13호 1999-07-29 지정사유: 정자목 시설물: 벤치, 정자
현황판: 유 관리감독: 이장 이용정보: 휴식-정자

건강 정보

수형: 1 수관: 1 수피: 1 뿌리: 1 훼손: 1 지면: 1 오염: 1 활력도: 1 병충해: 1
수분/영양: 1 지표면: 흙 오염원: - 감시등급판정: 일반감시

촬영: 06. 10. 21

촬영: 03. 5. 8

촬영: 06. 10. 21

계류 선상지형에 자연적으로 생육하는 개체로부터 유래하는 노거수로서 백현리 마을 입구에 자리 잡은 이정표와 같은 수문장 나무이다. 수고(樹高)가 21m에 이르면서도 온전한 수형을 갖추고 있어서 '아름다운 구미시'를 홍보하는데도 사용되는 장년기의 노거수이다. 생육 환경은 양호하지만, 주변에는 농기구가 어지럽게 놓여 있고 차량이 주차되어 있으며, 각종 전선이 공중을 지나감으로써 노거수의 자연스런 형상을 사진에 담기에 어려운 형편이다. 이러한 것은 문화유산으로서 지역의 경관자원으로서의 가치를 크게 저하하면서 노거수 자체의 생태적 생육환경에도 불리하다. 노거수는 하나의 경관적 장식의 가치를 초월하여 야생생물들의 서식 공간이기도 하다.

16 구미 독동리 **소나무**

조사일자 2002년 3월 14일 목요일

위치 정보
주소: 구미시 선산읍 독동리 537 (GPS 36° 39′ 59″N, 128° 50′ 21″ E) 해발고도: 81m
위치지역: 농촌 경관연결성: 입구 미지형: 평면 분포지형: 충적대지 인접토지: 경작지, 도로
접근경로: 내륙고속도로 구미선산 IC 에서-구미 선산읍사무소-낙동강쪽 방향

개체 정보
기원: 자연 식분형: 단목 점유면적: 320.3㎡ 수령1: 400년 수령2: 400년
수고1: 13m 수고2: 13m 흉고둘레1: 3.5m 흉고둘레2: 2.5m 수관폭: 20.2m

관리 정보
보호범주: 천연기념물 357호 1988-04-30 지정사유: 희귀 시설물: 보호철책
현황판: 유 관리감독: 시장 이용정보: 기타-경관

건강 정보
수형: 1 수관: 1 수피: 1 뿌리: 1 훼손: 1 지면: 1 오염: 1 활력도: 3 병충해: 1
수분/영양: 1 지표면: 흙, 자갈 오염원: - 감시등급판정: 일반감시

독동리 노거수는 소나무 품종인 반송(*Pinus densiflora* for. *multicaulis* Uyeki)으로 분류하면서 수형의 아름다움으로부터 천연기념물 357호 지정 보호되고 있다. 배산임수의 지형 구조를 가진 독동리는 마을 뒤에는 산이 앞에는 낙동강이 흐르고 있는데, 산지로부터 확 트인 넓은 선상지형의 충적대지를 가지고 있다. 그러한 충적대지의 기반은 모래와 자갈과 같은 퇴적 토양으로 이루어져 있으며, 이러한 입지는 소나무의 선구적 생육환경 조건이다. 선상지 충적대지의 토양 수환경 유지와 솔잎혹파리 및 소나무재선충의 방제는 본 노거수의 보존에 가장 중요한 조건이다. 마을 앞을 흐르는 낙동강과 마을 사이에 비어있는 공간을 채워주는 비보(裨補)의 기능이 매우 크다.

17 구미 농소리 은행나무

조사일자 2002년 3월 14일 목요일

위치 정보

주소: 구미시 옥성면 농소리 436 (GPS 36° 39′ 39″N, 128° 16′ 54″ E) 해발고도: 67m

위치지역: 농촌 경관연결성: 입구 미지형: 평면 분포지형: 충적대지 인접토지: 경작지, 도로

접근경로: 대륙고속도로 선산 IC 에서 - 구미 선산-옥성-상주방향 도로변 마을

개체 정보

기원: 인공 식분형: 단목 점유면적: 342.8㎡ 수령1: 600년 수령2: 600년

수고1: 25m 수고2: 30m 흉고둘레1: 11.7m 흉고둘레2: -m 수관폭: 20.9m

관리 정보

보호범주: 천연기념물 225호 1970-05-28 지정사유: 거목 시설물: 보호철책

현황판: 유 관리감독: 시장 이용정보: 기타-경관

건강 정보

수형: 1 수관: 2 수피: 2 뿌리: 1 훼손: 2 지면: 1 오염: 1 활력도: 2 병충해: 1

수분/영양: 1 지표면: 흙 오염원: - 감시등급판정: 일반감시

농소리 은행나무의 유래는 400년전 이 마을에 살던 엄씨가 심었다고 전하고 있다. 그러나 천연기념물 225호로 수령이 600년으로 추정되고 있어 유래를 고려한 수령과 일치하지 않는다. 마을의 수호신으로 매년 음력 10월에 마을 제사를 지내고 있다. 이 은행나무는 암그루로서 엄청난 양의 열매를 생산하는데, 그 양이 얼마나 될는지 조사된 정보는 없다. 은행 열매만을 수확할 것이 아니라, 몇 말이나 생산하는지에 대해서도 생각하면서 성공과 풍요의 의미를 이해하는 선조들의 지혜를 되새겨 보는 것이 바람직하다.

18 군위 학암리 소나무

조사일자 2002년 3월 13일 수요일

위치 정보

주소: 군위군 고로면 학암리 33-5 (GPS 36°32′10″N, 128°52′41″E) 해발고도: 353m
위치지역: 농촌 경관연결성: 기타 미지형: 돌출 분포지형: 산비탈 인접토지: 임야, 경작지
접근경로: 대구-안동 국도에서 군위 효령-고로-청송 방향. 마을 뒷산

개체 정보

기원: 자연 식분형: 단목 점유면적: 346.1㎡ 수령1: 500년 수령2: 500년
수고1: 7m 수고2: 7m 흉고둘레1: 4.5m 흉고둘레2: -m 수관폭: 21m

관리 정보

보호범주: 보호수 11-12-6호 1982-10-29 지정사유: 경관목 시설물: 소원함
현황판: 유 관리감독: 이장 이용정보: 제사-신앙

건강 정보

수형: 2 수관: 2 수피: 3 뿌리: 5 훼손: 1 지면: 1 오염: 1 활력도: 1 병충해: 1
수분/영양: 1 지표면: 흙 오염원: - 감시등급판정: 일반감시

마을 배후 산지로부터 뻗어 내린 돌출 지형에 유존하는 자연적 기원의 노거수로서 마을 뒤편에 위치한다. 해발고도가 353m(참고: 서울 도심의 해발고도 50m 이하)에 위치하는 개체로 노거수 가운데 비교적 높은 지대에 유존하고 있다. 소나무 임계수령인 수령 500년으로 추정되고 있으나, 그 활력도(活力度)는 매우 양호한 것으로 조사되었다. 소나무는 냉온대(冷溫帶) 남부/저산지대 및 난온대(暖溫帶) 기후 지역에서 겨울의 강설량(降雪量)이 상대적으로 적거나 적설 시에도 비교적 빨리 녹아버리는 입지에서 생육하는 상록침엽수종(常綠針葉樹種, 늘푸른바늘잎나무)이다. 따라서 동절기에 폭설이 내리는 지역에 잔존하는 소나무 노거수는 눈(雪)에 의한 교란(disturbance)이 중요한 생태적 요소이다. 학암리 노거수는 겨울 눈(雪)을 대비해서 일부 가지와 잎을 솎아주는 등 특별히 관리되고 있으며, 한 가지 소원을 들어준다는 영험담을 가지고 있다. 마을 주민들은 음력 정월 대보름과 7월에 동제를 지내고 하루를 즐기는 풍습이 전해오고 있다.

19 군위 가호리 **느티나무**

조사일자 2002년 3월 13일 수요일

위치 정보
주소: 군위군 부계면 가호1리 1231 (GPS 36°23′29″N, 128°40′08″E) 해발고도: 180m
위치지역: 농촌 경관연결성: 입구 미지형: 평면 분포지형: 계류역 인접토지: 도로, 경작지
접근경로: 대구-안동 국도 5번. 효령-부계면사무소-제2석굴암-대구 팔공산 방향

개체 정보
기원: 자연 식분형: 단목 점유면적: 379.9㎡ 수령1: 620년 수령2: 610년
수고1: 12m 수고2: 10m 흉고둘레1: 10.1m 흉고둘레2: -m 수관폭: 22m

관리 정보
보호범주: 보호수 11-7호 1982-10-29 지정사유: 정자목 시설물: -
현황판: 유 관리감독: 이장 이용정보: 휴식-정자

건강 정보
수형: 2 수관: 2 수피: 2 뿌리: 1 훼손: 2 지면: 2 오염: 4 활력도: 2 병충해: 1
수분/영양: 2 지표면: 흙, 시멘트 포장 오염원: 시멘트 포장 감시등급판정: 주요감시

촬영: 06. 10. 22
촬영: 03. 5. 6

군위군 대율리의 전통마을 숲'대율송림'가까이에 위치하고 있는 가호1리 노거수는 흉고둘레가 10m가 넘는 장년기의 노거수이다. 마을 진입도로 개설로 생육지 환경이 크게 위협받고 있으며, 마을 공동 스피커가 설치되어 있기 때문에 우람한 노거수의 경관과 상관에 옥에 티가 되고 있다. 마을 정면에 열려져 있는 공간에 대한 채움이라는 비보(裨補) 기능을 600여년 이상을 지탱해온 개체인데, 임계 수령을 넘어서면서 수세가 크게 쇠약해져 있는 가운데, 생육지 환경이 열악해짐으로써 주요감시 대상의 노거수이다. 현장 탐방에서는 이 노거수가 현재 위치에서 결국 사라지게 될 것인가, 아니면 후계목에 의해 계승될 것인가에 대하여 생각해봄으로써 노거수 전통 문화에 대한 본질적 이해를 가늠해 볼 수 있다.

20 김천 구미리 왕버들

조사일자 2002년 5월 17일 금요일

위치 정보
주소: 김천시 구성면 구미1리 246(구미마을) (GPS 35° 56′ 57″N, 128° 02′ 02″ E) 해발고도: 174m
위치지역: 농촌 경관연결성: 입구 미지형: 평면 분포지형: 충적대지 인접토지: 경작지, 도로
접근경로: 김천고속도로 IC에서 지례면사무소 방향 빙산초교(폐교) 주변

개체 정보
기원: 자연 식분형: 단목 점유면적: 1384.7㎡ 수령1: 250년 수령2: 200년
수고1: 21m 수고2: 20m 흉고둘레1: 6.8m 흉고둘레2: –m 수관폭: 42m

관리 정보
보호범주: 보호수 11-26-11-13-1호 1982-10-29 지정사유: 정자목 시설물: –
현황판: 유 관리감독: 이장 이용정보: 휴식-정자

건강 정보
수형: 3 수관: 3 수피: 3 뿌리: 1 훼손: 2 지면: 2 오염: 3 활력도: 3 병충해: 1
수분/영양: 1 지표면: 흙, 시멘트 포장 오염원: 시멘트 포장 감시등급판정: 주요감시

촬영: 03. 4. 5

왕버들(*Salix chaenomeloides* Kimura)은 우리나라에서 기록되고 있는 약 40여종의 버드나무 종류 가운데 가장 큰 교목성이면서 장수하는 종으로 으뜸이다. 왕버들은 제방이나 고수부지처럼 하천 영향권 내 그리고 청송 주산지와 같은 습지 주변의 퇴적된 안정입지에서 생육하는데, 진흙 땅에서는 살지 않는다. 성주 성밖숲과 같은 전통마을숲은 인공식재된 것으로부터 기원하는 것으로 알려져 있지만, 과거 하천 고수부지에 발달한 왕버들군락으로부터 기원하는 숲이다. 구미1리 왕버들 노거수는 수관폭이 최대 규모인 것이 특징인데, 마을 입구에 위치하면서 마을 앞의 들판을 가로막고 있는 비보(裨補)의 기능을 가진다. 그럼에도 불구하고 여름철의 휴식 공간으로 이용됨으로써 지표면의 상태가 생육에 매우 불리한 시멘트 포장으로 관리되고 있다. 마을 입구에 이 노거수가 존재하지 않는다면 마을 사람들의 심미적 정서는 어떨는지, 이 노거수는 얼마나 더 오래 살 수 있을는지에 대해서도 생각해 본다면, 그 대책이 필요하다는 것을 알 수 있다. 논 경작지 주변에서 잔존하는 왕버들 노거수 경관은 우리나라 남부지방의 고유 전통 경관이다.

21 김천 연명리 팽나무

조사일자 2002년 5월 16일 목요일

위치 정보

주소: 김천시 농소면 연명리 대지 266(연명마을) (GPS 36° 04′ 37″N, 128° 11′ 59″ E) 해발고도: 123m
위치지역: 농촌 경관연결성: 내부 미지형: 평면 분포지형: 충적대지 인접토지: 경작지, 주택
접근경로: 김천 고속도로 IC에서 농소면 방향

개체 정보

기원: 인공 식분형: 단목 점유면적: 323.4㎡ 수령1: 470년 수령2: 450년
수고1: 15m 수고2: -m 흉고둘레1: 8.7m 흉고둘레2: -m 수관폭: 20.3m

관리 정보

보호범주: 보호수 11-26-1호 1982-10-29 지정사유: 당산목 시설물: 돌탑
현황판: 유 관리감독: 이장 이용정보: 제사-신앙

건강 정보

수형: 1 수관: 1 수피: 1 뿌리: 1 훼손: 2 지면: 1 오염: 1 활력도: 1 병충해: 1
수분/영양: 1 지표면: 흙 오염원: - 감시등급판정: 일반감시

촬영: 03. 4. 1

촬영: 02. 9. 2

연명리 팽나무는 팽나무 노거수 가운데 흉고둘레가 가장 큰 개체로서 수령이 470여년에 이른다. 마을 주택에 딸린 경작지에 생육하고 있으며, 주변에 돌탑과 거북 모양의 돌 조각상으로부터 마을 수호신으로서의 당산목인 것을 알 수 있다. 특히 이 노거수는 마을 속에 위치하고 있는 점이 특기할만하다. 수간(樹幹)에 왕성하게 생육하고 있는 이끼로부터 노거수의 수분환경이 양호하다는 것을 알 수 있으며, 지표면이 밭 흙으로 넓게 노출되어 있다. 주변 전봇대와 전선은 아름다운 수형과 상관을 방해하고 있기 때문에 아름다운 사진을 촬영할 수 있는 최소한의 포토라인의 공간을 구축할 필요가 있다.

조사일자 2002년 5월 17일 금요일

22 김천 조룡리 은행나무

위치 정보
주소: 김천시 대덕면 조룡리 산51(섬계서원) (GPS 36° 00′ 58″N, 127° 58′ 27″ E) 해발고도: 233m
위치지역: 농촌 경관연결성: 후방 미지형: 평면 분포지형: 서원내 인접토지: 임야, 서원
접근경로: 경부고속도로 김천 IC에서 지례면사무소 지나 대덕중학교 방향, 가례초교 주변

개체 정보
기원: 인공 식분형: 단목 점유면적: 397.4㎡ 수령1: 600년 수령2: 600년
수고1: 32m 수고2: 28m 흉고둘레1: 11.8m 흉고둘레2: -m 수관폭: 22.5m

관리 정보
보호범주: 천연기념물 300호 1982-11-04 지정사유: 희귀목 시설물: -
현황판: 유 관리감독: 섬계서원 이용정보: 기타-경관

건강 정보
수형: 1 수관: 1 수피: 2 뿌리: 1 훼손: 1 지면: 1 오염: 1 활력도: 1 병충해: 1
수분/영양: 1 지표면: 흙 오염원: - 감시등급판정: 일반감시

섬계서원 내에는 회화나무와 함께 어우러지는 아름다운 경관을 연출하는 천연기념물 300호의 암그루 은행나무가 있다. 수고가 32m로 전체 수형을 사진 촬영하기가 어려울 만큼 초교목이다. 은행나무나 회화나무는 서원에 널리 식재되는 민속식물자원이다. 이와 같이 인공적으로 식재된 노거수에 대해서는 반드시 식재한 주체가 있다. 섬계서원의 은행나무 노거수는 식재한 실체적 사실에 대한 역사적 투쟁이 있는 설화로 유명하다. 가까운 마을에 살고 있는 김녕 김씨와 서산 정씨 간의 은행나무 노거수 식재 주체에 대한 서로간의 상반된 주장이다.

23 김천 대야리 전나무

조사일자 2002년 5월 17일 금요일

위치 정보
주소: 김천시 부항면 대야2리 도로 879(대동마을) (GPS 36° 12′ 08″N, 127° 55′ 15″ E) 해발고도: 432m
위치지역: 농촌 경관연결성: 기타 미지형: 평면 분포지형: 산비탈 인접토지: 도로, 임야
접근경로: 김천 IC 에서 부항면 대야리 방향

개체 정보
기원: 자연 식분형: 단목 점유면적: 55.3㎡ 수령1: 570년 수령2: 550년
수고1: 31m 수고2: 50m 흉고둘레1: 5m 흉고둘레2: -m 수관폭: 8.4m

관리 정보
보호범주: 보호수 11-51호 1982-10-29 지정사유: 고목 시설물: -
현황판: 유 관리감독: 이장 이용정보: 기타-경관

건강 정보
수형: 3 수관: 3 수피: 3 뿌리: 1 훼손: 2 지면: 1 오염: 2 활력도: 3 병충해: 1
수분/영양: 1 지표면: 흙 오염원: 시멘트 포장 감시등급판정: 주요감시

촬영: 02. 9. 2 촬영: 03. 4. 5

전나무(*Abies hollophylla* Maxim.)는 아고산대(亞高山帶)에 생육하는 상록침엽수(常綠針葉樹)이다. 전나무 수종의 노거수는 경상북도 내에서는 대야 2 리의 노거수가 유일하며, 한반도 내륙 깊숙한 곳의 수평적 위치와 해발고도 432m에 위치한다. 전나무는 본래 아고산대와 같은 한랭한 지대에서 자생하지만, 계곡이나 바람길(고개)과 같은 지형은 낮은 해발에 위치하더라도 냉해가 발생하는 입지이기 때문에 전나무는 해발이 낮은 지역에서도 드물게 자생한다. 대야 2 리의 전나무 노거수는 마을 입구에서 느티나무(夏綠闊葉樹) 노거수와 함께 생육하고 있는 음양(陰陽)의 조화를 실현한 가장 한국적 전통 문화인데, 동구(洞口) 밖과 안을 구분짓는 위치에 자리한다. 이와 같은 전나무-느티나무 조합은 산지형 부락에서의 전통마을나무 문화의 전형이며, "산문(山門)의 표징"이기도한 매우 고귀한 '인류 자연-문화 유산'이다.

24 문경 작천리 산돌배나무

조사일자 2002년 5월 8일 수요일

위치 정보
주소: 문경시 가은읍 작천리 249 (GPS 36° 29′ 13″N, 128° 02′ 52″ E) 해발고도: 180m
위치지역: 농촌 경관연결성: 기타 미지형: 평면 분포지형: 충적대지 인접토지: 경작지
접근경로: 문경 가은고등학교에서 농암초교 방향. 작천리 들 가운데

개체 정보
기원: 자연 식분형: 단목 점유면적: 257.2㎡ 수령1: 250년 수령2: 250년
수고1: 15m 수고2: 20m 흉고둘레1: 3m 흉고둘레2: –m 수관폭: 18.1m

관리 정보
보호범주: 보호수 11-26-2-2호 1982-10-26 지정사유: 당산목 시설물: –
현황판: 유 관리감독: 이장 이용정보: 기타-경관

건강 정보
수형: 2 수관: 2 수피: 2 뿌리: 1 훼손: 1 지면: 2 오염: 1 활력도: 1 병충해: 1
수분/영양: 1 지표면: 시멘트 포장, 흙 오염원: 시멘트 포장 감시등급판정: 일반감시

산돌배나무(*Pyrus ussuriensis* Maxim.)는 산지 계곡 지형에서 생육하는 냉해에 강한 대륙성 장미과 교목이다. 산돌배나무 노거수는 매우 희귀하며, 산간 충적대지의 들판 한 가운데에 단목으로 생육하고 있다. 남근석과 함께 마을의 수호신 당산나무로 마을 주민이 정성껏 보호 관리하고 있으며, 산돌배나무가 남근석과 함께하는 노거수 사례는 매우 희귀하다. 산돌배나무는 이른 봄, 잎이 나기도 전에 흰 꽃이 만발하는 vernal plant로 분류한다. 벚나무 종류와 마찬가지로 교목성 수종 가운데 호광성이면서 상대적으로 수명이 짧은 선구 수종이다. 노거수로서의 희귀성은 그러한 개체 유전적 특성으로부터 기인하며, 따라서 임계수령은 현존하는 작천리의 250년생 산돌배나무 수준으로 추정된다.

25 문경 죽문리 **시무나무**

조사일자 2002년 5월 8일 수요일

위치 정보
주소: 문경시 가은읍 죽문1리 203 (GPS 36° 27′ 17″N, 127° 59′ 49″E) 해발고도: 250m
위치지역: 농촌 경관연결성: 입구 미지형: 평면 분포지형: 충적대지 인접토지: 주택, 도로
접근경로: 문경 가은고등학교에서 속리산 방향 희양초교에서 죽문리 마을

개체 정보
기원: 자연 식분형: 단목군 점유면적: 143㎡ 수령1: 350년 수령2: 200년
수고1: 15m 수고2: 12m 흉고둘레1: 3.6m 흉고둘레2: –m 수관폭: 13.5m

관리 정보
보호범주: 보호수 11-26-2-9-1호 1982-10-26 지정사유: 풍치목 시설물: –
현황판: 유 관리감독: 이장 이용정보: 제사-신앙

건강 정보
수형: 3 수관: 3 수피: 3 뿌리: 2 훼손: 2 지면: 2 오염: 3 활력도: 3 병충해: 1
수분/영양: 3 지표면: 시멘트 포장, 흙 오염원: 시멘트 포장 감시등급판정: 주요감시

시무나무(*Hemiptelea davidii* (Hance) Planchon)는 느릅나무과에 속하며, 산지 개울가 침식면 가장자리에 선구적으로 생육하는 대륙성 교목 수종이다. 특히 퇴적암 하천 하식애 어깨 지형에 발달하면서 입지의 안정성에 기여하는 고유 식물종이다. 죽문리의 시무나무 노거수는 단목군(單木群, grove)으로서 마을 입구에 위치하고 있으며, 입지의 잠재자연식생 정보를 제공하는 자연 발생의 고유종이다. 따라서 본래 자연적인 숲으로부터 마을의 발달과 도로 개설 등으로 인하여 그 규모는 나날이 축소되어 왔으며, 지금도 개체의 생육 상태는 점점 쇠락하고 있어 생태적 관리가 요구된다. 시무나무의 임계수령의 정보는 밝혀져 있지 않지만, 죽문리의 노거수는 그 수령이 약 350년으로 추정되고 있다. 고령의 나이와 생육조건의 불량으로 활력이 저하된 노거수 개체는 태풍에 의한 지상부의 훼손이 크게 발생하고 있다. 지상부의 굵은 가지가 부러진 후에 잔가지가 뻗어나간 모듈의 형상으로부터 개체가 강풍에 의해 크게 쇠락되어가고 있음을 알 수 있다.

26 문경 갈동리 **느티나무**

조사일자 2002년 5월 8일 수요일

위치 정보
주소: 문경시 농암면 갈동2리 357(농암바위) (GPS 35° 59′ 11″N, 128° 00′ 52″E) 해발고도: 190m
위치지역: 농촌 경관연결성: 기타 미지형: 평면 분포지형: 충적저지 인접토지: 경작지
접근경로: 상주 은척초교에서 문경 농암초교 방향

개체 정보
기원: 자연 식분형: 단목 점유면적: 891.5㎡ 수령1: 520년 수령2: 500년
수고1: 17m 수고2: 24m 흉고둘레1: 7.2m 흉고둘레2: –m 수관폭: 33.7m

관리 정보
보호범주: 보호수 11-26-9-6호 1982-10-26 지정사유: 당산목 시설물: –
현황판: 유 관리감독: 이장 이용정보: 제사-신앙

건강 정보
수형: 1 수관: 1 수피: 3 뿌리: 2 훼손: 2 지면: 1 오염: 1 활력도: 1 병충해: 1
수분/영양: 1 지표면: 보도블럭, 흙 오염원: 보도블럭 감시등급판정: 일반감시

갈동2리 느티나무 노거수는 장년기에 들어선 수령이 520년으로 들판 한 가운데에 당산목으로 보호되고 있다. 수관폭이 수고보다 약 두 배로 큰 넓은 장타원형의 수형을 하고 있는 것이 특징으로 큰 그늘을 제공한다. 구렁이가 산다는 동물담(動物談)을 가지고 있으며, 한 여름 짙은 녹음으로 훌륭한 휴식공간이 되고 있다. 지표면에 대한 답압과 침식을 저감할 수 있는 부분적인 관리가 필요하다.

27 문경 화산리 **소나무**

조사일자 2002년 5월 8일 수요일

위치 정보

주소: 문경시 농암면 화산1리(청화산 시루봉 자락) (GPS 36° 21′ 58″N, 127° 57′ 55″ E) 해발고도: 275m
위치지역: 농촌 경관연결성: 입구 미지형: 평면 분포지형: 산비탈 인접토지: 임야
접근경로: 문경 농암에서 – 상주 화북방향. 농암초교청화분교. 연엽산 자락

개체 정보

기원: 자연 식분형: 단목군 점유면적: 506㎡ 수령1: 400년 수령2: 400년
수고1: 22m 수고2: –m 흉고둘레1: 5.2m 흉고둘레2: –m 수관폭: 25.4m

관리 정보

보호범주: 천연기념물 292호 1982-11-04 지정사유: 전설목 시설물: 보호철책
현황판: 유 관리감독: 이장 이용정보: 기타-경관

건강 정보

수형: 2 수관: 2 수피: 3 뿌리: 1 훼손: 2 지면: 1 오염: 1 활력도: 1 병충해: 1
수분/영양: 1 지표면: 흙 오염원: – 감시등급판정: 일반감시

줄기가 6 개라서 육(六)소나무라고 부르기도 하는 천연기념물 292호의 400년생 소나무이다. 청화산 시루봉 자락의 계곡 가장자리 위치에 생육하고 있으며, 마을 입구에서 주위의 자연경관과 함께 잘 어우러지고 있다. 마을의 안과 밖을 경계 짓는 노거수로서 이것을 베면 천벌을 받는다는 설화가 전해오고 있어 훼손되지 않고 유존하는 것이다. 천연기념물로 지정되기 전까지 이러한 노거수가 유존할 수 있었던 것은 이러한 설화의 덕택이며, 마을공동체에서 필요로 하는 노거수 생명체의 보호를 위한 지역민의 지혜로부터 생겨난 것으로 판단된다.

조사일자 2002년 6월 2일 일요일

28 문경 적성리 소나무

위치 정보

주소: 문경시 동로면 적성리 307 (GPS 36° 38′ 09″N, 128° 17′ 31″ E) 해발고도: 364m
위치지역: 농촌 경관연결성: 기타 미지형: 평면 분포지형: 충적대지 인접토지: 도로
접근경로: 문경시내에서- 동로면- 문경읍방향. 도로변

개체 정보

기원: 자연 식분형: 단목 점유면적: 165㎡ 수령1: 300년 수령2: 300년
수고1: 9m 수고2: 8m 흉고둘레1: 2.5 흉고둘레2: -m 수관폭: 14.5m

관리 정보

보호범주: 보호수 11-26-7-7-1호 1982-10-26 지정사유: 경관목 시설물: -
현황판: 무 관리감독: 이장 이용정보: 휴식-정자

건강 정보

수형: 2 수관: 2 수피: 2 뿌리: 1 훼손: 2 지면: 1 오염: 1 활력도: 2 병충해: 1
수분/영양: 1 지표면: 흙 오염원: - 감시등급판정: 일반감시

독특한 전설을 가지고 있는 노거수로서 일반적인 전통마을의 풍수적 또는 심미적 기능의 노거수가 아니다. 말(馬) 무덤을 지키는 소나무 노거수로 황장산 자락의 도로변에 위치하고 있다. 이 도로는 옛날부터 이용되었던 지역을 통과하는 주요 간선도로이며, 말 무덤의 위치는 전략적 요충지이다. 말 무덤은 소나무 노거수와 함께 있으며 풍수설에 의한 연주패옥(聯珠佩玉) 형세에 관련된 전설이 있다 (제 3 장 참조).

29 문경 거산리 느티나무

조사일자 2002년 5월 9일 목요일

위치 정보
주소: 문경시 산북면 거산리 328-2 (GPS 36° 41′ 28″N, 128° 14′ 41″E) 해발고도: 211m
위치지역: 농촌 경관연결성: 기타 미지형: 평면 분포지형: 충적대지 인접토지: 경작지
접근경로: 문경시내에서 산북면 방향. 김용사 도로변 들판

개체 정보
기원: 자연 식분형: 단목군 점유면적: 642㎡ 수령1: 200년 수령2: 300년
수고1: 21m 수고2: -m 흉고둘레1: 4.1m 흉고둘레2: -m 수관폭: 28.6m

관리 정보
보호범주: 보호수 11-26-6-8-1호 1982-10-26 지정사유: 정자목 시설물: -
현황판: 무 관리감독: 이장 이용정보: 휴식-정자

건강 정보
수형: 3 수관: 3 수피: 3 뿌리: 1 훼손: 2 지면: 1 오염: 1 활력도: 1 병충해: 1
수분/영양: 1 지표면: 흙 오염원: - 감시등급판정: 일반감시

촬영: 03. 4. 20

촬영: 02. 9. 3

느티나무 임계수령을 고려할 때 수령 200살은 매우 젊은 청소년기의 느티나무 노거수라 할 수 있다. 그래서인지 아름다운 수형과 경관의 완벽한 조화를 관찰할 수 있는 개체이다. 특히 느티나무의 전형적인 수형을 보여준다. 마을 정자나무로 이용되고 있으나, 마을로부터 떨어져 위치한다. 산 안으로 들어가는 산문(山門)과 같은 위치에 자리하고 있음을 볼 때, 부분적이나마 비보(裨補)나 엽승(厭升)의 풍수적 기능도 있을 것으로 보인다.

30 문경 대하리 **탱자나무**

조사일자 2002년 5월 9일 목요일

위치 정보
주소: 문경시 산북면 대하리 460-1 (GPS 36° 38′ 26″N, 128° 15′ 49″E) 해발고도: 134m
위치지역: 농촌 경관연결성: 내부 미지형: 평면 분포지형: 충적대지 인접토지: 주택
접근경로: 문경시내에서 산양-산북-김용사 방향. 산북면사무소 못가서 장수황씨 종택

개체 정보
기원: 인공 식분형: 단목 점유면적: 102㎡ 수령1: 400년 수령2: 400년
수고1: 6m 수고2: -m 흉고둘레1: 2.1m 흉고둘레2: -m 수관폭: 11.4m

관리 정보
보호범주: 보호수 99-22호 1982-10-26 지정사유: 경관목 시설물: -
현황판: 유 관리감독: 장수 황씨 문중 이용정보: 기타-경관

건강 정보
수형: 1 수관: 1 수피: 2 뿌리: 1 훼손: 1 지면: 1 오염: 1 활력도: 1 병충해: 1
수분/영양: 1 지표면: 자갈 오염원: - 감시등급판정: 일반감시

탱자나무(*Poncirus trifoliata* (L.) Raf.)는 운향과(蕓香科)에 속하는 식재종이다. 중국 원산으로 우리나라에는 자생하지 않는다. 대하리 탱자나무는 수령 400여년으로 추정되는 우리나라 가장 늙은 개체로 알려져 있다. 탱자나무는 줄기가 단단하고 가시 돋친 관목으로서 일반적으로 과수원이나 주택의 울타리 용으로 이용하기에 적격인 자원식물이다. 민속주 호산춘(湖山春)으로 유명한 장수 황씨 종택 뜰에 생육하고 있는 매우 늙은 개체인데도 불구하고 많은 열매를 생산하고 있다. 청하 보경사에도 탱자나무 노거수라 할 수 있는 두 그루가 경북도 기념물로서 지정 보호되고 있다.

31 문경 대하리 **소나무**

조사일자 2002년 5월 9일 목요일

위치 정보
주소: 문경시 산북면 대하리 668 (GPS 36° 32′ 54″ N, 128° 16′ 16″ E) 해발고도: 134m
위치지역: 농촌 경관연결성: 기타 미지형: 평면 분포지형: 충적대지 인접토지: 도로
접근경로: 문경시내에서 산양-산북-김용사 방향. 산북면사무소 못가서 도로변

개체 정보
기원: 인공 식분형: 단목 점유면적: 323.4㎡ 수령1: 220년 수령2: 200년
수고1: 6m 수고2: 10m 흉고둘레1: 2.9m 흉고둘레2: -m 수관폭: 20.3m

관리 정보
보호범주: 보호수 11-26-6-3-2호 1982-10-26 지정사유: 경관목 시설물: 벤치
현황판: 유 관리감독: 이장 이용정보: 기타-경관

건강 정보
수형: 3 수관: 3 수피: 3 뿌리: 1 훼손: 2 지면: 1 오염: 1 활력도: 1 병충해: 1
수분/영양: 1 지표면: "흙, 자갈" 오염원: - 감시등급판정: 일반감시

방촌(尨村) 황희(黃喜, 1363-1452)선생의 영정을 모신 사당과 서원이 있는 영각동(影閣洞)에 위치하는 소나무 노거수이다. 당산목으로 매년 정월 대보름에 마을의 평안과 풍년을 기원하기 위해 영각동제를 지내고 있다. 마치 분재한 것과 같은 수형으로 인공적으로 식재하여 관리되어 온 개체이다. 지상에 각종 시설물들(안내판, 시멘트 구조물, 콘크리트 연못, 기타 외래수종 등)이 아름다운 소나무 노거수 상관을 혼란스럽게 하는 것이 아쉽다.

32 문경 신전리 **느티나무**

조사일자 2002년 5월 9일 목요일

위치 정보
주소: 문경시 산양면 신전리 299 (GPS 36° 48′ 01″ N, 128° 15′ 41″ E) 해발고도: 91m
위치지역: 농촌 경관연결성: 입구 미지형: 돌출 분포지형: 기타(동산) 인접토지: 도로
접근경로: 문경시내에서 산양면 - 영순면 방향. 도로변 마을

개체 정보
기원: 자연 식분형: 단목 점유면적: 103.8㎡ 수령1: 600년 수령2: 200년
수고1: 7m 수고2: -m 흉고둘레1: 3.3m 흉고둘레2: -m 수관폭: 11.5m

관리 정보
보호범주: 보호수 11-16-4-16-1호 1982-10-26 지정사유: 당산목 시설물: 돌담
현황판: 무 관리감독: 이장 이용정보: 제사-신앙

건강 정보
수형: 5 수관: 5 수피: 1 뿌리: 1 훼손: 1 지면: 1 오염: 1 활력도: 4 병충해: 1
수분/영양: 4 지표면: 흙 오염원: - 감시등급판정: 주요감시

마을 입구의 동구(洞口) 숲이 위치할 전형적인 지형에 잔존하는 느티나무 노거수로서 팽나무와 함께 생육하고 있다. 돌무덤을 쌓아 마을의 당산나무로 보호 관리되고 있으나, 눈에 띄는 돌출지형의 바람 길(風動)에 위치함으로써 수고가 낮은 것이 특징이다. 잠시 휴식을 취해보면 바람 길을 느낄 수가 있다. 이 느티나무는 일명 귀목(鬼木, 귀신나무)으로 불리면서 현재까지 남겨진 것으로 판단된다. 일반적인 귀목의 이야기는 다음과 같다: 해가 지고 귀신들이 인간이 사는 마을로 쳐들어 올 때 마을입구에 있는 좋아하는 귀목에 시간가는 줄 모르고 놀다가 새벽녘에 닭의 울음소리에 정신을 수습하고 마을로 들어가려는데 벌써 새벽이 와서 다시 되돌아간다는 것이다.

33 봉화 삼동리 느티나무

조사일자 2002년 4월 19일 금요일

위치 정보
주소: 봉화군 명호면 삼동2리 하천 301(황샛마을) (GPS 36° 22′ 44″ N, 128° 56′ 42″ E) 해발고도: 413m
위치지역: 농촌 경관연결성: 내부 미지형: 평면 분포지형: 계류역 인접토지: 도로
접근경로: 봉화–현동–영양 방향.

개체 정보
기원: 자연 식분형: 단목 점유면적: 113㎡ 수령1: 600년 수령2: 400년
수고1: 9m 수고2: 15m 흉고둘레1: 8.8m 흉고둘레2: –m 수관폭: 12m

관리 정보
보호범주: 보호수 11-29-8-1호 1982-10-29 지정사유: 당산목 시설물: 벤치.장승
현황판: 유 관리감독: 이장 이용정보: 제사–신앙

건강 정보
수형: 4 수관: 4 수피: 5 뿌리: 1 훼손: 2 지면: 2 오염: 3 활력도: 3 병충해: 1
수분/영양: 2 지표면: 흙, 시멘트포장 오염원: 시멘트포장 감시등급판정: 주요감시

촬영: 03. 7. 21

경북지역의 하늘아래 첫 동네라 할 수 있는 해발 413m의 삼동 2 리의 느티나무 노거수이다. 동네 안쪽에 위치하는 당산목으로 보호받고 있다. 노거수의 위치가 마을사람들의 생활과 밀접하게 접하는 곳이면서 마을의 의사소통 공간으로도 이용되고 있기 때문에 개체 생육에 대한 방해요인이 많다. 노거수 턱밑까지 이질적이고 생육에 불리한 환경조건을 조장하게 되는 여러 가지 간섭요인을 제거하고 건전한 생육 공간을 확보해주는 것이 필요하다. 후계목이 관리되고 있으며, 장승이 세워져 있다. 특히 노거수 가까이에 장승이 함께 하고 있는 경우는 드물다.

34 봉화 문촌리 **호도나무**

조사일자 2002년 4월 19일 금요일

위치 정보
주소: 봉화군 상운면 문촌리 전 622 (GPS 36° 16′ 53″ N, 128° 47′ 24″ E) 해발고도: 351m
위치지역: 농촌 경관연결성: 내부 미지형: 함몰 분포지형: 계류역 인접토지: 경작지
접근경로: 봉화읍소재지-상운중학교-봉성면사무소 방향

개체 정보
기원: 인공 식분형: 단목 점유면적: 346.1㎡ 수령1: 250년 수령2: 230년
수고1: 14m 수고2: 20m 흉고둘레1: 2.6m 흉고둘레2: -m 수관폭: 21m

관리 정보
보호범주: 보호수 11-29-12호 1982-10-29 지정사유: 희귀목 시설물: -
현황판: 무 관리감독: 금동인 이용정보: 기타-경관

건강 정보
수형: 3 수관: 3 수피: 1 뿌리: 3 훼손: 1 지면: 1 오염: 1 활력도: 3 병충해: 1
수분/영양: 1 지표면: 흙 오염원: - 감시등급판정: 주요감시

촬영: 03. 7. 21 촬영: 02. 9. 1

경북지역에서 유일한 호도나무(*Juglans regia* L. var. *orientalis* (Dode) Kitamura) 노거수이다. 우리나라에는 가래나무(*Juglans mandshurica* Maxim.)가 냉습한 산지 계곡에 자생하지만, 호도나무는 중국원산으로 식재되어 온 유실수이다. 호도나무는 수명이 짧은 교목성의 속성수이지만, 문촌리의 것은 수령 250년으로 추정되는 노거수이다. 유실수는 일반적으로 수명이 짧고 따라서 임계 수령도 짧은 수종인데, 그 가운데 호도나무와 밤나무는 교목성이다. 호도나무의 의미는 오랑캐 나라에서 들어왔다는 뜻에서 호(胡), 열매는 복숭아 씨처럼 생겼다고 해서 도(桃)자로부터 붙여진 이름이다.

35 봉화 석포리 소나무

조사일자 2002년 4월 19일 금요일

위치 정보
주소: 봉화군 석포면 석포리 81-1(소천반야초교분교) (GPS 36° 18′ 49″ N, 129° 06′ 20″ E) 해발고도: 592m
위치지역: 농촌 경관연결성: 내부 미지형: 평면 분포지형: 충적대지 인접토지: 학교운동장
접근경로: 봉화-강원 태백방향. 소천면사무소에서 소천반야초교분교정

개체 정보
기원: 자연 식분형: 단목 점유면적: 580.7㎡ 수령1: 220년 수령2: 200년
수고1: 20m 수고2: -m 흉고둘레1: 4.2m 흉고둘레2: -m 수관폭: 27.2m

관리 정보
보호범주: 보호수 11-29-6-3호 1982-10-29 지정사유: 경관목 시설물: 의자,정자
현황판: 무 관리감독: 교육청 이용정보: 기타-경관

건강 정보
수형: 3 수관: 3 수피: 3 뿌리: 1 훼손: 2 지면: 1 오염: 1 활력도: 2 병충해: 1
수분/영양: 1 지표면: 흙 오염원: - 감시등급판정: 일반감시

금강소나무(*Pinus densiflora* Sieb. *et* Zucc. for. *erecta* Uyeki)는 반송처럼 소나무의 품종으로 일반 소나무(*P. densiflora*)와 다르게 곧게(erect form) 자라고 심재(心材)가 단단한 것이 특징이다. 목재로서의 가치가 매우 높은 우리나라 고유 소나무 자원으로 울진 소광리 금강소나무가 유명하다. 석포의 금강소나무는 폐교된 소천반야초교 분교 운동장에 생육하고 있는 수령 200년의 노거수이다. 분교가 위치했던 이 입지는 본래 지형적으로 금강소나무 숲이 발달하는 폭넓은 산지 계류였으나, 여러 가지 토지 이용 역사 속에서 숲은 사라지고 분교가 설립(1956.11.12)되었다. 따라서 금강소나무 숲을 이루고 있던 개체들 가운데 한 그루가 분교가 설립된 이후에도 유존되었으나, 분교는 개교 39년만(1996.3.1폐교)에 폐교되고 금강소나무만 잔존하고 있는 형국이다. 한 그루의 금강소나무가 운동장 한 편에 남아 있는 노거수의 의미가 새삼스럽다.

36 봉화 분천리 소나무

조사일자 2002년 4월 19일 금요일

위치 정보

주소: 봉화군 소천면 분천리 산 246-4 (GPS 36° 19′ 38″ N, 129° 03′ 08″ E) 해발고도: 437m
위치지역: 농촌 경관연결성: 후방 미지형: 돌출 분포지형: 산비탈 인접토지: 임야
접근경로: 봉화-울진 불영계곡(불영사)방향. 고개 휴게소.

개체 정보

기원: 자연 식분형: 단목 점유면적: 346.1㎡ 수령1: 320년 수령2: 300년
수고1: 27m 수고2: 20m 흉고둘레1: 4.7m 흉고둘레2: -m 수관폭: 21m

관리 정보

보호범주: 보호수 11-29-10호 1982-10-29 지정사유: 경관목 시설물: -
현황판: 유 관리감독: 이인호 이용정보: 제사-신앙

건강 정보

수형: 2 수관: 2 수피: 2 뿌리: 1 훼손: 1 지면: 1 오염: 1 활력도: 1 병충해: 1
수분/영양: 1 지표면: 흙 오염원: - 감시등급판정: 일반감시

금강소나무는 우리나라 동해 연안의 백두대간에 집중 분포하며, 일명 춘양목, 강송이라 부른다. 특히 춘양목(春陽木)이란 이름의 유래는 봉화와 울진, 강원도 삼척 등지에서 벌채한 우량 소나무를 1955년 개통한 춘양역을 이용해 열차로 도시 지역으로 실어내던 것에서 유래되었다고 한다. 분천리 금강소나무는 소나무 노거수 가운데 가장 키가 큰 개체로 기록되는데, 주변에 함께 하는 어린 개체들은 이 노거수 모수(母樹)로부터 생산된 자식들로 육림되고 있다.

37 상주 대전리 **느티나무**

조사일자 2002년 5월 31일 금요일

위치 정보
주소: 상주시 외서면 대전1리 355 (GPS 36° 37′ 54″ N, 128° 01′ 36″ E) 해발고도: 210m
위치지역: 농촌 경관연결성: 내부 미지형: 평면 분포지형: 계류역 인접토지: 주택
접근경로: 상주시내-화북 방향으로 가다가 은척방향

개체 정보
기원: 자연 식분형: 단목 점유면적: 646.5㎡ 수령1: 500년 수령2: 500년
수고1: 22m 수고2: 13m 흉고둘레1: 7m 흉고둘레2: -m 수관폭: 28.7m

관리 정보
보호범주: 보호수 11-4-17호 1982-10-26 지정사유: 당산목 시설물: 주택
현황판: 유 관리감독: 이장 이용정보: 제사-신앙

건강 정보
수형: 3 수관: 3 수피: 3 뿌리: 2 훼손: 2 지면: 1 오염: 1 활력도: 3 병충해: 1
수분/영양: 1 지표면: 흙 오염원: - 감시등급판정: 일반감시

대전 1 리 한밭마을에 500년생 느티나무 노거수는 늘어진 가지가 땅바닥에 닫으면서 새로운 줄기가 돋아나 있는 매우 드문 상관을 보인다. 모두 네 곳으로 가지가 갈라져 자라고 있고, 직경 30cm 정도 되는 한쪽 가지는 인근 주택의 안마당에 늘어져 뿌리를 내리면서 흉고직경 20-30cm에 이르는 두 개 가지가 자라고 있다. 더욱이 노거수 몸통 중앙에는 벚나무, 뽕나무, 화살나무 등과 같이 수명이 짧으면서도 식용 또는 약용이 되는 식물종들이 생육하고 있다. 마을사람들은 일제 강점기나 한국전쟁에서 징용과 전쟁에서 숨진 사람이 없었다는 사실을 이 노거수의 영험으로 믿고 있으며, 당산목으로 보호하고 있다. 하늘 공간을 마음껏 펼치면서 하늘과 땅의 고리를 연결하는 노거수이기에 사방으로 지나가는 전선을 옮겨주는 배려가 요구된다.

38 상주 두곡리 뽕나무

조사일자 2002년 5월 31일 금요일

위치 정보
주소: 상주시 은척면 두곡리 324외 2필 (GPS 35° 54′ 44″N, 128° 04′ 37″E) 해발고도: 152m
위치지역: 농촌 경관연결성: 후방 미지형: 평면 분포지형: 충적대지 인접토지: 경작지, 주택, 도로 접근경로: 내륙고속도로 북상주IC에서 – 함창 – 이안 – 문경 농암 방향.

개체 정보
기원: 자연 식분형: 단목 점유면적: 240.4㎡ 수령1: 350년 수령2: 350년
수고1: 13m 수고2: –m 흉고둘레1: 3.5m 흉고둘레2: –m 수관폭: 17.5m

관리 정보
보호범주: 도로기념물 1호 1972-12-29 지정사유: 희귀목 시설물: 보호철책
현황판: 유 관리감독: 개인 이용정보: 기타-경관

건강 정보
수형: 1 수관: 2 수피: 3 뿌리: 1 훼손: 1 지면: 1 오염: 1 활력도: 2 병충해: 1
수분/영양: 1 지표면: 흙 오염원: – 감시등급판정: 일반감시

뽕나무(*Morus alba* L.)가 노거수로 보호되고 있는 경우는 매우 드문 사례이다. 두곡리 마을 후방에 위치하는 노거수는 1972년 12월 29일 경상북도 기념물 제 1 호로 지정된 우리나라에서 가장 오래된 뽕나무 개체이다. 야생형으로 산뽕나무(*Morus bombycis* Koidz.)가 있는데, 수명이 밤나무나 호두나무보다 짧다. 양지성 관목 또는 아교목으로 온난한 입지에 발달하는 이차림 속에서 생육한다. 따라서 350년생의 두곡리 뽕나무는 임계수령(약 100년)을 훨씬 넘어선 매우 늙은 개체이다. 뽕나무는 중국에서 BC 770년경에 재배되었고, 우리나라에서는 고조선 시대에 재배하기 시작하였다고 한다. 상주는 삼백(쌀, 누에고치, 곶감)의 고장인데, 누에고치에 뽕나무가 필수적이니, 두곡리의 뽕나무 노거수는 그러한 사실을 반증한다. 뽕나무(桑)는 목은(牧隱) 이색선생이 지은 '사람에게 이로운 여섯 가지 벗'이란 뜻의 '육익', 즉 송(松), 국(菊), 죽(竹), 상(桑), 율(栗), 류(柳) 가운데 하나이다.

39 상주 두곡리 은행나무

조사일자 2002년 5월 31일 금요일

위치 정보
주소: 상주시 은척면 두곡리 640외4필(마을회관 앞) (GPS 35° 56′ 51″ N, 128° 04′ 44″ E) 해발고도: 140m
위치지역: 농촌 경관연결성: 입구 미지형: 평면 분포지형: 충적저지 인접토지: 경작지
접근경로: 내륙고속도로 북상주IC에서 – 함창 – 이안 – 문경 농암 방향.

개체 정보
기원: 인공 식분형: 단목 점유면적: 383.4㎡ 수령1: 450년 수령2: 450년
수고1: 15m 수고2: –m 흉고둘레1: 8.4m 흉고둘레2: –m 수관폭: 22.1m

관리 정보
보호범주: 도기념물 75호 1987-05-10 지정사유: 정자목 시설물: 보호철책, 나무좌대
현황판: 유 관리감독: 이장 이용정보: 휴식-정자

건강 정보
수형: 3 수관: 3 수피: 3 뿌리: 1 훼손: 2 지면: 1 오염: 1 활력도: 3 병충해: 1
수분/영양: 1 지표면: 흙 오염원: – 감시등급판정: 일반감시

세 그루가 한 그루로 되었다는 두곡리 은행나무 노거수는 신분계급사회의 시대정신을 담고 있는 전설(제 3장 참조)을 가지고 있다. 마을 입구에 위치하는 수령 450년의 정자목이다. 은행나무는 식재로부터 기원하는 수종이기 때문에 전설과 같은 시대정신이 존재했을 때에 폐쇄적 신분사회의 계급 타파 또는 일탈을 추구하는 누군가에 의하여 식재했거나, 애당초 전통마을나무로 식재해서 노거수로 보호받아오다가 지역의 일화가 전설로 각색되어 이입되었을 경우를 생각해 볼 수 있다. 은행나무는 우리나라에 저절로 자생하지 않는 반고유 식물종이며, 식물지리학적으로 중국 원산으로 1억5천만년~2억 년 전에 자생하던 화석식물이라 부르며 오늘날 그 자생지는 존재하지 않는다.

조사일자 2002년 6월 6일 목요일

40 상주 입석리 밤나무

위치 정보
주소: 상주시 화북면 입석2리 (GPS 36° 27′ 04″ N, 127° 53′ 19″ E) 해발고도: 175m
위치지역: 농촌 경관연결성: 입구 미지형: 평면 분포지형: 충적대지 인접토지: 도로, 주택, 경작지 접근경로: 상주-화북-충북괴산 방향. 도 경계 입석마을

개체 정보
기원: 인공 식분형: 단목 점유면적: 251.5㎡ 수령1: 120년 수령2: -년
수고1: 14m 수고2: -m 흉고둘레1: 3.6m 흉고둘레2: -m 수관폭: 17.9m

관리 정보
보호범주: 노거수 - - 지정사유: 노거수 시설물: 주택
현황판: 무 관리감독: 이장 이용정보: 휴식-정자

건강 정보
수형: 1 수관: 1 수피: 1 뿌리: 1 훼손: 2 지면: 5 오염: 3 활력도: 1 병충해: 1
수분/영양: 3 지표면: 시멘트 포장 오염원: 시멘트 포장 감시등급판정: 일반감시

밤나무(*Castanea crenata* Sieb. et Zucc.)는 냉온대 남부 · 저산지 지역이나 난온대 상록활엽수림 지역의 낙엽활엽수림 이차림(일차림인 자연림이 훼손되어 이차적으로 발달한 숲) 속에 자생하는 비교적 수명이 짧은 교목 수종이다. 임계수령은 200년으로 추정되는데, 200년 이상이 되면 개체의 쇠퇴가 급격하게 진행된다. 입석 2 리의 밤나무는 마을 입구에 위치하며, 마을 주민의 휴식과 소통의 공간으로 이용되고 있다. 밤나무 노거수는 야생 상태의 이차림 속에서는 매우 드물지만, 산비탈 밭 경작지 언저리에서 자주 관찰되는데, 이것은 전통 부락의 존재를 확인할 수 있는 부락 적지(跡地)의 징표이기도 한다.

41 상주 상현리 **소나무**

조사일자 2002년 5월 6일 월요일

위치 정보
주소: 상주시 화서면 상현1리 (GPS 36°06′26″N, 127°57′16″E) 해발고도: 135m
위치지역: 농촌 경관연결성: 후방 미지형: 평면 분포지형: 충적대지 인접토지: 경작지
접근경로: 상주에서 보은(속리산) 방향 화령고등학교 – 마을

개체 정보
기원: 자연 식분형: 단목 점유면적: 664.7㎡ 수령1: 500년 수령2: 300년
수고1: 16.5m 수고2: –m 흉고둘레1: 4.9m 흉고둘레2: 2.2m 수관폭: 29.1m

관리 정보
보호범주: 천연기념물 295호 1982-11-04 지정사유: 경관목 시설물: 보호철책
현황판: 유 관리감독: 상주시장 이용정보: 기타-경관

건강 정보
수형: 2 수관: 2 수피: 2 뿌리: 1 훼손: 1 지면: 1 오염: 1 활력도: 2 병충해: 1
수분/영양: 1 지표면: 흙 오염원: – 감시등급판정: 일반감시

촬영: 03. 4. 27

천연기념물 293호로 지정(1982.11.4)되어 있는 소나무 노거수로서 수령 500년임에도 불구하고 수형이 매우 수려하다. 마을 배후 산지로부터 흘러내려온 충적대지에서 생육하고 있다. 지역주민과 단체에서 상주시와 협의하여 2004년 6월 주변 시유지(981평)에 정성껏 공원을 조성하였다. 이무기(큰 구렁이) 동물담(動物談)을 가지고 있으며, 예전에 마을의 평안을 기원하던 돌탑이 있었기 때문에 주민들은 돌탑이 있는 소나무란 뜻에서 일명 '탑송'(塔松)이라고 부르며(동아일보 2004년8월23일자), 또는 나무의 형태가 탑처럼 생겼기 때문에 탑송(문화재대관 2003)이라고도 한다. 하천 정비과정에서 나온 자연석을 이용해 만든 14기의 돌탑이 세워져 있다. 천연기념물 보호를 위한 철책은 노거수 개체로부터 보다 이격된 거리에 자연적 재료인 목책(木柵)으로 개선함으로써 조화로운 노거수의 상관을 창출할 수 있다.

조사일자 2002년 3월 8일 금요일

42 성주 수촌리 측백나무

위치 정보

주소: 성주군 벽진면 수촌리 906 (GPS 36°22′36″N, 128°13′19″E) 해발고도: 86m
위치지역: 농촌 경관연결성: 내부 미지형: 평면 분포지형: 충적대지 인접토지: 주택
접근경로: 대구-성주읍-벽진면 방향.

개체 정보

기원: 인공 식분형: 단목 점유면적: 9.6㎡ 수령1: 450년 수령2: 400년
수고1: 9.5m 수고2: -m 흉고둘레1: 2.4m 흉고둘레2: -m 수관폭: 3.5m

관리 정보

보호범주: 보호수 11-21-6호 1982-10-26 지정사유: 거목 시설물: -
현황판: 유 관리감독: 여중환 이용정보: 기타-경관

건강 정보

수형: 5 수관: 5 수피: 5 뿌리: 1 훼손: 2 지면: 1 오염: 3 활력도: 5 병충해: 1
수분/영양: 1 지표면: 자갈 오염원: 복토 감시등급판정: 주요감시

측백나무(*Thuja orientalis* L.)는 퇴적암 지대의 급경사 입지에 자생하며, 사철 푸르고 장수하는 식물이다. 그래서인지 정원 수목, 울타리 수목, 서원의 기념 수목 등으로 널리 이용되어 왔다. 우리나라 천연기념물 1호는 대구 도동의 하천 단애지에 발달하고 있는 측백나무수림이다. 성주 수촌리의 측백나무 노거수는 조선현종 9년(1668년)에 여효증 공의 청백(淸白)의 교훈이 담겨져 있는 식목담(植木談)을 가지고 있다(경북마을지 1991). 이것에 따르면 수령은 기록되어 온 수령보다 100여년이 적은 340년이며, 기원은 인공인 것으로 수정할 필요가 있는 것으로 판단된다. 수촌리 측백나무 노거수는 그 상관으로부터 수관 상층에서의 태풍이나 돌풍에 의한 피해가 있었음을 알 수 있으며, 가까운 미래에도 훼손될 가능성이 매우 높은 주요 감시 대상이 되는 개체이다.

43 성주 경산리 왕버들

조사일자 2002년 3월 8일 금요일

위치 정보
주소: 성주군 성주읍 경산리 446-1일원 (GPS 37° 03′ 15″ N, 128° 16′ 56″ E) 해발고도: 54m
위치지역: 농촌 경관연결성: 내부 미지형: 평면 분포지형: 계류역 인접토지: 체육시설, 도로,공원
접근경로: 대구에서 - 성주 - 고령 방향. 성주 소재지

개체 정보
기원: 자연 식분형: 단목군 점유면적: 352.8㎡ 수령1: 450년 수령2: -년
수고1: 15m 수고2: -m 흉고둘레1: 6m 흉고둘레2: -m 수관폭: 21.2m

관리 정보
보호범주: 천연기념물 403호 1999-04-06 지정사유: 풍치목 시설물: 체육시설,운동장
현황판: 유 관리감독: 성주군수 이용정보: 휴식-정자

건강 정보
수형: 2 수관: 2 수피: 2 뿌리: 2 훼손: 2 지면: 2 오염: 1 활력도: 1 병충해: 1
수분/영양: 3 지표면: 자갈,흙,시멘트 포장 오염원: 시멘트 포장 감시등급판정: 일반감시

촬영: 03. 10. 12

천연기념물 제403호로 지정되어 있는 성주 경산리 성밖숲 왕버들군락(59그루)의 부분으로 최고 수령 450년으로 추정되고 있다. 왕버들은 하천이나 계류의 영향권 내에서 모래가 많은 퇴적 토양에서의 잠재자연식생을 대표하는 교목 수종이다. 이 왕버들군락은 전통마을숲으로부터 유래하는 잔존 숲이며, 노거수는 그러한 숲이 조각화(fragmentation) 되어가면서 잔존하는 개체이다. 왕버들의 임계수령은 300년으로서 임계수령에 근접하는 왕버들 개체들은 수세가 급격히 쇠퇴되어가기 때문에 토지의 수분환경 보존이 개체보존에 절대적으로 필요로 하는 생태적 관리이다. 왕버들의 고유 생육입지의 지표면은 1 년에 한두차례 걸친 관수(冠水)가 일어나는 입지가 최적 환경조건이다. 따라서 일시적 관수가 발생할 수 있도록 개체주변의 미지형을 관리해 줄 필요가 있다.

조사일자 2002년 3월 8일 금요일

44 성주 지방리 아까시나무

위치 정보
주소: 성주군 월항면 지방리 154 (GPS 36°20′43″N, 128°17′44″E) 해발고도: 92m
위치지역: 농촌 경관연결성: 기타 미지형: 평면 분포지형: 충적대지 인접토지: 도로, 주택
접근경로: 성주-초전-칠곡 기산 방향. 도로변

개체 정보
기원: 인공 식분형: 단목 점유면적: 277.4㎡ 수령1: 120년 수령2: 120년
수고1: 18.5m 수고2: 20m 흉고둘레1: 3.9m 흉고둘레2: -m 수관폭: 18.8m

관리 정보
보호범주: 보호수 11-24-10-1호 1991-12-20 지정사유: 정자목 시설물: -
현황판: 유 관리감독: 박성록 이용정보: 휴식-정자

건강 정보
수형: 1 수관: 1 수피: 1 뿌리: 1 훼손: 1 지면: 2 오염: 2 활력도: 1 병충해: 1
수분/영양: 1 지표면: 흙, 시멘트 포장 오염원: 시멘트 포장 감시등급판정: 일반감시

아까시나무(*Robinia pseudoacacia* L.)는 북미 애팔래치안 산맥이 원산인 귀화식물로서 노거수로 유존하는 개체는 성주 지방리의 것이 유일하다. 수령은 120년생으로 한반도 내에서의 아까시나무 임계수령이 50년 정도인 것을 고려할 때 지방리의 아까시나무는 매우 오래된 노거수이다. 아까시나무는 콩과식물로 뿌리혹박테리아와 공생하기 때문에 호흡을 해야 하는 공생균이 살고 있는 지표면 가까이에 뿌리가 퍼져나가는 것이 특징이다. 따라서 임계수령 50년 정도가 되면 지상부의 식물체가 거대해지면 쉽게 쓰러져(倒木) 버린다. 지방리 아까시나무는 산지 비탈면 하단부, 도로에 접하여 위치하고 있으며, 최근에는 시외버스정류장이 설치되는 등, 노거수 생육환경이 점점 불량해지고 있는 상황이다. 한편 이 노거수 측후방에는 입지의 잠재자연식생의 주요 구성종인 50여년생의 팽나무가 자생하고 있는 것이 특기할만하다.

45 안동 송사리 소태나무

조사일자 2002년 4월 28일 일요일

위치 정보

주소: 안동시 길안면 송사1리 100-7외 4필지 (GPS 35° 42′ 33″ N, 128° 55′ 52″ E) 해발고도: 212m
위치지역: 농촌 경관연결성: 기타 미지형: 평면 분포지형: 충적대지 인접토지: 학교운동장, 교실
접근경로: 안동-길안-영천간 국도35번. 길안면사무소를 지나 영천방향. 길안초교길송 분교

개체 정보

기원: 자연 식분형: 단목 점유면적: 165㎡ 수령1: 600년 수령2: 600년
수고1: 13.5m 수고2: -m 흉고둘레1: 3.4m 흉고둘레2: 2.3m 수관폭: 14.5m

관리 정보

보호범주: 천연기념물 174호 1966-01-13 지정사유: 당산목 시설물: 당집, 보호철책
현황판: 유 관리감독: 길안분교초등학교장 이용정보: 제사-신앙

건강 정보

수형: 5 수관: 5 수피: 3 뿌리: 1 훼손: 2 지면: 1 오염: 1 활력도: 4 병충해: 1
수분/영양: 1 지표면: 자갈 오염원: - 감시등급판정: 주요감시

소태나무(*Picrasma quassioides* (D. Don) Bennett)는 껍질의 quassin 성분 때문에 소태맛이 난다. 냉온대 남부· 저산지 지역에서 낙엽활엽수림 속에서 자생하는 아교목 수종이다. 길안초등학교 길송분교 뒤뜰에 회화나무와 함께 나란히 생육하고 있으며, 마을 주민들은 정월 대보름날에 마을의 안녕과 풍년을 기원하는 동제를 지내는데, 서쪽에 있는 소태나무에 먼저 지내고 다음은 동쪽에 있는 회화나무에 제사를 지내고 있다. 성황당이 자리하고 있지만, 학생들의 자연학습장으로 이용되고 있다. 우리나라에서 현존하는 소태나무로는 가장 오래된 것으로 약 수령 600여년으로 추정되고 있다. 소태나무에 딱따구리류 서식 구멍, 소태나무 노거수의 독특한 생태적 기능을 엿 볼 수 있다.

46 안동 용계 은행나무

조사일자 2002년 5월 28일 화요일

위치 정보
주소: 안동시 길안면 용계리 43외 6필지 (GPS 36° 34′ 49″ N, 128° 55′ 43″ E) 해발고도: 190m
위치지역: 농촌 경관연결성: 기타 미지형: 평면 분포지형: 산비탈 인접토지: 댐, 임야
접근경로: 안동 길안-청송 방향. 고개 휴게소 지나 좌회전하여 임하댐. 예술촌 방향

개체 정보
기원: 인공 식분형: 단목 점유면적: 1074.6㎡ 수령1: 700년 수령2: 700년
수고1: 37m 수고2: -m 흉고둘레1: 14.5m 흉고둘레2: -m 수관폭: 37m

관리 정보
보호범주: 천연기념물 175호 1966-01-13 지정사유: 전설목 시설물: 보호철망
현황판: 유 관리감독: 안동시장 이용정보: 기타-경관

건강 정보
수형: 3 수관: 3 수피: 1 뿌리: 1 훼손: 1 지면: 1 오염: 1 활력도: 3 병충해: 1
수분/영양: 1 지표면: 흙 오염원: - 감시등급판정: 일반감시

노거수 보존에 관한 국민적 주목을 받았던 천연기념물 175호의 안동 용계 은행나무이다. 임하댐 건설로 수몰되는 용계초등학교 운동장의 노거수를 15m 위쪽으로 수고가 37m인 거목을 이식한다는 것은 전세계적인 생태적 사건으로 기록된다. 그래서 본 서의 내지표지로 채택되었다. 이식에 드는 비용이 막대하기에 그것에 대한 시민적 합의가 요구되며, 700년간 한 곳에 살아온 개체를 옮겼을 때의 생존 가능성은 누구도 확신할 수 없는 일이기 때문이다. 결국 1990년 11월부터 경북도와 안동시는 16억 1천만 원을 들여 3년 5개월 동안의 이식공사를 통해 이식에 성공하였다. 이와 같이 노거수에 대한 우리의 정서는 인류문화사적으로 매우 독특한 민족생태학(ethnoecoogy)의 기반이다. 암그루인 이 노거수에 대하여 안동시는 후계목을 무상 공급하는 사업을 하고 있다. 국가적 어려움이 닥칠 때에는 윙윙 소리를 내면서 울었다고 해서 마을 주민은 신목 또는 덕목이라고 한다.

47 안동 천지리 **느릅나무**

조사일자 2002년 4월 28일 일요일

위치 정보

주소: 안동시 길안면 천지리 606-1 (GPS 35° 50′ 17″ N, 128° 53′ 53″ E) 해발고도: 155m
위치지역: 농촌 경관연결성: 내부 미지형: 평면 분포지형: 충적대지 인접토지: 제방, 학교운동장
접근경로: 중앙고속도로 남안동IC – 길안 – 영천간 방향. 길안면 소재지 길안중학교 교정

개체 정보

기원: 자연 식분형: 단목군 점유면적: 265.7㎡ 수령1: 170년 수령2: 150년
수고1: 27m 수고2: 24m 흉고둘레1: 2.6m 흉고둘레2: –m 수관폭: 18.4m

관리 정보

보호범주: 보호수 11-14-10-1-3호 1982-10-26 지정사유: 당산목 시설물: –
현황판: 유 관리감독: 이장 이용정보: 휴식-정자

건강 정보

수형: 3 수관: 3 수피: 2 뿌리: 1 훼손: 2 지면: 1 오염: 3 활력도: 3 병충해: 1
수분/영양: 1 지표면: 흙 오염원: 답압 감시등급판정: 주요감시

느릅나무(*Ulmus davidiana* Planchon var. *japonica* (Rehder) Nakai)는 산지나 평지의 습한 충적지에서 생육하는 교목이다. 이러한 생육지는 대부분 경작지로 이용되고 있기 때문에 숲의 형태로 잔존하는 경우는 우리나라에서 보고된 바가 없다. 따라서 안동 천리의 느릅나무 노거수는 충적지에 대한 잠재자연식생 정보에 근거가 되는 매우 귀중한 식생자원이며, 느릅나무 숲으로부터 남겨진 단목군 속에 포함되어 있는 개체이다. 길안중학교 교정에 10여 그루 군락으로 생육하고 있으며, 4월~5월에 꽃향기와 꽃잎이 떨어지는 광경은 장관이다. 느릅나무 단목군은 천연기념물로 지정되어야 하며, 생육 서식처의 원형을 복원하여 느릅나무 숲으로 발전과 보존이 이루어져야 하는 국가적 식생자원이다. 현재 생육환경에 매우 불리한 토지이용이 행해지고 있다.

48 안동 매정리 말채나무

조사일자 2002년 3월 27일 수요일

위치 정보
주소: 안동시 녹전면 매정리 561 (GPS 36° 46′ 22″ N, 128° 47′ 19″ E) 해발고도: 241m
위치지역: 농촌 경관연결성: 내부 미지형: 평면 분포지형: 충적대지 인접토지: 경작지
접근경로: 안동 녹전면에서 봉화방향

개체 정보
기원: 자연 식분형: 단목군 점유면적: 232.2㎡ 수령1: 400년 수령2: 400년
수고1: 15m 수고2: 25m 흉고둘레1: 3m 흉고둘레2: −m 수관폭: 17.2m

관리 정보
보호범주: 보호수 11-14-14-3-2호 1994-10-21 지정사유: 당산목 시설물: 당집
현황판: 무 관리감독: 이장 이용정보: 제사-신앙

건강 정보
수형: 1 수관: 1 수피: 1 뿌리: 1 훼손: 2 지면: 1 오염: 1 활력도: 1 병충해: 1
수분/영양: 1 지표면: 흙 오염원: − 감시등급판정: 일반감시

촬영: 03. 7. 11

수피가 감나무를 닮은 말채나무(*Cornus walteri* Wangerin)는 산지 계류 지형에서 암석과 암편이 퇴적된 입지에서 생육하는 교목으로서 산지 계반계곡림(溪畔溪谷林)의 주요 구성종이다. 말채나무 노거수가 혼생(混生)하는 전통마을숲은 부락이 발달한 입지가 산지로부터 이어져 내려오는 계류계반의 선상지형(扇狀地形)이라는 것을 반증한다. 안동 매정리의 말채나무 노거수는 마을 당산목으로 보호되고 있는데, 과거 마을숲으로부터 유래하는 개체로 추정된다. 예나 지금이나 말채나무를 인위적으로 식재했다는 기록은 없다. 말채나무는 일본 열도에는 분포하지 않으며, 한반도를 중심으로 대륙에 분포한다.

49 안동 사신리 **느티나무**

조사일자 2002년 3월 27일 수요일

위치 정보

주소: 안동시 녹전면 사신리 256외 3필지 (GPS 36° 43′ 27″ N, 128° 46′ 26″ E) 해발고도: 189m

위치지역: 농촌 경관연결성: 입구 미지형: 평면 분포지형: 계류역 인접토지: 도로, 주택, 경작지

접근경로: 안동-녹전-봉화 지방도 이용. 안동에서 도산서원방향으로 가다 와룡감애에서 녹전 방향

개체 정보

기원: 자연 식분형: 단목 점유면적: 1006㎡ 수령1: 720년 수령2: 700년

수고1: 28m 수고2: -m 흉고둘레1: 10.3m 흉고둘레2: -m 수관폭: 35.8m

관리 정보

보호범주: 천연기념물 275호 1982-11-03 지정사유: 당산목 시설물: 벤치, 체육시설

현황판: 유 관리감독: 안동시장 이용정보: 제사-신앙

건강 정보

수형: 1 수관: 1 수피: 1 뿌리: 1 훼손: 2 지면: 1 오염: 3 활력도: 1 병충해: 1

수분/영양: 1 지표면: 흙 오염원: 시멘트 포장 감시등급판정: 일반감시

촬영: 02. 4. 8

촬영: 02. 6. 5

마을 입구에 마을의 정신적 버팀목이 되고 있는 사신리 느티나무는 천연기념물 275로 지정되어 있는 노거수로서 수형이 우람하여 사람을 압도한다. 당산목으로서 마을사람들이 정월 대보름날 풍년과 안녕을 기원하는 제를 지내며, 평시에는 마을 사람들의 의사소통의 공간으로도 이용되고 있다. 수관의 녹음이 짙어서 한여름 노거수 주위와의 기온 차이가 매우 크기 때문에 노거수의 미기후적 특성을 경험할 수 있다. 수령이 720년의 노거수임에도 여전히 개체 활력도 매우 양호하지만, 최근에 정비된 시멘트 콘크리트 테두리는 근권(根圈)과 수간(樹幹) 기저부의 생육에 장애가 될 수 있기 때문에 생태적 조치가 필요하다.

50 안동 자품리 **은행나무**

조사일자 2002년 3월 27일 수요일

위치 정보
주소: 안동시 서후면 자품리 806-1 (GPS 35° 52′ 48″ N, 128° 37′ 01″ E) 해발고도: 160m
위치지역: 농촌 경관연결성: 기타 미지형: 평면 분포지형: 산비탈 인접토지: 도로, 경작지
접근경로: 중앙고속도로 서안동 IC에서 서후면사무소 방향. 학가산 중턱에 있는 광흥사

개체 정보
기원: 인공 식분형: 단목 점유면적: 754.3㎡ 수령1: 430년 수령2: 410년
수고1: 24m 수고2: 16m 흉고둘레1: 9.9m 흉고둘레2: -m 수관폭: 31m

관리 정보
보호범주: 보호수 11-14-4-3호 1982-10-26 지정사유: 거목 시설물: -
현황판: 유 관리감독: 광릉사찰 주지 이용정보: 기타-경관

건강 정보
수형: 2 수관: 2 수피: 2 뿌리: 1 훼손: 2 지면: 1 오염: 2 활력도: 2 병충해: 1
수분/영양: 1 지표면: 흙, 시멘트 포장 오염원: 시멘트 포장 감시등급판정: 일반감시

촬영: 03. 7. 6

안동 자품의 학가산 자락에 광흥사(廣興寺) 일주문 안에 우람한 은행나무 노거수가 수문장처럼 우뚝 서 있다. 생육 환경이 잘 보존되어 있기 때문에 수령에 비하여 건강한 활력도로 종자 생산이 매우 왕성하다. 북쪽으로 영주, 서쪽으로 예천, 남동쪽으로 안동이 똑같이 15km 지점의 3개 시군이 삼각형을 이루는 가운데 해발 870m의 학가산, 그리고 광흥사와 은행나무 노거수, 영주, 예천, 안동의 세 고을의 지역 문화와 자연의 핵으로 기여하고 있다. 각종 시설물이 즐비한 여타 노거수와는 다르게 있는 그대로 보호되고 있는 것이 매우 자연스러우며, 보호수로서 사찰에서 소중하게 관리하고 있다.

51 안동 송천동 모감주나무

조사일자 2002년 3월 26일 화요일

위치 정보
주소: 안동시 송천동 산 30-2 (GPS 36° 39′ 02″ N, 128° 46′ 45″ E) 해발고도: 135m
위치지역: 농촌 경관연결성: 기타 미지형: 돌출 분포지형: 산비탈 인접토지: 도로, 임야
접근경로: 안동-영덕간 국도 34번 이용. 안동대학교 지나 도로변

개체 정보
기원: 인공 식분형: 단목 점유면적: 93.2㎡ 수령1: 300년 수령2: 300년
수고1: 12m 수고2: -m 흉고둘레1: 1.5m 흉고둘레2: -m 수관폭: 10.9m

관리 정보
보호범주: 도기념물 50호 1984-12-29 지정사유: 명목 시설물: 보호철책
현황판: 유 관리감독: 안동시 이용정보: 기타-경관

건강 정보
수형: 1 수관: 1 수피: 1 뿌리: 2 훼손: 1 지면: 1 오염: 3 활력도: 1 병충해: 1
수분/영양: 1 지표면: 흙, 돌 오염원: 대기오염 감시등급판정: 일반감시

촬영: 03. 6. 29

촬영: 02. 7. 21

모감주나무(*Koelreuteria paniculata* Laxmann)는 냉온대 남부 저산지대에서 주로 세일과 같은 퇴적암의 절벽에 생육하는 준고유종이다. 안동 송천의 모감주나무는 희귀한 개체로 알려지면서 일찍이 경북도 기념물로 지정되어 보호받고 있다. 그러나 반변천의 선어대 절벽 퇴적암 바위에 서식하였으나 도로 개설로 불량한 환경으로 명맥을 겨우 유지해 가고 있다. 수령 300년으로 추정되는데, 수형은 아주 왜소한 편이다. 최근 포항 발산리, 완도 대문리, 안면도 등지에서 천연기념물로 그리고 대구 화원동산 낙동강 절벽, 우포늪 주변 산비탈 등지에서 모감주나무군락지가 보호되고 있다. 모감주나무(*Koelreuteria* 속)는 일명 염주나무(*Tilia* 속)라고 불리기도 하지만 계통이 완전히 다른 종이다. 여름철에 수관 위로 황금빛 꽃을 피우며, 세모꼴의 초롱같은 열매, 그리고 루비 빛으로 물드는 단풍으로 매우 독특한 상관을 연출함으로써 북반구 온대 국가들의 공원수로 널리 애용되고 있다. 열매 속에 익은 종자로 염주를 만드는데 사용하기도 한다.

52 안동 주하리 **뚝향나무**

조사일자 2002년 5월 15일 수요일

위치 정보

주소: 안동시 와룡면 주하리 634외 1필지 (GPS 35° 39′ 52″ N, 128° 44′ 36″ E) 해발고도: 222m
위치지역: 농촌 경관연결성: 내부 미지형: 평면 분포지형: 충적대지 인접토지: 주택, 경작지
접근경로: 안동-도산서원 국도 35번 도로이용. 안동소주 홍보관휴계소에서 좌측 방향

개체 정보

기원: 인공 식분형: 단목 점유면적: 176.6㎡ 수령1: 600년 수령2: 600년
수고1: 3m 수고2: -m 흉고둘레1: 2.3m 흉고둘레2: -m 수관폭: 15m

관리 정보

보호범주: 천연기념물 314호 1982-11-04 지정사유: 노거수 시설물: -
현황판: 유 관리감독: 진성이씨 문중 이용정보: 기타-경관

건강 정보

수형: 1 수관: 1 수피: 1 뿌리: 1 훼손: 1 지면: 1 오염: 1 활력도: 1 병충해: 1
수분/영양: 1 지표면: 자갈 오염원: - 감시등급판정: 일반감시

뚝향나무(*Juniperus chinensis* var. *horizontalis* Nakai)는 향나무의 변종으로 분류되며, 수형이 옆으로 퍼지는 것으로 구분한다. 와룡면 경류정(慶流亭)의 뚝향나무는 천연기념물 314호로 지정되어 있는 노거수로 수령 600년으로 추정되고 있다. 노송운첩(老松韻帖)에 이 나무에 대한 내력이 기록되어 있으며 보호일지도 보존되고 있다고 한다. 그 기록에 따르면, 세종 때에 선산부사를 지낸 이정(李禎) 공이 정주판관 때에 평안북도에 있는 약산(藥山) 산성 축조를 마치고 고향으로 돌아올 당시 가지고 왔다고 한다. 뚝향나무는 민가, 하천 제방, 묘지 주변, 우물가 등지에 식재된 개체(정태현 1958, 김현삼 등 1972) 이외에 야생에서 자생하는 개체는 보고된 바가 없다.

53 안동 대곡리 굴참나무

조사일자 2002년 5월 28일 화요일

위치 정보

주소: 안동시 임동면 대곡2리 583 (GPS 36° 35′ 22″ N, 128° 58′ 40″ E) 해발고도: 298m
위치지역: 농촌 경관연결성: 측면 미지형: 돌출 분포지형: 산비탈 인접토지: 임야
접근경로: 안동-영덕간 국도34번 이용. 예안 방향 좌회전(영양 지름길) 대곡초등

개체 정보

기원: 자연 식분형: 단목 점유면적: 559.6㎡ 수령1: 500년 수령2: 400년
수고1: 18m 수고2: -m 흉고둘레1: 4.8m 흉고둘레2: -m 수관폭: 26.7m

관리 정보

보호범주: 천연기념물 288호 1982-11-04 지정사유: 당산목 시설물: -
현황판: 유 관리감독: 시장 이용정보: 기타-경관

건강 정보

수형: 2 수관: 2 수피: 2 뿌리: 1 훼손: 1 지면: 1 오염: 1 활력도: 2 병충해: 1
수분/영양: 1 지표면: 흙 오염원: - 감시등급판정: 일반감시

굴참나무(*Quercus variabilis* Blume)는 임금 수라상에 도토리묵의 재료가 되었던 상수리나무(*Quercus acutissima*)와 유사한 잎 모양을 가진 참나무이다. 가장 굵직한 도토리가 열리며, 두꺼운 코르크 수피와 잎 뒷면에 밀생하는 흰털을 가지고 있는 것이 특징이다. 수령 400년으로 추정되는 당산목(堂山木)으로 천연기념물 288호로 지정되어 있다. 안동 김씨가 약 370 여 년 전 마을을 개척할 당시부터 보존되어 온 것으로 골짜기 마을 측면의 산록 사면에서 생육하고 있다. 접근성이 불리한데도 음력 7월에 길일을 택해 농로를 보수하고 잡초를 베는 초연을 행한 후에는 마을의 안녕을 비는 제사를 올리고 있다. 노거수에 깃들어 있는 생물담은 노거수의 생물적 문화적 기능을 보여주는 사례인데, 대곡의 굴참나무 노거수에는 두견새가 와서 울면 풍년이 든다고 하는 생물담이 있다. 인근의 대곡 1리 마을에는 아름다운 수형의 소나무 노거수와 우람한 느티나무 노거수 5그루가 있다.

54 안동 정상동 은행나무

조사일자 2002년 3월 26일 화요일

위치 정보
주소: 안동시 정상동 770(귀래정) (GPS 36° 38′ 04″ N, 128° 43′ 19″ E) 해발고도: 122m
위치지역: 농촌 경관연결성: 내부 미지형: 평면 분포지형: 충적대지 인접토지: 주택
접근경로: 중앙고속도로 남안동 IC 에서-안동고등학교- 안동 길안방향. 귀래정

개체 정보
기원: 인공 식분형: 단목 점유면적: 200.9㎡ 수령1: 500년 수령2: 490년
수고1: 18m 수고2: -m 흉고둘레1: 5.8m 흉고둘레2: -m 수관폭: 16m

관리 정보
보호범주: 보호수 11-14-18-6호 1982-10-26 지정사유: 경관목 시설물: -
현황판: 유 관리감독: 이씨문중 이용정보: 기타-경관

건강 정보
수형: 2 수관: 2 수피: 2 뿌리: 1 훼손: 주 지면: 1 오염: 1 활력도: 1 병충해: 1
수분/영양: 1 지표면: 흙 오염원: - 감시등급판정: 일반감시

귀래정(歸來亭) 내에 생육하고 있는 수령 500년으로 추정되는 암그루 은행나무 노거수이다. 도연명의'귀거래사'를 떠올리게 하는 귀래정, 이곳을 찾은 수많은 논객들은 이 은행나무의 아름다움과 풍요로움을 이야기한다. 은행나무 노거수의 지표면 생육환경에 대한 배려가 필요하다. 넓은 충적 대지에 자리하고 있는 귀래정의 은행나무는 주변 경관 속에서 크게 돋보인다. 안동 신주택단지가 조성되고 있기 때문에 이러한 경관을 보존할 수 있는 지역 경관디자인이 필요하며, 지역의 문화와 생태를 학습할 수 있는 자원으로 이용될 수 있을 것이다.

55 안동 하회마을 **느티나무**

조사일자 2002년 3월 27일 수요일

위치 정보

주소: 안동시 풍천면 하회마을 709-3(삼신당) (GPS 35° 52′ 32″ N, 128° 31′ 11″ E) 해발고도: 105m
위치지역: 농촌 경관연결성: 내부 미지형: 평면 분포지형: 충적대지 인접토지: 주택
접근경로: 중앙고속도로 서안동 IC 에서 - 예천 방향 - 풍산읍 - 하회마을(삼신당)

개체 정보

기원: 자연 식분형: 단목 점유면적: 379.9㎡ 수령1: 620년 수령2: 600년
수고1: 17m 수고2: 15m 흉고둘레1: 12m 흉고둘레2: -m 수관폭: 22m

관리 정보

보호범주: 보호수 11-14-5-4호 1982-10-26 지정사유: 당산목 시설물: -
현황판: 유 관리감독: 이장 이용정보: 제사-신앙

건강 정보

수형: 2 수관: 2 수피: 2 뿌리: 2 훼손: 2 지면: 1 오염: 3 활력도: 2 병충해: 1
수분/영양: 1 지표면: 흙 오염원: 답압 감시등급판정: 일반감시

하회마을 내 삼신당의 느티나무 노거수이다. 경북 도내에서 가장 흉고둘레가 큰 느티나무이며, 연리지로 많은 사람들이 소원을 기도하는 노거수이기도 하다. 수간 기저부로부터 크게 분지함으로써 점유 면적이 매우 넓다. 느티나무는 수간 기저부의 형상으로부터 세월의 험한 풍파를 극복해야 하는 생명체의 생존투쟁사를 보여주는 대표적인 수종으로 알려져 있다. 부러져도 뽑히지 않는 것이 느티나무이다. 특히 삼신당과 같은 토속신앙의 대상이 되는 개체는 수간 기저부에 대한 직간접적 간섭(특히 촛불)에 의해 훼손됨으로써 분주화(分株化)가 일반적 형상이다. 노거수는 탄화(炭化) 찌꺼기로부터 발생하는 뿌리썩음병에 의한 뿌리와 기저부의 손상으로 크게 쇠락해짐으로써 고사의 위험에 노출되고 만다. 하회마을의 느티나무 노거수는 수간 아래의 답압(踏壓)을 방지하는 것이 필요하며, 독특하고 대표적인 상관을 촬영할 수 있는 포토라인의 설정이 필요하다.

56 영덕 용천리 고욤나무

조사일자 2002년 2월 12일 화요일

위치 정보
주소: 영덕군 달산면 용천리 199 (GPS 36° 43′ 25″ N, 129° 15′ 33″ E) 해발고도: 115m
위치지역: 농촌 경관연결성: 내부 미지형: 돌출 분포지형: 계류역 인접토지: 주택
접근경로: 영덕강구 – 달산 – 청송 주왕산 방향

개체 정보
기원: 자연 식분형: 단목군 점유면적: 126.6㎡ 수령1: 100년 수령2: –년
수고1: 14m 수고2: –m 흉고둘레1: 2m 흉고둘레2: –m 수관폭: 12.7m

관리 정보
보호범주: 노거수 – – 지정사유: 노거수 시설물: 당집
현황판: 유 관리감독: 이장 이용정보: 제사-신앙

건강 정보
수형: 1 수관: 1 수피: 1 뿌리: 1 훼손: 2 지면: 2 오염: 2 활력도: 3 병충해: 1
수분/영양: 2 지표면: 돌,시멘트 포장 오염원: 시멘트 포장 감시등급판정: 일반감시

촬영: 06. 10. 29

고욤나무(*Diospyros lotus* L.)는 중국 원산으로 한반도 산간 계곡 하부의 퇴적 선상지에서 흔하게 자생하는 준고유종이다. 야생하는 감나무로도 알려져 있는데, 노거수로서 매우 희귀한 경우이다. 영덕 용천리의 고욤나무는 임계수령을 고려할 때 노거수에 해당하는데, 약 100년생으로 추정되며, 당집과 함께 당산목으로 보호되고 있다. 고욤나무 노거수는 소태나무와 함께 마을이 발달한 충적대지 한 가운데 관통하는 개울가의 자연적 서식처에서 생육하고 있으나 수간 기저부의 생육환경이 열악하다.

57 영덕 신안리 **느티나무**

조사일자 2002년 4월 12일 금요일

위치 정보
주소: 영덕군 지품면 신안리 82 (GPS $36^\circ 36' 03''$ N, $129^\circ 17' 03''$ E) 해발고도: 99m
위치지역: 농촌 경관연결성: 내부 미지형: 돌출 분포지형: 계류역 인접토지: 주택, 도로
접근경로: 영덕 – 지품면소재지에서 우측 방향.

개체 정보
기원: 자연 식분형: 단목 점유면적: 257.1㎡ 수령1: 1000년 수령2: 520년
수고1: 14m 수고2: 17m 흉고둘레1: 9m 흉고둘레2: –m 수관폭: 18.1m

관리 정보
보호범주: 보호수 11–2호 1982–10–29 지정사유: 당산목 시설물: 당집
현황판: 유 관리감독: 이장 이용정보: 제사–신앙

건강 정보
수형: 2 수관: 2 수피: 2 뿌리: 2 훼손: 2 지면: 2 오염: 2 활력도: 1 병충해: 1
수분/영양: 2 지표면: 흙,시멘트 포장 오염원: 시멘트 포장 감시등급판정: 일반감시

영덕 신안리의 느티나무는 가장 늙은 개체이며, 수형의 크기나 흉고둘레의 크기가 압도적이다. 마을 당산나무로 보호받고 있으나, 지표면의 생육환경 조건이 생태적으로 매우 열악하다. 노거수는 매우 늙은 생명체이기에 토지적 생육환경 조건이 개선되지 않으면 수세가 크게 쇠락하고, 그에 따라서 병해충과 같은 생물적 스트레스에 취약하며, 태풍 및 돌풍과 같은 물리적 교란에 의해 쉽게 부러지고 파괴됨으로써 급격히 쇠퇴되고 만다. 특히 신안리의 느티나무 노거수는 임계수령에 근접한 매우 늙은 개체이다. 주변 지품중학교 울타리를 헐고 노거수 생태공원을 조성하여 우람한 느티나무 노거수를 바라보면서 생명성과 우주성을 학습하는 공간으로 활용하는 것이 필요하다.

조사일자 2002년 4월 12일 금요일

58 영덕 삼계리 상수리나무

위치 정보

주소: 영덕군 창수면 삼계리 264-2 (GPS 36° 05′ 57″ N, 129° 18′ 45″ E) 해발고도: 142m

위치지역: 농촌 경관연결성: 입구 미지형: 돌출 분포지형: 계류역 인접토지: 도로,경작지

접근경로: 영덕-울진 방향. 영덕 평해-창수- 울진 백암온천 방향.

개체 정보

기원: 자연 식분형: 단목군 점유면적: 298.4㎡ 수령1: 150년 수령2: -년

수고1: 23m 수고2: -m 흉고둘레1: 2.8m 흉고둘레2: -m 수관폭: 19.5m

관리 정보

보호범주: 노거수 - - 지정사유: 노거수 시설물: 당집,벤치

현황판: 무 관리감독: 이장 이용정보: 제사-신앙

건강 정보

수형: 1 수관: 1 수피: 1 뿌리: 1 훼손: 2 지면: 2 오염: 2 활력도: 1 병충해: 1

수분/영양: 1 지표면: 흙,시멘트 포장,자갈 오염원: 시멘트 포장 감시등급판정: 일반감시

영덕 삼계리의 상수리나무 노거수는 단목군(grove) 형상으로 생육하고 있으며, 토속신앙적 행위를 수행하기 위하여 마을 입구에 당집과 함께 마을 수호신으로 보호받고 있는데, 한편으로는 마을공동체의 소통의 공간으로 활용되고 있다. 상수리나무(*Quercus acutissima* Carr.)는 도토리 참나무 종류 가운데 전통마을숲과 마을 배후 산지의 숲정이로 이용되는 대표적인 수종이다. 상수리나무는 남부지방이나 산지 비탈면 하부에서 온난한 입지에 인위적으로 육림한 숲정이 재료가 되는 수종으로 지역의 궁극적인 잠재자연식생의 삼림으로는 존재하지 않는다. 굴참나무와 함께 도토리, 땔감, 버섯재배 등의 다양한 형태로 이용되어 온 전통 민속식물종(ethnobotanical species) 자원으로 분류된다.

59 영덕 신기리 **졸참나무**

조사일자 2002년 4월 12일 금요일

위치 정보

주소: 영덕군 창수면 신기리 198-3 (GPS 36°52′05″N, 129°20′36″E) 해발고도: 78m
위치지역: 농촌 경관연결성: 내부 미지형: 돌출 분포지형: 계류역 인접토지: 주택,경작지
접근경로: 영덕-울진 방향. 평해-청송 방향. 좌측 마을

개체 정보

기원: 자연 식분형: 단목 점유면적: 128.6㎡ 수령1: 420년 수령2: 420년
수고1: 14m 수고2: 15m 흉고둘레1: 4.1m 흉고둘레2: -m 수관폭: 12.8m

관리 정보

보호범주: 보호수 11-17-9-13-2호 1982-12-06 지정사유: 정자목 시설물: -
현황판: 유 관리감독: 이장 이용정보: 휴식-정자

건강 정보

수형: 2 수관: 2 수피: 2 뿌리: 1 훼손: 2 지면: 1 오염: 1 활력도: 2 병충해: 1
수분/영양: 1 지표면: 흙 오염원: - 감시등급판정: 일반감시

졸참나무(*Quercus serrata Thunb.*) 노거수는 매우 희귀한 사례이다. 영덕 신기리의 졸참나무는 마을 정자목으로 보호받는 수령 420년의 노거수이며, 인공적으로 식재한 것으로부터 유래하는 것이 아니라 자연적으로 기원하는 입지의 잠재자연식생 정보를 제시하고 있다. 졸참나무는 한반도 개마고원 이남으로부터 일본열도에 이르기까지 분포하는데, 냉온대 남부 저산지 식생대를 대표하는 하록 참나무 고유종이다. 우리나라에서 졸참나무가 우점하는 삼림은 제주도 한라산 국립공원 및 한반도의 주요 국립공원의 중산간 지대에서 자연림 상태로 보존되고 있다. 참나무 종류 가운데 형태적으로 잎과 열매가 가장 작기 때문에 졸참나무라 한다.

조사일자 2002년 4월 12일 금요일

60 영덕 신리 느티나무

위치 정보
주소: 영덕군 창수면 신리2리 339 (GPS 36° 00′ 49″ N, 129° 16′ 42″ E) 해발고도: 39m
위치지역: 농촌 경관연결성: 후방 미지형: 돌출 분포지형: 계류역 인접토지: 도로
접근경로: 영덕-울진 방향. 영덕 평해- 영양 방향 좌측 마을

개체 정보
기원: 인공 식분형: 단목군 점유면적: 530.6㎡ 수령1: 1000년 수령2: 630년
수고1: 16m 수고2: 12m 흉고둘레1: 7.3m 흉고둘레2: -m 수관폭: 26m

관리 정보
보호범주: 보호수 11-5호 1982-10-29 지정사유: 당산목 시설물: -
현황판: 유 관리감독: 이장 이용정보: 제사-신앙

건강 정보
수형: 4 수관: 4 수피: 4 뿌리: 2 훼손: 1 지면: 1 오염: 1 활력도: 4 병충해: 1
수분/영양: 1 지표면: 흙 오염원: - 감시등급판정: 주요감시

가장 늙은 노년기의 느티나무 노거수로서 흉고둘레 7.35m이며, 마을의 당산나무로 보호받고 있다. 자연적 기원의 개체로서 후계목이 건강하게 생육하고 있다. 느티나무는 은행나무와 함께 노거수 수종 가운데 가장 장수하는 수종이며, 은행나무와 노년기의 수형(樹型)이 완전히 다르다. 노년기의 느티나무 수형은 수간부(樹幹部)가 크게 비대해지면서 수관부(樹冠部)의 폭이 수고(樹高) 보다 크지만, 은행나무는 수고가 수관부 폭보다 크다. 그것은 수종에 따라서 수령이 늙어가면서 돌풍이나 태풍에 대한 수간이나 가지와 같은 모듈에 따라서 저항성에 차이가 나는 것으로부터 기인한다. 느티나무는 노거수 수종 가운데 청년기, 장년기, 노년기 등과 같은 생활사(life history)에 따라 수형의 양상에 일정한 패턴이 있다.

61 영양 택전리 느티나무

조사일자 2002년 4월 21일 일요일

위치 정보
주소: 영양군 석보면 택전2리 850 (GPS 36° 42′ 37″ N, 129° 10′ 29″ E) 해발고도: 279m
위치지역: 농촌 경관연결성: 기타 미지형: 돌출 분포지형: 충적대지 인접토지: 경작지
접근경로: 청송 진보-영양 석보 방향.

개체 정보
기원: 자연 식분형: 단목군 점유면적: 60.7㎡ 수령1: 720년 수령2: 700년
수고1: 13m 수고2: 14m 흉고둘레1: 7m 흉고둘레2: -m 수관폭: 8.8m

관리 정보
보호범주: 보호수 11-16-6-11호 1982-11-10 지정사유: 당산목 시설물: -
현황판: 유 관리감독: 이장 이용정보: 제사-신앙

건강 정보
수형: 5 수관: 5 수피: 5 뿌리: 1 훼손: 2 지면: 2 오염: 4 활력도: 4 병충해: 1
수분/영양: 1 지표면: 흙, 시멘트 포장 오염원: 쓰레기, 시멘트 포장 감시등급판정: 일반감시

영양 택전의 느티나무는 생활사에 따르면 수령 720년의 장년기에서 노년기로 접어드는 노거수이다. 광활한 충적대지에서 유존하는 느티나무 노거수로서 마을 당산나무로 보호되고 있는데, 인위적인 간섭으로 생육환경이 매우 열악해져 있다. 노거수 수간 기저부 가까이에는 온갖 구조물과 장애물 때문에 상관적으로 흉물스럽다. 택전의 느티나무 노거수의 토지적인 조건은 본래 생육에 매우 유리한 밭 경작지와 같은 비옥한 충적대지이다. 노거수의 생태적 환경을 개선하기 위하여 시멘트 축대는 즉각 제거되는 응급조치가 요구된다.

조사일자 2002년 3월 28일 목요일

62 영주 병산리 갈참나무

위치 정보
주소: 영주시 단산면 병산1리 산338 (GPS 36° 50′ 47″ N, 128° 36′ 41″ E) 해발고도: 222m
위치지역: 농촌 경관연결성: 입구 미지형: 돌출 분포지형: 기타(언덕) 인접토지: 경작지
접근경로: 영주 풍기-부석방향. 도로 주변

개체 정보
기원: 자연 식분형: 단목 점유면적: 283.3㎡ 수령1: 520년 수령2: 500년
수고1: 17m 수고2: -m 흉고둘레1: 3.3m 흉고둘레2: -m 수관폭: 19m

관리 정보
보호범주: 천연기념물 285호 1982-11-04 지정사유: 경관목 시설물: -
현황판: 유 관리감독: 시장 이용정보: 기타-경관

건강 정보
수형: 2 수관: 2 수피: 2 뿌리: 1 훼손: 2 지면: 1 오염: 1 활력도: 1 병충해: 1
수분/영양: 1 지표면: 흙 오염원: - 감시등급판정: 일반감시

갈참나무(*Quercus aliena* Blume)는 우리나라 하록 참나무 종류 가운데 가장 온난한 입지에 서식하며, 노거수로는 매우 희귀한 사례이다. 영주 병산의 갈참나무 노거수는 경관생태적으로 그리고 풍수적으로 마을 입구 위치에 자리하는 전통마을숲으로부터 유존하는 개체로 고려되는데, 천연기념물 282호로 지정되어 보호되고 있다. 실제로 갈참나무 노거수는 잘 보존된 전통마을숲 여기저기에서 관찰된다(김종원, 임정철 2006). 수령 520년, 수고 17m의 교목이지만, 산비탈의 언덕 같은 구릉 지형에 위치함으로써 실체는 더욱 우람하게 보인다. 갈참나무의 이름은 잎의 크기가 성인 신발창의 크기이기에 짚신을 사용하던 시대에 신발창 깔개처럼 여러 가지 깔개로 사용한 선조들의 지혜로부터 지어진 이름이다. 갈참나무는 잎이 두텁고, 뒷면에 흰색 누운 털이 밀생하며, 잎자루가 길어서 여타 참나무 종류와 쉽게 구별된다.

63 영주 내죽리 **은행나무**

조사일자 2002년 3월 28일 목요일

위치 정보

주소: 영주시 순흥면 내죽리 98(금성단) (GPS 36° 52′ 18″ N, 128° 34′ 49″ E) 해발고도: 249m
위치지역: 농촌 경관연결성: 내부 미지형: 돌출 분포지형: 충적대지 인접토지: 경작지, 주택
접근경로: 영주 순흥- 단산-부석면 방향. 금성단

개체 정보

기원: 인공 식분형: 단목군 점유면적: 176.6㎡ 수령1: 800년 수령2: 1100년
수고1: 23m 수고2: 30m 흉고둘레1: 5.5m 흉고둘레2: -m 수관폭: 15m

관리 정보

보호범주: 보호수 11-68호 1982-10-26 지정사유: 노거수 시설물: 벤치, 보호철책
현황판: 유 관리감독: 이장 이용정보: 기타-경관

건강 정보

수형: 3 수관: 3 수피: 3 뿌리: 1 훼손: 2 지면: 1 오염: 1 활력도: 1 병충해: 1
수분/영양: 1 지표면: 흙 오염원: - 감시등급판정: 일반감시

경북도 내의 은행나무 노거수 가운데 수령 1,100년의 가장 늙은 개체로 보호수대장에 기록되어 있으나 전설(경북마을지 1992) 등을 고려해 보면 800년으로 추정된다. 소수서원 북서쪽 200m 떨어진 곳에 위치하는 금성단의 압각수(鴨脚樹, 오리의 노란 색 다리 모양을 하는 잎을 두고 붙여진 이름)라 불리는 암그루 은행나무로서 단종 복위에 관련된 고사가 깃들어 있는 노거수이다. 돌출된 충적대지에 생육하고 있음에도 은행나무 임계수령에 이르는 노년기 은행나무 수형의 전형을 보여주고 있는데, 금성단 문화재와 함께 보호되고 있다. 이와 같이 하늘로 치솟는 은행나무 노거수의 수형(수고>>수관폭)은 수관폭이 옆으로 퍼지는 느티나무 노거수 수형(수고<<수관폭)과 대조적이다. 그것은 은행나무의 잎차례(葉序)가 사진처럼 강풍(强風)에 유리한 구조를 가지고 있기 때문이다. 따라서 은행나무는 바람에 의한 도목(倒木)의 경우는 거의 발생하지 않으며, 수령이 늙고 생육환경이 불량해짐으로써 수세의 쇠퇴와 동시에 병충해에 의한 수간부의 부패로 서서히 죽어간다.

64 영주 단촌리 **느티나무**

조사일자 2002년 3월 29일 금요일

위치 정보
주소: 영주시 안정면 단촌리 185-2 (GPS 36°55′01″N, 128°33′58″E) 해발고도: 211m
위치지역: 농촌 경관연결성: 기타 미지형: 평면 분포지형: 충적저지 인접토지: 경작지
접근경로: 중앙고속도로 풍기 IC – 영주 풍기 – 안정면 단촌 방향

개체 정보
기원: 자연 식분형: 단목 점유면적: 754.3㎡ 수령1: 700년 수령2: 500년
수고1: 18m 수고2: –m 흉고둘레1: 10m 흉고둘레2: –m 수관폭: 31m

관리 정보
보호범주: 천연기념물 273호 1982-11-03 지정사유: 당산목 시설물: 보호철책
현황판: 유 관리감독: 이장 이용정보: 제사-신앙

건강 정보
수형: 4 수관: 4 수피: 4 뿌리: 1 훼손: 2 지면: 1 오염: 1 활력도: 3 병충해: 1
수분/영양: 1 지표면: 흙 오염원: – 감시등급판정: 주요감시

촬영: 05. 10. 31

촬영: 03. 7. 24

영주 단촌의 느티나무 노거수는 마을에서 이격되어 위치하고 있지만 마을 당산나무로서 천연기념물 273호로 지정되어 보호하고 있다. 수령 700년으로 추정되는 장년기에서 노년기로 접어드는 개체로서 오래전 수간 기저부의 구조가 결정된 이후로는 안정된 수형 발달을 관찰할 수 있다. 즉 수간 기저부의 형상은 1,000년에 가까운 노년기 상태이지만, 수간 상부는 전형적인 장년기의 형상이다. 이것은 충적지 한 가운데 위치하고 노거수 지표면이 자연 상태로 지속적으로 유지되어옴으로써 수분-영양분 환경조건과 청정 환경조건이 유지되고 있는 결과이다.

65 영주 강동리 느티나무

조사일자 2002년 4월 5일 금요일

위치 정보

주소: 영주시 평은면 강동1리(금계마을내) (GPS 36° 29′ 18″ N, 128° 42′ 04″ E) 해발고도: 297m

위치지역: 농촌 경관연결성: 내부 미지형: 돌출 분포지형: 계류역 인접토지: 도로, 주택

접근경로: 영주 – 문수 – 평은 방향

개체 정보

기원: 자연 식분형: 단목 점유면적: 314㎡ 수령1: 400년 수령2: –년

수고1: 12m 수고2: –m 흉고둘레1: 4m 흉고둘레2: –m 수관폭: 20m

관리 정보

보호범주: 노거수 – – 지정사유: 노거수 시설물: –

현황판: 무 관리감독: 이장 이용정보: 기타–경관

건강 정보

수형: 1 수관: 1 수피: 1 뿌리: 4 훼손: 2 지면: 2 오염: 2 활력도: 3 병충해: 1

수분/영양: 5 지표면: 시멘트 포장, 바위 오염원: 시멘트 포장 감시등급판정: 주요감시

화성암(火成巖) 지대의 거대한 바위(boulder) 틈바구니는 느티나무의 자연 서식처 가운데 하나이다. 특히 그런 기반암에서 수분환경이 양호한 산간 계곡 계류 입지를 대표하는 잠재자연식생이 느티나무림이다. 느티나무 뿌리는 거대한 암석을 갈라서 부서지게도 하지만, 때로는 굴러가는 바위를 움켜잡아 두기도 한다. 영주 강동의 느티나무는 그러한 자연의 과정을 관찰할 수 있는 400년생의 장년기 노거수이다. 느티나무 수간부의 상처는 과거의 거친 풍파를 극복해낸 역사를 의미하며, 1억년 전에 만들어진 단단한 화성암도 천년을 사는 느티나무에 의해 분해되는, 지구상의 모든 무생물은 생물에 의하여 분해되고 이용되는 자연의 메커니즘을 이해할 수 있다.

66 영주 성내동 **은행나무**

조사일자 2002년 3월 29일 금요일

위치 정보
주소: 영주시 풍기읍 성내동(읍사무소내) (GPS 37° 03′ 16″ N, 128° 31′ 37″ E) 해발고도: 226m
위치지역: 농촌 경관연결성: 내부 미지형: 평면 분포지형: 충적대지 인접토지: 풍기읍사무소
접근경로: 중앙고속도로 풍기 IC – 영주 풍기읍사무소

개체 정보
기원: 인공 식분형: 단목 점유면적: 226.8㎡ 수령1: 720년 수령2: 700년
수고1: 20m 수고2: 20m 흉고둘레1: 7.7m 흉고둘레2: –m 수관폭: 17m

관리 정보
보호범주: 보호수 11-66호 1982-10-26 지정사유: 노거수 시설물: 보호철책
현황판: 유 관리감독: 풍기읍장 이용정보: 기타-경관

건강 정보
수형: 3 수관: 3 수피: 3 뿌리: 1 훼손: 2 지면: 2 오염: 3 활력도: 3 병충해: 1
수분/영양: 3 지표면: 시멘트 포장, 자갈 오염원: 시멘트 포장 감시등급판정: 주요감시

풍기읍사무소 내에 위치하는 수령 720년의 은행나무 노거수이다. 특히 암그루인 이 노거수는 은행 종자를 대량으로 생산하고 있는데, 그 양이 몇 말이 되는지 모르는 것이 아쉽다. 은행나무는 인공적인 식재로부터 유래하지만, 이 노거수에 대한 식재에 관한 기록이나 정황은 알려져 있지 않다. 은행나무의 임계수령 1,000년을 고려한다면 수형은 장년기에서 노년기로 접어드는 형상이며, 그에 준하는 수령임을 알 수 있다. 은행나무는 본래 습윤 온난한 입지에 생육하는 초교목성 수종으로 지하 뿌리 영역(根圈)에서의 그러한 고유 입지환경 조건이 보존됨으로써 개체 활력도가 증가한다. 따라서 현재 읍사무소 경내의 시멘콘크리트 주차장 구조를 친환경 생태블록 구조로 변경할 필요가 있다.

67 영천 양향리 은행나무

조사일자 2002년 3월 15일 금요일

위치 정보
주소: 영천시 임고면 양향리 235(임고서원) (GPS 36° 33′ 58″ N, 128° 58′ 34″ E) 해발고도: 115m
위치지역: 농촌 경관연결성: 후방 미지형: 평면 분포지형: 충적대지 인접토지: 임고서원
접근경로: 대구-영천-임고면 방향, 임고서원

개체 정보
기원: 인공 식분형: 단목 점유면적: 415.2㎡ 수령1: 400년 수령2: 400년
수고1: 29.5m 수고2: 20m 흉고둘레1: 5.9m 흉고둘레2: -m 수관폭: 23m

관리 정보
보호범주: 보호수 11-20-11호 1982-09-20 지정사유: 경관목 시설물: -
현황판: 유 관리감독: 이호암 이용정보: 기타-경관

건강 정보
수형: 1 수관: 1 수피: 2 뿌리: 1 훼손: 2 지면: 1 오염: 1 활력도: 1 병충해: 1
수분/영양: 1 지표면: 흙 오염원: - 감시등급판정: 일반감시

촬영: 05. 11. 6

영천 임고서원 입구에 위치하는 수령 400년의 은행나무 노거수이다. 생육환경이 양호하여 수고가 약 30m에 이르고 수관폭이 23m 정도가 되는 전형적인 청년기 은행나무 수형을 보여주고 있다. 본 노거수는 임진왜란(1592~1598) 때에 고천마을의 부래산(浮來山)에 있던 임고서원이 소실되고 현 위치에 복원(1603년)된 후 함께 조경된 것으로 알려져 있다. 신령함을 믿고 정성껏 차린 깨끗한 음식이나 맑은 정화수를 노거수 아래 갖다 놓고 기도하면 생남(生男)을 하고 병이 낫고, 해치면 크게 벌을 받는다고 전해 오고 있어 잘 보호되고 있지만, 노거수 주변에 대한 답압 관리가 필요하다. 각종 장애물(전깃줄, 시멘트 시설물 등)이 설치되지 않음으로써 현재처럼 노거수의 아름다운 상관을 관찰할 수 있는 포토라인을 제공함으로써 생태관광을 가능하도록 한다.

68 영천 자천리 느티나무

조사일자 2002년 6월 13일 금요일

위치 정보
주소: 영천시 화북면 자천리(오리장숲) (GPS 36° 33′ 59″ N, 128° 54′ 54″ E) 해발고도: 176m
위치지역: 농촌 경관연결성: 입구 미지형: 평면 분포지형: 계류역 인접토지: 도로, 하천
접근경로: 영천-청송 국도 35번 방향 도로변 오리장 숲

개체 정보
기원: 자연 식분형: 단목군 점유면적: 530.6㎡ 수령1: 150년 수령2: -년
수고1: 18.5m 수고2: -m 흉고둘레1: 3.8m 흉고둘레2: -m 수관폭: 26m

관리 정보
보호범주: 노거수 - - 지정사유: 노거수 시설물: -
현황판: 무 관리감독: 이장 이용정보: 기타-경관

건강 정보
수형: 1 수관: 1 수피: 1 뿌리: 1 훼손: 2 지면: 1 오염: 1 활력도: 1 병충해: 1
수분/영양: 1 지표면: 흙 오염원: - 감시등급판정: 일반감시

촬영: 05. 11. 6

영천 자천리 천연기념물 404호 오리장림(五里長林) 속에 위치하는 느티나무로서, 느티나무의 임계수령을 고려하면 청소년기에 해당하는 젊은 개체이다. 고현천을 따라 발달한 전통마을숲인 오리장림은 서기 1500년대에 마을 주민들이 인공적으로 만든 것으로 전해오지만, 오리장림은 원래 고현천을 따라 발달하는 자연 하천림을 선조들이 보존계승해 온 전통마을숲이다. 그 기원은 자연이며, 결코 인공적인 것이 아니다. 오리장림은 왕버들 37개체, 시무나무 9개체, 느티나무 25개체, 팽나무 26개체, 풍게나무 18개체, 말채나무 2개체 등의 입지 고유종들과 은행나무 1 개체, 굴참나무 87개체, 회화나무 26개체, 소나무 27개체, 해송 5개체, 히말라야시다 19개체 등의 입지 외지종(外地種, 외래종 포함)을 포함한 총 12종 282 개체로 구성되어 있다. 이 가운데 150년생 느티나무 한그루가 회화나무와 수간이 합체된 연리목으로 생육하고 있다. 연리목은 전통 문화 속에 부부와 가족, 그리고 남녀의 사랑을 상징한다.

69 예천 천향리 소나무

조사일자 2002년 5월 10일 금요일

위치 정보
주소: 예천군 감천면 천향리 804 (GPS 35° 39′ 04″ N, 128° 29′ 39″ E) 해발고도: 150m
위치지역: 농촌 경관연결성: 입구 미지형: 평면 분포지형: 계류역 인접토지: 도로
접근경로: 예천에서 - 영주 풍기 방향 10 km 위치

개체 정보
기원: 자연 식분형: 단목 점유면적: 920.8㎡ 수령1: 620년 수령2: 600년
수고1: 10m 수고2: -m 흉고둘레1: 4.2 흉고둘레2: -m 수관폭: 34.3m

관리 정보
보호범주: 천연기념물 294호 1972-08-09 지정사유: 당산목 시설물: -
현황판: 유 관리감독: 예천군수 이용정보: 제사-신앙

건강 정보
수형: 1 수관: 1 수피: 3 뿌리: 2 훼손: 1 지면: 1 오염: 1 활력도: 1 병충해: 1
수분/영양: 1 지표면: 흙 오염원: - 감시등급판정: 일반감시

세금을 내고, 장학금을 내는 노거수로 유명한 석송령(石松靈)이다. 1930년경에 당시 이 마을에 살던 이수목(李秀睦)이란 사람이 영험 있는 나무라는 뜻으로 석송령(石松靈)이라는 이름을 짓고 자기 소유 토지 5,087㎡를 상속 등기해 주었다. 따라서 재산을 가지고 세금을 내는 호적 있는 사람 같은 부자나무이다. 1985년에는 우수 새마을 사업으로 받은 500만원으로 석송령 장학회를 조직하여 향토의 우수한 학생을 선발하여 장학금을 내고 있다. 600여 년 전 풍기 지방에 큰 홍수가 났을 때 석관천을 따라 떠내려 오던 소나무를 주민들이 건져 지금의 자리에 심었다고 전해지고 있으나, 하천 환경의 선구적 생명체로서 자연적으로 정착한 소나무를 선조들이 보존 계승해 온 잠재자연식생인 것으로 판단된다. 경북도 소나무 노거수 중에 가장 수관폭이 큰 노거수이다. 각종 영험담이 있는 노거수로 매년 정월 보름날이나 각종 마을행사 시에 막걸리 10말 이상을 석송령 주변에 뿌려주면서 활력을 돕고 있다.

70 예천 금남리 팽나무

조사일자 2002년 4월 20일 토요일

위치 정보
주소: 예천군 용궁면 금남리 696 (GPS 35° 39′ 29″ N, 128° 16′ 24″ E) 해발고도: 86m
위치지역: 농촌 경관연결성: 들판 미지형: 평면 분포지형: 충적저지 인접토지: 경작지
접근경로: 안동–예천–문경 국도 34번 이용. 용궁면사무소에서 영순 방향.

개체 정보
기원: 인공 식분형: 단목 점유면적: 323.4㎡ 수령1: 500년 수령2: 480년
수고1: 10m 수고2: –m 흉고둘레1: 5.3m 흉고둘레2: –m 수관폭: 20.3m

관리 정보
보호범주: 천연기념물 400호 1972-08-09 지정사유: 당산목 시설물: 제단, 벤치
현황판: 유 관리감독: 예천군수 이용정보: 제사-신앙

건강 정보
수형: 3 수관: 3 수피: 3 뿌리: 1 훼손: 2 지면: 1 오염: 1 활력도: 3 병충해: 1
수분/영양: 1 지표면: 흙 오염원: – 감시등급판정: 일반감시

촬영: 03. 7. 13

촬영: 03. 11. 5

천연기념물 400호로 석송령처럼 이름과 호적을 가지고 있는 예천 금남리의 팽나무 노거수이다. 당산나무로서 마을 사람들에 의해 1939년 황목근(黃木根)이라는 이름으로 등기되었다. 황목근은 생육지 뿐만 아니라 금남리, 읍부리 일대 논, 임야, 대지 등 5개 필지 1만 2,232㎡를 소유하고 있으며, 금융실명제 실시 이후에는 행정자치부로부터 소유권 등기에 필요한 주민등록번호와 같은 특별한 등기 번호(3750-00735)가 부여되어 등기할 수 있었다(1995.4.29 등기). 또한 2001년 12월 29일 마을회관부지 690㎡를 황목근 팽나무로 등기 이전하였다. 뜻있는 마을 주민(권오인, 권대윤)이 자신의 땅 239평을 황목근 팽나무로 희사한 미담도 있다(황목근 보존회 엄영우씨 설명). 마을 사람들은 황목근계를 조직하고, 황목근 토지를 경작해서 1년에 약 6가마니 정도의 쌀을 수확한다. 정월 대보름과 백중날(음력 7월 15일)에 마을 제사와 잔치 등을 치르며, 남은 돈을 저축하여 장학금으로 사용하고 있다. 황목근이라는 이름은 5월이면 황색꽂이 피고, 깊고 넓게 퍼져 나가는 나무의 뿌리처럼 마을이 번창하라는 뜻에서 지어졌다고 한다. 5년 전 우연히 발아한 싹을 팽나무 후계목으로 함께 키우고 있다.

71 예천 고림리 **느티나무**

조사일자 2002년 4월 20일 토요일

위치 정보
주소: 예천군 유천면 고림리 249 (GPS 36° 15′ 59″N, 128° 21′ 30″ E) 해발고도: 157m
위치지역: 농촌 경관연결성: 입구 미지형: 평면 분포지형: 계류역 인접토지: 경작지, 도로
접근경로: 안동-예천-문경 35번 도로 이용

개체 정보
기원: 자연 식분형: 단목군 점유면적: 198.4㎡ 수령1: 800년 수령2: 210년
수고1: 11.5m 수고2: 18m 흉고둘레1: 8.1 흉고둘레2: -m 수관폭: 15.9m

관리 정보
보호범주: 보호수 11-27-8-13호 1972-08-09 지정사유: 정자목 시설물: -
현황판: 유 관리감독: 이장 이용정보: 제사-신앙

건강 정보
수형: 4 수관: 4 수피: 4 뿌리: 1 훼손: 2 지면: 1 오염: 3 활력도: 3 병충해: 1
수분/영양: 1 지표면: 시멘트 포장, 흙 오염원: 시멘트 포장 감시등급판정: 주요감시

수령 800년에 이르는 느티나무로 전형적인 노년기의 수형을 보여준다. 늙고 흉하게 상한 모습의 노거수이지만, 마을 당산나무로 정성껏 보호되고 있다. 늙어서 상해버린 두 줄기 사이를 돌멩이로 차곡차곡 메워둔 마을 사람들의 정성을 엿볼 수 있다. 지금은 돌과 노거수 생명체는 일체가 되어 있는 듯하다. 느티나무 노거수는 예천 고림 마을 입구에 위치하며, 마을 앞 넓은 개활지를 가려주는 풍수 기능을 감당하는 줄로 늘어선 수림으로부터 점점 그 규모가 축소되어오면서 잔존하는 개체로 판단된다. 노거수는 식물이고 식물은 생명이다. 그래서 생명의 출생으로부터 사망에 이르기까지 일련의 생노병사(生老病死) 생명과정을 반드시 거치게 된다. 노거수는 그 가운데 생명의 마지막 과정에 이르는 생명체이기 때문에 각종 자연재해에 취약하며, 병충해에 대한 저항성도 낮다. 결국 마을 당산나무로서의 노거수 계승은 후계목에 의해서만 가능하며, 그러한 후계목은 부분적으로나마 풍수 기능을 감당할 수 있을 정도의 단목군(grove) 형태로 준비해 가는 것이 바람직하다.

조사일자 2002년 4월 20일 토요일

72 예천 삼강리 회화나무

위치 정보
주소: 예천군 풍양면 삼강리 166-1 (GPS 35° 42′ 10″N, 128° 19′ 01″ E) 해발고도: 90m
위치지역: 농촌 경관연결성: 하천 미지형: 평면 분포지형: 충적저지 인접토지: 주택, 농경지
접근경로: 대구-안동 중앙고속도로 의성IC에서 예천 방향

개체 정보
기원: 인공 식분형: 단목 점유면적: 415.2㎡ 수령1: 400년 수령2: 200년
수고1: 25m 수고2: 25m 흉고둘레1: 5m 흉고둘레2: -m 수관폭: 23m

관리 정보
보호범주: 보호수 11-27-12-23호 1972-08-09 지정사유: 거목 시설물: -
현황판: 유 관리감독: 이장 이용정보: 휴식-정자

건강 정보
수형: 2 수관: 2 수피: 3 뿌리: 1 훼손: 2 지면: 1 오염: 1 활력도: 3 병충해: 1
수분/영양: 1 지표면: 흙 오염원: - 감시등급판정: 일반감시

예천 삼강의 회화나무 노거수는 내성천과 금천이 합류하는 낙동강 강나루 언덕배기에 위치하며, 삼강주막이 있다. 삼강주막은 서기 1900년 전후에 지어진 집이라고 전해지니, 수령 400년으로 추정되는 회화나무는 이 주막이 있기 전부터 존재했던 개체임을 알 수 있다. 회화나무의 자연적 생육분포 입지는 하천변 퇴적암 단애지이기 때문에 삼강의 회화나무 노거수는 강나루 언덕배기의 위치를 알려주는 이정표나 표석과 같은 수목으로 식재되었던 것으로부터 유래한다. 일제 말까지 낙동강에 소금 배가 왕래할 때 많은 상인들이 이곳을 찾았으며, 이 이후에는 영남지방에서 서울로 왕래하는 통로로서도 많은 사람들이 이곳을 이용하였다고 한다. 삼강주막은 낙동강변에 잔존하는 마지막 주막이며, 경상북도 민속자료 제 134호 지정(2000.12.26)되어 있다. 많은 사람들이 오가는 주막을 배경으로 회화나무 노거수가 보존되기까지 여러 가지 현몽담(現夢談)이 전해오고 있다. 회화나무 노거수와 어우러지는 전통 민속경관의 복원은 삼강주막의 슬레이트 지붕을 초가지붕으로 교체하는 것으로부터 가능하다.

73 예천 율곡리 느티나무

조사일자 2002년 4월 20일 토요일

위치 정보
주소: 예천군 하리면 율곡리 260 (GPS 35° 39′ 21″N, 128° 26′ 19″ E) 해발고도: 200m
위치지역: 농촌 경관연결성: 입구 미지형: 돌출 분포지형: 산비탈 인접토지: 경작지
접근경로: 중앙고속도로 예천 IC에서 충북 단양 방향

개체 정보
기원: 자연 식분형: 단목군 점유면적: 526.5㎡ 수령1: 300년 수령2: 300년
수고1: 16m 수고2: 20m 흉고둘레1: 5.6m 흉고둘레2: –m 수관폭: 25.8m

관리 정보
보호범주: 보호수 11-27-4-8-2호 1972-08-09 지정사유: 당산목 시설물: 벤치
현황판: 유 관리감독: 이장 이용정보: 제사-신앙

건강 정보
수형: 1 수관: 1 수피: 1 뿌리: 1 훼손: 1 지면: 1 오염: 1 활력도: 1 병충해: 1
수분/영양: 1 지표면: 흙 오염원: – 감시등급판정: 일반감시

예천 율곡 마을 입구의 도로변에 생육하고 있는 수령 300년의 노거수이다. 수형이 아름다운 청년기의 느티나무 두 그루인데, 청년기이기 때문에 생육이 매우 왕성하며 건강하다. 마을 전면부에 위치하면서 마을 앞의 허한 부문을 가로막아 주는 비보의 기능과 바람을 완충해 주는 풍수 기능을 감당하는 전통 마을숲의 기능을 부분적으로 감당하고 있다. 마을의 당산나무로서 보호받고 있는데, 아름다운 마을 경관에 핵심요소이면서 마을의 표징(landmark)이 되고 있다. 느티나무 노거수 두 그루가 존재하지 않는다고 가정하고서 마을 경관을 상상해 본다면, 노거수의 진정한 가치를 알 수 있게 된다. 마을나무 노거수는 시장가치로만 평가할 수 없는 전통문화이며, 마을 사람의 안녕과 평화를 지키는 생존의 버팀목이 된다는 것을 깨닫게 된다.

74 예천 은산리 **음나무**

조사일자 2002년 5월 10일 금요일

위치 정보
주소: 예천군 하리면 은산1리 184-1 (GPS 35°36′07″N, 128°27′13″E) 해발고도: 220m
위치지역: 농촌 경관연결성: 입구 미지형: 평면 분포지형: 충적저지 인접토지: 도로, 경작지
접근경로: 중앙고속도로 예천 IC - 충북 단양 방향

개체 정보
기원: 인공 식분형: 단목군 점유면적: 165㎡ 수령1: 320년 수령2: 300년
수고1: 11m 수고2: 20m 흉고둘레1: 5.2m 흉고둘레2: -m 수관폭: 14.5m

관리 정보
보호범주: 보호수 11-27-5호 1972-08-09 지정사유: 정자목 시설물: 남근석
현황판: 유 관리감독: 이장 이용정보: 제사-신앙

건강 정보
수형: 3 수관: 3 수피: 3 뿌리: 1 훼손: 2 지면: 3 오염: 3 활력도: 3 병충해: 1
수분/영양: 2 지표면: 시멘트 포장, 흙 오염원: 시멘트 포장 감시등급판정: 주요감시

촬영: 03. 7. 12

촬영: 03. 11. 2

음나무(*Kalopanax pictus* (Thunb.) Nakai)는 한자문화권에서는 해동목(海桐木), 엄목(嚴木), 자목(刺木) 등으로 부르는데, 본래 산지(山地) 참나무림 속에 섞여 나는 낙엽 교목이다. 예천 은산리의 음나무 노거수는 그 기원이 인위적으로 식재한 것으로부터 유래한다. 그것은 토속 문화 속에 음나무가 자주 등장하는데, 식물체에 굵은 가시가 있는 외부 형태적 특징 때문일 것이다. 지팡이 크기의 가지를 꺾어 보면 도깨비 방망이를 연상케 한다. 민간에서는 마당 출입구에 음나무를 심거나 가지를 꺾어서 대문이나 담장 위에 올려 두고 잡귀를 쫓는다고 믿는다. 은산리의 경우는 마을 입구에 위치하고 있으며, 특히 남근석(男根石)과 느티나무와 함께 하면서 전통적인 토속 신앙적 행위의 중심 공간으로 보호되고 있다. 느티나무는 수형으로부터 300여년의 청장년기에 이르는 노거수로 추정되는데, 수령 320년의 음나무는 이미 노쇠한 노년기 개체의 상관을 보여준다. 음나무는 느티나무에 비하여 임계수령이 작을 뿐만 아니라, 상대적으로 그 만큼 속성하고 가지가 물러서 개체 성장에 따라 바람에 의해 가지가 쉽게 부러지고 훼손된다. 마을의 나들목 위치에 자리하는 이곳은 지금처럼 노거수 몇 그루의 단목군의 형태가 아니라 애당초 전통마을숲이 존재했을지도 모른다. 음나무는 한 그루 형태로 존재하는 마을나무 보다는 여러 종류의 다른 교목 수종과 어우러진 단목군(grove) 또는 전통마을숲 속에 한두 그루 섞여 나타나는 것이 일반적이다.

75 울진 수산리 **굴참나무**

조사일자 2002년 4월 7일 일요일

위치 정보
주소: 울진군 근남면 수산리 381-1 (GPS 35° 56′ 41″N, 129° 23′ 57″E) 해발고도: 34m
위치지역: 농촌 경관연결성: 후방 미지형: 돌출 분포지형: 산비탈 인접토지: 임야
접근경로: 영덕-울진 근남-울진읍 방향. 울진남부교차로 이용.

개체 정보
기원: 자연 식분형: 단목군 점유면적: 165㎡ 수령1: 340년 수령2: 300년
수고1: 19m 수고2: -m 흉고둘레1: 5.8m 흉고둘레2: -m 수관폭: 14.5m

관리 정보
보호범주: 천연기념물 96호 1962-12-03 지정사유: 전설목 시설물: 보호철책, 벤치
현황판: 유 관리감독: 군수 이용정보: 기타-경관

건강 정보
수형: 41 수관: 4 수피: 4 뿌리: 1 훼손: 2 지면: 1 오염: 1 활력도: 4 병충해: 1
수분/영양: 1 지표면: 흙 오염원: - 감시등급판정: 주요감시

노거수 100선 속에는 굴참나무 노거수 두 군데가 선정되어 있다. 수령 400년의 천연기념물 288호로 지정되어 있는 안동 대곡리의 굴참나무와 천연기념물 96호로 보호받고 있는 이곳의 울진 수산리 굴참나무 노거수이다. 수산리의 굴참나무 노거수는 성류굴(聖留窟) 입구의 오른쪽 언덕 돌출 입지에 서식하고 있는데, 성류봉(聖留峯) 아래 성인(聖人)이 머문다는 성류사(聖留寺)로 향하는 스님(道僧)들의 길잡이가 되었다는 노거수이다. 노거수 옆으로는 왕이 피난했다는 의미의 왕피천(王避川)이 흐르는데 전쟁에서 다급해진 왕이 이 나무 밑에 숨었다는 전설이 있다. 안동 대곡리나 이곳의 울진 수산리의 굴참나무 노거수는 인공적으로 식재했던 것으로부터 유래하지 않으며, 입지의 토지적 환경 조건에 궁극적인 잠재자연식생을 대표하는 자연 개체로부터 유래한다. 굴참나무는 성류굴 일대처럼 건조한 토양환경에서 지속군락(持續群落)의 우점종으로 서식하는 자생종이며, 산불 생태계에서 내화수종(耐火樹種)으로서의 생태적 기능이 우수한 수종이다. 따라서 노거수 유래에 관한 전설에 대한 진실 여부를 초월해서 노거수로서 인공 식재가 아닌 자연적인 자생 개체인 굴참나무를 선정하였다는 사실과 그것을 보호 계승해 온 선조들의 '생활 속의 자연관'에 대하여 추상같은 의미를 부여해야 하며, 그래서 세계 속에서 중요한 인류문화사적 그리고 민속생태학적 요소로 평가되어야 한다. 임계수령 350년에 근접하는 노쇠한 수산리의 굴참나무는 1959년 사라호 태풍으로 남쪽 가지가 훼손되고, 1978년 부러진 곳과 썩은 부분에 대한 외과수술로 그 명맥을 유지해 오고 있다..

76 울진 광희리 물푸레나무

조사일자 2002년 4월 7일 일요일

위치 정보
주소: 울진군 서면 광희리 222-2 (GPS 36°10′53″N, 129°07′50″E) 해발고도: 470m
위치지역: 농촌 경관연결성: 측면 미지형: 평면 분포지형: 계류역 인접토지: 농경지
접근경로: 울진-서면 불영계곡(불영사)-봉화 소천 방향.

개체 정보
기원: 자연 식분형: 단목군 점유면적: 143㎡ 수령1: 150년 수령2: 300년
수고1: 29m 수고2: 23m 흉고둘레1: 5.2m 흉고둘레2: -m 수관폭: 32m

관리 정보
보호범주: 보호수 11-10-2-8-1호 1982-09-20 지정사유: 경관목 시설물: -
현황판: 유 관리감독: 이장 이용정보: 휴식-정자

건강 정보
수형: 1 수관: 1 수피: 1 뿌리: 1 훼손: 2 지면: 1 오염: 1 활력도: 1 병충해: 1
수분/영양: 1 지표면: 흙 오염원: - 감시등급판정: 일반감시

물푸레나무(*Fraxinus rhynchophylla* Hance)는 한반도와 만주, 연해주에 분포하고, 일본에는 분포하지 않는 대륙성 하록교목 수종이다. 특히 수분이 충분한 입지에 생육하는 수종으로 냉온대 중부 산지대의 계곡계반이나 산지(山地) 비탈면 하부에서의 잠재자연식생을 구성하는 주요 종이다. 울진 광희리의 물푸레나무 노거수는 노거수 수종으로서 매우 드문 경우이면서도 그러한 입지의 잠재자연식생 정보를 제공하는 자연적으로 유래하는 개체로부터 보호되어 온 개체이다. 물푸레나무는 껍질 속의 빛깔이 선명한 녹색으로 껍질을 물에 담가두면 연한 푸른 빛깔이 도는 물을 만들 수 있고, 이 물로 먹물을 준비해서 퍼르스레한 달빛을 연출하는 산수화를 그리기도 한다. 광희리의 물푸레나무 노거수는 마을 제사를 지내는 공간에 위치하면서 산돌배나무와 함께 단목군을 형성하고 있는 지역의 중요한 민속식생자원이다.

77 울진 화성리 향나무

조사일자 2002년 4월 7일 일요일

위치 정보
주소: 울진군 죽변면 화성1리 산190 (GPS 36° 02′ 53″N, 129° 23′ 05″ E) 해발고도: 80m
위치지역: 농촌 경관연결성: 후방 미지형: 돌출 분포지형: 산비탈 인접토지: 임야
접근경로: 울진-죽변-삼척 방향

개체 정보
기원: 인공 식분형: 단목 점유면적: 213.7㎡ 수령1: 500년 수령2: 500년
수고1: 14m 수고2: -m 흉고둘레1: 4.7m 흉고둘레2: -m 수관폭: 16.5m

관리 정보
보호범주: 천연기념물 312호 1982-11-04 지정사유: 노거수 시설물: 보호철책
현황판: 유 관리감독: 군수 이용정보: 기타-경관

건강 정보
수형: 2 수관: 1 수피: 3 뿌리: 1 훼손: 1 지면: 1 오염: 1 활력도: 3 병충해: 1
수분/영양: 1 지표면: 흙 오염원: - 감시등급판정: 일반감시

천연기념물 312호로 지정 보호되고 있는 울진 화성리의 향나무 노거수이다. 향나무는 향교나 서원, 입향조(入鄕祖)의 재실(齋室), 선조 묘역 등지에 식재되는 대표적인 수종이다. 연중 푸른 상록이면서 수명이 긴 개체 유전적 특징에 의미를 부여한 것이다. 노거수 100선에서는 화성리 이외에 청송 장전리, 경주 양동리, 안동 주하 경류정 등의 네 군데 향나무 노거수가 기술되었다. 화성리의 향나무 노거수는 수령 500년으로 추정되며, 조선조 중종 10년(1515년)에 영양(英陽) 남씨의 남수정(南守貞)이란 사람이 들어와서 살며 15대로 세거하고 있는 꽃방마을이 있는데, 조상 묘역에 식재된 향나무 가운데 유존하는 개체로 추정된다. 왜냐하면 묘지가 위치할 수 있는 풍수적 지형이라 할 수 있는 산비탈 돌출 입지이면서 남사면이며, 소나무 임지가 인접하고 있기 때문이다. 청송 장전리에는 영양 남씨 조상 묘역에 400년 된 향나무 노거수가 있으며 천연기념물 제 313호로 지정되어 있다. 따라서 향나무 노거수는 전통마을숲이나 마을 당산숲의 단목군과 같이 노거수 기원으로서는 문화적 배경이 완전히 다른 개체이다.

78 울진 후정리 **향나무**

조사일자 2002년 4월 7일 일요일

위치 정보
주소: 울진군 죽변면 후정리 산30 (GPS 36° 13′ 12″N, 129° 25′ 10″E) 해발고도: 32m
위치지역: 어촌 경관연결성: 내부 미지형: 돌출 분포지형: 산비탈 인접토지: 도로
접근경로: 울진-죽변-삼척 방향

개체 정보
기원: 인공 식분형: 단목군 점유면적: 33.1㎡ 수령1: 500년 수령2: 500년
수고1: 13m 수고2: -m 흉고둘레1: 3.7m 흉고둘레2: 2.6m 수관폭: 6.5m

관리 정보
보호범주: 천연기념물 158호 1964-01-31 지정사유: 희귀목 시설물: 당집
현황판: 유 관리감독: 군수 이용정보: 제사-신앙

건강 정보
수형: 3 수관: 3 수피: 3 뿌리: 1 훼손: 2 지면: 2 오염: 2 활력도: 3 병충해: 1
수분/영양: 2 지표면: 자갈,흙,시멘트 포장 오염원: 시멘트 포장 감시등급판정: 주요감시

천연기념물 제158호로 지정 보호되고 있는 울진 죽변의 후정리 향나무로서 위의 화성리 향나무와 마찬가지로 수령 500년으로 추정되고 있다. 향나무의 자생지는 울릉도로 이곳의 향나무는 인공적으로 식재한 것으로부터 유래한다. 자연적 기원을 가진 자생하는 향나무로 인식하는 것은 오해이며, 자생하는 개체라면 생명환(life cycle)을 완성하면서 적어도 자연적으로 발생한 어린 개체가 분포해야 하지만, 현재 울릉도 남부 해안 용암절벽 이외에 생명환을 완성하면서 자생하는 개체가 보고된 바가 없다. 그것은 향나무의 개체유전적 특성 가운데 종자은행(seed bank)의 특이성에서 비롯된다. 후정리의 향나무는 향나무 노거수 가운데 매우 드문 경우로서 당집과 함께하는 개체이다. 향나무 노거수의 수형과 상관을 촬영하기 위해 상공을 지나는 전깃줄을 정비하여 포토라인을 확보하는 것이 필요하다. 향나무는 장수하는 수종으로 따라서 생장 속도가 매우 느리며 목재 재질이 매우 단단한 자원식물이다. 울릉도 도동에는 2500년으로 추정된다는 세계 최고령 향나무가 생존하는 것으로 보고되고 있다. 향나무는 강풍에 부러지고 뽑힐지언정 저절로 늙어 죽는 생물학적 노화에 의한 고사 식물체는 발견되지 않는다. 양지에서 돋아나 일생을 양지에 사는 소나무에 비할 바가 못되는 '불멸의 생명체'가 향나무인 셈이다.

79 의성 석탑리 느티나무

조사일자 2002년 5월 14일 화요일

위치 정보
주소: 의성군 안평면 석탑2리 746 (GPS 36°37′38″N, 128°38′26″E) 해발고도: 148m
위치지역: 농촌 경관연결성: 기타 미지형: 평면 분포지형: 충적저지 인접토지: 경작지
접근경로: 경작지 대구-안동 고속도로 의성 IC에서 안평초교-안동 일직IC 방향. 우회전 마을.

개체 정보
기원: 자연 식분형: 단목군 점유면적: 165㎡ 수령1: 200년 수령2: 330년
수고1: 12m 수고2: -m 흉고둘레1: 4.3m 흉고둘레2: -m 수관폭: 14.5m

관리 정보
보호범주: 보호수 11-13-17-4-21호 1982-09-23 지정사유: 당산목 시설물: 벤치
현황판: 무 관리감독: 이장 이용정보: 제사-신앙

건강 정보
수형: 2 수관: 2 수피: 3 뿌리: 2 훼손: 3 지면: 2 오염: 2 활력도: 2 병충해: 1
수분/영양: 1 지표면: 보도블럭 오염원: - 감시등급판정: 주요감시

의성 석탑리 마을의 나들목, 돋보이는 위치에 자리하고 있는 느티나무 노거수이다. 선상지형의 넓은 계곡 지형의 충적지에 생육하고 있는 청년기 개체이다. 노거수가 마을로부터의 일정 거리 이격되어 있으면서 마을 정면 방향에 그것도 단목군을 형성하고 있는 것으로 보아 풍수적 기능을 감당하고 있으며, 원래 전통마을숲이 존재했을 가능성이 높다. 일반적으로 전통마을숲이 축소되어 가면서 최소한의 공간에 잔존하는 단목군은 마을 사람들에 의해 특별한 의미가 부여됨으로써 보존되는 경우가 많다. 석탑리의 느티나무 단목군도 당산나무로서의 기능에 더해서 남근석이 함께 존재함으로써 잘 보존되어 온 사례이다.

80 의성 도서리 **회화나무**

조사일자 2002년 5월 13일 월요일

위치 정보
주소: 의성군 의성읍 도서리 210-3 (GPS 36° 26′ 52″N, 128° 41′ 52″ E) 해발고도: 121m
위치지역: 도시 경관연결성: 내부 미지형: 평면 분포지형: 충적대지 인접토지: 도로, 주택
접근경로: 대구-안동 국도에서 의성 시내 방향. 시내 주택가

개체 정보
기원: 인공 식분형: 단목 점유면적: 126.6㎡ 수령1: 600년 수령2: 600년
수고1: 8m 수고2: 15m 흉고둘레1: 5.9m 흉고둘레2: -m 수관폭: 12.7m

관리 정보
보호범주: 도기념물 제2호 1972-12-29 지정사유: 노거수 시설물: 보호철책
현황판: 유 관리감독: 의성군수 이용정보: 기타-기원목

건강 정보
수형: 5 수관: 5 수피: 5 뿌리: 2 훼손: 1 지면: 1 오염: 3 활력도: 4 병충해: 1
수분/영양: 3 지표면: 시멘트 포장, 흙 오염원: 시멘트 포장 감시등급판정: 주요감시

촬영: 03. 3. 15

조선거수노수명목지(1919년 조선총독부 발행)에 208 그루의 회화나무 중에 그리고 1972년 내무부에서 발간된 전국의 360 그루의 회화나무 가운데에서 기록적인 개체로 등재되어 있다. 회화나무 노거수 가운데 가장 오래되고 흉고둘레가 가장 큰 개체이다. 현재 도시화에 의해 노거수의 생육환경은 극도로 열악한 상태이며, 좁은 면적에 포위되어 있다. 주변 도로나 시멘트 공간을 생태블록으로 교체하여 수간부 아래의 지표면의 생태적 복원이 필요하다. 단오절에 풍년을 기원하는 제사를 지내는 마을 당산나무로 보호받고 있으나, 이미 회화나무의 임계수령을 넘어선 수령 600년으로 추정되는 매우 노쇠한 개체이다. 따라서 잎이 골고루 자라면 풍년이 든다는 설화를 더욱 아름답게 하기 위해서라도 그러한 생태복원을 위한 응급조처는 더욱 요구된다.

81 의성 윤암리 **왕버들**

조사일자 2002년 6월 1일 토요일

위치 정보
주소: 의성군 점곡면 윤암리 537(소계당) (GPS 36° 32′ 34″ N, 128° 46′ 34″ E) 해발고도: 202m
위치지역: 농촌 경관연결성: 측면 미지형: 평면 분포지형: 계류역 인접토지: 소하천
접근경로: 대구-안동 고속도로 의성IC에서 청송방향. 도로 마을. 소계당

개체 정보
기원: 자연 식분형: 단목 점유면적: 366.2㎡ 수령1: 400년 수령2: -년
수고1: 11m 수고2: -m 흉고둘레1: 8.6m 흉고둘레2: -m 수관폭: 21.6m

관리 정보
보호범주: 노거수 - - 지정사유: 노거수 시설물: -
현황판: 무 관리감독: 재실 이용정보: 휴식-정자

건강 정보
수형: 5 수관: 5 수피: 5 뿌리: 1 훼손: 3 지면: 1 오염: 1 활력도: 5 병충해: 1
수분/영양: 1 지표면: 흙 오염원: - 감시등급판정: 주요감시

촬영: 06. 10. 22

의성 윤암리 소계당(小溪堂) 대문 입구에 생육하고 있는 왕버들 노거수로서 흉고 둘레가 가장 큰 개체이다. 수령 400년으로 추정되는 이 노거수는 왕버들 임계수령을 초과한 노쇠한 개체이기 때문에 생존을 위한 힘겨운 투쟁을 하고 있다. 왕버들은 버드나무 종류 가운데 가장 장수하면서 거대한 수형을 가지는 종이며, 그 생육지는 하천변의 가장 안정된 입지이다. 왕버들은 토양 조건에서 급격한 수분환경의 변화로부터 생육에 위협을 받게 되는데, 그 가운데 건조는 가장 치명적인 고사(枯死) 원인이 된다. 건조에 의한 급격한 노쇠는 각종 병충해의 침입으로 고사가 급격히 진전된다. 소계당의 왕버들 노거수는 개울가에서 자연적으로 자생하던 개체를 보호해 온 입지의 중요한 잠재자연식생 요소이다. 그러나 최근의 옹벽 축조와 각종 정비 사업으로 하천 환경의 변화가 초래되고 있어서 노쇠한 왕버들 노거수의 생존에 위협이 되고 있다.

82 청도 덕촌리 **털왕버들**

조사일자 2002년 3월 7일 목요일

위치 정보
주소: 청도군 각북면 덕촌2리 561-1외 3필 (GPS 36°38′55″N, 128°35′06″E) 해발고도: 221m
위치지역: 농촌 경관연결성: 내부 미지형: 평면 분포지형: 계류역 인접토지: 경작지,도로
접근경로: 대구달성가창-헐티제-청도각북 방향. 도로 옆 하천변

개체 정보
기원: 자연 식분형: 단목 점유면적: 218.9㎡ 수령1: 220년 수령2: 200년
수고1: 15.5m 수고2: -m 흉고둘레1: 4.1m 흉고둘레2: -m 수관폭: 16.7m

관리 정보
보호범주: 천연기념물 298호 1982-11-04 지정사유: 희귀목 시설물: 하천변
현황판: 유 관리감독: 이부촌 이용정보: 기타-경관

건강 정보
수형: 3 수관: 3 수피: 4 뿌리: 1 훼손: 2 지면: 1 오염: 1 활력도: 3 병충해: 1
수분/영양: 1 지표면: 모래 오염원: - 감시등급판정: 주요감시

천연기념물 298호로 지정되어 있는 털왕버들 노거수이다. 털왕버들(*Salix chaenomeloides* Kimura var. *pilosa* (Nakai) Kimura)은 왕버들의 변종으로 가지와 잎자루에 털이 있는 것으로부터 구분하고 있다. 왕버들의 변종으로 털왕버들 개체의 희귀성으로부터 천연기념물로 지정되어 있으나, 생명체로서의 노거수의 수명에 대응하는 보존과 계승에 대한 생태학적 전략은 부재한 실정이다. 덕천리 마을 앞 하천 둑에서와 같이 노거수가 독립수로 서식함으로써 규모가 큰 태풍(사례: 2003년 매미)에 의해서 굵은 가지가 부러지게 되는 수형의 훼손이 발생하고, 급기야 고사(枯死)가 촉진되는 계기가 되고 있다. 털왕버들은 왕버들과 생태학적 서식처의 분포 특성에서는 동일한데, 하천변 제방권과 같이 하천 영역에서 가장 안정된 입지에서 생육하며, 덕촌리의 노거수는 그런 서식처의 전형을 보여주고 있다. 이른 봄에 일시에 잎이 나면 그 해 농사가 풍년이 들고, 가지마다 잎이 다르게 나면 흉년이 든다는 이야기가 있는데, 노거수를 포함한 수목은 건강하면 일시에 잎이 날 것이며, 생육상태가 불량하면 잎은 고르게 나지 않는다. 특히 사람 눈에 보이지 않는 땅 속 뿌리환경의 온전성은 지상의 잎 차례로부터 간접적으로 가늠할 수 있다.

83 청도 신원리 **소나무**

조사일자 2002년 3월 7일 목요일

위치 정보

주소: 청도군 운문면 신원리 1789 (운문사) (GPS 36° 45′ 49″N, 128° 57′ 47″ E) 해발고도: 140m
위치지역: 농촌 경관연결성: 내부 미지형: 평면 분포지형: 충적대지 인접토지: 사찰내
접근경로: 대구–금천–운운사 방향. 청도–매전–금천–운문사 방향. 운운사찰

개체 정보

기원: 자연 식분형: 단목 점유면적: 393.8㎡ 수령1: 420년 수령2: 400년
수고1: 9m 수고2: –m 흉고둘레1: 3.4m 흉고둘레2: –m 수관폭: 22.4m

관리 정보

보호범주: 천연기념물 180호 1966–08–25 지정사유: 희귀목 시설물: 보호철책
현황판: 유 관리감독: 운문사 주지 이용정보: 기타–경관

건강 정보

수형: 1 수관: 1 수피: 1 뿌리: 1 훼손: 1 지면: 1 오염: 1 활력도: 1 병충해: 1
수분/영양: 1 지표면: 흙 오염원: – 감시등급판정: 일반감시

촬영: 03. 6. 1

천연기념물 180호로 지정되어 보호되고 있는 청도 운문사(雲門寺)의 '처진소나무'(*Pinus densiflora* S. *et* Z. for. *pendula* Mayr.)이다. 가지가 밑으로 향해 수형이 처져 있다고 해서 소나무 품종으로 분류한다. 매년 봄(음력 3월 3일)에 막걸리 20말과 물 20말을 섞어서 지면에 부어주는 여승들의 정성으로 아주 건강하다. 소나무는 활발하게 호흡하는 다양한 토양 분해자를 필요로 하는 광의(廣義)의 부생식물(saprophyte)이다. 탄수화물을 포함한 각종 영양소가 듬뿍 들어있는 막걸리는 곰팡이 같은 분해자들을 풍부하게 하는 토양 생태계의 에너지원이면서 자원(resource)이다. 그 덕택에 소나무 뿌리는 근균(根菌)이 풍부하게 발달한 근권(根圈)을 형성한다. 때문에 여승들의 '막걸리 공양은 생활 속 과학 실천'인 셈이다. 거기다가 '처진소나무'가 인공 기원이건 자연 기원이건 운문사 입지의 지형적 특성도 소나무가 생육하기에 가장 적합한 산지 계곡 선상대지(扇狀臺地) 서식처이기에 더욱 만수무강할 수 있다. 그래서 노거수라 일컫기에는 실례가 될 듯한 수령 420년으로 추정되는 장년기 소나무이다.

84 청도 대전리 은행나무

조사일자 2002년 3월 7일 목요일

위치 정보

주소: 청도군 이서면 대전리 638 (GPS 36° 33′ 38″N, 128° 38′ 09″ E) 해발고도: 136m
위치지역: 농촌 경관연결성: 내부 미지형: 평면 분포지형: 충적대지 인접토지: 경작지,주택
접근경로: 대구-달성가창-청도이서-풍각 방향. 우회전 마을

개체 정보

기원: 인공 식분형: 단목 점유면적: 538.8㎡ 수령1: 420년 수령2: 1300년
수고1: 25m 수고2: -m 흉고둘레1: 8.7m 흉고둘레2: -m 수관폭: 26.2m

관리 정보

보호범주: 천연기념물 301호 1982-11-04 지정사유: 노목,거목 시설물: 주택
현황판: 유 관리감독: 이장 이용정보: 기타-경관

건강 정보

수형: 1 수관: 1 수피: 1 뿌리: 1 훼손: 1 지면: 1 오염: 1 활력도: 1 병충해: 1
수분/영양: 1 지표면: 자갈,흙 오염원: - 감시등급판정: 일반감시

촬영: 03. 5. 31

촬영: 03. 11. 9

부계 예씨(缶溪 芮氏) 세거지인 청도 대전리에 생육하는 은행나무 수나무인데 천연기념물 301호로 지정되어 있다. 마을 가장자리에서 생육하고 있으며, 천연기념물 지정 당시(1982년)의 수령을 고려하면 420년이 된다. 그러나 가슴높이 둘레가 천연기념물로 지정될 1982년에 8.5m이었고 2005년 조사에서 8.65m인 것으로 조사되었기 때문에 23년 동안 15cm 굵어졌으니 일 년에 평균 6.5mm씩 굵어진 셈이다. 이러한 흉고둘레 증가율을 고려한 대전리 은행나무 노거수의 나이는 2005년에 1330세가 된다. 이 수령은 전설로 전해지는 수령(1982년 당시 1308세, 2005년 1331세)과 거의 일치하고 있다. 놀라운 일이 아닐 수 없다. 전설에 따르면 도사(道師)인지 어떤 여인인지 사람이 빠져 죽었다는 우물을 마을사람들이 메웠으며, 그 영혼을 달래기 위해 8년생 은행나무를 식재했다고 하니, 전설이 아닌 실제 사건이었을 것이라는 시나리오가 설정된다. 그래서인지 마을 당산나무로 취급하고 있지 않다. 다수의 수간(樹幹) 다발로 왕성하게 성장하면서 웅장한 수형을 보여주고 있는데, 수형 전체를 체험할 수 있도록 포토라인의 설정으로 생태기행의 학습 효과를 증대할 필요가 있다. 마을 사람들은 낙엽이 질 때 한꺼번에 조용히 지면 이듬해에 풍년이 들고, 여러 차례 바람에 흩날리면서 낙엽이 지면 이듬해 흉년이 든다고 믿고 있다. 그것은 식물 개체의 생장환경이 양호하면 낙엽은 일정 기간 내에 낙엽이 지며, 생장환경이 불량하면 각각의 수간별로 낙엽이 지는 시기가 다르기 때문인데, 노거수의 건강성을 가늠하는 생활 속의 과학이다.본서 후면 표지 노거수이다.

85 청도 서원리 은행나무

조사일자 2002년 3월 7일 목요일

위치 정보

주소: 청도군 이서면 서원리 87 (자계서원) (GPS 36° 42′ 53″N, 128° 40′ 42″ E) 해발고도: 103m
위치지역: 농촌 경관연결성: 내부 미지형: 평면 분포지형: 충적대지 인접토지: 서원내
접근경로: 청도-화양-각남-이서면 소재지 방향. 자계서원

개체 정보

기원: 인공 식분형: 단목군 점유면적: 317.4㎡ 수령1: 530년 수령2: -년
수고1: 19.5m 수고2: -m 흉고둘레1: 3.6m 흉고둘레2: -m 수관폭: 20.1m

관리 정보

보호범주: 보호수 - - 지정사유: 노거수 시설물: -
현황판: 유 관리감독: 서원관리인 이용정보: 기타-경관

건강 정보

수형: 1 수관: 1 수피: 1 뿌리: 1 훼손: 2 지면: 1 오염: 1 활력도: 1 병충해: 1
수분/영양: 1 지표면: 자갈 오염원: - 감시등급판정: 일반감시

찰영: 03. 11. 9

찰영: 03. 11. 9

청도 서원리 마을 한가운데 자리 잡고 있는 자계서원(紫溪書院, 1518년 창건)에 우람한 은행나무가 생육하고 있다. 은행나무를 행자목(杏子木), 공손수(公孫樹), 압각수(鴨脚樹), 백과목(白果木) 등의 이름으로 부른다. 공자의 가르침을 공부를 하는 서원에 가장 많이 식재하는 수종이다. 은행나무는 일반적으로 한 그루씩을 식재하는데, 자계서원에 있는 은행나무가 다발로 식재되어 있다. 곧게 자라는 은행나무의 생육형으로부터 다발 식재에서도 잘 자라고 있다. 가장 나이가 많은 개체는 530살로 추정되는데 은행나무로서는 젊은 개체이다. 자계서원의 단청과 어우러지는 가을의 풍광은 환상적인 자연 연출이다.

86 청도 원리 은행나무

조사일자 2002년 3월 7일 목요일

위치 정보
주소: 청도군 청도읍 원리 981(적천사) (GPS 36° 57′ 50″N, 128° 44′ 27″ E) 해발고도: 230m
위치지역: 농촌 경관연결성: 내부 미지형: 돌출 분포지형: 계류역 인접토지: 사찰내
접근경로: 청도-유천-밀양 방향. 적천사 경내

개체 정보
기원: 인공 식분형: 단목군 점유면적: 744.7㎡ 수령1: 820년 수령2: 800년
수고1: 29m 수고2: 15m 흉고둘레1: 9.1m 흉고둘레2: -m 수관폭: 30.8m

관리 정보
보호범주: 천연기념물 402호 1998-12-23 지정사유: 전설목 시설물: -
현황판: 유 관리감독: 적천사 주지 이용정보: 기타-경관

건강 정보
수형: 1 수관: 1 수피: 1 뿌리: 1 훼손: 1 지면: 1 오염: 3 활력도: 1 병충해: 1
수분/영양: 1 지표면: 흙 오염원: 주차장 감시등급판정: 일반감시

청도 남산자락의 적천사(磧川寺) 경내의 천연기념물 402호(1998.12.23 지정) 은행나무 노거수로서 맹아(새로 난 싹)와 유주(가지 사이에 혹 또는 짧고 뭉뚝한 방망이처럼 생긴 가지) 발달이 특이한 개체이다. 전해오는 이야기에 의하면 적천사는 고려 명종 5년(1175년) 지눌 보조국사가 짚고 다니던 은행나무 지팡이를 심은 것이 자라서 거목의 은행나무가 되었다고 하는 환생담이 있다. 이것을 바탕으로 적천사의 은행나무는 나이가 800년(1998년 당시)으로 추정되고 있다. 또 한 그루의 은행나무는 전체적으로 외적 손상이 거의 없고 영양상태가 매우 양호한 보다 젊은 개체(약 300여년생으로 추정)가 생육하고 있다. 은행나무는 혈행(혈액순환, 혈액 개선)에 유효한 성분을 가진 불가근불가원(不可近不可遠)의 자원식물로서 오래전부터 수행사찰이나 서원에서 널리 식재되어왔다.

87 청송 양숙리 **느티나무**

조사일자 2002년 4월 13일 토요일

위치 정보

주소: 청송군 부남면 양숙리 146-1 (GPS 36° 34′ 18″N, 129° 08′ 45″ E) 해발고도: 367m
위치지역: 농촌 경관연결성: 입구 미지형: 평면 분포지형: 충적대지 인접토지: 도로,경작지
접근경로: 청송-부남-상옥초교-죽장 방향도로 이용

개체 정보

기원: 자연 식분형: 단목 점유면적: 803.8㎡ 수령1: 570년 수령2: 550년
수고1: 20m 수고2: 20m 흉고둘레1: 7.5m 흉고둘레2: -m 수관폭: 32m

관리 정보

보호범주: 보호수 11-13호 1981-07-03 지정사유: 정자목 시설물: 좌대,체육시설
현황판: 유 관리감독: 이장 이용정보: 제사-신앙

건강 정보

수형: 1 수관: 2 수피: 1 뿌리: 1 훼손: 2 지면: 1 오염: 1 활력도: 1 병충해: 1
수분/영양: 1 지표면: 흙 오염원: - 감시등급판정: 일반감시

청송 양숙리 마을 입구에 위치하는 느티나무 노거수이다. 주변에 방해하는 구조물이 존재하지 않기 때문에 수고 20m보다 훨씬 넓은 수관폭이 32m로 넓게 퍼져 자란다. 평탄 충적대지의 우뚝 솟아 있기 때문에 주변 경관으로부터 크게 돋보이지만, 수령 570년의 느티나무 노거수로서는 청장년기에 이르는 개체이다. 따라서 개체 유전적으로 노쇠한 개체가 아니며, 주변 생육환경이 노거수에게 매우 유리하여 매우 왕성한 활력도를 보이고 있다. 마을의 수호신으로 정자나무이며, 마을 나들목에서 오가는 사람들의 주목을 끄는 생명체이다. 양숙리 느티나무의 기원은 알려져 있지 않으나, 충적대지라는 입지적 특성에 가장 전형적이고 대표적인 수종이다. 따라서 자연 기원이던가, 또는 입지의 잠재자연식생 구성종을 선정하여 식재했던가, 입지의 자연환경조건에 부합하는 수종을 선정했다는 선조들의 지혜를 생각해 볼 수 있다.

88 청송 홍원리 개오동

조사일자 2002년 4월 13일 토요일

위치 정보
주소: 청송군 부남면 홍원리 547 (GPS 36° 55′ 17″N, 129° 04′ 29″ E) 해발고도: 296m
위치지역: 농촌 경관연결성: 입구 미지형: 평면 분포지형: 충적대지 인접토지: 도로,경작지
접근경로: 청송-영천-포항 죽장 방향 도로 이용. 도로변 마을

개체 정보
기원: 인공 식분형: 단목군 점유면적: 162.8㎡ 수령1: 450년 수령2: 450년
수고1: 14m 수고2: 14m 흉고둘레1: 4.3m 흉고둘레2: -m 수관폭: 14.4m

관리 정보
보호범주: 천연기념물 401호 1998-12-23 지정사유: 당산목 시설물: -
현황판: 유 관리감독: 이장 이용정보: 휴식-정자

건강 정보
수형: 4 수관: 4 수피: 4 뿌리: 1 훼손: 2 지면: 2 오염: 3 활력도: 3 병충해: 1
수분/영양: 3 지표면: 흙,시멘트 포장 오염원: 시멘트 포장 감시등급판정: 일반감시

개오동(*Catalpa ovata* G. Don)은 중국원산의 반고유종에 속하는 교목 수종이며, 따라서 인공적으로 식재한 것으로부터 유래하는 노거수이다. 수령 450년으로 우리나라에서 가장 오래되고 거수인 개오동으로 알려지면서 천연기념물 401호(1998년)로 지정되어 있으며, 홍원리 마을의 당산나무로 보호받고 있다. 개오동은 능소화과로서 긴 콩 꼬투리를 닮은 삭과의 길이가 20~35cm이지만, 현삼과의 오동나무 종류는 둥근 콩모양의 삭과가 5cm 정도로 완전히 다른 종류이다. 오동나무 종류와 마찬가지로 개오동은 양지에 사는 속성수로서 수명이 짧은 선구성 하록 교목이다. 우리나라에는 1904년경 도입되어 중부 이북의 산야(山野)에 심고 있는 내한성(耐寒性)이 강하다고 알려져 있으나, 청송 홍원리의 개오동 천연기념물이 수령 450년으로 추정되고 있음으로 두 가지 사실 가운데 한 가지는 오류임에 틀림이 없다. 1998년 천연기념물 지정 당시 수고 8m, 흉고둘레 3.9m인 것이 2005년 조사 시에는 수고 14m, 흉고둘레 4.25m였다. 따라서 특히 흉고둘레는 1년에 평균 5cm씩 부피생장을 한 것으로 수령은 약 85년으로 추정할 수 있다. 이것은 선구성 속성수의 특성을 반증하는 것으로 결국 청송군 홍원리의 개오동은 수령이 약 100년(2005년)으로 결론지어진다. 개오동이 450살이라고 추정하는 것은 속성수의 임계수령을 고려하더라도 너무나 과대평가한 어처구니없는 추정치다. 한편 북한의 평양 대성동 중앙식물원에는 나무높이 8m, 흉고둘레 80㎝의 북한 천연기념물 14호(1980년 당시) 개오동이 생육하는 것으로 알려져 있다.

89 청송 화속리 소태나무

조사일자 2002년 4월 13일 토요일

위치 정보
주소: 청송군 부남면 화속1리 266번지 (GPS 36° 31′ 31″N, 129° 05′ 54″E) 해발고도: 330m
위치지역: 농촌 경관연결성: 입구 미지형: 돌출 분포지형: 충적대지 인접토지: 도로,경작지
접근경로: 청송–영천–포항 죽장 방향

개체 정보
기원: 인공 식분형: 단목 점유면적: 221.6㎡ 수령1: 300년 수령2: 300년
수고1: 13m 수고2: 12m 흉고둘레1: 4.9m 흉고둘레2: –m 수관폭: 16.8m

관리 정보
보호범주: 보호수 2001–4호 2001–06–11 지정사유: 정자목 시설물: –
현황판: 유 관리감독: 이장 이용정보: 휴식–정자

건강 정보
수형: 1 수관: 1 수피: 1 뿌리: 1 훼손: 2 지면: 2 오염: 3 활력도: 2 병충해: 1
수분/영양: 3 지표면: 흙,시멘트 포장 오염원: 시멘트 포장 감시등급판정: 일반감시

촬영: 03. 6. 13

노거수 100선에는 소태나무 노거수 두 곳이 선정되어 있다. 한 곳은 안동 길안초등 길송분교의 수령 600살의 개체이며, 다른 하나는 이곳 청송군 화속리의 개체이다. 화속리의 소태나무는 수령 300년으로 추정되는 당산나무이다. 지역주민의 이야기와 문헌, 그리고 당초조사 기준에 전적으로 의존함으로써 두 개체간의 수령에 큰 차이가 나지만, 정확한 수치는 과제로 남는다. 그것은 당산나무에 대하여 수령을 조사하기 위해서 수령측정기로 수간을 뚫을 용기 있는 사람은 없기 때문이다. 마을 진입로 언덕배기에 화분 속의 분재되어 있는 것처럼 보호되고 있는데, 소태나무 노거수 수형의 전형을 관찰할 수 있다. 마을의 위치와 노거수의 공간적 위치를 고려할 때, 마을 동구 숲이 존재했을 위치로서 인접 산지로부터 흘러내리는 구릉지의 끝자락에 위치한다. 즉 자연적 기원을 가진 동구 숲 형태의 전통마을숲이 존재했을 것이며, 그러한 숲의 유존 식물 개체로 고려된다. 그것은 소태나무의 전형적인 생육입지이기 때문이다. 인공적으로 식재한 것으로부터 유래한다고 할지라도 입지의 잠재자연식생의 주요 종인 소태나무를 선정하였다는 사실은 선조들의 생활 속의 전통 과학을 엿볼 수 있는 대목이다.

조사일자 2002년 4월 13일 토요일

90 청송 장전리 향나무

위치 정보
주소: 청송군 안덕면 장전리 산 18(영양남씨) (GPS 36° 55′ 28″N, 128° 59′ 00″ E) 해발고도: 332m
위치지역: 농촌 경관연결성: 후방 미지형: 돌출 분포지형: 산비탈 인접토지: 임야
접근경로: 안동 길안 – 청송 – 영천 방향. 안덕중–현동중 사이 마을

개체 정보
기원: 인공 식분형: 단목군 점유면적: 254㎡ 수령1: 400년 수령2: 400년
수고1: 7.5m 수고2: 7.5m 흉고둘레1: 4.3m 흉고둘레2: –m 수관폭: 18m

관리 정보
보호범주: 천연기념물 313호 1982-11-04 지정사유: 희귀목 시설물: –
현황판: 유 관리감독: 영양 남씨 종친회 이용정보: 기타–경관

건강 정보
수형: 1 수관: 1 수피: 3 뿌리: 1 훼손: 1 지면: 1 오염: 1 활력도: 2 병충해: 1
수분/영양: 1 지표면: 흙 오염원: – 감시등급판정: 일반감시

희귀한 향나무 노거수로 인정되어 천연기념물 313호(1982년)로 지정되어 있다. 약 400년 전에 영양 남씨 350여 가구가 조상의 은덕을 기리기 위하여 묘소 가까운 곳에 심어 가꾸어 온 단목군이다. 향나무 가지가 늘어져 땅바닥에 닿아 있는 두 그루와 흔히 보는 향나무처럼 곧바로 자라는 한 그루를 합쳐서 3 그루로 이루어져 있다. 영양 남씨 묘역에 유존하는 100선 속에 포함되어 있는 또 다른 향나무 노거수로 울진 화성리의 향나무 노거수도 있다. 향나무는 일반적으로 전국적으로 자생하는 자생식물(自生植物)로 알려져 있지만, 실제로는 자생하는 곳은 울릉도이며 대부분 식재한 것으로부터 유래한다(참고: 부록의 용어 해설편). 특히 묘역의 정원수로 자주 이용되고 있는데, 장수하는 식물종이면서 제사 향로에 이용되는 제사향의 재료로도 이용된다.

91 청송 송생리 비술나무

조사일자 2002년 4월 13일 토요일

위치 정보
주소: 청송군 청송읍 송생리 146-5 (GPS 36°05′08″N, 129°06′10″E) 해발고도: 246m
위치지역: 농촌 경관연결성: 내부 미지형: 돌출 분포지형: 충적대지 인접토지: 경작지
접근경로: 청송-영천 방향

개체 정보
기원: 인공 식분형: 단목 점유면적: 444.7㎡ 수령1: 350년 수령2: 350년
수고1: 19m 수고2: 22m 흉고둘레1: 4.5m 흉고둘레2: -m 수관폭: 23.8m

관리 정보
보호범주: 보호수 99-7호 1999-04-07 지정사유: 당산목 시설물: 보호철책
현황판: 유 관리감독: 황재호 이용정보: 제사-신앙

건강 정보
수형: 2 수관: 2 수피: 2 뿌리: 1 훼손: 1 지면: 2 오염: 1 활력도: 1 병충해: 1
수분/영양: 1 지표면: 보도블럭,자갈 오염원: 보도블럭 감시등급판정: 주요감시

촬영: 03. 6. 18

비술나무(*Ulmus pumila* L.)는 느릅나무 가운데 가장 잎이 작기 때문에 쉽게 구별되지만, 지역의 자생식물 자원 정보에서 느릅나무 노거수로 알려져 있다. 비술나무는 동아시아-몽골-다후리아(East Asian-Mongoloian-Daurian species) 교목 수종으로서 최남단 전남 백양산에서부터 북으로 몽골 내륙 Khogno Khan 자연보호지역에 이르기까지 느릅나무 종류 가운데에서 가장 춥고 가장 건조한(cold- and drought-hardiness) 곳까지 생육하는 대륙성 하록수종이며 일본에는 분포하지 않는다(Tsolmon et Kim 2001). 비술나무는 계류변 또는 계곡 선상지형 충적지의 퇴적암 지역에서 사질 토양 입지에 왕성하게 생육한다. 노거수로서는 매우 드문 경우로 청송 송생리 당산나무로 보호받고 있다. 350년전 평해 황씨 입향시(入鄕時) 식재된 수목으로 알려져 있다. 송생리의 서식처 입지 환경을 고려할 때 비술나무는 이 입지의 잠재자연식생을 구성하는 주요 수종으로도 고려될 수 있다. 따라서 인공적으로 식재된 개체가 아니라면, 본래 그 입지에 자생하던 잠재자연수종을 선정한 선조들의 지혜가 돋보인다. 한편 경북궁의 자경전과 교태전 사이에는 크기가 비슷한 비술나무 수 그루가 식재되어 있다.

92 청송 도리 느티나무

조사일자 2002년 4월 28일 일요일

위치 정보
주소: 청송군 현서면 도리(대리마을) (GPS 36° 52′ 57″N, 128° 51′ 06″E) 해발고도: 384m
위치지역: 농촌 경관연결성: 측면 미지형: 평면 분포지형: 계류역 인접토지: 경작지
접근경로: 청송–영천 국도 35번 이용

개체 정보
기원: 자연 식분형: 단목 점유면적: 452.1㎡ 수령1: 500년 수령2: –년
수고1: 14m 수고2: –m 흉고둘레1: 9.2m 흉고둘레2: –m 수관폭: 24m

관리 정보
보호범주: 노거수 – – 지정사유: 노거수 시설물: –
현황판: 무 관리감독: 이장 이용정보: 휴식–정자

건강 정보
수형: 1 수관: 2 수피: 2 뿌리: 1 훼손: 2 지면: 2 오염: 3 활력도: 2 병충해: 1
수분/영양: 1 지표면: 흙,시멘트 포장 오염원: 시멘트 포장 감시등급판정: 일반감시

촬영: 06. 10. 22

청송 도리 마을의 경작지 개울가에 생육하고 있는 느티나무 노거수이다. 개방된 경관 속에 위치하는 개체이기에 우람한 덩치가 돋보인다. 수간 상부의 수형은 온전한 청년기 느티나무 수형을 보여주고 있으나, 전체 수형은 수관폭이 수고보다 넓은 노년기 형상을 보여주고 있다. 이것은 수간 기저부에 수차례에 걸친 치명적인 큰 훼손이 있음을 보여주는 상흔(傷痕)으로부터 이해될 수 있다. 어릴 때 몇 번의 고사 위기가 있었으며, 기저부의 외과수술을 통해서 겨우 그 명맥을 유지하고 있는 실정이다. 현재 마을 사람들의 휴식 공간으로 이용되기도 하지만, 체계적인 관리가 요구되는 노거수이다.

93 칠곡 학산리 느티나무

조사일자 2002년 3월 16일 토요일

위치 정보
주소: 칠곡군 가산면 학산리 94(원정부락) (GPS 36° 23′ 51″N, 128° 30′ 46″E) 해발고도: 280m
위치지역: 농촌 경관연결성: 입구 미지형: 돌출 분포지형: 계류역 인접토지: 주택,도로
접근경로: 대구-안동 중앙고속도로 다부 IC에서 칠곡 왜관방향 우측마을

개체 정보
기원: 자연 식분형: 단목 점유면적: 262.8㎡ 수령1: 420년 수령2: 410년
수고1: 18m 수고2: 20m 흉고둘레1: 6.8m 흉고둘레2: -m 수관폭: 18.3m

관리 정보
보호범주: 보호수 11-25-2호 1982-10-26 지정사유: 당산목 시설물: 정자,돌담
현황판: 유 관리감독: 이장 이용정보: 제사-신앙

건강 정보
수형: 2 수관: 2 수피: 2 뿌리: 3 훼손: 2 지면: 1 오염: 1 활력도: 2 병충해: 1
수분/영양: 1 지표면: 흙 오염원: - 감시등급판정: 일반감시

칠곡 학산리 마을 입구에 420년생의 청년기에 해당하는 느티나무가 있다. 마을 수호신 당산나무로서 보호받고 있다. 마을의 나들목에 위치하는 당산나무는 돌탑이나 남근석과 같은 각종 토속 신앙적 유산이 공존하는 경우가 흔하다. 학산리 느티나무는 이인계시담(異人啓示談)이라고 하는 설화를 가지고 있는데, 노승, 할머니, 과객, 선비 등의 불특정 이방인이 전하는 말이 계시가 되는 경우인데, 여기에 느티나무 노거수를 개입시킨다. 전통 농경사회에서 가장 중요한 것은 농사이고, 그것도 풍년이 든다거나 흉년이 든다거나 하는 것은 절대 절명의 생존투쟁과 같은 이야기이다. 여기에 사람이 함부로 내뱉을 수 없는 내용이기에 마을 나무를 동원한 것이 아닐까! 더욱이 마을 입구 정자나무 아래에서 듣는 이런 이야기에 마을 사람들은 주목하지 않을 수 없다. 그것도 마을 당산나무를 빌어서 이야기 한다는 것은 마치 부모에 효도를 하지 않으면 천벌을 받게 될 것이라고 하는 것과 같이 그 내용이 옳던 옳지 않던 감히 부정할 수가 없는 보편적 진리이기 때문이다. 그러나 분명한 것은 노거수 생명체는 땅에 뿌리를 박고 사는 생명체이기에 그 생육 입지의 토지적 기후적 환경 조건에 따라 수관의 건강성이 결정된다. 우리가 목격하는 현재의 식물체 형상은 그 식물체가 경험해온 지금까지의 과거 자연환경조건의 총화(integration)이지 미래가 아니다. 자연선택은 과거에 대한 결과이다. 바람길 길목에 위치하는 학산리의 느티나무는 부분적으로 마을 동구숲의 기능을 감당하는 단목군을 형성하고 있다.

94 포항 홍계리 개서어나무

조사일자 2002년 3월 31일 일요일

위치 정보
주소: 포항시 남구 대송면 홍계리 126 (GPS 38° 00′ 02″N, 129° 20′ 03″ E) 해발고도: 55m
위치지역: 농촌 경관연결성: 후방 미지형: 평면 분포지형: 산비탈 인접토지: 임야
접근경로: 경주 시내-포항 방향. 경주 천북-대송면 방향 도로 이용. 운제산 자락

개체 정보
기원: 자연 식분형: 단목 점유면적: 240.4㎡ 수령1: 310년 수령2: 290년
수고1: 22m 수고2: 20m 흉고둘레1: 2.4m 흉고둘레2: -m 수관폭: 17.5m

관리 정보
보호범주: 보호수 11-18-10-1호 1982-10-29 지정사유: 당산목 시설물: 당집
현황판: 유 관리감독: 이장 이용정보: 제사-신앙

건강 정보
수형: 1 수관: 1 수피: 1 뿌리: 3 훼손: 1 지면: 1 오염: 1 활력도: 1 병충해: 1
수분/영양: 1 지표면: 흙 오염원: - 감시등급판정: 일반감시

개서어나무(*Carpinus tschonoskii* Maxim.)는 황해도 수양산 이남에 분포하는 냉온대 남부 저산지대와 난온대의 낙엽활엽수종이다. 따라서 남부지방에서 흔하며, 온난한 계곡지형이나 사면 하부에서 토양 수분환경이 양호한 입지에 서식한다. 마을 당산나무로 이용되고 있는 노거수로서는 매우 희귀한 수종이며, 자연적으로 기원한다. 포항 홍계리 개서어나무는 현지 안내 정보에는 서어나무(*C. laxiflora*)로 기록되어 있으나, 잎 모양이나 잎과 잎자루 등에 나있는 털과 성모가 개서어나무와 다르다. 개서어나무는 서어나무보다 추위와 건조에 약하고 수분스트레스가 있는 곳에서는 생육하지 않기 때문에 분포도 제한적이다. 홍계리의 개서어나무는 마을 후방 대나무 밭 사이에 위치하고, 목재의 당집과 최근에 만든 시멘 콘크리트 당집과 함께 하고 있다. 앞에는 개울물이 흐르고, 당산나무까지 다리를 건설하여서 접근에 편리하도록 하였다. 그러나 노거수의 생육입지 환경에서 자연적인 수분구배(中庸의 토양 습도)에 방해되지 않는 토목 구조물로 생태적 재복원할 필요가 있다.

95 포항 마북리 느티나무

조사일자 2002년 3월 31일 일요일

위치 정보
주소: 포항시 북구 신광면 마북리 70 (GPS 35°38′56″N, 129°15′25″E) 해발고도: 193m
위치지역: 농촌 경관연결성: 입구 미지형: 평면 분포지형: 충적대지 인접토지: 저수지,임야
접근경로: 서포항 IC에서 –신광–영덕방향 지방도 이용. 신광면 만석리에서 좌회전 마북저수지

개체 정보
기원: 자연 식분형: 단목 점유면적: 254.3㎡ 수령1: 720년 수령2: 700년
수고1: 20m 수고2: 16m 흉고둘레1: 6.8m 흉고둘레2: –m 수관폭: 18m

관리 정보
보호범주: 보호수 11–15–1호 1982–10–29 지정사유: 거목 시설물: –
현황판: 유 관리감독: 이장 이용정보: 기타–경관

건강 정보
수형: 5 수관: 5 수피: 5 뿌리: 2 훼손: 1 지면: 1 오염: 1 활력도: 5 병충해: 1
수분/영양: 1 지표면: 흙 오염원: – 감시등급판정: 주요감시

촬영: 03.6.22

경상북도 보호수 제1호로 지정된 노거수로 권씨 할배나무라고도 하며 무자천손(無子千孫) 나무라고도 하는 유래(제 3 장 참조)를 가지고 있는 느티나무이다. 수령이 700년에 이르는 노년기에 접어드는 개체인데, 지난 1999년 3월 9일 마북 저수지 공사로 인해 수몰위기에 놓인 것을 지역의 민간단체 노거수회의 노력으로 4억5천만 원의 경비를 들여서 원래 생육하던 위치에서 200m 위로 이식하였다. 지구상의 다양한 인류 문화 가운데, 노거수를 살리기 위한 이와 같은 노력과 의지는 우리만의 독특한 전통 문화라 할 수 있으며, 이것은 전통적인 민족 정서일 뿐만 아니라 본래 인간의 자연에 대하여 오래되고 귀한 것에 대한 경외심과 존경심의 발로이다. 현대 산업도시사회 속에서도 인간의 본능적 정서를 간직하면서 실천에 옮기고 있는 우리의 민족 정서와 전통문화가 계승되고 있음은 높이 평가되어야 할 것이다. 나무 한 그루의 금전적 시장가치로서만이 아니라, 생명체로서의 노거수의 '존재 가치'를 크게 평가하는 자연관은 오늘날 우리 인류사회에서 요구되는 최고의 덕목이다. 마북리 마을 사람들은 매년 정월대보름날 마을의 평화와 안녕을 기원하는 제를 올리고, 마치 후손이 된 것처럼 노거수를 둘러보고 막걸리를 대접하고 천수를 다하기를 기원한다. 노거수회에서는 매년 칠월칠석에 막걸리 40말을 5배로 희석하여 노거수 주변에 뿌려주며 만수무강을 기원한다. 이것은 보전생물학적 이벤트이면서 자연 보존을 위한 최고의 실천적 교육 수단이다.

96 포항 사정리 팽나무

조사일자 2002년 3월 31일 일요일

위치 정보
주소: 포항시 북구 신광면 사정2리 447 (GPS 35° 45′ 52″N, 129° 16′ 31″E) 해발고도: 105m
위치지역: 농촌 경관연결성: 입구 미지형: 함몰 분포지형: 계류역 인접토지: 경작지
접근경로: 서포항 IC에서 신광. 청하방향 지방도 이용. 신광초교-비학초교사이 우회전

개체 정보
기원: 자연 식분형: 단목군 점유면적: 254.3㎡ 수령1: 350년 수령2: 300년
수고1: 13m 수고2: 22m 흉고둘레1: 5.6m 흉고둘레2: -m 수관폭: 18m

관리 정보
보호범주: 보호수 11-18-17호 1992-09-14 지정사유: 당산목 시설물: 당집,보호철책
현황판: 유 관리감독: 이장 이용정보: 제사-신앙

관리 정보
수형: 2 수관: 2 수피: 2 뿌리: 1 훼손: 2 지면: 2 오염: 2 활력도: 2 병충해: 1
수분/영양: 2 지표면: 흙,시멘트 포장 오염원: 시멘트 포장 감시등급판정: 일반감시

촬영: 03. 6. 22

촬영: 05. 9. 15

포항 신광면 사정2리의 당산나무로 보호되고 있는 팽나무 노거수로서 전통마을숲이 축소되어 가면서 당집을 중심으로 잔존하는 단목군(grove) 속에 생육하고 있다. 사정2리는 남쪽 입구 방향이 크게 열려 있는 풍수적으로 비보(裨補) 기능을 하는 자연구조물이 필요한 지형을 가지고 있다. 팽나무 노거수가 생육하고 있는 입지는 주변 산지로부터 연속적으로 이어져 있는 충적대지와 작은 계류를 중심으로 하는 충적저지와의 경계역(境界域)이다. 이곳은 비보 기능을 감당할 수 있는 곳이며, 그래서 마을 사람들은 이곳에 발달한 숲만큼은 보호해 왔을 것이다. 이러한 전통마을숲은 그 기원이 인공식재로부터 조성되어 온 것이 아니고, 자연적 기원의 잠재자연식생이다. 따라서 팽나무는 잠재자연식생의 구성요소이면서 입지의 생태환경을 대표하는 식물종이다. 추정 수령이 350년인 것으로부터 마을숲은 점점 그 규모가 축소되어 왔음을 알 수 있다. 훼손의 위협으로부터 마을숲의 유존 식분 단목군이라도 보호하기 위해서는 단목군 속에 자리잡은 당집의 역할은 매우 크다. 당집과 함께 들어온 향나무이건 그 이후에 들어온 소나무이건 이곳 잠재자연식생 정보로부터는 손님과 같은 이질적 요소이다. 손님은 오래 머무를 수가 없으니, 이곳에 주인이 되는 잠재자연식생 요소들인 참느릅나무, 느티나무, 팽나무 등등 후계목을 준비하고 전통마을숲을 복원하는 것이 필요하다.

97 포항 서정리 모과나무

조사일자 2002년 3월 31일 일요일

위치 정보

주소: 포항시 북구 청하면 서정리 171 (GPS 36° 01′ 01″N, 129° 19′ 49″E) 해발고도: 70m
위치지역: 농촌 경관연결성: 내부 미지형: 평면 분포지형: 충적대지 인접토지: 주택,경작지
접근경로: 포항-영덕국도 7번 이용. 청하교차로에서 좌회전. 신광방향. 청하중학교

개체 정보

기원: 인공 식분형: 단목군 점유면적: 50.2㎡ 수령1: 300년 수령2: 290년
수고1: 12m 수고2: 14m 흉고둘레1: 4.3m 흉고둘레2: -m 수관폭: 8m

관리 정보

보호범주: 보호수 11-18-6-1호 1990-05-16 지정사유: 당산목 시설물: 당집
현황판: 유 관리감독: 이장 이용정보: 제사-신앙

건강 정보

수형: 1 수관: 2 수피: 1 뿌리: 1 훼손: 1 지면: 1 오염: 1 활력도: 1 병충해: 1
수분/영양: 2 지표면: 흙 오염원: - 감시등급판정: 일반감시

촬영: 06. 10. 21

모과나무(*Chaenomeles sinensis* (Thouin) Koehne)는 중국 원산의 유실수로서 노거수로는 매우 희귀하다. 모과라는 이름은 한자로 목과(木瓜)라 하며, 중국어로 'mugua'로 발음하는 것에서 유래한다. 모과나무는 양지성이면서 비옥한 토양에서 건조하지 않으면서 배수가 잘 되는 입지환경에서 잘 자라지만, 건조 수분스트레스가 발생하면 열매를 맺지 못한다. 청하면 서정리의 모과나무 노거수는 수령 300년으로 추정되는데 여전히 건강한 모과 열매를 생산하고 있다. 당집과 시멘트 담장으로 포위되어 생육하고 있지만, 당산나무로 보호되고 있기 때문에 수간 기저부에서 분주 다발로 모여나는 모과나무의 전형적인 개체유전적 특징을 잘 보여주고 있다. 이것은 오랫동안 모과나무 개체에 사람들이 손을 대지 않았다는 증거이다. 수고가 12m로 모과나무로서는 기록적인 크기이며, 세계적이라 할 수 있다. 너무 못생기고 맛이 없는 열매이지만, 너무나 향기롭고 고운 빛깔 덕택에 모과나무는 동양의 식물자원으로 전세계 식물원에는 한 그루 이상 식재되어 사랑을 받고 있다.

98 포항 월포리 팽나무

조사일자 2002년 3월 31일 일요일

위치 정보
주소: 포항시 북구 청하면 월포3리 181 (GPS 32° 00′ 49″N, 129° 22′ 15″ E) 해발고도: 30m
위치지역: 어촌 경관연결성: 내부 미지형: 평면 분포지형: 충적대지 인접토지: 주택,도로
접근경로: 포항-영덕 국도 7번 이용. 청하교차로에서 우회전 월포초교, 월포해수욕장-방어리방향

개체 정보
기원: 자연 식분형: 단목 점유면적: 490.6㎡ 수령1: 310년 수령2: 300년
수고1: 16m 수고2: 18m 흉고둘레1: 3.3m 흉고둘레2: -m 수관폭: 25m

관리 정보
보호범주: 보호수 11-18-6-4호 1992-09-14 지정사유: 당산목 시설물: -
현황판: 유 관리감독: 이장 이용정보: 제사-신앙

건강 정보
수형: 1 수관: 1 수피: 2 뿌리: 1 훼손: 2 지면: 1 오염: 1 활력도: 2 병충해: 1
수분/영양: 2 지표면: 자갈 오염원: - 감시등급판정: 일반감시

주변생육환경개선전 촬영: 02. 7. 13

촬영: 05. 9. 15

해안성 노거수를 대표하는 수종 가운데 하나가 팽나무이다. 포항 월포리의 팽나무는 수령 310년으로 추정되는 마을 당산나무로서 마을 내부에 위치하고 있다. 최근 2002년까지 노거수는 마을 주택과 담장으로 포위되어 있었으나, 포항시가 총경비 1억2천3백만원을 들여 사유지를 매입하여 주변 생육환경을 크게 개선(2002년 11월) 하였다. 이것은 생명체로서의 노거수에 대한 마을사람들의 정서와 협조를 가늠할 수 있으며, 마을공동체의 소통의 공간을 확보하는 극적인 사건이 아닐 수 없다. 앞으로 돌담이나 흙 담으로 어우러진 팽나무 노거수의 전통 경관으로 그러한 온전한 복원을 기대해 본다.

99 포항 성내리 **회화나무**

조사일자 2002년 3월 31일 일요일

위치 정보

주소: 포항시 북구 흥해읍 성내리 39-8 (GPS 35° 46′ 56″N, 129° 20′ 57″E) 해발고도: 97m
위치지역: 도시 경관연결성: 내부 미지형: 평면 분포지형: 충적대지 인접토지: 민속박물관
접근경로: 포항-영덕 7번 국도의 흥해사거리(흥해소재지)에서 우회전 영일민속박물관

개체 정보

기원: 인공 식분형: 단목군 점유면적: 176.6㎡ 수령1: 620년 수령2: 600년
수고1: 12m 수고2: 20m 흉고둘레1: 6.7m 흉고둘레2: -m 수관폭: 15m

관리 정보

보호범주: 보호수 11-15-3호 1982-10-29 지정사유: 경관목 시설물: 민속박물관
현황판: 유 관리감독: 이장 이용정보: 기타-경관

건강 정보

수형: 5 수관: 5 수피: 5 뿌리: 1 훼손: 2 지면: 2 오염: 2 활력도: 3 병충해: 1
수분/영양: 2 지표면: 흙,보도블럭 오염원: 보도블럭 감시등급판정: 주요감시

포항 성내리의 영일민속박물관 관내에 위치하는 회화나무 노거수이다. 콩과식물인 회화나무의 임계수령을 고려할 때 추정되는 620년의 수령은 노년기의 회화나무임을 알 수 있다. 수고에 비하여 수관이 넓고 흉고둘레가 큰 것은 그러한 노년기의 개체 형상을 보여주는 것이다. 자생하는 회화나무는 매우 드문데, 성내리의 노거수는 식재 기원이 전해지고 있다. 조선시대 흥해군 관아(官衙)의 동현 제남현(濟南軒, 1398년 축조, 경북도문화재자료 제87호로 1985년 8월 5일 지정) 앞뜰에 있는 2그루이다. 조선 시대 광해군 때의 풍수지리학자 이성지(李聖智 ?-1623)의 자문을 흥해군수가 받아들이면서 식재되었다고 한다. 그는 "회화나무는 다른 나무에 비하여 습기를 섭취하는 양이 4~5배나 되고 지하의 습기를 제거하는 데는 최선의 방법이 될 것이니, 풍습기(風濕氣)를 예방하기 위해서는 회화나무를 많이 심어야 할 것"이라고 하였다고 한다. 사실 회화나무는 직사광선이 내리 쪼이는 개방 입지에서 습윤하고 배수가 잘 되면서 비옥한 곳을 선호하면서도 열과 가뭄(건조) 그리고 오염에 아주 잘 견디기 때문에 도시나 마을과 같은 장소에 식재할 수 있는 유용한 자원이다. 즉 증산작용이 왕성하면서도 수분스트레스를 받지 않는다는 것인데, 그 만큼 토양 속에 포함되어 있는 수분을 대기 중으로 수송하는 증산 작용이 원활하다는 것을 의미한다. 토양 속의 수분을 충분히 활용하기 때문에 수분이 부족한 가을 계절에도 다른 수종에 비하여 단풍 색이 들지 않거나 약간 누런 빛깔을 가지고서 늦게까지 낙엽을 매달고 있는 식물이다. 성지의 말대로 왕성한 증산작용으로 바람을 예방하고, 초겨울까지 잎을 달고 있으니 바람도 막고, 회화나무의 풍습 기능이 인정된다.

100 포항 초곡리 배롱나무

조사일자 2002년 3월 31일 일요일

위치 정보
주소: 포항시 북구 흥해읍 초곡리 827 (GPS 35° 56′ 17″N, 129° 18′ 47″ E) 해발고도: 97m
위치지역: 농촌 경관연결성: 입구 미지형: 평면 분포지형: 계류역 인접토지: 주택
접근경로: 대구-포항-영덕 방향. 포항 성곡IC에서 선린대학 방향으로 좌회전

개체 정보
기원: 인공 식분형: 단목군 점유면적: 33.2㎡ 수령1: 250년 수령2: -년
수고1: 6m 수고2: -m 흉고둘레1: 2m 흉고둘레2: -m 수관폭: 6.5m

관리 정보
보호범주: 노거수 - - 지정사유: 노거수 시설물: 연못,정자
현황판: 유 관리감독: 장씨문중 이용정보: 휴식-정자

건강 정보
수형: 1 수관: 1 수피: 1 뿌리: 1 훼손: 1 지면: 1 오염: 1 활력도: 1 병충해: 1
수분/영양: 1 지표면: 흙 오염원: - 감시등급판정: 일반감시

촬영: 05. 9. 15

배롱나무(*Lagerstroemia indica* L.)는 더운 여름 100일 동안 꽃이 핀다고 하여 '백일홍나무'라고도 하는데 중국 원산의 정원수종이다. 포항 흥해의 초곡리 배롱나무는 수령 250년의 노거수로 장씨 문중의 칠인정(七印亭) 입구에 식재된 것으로부터 유래한다. 칠인정에는 이 배롱나무를 비롯하여 보호수 느티나무와 회화나무가 두 그루씩 함께 생육하고 있다. 구미시 임수동 서원에도 보호수로 지정된 노거수가 있는데, 배롱나무는 경상북도를 상징하는 도화(道花)로 지정되어 있다. 배롱나무는 느티나무와 같은 마을의 당산나무의 기능보다는 묘역이나 서원, 재실 등지의 정원을 가꾸는 조경용이나 기념 식수용으로 도입되었다.

제 3 절 노거수의 고사와 설화

노거수에 대한 고사와 설화는 크게 여덟 가지 유형으로 구분하여 이해할 수 있으며, 하나의 노거수에 이러한 고사와 설화를 복합적으로 포함하고 있는 경우가 많다.

징벌담 - 당산나무를 신성시해야 하고 제사를 소홀히 하면 벌을 받는다는 것으로 가장 대표적인 노거수 설화이다.

영험담 - 앞 일을 예견하거나 인간에게 풍요를 가져다주고, 당산나무에 해를 가하면 울거나 혈흔을 나타내는 영험이 있다는 노거수 설화이다.

동물담 - 노거수에는 특정 생물이 서식하고 있으며, 그 생물에게 위해를 가하면 천벌을 받는다는 설화이다. 동물담의 설화 속에는 뱀이 높은 빈도로 나타나고 있다. 뱀은 사탄과 같은 사악함을 상징하는 동물이기도 하지만, 당산집 또는 당산나무를 보존하기 위한 수단으로 지킴이 동물로도 이용되는 경우가 많다.

식목담 - 마을을 개척한 사람이나 역사적으로 관련이 있는 사람이 심었다는 노거수에 대한 고사이다.

이인계시담 - 꿈속에 낯선 사람이 나타나 계시하는 대로 이행하면 반드시 유리한 상황이 전개된다는 설화이다.

현몽담 - 당산나무에 꿈 이야기가 부가되어 있는 것으로 꿈속에 목신(木神)이 나타나 인간에게 계시하는 것으로 사람과 대결을 한다거나 괴질을 물리친다는 설화이다.

풍수담 - 노거수에 풍수지리설이 포함되어 있는 설화이다.

환생담 - 사람이나 동물이 죽은 후 나무로 환생하여 신앙의 대상이 되거나 신성시 되는 설화로서 징벌담과 마찬가지로 노거수의 설화로서 빈도가 높다.

노거수에 대한 고사와 설화에는 현장의 자연환경 조건에 대한 간접적인 정보가 포함하고 있으며, 경우에 따라서는 현존하는 노거수의 실질적인 수령을 가늠할 수 있는 구체적인 정보를 제공하는 경우도 있다. 그러나 노거수를 보호해야 하는 마을공동체의 필연적 이유가 있는 경우에는 실체적으로 증명할 수 없는 내용을 포함하는 가상의 설화를 가지고 있다. 특히 자연재해에 대한 취약한 마을의 구조와 자연환경 조건을 가지고 있는 마을공동체인 경우는 마을의 안녕과 평화의 지킴이로서 특정 노거수 또는 당산나무의 보호가 그들의 생존에 필수적인 요소이기 때문이다. 본 절에서는 대표적인 고사와 설화가 포함되어 노거수 18 개체에 대하여 정리해 두었다.

(1) 장군나무 소나무

포항시 남구 연일읍 인주리. 촬영: 2002. 7. 13

옛날 운제산 자락의 조용하고 아담한 시골 마을에 일찍 아버지를 여의고 홀로된 어머니를 모시고 여동생과 셋이서 가난하지만 오손 도손 정답게 살고 있는 득대란 청년이 있었다. 가장 노릇을 하며 어려운 집안일은 물론 부모님께 지극정성이고 동생에게는 이 세상에 둘도 없는 오빠였다. 그러나 남자로서 씩씩하게 자라 훌륭한 사람이 되겠다고 호연지기를 키우면서 공

부와 무술을 열심히 하고 있었다. 그러던 어느 해 나라에 큰 전쟁이 일어났고, 득대 청년은 평소 생각하던 바대로 어린 동생에게 어머니를 잘 모실 것을 당부하고 전장으로 떠났다. 문무겸비한 청년이라 전쟁에서 큰 승리를 거두어 임금님으로부터 대장군이란 칭호를 하사 받게 되었다. 전쟁이 끝나고 대장군이 된 득대는 어머니를 뵈러 고향 조박골에 당도해 보니 온 마을은 도적들이 몰려와 가축이며 양식을 모두 털어 가고 마을 처녀들도 모두 붙잡아 갔다는 것이다. 단숨에 도적들 소굴로 달려간 득대는 도적의 두목을 죽이고 도적들을 모두 멀리 쫓아내고 잡혀간 마을 처녀들을 구했다. 그러나 동생은 도적들로부터 몸을 지키기 위해 스스로 목숨을 끊은 뒤였다. 시신으로 돌아온 딸을 본 어머니는 충격으로 그만 세상을 떠났다. 어머니와 동생을 마을이 보이는 산자락에 묻은 득대는 묘 앞에서 여드레 동안 어머니와 동생을 생각하며 통곡하다 그 자리에 쓰러져 숨을 거두고 말았다. 마을 사람들은 나라와 마을을 위해 큰 일을 한 득대를 어머니와 동생 옆에 나란히 묻어 주었다. 몇 년이 지난 후 세 사람의 묘위에는 소나무가 한 그루씩 자라고 있었다. 마을 사람들은 세 사람의 영혼이 소나무가 되어 마을의 수호신으로 환생했다고 믿어 장군나무, 엄마나무, 처녀나무라 이름 짓고 매년 정월에 세 사람의 영혼을 위로하고 마을의 안녕을 기원하는 동제를 지냈다. 그러나 지금은 이 아름다운 이야기와 한 그루의 나무만 남아있다. 수년전 엄마나무가 죽고 나자 처녀나무마저 그 뒤를 따라 죽었다 한다. 지금도 장군나무는 마을의 수호신으로 마을의 번영과 평화를 위해 마을을 바라보며 자라고 있다. 또한 마을 주민들도 조상의 아름다운 이야기를 가슴에 담고 장군나무를 잘 보호하며 가꾸고 있다.

이런 이야기를 노거수 설화라고 한다. 마을 신화의 성격을 지니면서 마을의 중심 공동체 공간으로 애향심과 단결심을 도모하는 역할을 한다. 마을을 바라 볼 수 있는 운제산 자락, 언제나 마을주민의 행동을 한 눈에 볼 수 있다는 것을 암시를 하면서 바른 사회행동을 유도한다. 장군나무에 대한 이야기는 환생담(還生談)의 설화로 분류할 수 있다. 환생담의 주 내용은 대부분 옛날 어느 스님이 지나다가 시들어진 나뭇가지를 땅에 꽂아 생명을 주었다는 청도군 운문면 운문사 경내 소나무, 옛날 도사 한 사람이 목이 말라 우물물을 마시려다 빠져 죽었는데 그 자리에 은행나무 한 그루가 돋아나 자란 것이라는 청도군 이서면 대전리 은행나무, 아버지를 대신하여 전쟁에 출정한 동네총각이 돌아오지 않아 다른 사람과 결혼하기 전날 밤 약혼자가 심고 간 왕버들 가지에 목메어 자살한 자리에 소나무 한 그루가 자랐다는 청송군 파천면 관리의 소나무, 신라 보조국사가 짚고 다니던 은행나무 지팡이를 심은 것이 자랐다는 청도군 청도읍 원리 적천사 은행나무 등이 있다. 전통적인 공동체 사회 규범을 간단하게 노거수 설화로 엮는 선조들의 지혜를 엿볼 수 있다. 마을사람이 선행을 하면 마을의 수호신인 당산나무로 환생한다는 설화는 마을 주민자치 교육의 수단이었을 것이다.

촬영: 2003년 6월 21일

(2) 무자천손(無子千孫) 느티나무

포항시 북구 신광면 마북리. 촬영: 2002. 3. 31

포항 신광면 마북리 마을에는 경상북도 보호수 지정 제1호의 영광을 안고 있는 느티나무가 있다. 옛날부터 마을 안동 권씨 입향조(入鄕祖)와 얽힌 사연이 마을 주민들에 의해 전해 내려오고 있다. 옛날 마을에 큰 홍수가 났었는데 수형이 반듯한 어린 느티나무 한 그루가 떠내려오는 것을 이 마을에 이주해 살고 있던 안동 권씨 입향조가 마침 이를 목격하고 신기하게 여겨 어린 느티나무를 어렵게 건져 자기 집 방안에 두었는데 흙도 없고 물도 주지 않았지만 한 달이 지나도 죽지 않고 살아 있기에 집안 뜰에 심었다. 하지만 나무가 점점 자라 집안에 둘 수 없어 좋은 날을 받아 마을 입구 개울가에다 옮겨 심었다. 자식이 없던 안동 권씨는 마치 친자식처럼 나무를 돌보았고 이런 정성 탓인지 나무는 쑥쑥 자라 우람한 모습이 될 때쯤 권씨는 병으로 죽게 되었다. 죽을 때 권씨는 느티나무를 가리키며 "내 죽거든 저 나무를 나로 알고 술 한잔 권해 달라는 유언을 남겼다. 그런데 안동 권씨의 무덤자리를 정한 풍수지리가 '무자천손'터라고 말하고 떠났다. 어떻게 슬하에 자식을 두지 못하고 외롭게 죽어간 권씨의 자손이 천대를 잇는다는 말인가! 마을 사람들은 어리둥절하면서도 지관의 말은 세월이 흘러가면서 까맣게 잊어버렸다. 권씨가 심은 느티나무는 우람하게 커 갈수록 마치 다섯 가지가 동, 서, 남, 북, 중앙 등 다섯 방향을 상징하듯이 단정하게 자랐고, 권씨의 유연에 따라 마을 사람들이 나무에 제사를 지내기 시작했다. 이때부터 느티나무는 절 받는 당산목이 되었고, 권씨는

마을의 입향조로 모셔지게 되었다. 아들이 없어 비록 후손은 끊겼지만 자손이 없는 권씨의 분신으로 지금도 마을 사람들은 매년 정월대보름날 제수를 장만하여 정성껏 제사를 지내고 있다. 많은 사람들이 손자, 손녀가 되어 나무를 둘러보고 나무에 막걸리를 대접하고 천수를 다하기를 기원하고 있다.

저수지 공사로 수몰위기에 처하였으나 지역의 시민단체인 노거수회에 의하여 지난 1999년 3월 9일 원래의 위치에서 4억 5천만원을 들여 150m 남쪽 산기슭으로 옮겨 심었다. 7년이 지난 지금은 완전히 활착되어 옛날의 그 웅장한 상관으로 복원되었다. 세계나 국가의 역사는 글로서 기록하여 남기지만, 이처럼 노거수는 눈으로 보고, 입과 귀로 전하고 들으며, 마음으로 느끼는, 살아있는 자연의 역사인 것이다.

(3) 방풍 방습 나무, 회화나무

포항시 북구 흥해읍 성내리. 촬영: 2002. 7. 13

포항시 영일민속박물관내(경북도문화재자료 제250호로 지정) 조선시대 흥해군 관아의 동현 제남현 앞뜰에 회화나무 2그루가 심어져 있다. 당시의 관아 건물과 함께 생각해 보면 아름다운 정원수로 손색이 없어 보인다. 그러나 이 회화나무는 정원수가 아닌 바람과 습기를 예방하는 치료제로 심은 나무란다. 전해오는 이야기로 조선 시대 광해군 때의 유명한 풍수

지리학자인 성지(?-1623)가 영남 지방의 산세를 조사하고자 흥해를 지날 때 동해를 따라 내려오는 낙동정맥을 잇는 비학산 정상에 올라 흥해 분지를 바라보고 "과연 천년 옛 고을의 승지"라 하였다고 한다. 그는 당대의 이름난 풍수가요 조정의 권문세가와 대신들도 앞 다투어 초청하던 어전관상감인 유명한 사람이라 흥해군수는 성대한 잔치를 베풀어 환대하였다. 그는 "흥해는 반드시 다풍질(바람과 질병이 많은 곳)이라서 어떤 사람을 막론하고 5대 이상 그 후손이 세거할 곳이 못된다"고 하였다. 그 연유를 묻자 "흥해의 지세와 지리를 자세히 살펴보니 먼 옛날 선사시대에 이곳은 필시 큰 호수였을 것이다. 수 만년 동안 호수였던 곳을 동편 낮은 곳의 산맥을 절단하여 그곳으로 호수의 물을 흘러가게 하여 평야를 이루게 하였으므로 가뭄에도 물 걱정이 없겠으나 그 반면에 습기가 많아 필시 괴질이 많이 돌고 피부병을 앓는 사람이 많을 것이다"라고 하였다. 그 자리에 참석한 마을 노인 한 분이 "과연 그렇다. 이 고을에는 괴질을 앓는 사람이 많은데 원인을 말했으니 처방도 달라"고 간청하였다. 이에 성지는 "바람과 습기를 예방하기 위해서는 회화나무를 많이 심어야 할 것" 이라고 말하였다. "회화나무는 다른 나무에 비하여 물을 섭취하는 양이 4~5배나 되므로 지하의 습기를 제거하는 데는 최선의 방법이 될 것이다"고 말하였다. 이에 흥해군수는 고을전체에 지시하여 이유 여하를 막론하고 집집마다 회화나무 심기를 권장하여 그 후 물 좋고 농사 잘되고 사람 살기 좋은 고장으로 발전하였다고 한다.

매년 노거수회(노거수를 사랑하고 보호하는 단체: 포항소재)에서는 하루 내내 햇볕에 노출시켜 충분히 발효된 방부제가 없는 전통막걸리 20말을 1대 5의 비율로 물과 혼합하여 뿌려주고 있다. 회화나무는 열과 가뭄(건조) 그리고 오염에 아주 잘 견디는 성지의 말대로 왕성한 증산작용으로 바람을 예방하고, 초겨울까지 잎을 달고 있으니 바람도 막는 풍습 기능이 있는 유용한 자원이다.

촬영: 2002년 3월 31일

(4) 우는 느티나무

포항시 흥해읍 초곡리. 촬영: 2002. 7. 13

포항 흥해 초곡리에는 칠인정 정자와 함께 경상북도 도화(道花) 배롱나무, 도목(道木)인 느티나무와 선비의 상징인 회화나무 각 2그루씩 자라고 있다. 조그만 연못과 함께 우리나라 전통 정원의 모델처럼 자연경관이 잘 어우러지고 있는 곳이기도 하다. 지금은 마을로 들어가는 진입로로 인하여 이를 둘로 갈라놓은 것이 좀 아쉽게 느껴지지만... 여기에는 의미 있는 마을 역사에 관련된 고사가 있다. 이 느티나무는 나라에 변고가 있을 때마다 울어대는지라 마을 사람들은 영험한 나무로 귀하게 여겼고 이로부터 우는 느티나무라 했다.

옛날 "고려 공민왕때 보승랑장(保勝郎將)의 벼슬에 있던 장표라는 사람이 어지러운 나라 사정에 회의를 느껴 흥해현 초곡리 동북쪽 초막골에 들어와 농사를 지으며 세상을 등지고 숨어 살았다. 장표는 아들 넷과 딸 셋을 두었는데 장표의 네 아들과 사위가 모두 문과에 급제하였다. 옛날에는 고을 현감 이상의 벼슬을 하는 관리들이 인(印)을 항상 휴대하게 되어 있었는데, 조선 태종 9년 장표의 회갑 일에 아들과 사위, 일곱 명이 인(印)을 휴대하고 오자 이것을 기념하기 위해 정자를 건립하고 칠인정이라 이름 하였다"한다.

노거수가 미래를 예견하거나 인간에게 풍요를 가져다주기도 하며 인간이 노거수에 해를 가할 때는 노거수가 울거나 혈흔을 나타내는 영험이 있다는 것이다. 노거수의 잎이 나고 지는 발아의 현상에 따라 한 해 농사의 풍년과 흉년을 예견하거나 또한 울어서 변란을 미리

예고한다. 정성스럽게 소원을 비는 사람에게 아이를 갖게 하고 또한 각종 시험에 합격하는 영험을 나타낸다는 설화이다. 이 느티나무 설화는 성공한 가정을 나무와 관련시켜 마을 사람에게 귀감이 되는 나라에 충성하고 부모님께 효도하는 교육적인 이야기이다. 이런 유형의 설화를 가지고 있는 노거수는 영천시 신령면 부산리 느티나무, 영양군 석보면 답곡리 소나무 등이 있다.

(5) 자매의 화신, 등나무

경주시 현곡면 오류리. 촬영: 2003. 5. 11

경주시 현곡면 오류리 마을에는 넓은 면적을 가진 토지에 보호 철책이 둘러 처진 가운데 안내판과 함께 등나무 2그루가 자라고 있다. 원래 등나무는 감고 올라가는 희귀한 나무라 혼자서는 서지 못한다. 그래서 세상일에 모순이 있고 까다롭게 뒤얽히는 갈등(葛藤)이란 바로 칡과 등나무를 말한다. 대개의 등나무는 왼쪽으로 감아 올라가고 칡은 오른쪽으로 감아 올라간다. 두 식물이 꼬여 자라면 자라수록 더 조이게 되므로 정말 풀어내기 힘들다. 이곳에서는 4그루의 등나무가 각각 2그루씩 가까이서 자라다가 지금은 2 그루만 생육하고 있다. 슬픈 사연을 간직한 등나무의 설화는 남여 청춘 고귀한 사랑을 주제로 하였다. 신라시대 왕들의 사냥터이며 옛적에는 이곳에 연못이 있었다고 하나 지금은 흔적이 없다. 단지 그 옛날 등나무에 대한 슬픈 이야기만 남아있을 뿐이다.

옛날 서라벌 현곡에 한 농부가 홍화(紅花), 청화(靑花)라는 예쁜 두 딸을 데리고 행복하게 살고 있었다. 사이좋은 두 자매는 지난 해 추석날 젊은 낭도들의 말 달리는 경기장에서 젊은이 중 특히 항상 미소를 머금고 있는 한 청년을 짝사랑하게 되었다. 그러나 두 자매는 속마음을 숨기고 혼자만 사랑을 키워 갔다. 당시에는 전쟁터로 나가는 애인에게 처녀들은 꽃다발을 던지는 풍습이 있는데 어느 날 전쟁이 일어나 전쟁터로 나가는 짝사랑하는 청년에게 두 자매도 꽃다발을 던지며 잘 다녀오세요! 하고 외치며 같은 한 청년에게 꽃다발을 던졌다. 서라벌 처녀들은 애인이 아니라 하더라도 용사들에게 용기를 돋우어 주기 위해서 꽃다발을 바치는 경우가 많았다. 그날로부터 두 자매의 서로 같은 청년을 사랑함을 알고 심한 갈등에 빠졌다. 어느 날 그 청년이 전사하였다는 소식에 두 자매는 함께 울었다. 남의 눈을 피해 둘이서 언제나 같이 놀던 호숫가에서 하늘을 원망하며 그 청년 없는 세상에서 더 이상 살 수 없다며 두 자매는 꼭 껴안은 채 호수 속으로 뛰어들었다. 그 곳에 두 자매의 영혼이 등나무로 태어났다는 것이다. 이 등꽃을 따서 말려 두었다가 처녀들이 시집갈 때 베개 속에 넣으면 부부 사이에 금실이 좋고 절대로 이별이 없다고 하는 전설이 내려오고 있다. 한 청년을 연모한 두 자매의 갈등을 해결하기 위해서 택한 선택이 갈등의 등(藤)나무 등(藤자)인 등나무로 환생하였다는 아이러니한 이야기이다.

촬영: 2003년 5월 11일

(6) 아들의 화신, 회화나무

경주시 안강읍 육통리. 촬영: 2003. 5. 11

경주시 안강읍 육통리 마을에 천연기념물 제 318호로 지정된 회화나무가 자라고 있다. 주택가의 마을안길 도로 가운데 자리를 잡고 있는 것도 그만한 이유가 있다. 고려 공민왕 때에 부모님께 지극정신으로 효도하면서 살고 있는 김영동이란 젊은 청년이 마을에 살고 있었다. 당시 북으로는 홍건적이 침입하고 남으로는 왜적이 침입하여 양민을 학살하고 노략질을 일삼는 바람에 백성들은 편안 날이 없었다. 19세의 젊은 나이로 나라와 백성을 구하기 위해 전쟁터에 나갈 것을 결심하고 회화나무 한 그루를 심었다. 그리고 부모님께 하직 인사를 하며 "소자가 돌아오지 못하더라고 나무를 자식으로 알고 잘 가꾸어 달라"고 하였다. 그는 왜구와 싸우다가 전사하자 부모는 그 슬픔을 이겨내려고 아들의 소원대로 회화나무를 잘 가꾸었다.

육통리 마을에서는 전쟁터에서 잃은 귀한 아들처럼 나무를 가꾸는 부모의 심정과 같이 오늘날에도 음력 정월 보름날 마을에서 가장 정결한 사람을 제주로 뽑아 제례(祭禮)를 울리도록 하고 있다. 회화나무 노거수 앞에 모여서 옛 조상이 하던 것처럼 동제(洞祭)를 지내며 새해에도 풍작과 행운을 빌러오고 있다. 우리 조상들은 마을나무를 보호하고 가꾸는 방법도 여러 가지이다. 귀한 자식처럼 보살피고 가꾸라 한다. 이보다 더한 노거수 사랑이 있겠는가? 자연의 은혜를 알고 이에 감사하는 민족은 흥하고 그 반대로 자연의 은혜를 모독하는 민족은 빨리 쇠한다는 것은 대자연의 섭리다. 우리 조상들은 자연을 애호하였고 그를 보호하기에 정성을 다해 온 것을 이 설화로도 알 수 있다. 이런 고사나 설화가 있는 노거수에 이름을 지어 불러주면 어떨까?

(7) 환생담의 은행나무

상주시 은척면 두곡리, 촬영: 2001. 5. 31

상주시 은척면 두곡리 마을 입구에 수문장처럼 우뚝 서있는 은행나무는 젊은 연인에 관한 슬픈 설화를 간직하고 있다. 은행나무 밑에서 휴식을 취하면서 입에서 입으로 전해오고 있는 이야기이다. 이 마을에 강 참봉이라는 부자 양반이 살고 있었다. 손자 강기석 대에 이르러 불행히도 손부(강기석의 부인) 허씨가 병을 앓아 실명을 하게 되자 월선이라는 계집아이를 얻어 잔심부름을 하도록 하였다. 월선은 영리하고 부지런할 뿐만 아니라 열 대여섯이 되니 마음씨도 얼굴도 고와서 모두의 칭송을 받았다. 그 때 마침 강참봉의 현손 한수도 월선의 또래였는데, 월선을 한번 보고서는 연모하는 정이 간절하였다. 그러나 천비 월선과의 결합은 사실상 당시로 보아서는 불가능한 것이었다. 한수는 학문보다는 월선을 만날 궁리에 더 몰두하였다. 결국 두 청춘남여는 신분도 잊은 채 밀회를 하였다. 이러한 사실을 안 아버지는 부인과 상의하여 건너 마을 포양 김씨댁 규수와 결혼을 시키기로 했다. 월선은 자신의 신분

을 생각하고 한수 도령의 행복을 생각하였다. 그리고 홀몸도 아닌 자신의 운명을 한탄하면서 스스로 죽음을 선택하였다. 며칠 뒤 한수는 소나무에 목을 맨 채 자결한 월선을 발견하였다. 눈물을 흘리며 월선의 장례를 혼자 치러 주었다. 얼마 뒤에 한수는 김씨댁 규수에게 장가들었다. 다시 새 정에 젖어 월선을 차츰 잊게 되었고 귀여운 아들까지 낳게 되었다. 그런데 그 월선의 무덤에 은행나무 한 그루가 자라는 것을 월선의 넋이라고 생각하여 후환을 없애기 위하여 베어 버렸다. 그 일이 있은 후 바로 귀여운 아들이 죽었다. 이듬해 봄이 되니 은행나무가 또 자라 있었다. 이번에도 나무를 베어 버렸다. 그러자 이번에는 부인이 앓아눕더니 병명도 모른 채 그만 죽고 말았다. 흉사가 계속 이어지자 강참봉은 용한 점쟁이를 불러 그 연유를 물었다. 점쟁이는 은행나무는 원통히 죽은 월선의 넋이며, 나무에 제사를 정성껏 지내고 지금이라도 한수와 월선은 부부가 된다는 허락을 해주지 않으면 이보다 더 비통한 일이 일어날 것이라고 점괘를 뽑았다. 대가 끊긴다는 엄청난 점괘에 강참봉 내외는 점쟁이가 시키는 대로 제사를 후히 지내고 사후(死後)에라도 월선을 현손 며느리로 맞겠다고 약속을 하였다. 이 소문은 이웃 마을에 파다하게 퍼지었고 두 그루였던 은행나무 옆에 또 한 그루가 새로 돋아 세 그루가 되었다. 마을사람들 조차 세 그루 은행나무는 월선과 그녀의 아들(뱃속의 아이) 그리고 한수 아내의 넋이 환생한 것이라고 믿고 보호하여 왔다. 세 그루는 자라며 서로 의좋게 얽히고설켜 하나처럼 변하였다 한다.

이처럼 나무는 마을의 자연부락 주변 지형의 전체적 공간구조 속에서 자연 경관의 한 요소를 만들뿐만 아니라 문화적 생태적으로 다양한 이익을 창출하고 있다. 설화의 향유집단인 마을 주민들은 인간행위에 대한 나무의 징벌과 영험을 이야기 하며 나무를 신성시 하였다. 나무는 마을 주민들의 어떤 운명과 관련하여 여러 가지 암시를 나타내기도 한다. 예를 들면 당산나무를 베어낸 사람이나 가족이 결국은 죽고 말았다는 이야기는 어느 마을에서든지 쉽게 찾아 볼 수 있다. 오랜 세월동안 조상대대로 마을의 역사를 직접 체험하며 또한 후손까지 살아가는 당산나무는 마을의 수호신 역할을 하고 있다. 노거수 설화는 민속문화, 민속신앙의 차원에서 노거수가 보호되는 설화로서, 설화 속에는 우리 조상의 자연숭배 사상, 조상숭배 사상, 영혼불멸의 사상 등이 있다. 이러한 노거수설화는 전승집단의 의식이 문학적으로 형상화되어 흥미와 교훈을 주기도 하며, 삶의 지혜를 얻게 해 준다. 뿐만 아니라 마을의 결속을 강화시키고 마을의 경관을 이루는 노거수를 보호해 주는 기능으로 발전하여 전체적 생태계 천이의 자연성과 생물의 다양성을 높여주는 기능으로 발전한다.

(8) 왕버들 옆에 환생한 소나무

청송군 파천면 관리. 촬영: 2002. 4. 13

청송군 파천면 관리 마을에 왕버들과 소나무가 나란히 자라고 있다. 천연기념물 제 193호로 지정된 왕버들 아래에는 마을 공동 우물터가 있다. 마을 우물터와 왕버들, 소나무, 향나무는 전통마을 경관요소이며, 조상들의 마을 커뮤니케이션 장소이기도 하다. 이곳에 얽힌 설화는 조선시대 신분의 차이를 극복하지 못한 청춘남여의 사랑이야기이다. 옛날 채(蔡)씨 성을 가진 처녀가 백전 마을에서 늙으신 아버지를 모시고 살고 있었다. 마침 임진왜란을 당하여 나라에서는 의병을 모집했는데 어떻게 된 영문인지 처녀가 모시고 있는 60세가 넘은 아버지 채 노인에게 출병징집 영장이 왔다. 뭔가 잘못되었다고 생각하였으나 혼자 사는 처녀로 어떻게 해야 될지 몰랐다. 걱정만 하고 있는 터에 한 마을에 살고 있는 머슴살이를 하는 젊은 청년이 찾아왔다. 그는 이웃에서 평소 처녀의 미모와 정숙한 마음가짐에 자신의 신분을 망각하고 처녀를 사모해 왔다. 찾아온 젊은이는 자기가 대신 출정하겠다고 하였다. 그의 뜻을 듣고 있던 처녀는 너무나 감동해서 전쟁이 끝나 돌아오면 이 총각과 백년가약을 맺을 것을 아버지의 허락을 받고 약속했다. 처녀는 오직 한 마음으로 총각이 무사히 돌아오기만 기다리기로 굳게 결심했다. 출정을 하루 앞둔 전날 밤 두 사람은 우물가에서 남몰래 만났다. 그 때 총각은 손에 든 어린 나무 한 그루를 처녀에게 보이면서, 이 나무를 우물가에 심어 놓고 가겠으니, 날 보듯 고이 길러 달라고 했다. 그녀는 약혼자가 떠난 뒤 매일 그 나무에 물을 주고 정성을 다하여 보살폈다. 약혼자를 기다리는 마음은 날마다 한결 같았다. 그러나 오랜 전쟁도 끝났으나 총각은 돌아오지 않았다. 그래서 아버지는 딸이 처녀로 늙어 가는 것이 안타까워서, 그 사람은 이미 전사하였으니 네 장래를 위하여 마음을 고쳐먹으라고 타일렀다. 그러나 처녀는 아버지를 위해 대신 죽어간 사람을 잊어버린다는 것은 말도 안 된다고 생각했다. 그러나 처녀의 아버지는 자신의 뜻대로 또 다른 사람과 정혼을 서둘렀다. 이 사실을

안 처녀는 총각이 떠날 때 심어 놓은 나무를 어루만지면서 상념에 젖었다. 그 때 심어놓고 간 왕버들은 잘 자라고 있었다. 드디어 내일로 결혼 날이 다가왔다. 최후의 순간까지 약혼자가 돌아오기만 기다렸으나 끝내 돌아오지 않았다. 처녀는 모든 것을 단념하고 깊은 밤중에 아버지 몰래 집을 빠져나갔다. 아버지에게 용서를 빌고는 불효막심한 이 자식을 용서해 달라고 눈물을 흘리면서 명주 수건으로 약혼자가 심어놓고 떠난 왕버들 가지에다 목을 매고 스스로 목숨을 끊었다. 그녀가 죽은 얼마 후 왕버들 옆에 소나무 한 그루가 싹터 올라 왔다. 마을 사람들은 그 소나무는 처녀가 일편단심 그 총각만을 기다리던 그리움에 사무친 넋이라 하였다. 보은을 입은 총각의 선물 왕버들! "이 나무를 날 보듯 가꾸어 달라."고 부탁했으니 그 누구도 함부로 대할 수 없었을 것이다.

촬영: 2005년 11월 1일

(9) 아들 딸 대신한 왕버들

고령군 성산면 어곡리. 촬영: 2002. 4. 30

고령 어곡리 마을 들 한 가운데에 왕버들 한 그루가 우뚝 서 있다. 이루지 못하는 청춘남녀의 사랑이야기가 전해오고 있다. 부모님의 반대에도 불구하고 부모님을 원망하는 것이 아니라 죄스럽고 불효의 심정으로 용서를 구하는 내용이다. 아주 오랜 옛날 마을에 마음씨 착한 가난한 농부와 그와는 반대로 많은 재산과 하인을 거느린 마음씨 고약한 부자가 살았다. 가난한 농부 집에는 아주 잘 생긴 아들이 있었으며, 고약한 부자 집에는 아주 예쁜 딸이 있었다. 농부는 가난하게 사는 것이 한이 되어 아들을 자기처럼 가난하게 살지 않도록 열심히 공부하는 것이 소원이었다. 자신의 고생은 아랑곳하지 않고 오직 사랑하는 아들을 위하여 모든 것을 희생하며 아들 잘 되기만을 바라고, 그것을 큰 낙으로 삼고 살았다. 아버지는 아들의 글 읽는 소리가 자랑스러웠다. 논에서 우는 개구리 울음소리가 혹시 아들의 공부에 방해가 될까 봐 쫓아다니다 밤을 지새운 적도 한 두 번이 아니었다. 오늘도 총각은 글 읽기에 여념이 없었는데 글 읽는 소리가 멀리 부잣집 귀여운 딸의 귓가에까지 들려왔다. "저렇게 낭랑하게 글을 읽는 도련님은 누구일까?" 저렇게 글 읽는 소리가 아름다우니 인물 또한 얼마나 잘 생겼을까? 이렇게 생각하며 방문을 열고 보니 둥근 보름달이 맑은 가을 하늘에 시원스레 떠

있었다. 아가씨는 자신도 모르게 글 읽는 소리를 따라 가난한 농부의 아들 글방 바로 앞에까지 다다랐다. 한편 열심히 글을 읽던 총각은 인기척 소리에 문을 열고 보니 달빛 속에 선녀와 같은 아가씨가 서 있었다. 처녀 역시 생각한 대로 이 총각의 모습에 반하여 서로가 깊은 사랑을 하게 되었다.이들이 서로 사랑하는 것을 알게 된 양가의 부모들은 결혼을 결사적으로 반대하였다. 두 청춘 남녀들은 아무리 해도 부모님들을 설득할 수 없음을 깨닫고, 사랑을 이루기 위하여 부모님 곁을 떠나게 되었다. 막상 부모의 뜻을 순종치 않음이 큰 죄인 줄 알면서도 떠나지 않으면 안 되는 두 사람은 마지막 부모님 앞에 엎드려 하직 인사를 고한 뒤 " 아버지 어머니 저희들의 불효를 용서해 주십시오. 저희들이 떠나면서 부모님이 보시는 앞에 나무를 심어놓겠습니다. 이 나무가 싱싱하게 잘 자라면 저희들도 금실 좋게 잘 사는 줄 아시고, 만약에 이 나무가 말라죽으면 저희들도 죽은 줄 아십시오." 이렇게 말한 후 먼 곳으로 떠났는데 양가의 부모는 자고 나면 나무를 쳐다보고 무럭무럭 자라면 그들이 잘 사는 줄 알고, 시들면 걱정하며 살았다. 그리하여 정성껏 가꾸어 오랜 세월이 지난 이 왕버들은 오늘날에도 마을의 주민으로부터 사랑받는 정자나무가 되었다. 나무가 싱싱하게 잘 자라면 자식이 잘 살고 있고, 말라 죽으면 자식도 죽었다니 기가 막히는 고별인사이다. 부모 입장에 어찌 나무를 보호하고 잘 가꾸지 아니하겠는가!

(10) 화살의 표적이 된 소나무

칠곡군 왜관읍 낙산리. 촬영: 2003. 5. 4

칠곡군 왜관읍 낙산리 소룡골 마을 어귀의 산기슭에는 큰 소나무가 한 그루 있다. 임진왜란이 일어나 왜적이 우리 국토를 유린하여 방방곡곡에서 그 잔악한 횡포가 날로 극심해지자, 이 소룡골에도 불안하기 짝이 없었다. 그러한 때에 마당재라고 불리 우는 산줄기에서 기상천외한 일이 벌어졌다. 갑자기 천지를 진동하는 큰 폭발음과 함께 마당재 꼭대기에 있는 단지 모양의 바위가 두 쪽으로 갈라지더니 그 속에서 빛나는 눈을 가진 키 큰 장수가 나타났다. 다시 큰 천둥소리와 함께 조금 떨어진 오른쪽 바위가 갈라지더니, 이번에는 말울음 소리와 함께 한 마리의 적토마가 솟아 나왔다. 이어서 세 번째 굉음과 함께 왼쪽 바위 하나가 갈라지면서 번쩍이는 찬란한 갑옷과 빛나는 방패 하나가 솟아 나왔다. 이 놀라운 일이 순식간에 연쇄적으로 벌어지더니, 먼저 나온 장수가 큰 소리로 "나는 산신령의 뜻으로 이 마당재의 정기를 타고난 장수이다! 이 나라를 위기에서 건지기 위해 힘을 다해 싸울 것이다." 하면서 적토마에게 "내가 활을 쏘아서 네가 화살보다 빨리 달리면 나와 함께 행동할 것이나, 그렇지 못하면 살려 두지 않을 것이다."라고 호령하였다. 잠시 후 갑옷을 갖추어 입은 장군은 적토마에 올라타고 건너편 산기슭에 서 있는 큰 소나무를 보고 활을 쏘고는 그 소나무를 향하여 말에 채찍을 가하였다. 말은 늠름한 울음소리와 함께 소나무를 향하여 비호와 같이 달려갔다. 말과 함께 단숨에 달려간 장군은 소나무 앞에 당도하였으나 화살이 보이지 않으므로 "

이는 정녕 화살보다 말이 늦게 도착한 탓이다" 라고 판단하고 그 자리에서 자기의 칼을 뽑아 말의 목을 내려쳤다. 칼에 잘린 말머리가 땅에 떨어지는 것과 동시에 화살이 장군의 머리 위를 스치며, 소나무에 꽂히는 것이었다. 돌이킬 수 없는 일이었다. 장군은 입술을 깨물며 자기의 경솔을 자책하였지만 이미 엎질러진 물이었다. 장군은 순간적인 경솔한 판단으로 저지른 돌이킬 수 없는 과오를 씻기 위하여 말머리를 쳤던 자기 칼로 그 자리에서 자결하고 말았다. 이렇게 장군이 숨을 거두자 그 맑던 하늘이 갑자기 물들더니 천둥과 번개가 온 골짜기와 마을을 뒤흔들었다 한다. 이와 같은 비참한 최후로 나라를 위기에서 구출해야 할 자기의 사명은 고사하고 뛰어난 명마와 함께 자기의 목숨도 헛되이 버리고 말았으니 왜적이 국토를 유린하는 그 숨 막힐 판국에서 이 어찌 애석하고 원통한 일이 아니었던가. 마을 사람들은 이와 같은 비참한 최후에 나라의 불운을 못내 슬퍼하면서 다음날 장군과 명마와 갑옷과 방패를 각각 제자리에 고이 묻어 주었다 한다. 그리하여 마당재에는 장군바위와 세 무덤이 생겼으며, 화살이 꽂혔던 소나무에는 지금도 그 흠집이 남아서 뜻을 알고 보는 이들의 가슴을 뭉클하게 한다.

(11) 말 무덤을 지키는 소나무

문경시 동로면 적성리. 촬영: 2003. 4. 20

문경 적성리 황장산 자락에 위치하고 있는 말 무덤을 지키고 있는 소나무가 있다. 황장산은 한반도의 등줄기인 백두대간의 단전에 해당하는 산이다. 말 무덤과 풍수지리설인 연주패옥(聯珠佩玉) 형세에 관련된 전설이 있다. 연주패옥 형세란 선녀인 옥녀가 화장을 하기 위하여 거울을 보며 목걸이를 벗어놓은 형세를 가진 곳에 산소를 쓰면 벼슬한 사람이 많이 태어난다는 명당 중의 명당을 말한다. 1592년 선조 때 임진왜란이 일어나 명나라 장수 이여송(李如松)을 따라 조선에 온 명군의 부장 두사충(杜思忠)은 당시 명성 높은 풍수지리 학자로서 조선에 귀화한 사람이다. 조선의 팔대명당(八大明堂) 가운데 하나라고 전하는 연주패옥을 문경시 동로면 적성리에서 발견하였다고 한다. 그는 임진왜란 당시 벽제관(碧蹄館) 전투의 패전으로 문책을 당하게 되었으나 약포(藥圃) 정탁(鄭琢) 대감의 도움으로 목숨을 구하게 되었는데 은혜를 입은 대가로 연주패옥의 명당을 정탁 대감의 묘지로 사용토록 그 위치를 정대감의 심복인 머슴에게 가르쳐 놓았다. 그 후 정탁 대감은 천하의 명당 연주패옥을 자기 아들에게 찾아보도록 그 위치를 알고 있는 머슴과 함께 내려 보냈는데 현 위치에 이르러 그 명당의 위치가 어디냐고 머슴에게 묻자 타고 온 말이 갑자기 뒷발질하여 머슴이 즉사하고 말았다. 천하의 명당을 잃게 된 아들은 화가 나서 말의 목을 베어 이곳에 묻어버렸다. 지금도 이 명당을 찾으려는 풍수가가 있다고 한다. 말 무덤이 바로 연주패옥 형세의 명당이 아닌지 궁금해지는 대목이다.

⑿ 조산단의 느티나무

영양군 영양읍 현리. 촬영: 2003. 7. 19

영양군 영양읍 현리에 읍 소재지로 들어가는 길목 들판에 느티나무 노거수가 보호되고 있다. 풍수지리설에 따라 불길한 요소가 있는 방향을 가로막아 불길한 기운이 마을에 미치지 못하도록 차단하는 구릉을 만들어(조산, 造山) 거기에 나무를 심어놓은 전통마을숲 흔적을 보여주는 사례이다. 영양읍은 동쪽과 북쪽 그리고 남쪽으로는 아담한 산맥이 둘러 있어 복조리 형상을 이루고 있으나 서쪽으로는 가까이 울타리가 될 만한 산이 없이 열려있는 형국이라는 것이다. 마을 주민들은 이곳으로 액운이 미친다고 하여 이 재난을 예방하기 위한 노력으로 삼백여년 전 인위적으로 산을 만들었다. 이를 조산단(造山壇)이라 부른다. 그 주위에 소나무를 가꾸고 느티나무를 심어 울타리로 삼는 엽승의 마을 숲을 인위적으로 조성하였다. 1940년대 조산단에는 마을숲이 형성되어 있었으나 지금은 느티나무만 조산단에 홀로 남아 읍민의 울타리 역할을 하고 있으며 들판에 일하는 마을사람들의 좋은 휴식처가 되고 있다. 풍수지리설을 믿어온 우리 조상들은 읍민들의 재난을 막아주는 신목(神木)으로 여겨 왔으며 지금도 음력 정월 대보름날 어김없이 제사를 올리고 있다고 한다. 전통 마을숲은 지금의 에코톱(Ecotope: 경관 형태의 지형요인의 상호작용으로 기능적 구조가 동질인 최소한의 공간단위), 비오톱(Biotope: 지역의 중심이 되는 자연보호지역을 유기적으로 연결해서 야생동식물의 서식과 이동 역할을 행함과 동시에 지역 생태계 전체의 질적 향상에 기여하는 작은 생물서식처)이라 할 수 있다. 따라서 영양 현리에 지역의 잠재자연식생 정보를 이용한 조산단 마을 숲의 복원을 기대해 본다.

(13) 더 높은 곳으로 이사한 은행나무

안동시 길안면 용계 943외 6필지. 촬영: 2002. 7. 21

안동시 길안면 용계리 용계초등하교 운동장에 우람한 은행나무가 자라고 있다. 나무 수령 700년으로 국내 은행나무로서는 가장 흉고 둘레가 굵은 것으로 추정하고 있다. 누가 언제 심었는지 정확한 자료는 없으나 전해 내려오는 말에 의하면 원래 은행나무가 있었던 곳은 집터였다 한다. 그 집 처녀가 어느 날 물에 떠내려 오는 은행을 주어 부뚜막에 파묻어 놓고 물을 주어 키웠다 한다. 또 조선 선조 때 훈련대장을 역임한 송암 탁순창 장군이 임진왜란이 끝나고 뜻을 같이하는 친구들과 함께 은행계를 조직하여 나무를 보호하고 친목을 도모하였다고 한다. 이 은행나무는 임진왜란과 6.25전쟁 등 국가가 위태로울 때 마다 윙윙 소리를 내면서 울었다고 해서 마을 주민은 신목 또는 덕목이라고 여긴다. 임하댐이 건설되면서 수몰되는 것을 염려하여 1990년 11월 경북도와 안동시는 16억 1천만원을 들여 3년 5개월 동안 대형 크레인으로 15m 높은 곳으로 옮기는데 성공 하였다.특히 시공회사측은 위로 옮겨 심는 공사가 끝난 후 6년 내에 이 노거수가 죽거나 80% 이상 원형이 회복되지 않으면 공사비 전액을 환불하는 조건으로 공사를 시행하였다. 본 공사의 핵심은 뿌리의 무게를 최소화시키면서 흔들림 없이 나무를 끌어올리는 H공법 및 요철공법과 생명토 투입을 시도하였으며, 방문객을 위하여 교각을 세워 은행나무 노거수까지 걸어가 자세히 관찰 할 수 있게 하고 관리사무소를 지어 관리하고 있다. 안동시는 후계나무를 무상 공급하는 사업을 하고 있다.

(14) 삼신당 연리지 느티나무

안동시 풍천면 하회 709-3. 촬영: 2005. 9. 4

안동 하회마을 삼신당에 경상북도 느티나무 노거수 중에 가장 흉고둘레가 큰 노거수가 있다. 몸체가 너무 크고 담장으로 둘러싸인 좁은 공간에 생육하기 때문에 노거수 전체 사진 촬영은 불가능하다. 성황당은 상단, 국신당은 중당, 삼신당은 하당이라고 하는데 삼신당은 마을의 신이 깃들어 있는 곳으로 마을의 수호신 당산나무에 매년 정월 대보름에 마을의 안녕과 평화를 비는 동신제가 이루어지며, 화회별신굿 탈놀이의 춤판이 가장 먼저 행해지는 장소이다. 약 600년 전 풍산 류씨 입향조가 심었다고 전해지는 이 나무는 잉태의 소원을 비는 곳으로 유명한데, 연리지를 관찰할 수 있다. 연리지란 나무의 가지가 서로 합쳐 하나가 될 때를 말하고, 연리목이란 줄기로 나무와 나무가 서로 합쳐서 하나의 나무가 될 때를 말한다. 연리근이란 나무뿌리가 서로 이어지는 것을 말한다. 연리는 두 몸이 하나가 된다하여 흔히 남녀 간의 사랑에 비유된다. 나아가서 부모자식, 형제, 친구 사이의 우애, 사랑, 우정 등을 상징하여 사랑나무라고도 한다. 연리지의 고사는 중국남북조시대 송나라 범영이 쓴 역사책 "후한서" 채옹전에서 비롯된다. 채옹이란 사람이 어머니가 병이 들어 자리에 눕자 지극한 정성으로 간호를 하였다. 그러나 돌아가시자 초막을 짓고 3년 동안 묘를 지켰다. 얼마 후 채옹의 방 앞에는 2 그루의 나무가 서로 마주 보고 자라다가 마침내 서로의 가지가 맞붙어 연리목이 되었다. 이때부터 부모와 자식사이의 사랑을 나타내는 효의 상징으로 인식되었다. 당나라 현종과 양귀비의 비극적인 사랑을 노래한 시에 인용되면서 연리지는 남여사이의 사랑의 뜻으로 쓰이기 시작하였다. 중국의 유명한 시인 백거이(백낙천)에 의해 "장한가"라는 대서사시에 당의 임금이 양귀비의 무릎을 베고 누워 하늘의 별을 쳐다보면서 사랑을 나누는 장면을 노래한 시에 '칠월 칠일 장생전에서 깊은 밤 두 사람은 은밀한 약속을 하는데, "우리가 하늘에서 만나면 비익조가 되고, 이승에서 만나면 연리지가 되세" 우리 역사 속에서도 연리지가 등장하는데 남여의 사랑에 한정하지 않고 선비의 우정을 나무에 빌기도 한다. 노거수 연리목은 드물게 관찰된다. 연리목 나무 잎을 다려서 먹으면 속살이 찌게 되어 성적 감정이 강해지고 아들을 낳을 음력이 강해진다는 속설이 있다.

⒂ 식목담의 횡계서당 향나무

영천시 화북면 횡계리. 촬영: 2003. 6. 13

영천 횡계서당의 마당에 거유 정만양(鄭萬陽) 선생이 심었다는 노거수 향나무가 있다. 청송 주왕산으로부터 두 그루 묘목을 가져와 한 그루는 영천시 대전동에 있는 선생의 종택에 심고 남은 한 그루는 이곳에 심은 것이라고 전해지고 있으며, 따라서 수령은 280여년이 된다. 거유 선생은 횡계서당의 향나무를 자단치경(紫檀稚莖)이라고 했는데 향나무의 나뭇결이 보라색을 띤 박달나무 같다는 자단과 어린 줄기의 치경으로 표현하였다. 무늬가 아름답고 향기로운 냄새가 나는 나무로 비록 어리지만 소중히 잘 길러야 한다는 의미이다. 지방에서 모여드는 어린 제자들을 어린 벼이삭 가꾸듯 정성껏 가르치고 길러서 아름다운 무늬(光彩)가 생기고 향기로운 냄새를 풍기도록 소중히 키웠다는 거유 선생의 거룩한 얼이 이 나무에 깃들여 있다. 맑은 물이 흐르는 아름다운 계곡의 자연경관을 무대로 공부하고 사색하는 서당이 세워졌으나, 지금은 서당 옆에 도로가 있어 서당과 향나무 노거수의 의미는 퇴색되고 말았다.

⑯ 시장의 고사를 받는 부신목 느티나무

안동시 중구 중구동사무소. 촬영: 2002. 4. 9

안동군수 관사 마당에 수령 320년의 느티나무 노거수가 자라고 있다. 옛날 안동부사가 고사를 지내기 때문에 부신목(府神木)이라 한다. 이 부신목은 성황신의 하나로 토지와 부락을 수호하는 옛 안동부의 당산나무이다. 오래 전부터 현직 안동군수가 이 부신목에 고사를 지내왔고 지금도 이를 이어받아 안동시장이 정월 보름날 저녁에 고사를 올린다. 안동의 부신목은 기록 문헌이 없어 시작 연대는 알 수 없으나 조선 세종 때 고불(古佛) 맹사정의 예언에 따라 흐르는 물길을 바꾸고 큰 나무를 심어 거목을 섬기는 데서 비롯되었을 것으로 추정하며, 당시 안동부 성내에는 젊은 청년들이 일찍 죽었으므로 과부가 많았는데 그 까닭은 잘못된 지명 때문이란 것이었다. 한때 안동은 두 물이 아름다운 곳이란 의미의 영가(永嘉)란 지명으로 불리기도 하였다. 그 두 물줄기는 안동댐 본류인 물야탄이 견항(犬項), 즉 개목다리 밑을 거치고, 임하댐쪽 반변천 물이 흘러 귀래정(歸來亭) 앞에서 합수되어 낙동강을 이루고 남으

촬영: 2003년 6월 29일

로 흘러갔다. 이러한 수계 형상은 마치 사람 인(人자)가 거꾸로 된 형국이다. 그래서 영가(永嘉)에 사는 젊은 청년들이 조서(早逝)한다는 것이다. 액(厄)을 방지하려면 수계(水系)를 바꾸어 사람 인(人)자를 어질 인(仁)자로 고치면 된다는 맹사성의 예언을 따라 영남산(映南山)에서 흐르는 개울 천리천과 서당골에서 흘러내리는 당북천을 낙동강으로 바로 끌어넣어 수계를 어질 인(仁)자로 바꾸고, 성내 곳곳에다 큰 나무를 목숨 수(壽)자형으로 심어 거목을 숭앙하였던 결과, 수(水)와 목(木)이 본성을 발휘하여 일찍 죽는 일이 없었다고 한다. 이런 나무가 아직도 시내 여기 저기 남아 있으니, 군수관사 느티나무가 그것이고 안동댐 진입로 임청각 앞 도로 중앙에 서 있는 회화나무가 그것이다. 오늘날에도 임청각 앞 회화나무는 교통의 장애가 되지만 베어내지 못하고 있다.

(17) 당벌담의 전형을 보여주는 느티나무

포항시 죽장면 매현리. 촬영: 2003. 6. 29

포항시 죽장면 매현리 금호강 최상류, 하천 건너편에 몇 그루의 느티나무로 이루어진 전통 마을숲이 있다. 마을숲 중앙에는 마을을 지키는 수호신 당산나무가 있다. 제사를 올리는 일련의 과정을 보면, 열흘 전에 마을사람이 모여 제주를 선정하고 마을숲을 깨끗이 청소하고 금줄을 친 뒤 제주(祭主) 이외의 타인은 일절 마을숲 출입을 금지했다. 제주는 당제 3일전부터 목욕을 깨끗이 하고, 제수(祭需)를 준비하며 깨끗한 곳에서 채취한 황토로 당집 진입로를 단장한다. 또한 당집 안팎을 깨끗이 청소한 후 대문에 금줄을 치고 다른 사람의 출입을 금지시키는 등 갖은 정성을 다하여 당제를 올린다. 마을숲 앞 하천변에는 제사를 올리는 자리 천제단(天祭壇)을 쌓고 음력 7월 15일 천제를 올려 농사짓기 좋은 기후 조건을 기원한다. 요즈음에는 칠월 보름날 한 차례만 당제와 천제를 지낸다. 당제를 성실히 잘 모시면 마을이 태평하고 풍년이 들게 되며, 당제를 부실하게 모시면 마을에 재앙이 있거나 편치 못하다는 속설도 있다. 당산나무의 주변에 있는 흙 한 줌, 나뭇가지 한 개라도 집에 가져가 이용하면 화가 생긴다고 하여 그대로 방치하고 있다. 일제 말기 2차 세계대전이 한창이던 1942년에 일본정부에서 선박 건조용으로 숲을 마구 벌채하는 것을 주민들이 중지시켰으며, 마을숲 일부에 빈 공간으로 남아 있는 숲틈(forest gap)은 바로 그 흔적이라 전해지고 있다.

촬영: 2002년 4월 9일

⑱ 고사를 가지고 있는 느티나무

봉화군 춘양면 서벽리. 촬영: 2003. 7. 21

봉화 서벽리 골말(花村)은 지금으로부터 300여 년 전까지만 해도 손씨 일가가 살아왔는데 부락 가운데로 흐르는 개울 양편에 30여 그루의 느티나무가 생육하고 있었다고 한다. 그 후 손씨 가문은 이 고장에서 차츰 사라지고 진성 이씨가 정착하게 되었다. 많은 느티나무들은 글을 배우는 서당의 역할도 하고 풍류를 즐기는 정자의 구실도 하였다. 그런데 19세기말 20세기 초, 나라를 찾기 위하여 의병들이 일제 침략군과 일대 격전을 벌였다. 조선 마지막 왕인 순종 2년(1908년) 5월 1일, 태백산 지역에 있던 1천명에 달하는 의병들은 내성(현 봉화읍)을 포함한 곳곳에 준동하고 있는 일본군을 격파하기 위하여 춘양면 서벽으로 향했다. 그 때, 일본군들이 삼척을 향해 행군하면서 서벽 가까이에 도달하고 있음이 척후병에 의하여 정찰되었다. 300명의 의병은 골말의 30여 그루 느티나무를 은신처로 삼아서 매복하고 있다가 이곳을 통과하는 일본군을 공격하여 200명 가운데 40여 명을 생포하고 나머지는 모두 사살하였다. 이것을 계기로 일본군은 이곳 서벽 지구에 의병들의 출몰이 잦은 것을 감안하여 일제 헌병 주재소를 설치하였으며, 1925년에는 현 서벽중학교 우편 둥근 봉우리 위에 그들 일본군 전사 장병의 넋을 위로하는 충혼비를 세우고 매년 위령제를 지내왔다고 한다. 일제 헌병대는 자신들이 참패당하였던 쓰라린 추억을 간직한 골말 느티나무를 전부 없애버리기 위하여 조선용 목재에 쓴다는 구실로 30여 그루 느티나무를 모두 베어 버렸다. 그러나 성황당의 느티나무 한 그루는 신목이라 하여 베지 않았다. 지금 성황당은 없어졌으나, 그 대신 전나무와 느티나무가 초등학교 교문 옆에 우람하게 서 있으며, 음양의 조화를 실현하는 한국 전통마을 문화(제 2 장 2절 노거수 100선, 제 23 번 노거수 참조)를 보존하고 있다.

제 3 장

노거수 생태조사, 모니터링, 데이터베이스

제 1 절 노거수 생태조사 및 모니터링 기법

1.1 노거수 개체조사 대상의 선정과 의의

조사 대상으로서 선정되는 노거수 개체는 문화적 요소이면서도 생물적 요소라는 측면을 고려하여야 한다. 즉 노거수 선정은 문화적 의미와 생물적 특성을 기준으로 성취될 수 있다(표 13). 그 가운데 노거수의 문화적 의미는 일차적 요소로 고려되며, 지역 또는 마을 공동체의 전통 생활 문화와 밀접한 관계로부터 이해할 수 있다. 따라서 노거수의 문화적 의미로부터 교목성(喬木性) 수종이 아닐지라도, 예를 들면 아교목성 또는 관목성의 수종이나 목본성(木本性) 초본일지라도 노거수의 범주에 귀속시킬 수 있다는 것이다. 그 사례가 생태학적으로 선구성 임연식물종의 범주에 속하는 산뽕나무나 목본성 초본인 골담초의 경우라 할 수 있다. 결국 일차적으로 문화적 요소를 그리고 이차적으로 생물적 요소를 기준으로 노거수를 선정하며, 선정된 해당 노거수를 생명체로서 개체유전적 임계 수령 또는 한계 수명을 고려하는 것이다. 따라서 노거수 종 자체의 생태적 특성이라 할 수 있는 자연 기원의 개체이건 식재와 같은 인공 기원이건 해당 노거수의 기원은 노거수 조사대상을 선정하는 기준으로 고려될 필요는 없다.

표 13 노거수 조사 대상 개체 선정

	범 주	사 례
1차적 요소 – 문화	■ 토속신앙의 대상이 되는 개체	당산목, 신목
	■ 풍수지리의 의미를 가지고 있는 개체	호안목
	■ 엽승과 비보(裨補)의 기능을 가지고 있는 개체	전통마을숲의 유존목
	■ 법적 제도적으로 이미 보호수로 지정되어 있는 개체	지정기념물, 보목, 희귀목
	■ 기타 특정의 문화적 의미를 가지고 있는 개체	명목, 정자목, 피서목
2차적 요소 – 생물	■ 수종별 종 개체적인 임계수령이나 특정 수령에 해당하는 개체	느티나무, 은행나무 1,000년 소나무, 팽나무 500년 왕버들, 회화나무 300년 기타 선구수종 또는 속성수 100년
	■ 수종별 식물체 크기(수고, 흉고둘레)가 예외적인 개체	기록적인 크기
	■ 특이 형상(수형)을 가지고 있는 개체	연리목, 기형목

2차적 요소로 생물적 기준으로 노거수를 선정할 경우, 각 수종에 따른 임계수령 또는 특정 수령은 서로 다르기 때문에 특정의 수령 값을 채택해서 일괄적으로 적용하는 것은 부적절하다. 즉 노거수로서의 조사 대상 개체를 선정하기 위해서는 수종별 임계수령 또는 특정 수령을 설정할 필요가 있다는 것이다. 지금까지 알려진 수종별 임계수령과 특정 수령은 제 1 장 2절을 참조하면 된다. 기본적으로 노거수는 1차적인 요소인 문화적 유산이기 때문에 문화적 유산으로서의 노거수 의미 이외에 생물적 특이성(기록적인 크기, 특이한 형상 등)에 의한 노거수로서의 선정은 노거수 본래의 문화적 요소로서의 의미를 크게 확장하게 되는 셈이다. 만약에 생물적 특이성에 근거해서 노거수 조사 대상을 선정한다면, 자연 야생상태에서 인간의 간섭으로부터 격리되어 서식하고 있는 수많은 거목이나 노목 개체 모두를 조사 대상으로 해야 하는 경우가 발생한다. 예를 들면 절벽과 같은 인간의 접근을 허용하지 않는 입지에 서식하는 노목이나 거목이 존재한다면 그것은 지역의 특이식생자원으로서 그리고 경관풍치목으로서 생태적 보존 목록에 기재하여 관리하는 것이 바람직하다. 기존의 문화적 요소인 노거수와는 독립적인 생물자원으로 고려된다는 것이다. 따라서 생물적 특이성으로부터 고려되는 노거수는 결국 지역이나 국가의 생물자원적 보존의 가치에서 보호되는 수단(천연기념

물, 도지정 기념물 등)이 적용될 때, 비로소 노거수 조사 대상이 되는 것이다. 결론적으로 1차적으로 문화적 요소인 개체가 2차적인 생물적 요소로서의 조건을 충족하지 못하는 경우에도 노거수로서의 조사 대상이 된다. 그러나 2차적 요소인 생물적 특성에 따라서는 조사 대상이 되는 개체가 있는가 하면, 그렇지 못한 개체가 있다는 것을 의미한다. 노거수라는 생명체의 1차적 의미는 지역 공동체의 문화적 유산이라는 것이며, 2차적 의미는 지역 자연환경 조건을 직간접적으로 설명해 주는 생물적 지표라는 것이다

따라서 노거수는 지역의 자연환경 조건을 총화한 생물적 유산이면서 지역 공동체의 문화적 유산이다. 노거수에 대한 보다 해상도 높은 정보를 구축한다는 것은 곧 지역의 자연환경에 부응하는 식물자원과 기타 생물자원에 대한 정보를 수렴하는 것이며, 나아가 노거수 문화의 계승을 가능하게 하는 본질적인 전략이 된다. 특히 개체에 대하여 획득되는 모든 정보를 GIS 디지털 데이터베이스로 구축한다면, 노거수의 보존과 복원, 그리고 장기모니터링 등을 용이하게 하며, 노거수 문화의 전승을 한층 더 가능하게 할 것이다. 이와 같은 노거수에 대한 통합 정보의 관리는 당 시대의 민족생물학적 타임캡슐을 구축하게 되는 중요한 의미가 있다.

1.2 노거수 조사표와 조사방법

노거수에 대한 개체조사는 노거수의 문화적 그리고 생물적 특성 정보가 수렴될 수 있는 조사항목으로 구성된 일정한 포맷의 조사표로 성취된다. 지금까지 국가 및 지방에서 수행된 노거수 조사는 개체의 지리적 위치, 수령과 수고, 그리고 소유주 정보 등과 같은 몇 가지의 단순한 조사항목으로 이루어졌다. 이러한 조사항목은 기본적으로 아날로그 형식으로 정성적인 데이터 속성을 가지고 있다. 이것은 노거수 조사의 궁극적인 목적과 목표가 조사 대상이 된 노거수의 보존과 그 문화의 계승에 있다는 것을 고려할 때, 그러한 목적과 목표를 충족할 수 있는 생태적 정보는 획득되지 못했다. 단순히 장소별 노거수의 목록(list)으로 만족해야만 했다. 따라서 노거수의 보존과 그 문화의 계승을 위해서는 노거수 개체가 생명체라는 사실을 인식하고 생명체로서의 생물적 생태적 특성을 포함하는 조사항목의 설정이 필수적이다. 뿐만 아니라, 장기추적 관리를 위한 정량 정성적 정보의 디지털화 및 영상화도 수반되어야 할 것이다.

본 장에서는 그러한 조건을 충족하는 조사항목으로 구성된 노거수 조사표를 소개한다(표 14). 「노거수 식물자원 조사표」는 크게 네 가지 정보(지리정보, 개체정보, 관리정보, 건강정보)로 분류되는 총 49 개 조사항목으로 구성된다. (i) 지리정보는 GPS 좌표 값을 포함하는 노거수 개체의 지리적 행정적 위치 정보를 포함한다. (ii) 개체정보는 노거수 개체의 생태적 특성과 개체 유형 정보를 포함한다. (iii) 관리정보는 노거수 개체 보호를 위한 관련 정보를 포함한다. (iv) 건강정보는 생명체로서 노거수 개체의 생육 정보를 포함한다.

표 14 노거수 식물자원 조사표

노거수 식물자원 조사표 ● 노거수명: ______________________ (한국생태계관리연구소)

구분	항목	내용	항목	내용	항목	내용
일련번호		식물명		조사일시	200 . . .	조사자
위치정보	주 소		위치지역	□농촌 □도시 □공단 □혼재		
위치정보	G. P. S	° ′ ″N ° ′ ″E	해발고도(m)			
위치정보	경관연결성	□입구 □측면 □후방 □내부 □기타 ( )	미지형	□평면 □돌출 □함몰 □혼재		
위치정보	분포지형	□계류역 □산비탈 □충적대지 □충적저지 □적토지 □기타 ( )	경사도			
위치정보	인접토지이용	□주택 □사찰 □향교 □하천변 □농지 □제방 □기타 ( )	방 위			
개체정보	기 원	□자연 □인공	생물서식현황	□조류 □야생동물 □착생식물 □기타 ( )		
개체정보	식 분 형	□단목 □단목군 □기타 ( )	점유면적(㎡)		수관폭(m)	장축: 단축:
개체정보	수령-1(년)		수령-2(년)		흉고직경-1(cm)	
개체정보	수고-1(m)		수고-2(m)		흉고직경-2(cm)	
관리정보	보호범주	호 (지정년도 년)	지정사유		관리자	
관리정보	현 황 판	□무 □유 (재료: ; 상태: □상 □중 □하)	소유자			
관리정보	이용수단	□휴식-정자 □제사-신앙 □모임-행사 □기타 ( )	시실물	당집, 벤취 ( )		
관리정보	훼손원인	□태풍 □낙뢰 □폭설 □병충해 □인공재해 □기타 ( )	외과수술			
건강정보	수형상태	[1] [2] [3] [4] [5]	수관상태	[1] [2] [3] [4] [5]	수피상태	[1] [2] [3] [4] [5]
건강정보	뿌리노출	[1] [2] [3] [4] [5]	수분영양	[1] [2] [3] [4] [5]	훼 손 도	[1] [2] [3] [4] [5]
건강정보	병 충 해	[1] [2] [3] [4] [5]	활 력 도	[1] [2] [3] [4] [5]	지면상태	[1] [2] [3] [4] [5]
건강정보	오 염 도	[1] [2] [3] [4] [5]	오염원:		지면재료:	
건강정보	감시등급판정	□절대감시 □주요감시 □일반감시				
특이사항						

노거수 식물조사표 기록 지침 해설

노거수 식물조사표를 구성하고 있는 조사 항목(criteria)은 정성적 그리고 정량적 속성을 가지고 있는 항목들이 혼재한다. 따라서 나무높이의 수고와 같은 정량적 속성을 가지는 항목들에 대한 현지 조사는 객관적 데이터를 획득할 수 있는 수단과 방법을 적용하면 되지만, 노거수 건강정보의 평가 항목들과 같은 정성적 속성을 가지고 항목에 대해서는 일관성 있는 조사와 평가 수단을 강구해야 한다. 디지털 사진기를 이용한 정성적 평가 항목에 대한 정보의 수집과 그 정보의 분류를 통하여 일관성 있는 평가 기준을 마련할 수 있다. 한편 노거수에 대한 정량적 데이터 속성이면서 가장 중요한 생물적 정보인 수령(tree age)은 노거수의 특수성(문화적 유산이면서 식물체 자체에 대한 인위적인 훼손이 불가능한 토속신앙의 대상인 경우가 많으며, 한계를 넘어서는 흉고둘레 또는 노령화에 의한 수간부 중심부의 손괴로 말미암아 수령측정기의 사용이 사실상 불가능함)으로부터 정확한 정량적 수치 값을 획득하는 것은 실제로 불가능하다. 따라서 수령의 경우는 벌채되어 있는 유사 크기를 가지고 있는 동일종의 개체나 연륜을 관찰할 수 있는 고목 공예품 등으로부터 추정할 수 있다. 그러나 인공으로 식재된 경우는 식재 시에 기록된 신뢰할만한 자료 정보 또는 탐문 정보를 토대로 정확한 수령은 판정될 수 있다. 기타 노거수에 대한 다양한 정보는 정보의 신뢰성이 확보되는 조건에서 경험많고 연로한 지역 주민이나 해당 지방자치단체의 담당공무원으로부터도 획득될 수 있다.

일반 정보

일련번호 : 조사 대상이 되는 노거수에 대하여 순서대로 번호를 기입하며, 번호 앞에는 지역이나 조사자의 이니셜을 부가함으로써 분류 인식을 용이하게 할 수 있다.

노거수명 : 노거수를 인식할 수 있는 일반 명칭을 기입한다. 식물종명 그 자체를 의미하는 것이 아니라 마을공동체에서 부르는 명칭이다. 그런 명칭이 없을 땐, 인식 가능한 명칭을 부여한다.

식물명 : 특정 식물도감을 기준으로 노거수 개체의 식물종 이름을 기재한다.

조사일시 : 년 월 일

조사자 : 책임조사자, 보조조사자 등의 이름을 기입한다.

위치 정보

주소 : 노거수가 위치하는 행정 위치 주소를 기입한다.

G.P.S : 위도와 경도의 지리위치 정보를 기입한다.

위치지역 : 노거수가 위치하는 입지를 둘러싸고 있는 우점하는 토지 이용형태(농촌, 도시, 공단 등)를 기재한다.

해발고도(m): 고도측정기를 이용하여 노거수 생육 입지의 해발고도를 소수점 없이 측정하여 기입한다.

경관연결성 : 마을 중심을 기준으로 노거수가 위치하는 장소(마을 입구, 측면, 후방, 내부, 기타)를 판정하여 기입한다.

미지형 : 노거수가 생육하는 지표면의 형상(평면, 돌출, 함몰, 혼재)을 기대한다.

분포지형 : 노거수가 생육하는 토지환경을 기입한다. 계류역 – 하천, 계곡 입지, 산비탈 – 산지 사면 입지, 충적대지 – 밭 경작지의 입지, 충적저지 – 논 경작지의 입지, 적토지 – 인위적으로 매립한 입지, 기타 – 그 이외의 토지환경을 기입함.

경사도 : 노거수 생육입지의 경사도(°)를 기입한다.

방 위 : 노거수 생육입지의 방위를 기입한다.

인접토지이용 : 노거수 생육입지에 연접하고 있는 토지 이용(예: 주택, 사찰, 하천변, 농지, 호수, 공장, 학교 등)을 기입하며, 노거수 생육에 미치는 효과에 대하여 긍정적 요소(예: 흙으로 노출된 농지)인지, 부정적 요소(예: 콘크리트 구조물)인지를 구분할 수 있는 수준으로 기재한다.

개체 정보

기원 : 노거수 식물개체에 대한 잠재자연식생 정보에 따라 현 지점에서의 기원을 기입한다. 자연 – 현지에 본래부터 자연발생적으로 서식하는 식물 개체, 인공 – 인공적으로 식재한 것으로부터 유래하는 개체.

생물서식현황 : 노거수 개체에 의존해 정착하여 번식하는 야생생물(조류, 야생동물, 착생식물, 기타)을 기입한다.

식분형 : 노거수 개체의 집단성(단목 single tree, 단목군 grove, 병목 line-trees, 수림 forest 등)을 기입한다.

점유면적(m^2) : 노거수 개체가 차지하고 있는 실질적인 면적으로 수관 투영도를 포함한 면적을 기입한다.

수관폭(m) : 노거수의 수관 투영도의 직경으로 장축과 단축을 기입한다.

수령-1(년) : 해당 노거수 수령을 기측정된 경우 그 수치를 기재하며, 최근 기록(사례: 보호수 대장)을 참조한다.

수고-1(m) : 해당 노거수의 기측정된 경우 나무 높이를 기재한다.

수령-2(년) : 노거수 개체에 대한 수령을 직접(실제) 측정하여 기입한다. 많은 노거수 개체는 마을 공동체가 신성시하는 대상이기 때문에 나무에 상처를 내야 하는 수령측정기(incremental borer)의 사용은 불가능하다. 따라서 여러 가지 간접적인 방법을 동원하여 수령을 추정할 수밖에 없다.

수고-2(m) : 노거수 개체에 대한 나무 높이를 직접(실제) 측정하여 기입한다.

흉고직경-1(cm) : 해당 노거수 개체의 가슴 높이(지상으로부터 약 1.5m) 위치에서 나무의 가장 큰 중심줄기 직경을 측정기입한다.

흉고직경-2(cm) : 노거수 개체에 대한 2번째 큰 줄기의 흉고직경을 측정기입한다.

관리 정보

보호범주 : 보호되고 있는 범주(천연기념물, 도기념물, 보호수 등)와 정보(고유번호 000호, 지정년도)를 기입한다.

지정사유 : 지정된 사유(신목, 경관목, 기형목, 희귀목 등)를 기입한다.

소유자 : 노거수 소유(국, 공, 사유) 주체를 기재한다.

관리자 : 현재 관리 감독하고 있는 사람 또는 기관, 단체를 기입한다.

현황판 : 노거수 개체에 대한 안내 상황판의 존재 여부를 기재한다.

시설물 : 노거수 개체와 함께 하고 있는 설비(당집, 체육시설, 편익시설 등)을 기입한다.

이용수단 : 현재 이용되고 있는 방식(휴식-정자, 제사-신앙, 모임-행사, 기타)을 기록한다.

훼손원인 : 최근 노거수에 발생한 손괴의 원인(태풍, 낙뢰, 폭설, 병충해, 인공훼손, 불 등)을 기재한다.

외과수술 : 노거수 개체의 외상에 대한 외과 수술의 시행유무를 기재한다.

건강 정보

노거수 개체에 대한 건강 정보 분석은 각 항목별로 순차적 등급화를 적용하여 수준별 1점에서 5점을 구분하여 조사 기록한다. 수준별 판정 기준에 대하여 일관성을 유지하기 위해서 디지털 사진자료를 축적하여 분류기준을 구축하여 이용한다.

수형상태 : 노거수 식물종의 전형적 수형 상태를 판정 기록하며, 판정에 일관성을 유지하도록 객관적 근거를 구축한다.

[1] (나무의 전형적 수형유지, 100%)
[2] (1-2개정도 가지가 부러짐, 90%)

[3] (보통유지, 70-90%)
[4] (수형이 일그러짐 50-70%)
[5] (전형적으로 수형상태가 완전히 일그러짐 50%이하)

수관상태 : 수관 투영도의 온전성(integrity)을 판정 기록하며, 판정에 일관성을 유지하도록 객관적 근거를 구축한다.

[1] (수관이 온전하게 유지된 상태(100%)
[2] (수관이 90%유지된 상태)
[3] (수관 일부분이 훼손된 상태,70-90%유지)
[4] (수관이 보통정도 훼손된 상태. 50-70%유지)
[5] (수관이 많이 훼손된 상태, 50%이상 훼손)

수피상태 : 수간의 수피 온전성을 판정 기록하며, 판정에 일관성을 유지하도록 객관적 근거를 구축한다.

[1] (훼손이 없는 상태)
[2] (수피의 미약한 훼손)
[3] (수피의 훼손의 흔적이 즉 상처가 1-2군데가 뚜렷하게 관찰되는 상태)
[4] (수피의 훼손이 3-4군데 뚜렷하게 관찰되는 상태)
[5] (수피의 상처가 여러 군데 또는 상처 크기가 대형으로 쇠약 현상이 뚜렷한 상태)

뿌리노출 : 뿌리의 지표면 노출상태를 판정 기록하며, 판정에 일관성을 유지하도록 객관적 근거를 구축한다.

[1] (뿌리가 지표면에 노출되어 있지 않는 상태)
[2] (뿌리가 극히 일부분이 노출되어 있는 상태)
[3] (지면의 10% 미만으로 뿌리가 노출된 상태)
[4] (지면의 20% 미만으로 뿌리가 노출된 상태)
[5] (지면의 20% 이상으로 뿌리가 과다하게 노출된 상태로 생육에 지장이 있는 상태)

수분영양 : 주변 토지 및 환경조건으로부터의 수분환경 조건과 영양염류 공급 상태를 판정 기록하며, 판정에 일관성을 유지하도록 객관적 근거를 구축한다.

[1] (강수량을 100% 활용 할 수 있는 자연적 환경: 예 - 지표면이 흙과 식물인 경우)
[2] (강수량을 적절히 이용할 수 있는 상태)
[3] (강수량을 이용할 수 있는 반 자연적 환경: 예 - 지표면이 투수성 콘크리트인 경우)
[4] (강수량 이용이 좀 어려운 불량보다는 나은 환경)
[5] (강수량이 쉽게 유출되어 버리는 환경: 예 - 지표면이 일반 콘크리트인 경우)

훼손도 : 인위적인 간섭에 의한 일차적 또는 이차적 수목의 피해 상

태를 판정 기록하며, 판정에 일관성을 유지하도록 객관적 근거를 구축한다.

[1] (사용 없음)
[2] (간접적 이용, 휴식 등)
[3] (보통)
[4] (보통 이상)
[5] (적극적 이용, 다수의 부착물 등이 걸쳐 있음)

병충해 : 지상부의 병충해 정도를 판정 기록하며, 판정에 일관성을 유지하도록 객관적 근거를 구축한다.

[1] (병충해가 전혀 없을 때)
[2] (잎과 가지의 10%정도 피해)
[3] (잎과 가지의 11~30%정도 피해)
[4] (잎과 가지의 31~50%정도 피해)
[5] (잎과 가지의 51% 이상 많이 피해를 입었을 때)

활력도 : 수목의 종합적 생육 건강 상태를 판정하며, 판정에 일관성을 유지하도록 객관적 근거를 구축한다.

[1] (생육 상태가 매우 건강한 상태)
[2] (생육 상태가 보통 이상인 상태)
[3] (생육 상태가 보통)
[4] (생육 상태가 불량)
[5] (수목이 쇠약 현상이 뚜렷하게 나타나는 경우)

지면상태 : 주위 5m 반경 내에 가장 많은 부분을 가지는 토지 조건을 기재하며, 판정에 일관성을 유지하도록 객관적 근거를 구축한다.

[1] (흙, 자갈 5M이내 100%)
[2] (흙, 자갈 5M이내 50%. 보도 브럭, 쇄석, 시멘 포장)
[3] (보도 브럭, 투석 5M이내 100%)
[4] (보도 브럭, 투석 5M이내 50%, 시멘포장 50%)
[5] (시멘 포장 5M이내 100%)

오염도 : 주위토양 및 환경의 오염정도를 판정 기록하며, 판정에 일관성을 유지하도록 객관적 근거를 구축한다.

[1] (오염이 전혀 없음)
[2] (오염은 있으나 문제가 되지 않음)
[3] (조금 있어 문제가 될 것 같음)
[4] (오염되어 감)
[5] (오염이 심함)

오염원 : 오염물질을 기재 (예－시멘 포장, 보도블럭, 쇄석, 적재물 등)

지면재료 : 지면의 토지 재료(자갈, 흙, 모래, 세석, 시멘포장 바위, 돌담 등)

감시등급판정 : 건강정보 가운데 수형상태, 수관상태, 수피상태, 뿌리노출, 수분영양, 훼손도, 병충해, 활력도, 지면상태, 오염도 등의 10가지 항목의 평가 점수를 이용하여 노거수 감시 수준(절대감시(40이상), 주요감시(20-40미만), 일반감시(20미만)을 판정한다(아래 1.3절 참조).

특이사항 : 기타 특이 사항을 기재하거나 그림으로 표기한다.

1.3 노거수 감시대상 판정법과 사례

민족생물학적 식물 유산인 노거수는 출생과 사망의 과정을 거치는 생명체이다. 일생동안 노거수가 경험하는 생육환경 조건에 따라 노거수의 온전성과 건강성은 결정된다. 현재의 노거수 상태는 지금까지 경험해온 생육환경조건에 대한 총화로 나타난 현상이다. 따라서 잔존하는 노거수의 보존과 복원을 위해서는 현재 노거수 개체들에 온전 상태를 가늠하는 생태적 평가 수단이 필요하다. 본서에서는 노거수에 대한 감시등급 판정기법을 소개한다.

현장에서 조사 기록해 온 노거수 식물조사표의 건강정보로부터 「노거수 감시등급」을 판정한다(표 15). 「노거수 감시등급」은 10 개의 건강정보 항목을 이용하여 일련의 수리적 과정을 통해 판정된다. 각 항목은 순차적으로 5 계급(ordinal scale)으로 구분하여 평가된다. 계급 [1] 매우 양호는 1점, 계급 [2] 양호는 2점, 계급 [3] 보통은 3점, 계급 [4] 불량은 4점, 계급 [5] 매우 불량은 5점을 부여한다. 따라서 각 항목에 대하여 점수가 클수록 그리고 모든 항목의 점수를 총화해서 그 점수가 클수록 노거수 개체의 건강 상태는 불량하거나 불리한 것을 의미한다.

표 15 『노거수 감시등급』을 판정하기 위해 이용되는 노거수 식물조사표 속의 판정항목

건강정보	항목						항목						항목					
건강정보	**수형상태**	[1]	[2]	[3]	[4]	[5]	**수관상태**	[1]	[2]	[3]	[4]	[5]	**수피상태**	[1]	[2]	[3]	[4]	[5]
	뿌리노출	[1]	[2]	[3]	[4]	[5]	**수분영양**	[1]	[2]	[3]	[4]	[5]	**훼 손 도**	[1]	[2]	[3]	[4]	[5]
	병 충 해	[1]	[2]	[3]	[4]	[5]	**활 력 도**	[1]	[2]	[3]	[4]	[5]	**지면상태**	[1]	[2]	[3]	[4]	[5]
	오 염 도	[1]	[2]	[3]	[4]	[5]												

10 개 평가 항목의 점수 총합에서 20점 미만인 경우는 '일반감시'(monitoring generally), 20점 이상 40점 미만의 경우는 '주요감시'(monitoring critically), 40점 이상의 경우는 '절대감시'(monitoring absolutely)로 최종적으로 판정한다. 이러한 감시등급에 따라 노거수의 관리 수준은 결정된다(표 16). 일반감시로 판정되

는 노거수는 현 상태 수준의 관리가 요구되며, 주요감시 대상의 노거수는 건강정보 가운데 낮은 점수를 받은 해당 항목에 대하여 순서대로 보다 적극적으로 관리대책을 세우면 된다. 절대감시 대상의 노거수는 가장 낮은 점수로 판정되는 해당 항목에 대해서 응급조치를 해야 노거수가 보존될 수 있음을 의미한다.

표 16 『감시등급』에 따른 노거수 관리전략

「노거수 감시등급」	건강정보 점수총합	관리 전략
일반감시	~ 19점	현 수준으로 유지 관리
주요감시	20점 ~ 39점	낮은 점수의 건강정보 항목에 대하여 순서대로 관리 전략을 수립(예: 생태적인 외과 수술의 도입하나, 마을 숲의 경우는 달리한다.)
절대감시	40점 ~	최저 점수의 건강정보 항목에 대한 응급조치(예: 후계목 식재에 의한 노거수 계승)와 낮은 점수의 건강정보 항목 순서대로 순차적 관리 실행

경상북도 지역에 유존하는 노거수 2,390주에 대한 감시등급 판정에 관한 사례 연구(장은재 2005)에서 일반감시가 60%(1443주), 주요감시 39%(935주), 절대감시 1%(12주)로 알려짐으로써 응급조치를 포함한 보다 적극적인 관리가 이루어져야 할 노거수는 전체의 40%인 것으로 밝혀져 있다. 즉 전체 노거수의 40%는 생태학적 관리를 통해 노거수 개체의 쇠퇴와 소멸을 방지해야 함을 의미한다. 노거수 평가항목은 노거수 개체의 생육에 직접적으로 영향을 미치는 생태적 요소로 구성되어 있기 때문이다. 노거수 수종별 감시등급 분석에서 소나무는 전체 가운데 12%가 주요감시 및 절대감시에 해당하는 개체로 다른 노거수 수종에 비하여 가장 양호한 상태로 보존되고 있는 것으로 알려져 있다. 병충해와 공해에 강한 은행나무는 소나무 다음으로 양호한 상태로 유지되고 있는 것으로 나타났는데, 응급조치가 요구되는 절대감시 대상의 노거수 개체는 없는 것으로 밝혀졌다. 따라서 노거수로서 높은 빈도로 나타나고 있는 느티나무, 회화나무, 왕버들, 팽나무 등은 상대적으로 보존을 위한 대책이 더욱 절실한 것으로 해석된다(그림 41). 소나무와 은행나무의 노거수들은 다른 수종의 노거수들에 비하여 상대적으로 빈번한 인간간섭이 많은 입지에 생육하고 있는 수종이기 때문인 것으로 판단할 수 있다.

그림 41 절대감시 대상의 느티나무 노거수(안동 임금)로 즉각적인 후계목의 식재와 노거수 계승 작업이 필요하다. 촬영: 2002. 6. 4

노거수 감시등급 판정 항목 가운데, 수형, 수관, 수피, 활력도(vitality) 등과 같은 계체 지체의 생육 상태를 평가한 결과는 유사한 경향성을 나타내며, 다른 판정 항목에 비하여 불량한 것으로 나타났다(그림 42). 이것은 노거수 개체 자체가 노령이면서 거대 수목이기 때문에 태풍, 폭설, 낙뢰 등의 자연적 환경조건에 의해 쉽게 훼손되었기 때문인 것으로 알려져 있다. 특히 활력도 매우 낮게 판정되는 응급조치가 요구되는 노거수는 약 7%(168 개체)로 주로 공장용지, 주택용지, 도로확장 및 건설 등에 의한 직접적인 훼손에 노출되어 있는 개체들인 것으로 알려져 있다. 한편 노거수 개체의 99%는 뿌리가 지표면에 노출되어 있지 않는 것으로 나타났다. 심하게 뿌리가 노출된 개체들은 고사했거나 현존하는 노거수 개체들은 대부분 뿌리가 지표면에 노출되지 않도록 복토나 시멘트 등과 같은 지표면 관리가 이루어졌기 때문일 것이다. 이러한 사실은 노거수의 토양 수분환경 조건에서도 유사한 결과인 것으로 밝혀져 있다. 인위적 간섭에 대한 평가 항목 훼손도(artificial damages)는 매우 낮게 나타나는데, 그것은 노거수가 당산목, 신목, 동목 등과 같이 수목자체를 신성시하기 때문에 인위적으로 훼손하지 않기 때문이다. 노거수의 생태적 특성 가운데 가장 두드러지는 특징은 병충해에 대한 노거수 평가항목의 결과라 할 수 있다. 조사 대상이 된 전체 노거수 개체들 가운데 겨우 10개체만이 병충해에 의한 생물적 피해(biological damages)가 있는 것으로 조사되었다. 결국 현재 잔존하는 노거수 개체들은 병충해에 대해서 적극적인 관리가 이루어져 왔다는 것을 의미하면서도 한편으로는 병충해에 강한 개체유전적 특성을 가진 잠재자연식생 자원이라는 사실을 반증하고 있는 것이다.

우리나라 노거수에 대한 인간간섭 가운데 가장 집약적인 간섭으로 고려되는 것은 답압(踏壓)이다. 답압에 대응하기 위해서 많은 노거수는 비생물적 재료(시멘트, 블록 등)로 지표면이 관리되고 있는 실정이다. 노거수 수관 투영도 범위 내에서의 지표면 상태에 대한 평가는 전체 개체 가운데 44%가 지표면 자체의 개선과 토양 경화(硬化)를 방지하기 위한 답압 제어(control) 등과 같은 생태적 관리가 요구되는 것으로 알려져 있다. 심지어는 전체 노거수의 35%가 생육에 영향을 받게 되는 입지의 질적 쇠퇴(degradation)를 야기하는 각종 오염 인자들(농약병 투기, 적재물 방치, 생활쓰레기 투기 등)에 노출되어 있었다.

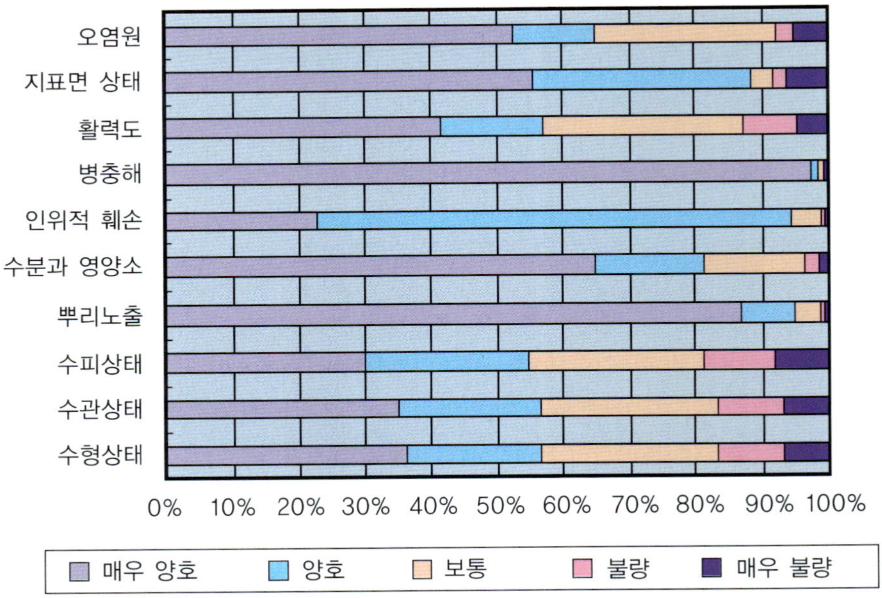

그림 42 노거수 감시등급 판정 항목과 생육 상태

제 2 절 노거수 데이터베이스 (사례: 경상북도)

노거수 데이터베이스는 노거수라는 문화적 요소이면서 생명적 요소에 대한 현시점의 주민등록표와 같은 기초정보이다. 따라서 그러한 노거수에 대한 현시점의 정보를 총망라하는 데이터베이스는 시간이 경과함에 따라서 그 가치가 높아져 가는 자연사적 기록물로서 그 의미와 의의를 찾아볼 수 있다. 특히 일정한 포맷으로 구축된 본서의 노거수 데이터베이스는 우리나라 최초로 구축된 디지털 정보이면서 향후 노거수 보존과 발굴, 나아가서는 복원을 위해 근본적인 정보를 제공하게 될 뿐만 아니라, 현존하는 노거수 개체에 대한 장기모니터링의 방향성을 제시하고 있다. 노거수 데이터베이스에 대한 보다 상세한 해설 정보는 제 3 장 1절을 참고하면 된다.

[노거수 데이터베이스 해설개요]

노거수 데이터베이스는 노거수 생태조사표(제 3 장 제 1 절 표 14 참조)의 항목으로부터 선정된 주요 38 개 항목으로 이루어져 있다. 데이터베이스 항목 순서별 각 항목에 대한 개요는 아래와 같다:

식물명 : 원색한국기준식물도감(이우철 1996)을 기준으로 한 노거수 개체의 식물종명

행정위치 : 노거수가 위치하는 행정 주소

조사일시 : 현재의 데이터베이스 정보를 획득한 년월일

G.P.S : 위도와 경도의 지리위치 정보

해발고도 : 노거수 생육 입지의 해수면으로부터의 높이(m)

시설물 : 노거수 개체와 함께 하고 있는 설비의 다양성

이용수단 : 현재 이용되고 있는 방식(휴식-정자, 제사-신앙, 모임-행사, 기타)

기원 : 현 지점에서 노거수가 존재하기까지의 기원(N: 자연, C: 인공)

지정번호 : 보호되고 있는 범주(천연기념물, 도기념물, 보호수 등)에 대한 고유 번호

지정년월일 : 보호되고 있는 범주로 지정된 년월일

지정사유 : 지정된 사유(신목, 경관목, 기형목, 희귀목 등)를 기입한다.

식분형 : 노거수 개체의 집단성(단목 single tree, 단목군 grove, 병목 line-trees, 수림 forest 등). S: 단목, P: 단목군

점유면적(m^2) : 노거수 개체의 수관 투영도를 포함한 전체 면적

수령(년) : 노거수의 추정 수령

흉고직경(cm) 또는 둘레 : 노거수 개체의 가슴 높이(지상으로부터 약 1.5m) 위치에서 직경(둘레)

수관폭(m) : 노거수 수관 투영도의 직경으로 장축과 단축

수고(m) : 노거수의 나무 높이

분포지형 : 생육환경 (계류역, 산비탈, 충적대지, 충적저지, 적토지, 기타)

경관연결성 : 마을 중심으로 노거수가 위치하는 장소(마을 입구, 측면, 후방, 내부, 기타)

현황판 : 안내 상황판의 존재 여부

위치지역 : 노거수가 위치하는 입지를 둘러싸고 있는 우점하는 토지 이용형태(농촌, 도시, 공단 등). U: 도시, R: 농촌

인접토지이용 : 노거수 생육입지에 연접하고 있는 토지이용(예: 주택, 사찰, 하천변, 농지, 호수, 공장, 학교 등)

보호범주 : 보호되고 있는 범주(천연기념물, 도기념물, 보호수 등)

훼손원인 : 최근 노거수에 발생한 손괴의 원인(태풍, 낙뢰, 폭설, 병충해, 인공훼손, 불 등)

외과수술 : 노거수 개체의 외상에 대한 외과 수술의 존재유무

수형상태 : 노거수의 전형적 수형 상태

[1] (나무의 전형적 수형유지, 100%)
[2] (1-2개정도 가지가 부러짐, 90%)
[3] (보통유지, 70-90%)
[4] (수형이 일그러짐 50-70%)
[5] (전형적으로 수형상태가 완전히 일그러짐 50%이하)

수관상태 : 수관 투영도의 온전성(integrity)

[1] (수관이 온전하게 유지된 상태(100%)
[2] (수관이 90%유지된 상태)
[3] (수관 일부분이 훼손된 상태,70-90%유지)
[4] (수관이 보통정도 훼손된 상태. 50-70%유지)
[5] (수관이 많이 훼손된 상태, 50%이상 훼손)

수피상태 : 수간의 수피 온전성

[1] (훼손이 없는 상태)
[2] (수피의 미약한 훼손)

[3] (수피의 훼손의 흔적이 즉 상처가 1-2군데가 뚜렷하게 관찰되는 상태)
[4] (수피의 훼손이 3-4군데 뚜렷하게 관찰되는 상태)
[5] (수피의 상처가 여러 군데 또는 상처 크기가 대형으로 쇠약 현상이 뚜렷한 상태)

뿌리노출 : 뿌리의 지표면 노출상태
[1] (뿌리가 지표면에 노출되어 있지 않는 상태)
[2] (뿌리가 극히 일부분이 노출되어 있는 상태)
[3] (지면의 10% 미만으로 뿌리가 노출된 상태)
[4] (지면의 20% 미만으로 뿌리가 노출된 상태)
[5] (지면의 20% 이상으로 뿌리가 과다하게 노출된 상태로 생육에 지장이 있는 상태)

수분영양 : 주변 토지 및 환경조건으로부터의 수분환경 조건과 영양 염류 공급 상태
[1] (강수량을 100% 활용 할 수 있는 자연적 환경: 예 - 지표면이 흙과 식물인 경우)
[2] (강수량을 적절히 이용할 수 있는 상태)
[3] (강수량을 이용할 수 있는 반 자연적 환경: 예 - 지표면이 투수성 콘크리트인 경우)
[4] (강수량 이용이 좀 어려운 불량보다는 나은 환경)
[5] (강수량이 쉽게 유출되어 버리는 환경: 예 - 지표면이 일반 콘크리트인 경우)

훼손도 : 인위적인 간섭에 의한 일차적 또는 이차적 수목의 피해 상태
[1] (사용 없음)
[2] (간접적 이용, 휴식 등)
[3] (보통)
[4] (보통 이상)
[5] (적극적 이용, 다수의 부착물 등이 걸쳐 있음)

병충해 : 지상부의 병충해 정도
[1] (병충해가 전혀 없을 때)
[2] (잎과 가지의 10%정도 패해)
[3] (잎과 가지의 11~30%정도 피해)
[4] (잎과 가지의 31~50%정도 피해)
[5] (잎과 가지의 51% 이상 많이 피해를 입었을 때)

활력도 : 수목의 종합적 생육 건강 상태
[1] (생육 상태가 매우 건강한 상태)
[2] (생육 상태가 보통 이상인 상태)
[3] (생육 상태가 보통)
[4] (생육 상태가 불량)

[5] (수목이 쇠약 현상이 뚜렷하게 나타나는 경우)

지면상태 : 노거수 수간 주위 5m 반경 내에 가장 많은 부분을 가지는 토지 조건

[1] (흙, 자갈 5m이내 100%)
[2] (흙, 자갈 5m이내 50%. 보도 브럭, 쇄석, 시멘포장)
[3] (보도 브럭, 투석 5m이내 100%)
[4] (보도 브럭, 투석 5m이내 50%, 시멘포장 50%)
[5] (시멘 포장 5m이내 100%)

오염도 : 주위토양 및 환경의 오염정도

[1] (오염이 전연 없음)
[2] (오염은 있으나 문제가 되지 않음)
[3] (조금 있어 문제가 될 것 같음)
[4] (오염되어 감)
[5] (오염이 심함)

감시등급 : 위의 건강정보 가운데 수형상태, 수관상태, 수피상태, 뿌리노출, 수분영양, 훼손도, 병충해, 활력도, 지면상태, 오염도 등의 10가지 항목의 평가 점수 총합을 바탕으로 40점 이상 절대감시, 20점~40점 미만 주요감시, 20점 미만 일반감시(20미만).

노거수 데이터베이스

(경상북도 편)

No.	식물명	GPS	해발고도(m)	기원	지정번호	지정년월일	지정사유	식분형	수령	흉고직경(m)	분포지형	경관연결성	현황판재료/상태	수형상태	지면상태	오염정도	수분영양	병충해	조사일자
	행정위치	시설물	이용정보	위치지역	인접토지이용형태	점유면적(m)	보호범주	수관폭(m)	수고(m)	흉고둘레(m)	최근훼손양상	외과수술	지표면 양상	수피상태	뿌리노출	수관상태	훼손정도	활력도	감시등급
1	팽나무	35.59.42/129.20.48	38	N	11-18-3-2	82.10.29	전설목	P	280/260	1.05	충적대지	내부	대리석/상	3	2	2	1	1	02.03.31
	포항/남/연일/생지/338-3		기타-경관	U	도로,주택	254	보호수	18	13/20	3.3	인재		시멘트	3	1	3	2	3	II
2	팽나무	35.59.42/129.20.48	38	N				P	150/	0.64	충적대지	내부		2	2	3	3	1	02.03.31
	포항/남/연일/생지/338-3		기타-경관	U	도로,주택	98	노거수	11.2	9/	2			시멘트	2'	1	2	2	2	II
3	팽나무	35.59.42/129.20.48	38	N				P	260/	0.96	충적대지	내부		1	2	3	1	1	02.03.31
	포항/남/연일/생지/338-3		기타-경관	U	도로,주택	314	노거수	20	11/	3			시멘트	1	1	1	1	1	I
4	팽나무	35.59.42/129.20.48	38	N				P	280/	1.11	충적대지	내부		3	2	3	3	1	02.03.31
	포항/남/연일/생지/338-3		기타-경관	U	도로,주택	222	노거수	16.8	15/	3.5			시멘트	3	1	3	2	3	II
5	회화나무	35.59.25/129.19.04	35	N	11-18-3	82.10.29	전설목	P	400/400	1.46	충적대지	입구		4	2	3	3	1	02.03.31
	포항/남/연일/중명2/763		기타-경관	U	도로,주택	154	보호수	14	12/17	4.6	태풍	+	시멘트	4	1	4	2	3	II
6	회화나무	35.59.25/129.19.04	35	N	11-18-3	82.10.29	전설목	P	400/400	1.08	계류역	입구		4	2	1	1	1	02.03.31
	포항/남/연일/중명2/763		기타-경관	U	도로,주택	113	보호수	12	18/	3.4			자갈	4	1	4	2	3	II
7	회화나무	35.59.25/129.19.04	35	N	11-18-3	82.10.29	전설목	P	400/400	0.96	계류역	입구	대리석/상	2	1	1	1	1	02.03.31
	포항/남/연일/중명2/763		기타-경관	U	도로,주택	107	보호수	11.7	18/	3			흙	2	1	2	2	2	I
8	회화나무	35.59.25/129.19.04	35	N	11-18-3	82.10.29	전설목	P	400/400	1.15	충적대지	입구		3	2	3	3	1	02.03.31
	포항/남/연일/중명2/763		기타-경관	U	도로,경작지	141	보호수	13.4	16/	3.6			시멘트	3	1	3	2	3	II
9	회화나무	35.59.25/129.19.04	35	N	11-18-3	82.10.29	전설목	P	400/400	1.11	충적대지	입구		3	2	3	2	1	02.03.31
	포항/남/연일/중명2/763		기타-경관	U	도로,경작지	133	보호수	13	22/	3.5			시멘트	3	1	3	2	3	II
10	회화나무	35.59.25/129.19.04	35	N	11-18-3	82.10.29	전설목	P	200/400	0.83	충적대지	입구		2	1	1	1	1	02.03.31
	포항/남/연일/중명2/763	육각정,벤치	기타-경관	U	도로,경작지	79	보호수	10	22/	2.6			흙	2	1	2	2	2	I
11	말채나무	35.59.25/129.19.04	35	N	11-18-3	82.10.29	전설목	P	200/400	0.73	충적대지	입구		3	1	1	1	1	02.03.31
	포항/남/연일/중명2/763		기타-경관	U	도로,경작지	143	보호수	13.5	24/	2.3			흙	3	1	3	2	3	I
12	회화나무	35.59.25/129.19.04	35	N				P	300/	0.83	충적대지	입구		5	1	1	1	1	02.03.31
	포항/남/연일/중명2리		기타-경관	U	도로,경작지	10	노거수	3.5	4/	2.6			흙	5	1	5	2	5	II
13	팽나무	35.59.25/129.19.04	35	C				P	400/	0.92	충적대지	입구		5	2	3	1	1	02.03.31
	포항/남/연일/중명2/		기타-경관	U	도로,경작지	13	노거수	4	3/	2.9			시멘트	5	1	5	2	5	II
14	팽나무	35.59.25/129.19.04	35	C				P	400/	1.15	충적대지	입구		2	2	3	2	1	02.03.31
	포항/남/연일/중명2리		기타-경관	U	도로,경작지	249	노거수	17.8	24/	3.6			시멘트	2	1	2	2	2	I
15	팽나무	35.59.25/129.19.04	35	C				P	400/	1.05	충적대지	입구		5	2	3	2	1	02.03.31
	포항/남/연일/중명2리		기타-경관	U	도로,경작지	102	노거수	11.4	9.5/	3.3	인재		시멘트	5	1	5	2	5	II
16	팽나무	35.59.25/129.19.04	35	C				P	200/	0.83	충적대지	입구		1	2	3	2	1	02.03.31
	포항/남/연일/중명2리		기타-경관	U	도로,경작지	179	노거수	15.1	19.5/	2.6			시멘트	1	1	1	2	1	I
17	팽나무	35.59.25/129.19.04	35	C				P	500/	1.59	충적대지	입구		5	2	3	2	1	02.03.31
	포항/남/연일/중명2리		기타-경관	U	도로,경작지	50	노거수	8	20/	5			시멘트	5	1	5	2	5	II
18	회화나무	35.59.25/129.19.04	35	C				P	300/	0.89	충적대지	입구		3	2	3	2	1	02.03.31
	포항/남/연일/중명2리		기타-경관	U	도로,경작지	181	노거수	15.2	18/	2.8			시멘트	3	1	3	2	3	II
19	회화나무	35.59.25/129.19.04	35	C				P	300/	1.24	충적대지	입구		3	2	3	2	1	02.03.31
	포항/남/연일/중명2리		기타-경관	U	도로,경작지	121	노거수	12.4	16/	3.9			시멘트	3	1	3	2	3	II
20	회화나무	35.59.02/129.19.58	59	C	11-18-6	82.10.29	풍치목	P	400/380	1.15	충적대지	내부	대리석/상	3	2	3	2	1	02.03.31
	포항/남/연일/택전2/597-2	정자,벤치	기타-풍치	U	도로,경작지,주택	139	보호수	13.3	23/22	3.6		+	시멘트	3	1	3	2	3	II

21	회화나무	35.59.02/129.19.58	59	C	11-18-6	82.10.29	풍치목	P	200/380	1.02	충적대지	내부		1	2	3	2	1	02.03.31
	포항/남/연일/택전2/597-2	정자,벤치	기타-풍치	U	도로,경작지	240	보호수	17.5	23/	3.2			시멘트	1	1	1	2	2	I
22	회화나무	35.59.02/129.19.58	59	C	11-18-6	82.10.29	풍치목	P	200/380	0.83	충적대지	입구		1	2	3	1	1	02.03.31
	포항/남/연일/택전2/597-2	벤치,체육시설	기타-풍치	U	도로,주택	95	보호수	11	25/	2.6			시멘트	1	1	1	2	1	I
23	회화나무	35.59.02/129.19.58	59	C	11-18-6	82.10.29	풍치목	P	380/380	0.96	충적대지	입구		1	2	3	1	1	02.03.31
	포항/남/연일/택전2/597-2	벤치,체육시설	기타-풍치	U	도로,주택	177	보호수	15	23/	3			시멘트	1	1	1	2	1	I
24	회화나무	35.59.02/129.19.58	59	C	11-18-6	82.10.29	풍치목	P	200/380	0.80	충적대지	입구		4	2	3	2	1	02.03.31
	포항/남/연일/택전2/597-2	벤치,체육시설	기타-풍치	U	도로,주택	123	보호수	12.5	22/	2.5			시멘트	4	1	4	2	3	II
25	회화나무	35.59.02/129.19.58	59	C	11-18-6	82.10.29	풍치목	P	200/380	1.31	충적대지	입구		2	2	3	2	1	02.03.31
	포항/남/연일/택전2/597-2	벤치,체육시설	기타-풍치	U	도로,주택	193	보호수	15.7	21/	4.1		+	시멘트	2	1	2	2	2	I
26	회화나무	35.59.02/129.19.58	59	C	11-18-6	82.10.29	풍치목	P	200/380	0.96	충적대지	내부		1	2	3	1	1	02.03.31
	포항/남/연일/택전2/597-2	벤치,체육시설	기타-풍치	U	도로,주택,계류	119	보호수	12.3	15/	3			시멘트	1	1	1	1	1	I
27	소나무	35.58.44/129.20.36	42	N	11-18-3-1-1	82.10.29	풍치목	S	300/300	1.15	산비탈	후방	대리석/상	1	1	1	1	1	02.03.31
	포항/남/인주/산15		기타-경관	R	임야,경작지	133	보호수	13	16/	3.6	태풍		흙	1	1	1	1	1	I
28	팽나무	35.57.53/129.21.24	50	N	11-18-9	82.10.29	전설목	P	320/320	1.34	계류역	후방	대리석/상	5	1	3	1	1	02.03.31
	포항/남/대송/공수/98	울타리,정자,벤치	제사-신앙	U	주택,계류	119	보호수	12.3	13/16	4.2	태풍	+	흙	5	1	5	3	5	II
29	소나무	35.57.53/129.21.24	50	N				P	300/	1.50	계류역	후방		3	1	1	1	1	02.03.31
	포항/남/대송/공수/98		기타-경관	U	주택,계류	177	노거수	15	15/	4.7	태풍		흙	3	1	3	2	3	I
30	개서어나무	35.56.41/129.20.03	55	N	11-18-10-1	82.10.29	당산목	S	310/290	0.76	산비탈	후방	대리석/상	1	1	1	1	1	02.03.31
	포항/남/대송/홍계/126	당집	제사-신앙	R	임야	240	보호수	17.5	22/20	2.4			흙	1	3	1	1	1	I
31	소나무	35.57.43/129.25.49	74	C	11-18-4-2	82.10.29	당산목	P	230/210	1.11	언덕	들판	대리석/상	3	1	1	1	1	02.03.31
	포항/남/오천/세계2/산67-1	당집	제사-신앙	R	경작지	58	보호수	8.6	11/15	3.5	태풍		흙	3	1	3	2	4	II
32	소나무	35.57.43/129.25.49	74	C				P	200/	0.57	충적대지	입구		1	1	1	1	1	02.03.31
	포항/남/오천/세계2/산67-1	당집	기타-풍치	R	경작지	53	노거수	8.2	4/	1.8			흙	1	1	1	2	1	I
33	소나무	35.57.43/129.25.49	74	C	11-18-4-2	82.10.29	당산목	P	230/380	0.70	충적대지	입구	대리석/상	1	1	1	1	1	02.03.31
	포항/남/오천/세계2/산67-1	당집	제사-신앙	R	경작지	141	보호수	13.4	10/	2.2	태풍		흙	1	1	1	2	1	I
34	느티나무	35.57.26/129.27.59	115	C	11-18-10	82.10.29	풍치목	P	320/300	1.31	산비탈	측면	대리석/상	1	2	3	3	1	02.03.31
	포항/남/장기/죽정/659	정자,벤치	휴식-정자	R	도로,임야	216	보호수	16.6	24/	4.1			시멘트	1	1	1	2	2	I
35	은행나무	35.53.36/129.29.47	45	C	11-18-15	82.10.29	경관목	S	320/300	0.73	운동장	내부	대리석/상	4	1	1	1	1	02.03.31
	포항/남/장기/마현/308	울타리	기타-경관	R	운동장	30	보호수	6.2	14/	2.3	태풍	+	흙	4	1	4	2	3	II
36	느티나무	35.53.02/129.30.14	78	C	11-18-4	82.10.29	풍치목	S	420/400	1.31	산비탈	후방	대리석/상	1	2	3	2	1	02.03.31
	포항/남/장기/수성/306	당집	제사-신앙	R	경작지,도로	390	보호수	22.3	20/	4.1			시멘트	1	1	1	2	2	I
37	소나무	35.52.05/129.31.47	30	N	11-18-12-7-1	92.09.14	당산목	S	520/500	1.27	산비탈	후방	대리석/상	3	2	3	3	1	02.03.31
	포항/남/장기/계원1/110-1		제사-신앙	R	임야	154	보호수	14	14/16	4	태풍		돌,시멘트	3	1	3	2	3	II
38	소나무	35.50.29/129.30.31	46	C	11-18-12-7-1	92.09.14	당산목	P	320/300	0.99	계류역	입구	대리석/상	1	1	1	1	1	02.03.31
	포항/남/장기/두원/386		제사-신앙	R	계류,경작지	177	보호수	15	12/15	3.1			흙	1	1	1	2	2	I
39	느티나무	35.56.44/129.32.23	43	N	11-18-2	82.10.29	전설목	P	470/450	1.72	충적대지	입구	대리석/상	3	2	3	1	1	02.03.31
	포항/남/구룡포/구평/741	울타리	제사-신앙	R	도로,경작지	191	보호수	15.6	18/13	5.4	태풍	+	자갈,시멘트	5	1	3	2	4	II
40	느티나무	35.56.44/129.30.45	63	N	11-18-8	82.10.29	전설목	P	370/350	1.37	충적저지	입구	대리석/상	1	1	1	1	1	02.03.31
	포항/남/장기/성동2/940	목좌대	휴식-정자	R	경작지	415	보호수	23	18/16	4.3		+	흙	2	1	1	2	1	I
41	느티나무	35.57.28/129.30.07	55	N	11-18-7	82.10.29	정자목	P	370/350	1.27	계류역	입구		2	1	1	1	1	02.03.31
	포항/남/동해/공당1/895	벤치,울타리	휴식-정자	R	도로,경작지,계류	254	보호수	18	19/15	4			흙	2	1	2	2	1	I

42	느티나무	35.57.28/129.30.07	55	N	11-18-7	82.10.29	정자목	P	370/350	1.46	계류역	입구		1	1	1	1	1	02.03.31
	포항/남/동해/공당1/895	벤치	휴식-정자	R	도로,경작지,계류	214	보호수	16.5	20/	4.6			흙	1	1	1	2	1	I
43	느티나무	35.57.28/129.30.07	55	N				P	370/	1.08	계류역	입구		1	2	3	1	1	02.03.31
	포항/남/동해/공당1/895		휴식-정자	R	도로,경작지,계류	186	노거수	15.4	14/	3.4			시멘트	1	1	1	2	1	I
44	느티나무	35.58.43/129.32.42	47	N	11-18-1-11-1	92.09.14	당산목	P	170/150	1.11	계류역	입구	대리석/상	2	2	1	2	1	02.03.31
	포항/남/구룡포/병포/304-2	벤치,체육시설	제사-신앙	R	도로,계류	246	보호수	17.7	15/13	3.5		+	자갈	2	1	2	2	2	I
45	느티나무	35.59.52/129.29.21	132	N	11-18-11-13-1	92.09.14	정자목	S	320/300	1.24	충적대지	내부	대리석/상	1	2	3	3	1	02.03.31
	포항/남/동해/상정1/213	벤치	휴식-정자	R	마을회관,도로	227	보호수	17	13/19	3.9			자갈,시멘트	2	1	2	2	3	II
46	소나무	36.02.46/129.34.40	57	N	11-18-14	82.10.29	당산목	S	320/300	0.96	충적대지	입구	대리석/상	2	5	4	3	1	02.03.31
	포항/남/대보/강사2/627	당집	제사-신앙	R	도로,경작지	123	보호수	12.5	14.5/10	3	태풍		시멘트	2	1	2	1	3	II
47	느티나무	36.05.08/129.18.47	97	C	11-18-13	82.10.29	경관목	P	320/300	0.99	충적대지	내부	대리석/상	1	1	1	1	1	02.03.31
	포항/북/흥해/초곡/827	정자	휴식-정자	R	정자내	133	보호수	13	25/	3.1			흙	1	1	1	2	1	I
48	느티나무	36.05.08/129.18.47	97	C	11-18-13	82.10.29	경관목	P	320/380	1.04	충적대지	입구		3	1	1	1	1	02.03.31
	포항/북/흥해/초곡/827	정자	기타-풍치	R	도로	95	보호수	11	25/	3.25		+	흙	3	1	3	2	3	I
49	회화나무	36.05.08/129.18.47	97	C				P	200/	0.80	충적대지	입구		3	2	3	3	1	02.03.31
	포항/북/흥해/초곡/827	정자,도로	기타-경관	R	도로,주택	95	노거수	11	14/	2.5	인재	+	시멘트	3	1	3	2	3	II
50	회화나무	36.05.08/129.18.47	97	C				P	200/	0.92	계류역	입구		3	2	3	3	1	02.03.31
	포항/북/흥해/초곡/827	정자,도로	기타-경관	R	도로,주택	95	노거수	11	22/	2.9			시멘트	3	1	3	2	3	II
51	배롱나무	36.05.08/129.18.47	97	C				P	320/	3.18	계류역	입구		3	1	1	1	1	02.03.31
	포항/북/흥해/초곡/827	연못,정자	기타-경관	R	주택	57	노거수	8.5	10/	10			흙	3	1	3	2	3	I
52	배롱나무	36.05.08/129.18.47	97	C				P	250/	0.64	계류역	입구		3	1	1	1	1	02.03.31
	포항/북/흥해/초곡/827	연못,정자	기타-경관	R	주택	33	노거수	6.5	6/	2			흙	3	1	3	2	3	I
53	회화나무	36.06.26/129.20.57	63	C	11-15-3	82.10.29	경관목	S	620/600	2.13	충적대지	내부	대리석/상	5	2	3	2	1	02.03.31
	포항/북/흥해/성내/39-8	민속박물관	기타-경관	U	민속박물관	177	보호수	15	12/20	6.7	태풍	+	블럭	5	1	5	2	5	II
54	회화나무	36.06.26/129.20.57	63	C				S	250/	0.96	충적대지	내부		5	2	2	2	1	02.03.31
	포항/북/흥해/성내/39-8	민속박물관	기타-경관	U	민속박물관	113	노거수	12	15/	3			블럭	5	1	5	2	4	II
55	소나무	36.06.05/129.22.37	38	N				P	220/	0.73	충적대지	입구		3	2	3	2	1	02.03.31
	포항/북/흥해/남송2리		기타-경관	R	경작지,도로	79	노거수	10	11/14	2.3		+	시멘트	3	1	3	2	3	II
56	소나무	36.06.05/129.22.37	38	N				P	220/	0.48	충적대지	입구		3	2	3	1	1	02.03.31
	포항/북/흥해/남송2리		기타-경관	R	경작지,도로	95	노거수	11	11/	1.5			시멘트	3	1	3	2	3	II
57	소나무	36.06.05/129.22.37	38	N				P	220/	0.57	충적대지	입구		3	2	3	1	1	02.03.31
	포항/북/흥해/남송2리		기타-경관	R	경작지,도로	177	노거수	15	10/	1.8			시멘트	3	1	3	2	3	II
58	소나무	36.06.05/129.22.37	38	N				P	220/	0.67	충적대지	입구		3	2	3	1	1	02.03.31
	포항/북/흥해/남송2리		기타-경관	R	경작지,도로	123	노거수	12.5	8/	2.1			시멘트	3	1	3	2	3	II
59	소나무	36.08.08/129.21.53	36	N	11-18-2-22-1	92.09.14	당산목	P	220/200	0.64	충적저지	입구	대리석/상	3	1	1	1	1	02.03.31
	포항/북/흥해/금장1/69	당집	제사-신앙	R	경작지	87	보호수	10.5	10/14	2			흙	3	1	3	1	3	I
60	소나무	36.08.08/129.21.53	36	N				P	210/	0.57	충적저지	입구		1	1	1	1	1	02.03.31
	포항/북/흥해/금장1/69	당집	제사-신앙	R	경작지	50	노거수	8	10/	1.8			흙	1	1	1	1	1	I
61	팽나무	36.10.16/129.23.43	39	N	11-18-6-9-1	92.09.14	경관목	S	300/300	1.08	산비탈	측면	대리석/상	1	1	1	1	1	02.03.31
	포항/북/청하/청진2/8		기타-경관	R	임야	177	보호수	15	10/5	3.4			흙	1	2	1	2	1	I
62	모과나무	36.09.53/129.20.46	57	N	11-18-6-2	82.10.29	경관목	P	270/250	1.43	계류역	내부	대리석/상	2	1	1	1	1	02.03.31
	포항/북/청하/소동/815	울타리	기타-경관	R	계류,경작지,도로	71	보호수	9.5	15/14	4.5		+	흙	2	1	2	2	1	I

63	회화나무	36.11.35/129.21.56	43	C	11-18-6-5-1	92.09.14	당산목	P	410/400	1.15	언덕	내부	대리석/상	2	2	3	3	1	02.03.31
	포항/북/청하/용두/274	당집	제사-신앙	R	주택,도로,경작지	133	보호수	13	14/17	3.6		+	시멘트	3	1	2	2	3	II
64	팽나무	36.12.08/129.22.15	30	N	11-18-6-4	92.09.14	당산목	S	310/300	1.05	충적대지	내부	대리석/상	1	1	1	2	1	02.03.31
	포항/북/청하/월포3/181		제사-신앙	R	주택,도로	491	보호수	25	16/18	3.3			자갈	2	1	1	2	2	I
65	느티나무	36.13.33/129.22.19	46	C	11-15-2	82.10.29	당산목	P	670/650	1.91	충적저지	입구	대리석/하	1	1	1	1	1	02.03.31
	포항/북/송라/방석/218	울타리,체육시설	제사-신앙	R	경작지	452	보호수	24	20/18	6			흙	1	1	1	1	1	I
66	느티나무	36.13.34/129.22.19	45	N	11-15-4	82.10.29	당산목	P	570/550	1.69	계류역	입구	대리석/중	3	1	1	1	1	02.03.31
	포항/북/송라/대전1/370	당집	제사-신앙	R	도로,계류	283	보호수	19	24/25	5.3			흙	3	1	3	2	2	I
67	느티나무	36.13.34/129.22.19	45	N				P	300/	0.89	계류역	입구		1	1	1	1	1	02.03.31
	포항/북/송라/대전1/370	당집	제사-신앙	R	도로,계류	314	노거수	20	24/	2.8	화재		흙	3	1	1	2	3	I
68	느티나무	36.15.31/129.19.38	202	N	11-18-7-8-1	92.09.14	정자목	P	300/300	1.11	산비탈	내부	대리석/상	1	1	1	1	1	02.03.31
	포항/북/송라/대전3/897	울타리	휴식-정자	R	임야	314	보호수	20	21/18	3.5			자갈	1	2	1	1	1	I
69	느티나무	36.14.41/129.19.17	102	N	11-18-11	92.09.14	경관목	S	300/300	1.21	충적대지	내부		2	2	3	3	1	02.03.31
	포항/북/송라/중산3/799	좌대	휴식-정자	R	도로,주택	227	보호수	17	14/15	3.8			시멘트	3	1	2	2	3	II
70	회화나무	36.14.52/129.19.12	95	C				P	800/	1.93	계류역	내부	철재/하	4	1	1	1	1	02.03.31
	포항/청하/보경사 중산3리	울타리	기타-경관	R	사찰,계류	302	노거수	19.6	15/	6.05	병충해		자갈	5	1	4	1	4	II
71	느티나무	36.14.52/129.19.12	95	C				P	200/	1.11	계류역	내부		4	1	1	1	1	02.03.31
	포항/청하/보경사 중산4리		기타-경관	R	사찰,계류	95	노거수	11	13/	3.5			자갈	4	1	4	2	4	II
72	느티나무	36.14.52/129.19.12	95	C				P	150/	0.99	계류역	내부		4	1	1	1	1	02.03.31
	포항/청하/보경사 중산5리		기타-경관	R	사찰,계류	50	노거수	8	10/	3.1			자갈	4	1	4	2	3	II
73	탱자나무	36.14.52/129.19.12	95	C	11	74.12.10	희귀목	P	400/	0.26	충적대지	내부	알미늄/상	1	1	1	1	1	02.03.31
	포항/청하/보경사 중산6리		기타-경관	R	사찰내	80	도기념물	10.1	7/	0.83			자갈	1	1	1	1	1	I
74	탱자나무	36.14.52/129.19.12	95	C	11	74.12.10	희귀목	P	400/	0.37	충적대지	내부	알미늄/상	1	1	1	1	1	02.03.31
	포항/청하/보경사 중산7리		기타-경관	R	사찰내	36	도기념물	6.8	7/	1.17			자갈	2	1	1	1	2	I
75	팽나무	36.14.05/129.20.08	83	C	11-18-7-1	92.09.14	경관목	S	270/250	1.24	계류역	입구	대리석/상	1	2	3	2	1	02.03.31
	포항/북/송라/중산2/산17		휴식-정자	R	도로,계류	240	보호수	17.5	13/20	3.9			시멘트	1	1	1	2	1	I
76	느티나무	36.13.35/129.21.34	43	N	11-18-7-2	92.09.14	당산목	P	310/300	1.56	충적대지	입구	대리석/상	1	1	1	1	1	02.03.31
	포항/북/송라/광천3/190	당집	제사-신앙	R	경작지,도로	283	보호수	19	16/20	4.9			흙	1	1	1	1	1	I
77	팽나무	36.13.35/129.21.34	43	N				P	310/	1.66	충적대지	입구		1	1	1	1	1	02.03.31
	포항/북/송라/광천3/190	당집	제사-신앙	R	경작지,도로	346	노거수	21	16/	5.2			흙	1	2	1	1	1	I
78	느티나무	36.12.32/129.19.43	76	C	11-18-18	92.09.14	정자목	P	310/300	1.46	충적대지	입구	대리석/상	1	2	3	1	1	02.03.31
	포항/북/청하/청계1/57-2	좌대,체육시설	휴식-정자	R	도로,주택	346	보호수	21	17/20	4.6			자갈,시멘트	1	1	1	2	1	I
79	느티나무	36.12.32/129.19.43	76	N				P	150/	0.96	충적대지	입구		1	2	2	1	1	02.03.31
	포항/북/청하/청계1/57-2	좌대,체육시설	휴식-정자	R	도로,주택	254	노거수	18	18/	3			자갈,시멘트	1	1	1	2	1	I
80	느티나무	36.12.32/129.19.43	76	N				P	150/	1.11	충적대지	입구		1	1	1	1	1	02.03.31
	포항/북/청하/청계1/57-2	좌대,체육시설	휴식-정자	R	도로,주택	38	노거수	7	18/	3.5			자갈	1	1	1	2	1	I
81	팽나무	36.12.32/129.19.43	76	N				P	200/	1.02	충적대지	입구		2	1	1	1	1	02.03.31
	포항/북/청하/청계1/57-2	좌대,체육시설	휴식-정자	R	도로,임야	177	노거수	15	12/	3.2			자갈	2	1	2	2	1	I
82	느티나무	36.12.32/129.19.43	' 76	C				P	200/	1.21	계류역	입구		2	2	3	2	1	02.03.31
	포항/북/청하/청계1/57-2	좌대,체육시설	휴식-정자	R	도로,계류	201	노거수	16	14/	3.8			시멘트	3	1	2	2	1	I
83	회화나무	36.11.46/129.20.24	71	C	11-18-16	90.05.16	경관목	S	310/300	1.69	충적대지	내부	대리석/상	4	1	3	1	1	02.03.31
	포항/북/청하/덕성/276-3		기타-경관	R	청하면사무소내	100	보호수	11.3	11/7	5.3	태풍	+	자갈,시멘트	4	1	4	1	3	II

84	모과나무	36.11.30/129.19.49	70	C	11-18-6-1	90.05.16	당산목	P	300/290	1.37	충적대지	내부	대리석/중	1	1	1	2	1	02.03.31
	포항/북/청하/서정/171	당집	제사-신앙	R	주택,경작지	50	보호수	8	12/14	4.3			흙	3	1	2	1	1	I
85	팽나무	36.11.30/129.19.49	70	N				P	200/	1.02	충적대지	내부		1	1	1	1	1	02.03.31
	포항/북/청하/서정/171		휴식-정자	R	주택,경작지	154	노거수	14	18/	3.2			흙	1	1	1	2	1	I
86	소나무	36.10.36/129.17.28	137	N	11-18-6-3	82.10.29	당산목	P	300/200	1.21	산비탈	후방	대리석/상	2	1	1	1	1	02.03.31
	포항/북/청하/명안2/산20-3	당집,울타리	제사-신앙	R	임야	177	보호수	15	24/21	3.8			흙	3	1	2	1	1	I
87	느티나무	36.10.53/129.15.25	193	N	11-15-1	82.10.29	거목	S	720/700	2.17	충적대지	입구	대리석/상	5	1	1	1	1	02.03.31
	포항/북/신광/마북/70		기타-경관	R	저수지,임야	254	보호수	18	20/16	6.8			흙	5	2	5	1	5	II
88	팽나무	36.09.15/129.16.05	131	C	11-18-5-8-1	92.09.14	당산목	P	210/200	0.83	충적대지	입구	알미늄/중	2	1	1	3	1	02.03.31
	포항/북/신광/안덕2/417-2	당집	제사-신앙	R	경작지	95	보호수	11	16/16	2.6			흙	2	2	2	1	2	I
89	회화나무	36.08.47/129.16.37	114	N	11-18-5-1	82.10.19	풍치목	P	220/200	1.05	충적대지	₩	대리석/상	2	1	1	1	1	02.03.31
	포항/북/신광/만석1/556	정자	기타-경관	R	도로,경작지	240	보호수	17.5	16/18	3.3			흙	2	1	2	2	2	I
90	회화나무	36.08.47/129.16.37	114	N				P	200/	1.02	충적대지	입구		2	1	1	1	1	02.03.31
	포항/북/신광/만석1/556	정자	기타-경관	R	도로,경작지	189	노거수	15.5	15/	3.2			흙	2	1	2	2	1	I
91	팽나무	36.08.12/129.16.31	105	N	11-18-17	92.09.14	당산목	P	350/300	1.78	계류역	입구	대리석/상	2	2	2	2	1	02.03.31
	포항/북/신광/사정2/447	당집,울타리	제사-신앙	R	경작지,계류	254	보호수	18	13/22	5.6			시멘트	2	1	2	2	2	I
92	향나무	36.06.02/129.16.01	147	C	11-18-5-2	82.10.29	경관목	P	220/200	0.92	산비탈	후방	대리석/상	1	1	1	1	1	02.03.31
	포항/북/우각1/113	제실	기타-경관	R	제실내,임야	113	보호수	12	17/21	2.9			흙	3	1	1	2	3	I
93	향나무	36.06.02/129.16.01	147	C				P	170/	0.80	산비탈	후방		1	1	1	1	1	02.03.31
	포항/북/우각1/113	제실	기타-경관	R	제실내,임야	50	노거수	8	12/	2.5			흙	1	1	1	2	1	I
94	팽나무	36.03.41/129.11.54	76	C	11-18-8-1-2	95.11.08	당산목	S	200/200	0.86	충적대지	입구	대리석/상	1	1	3	1	1	02.04.09
	포항/북/기계/문성/151	거석	제사-신앙	R	경작지,도로	227	보호수	17	20/20	2.7			시멘트	1	1	1	1	1	I
95	팽나무	36.04.01/129.12.43	75	N	11-18-8-1-1	92.09.14	전설목	S	250/300	0.92	충적대지	내부	대리석/상	3	4	3	3	1	02.04.09
	포항/북/기계/현내/484-1		제사-신앙	R	도로,주택	113	보호수	12	13/15	2.9		+	시멘트,자갈	3	1	3	2	3	II
96	팽나무	36.03.57/129.10.13	134	C	11-18-8-1	82.10.29	경관목	P	290/270	0.41	계류역	후방	대리석/상	1	1	1	1	1	02.04.09
	포항/북/기계/봉계/739	정자	기타-경관	R	제실,계류	95	보호수	11	3/4	1.3			흙	1	1	1	2	1	I
97	소나무	36.03.57/129.10.13	134	N				P	200/	0.67	충적대지	후방		1	1	1	1	1	02.04.09
	포항/북/기계/봉계/739		기타-경관	R	정자	133	노거수	13	10/	2.1			흙	1	1	1	1	1	I
98	소나무	36.03.57/129.10.13	130	N	11-18-9-2	82.10.19	경관목	S	150/150	0.86	계류역	후방		2	1	1	1	1	02.04.09
	포항/북/기계/봉계/739		기타-경관	R	임야,계류	95	보호수	11	18/	2.7			흙	2	1	2	1	1	I
99	상수리나무	36.03.57/129.10.13	134	N				P	150/	0.73	계류역	후방		1	1	1	1	1	02.04.09
	포항/북/기계/봉계/739	정자	기타-경관	R	정자내	314	노거수	20	21/	2.3			흙	1	1	1	1	1	I
100	왕버들	36.04.06/129.10.13	126	C				P	150/	1.11	제방	내부		1	1	1	1	1	02.04.09
	포항/북/기계/봉계리		기타-경관	R	저수지,도로	240	노거수	17.5	14/	3.5			흙	1	1	1	2	1	I
101	팽나무	36.04.36/129.09.45	114	N				P	300/	1.34	충적대지	내부		2	5	5	1	1	02.04.09
	포항/북/기계/봉계2리		기타-경관	R	도로,주택	201	노거수	16	19/	4.2			시멘트	2	1	2	2	1	II
102	느티나무	36.04.30/129.10.17	102	N	11-18-8-3-1	92.09.14	동신목	P	420/400	1.59	계류역	입구	대리석/상	1	1	1	1	1	02.04.09
	포항/북/기계/봉계2/1536	울타리	제사-신앙	R	계류	177	보호수	15	22/17	5			흙	1	1	1	1	1	I
103	팽나무	36.06.49/129.09.53	134	N	11-18-14-2	82.10.29	전설목	S	270/250	1.62	충적대지	입구	대리석/상	1	1	1	1	1	02.04.09
	포항/북/기북/대곡2/699	울타리	제사-신앙	R	경작지	214	보호수	16.5	15/16	5.1		+	흙	2	1	1	1	1	I
104	은행나무	36.09.48/129.11.18	190	C	11-18-10-1-1	82.10.29	경관목	P	220/200	1.50	계류역	내부	대리석/상	1	1	1	1	1	02.04.09
	포항/북/기북/오덕/180	울타리	기타-경관	R	소공원,계류	346	보호수	21	26/25	4.7			흙	1	1	1	1	1	I

105	향나무	36.09.48/129.11.18	190	C	11-18-10-1-2	82.10.29	회귀목	P	180/160	0.61	계류역	내부	대리석/상	3	1	1	1	1	02.04.09
	포항/북/기북/오덕/180		기타-경관	R	소공원, 계류	79	보호수	10	9/6	1.9		+	흙	3	1	3	2	3	I
106	회화나무	36.06.07/129.08.44	127	C	11-18-8-2	92.09.14	당산목	P	220/200	1.82	언덕	내부	대리석/상	1	1	1	2	1	02.03.30
	포항/북/기계/구지/262-1	당집	제사-신앙	R	도로	170	보호수	14.7	23/	5.7		+	흙	1	2	1	2	1	I
107	느티나무	36.07.51/129.05.13	215	N	11-18-9-11-1	92.09.14	정자목	P	300/500	1.24	산비탈	내부	대리석/상	4	2	3	3	1	02.04.09
	포항/북/죽장/지동/80-2		휴식-정자	R	도로	133	보호수	13	10/18	3.9	태풍		시멘트	4	1	4	2	3	II
108	느티나무	36.06.52/129.04.57	204	N	11-18-9-2	92.09.14	당산목	S	400/400	2.20	충적대지	입구		1	2	2	1	1	02.04.09
	포항/북/죽장/지동/444		제사-신앙	R	도로, 경작지	560	보호수	26.7	22/17	6.9			시멘트	1	1	1	2	1	I
109	느티나무	36.10.34/129.05.32	230	N	11-18-1	82.10.29	풍치목	P	480/460	1.93	충적대지	입구	대리석/상	3	2	3	2	1	02.04.09
	포항/북/죽장/현내/48	울타리	제사-신앙	R	도로, 경작지	277	보호수	18.8	19.5/20	6.05		+	시멘트	4	1	3	2	3	II
110	느티나무	36.10.34/129.05.32	230	N	11-18-9-1	92.09.14	당산목	P	200/200	0.91	충적대지	입구		1	1	3	1	1	02.04.09
	포항/북/죽장/현내/138		휴식-정자	R	도로, 경작지	161	보호수	14.3	17/20	2.86			시멘트	1	1	1	2	1	I
111	느티나무	36.10.34/129.05.32	230	N				P	200/	1.08	충적대지	입구		5	5	3	2	1	02.04.09
	포항/북/죽장/현내/138		휴식-정자	R	도로, 경작지	145	노거수	13.6	16/	3.4			시멘트	5	1	5	2	5	II
112	느티나무	36.10.34/129.05.32	230	N				P	200/	0.68	충적대지	입구		1	3	3	2	1	02.04.09
	포항/북/죽장/현내/138		기타-경관	R	도로, 경작지	170	노거수	14.7	16/	2.15			시멘트	1	1	1	2	2	I
113	느티나무	36.10.34/129.05.32	230	N				P	200/	0.93	충적대지	입구		1	2	3	2	1	02.04.09
	포항/북/죽장/현내/48		기타-풍치	R	도로, 경작지	230	노거수	17.1	16/	2.92			시멘트	1	1	1	2	3	I
114	느티나무	36.10.55/129.04.16	236	N				P	450/	1.83	계류역	내부		3	5	3	1	1	02.04.09
	포항/북/죽장/현내리		제사-신앙	R	계류, 주택, 도로	317	노거수	20.1	12.5/	5.76			시멘트	3	1	3	2	3	II
115	은행나무	36.09.37/129.06.20	250	C	11-18-9-8-1	82.10.29	명목	P	370/350	1.49	산비탈	측면	대리석/상	4	1	1	1	1	02.04.09
	포항/북/죽장/입암1/산22	울타리	기타-경관	R	임야, 도로	280	보호수	18.9	15.5/13	4.68	태풍	+	흙	4	1	4	1	4	II
116	향나무	36.09.37/129.06.20	248	C				P	150/	0.72	산비탈	측면		1	1	1	1	1	02.04.09
	포항/북/죽장/입암1/산22		기타-경관	R	임야, 도로	69	노거수	9.4	11.5/	2.26			흙	1	1	1	1	1	I
117	느티나무	36.11.43/129.09.30	314	N	11-18-9-4-1	92.09.14	당산목	P	520/500	1.93	계류역	입구	대리석/상	1	1	1	1	1	02.04.09
	포항/북/죽장/가사/673		제사-신앙	R	계류, 도로	316	보호수	20.07	20.5/18	6.07			자갈	2	1	1	1	1	I
118	느티나무	36.11.43/129.09.30	314	N				P	250/	1.19	계류역	입구		3	1	1	1	1	02.04.09
	포항/북/죽장/가사/673		기타-경관	R	계류, 도로	346	노거수	21	13.5/	3.73			자갈	3	1	3	1	3	I
119	느티나무	36.16.29/129.14.26	293	N				P	250/	1.89	산비탈	측면		1	1	1	1	1	02.04.09
	포항/북/죽장/하옥리		제사-신앙	R	계류	624	노거수	28.2	20/	5.95			흙	1	1	1	1	1	I
120	전나무	36.18.00/129.15.06	270	N				P	250/	1.30	충적대지	내부		3	1	1	1	1	02.04.09
	포항/북/죽장/하옥리	야영장	기타-경관	R	운동장	83	노거수	10.3	13/	4.08	태풍		자갈	3	1	3	2	1	I
121	느티나무	36.16.48/129.14.43	275	N				P	200/	0.80	계류역	측면		1	1	1	1	1	02.04.09
	포항/북/죽장/하옥/796	당집	제사-신앙	R	경작지	254	노거수	18	17/	2.5			흙	1	1	1	1	1	I
122	이팝나무	36.14.53/129.13.10	396	C	11-18-19	82.10.29	당산목	P	270/250	1.08	충적대지	입구	대리석/상	1	1	1	1	1	02.04.09
	포항/북/죽장/상옥/557	당집, 좌대, 벤치	제사-신앙	R	경작지	292	보호수	19.3	19.5/20	3.38			흙	1	1	1	1	1	I
123	느티나무	36.10.08/129.06.53	283	N	11-18-9-5-4	82.10.29	당산목	P	200/500	1.18	계류역	입구	대리석/상	1	1	1	1	1	02.04.09
	포항/북/죽장/매현1/653	체육시설, 정자, 벤치	제사-신앙	R	경작지, 계류	249	보호수	17.8	24.5/	3.7			흙	1	1	1	1	1	I
124	느티나무	36.10.08/129.06.53	283	N				P	300/	1.42	계류역	입구		1	1	1	1	1	02.04.09
	포항/북/죽장/매현1/653	체육시설, 정자, 벤치	제사-신앙	R	경작지, 계류	397	노거수	22.5	17.5/	4.45			자갈	1	2	1	2	1	I
125	느티나무	36.10.08/129.06.53	283	N				P	150/	1.02	계류역	입구		1	1	1	1	1	02.04.09
	포항/북/죽장/매현1/653	체육시설, 정자, 벤치	제사-신앙	R	경작지, 계류	179	노거수	15.1	20/	3.2			자갈	1	1	1	2	1	I

126	느티나무	36.10.08/129.06.53	283	N				P	200/	1.08	계류역	입구		1	1	1	1	1	02.04.09
	포항/북/죽장/매현1/653	체육시설,정자,벤치	제사-신앙	R	경작지,계류	277	노거수	18.8	17/	3.4			자갈	1	1	1	2	1	I
127	느티나무	36.09.38/129.06.11	256	N				P	250/	1.29	계류역	내부		1	2	3	2	1	02.04.09
	포항/북/죽장/임암1리		제사-신앙	R	도로,계류	560	노거수	26.7	20.5/	4.05			시멘트,자갈	1	1	1	2	1	I
128	느티나무	36.09.38/129.06.11	256	N				P	300/	0.99	계류역	입구		4	3	3	2	1	02.04.09
	포항/북/죽장/임암2리		제사-신앙	R	도로,계류	235	노거수	17.3	18/	3.1	태풍		시멘트,자갈	4	1	4	2	4	II
129	느티나무	35.46.56/129.19.00	140	N	11-02-03	82.10.09	정자목	S	500/500	1.88	계류역	입구	대리석/상	1	1	1	1	1	02.04.09
	경주/마/588	벤치,정자	휴식-정자	U	소하천,주택	665	보호수	29.1	17/	5.90			자갈,흙	1	1	1	2	1	I
130	느티나무	35.47.06 /129.19.16	160	N	11-2-19-2	82.10.09	정자목	S	100/100	0.82	계류역	내부	대리석/중	1	1	1	3	1	02.04.02
	경주/불국/179	울타리,좌대	휴식-정자	U	주택,도로,계류	203	보호수	16.1	13/	2.57			자갈	1	1	1	3	2	I
131	소나무	35.46.43 /129.19.49	188	N	11-02-02	82.10.09	당산목	P	350/350	1.37	충적저지	측면	대리석/상	1	1	1	1	1	02.04.02
	경주/진현/산52	정자,벤치	제사-신앙	R	경작지,도로	193	보호수	15.7	10/	4.30			흙	1	1	1	3	1	I
132	소나무	35.45.52 /129.19.27	160	N				S	300/	3.22	언덕	후방		4	1	1	1	1	02.04.02
	경주/외동/괘능리	당집	제사-신앙	R	경작지	243	노거수	17.6	10/	10.10	태풍		흙	4	1	4	1	3	II
133	느티나무	35.46.02 /129.20.19	213	N	11-15-5	82.10.29	정자목	P	370/350	2.04	계류역	기타	대리석/상	2	1	1	1	1	02.04.02
	경주/외동/신계/355		휴식-정자	R	경작지,계류	834	보호수	32.6	25/20	6.42			자갈	3	1	2	2	2	I
134	느티나무	35.46.02 /129.20.19	213	N	11-15-5	82.10.29	장자목	P	370/350	1.37	계류역	기타	대리석/상	2	1	1	1	1	02.04.02
	경주/외동/신계/355		휴식-정자	R	경작지,계류	568	보호수	26.9	13/20	4.30			자갈	2	1	2	2	2	I
135	팽나무	35.42.24 /129.16.21	210	C	11-15-4-9	82.10.29	당산목	S	200/200	0.92	충적저지	내부	대리석/중	3	1	1	1	1	02.04.02
	경주/외동/제내2/812-2	당집	제사-신앙	R	경작지	373	보호수	21.8	10/16	2.90		+	흙	3	1	3	1	3	I
136	회화나무	35.40.28 /129.18.23	94	C	11-15-4-8	82.10.29	당산목	S	250/250	0.91	충적저지	내부	대리석/상	2	1	3	1	1	02.04.02
	경주/외동/석계/428	당집	제사-신앙	R	경작지,도로	309	보호수	19.9	13/15	2.87			시멘트	2	1	2	1	2	I
137	팽나무	35.39.52 /129.17.34	108	N	11-15-4-10-11	82.10.29	당산목	P	180/150	0.96	계류역	후방	대리석/상	1	1	1	1	1	02.04.02
	경주/외동/석계2/1042	당집	제사-신앙	R	경작지,도로	232	보호수	17.2	12/10	3.00			흙	1	1	1	1	1	I
138	느티나무	35.39.52 /129.17.34	108	N				P	180/	0.61	계류역	후방		1	1	1	1	1	02.04.02
	경주/외동/석계2/1042	당집	제사-신앙	R	경작지,도로	232	노거수	17.2	12/	1.90			흙	1	1	1	1	1	I
139	회화나무	35.40.47 /129.20.12	97	C	11-15-4-7	82.10.29	당산목	S	250/250	0.86	충적저지	측면	대리석/중	3	3	4	3	1	02.04.02
	경주/외동/모화1/563	당집	제사-신앙	R	주택,경작지,도로	147	보호수	13.7	13/16	2.70			시멘트	3	1	3	2	2	II
140	느티나무	35.42.25 /129.25.07	85	N	11-15-6-14	82.10.29	동신목	P	300/250	1.64	산비탈	입구	대리석/상	3	2	3	2	1	02.04.02
	경주/양남/석촌/학전 166		제사-신앙	R	경작지,도로	535	보호수	26.1	21/15	5.15			흙	3	1	3	2	2	II
141	해송	35.38.56 /129.27.06	23	N	11-15-6-13	82.10.29	당산목	S	270/250	0.86	산비탈	내부	대리석/상	2	3	4	2	3	02.04.02
	경주/양남/수렴2/563		제사-신앙	R	도로,주택	343	보호수	20.9	9/5	2.70			시멘트,흙	1	3	2	1	2	II
142	느티나무	35.42.18 /129.28.12	50	N	11-15-6	82.10.29	당산목	P	350/350	1.43	충적대지	기타	대리석/상	4	1	1	1	1	02.04.02
	경주/양남/나아/713-2	당집	제사-신앙	R	원자력발전소	346	보호수	21.0	16/13	4.50			흙	4	1	4	1	4	II
143	느티나무	35.42.18 /129.28.12	50	N				P	250/	1.11	충적대지	기타		4	1	1	1	1	02.04.02
	경주/양남/나아/713-2	당집	제사-신앙	R	원자력발전소	133	노거수	13.0	9/	3.50			흙	4	1	4	1	4	II
144	느티나무	35.42.18 /129.28.12	50	N				P	200/	0.80	충적대지	기타		4	1	1	1	1	02.04.02
	경주/양남/나아/713-2	당집	제사-신앙	R	원자력발전소	64	노거수	9.0	8/	2.50			흙	4	1	4	1	4	II
145	느티나무	35.42.18 /129.28.12	' 50	N				P	400/	1.56	충적대지	기타		5	1	1	1	1	02.04.02
	경주/양남/나아/713-2	당집	제사-신앙	R	원자력발전소	28	노거수	6.0	6/	4.90			흙	5	1	5	1	5	II
146	느티나무	35.43.33 /129.26.54	70	C	11-15-6-18-13	82.10.29	당산목	S	150/150	0.99	충적저지	기타		1	2	2	3	1	02.04.02
	경주/양남/상라/100		제사-신앙	R	도로,경작지	280	보호수	18.9	20/13	3.10			시멘트,흙	2	1	1	2	1	I

147	해송	35.47.09 /129.29.35	28	N	11-15-1-11-1	82.10.29	당산목	P	150/150	0.65	충적대지	내부		2	2	3	3	1	02.04.02
	경주/감포/전촌/630-2		제사-신앙	R	주택,도로	165	보호수	14.5	15/15	2.05			시멘트,흙	2	1	2	2	2	II
148	해송	35.47.09 /129.29.35	28	N				P	150/	0.62	충적대지	내부		2	2	3	2	1	.02.04
	경주/감포/전촌/630-2		제사-신앙	R	주택,도로	87	노거수	10.5	12/	1.95			시멘트,흙	2	1	1	2	3	I
149	팽나무	35.47.13 /129.29.36	30	C				S	250/	1.31	기타	기타		1	2	2	1	1	02.04.02
	경주/감포/전촌리		기타-경관	R	운동장,주택	366	노거수	21.6	22/	4.10			시멘트,흙	1	1	1	2	1	I
150	회화나무	35.47.46 /129.29.12	59	C	11-15-1-2	82.10.29	당산목	S	250/220	1.07	충적대지	내부	대리석/중	2	2	1	3	1	02.04.02
	경주/감포/전동/354-1	정자	제사-신앙	R	주택,도로	547	보호수	26.4	19/17	3.36		+	흙	2	1	2	2	2	I
151	느티나무	35.48.17 /129.27.32	125	N	11-15-1-1	82.10.29	당산목	S	250/250	1.18	계류역	측면	대리석/중	3	1	1	1	1	02.04.02
	경주/감포/노동/23		제사-신앙	R	계류	227	보호수	17.0	11/5	3.72			흙	3	1	3	1	3	I
152	느티나무	35.44.37 /129.27.52	48	N	11-15-5-12	82.10.29	당산목	P	250/210	1.21	계류역	내부	대리석/중	1	2	3	3	1	02.04.02
	경주/양북/구길/517-1		제사-신앙	R	소하천,주택	249	보호수	17.8	18/22	3.80			돌,시멘트	1	1	1	2	1	I
153	느티나무	35.49.29 /129.24.28	48	C	11-15-5-10	82.10.29	경관목	S	250/260	1.46	충적저지	입구	대리석/상	2	2	3	1	1	02.04.02
	경주/양북/호암리	울타리	휴식-정자	R	도로,경작지	434	보호수	23.5	19/32	4.60			모래	2	1	2	2	2	I
154	느티나무	35.47.47 /129.21.45	184	N	11-15-5-11	82.10.29	당산목	S	300/260	1.69	계류역	측면		1	1	2	1	1	02.04.02
	경주/양북/범곡/상범 815		제사-신앙	R	소하천,주택	656	보호수	28.9	19/18	5.30			흙	2	1	1	2	1	I
155	팽나무	35.49.31 /129.08.32	92	N	11-02-01	82.10.09	당산목	S	350/350	1.11	충적대지	입구	대리석/상	5	1	1	1	1	02.04.02
	경주/광명/1400-5		제사-신앙	R	경작지,주택	107	보호수	11.7	11/12	3.50			흙	5	1	5	2	5	II
156	은행나무	36.02.04 /129.13.54	57	C	11-25	82.10.29	당산목	S	500/560	1.91	충적대지	후방	대리석/상	3	3	1	3	1	02.04.02
	경주/안강/노당1/120	벤치	제사-신앙	R	주택,경작지	491	보호수	25.0	22/19	6.00	태풍	+	블럭	3	1	3	2	3	II
157	느티나무	35.49.41 /129.17.07	141	C	11-02-04	82.10.29	당산목	S	500/500	1.97	충적대지	내부	대리석/상	1	1	1	1	1	02.04.14
	경주/천군/676	좌대,체육시설	제사-신앙	U	주택,경작지,도로	611	보호수	27.9	20/	6.20		+	흙	2	1	1	2	1	I
158	느티나무	35.51.32 /129.18.59	194	C	11-02-05	82.10.09	당산목	P	400/400	2.05	계류역	내부	대리석/상	1	2	3	2	1	02.04.14
	경주/암곡/1390	벤치	제사-신앙	R	소하천,도로,주택	311	보호수	19.9	18/20	6.45			자갈,시멘트	3	1	1	2	2	I
159	느티나무	35.51.32 /129.18.59	194	C				P	200/	0.87	계류역	내부		3	1	1	1	1	02.04.14
	경주/암곡/1390		제사-신앙	R	소하천,도로,주택	184	노거수	15.3	18/	2.75			자갈	3	1	3	3	1	I
160	팽나무	35.51.32 /129.18.59	194	C				P	200/	1.05	계류역	내부		3	1	1	1	1	02.04.14
	경주/암곡/1390		제사-신앙	R	소하천,도로,주택	186	노거수	15.4	18/	2.30			흙	3	1	3	2	3	I
161	팽나무	35.51.32 /129.18.59	194	C				P	200/	0.90	계류역	내부		3	1	1	1	1	02.04.14
	경주/암곡/1390		제사-신앙	R	소하천,도로,주택	222	노거수	16.8	19/	2.85			흙	3	1	3	2	3	I
162	향나무	35.51.31 /129.17.45	107	C	11-2-20-2	82.10.09	경관목	S	300/280	1.14	산비탈	기타	대리석/상	1	1	1	1	1	02.04.14
	경주/손곡/376		기타-경관	R	종오정	170	도기념물	14.7	9/15	3.60		+	흙	2	1	1	2	2	I
163	은행나무	35.56.17 /129.18.13	100	C	11-15-16	82.10.29	경관목	S	350/330	1.81	산비탈	기타	대리석/상	1	1	1	1	1	02.04.14
	경주/강동/왕신3/78		제사-신앙	R	제실내,임야	506	보호수	25.4	28/30	5.70	태풍		흙	2	1	2	1	1	I
164	모과나무	35.56.17 /129.18.13	100	N				S	150/	0.89	기타	측면		1	1	1	1	1	02.04.14
	경주/강동/왕신3/78		기타-경관	R	경작지	66	노거수	9.2	12/	2.80			흙	1	1	1	1	1	I
165	회화나무	35.59.49 /129.15.24	22	C				P	250/	0.71	기타	내부		3	1	1	3	1	02.04.14
	경주/강동/양동/94	정자	기타-경관	R	주택	154	노거수	14.0	16/15	2.25			흙	3	1	3	2	3	II
166	회화나무	35.59.49 /129.15.24	22	C				P	300/	0.98	기타	내부		3	1	1	3	1	02.04.14
	경주/강동/양동/94	정자	기타-경관	R	주택	133	노거수	13.0	18/	3.10			흙	3	1	3	2	3	II
167	회화나무	35.59.49 /129.15.24	22	C				P	200/	0.63	기타	내부		3	1	1	3	1	02.04.14
	경주/강동/양동/94	정자	기타-경관	R	주택	201	노거수	16.0	18/	2.00			흙	3	1	3	2	3	II

168	회화나무	35.59.49 /129.15.24	22	C				P	180/	0.57	기타	내부		3	1	1	3	1	02.04.14
	경주/강동/양동/94	정자	기타-경관	R	주택	113	노거수	12.0	15/	1.80			흙	3	1	3	2	3	II
169	회화나무	35.59.49 /129.15.24	22	C	11-15-11-20	82.10.29	정자목	P	250/250	0.76	기타	내부	대리석/상	1	1	1	1	1	02.04.14
	경주/강동/양동/94	정자	기타-경관	R	주택	177	보호수	15.0	15/	2.40			흙	1	1	1	2	1	I
170	향나무	36.00.02 /129.15.20	57	C	8	74.12.10	경관목	S	540/540	1.30	기타	내부	알미늄/상	1	1	1	1	1	02.04.14
	경주/강동/양동리		기타-경관	R	주택	95	도기념물	11.0	9/	4.10		+	자갈	2	1	1	1	1	I
171	회화나무	36.01.01 /129.13.02	78	C	318	82.11.04	동신목	S	500/400	1.91	충적대지	내부	철제/상	3	2	3	3	1	02.04.14
	경주/안강/육통/1428	울타리	제사-신앙	R	주택,도로	412	천연기념물	22.9	20/	6.00	태풍	+	시멘트	3	1	3	2	3	II
172	회화나무	36.00.43 /129.09.45	108	C				S	300/	1.75	충적대지	입구		5	2	1	3	1	02.04.14
	경주/안강/옥산리		기타-경관	R	주택	21	노거수	5.2	11/	5.50	태풍		흙	5	1	5	2	5	II
173	회화나무	36.00.33 /129.09.53	100	C				P	250/	1.27	계류역	내부		2	1	1	1	1	02.05.11
	경주/안강/옥산리		기타-경관	R	계곡,유원지	254	노거수	18.0	22/	4.00			흙	1	2	2	1	2	I
174	이팝나무	36.00.33 /129.09.53	100	C				P	200/	0.94	계류역	내부		2	1	1	1	1	02.05.11
	경주/안강/옥산리		기타-경관	R	계곡,유원지	346	노거수	21.0	20/	2.65			흙	2	3	2	2	1	I
175	은행나무	36.00.32 /129.09.55	105	C				P	300/	1.46	계류역	내부		3	1	2	1	2	02.05.11
	경주/안강/옥산리		기타-경관	R	서원,계곡	408	노거수	22.8	25/	4.60			흙	3	1	3	2	2	II
176	향나무	36.00.32 /129.09.55	103	C				P	250/	0.89	계류역	내부		2	2	1	2	1	02.05.11
	경주/안강/옥산리		기타-경관	R	서원,계곡	129	노거수	12.8	15/	2.80			죽대	2	1	2	2	3	I
177	향나무	36.00.33 /129.09.53	100	C				P	200/	0.70	계류역	내부		2	1	2	1	2	02.05.11
	경주/안강/옥산리		기타-경관	R	서원	75	노거수	9.8	8/	2.20			흙	2	1	2	2	2	I
178	회화나무	36.00.33 /129.09.53	100	C				P	300/	1.17	계류역	내부		2	2	2	2	2	02.05.11
	경주/안강/옥산리		기타-경관	R	서원,계류	254	노거수	18.0	23/	3.70			수로	2	2	2	2	2	II
179	회화나무	36.00.33 /129.09.53	100	C				P	200/	1.01	계류역	내부		2	1	1	1	2	02.05.11
	경주/안강/옥산리		기타-경관	R	서원,계류	161	노거수	14.3	16/	3.20			죽대	2	1	2	2	2	I
180	회화나무	36.00.30 /129.09.55	92	C				P	250/	0.95	계류역	내부		3	2	2	1	2	02.05.11
	경주/안강/옥산리		기타-경관	R	계류	22	노거수	5.3	14/	3.00			수로,자갈	3	1	3	3	3	II
181	느티나무	36.00.23 /129.09.57	92	C				P	200/	1.08	계류역	내부		1	1	1	1	1	02.05.11
	경주/안강/옥산리		기타-경관	R	산책로,계류	246	노거수	17.7	15/	3.40			흙	2	2	2	2	1	I
182	회화나무	36.00.23 /129.09.57	92	C				P	250/	1.21	계류역	내부		3	2	2	2	2	02.05.11
	경주/안강/옥산리		기타-경관	R	도로,산책로,계류	260	노거수	18.2	18/	3.80			흙	3	2	3	3	3	II
183	회화나무	36.00.23 /129.09.57	92	C				P	300/	1.17	계류역	내부		1	2	2	1	1	02.05.11
	경주/안강/옥산리		기타-경관	R	도로,계류	257	노거수	18.1	17/	3.70			시멘트	1	1	1	1	1	I
184	회화나무	36.00.23 /129.09.57	92	C				P	350/	2.16	계류역	내부		2	2	1	1	2	02.05.11
	경주/안강/옥산리		기타-경관	R	계곡	302	노거수	19.6	19/	6.80			흙	2	2	3	2	2	I
185	회화나무	36.00.23 /129.09.57	92	C				P	250/	1.11	계류역	내부		2	2	1	2	2	02.05.11
	경주/안강/옥산리		기타-경관	R	계곡	238	노거수	17.4	19/	3.50			시멘트	2	1	2	2	2	I
186	이팝나무	36.00.23 /129.09.57	94	C				P	180/	0.82	계류역	내부		2	2	1	1	1	02.05.11
	경주/안강/옥산리		기타-경관	R	계곡	452	노거수	24.0	24/	2.60			계곡부	2	2	1	2	1	I
187	조각자나무	36.00.49 /129.09.42	100	C	115	62.12.03	희귀목	S	450/400	1.52	충적대지	후방	알미늄/상	3	1	1	2	1	02.04.14
	경주/안강/옥산/1600-1	울타리	기타-경관	R	주택	172	천연기념물	14.8	13/	4.80	태풍	+	흙	5	1	3	1	3	II
188	은행나무	35.58.59 /129.08.39	96	C	11-15-1	82.10.29	당산목	S	300/300	1.72	계류역	내부	대리석/상	1	3	1	1	1	02.04.14
	경주/안강/하곡리	정자,벤치	제사-신앙	R	주택,계류	531	보호수	26.0	23/22	5.40	태풍		시멘트	1	1	1	1	2	I

189	등나무	35.52.32 /129.11.53	66	C	89	62.12.03	희귀목	P	300/	0.47	충적저지	기타	알미늄/상	2	1	1	1	1	02.04.14
	경주/현곡/오류/527		기타-경관	R	경작지,도로	327	천연기념물	20.4	17/	1.50		+	흙	2	1	2	2	2	I
190	팽나무	35.53.21 /129.10.53	71	C	11-02-06	96.04.10	경관목	P	350/350	0.95	충적대지	내부		4	1	1	3	1	02.04.14
	경주/현곡/소현/623		기타-경관	R	도로,주택	216	보호수	16.6	15/18	3.00			흙	4	1	4	2	3	II
191	팽나무	35.53.21 /129.10.53	71	C				P	300/	0.92	충적대지	내부		1	1	1	1	1	02.04.14
	경주/현곡/소현/623		기타-경관	R	도로,주택	266	노거수	18.4	19/	2.90			흙	1	1	1	2	1	I
192	회화나무	35.53.21 /129.10.53	71	C	11-02-07	96.04.10	경관목	P	350/350	1.05	충적대지	내부		1	1	1	1	1	02.04.14
	경주/현곡/소현/623		기타-경관	R	도로,주택	333	보호수	20.6	22/20	3.30			흙	1	1	1	2	1	I
193	느티나무	35.52.48 /129.09.58	103	C	11-29	82.10.29	당산목	S	500/500	2.13	충적저지	기타	대리석/상	1	1	1	1	1	02.04.14
	경주/현곡/하구1/507		제사-신앙	R	경작지	886	보호수	33.6	29/20	6.70			흙	1	1	1	1	1	I
194	느티나무	35.51.49 /129.09.23	155	C				S	400/	1.78	산비탈	입구		2	3	1	3	2	02.05.11
	경주/현곡/상구2리		휴식-정자	R	도로,경작지	167	노거수	14.6	12/	5.60	태풍,병충해		시멘트	4	2	4	4	3	II
195	느티나무	35.55.09 /129.08.51	156	C	11-30	82.10.29	당산목	P	500/1000	1.56	산비탈	측면	대리석/상	3	2	1	1	1	02.04.14
	경주/현곡/내태1리	벤치,정자	제사-신앙	R	도로,마을회관	165	보호수	14.5	16/	4.90		+	자갈	4	1	3	2	3	II
196	느티나무	35.54.38 /129.04.59	159	N	11-15-15	82.10.29	정자목	P	300/300	1.14	계류역	입구	대리석/상	1	2	3	2	1	02.04.14
	경주/서/도1/1285		휴식-정자	R	계류,도로	143	보호수	13.5	15/15	3.60			시멘트	2	1	1	2	1	I
197	느티나무	35.54.38 /129.04.59	159	N				P	250/	0.98	계류역	입구		1	2	3	2	1	02.04.14
	경주/서/도1/1285		휴식-정자	R	계류,도로	219	노거수	16.7	15/	3.10			시멘트	1	1	1	2	1	I
198	느티나무	35.54.38 /129.04.59	159	N				P	250/	0.98	계류역	입구		1	2	2	2	1	02.04.14
	경주/서/도1/1285		휴식-정자	R	계류,도로	219	노거수	16.7	15/	3.10			시멘트	1	1	1	2	1	I
199	느티나무	35.49.48 /129.07.02	103	C	11-15-3	82.10.29	정자목	P	300/300	1.52	충적대지	내부	대리석/상	3	1	1	2	1	02.04.14
	경주/건천/금척/343	벤치,좌대	휴식-정자	R	도로,주택	333	보호수	20.6	10/13	4.80		+	자갈	3	1	3	2	1	I
200	느티나무	35.47.02 /129.11.00	89	N	11-15-11	82.10.29	풍치목	S	370/350	1.60	충적저지	기타	대리석/상	2	1	1	1	1	02.04.14
	경주/내남/망성1/586		휴식-정자	R	소하천,경작지	363	보호수	21.5	19/30	5.05			흙	2	1	2	2	2	I
201	느티나무	35.47.01 /129.11.47	70	N	11-15-12	82.10.29	풍치목	P	270/250	2.89	충적저지	기타	대리석/상	3	1	1	1	1	02.04.14
	경주/내남/망성2/233		휴식-정자	R	도로,경작지	240	보호수	17.5	15/20	9.10	태풍	+	흙	3	1	3	2	1	I
202	느티나무	35.47.01 /129.11.47	70	N				P	300/	1.62	충적저지	기타		5	1	1	1	1	02.04.14
	경주/내남/망성2/233		휴식-정자	R	도로,경작지	133	노거수	13.0	11/	5.10	태풍	+	흙	5	1	5	2	5	II
203	느티나무	35.47.03 /129.10.34	113	C	11-02-08	96.04.10	당산목	P	450/450	1.11	충적대지	기타	대리석/상	4	1	1	1	1	02.05.02
	경주/내남/망성1/1066	정자,벤치	제사-신앙	R	경작지,도로	102	보호수	11.4	9/12	3.50			흙	5	1	4	2	4	II
204	팽나무	35.47.03 /129.10.34	113	C				P	300/	0.98	충적대지	기타		4	1	1	1	1	02.05.02
	경주/내남/망성1/1066	정자,벤치	제사-신앙	R	경작지	55	노거수	8.4	7/	3.10			흙	4	1	4	2	4	II
205	느티나무	35.43.45 /129.11.43	107	N	11-15-8	82.10.29	당산목	S	350/300	1.49	계류역	입구	대리석/상	5	3	3	3	1	02.04.14
	경주/내남/노곡1/명동		제사-신앙	R	도로,하천	222	보호수	16.8	11/10	4.70	태풍		시멘트,자갈	5	1	5	2	5	II
206	느티나무	35.43.45 /129.11.43	107	C	1-15-7-6-14	82.10.29	당산목	S	230/200	1.49	계류역	입구	대리석/상	1	2	3	3	1	02.04.14
	경주/내남/노곡2리		제사-신앙	R	도로,주택	629	보호수	28.3	19/30	4.70			시멘트,흙	1	1	1	2	1	I
207	말채나무	35.43.45 /129.11.43	107	C	11-15-7-15	82.10.29	당산목	S	230/200	1.01	충적대지	입구	대리석/상	5	5	5	5	1	02.04.14
	경주/내남/명계3/1248		제사-신앙	R	도로,주택	133	보호수	13.0	13/20	3.20	태풍	+	시멘트	5	1	5	2	5	II
208	향나무	35.44.59 /129.09.13	115	C	11-27	82.10.29	경관목	S	200/500	0.63	충적저지	입구		3	2	3	3	1	02.05.02
	경주/내남/상신1/117		기타-경관	R	주택,도로,경작지	93	보호수	10.9	11/10	2.00			시멘트,돌	3	1	3	2	3	II
209	느티나무	35.45.49 /129.11.48	106	N	11-26	82.10.29	정자목	S	500/1000	1.86	계류역	입구	대리석/상	1	4	1	3	1	02.05.02
	경주/내남/부지1/18	벤치,정자	휴식-정자	R	도로,소하천,주택	1134	보호수	38.0	25/20	5.85			블럭	1	1	1	2	1	I

210	느티나무	35.46.45 /129.12.21	88	C	11-15-7	82.10.29	당산목	P	330/300	1.70	충적대지	내부		3	2	2	1	1	02.05.02
	경주/내남/용장4/31	정자.벤치	제사-신앙	R	주택	289	보호수	19.2	13/30	5.35			자갈.시멘트	3	1	3	2	3	II
211	느티나무	35.46.45 /129.12.21	88	N				P	170/	0.93	충적대지	내부		3	2	2	2	1	02.05.02
	경주/내남/용장4/31	정자.벤치	제사-신앙	R	주택	189	노거수	15.5	13/	2.95			자갈.시멘트	3	1	3	2	3	II
212	느티나무	35.44.54 /129.12.29	96	N	11-15-18	92.12.30	정자목	P	370/350	1.11	충적대지	내부		4	2	3	3	1	02.05.02
	경주/내남/이조3/492		휴식-정자	R	하천.도로.주택	174	보호수	14.9	8/7	3.50			시멘트	4	1	4	2	4	II
213	회화나무	35.45.00 /129.11.54	96	C	11-15-10	82.10.29	정자목	S	430/400	0.95	충적대지	내부	대리석/상	3	1	1	1	1	02.05.02
	경주/내남/이조/234-2		휴식-정자	R	경작지	135	보호수	13.1	13/15	3.00	노후	+	자갈	5	1	4	1	4	II
214	왕버들	35.43.45 /129.11.42	108	N	11-15-9	82.10.29	당산목	S	300/300	1.43	계류역	측면	대리석/상	3	1	1	1	1	02.05.02
	경주/내남/월산리		제사-신앙	R	경작지.계류	209	보호수	16.3	15/20	4.50		+	흙	3	1	3	2	2	I
215	느티나무	35.49.41 /129.04.43	107	N	11-15-2	82.10.29	정자목	S	400/400	1.43	계류역	측면	대리석/상	3	5	5	3	1	02.05.02
	경주/건천/송선1리		휴식-정자	R	도로.주택	383	보호수	22.1	10/13	4.52			시멘트.흙	3	1	3	2	3	II
216	느티나무	35.49.41 /129.04.43	107	N				P	100/	0.82	계류역	내부		3	5	3	3	1	02.05.02
	경주/건천/송선1리		휴식-정자	R	소하천.주택	170	노거수	14.7	12/	2.58			흙	1	1	3	2	3	II
217	회화나무	35.49.41 /129.04.43	107	N				P	100/	0.60	계류역	내부		2	2	5	3	1	02.05.02
	경주/건천/송선1리		휴식-정자	R	소하천.주택	77	노거수	9.9	15/	1.90			시멘트.흙	2	1	2	2	2	II
218	느티나무	35.48.52 /129.04.25	209	N	11-15-3-8-8	82.10.29	당산목	P	200/150	0.98	계류역	입구		3	1	1	1	1	02.05.02
	경주/건천/송선2/203	정자.벤치	휴식-정자	R	계류	172	보호수	14.8	9/17	2.95			자갈	3	1	3	2	3	I
219	느티나무	35.48.52 /129.04.25	209	N				P	200/	0.86	계류역	입구		3	1	1	1	1	02.05.02
	경주/건천/송선2/203	정자.벤치	휴식-정자	R	계류	165	노거수	14.5	17/	2.70			자갈	3	1	3	2	3	I
220	느티나무	35.48.52 /129.04.25	209	N				P	200/	0.95	계류역	입구		3	1	1	1	1	02.05.02
	경주/건천/송선2/203	정자.벤치	휴식-정자	R	계류	430	노거수	23.4	18/	3.00			자갈	3	1	3	2	1	I
221	회화나무	35.48.52 /129.04.25	209	N				P	150/	0.89	계류역	입구		1	1	3	3	1	02.05.02
	경주/건천/송선2/203	정자.벤치	휴식-정자	R	계류	266	노거수	18.4	18/	2.80			자갈	1	1	1	2	1	I
222	느티나무	35.47.42 /129.01.29	258	N	11-15-8-16	82.10.29	풍치목	P	350/350	1.17	산비탈	측면		5	1	1	1	1	02.05.04
	경주/산내/내칠1/119		휴식-정자	R	임야.주택	75	보호수	9.8	11/9	3.68			흙	5	3	5	2	3	II
223	느티나무	35.47.42 /129.01.29	258	N				P	200/	0.99	산비탈	측면		3	2	1	2	1	02.05.04
	경주/산내/내칠1/119		휴식-정자	R	임야	93	노거수	10.9	13/	3.13			흙	3	1	3	2	3	II
224	느티나무	35.47.42 /129.01.29	258	N				P	200/	0.79	산비탈	측면		3	1	1	1	1	02.05.04
	경주/산내/내칠1/119		휴식-정자	R	임야	80	노거수	10.1	15/	2.50			흙	3	1	3	1	3	I
225	회화나무	35.47.42 /129.01.29	258	N				P	200/	0.76	계류역	입구		2	1	1	1	1	02.05.04
	경주/산내/내칠1/119		휴식-정자	R	계곡.도로	275	노거수	18.7	19/	2.40	수해		돌	2	2	2	1	1	I
226	고로쇠나무	35.47.42 /129.01.29	258	N				P	200/	0.78	산비탈	측면		1	1	1	1	1	02.05.04
	경주/산내/내칠1/119		휴식-정자	R	임야	252	노거수	17.9	18/	2.45			흙	1	1	1	1	1	I
227	느티나무	35.47.42 /129.01.28	265	N	11-15-8-16	82.10.29	풍치목	S	150/350	0.86	충적대지	입구	대리석/상	3	5	4	3	1	02.05.04
	경주/산내/내칠1/119		휴식-정자	R	도로.경작지	147	보호수	13.7	11/	2.70			시멘트	3	1	3	2	3	II
228	느티나무	35.45.19 /129.01.51	199	N	11-28	82.10.29	당산목	S	500/500	1.45	계류역	입구	대리석/상	3	2	3	3	1	02.05.04
	경주/산내/일부1/922		휴식-정자	R	도로.경작지.하천	216	보호수	16.6	17/14	4.58			시멘트	3	1	3	2	3	II
229	느티나무	35.45.19 /129.01.51	' 199	N				P	250/	1.21	충적저지	입구		1	1	1	1	1	02.05.04
	경주/산내/일부1리		제사-신앙	R	도로.경작지	479	노거수	24.7	21/	3.83			흙	1	1	1	1	1	I
230	느티나무	35.45.19 /129.01.51	199	N				P	200/	0.95	충적저지	입구		3	2	3	1	1	02.05.04
	경주/산내/일부1리		제사-신앙	R	도로.경작지	203	노거수	16.1	11/	3.00			시멘트	3	1	3	2	3	II

231	느티나무	35.45.19 /129.01.51	199	N				P	100/	0.63	충적저지	입구		3	1	1	1	1	02.05.04
	경주/산내/일부1리		제사-신앙	R	도로,경작지	97	노거수	11.1	17/	1.98			흙	3	1	3	2	3	I
232	느티나무	35.45.19 /129.01.51	199	N				P	150/	0.90	충적저지	입구		2	1	2	1	1	02.05.04
	경주/산내/일부1리		제사-신앙	R	도로,경작지	152	노거수	13.9	15/	2.85			시멘트	2	1	2	2	1	I
233	느티나무	35.43.17 /129.01.18	206	N	11-15-13	82.10.29	정자목	P	300/300	1.46	계류역	측면	대리석/상	1	1	1	1	1	02.05.04
	경주/산내/일부1/250	벤치	휴식-정자	R	계곡,경작지	320	보호수	20.2	14/16	4.59			자갈	1	1	1	2	1	I
234	느티나무	35.43.17 /129.01.18	206	N				P	200/	0.95	산비탈	측면		3	1	1	1	1	02.05.04
	경주/산내/일부1/250		휴식-정자	R	경작지	111	노거수	11.9	13/	3.00			흙	3	1	3	2	1	I
235	이팝나무	35.43.17 /129.01.18	206	N				P	200/	0.78	산비탈	측면		4	1	1	1	1	02.05.04
	경주/산내/일부1/250		휴식-정자	R	경작지,임야	74	노거수	9.7	11/	2.45			흙	4	1	4	2	1	II
236	느티나무	35.43.17 /129.01.18	206	N				P	100/	0.66	산비탈	측면		1	1	1	1	1	02.05.04
	경주/산내/일부1/250		휴식-정자	R	경작지,임야	163	노거수	14.4	18/	2.10			흙	1	1	1	2	1	I
237	말채나무	35.43.17 /129.01.18	206	N				P	100/	0.79	산비탈	측면		2	1	1	1	1	02.05.04
	경주/산내/일부1/250		휴식-정자	R	경작지,임야	121	노거수	12.4	15/	2.50			흙	2	1	2	2	1	I
238	느티나무	35.43.17 /129.01.18	206	N				P	100/	0.85	계류역	측면		2	1	1	1	1	02.05.04
	경주/산내/일부1/250		휴식-정자	R	경작지	198	노거수	15.9	11/	2.67			흙	2	1	2	2	1	I
239	느티나무	35.45.14 /129.01.51	200	N		82.10.29	풍치목	S	200/110	1.11	충적저지	기타		1	1	1	1	1	02.05.04
	경주/산내/외칠1/921	돌무덤	휴식-정자	R	경작지	434	보호수	23.5	12/13	3.50			흙	2	1	2	1	1	I
240	느티나무	35.45.17 /129.01.53	197	C				S	100/	0.98	충적대지	기타		1	5	3	1	1	02.05.04
	경주/산내/외칠1/921		휴식-정자	R	경작지	184	노거수	15.3	13/	3.10			시멘트	1	1	1	2	1	I
241	팽나무	35.45.18 /129.01.51	197	N				S	150/	1.11	충적저지	기타		3	1	1	1	1	02.05.04
	경주/산내/외칠1/921		기타-경관	R	도로,경작지	102	노거수	11.4	12/	3.55			흙	3	1	3	1	1	I
242	회화나무	35.46.15 /129.03.25	224	C	11-15-8-3-16	82.10.29	당산목	S	150/150	1.05	충적저지	측면		1	1	1	1	1	02.05.04
	경주/산내/내일1/1514		제사-신앙	R	경작지	514	보호수	25.6	17/16	3.30			흙	1	1	1	1	1	I
243	왕버들	35.48.51 /129.04.25	200	N				S	300/	2.16	계류역	기타		5	1	1	1	1	02.05.04
	경주/산내/내일 1리		기타-경관	R	하천	491	노거수	25.0	12/	6.80	태풍		흙	5	1	5	1	5	II
244	느티나무	36.05.54/128.10.03	124	N	11-26-37	93.07.07	정자목	S	370/350	1.46	산비탈	입구	대리석/상	1	1	2	1	1	02.05.16
	김천/농소/월곡4/산75		휴식-정자	R	임야,도로	572	보호수	27	19/20	4.6			흙	2	3	1	2	1	I
245	팽나무	36.04.37/128.11.59	123	C				S	470/	1.21	계류역	입구		1	2	2	3	1	02.05.16
	김천/농소/연명/대지 266	벤치	휴식-정자	R	도로,주택,계류	340	노거수	20.8	14/17	3.8	인재		시멘트	1	1	1	2	1	I
246	팽나무	36.04.37/128.11.59	123	C	11-26-1	82.10.29	당산목	S	470/450	2.77	충적대지	내부	대리석/상	1	1	1	1	1	02.05.16
	김천/농소/연명/대지 266	돌탑	제사-신앙	R	경작지,주택	323	보호수	20.3	15/	8.7	인재		흙	2	1	1	2	1	I
247	느티나무	36.04.33/128.12.04	120	C				P	400/	1.43	계류역	내부		1	2	2	2	1	02.05.16
	김천/농소/연명	놀이시설,정자,벤치	휴식-정자	R	도로,계류,주택,쉼터	397	노거수	22.5	16/	4.5			블럭,시멘트,흙	1	1	1	2	1	I
248	느티나무	36.04.13/128.12.22	149	N	11-49	82.10.29	경관목	S	600/600	1.83	계류역	기타	대리석/상	1	1	1	1	1	02.05.16
	김천/농소/노곡/임 455	돌탑,울타리	제사-신앙	R	경작지,계류	415	보호수	23	14/18	5.75			흙	3	1	2	2	3	I
249	느티나무	36.05.27/128.13.14	110	C	11-26-2-1	82.10.29	정자목	S	220/200	1.04	충적대지	내부	대리석/상	1	5	4	5	1	02.05.16
	김천/남/운곡1/289		휴식-정자	R	주택,도로	295	보호수	19.4	13/14	3.25	인재		시멘트	1	1	1	4	3	II
250	느티나무	36.04.51/128.14.19	152	N	11-26-2-2	82.10.29	정자목	S	270/250	1.27	계류역	입구	대리석/상	2	3	3	1	1	02.05.16
	김천/남/송곡1/384		휴식-정자	R	경작지,계류	572	보호수	27	18/19	4			시멘트	2	1	2	2	2	I
251	느티나무	36.02.48/128.14.28	242	N	11-26-2-3	94.10.21	당산목	S	700/450	2.04	계류역	입구	대리석/상	4	2	3	3	1	02.05.16
	김천/남/월명/903-13		제사-신앙	R	주택,계류	346	보호수	21	13/20	6.4			시멘트	4	1	4	2	3	II

252	느티나무	36.04.59/128.16.05	190	N	11-26-2	82.10.29	풍치목	S	420/400	1.82	충적대지	입구	대리석/상	2	2	3	1	1	02.05.16
	김천/남/오봉/임야 191		제사-신앙	R	연못,도로,경작지	363	보호수	21.5	16/17	5.7			시멘트	3	1	2	2	1	I
253	느티나무	36.11.46/128.13.12	80	C	11-26-5-1	82.10.29	정자목	S	250/200	1.85	충적저지	입구	대리석/상	2	2	3	3	1	02.05.16
	김천/감문/성촌2/대지19-1	벤치	휴식-정자	R	도로,주택	356	보호수	21.3	16/16	5.8	인재	+	시멘트	2	1	2	2	3	II
254	느티나무	36.12.49/128.12.36	115	N	11-26-5-7-1	82.10.29	정자목	P	200/150	1.40	충적저지	입구	대리석/상	1	2	3	2	1	02.05.16
	김천/감문/광덕2/답 242		휴식-정자	R	도로,경작지	314	보호수	20	16/15	4.4			자갈,시멘트	1	1	1	2	3	I
255	느티나무	36.13.14/128.08.47	124	C	11-26-5-7-1	82.10.29	정자목	S	150/150	0.99	산비탈	내부		1	2	3	3	1	02.05.16
	김천/감문/남곡/75	시멘좌대	휴식-정자	R	도로,주택	238	보호수	17.4	15/15	3.1	인재		시멘트	2	1	2	2	2	I
256	느티나무	36.12.54/128.12.23	100	N	11-26-6	82.10.29	정자목	S	500/450	2.66	충적대지	입구	대리석/상	4	2	3	4	1	02.05.16
	김천/감문/광덕2/1510	시멘좌대	휴식-정자	R	도로,주택,계류	191	보호수	15.6	16/17	8.35	태풍		자갈,시멘트	4	2	4	2	4	II
257	느티나무	36.13.56/128.12.14	105	N	11-26-7	82.10.29	정자목	S	400/350	1.53	충적저지	기타	대리석/상	2	1	1	1	1	02.05.16
	김천/감문/광덕1/854		휴식-정자	R	경작지	387	보호수	22.2	19/16	4.8			흙	2	1	2	1	1	I
258	은행나무	36.11.23/128.08.10	124	C	11-26-12	82.10.29	정자목	S	460/460	0.99	충적저지	내부	대리석/상	1	2	3	3	1	02.05.16
	김천/어모/군자1/936		기타-경관	R	도로,경작지	98	보호수	11.2	22/26	3.1	인재		자갈,시멘트	2	1	1	2	2	I
259	느티나무	36.12.18/128.05.58	138	N	11-26-11	82.10.29	당산목	S	400/380	1.82	충적대지	측면	대리석/상	1	5	4	5	1	02.05.16
	김천/어모/도암2/462		휴식-정자	R	경작지,주택,도로	336	보호수	20.7	17/16	5.7	인재		시멘트	2	1	2	3	3	II
260	느티나무	36.11.48/128.06.36	126	C				P	150/	0.92	충적대지	내부		2	4	3	3	1	02.05.16
	김천/어모/동좌리	벤치,시멘좌대	휴식-정자	R	주택,경작지,도로	452	노거수	24	20/	2.9			블럭,시멘트	2	1	2	2	3	II
261	느티나무	36.11.48/128.06.36	126	C				P	150/	0.54	충적대지	내부		2	4	3	3	1	02.05.16
	김천/어모/동좌리	벤치,시멘좌대	휴식-정자	R	주택,경작지,도로	219	노거수	16.7	17/	1.7			블럭,시멘트	2	1	2	2	3	II
262	느티나무	36.11.48/128.06.36	126	C				P	150/	1.08	충적대지	내부		1	4	3	3	1	02.05.16
	김천/어모/동좌리	벤치,시멘좌대	휴식-정자	R	주택,경작지,도로	460	노거수	24.2	22/	3.4			블럭,시멘트	1	1	1	2	3	II
263	느티나무	36.11.48/128.06.36	126	C				P	150/	1.24	충적대지	내부		1	4	3	3	1	02.05.16
	김천/어모/동좌리	벤치,시멘좌대	휴식-정자	R	주택,경작지,도로	283	노거수	19	21/	3.9			블럭,시멘트	2	1	2	2	3	II
264	느티나무	36.10.56/128.06.43	133	N	11-26-10	82.10.29	당산목	S	370/350	1.46	산비탈	후방	대리석/상	1	1	1	1	1	02.05.16
	김천/어모/동좌1/42		제사-신앙	R	임야,경작지	314	보호수	20	17/22	4.6			흙	2	1	2	2	1	I
265	느티나무	36.10.05/128.06.32	127	N	11-26-9	82.10.29	당산목	S	400/380	1.88	충적대지	내부	대리석/상	3	2	2	2	1	02.05.16
	김천/어모/옥률/297	울타리	제사-신앙	R	경작지,도로,주택	263	보호수	18.3	18/20	5.9			흙	4	1	3	2	3	II
266	느티나무	36.10.05/128.06.32	127	N				P	430/	1.66	충적대지	내부		5	1	1	2	1	02.05.16
	김천/어모/옥률/297	정자	휴식-정자	R	경작지,주택	20	노거수	5	4/	5.2	인재		흙	5	1	5	2	5	II
267	팽나무	36.10.05/128.06.32	127	C	11-26-6-1	82.10.29	경관목	S	270/250	1.05	충적대지	내부	대리석/상	3	1	1	1	1	02.05.16
	김천/어모/옥률/297	체육시설	기타-경관	R	주택,도로,경작지	165	보호수	14.5	14/19	3.3			자갈	4	1	3	2	3	II
268	느티나무	36.10.03/128.07.26	120	N	11-26-8	82.10.29	정자목	S	350/320	0.76	산비탈	입구	대리석/상	2	2	3	3	1	02.05.16
	김천/어모/남산/19	벤치,좌대	휴식-정자	R	임야,도로,주택	366	보호수	21.6	15/17	2.4			자갈,시멘트	2	1	2	2	3	II
269	느티나무	36.08.20/128.05.53	112	N	11-3-15-1	82.10.29	정자목	S	120/100	0.99	충적대지	내부	대리석/상	2	2	3	2	1	02.05.16
	김천/삼락/도로 1154	벤치	휴식-정자	U	도로,경작지	219	보호수	16.7	11/	3.12			자갈,시멘트	2	1	2	2	2	I
270	느티나무	36.09.10/128.05.27	118	N	11-3-16-1	82.10.29	정자목	P	200/200	0.85	산비탈	후방		2	1	1	1	1	02.05.16
	김천/문당/592		휴식-정자	R	도로,주택	193	보호수	15.7	13/	2.66			흙	2	1	2	2	2	I
271	팽나무	36.09.10/128.05.27	118	N	11-3-16-1	82.10.29	정자목	S	200/200	0.99	산비탈	후방		4	2	3	3	1	02.05.16
	김천/문당/592		휴식-정자	R	도로,주택	193	보호수	15.7	11/	3.11			시멘트	4	2	4	2	3	II
272	느티나무	36.08.49/128.02.56	126	N	11-26-13	82.10.29	정자목	S	370/350	2.00	계류역	기타	대리석/상	2	2	3	2	1	02.05.16
	김천/봉산/예지2/답 505-3		휴식-정자	R	도로,계류	642	보호수	28.6	16/16	6.29	인재	+	시멘트	2	2	2	2	2	II

273	느티나무	36.08.53/128.02.57	149	N	11-26-14	82.10.29	정자목	S	520/500	1.58	충적대지	입구	대리석/상	5	5	5	5	1	02.05.16
	김천/봉산/예지2/답 564-3		기타-경관	R	도로	26	보호수	5.7	8/13	4.95	인재		시멘트	5	1	5	2	5	II
274	느티나무	36.10.21/128.02.32	223	N	11-26-15	82.10.29	정자목	S	350/320	1.42	산비탈	후방	대리석/상	1	2	1	1	1	02.05.16
	김천/봉산/상금2/396		휴식-정자	R	경작지	363	보호수	21.5	16/16	4.45			자갈	2	2	1	2	1	I
275	느티나무	36.07.50/128.02.27	123	N	11-26-7-4-1	94.10.21	당산목	P	350/350	1.26	충적저지	기타	대리석/상	2	1	1	1	1	02.05.16
	김천/봉산/덕천/635		제사-신앙	R	경작지,도로	460	보호수	24.2	15/26	3.95			흙	2	1	2	2	1	I
276	느티나무	36.07.50/128.02.27	123	N				P	350/	1.05	충적대지	기타		1	1	1	1	1	02.05.16
	김천/봉산/덕천/635		제사-신앙	R	경작지,도로	397	노거수	22.5	15/	3.3			흙	1	1	1	2	1	I
277	팽나무	36.07.53/128.02.41	113	C	11-26-7-1	82.10.29	정자목	P	250/230	1.34	충적대지	입구	대리석/상	1	1	1	1	1	02.05.16
	김천/봉산/덕천2/답241	놀이시설	제사-신앙	R		577	보호수	27.1	18/17	4.2			자갈	1	1	1	2	1	I
278	팽나무	36.07.53/128.02.41	113	C			정자목	P	150/	0.83	충적대지	입구		1	1	1	1	1	02.05.16
	김천/봉산/덕천2/답241	벤치,놀이시설	제사-신앙	R		172	노거수	14.8	14/	2.6			흙	1	1	1	2	1	I
279	팽나무	36.07.53/128.02.41	113	C				P	150/	1.15	충적대지	입구		1	1	1	1	1	02.05.16
	김천/봉산/덕천2/답241	벤치,놀이시설	제사-신앙	R		156	노거수	14.1	14/	3.62			흙	1	1	1	2	1	I
280	팽나무	36.07.53/128.02.41	113	C				P	100/	1.21	충적대지	입구		1	1	1	1	1	02.05.16
	김천/봉산/덕천2/답241	벤치,놀이시설	제사-신앙	R		209	노거수	16.3	15/	3.8			흙	1	1	1	2	1	I
281	느티나무	36.07.53/128.02.41	113	C				P	100/	1.04	충적대지	입구		1	1	1	1	1	02.05.16
	김천/봉산/덕천2/답241	벤치,놀이시설	제사-신앙	R		177	노거수	15	15/	3.28			흙	1	1	1	2	1	I
282	느티나무	36.07.53/128.02.41	113	C				P	100/	1.02	충적대지	입구		1	1	1	1	1	02.05.16
	김천/봉산/덕천2/답241	벤치,놀이시설	제사-신앙	R		263	노거수	18.3	15/	3.2			흙	1	1	1	2	1	I
283	소나무	36.07.53/128.02.41	111	N	11-26-17	82.10.29	당산목	S	350/300	1.49	산비탈	후방	대리석/상	2	1	1	1	1	02.05.16
	김천/대항/향천2/산96		제사-신앙	R		320	보호수	20.2	10/11	4.69			흙	2	1	2	2	1	I
284	느티나무	36.06.14/128.01.49	111	N	11-26-16	82.10.29	당산목	S	340/320	2.41	충적대지	후방	대리석/상	1	1	1	1	1	02.05.16
	김천/대항/향천4/167	벤치	제사-신앙	R	경작지,도로	551	보호수	26.5	15/14	7.56			흙	2	1	1	2	1	I
285	팽나무	36.06.02/128.00.24	223	C	11-26-18	82.10.29	풍치목	P	320/300	1.00	충적대지	입구	대리석/상	1	2	3	1	1	02.05.16
	김천/대항/운수2/594-1	정자	기타-경관	R	경작지,도로	510	보호수	25.5	17/15	3.15			시멘트	1	2	1	2	1	I
286	느티나무	36.04.08/127.58.45	481	N	11-26-20	82.10.29	정자목	S	500/450	2.13	계류역	내부	대리석/상	4	2	3	2	1	02.05.16
	김천/대항/주례2/1335		휴식-정자	R	도로,계류,주택	390	보호수	22.3	14/15	6.7			시멘트,돌	4	2	4	2	4	II
287	상수리나무	36.04.06/127.58.47	481	N				S	200/	1.02	계류역	입구		3	2	3	2	1	03.04.06
	김천/대항/주례2/삼거리		기타-경관	R	도로,계류	246	노거수	17.7	18/	3.21			시멘트,돌	3	1	3	2	3	II
288	느티나무	36.02.21/128.02.07	151	N	11-26-22	82.10.29	풍치목	P	300/300	1.20	계류역	입구	대리석/상	1	1	1	1	1	02.05.16
	김천/구성/상좌원2/전232		기타-경관	R	경작지,계류	464	보호수	24.3	16/16	3.76			흙	2	2	2	2	1	I
289	느티나무	36.02.21/128.02.07	151	N	11-26-22	82.10.29	풍치목	P	200/300	0.99	계류역	입구	대리석/상	1	1	1	1	1	02.05.16
	김천/구성/상좌원2/전232		기타-경관	R	경작지,계류,도로	464	보호수	24.3	16/	3.1			흙	1	1	1	2	1	I
290	왕버들	36.01.58/128.04.32	125	N				S	250/	1.56	충적저지	기타		2	5	3	1	1	02.05.16
	김천/구성/광명1리		기타-경관	R	경작지	308	노거수	19.8	13/	4.9			시멘트	2	1	2	2	1	II
291	은행나무	36.02.30/128.04.38	110	N	11-26-21	82.10.29	정자목	S	450/400	2.23	충적대지	입구	대리석/상	4	2	3	3	1	02.05.16
	김천/구성/광명/623		휴식-정자	R	주택,도로,경작지	186	보호수	15.4	13/20	7			시멘트	4	1	4	2	4	II
292	왕버들	36.04.02/128.06.24	95	N				S	200/	1.69	충적대지	측면		3	2	3	3	1	02.05.16
	김천/조마/신안5리	벤치,정자	휴식-정자	R	도로,저수지	203	노거수	16.1	10.5/	5.3			자갈,시멘트	3	1	3	2	3	II
293	팽나무	36.03.49/128.06.02	120	N	11-26-10-1	82.10.29	정자목	S	270/250	1.15	계류역	후방	대리석/상	3	1	3	1	1	02.05.16
	김천/조마/신안3/336		휴식-정자	R	계류,경작지	314	보호수	20	16/16	3.6			흙	3	1	3	2	3	II

294	팽나무	36.07.29/128.09.11	78	N	11-3-2	82.10.29	정자목	S	300/300	1.66	산비탈	기타	대리석/상	1	1	1	1	1	02.05.16
	김천/덕곡/도로404-2	벤치, 체육시설	휴식-정자	R	경작지, 도로	615	보호수	28	14/	5.2		+	흙	2	1	1	2	1	I
295	회화나무	36.06.47/128.04.22	115	C	11-2	82.10.29	정자목	S	500/500	1.50	충적대지	내부	대리석/상	5	2	3	3	1	02.05.16
	김천/백옥/527		휴식-정자	R	주택, 도로	106	보호수	11.6	12/	4.7			시멘트, 자갈	5	1	5	2	5	II
296	느티나무	36.07.08/128.05.30	120	C	11-3-20-1	82.10.29	정자목	S	120/100	0.73	충적대지	내부	대리석/상	1	2	3	3	1	02.05.16
	김천/부곡2/1063	벤치	휴식-정자	R	주택	419	보호수	23.1	13.5/	2.3			시멘트	1	1	1	2	3	I
297	느티나무	36.07.08/128.05.30	120	C	11-3-20-2-6	82.10.29	풍치목	P	120/100	0.81	충적대지	내부	대리석/상	1	2	3	3	1	02.05.16
	김천/부곡/도림1064	농구대	휴식-정자	R	도로, 주택	227	보호수	17	16.5/	2.53			시멘트	1	1	1	2	1	I
298	느티나무	36.07.08/128.05.30	120	C	11-3-20-2-6	82.10.29	풍치목	P	120/100	1.21	충적대지	내부	대리석/상	1	2	3	3	1	02.05.16
	김천/부곡/도림1064	농구대	휴식-정자	R	도로, 주택	499	보호수	25.2	22/	3.8			시멘트	1	1	1	2	1	I
299	느티나무	36.07.08/128.05.30	120	C	11-3-20-2-6	82.10.29	풍치목	P	120/100	0.48	충적대지	내부	대리석/상	2	2	3	3	1	02.05.16
	김천/부곡/도림1064	농구대	휴식-정자	R	도로, 주택	323	보호수	20.3	15/	1.5			시멘트	1	1	2	2	1	I
300	느티나무	36.07.08/128.05.30	120	C	11-3-20-2-6	82.10.29	풍치목	P	120/100	1.08	충적대지	내부	대리석/상	1	2	3	3	1	02.05.16
	김천/부곡/도림1064	농구대	휴식-정자	R	도로, 주택	327	보호수	20.4	19/	3.4			시멘트	1	1	1	2	1	I
301	느티나무	36.07.08/128.05.30	120	C	11-3-20-2-6	82.10.29	풍치목	P	120/100	1.27	충적대지	내부	대리석/상	1	2	3	3	1	02.05.16
	김천/부곡/도림1064	농구대	휴식-정자	R	도로, 주택	441	보호수	23.7	20/	4			시멘트	1	1	1	2	1	I
302	돌배나무	36.06.44/128.06.28	166	N	11-3-1	82.10.29	희귀목	S	200/300	0.52	산비탈	내부		2	1	3	1	1	02.05.17
	김천/부곡/139		기타-경관	R	주택	69	보호수	9.4	11/11	1.64			흙	2	1	2	1	1	I
303	왕버들	36.04.00/128.22.31	64	N				P	150/	0.76	충적저지	기타		3	1	1	1	1	02.05.17
	김천/구성/상원리	연못	기타-경관	R	경작지, 연못	394	노거수	22.4	9/	2.4			흙	3	1	3	2	3	I
304	왕버들	36.04.00/128.22.31	64	N				P	150/	0.76	충적저지	기타		3	1	1	1	1	02.05.17
	김천/구성/상원리		기타-경관	R	경작지, 연못	394	노거수	22.4	11/	2.4			흙	3	1	3	2	3	I
305	왕버들	36.04.00/128.22.31	64	N				P	150/	1.54	충적저지	기타		3	1	1	1	1	02.05.17
	김천/구성/상원리		기타-경관	R	경작지, 연못	129	노거수	12.8	11/	4.83			흙	3	1	3	2	3	I
306	왕버들	36.00.48/128.02.02	174	N	11-26-11-13-1	82.10.29	정자목	S	250/200	2.17	충적저지	입구	대리석/상	3	2	3	1	1	02.05.17
	김천/구성/구미1/246		휴식-정자	R	경작지, 도로	1385	보호수	42	21/20	6.8	태풍		시멘트	3	1	3	2	3	II
307	느티나무	36.00.40/128.02.21	141	N	11-26-23	82.10.29	경관목	S	450/400	1.62	계류역	입구	대리석/상	5	2	3	2	1	02.05.17
	김천/구성/미평1/237		기타-경관	R	도로, 계류	64	보호수	9	8/10	5.1	태풍		시멘트, 자갈	5	1	5	2	4	II
308	느티나무	36.00.30/128.01.49	179	N				S	150/	1.78	산비탈	기타		1	1	1	1	1	02.05.17
	김천/구성/작내리		기타-경관	R	하천, 임야, 경작지	452	노거수	24	15/	5.6			흙	1	1	1	1	1	I
309	느티나무	36.00.45/128.01.23	145	N	11-26-24	82.10.29	정자목	S	450/400	2.51	충적대지	내부	대리석/상	1	2	3	3	1	02.05.17
	김천/구성/작내/163-1	벤치	휴식-정자	R	주택, 도로, 경작지	495	보호수	25.1	21/20	7.89			시멘트, 모래	2	1	1	2	1	I
310	팽나무	36.01.31/128.00.22	182	N				S	150/	1.02	산비탈	후방		1	1	1	1	1	02.05.17
	김천/구성/용호리		기타-경관	R	경작지, 계류, 주택	376	노거수	21.9	16/	3.2			흙	1	2	1	1	1	I
311	느티나무	36.01.13/128.00.41	200	N	11-26-11-1	82.10.29	정자목	S	250/200	1.66	산비탈	기타	대리석/상	2	2	3	3	1	02.05.17
	김천/구성/용호/108		휴식-정자	R	임야, 도로	80	보호수	10.1	11/15	5.2			시멘트	2	1	2	2	2	II
312	느티나무	35.58.35/128.01.06	160	N	11-26-26	82.10.29	정자목	P	400/300	1.08	충적대지	입구	대리석/상	5	2	3	3	1	02.05.17
	김천/지례/도곡1/465		제사-신앙	R	도로	305	보호수	19.7	11/17	3.4	인재		시멘트, 모래	5	1	5	2	4	II
313	느티나무	35.58.35/128.01.06	160	C				P	150/	0.89	충적대지	입구		1	2	3	3	1	02.05.17
	김천/지례/도곡1/465		휴식-정자	R	도로, 주택, 경작지	277	노거수	18.8	13/	2.8			시멘트, 자갈	1	1	1	2	1	I
314	느티나무	35.59.03/128.00.53	180	N	11-26-25	82.10.29	정자목	S	350/300	1.23	산비탈	기타	대리석/상	3	2	2	2	1	02.05.17
	김천/지례/도곡1/465		휴식-정자	R	도로, 경작지	193	보호수	15.7	10/17	3.85			시멘트	3	3	3	2	3	II

315	느티나무	35.58.42/128.00.17	170	N	11-26-34	82.10.29	정자목	S	350/300	1.86	산비탈	기타	대리석/상	2	1	1	1	1	02.05.17
	김천/부항/신옥/산22		휴식-정자	R	임야,도로,하천	615	보호수	28	18/20	5.83			흙	2	2	2	2	1	I
316	팽나무	35.58.23/127.59.13	188	N	11-26-28	82.10.29	풍치목	P	450/400	1.23	충적대지	기타	대리석/상	1	1	1	1	1	02.05.17
	김천/부항/지좌/568-1	당집	휴식-정자	R	경작지,하천	471	보호수	24.5	15/20	3.87			흙	2	2	1	2	1	I
317	소나무	35.58.23/127.59.13	188	N				P	150/	0.71	충적대지	기타		1	1	1	1	1	02.05.17
	김천/부항/지좌/568-1	당집	휴식-정자	R	하천,경작지	224	노거수	16.9	17/	2.22			흙	1	1	1	2	1	I
318	느티나무	35.59.01/127.57.39	240	N	11-26-29	82.10.29	당산목	S	400/360	1.30	계류역	기타	대리석/상	3	2	2	2	1	02.05.17
	김천/부항/사등 709		휴식-정자	R	도로,하천	292	보호수	19.3	15/15	4.09	태풍	+	시멘트	3	1	3	2	3	II
319	느티나무	35.59.09/127.57.16	240	N	11-26-30	82.10.29	풍치목	S	470/450	1.56	산비탈	기타	대리석/상	4	2	3	2	1	02.05.17
	김천/부항/사등 242		휴식-정자	R	도로,임야	152	보호수	13.9	15/15	4.91			흙	4	1	4	2	4	II
320	느티나무	35.58.46/127.56.32	280	N	11-50	82.10.29	정자목	S	570/550	2.36	산비탈	기타	대리석/상	4	1	1	1	1	02.05.17
	김천/부항/월곡/임356		휴식-정자	R	도로,임야	412	보호수	22.9	10/17	7.42	태풍		흙	4	1	4	2	4	II
321	느티나무	35.59.34/127.55.55	325	N	11-26-31	82.10.29	정자목	S	400/350	1.31	계류역	기타	대리석/상	3	1	1	1	1	02.05.17
	김천/부항/하대/800	돌탑	제사-신앙	R	경작지,계류역	163	보호수	14.4	15/18	4.1			자갈	3	1	3	2	3	I
322	느티나무	35.58.59/127.56.37	270	N				P	200/	1.17	충적대지	입구		1	1	1	1	1	02.05.17
	김천/부항/월곡리	정자	기타-경관	R	하천,경작지	330	노거수	20.5	18/	3.67			흙	1	1	1	2	1	I
323	느티나무	35.58.59/127.56.37	270	N				P	200/	1.17	충적대지	입구		1	1	1	1	1	02.05.17
	김천/부항/월곡리	정자	기타-경관	R	하천,경작지	408	노거수	22.8	19/	3.68			흙	1	1	1	2	1	I
324	느티나무	35.58.59/127.56.37	270	N				P	200/	1.18	충적대지	입구		3	1	3	1	1	02.05.17
	김천/부항/월곡리		기타-경관	R	하천,경작지	327	노거수	20.4	18/	3.72			흙	3	1	3	2	3	II
325	느티나무	35.58.59/127.56.37	270	N				P	200/	1.10	충적대지	입구		1	1	1	1	1	02.05.17
	김천/부항/월곡리		기타-경관	R	하천,경작지	181	노거수	15.2	18/	3.44			흙	1	1	1	2	1	I
326	느티나무	35.58.59/127.56.37	270	N				P	200/	1.03	충적대지	입구		3	1	3	1	1	02.05.17
	김천/부항/월곡리		기타-경관	R	하천,경작지	219	노거수	16.7	17/	3.22			흙	3	2	3	2	3	II
327	느티나무	35.58.59/127.56.37	270	N				P	200/	0.87	충적대지	입구		4	1	1	1	1	02.05.17
	김천/부항/월곡리		기타-경관	R	하천,경작지	203	노거수	16.1	16/	2.72	인재		흙	4	1	4	2	4	II
328	느티나무	35.58.59/127.56.37	270	N				P	200/	0.99	충적대지	입구		3	1	1	1	1	02.05.17
	김천/부항/월곡리		기타-경관	R	하천,경작지	211	노거수	16.4	15/	3.1			흙	3	1	3	2	3	I
329	느티나무	35.58.59/127.56.37	270	N				P	200/	0.95	충적대지	입구		3	1	1	1	1	02.05.17
	김천/부항/월곡리	정자	기타-경관	R	하천,경작지	298	노거수	19.5	17/	2.97			흙	3	1	3	2	3	I
330	팽나무	35.58.59/127.56.37	270	N				P	200/	0.94	충적대지	입구		2	1	3	1	1	02.05.17
	김천/부항/월곡리		기타-경관	R	하천,경작지	280	노거수	18.9	15/	2.96			흙	2	2	2	2	2	I
331	느티나무	35.58.59/127.56.37	270	N				P	200/	1.11	충적대지	입구		3	1	1	1	1	02.05.17
	김천/부항/월곡리		기타-경관	R	하천,경작지	158	노거수	14.2	15/	3.5			흙	3	1	3	2	3	I
332	느티나무	35.58.59/127.56.37	270	N				P	200/	0.75	충적대지	입구		3	1	1	1	1	02.05.17
	김천/부항/월곡리		기타-경관	R	하천,경작지	277	노거수	18.8	15/	2.35			흙	3	1	3	2	3	I
333	느티나무	35.58.59/127.56.37	270	N				P	200/	1.09	충적대지	입구		3	1	1	1	1	02.05.17
	김천/부항/월곡리		기타-경관	R	하천,경작지	203	노거수	16.1	13/	3.41			흙	3	1	3	2	3	I
334	느티나무	35.58.59/127.56.37	270	N				P	200/	0.79	충적대지	입구		3	2	3	1	1	02.05.17
	김천/부항/월곡리		기타-경관	R	하천,경작지	193	노거수	15.7	14/	2.48			시멘트	3	1	3	2	3	II
335	느티나무	36.00.58/127.55.15	432	N	11-26-32	82.10.29	정자목	S	350/300	1.57	산비탈	기타	대리석/상	1	1	1	1	1	02.05.17
	김천/부항/대야2/답602		기타-경관	R	도로,임야	506	보호수	25.4	22/20	4.92			흙	1	1	1	2	1	I

336	전나무	36.00.58/127.55.15	432	N	11-51	82.10.29	고목	S	570/550	1.58	산비탈	기타	대리석/상	3	1	2	1	1	02.05.17
	김천/부항/대야2/도로879		기타-경관	R	도로,임야	55	보호수	8.4	31/50	4.95			흙	3	1	3	2	3	II
337	느티나무	36.00.09/127.56.30	385	N	11-26-13-2	82.10.29	풍치목	P	200/200	0.96	계류역	기타		1	1	1	1	1	02.05.17
	김천/부항/파천1/122		제사-신앙	R	계류,경작지,도로	232	보호수	17.2	9/20	3			자갈	1	2	1	1	1	I
338	느티나무	36.00.09/127.56.30	385	N				P	150/	0.80	계류역	기타		3	1	1	1	1	02.05.17
	김천/부항/파천1/122		휴식-정자	R	계류,도로	154	노거수	14	7/	2.5			자갈	3	1	3	2	1	I
339	느티나무	36.00.09/127.56.30	385	N				P	150/	0.80	계류역	기타		1	1	2	1	1	02.05.17
	김천/부항/파천1/122		휴식-정자	R	계류,도로	154	노거수	14	7/	2.5			자갈	1	1	1	2	1	I
340	느티나무	36.00.25/127.56.08	375	N				S	250/	1.26	계류역	기타		1	1	1	2	1	03.04.06
	김천/부항/파천1/122		휴식-정자	R	계류,경작지	295	노거수	19.4	12/	3.95			돌	1	2	1	1	1	I
341	느티나무	36.00.20/127.56.16	385	N				S	150/	0.68	계류역	기타		1	1	2	1	1	02.05.17
	김천/부항/파천1/122		휴식-정자	R	계류,도로	209	노거수	16.3	15/	2.15			흙	1	1	1	2	1	I
342	팽나무	36.00.20/127.56.16	385	N				S	200/	1.24	계류역	기타		1	1	1	1	1	02.05.17
	김천/부항/파천1/122		휴식-정자	R	계류,도로	252	노거수	17.9	13/	3.9			흙	1	1	1	2	1	I
343	느티나무	35.59.36/127.58.45	320	N	11-26-33	82.10.29	정자목	S	370/350	1.61	산비탈	입구	대리석/상	3	3	3	3	1	02.05.17
	김천/부항/희곡/99		휴식-정자	R	도로,경작지	266	보호수	18.4	13/18	5.07			시멘트	3	1	3	3	3	II
344	느티나무	35.57.35/128.01.37	188	N	11-26-27	82.10.29	정자목	S	470/450	1.64	충적대지	입구	대리석/상	2	2	2	2	1	02.05.17
	김천/지례/관덕1/307		휴식-정자	R	도로,계류,주택	445	보호수	23.8	16/18	5.15			시멘트	2	1	2	2	2	I
345	은행나무	35.56.57/127.58.27	233	C	300	82.11.04	희귀목	S	600/600	3.76	서원내	후방	알미늄/상	1	1	1	1	1	02.05.17
	김천/대덕/조룡/산51		기타-경관	R	임야,주택	397	천연기념물	22.5	32/28	11.8			흙	2	1	1	1	1	I
346	회화나무	35.56.57/127.58.27	233	C				S	100/	0.83	서원내	입구		1	1	1	1	1	02.05.17
	김천/대덕/조룡/산51		기타-경관	R	향교,도로	129	노거수	12.8	21/	2.6			흙	1	1	1	2	1	I
347	느티나무	35.54.51/127.58.25	265	N	11-26-35		경관목	P	450/400	1.69	충적대지	내부	대리석/상	4	1	3	1	1	02.05.17
	김천/대덕/관기/235		휴식-정자	R	운동장	483	보호수	24.8	12/30	5.3	태풍		흙	4	1	4	2	4	II
348	느티나무	35.54.51/127.58.25	265	N				P	450/	1.15	충적대지	내부		4	1	3	1	1	02.05.17
	김천/대덕/관기/235		휴식-정자	R	운동장	158	노거수	14.2	13/	3.6	태풍		흙	4	1	4	2	4	II
349	느티나무	35.54.51/127.58.25	265	N				P	450/	1.46	충적대지	내부		4	1	3	1	1	02.05.17
	김천/대덕/관기/235		휴식-정자	R	운동장	170	노거수	14.7	13/	4.6	태풍		흙	4	1	4	2	4	II
350	느티나무	35.54.53/127.58.23	248	N				P	150/	1.24	충적대지	내부		1	1	1	1	1	02.05.17
	김천/대덕/관기/235		휴식-정자	R	운동장	133	노거수	13	12/	3.9			흙	1	1	1	2	1	I
351	느티나무	35.54.33/128.02.00	390	N	11-54		정자목	S	550/500	2.99	충적대지	내부	대리석/상	4	1	1	2	1	02.05.17
	김천/증산/황정/임518		휴식-정자	R	경작지,주택	133	보호수	13	16/20	9.4	태풍		자갈,흙	4	1	4	2	4	II
352	팽나무	35.54.36/128.01.50	377	C				S	150/	1.05	충적대지	입구		1	1	2	1	1	02.05.17
	김천/증산/황정/임518		휴식-정자	R	경작지,도로	133	노거수	13	16/	3.3			흙	1	1	1	2	1	I
353	느티나무	35.54.49/128.01.21	425	N				S	350/350	1.94	산비탈	입구		1	1	1	1	1	02.05.17
	김천/증산/동안/297		휴식-정자	R	도로	660	보호수	29	15/24	6.1			자갈	1	2	1	2	1	I
354	느티나무	35.55.55/128.02.09	554	N	11-26-15-1		정자목	S	300/300	1.91	계류역	기타	대리석/상	3	1	1	1	1	02.05.17
	김천/증산/황항/320-2		기타	R	계류,경작지	415	보호수	23	13/14	6			흙	3	1	3	1	2	I
355	느티나무	36.31.25 /128.40.42	99	N				S	100/	0.00	충적대지	내부		1	1	3	1	1	02.03.26
	안동/남후/무릉2/658-17	벤치, 시멘좌대	휴식-정자	R	주택,경작지	479	노거수	24.70	13.5 /	2.30			시멘트	1	1	1	2	1	I
356	느티나무	36.31.59 /128.40.03	93	N	11-14-5	82.10.26	당산목	S	440/420	0.00	산비탈	내부	대리석/상	3	2	3	1	1	02.03.26
	안동/남후/개곡 산3		휴식-정자	R	주택,임야,도로	363	보호수	21.50	19.6 /22	7.13			자갈,시멘트	3	1	3	2	3	II

357	느티나무	36.32.09 /128.39.59	109	N	11-14-7-6-1	82.10.26	정자목	P	130/110	0.00	계류역	내부	철제/중	1	1	3	2	1	02.03.26
	안동/남후/검안 907		휴식-정자	R	주택,경작지,계류	452	보호수	24.00	22.2 /20	4.50			시멘트,자갈	1	1	1	2	1	I
358	느티나무	36.32.09 /128.39.59	109	N				P	130/	0.00	계류역	내부		1	1	3	1	1	02.03.26
	안동/남후/검안 907		휴식-정자	R	주택,농경지,계류	415	노거수	23.00	23.0 /	3.28			시멘트,자갈	1	1	1	2	1	I
359	느티나무	36.32.31 /128.39.37	106	N	11-14-7-1	82.10.26	정자목	S	230/210	0.00	충적대지	후방	대리석/상	1	1	1	1	1	02.03.26
	안동/남후/검안 943-20	정자	휴식-정자	R	경작지,제방	804	보호수	32.00	25.6 /18	3.90			자갈	1	1	1	2	1	I
360	느티나무	36.31.27 /128.37.52	110	N	11-14-7-7-1	82.10.26	정자목	S	500/500	0.00	충적대지	내부		4	5	5	4	1	02.03.26
	안동/남후/고하 1360		휴식-정자	R	주택,도로,경작지	249	보호수	17.80	12.0 /11	5.70	인재		시멘트	4	1	4	2	4	II
361	느티나무	36.33.13 /128.36.15	104	N	11-14-7-14-2	94.10.21	정자목	S	220/200	0.00	계류역	입구	대리석/상	1	2	3	1	1	02.03.26
	안동/남후/단호 1322-1		휴식-정자	R	도로,경작지,계류	707	보호수	30.00	17.6 /18	5.60			시멘트	1	1	1	2	1	I
362	느티나무	36.33.14 /128.36.54	104	N	11-14-7-14-1	94.10.21	정자목	S	600/300	0.00	계류역	내부	대리석/상	5	2	3	3	1	02.03.26
	안동/남후/단호 670-2		휴식-정자	R	주택,도로,계류	149	보호수	13.80	12.1 /25	7.10			시멘트	5	1	5	2	5	II
363	왕버들	36.29.59 /128.40.02	120	N	11-14-7-3-1	82.10.26	정자목	S	230/210	0.00	계류역	입구	철제/중	3	1	1	1	1	02.03.26
	안동/남후/광음 763		휴식-정자	R	경작지,임야,계류	154	보호수	14.00	15.5 /15	6.20			흙	3	1	3	1	4	I
364	향나무	36.27.48 /128.39.56	137	C	11-14-6-3	82.10.26	경관목	S	290/270	0.00	충적저지	내부	알미늄/중	1	1	1	1	1	02.03.26
	안동/일직/망호/444	제실	기타-경관	R	주택,경작지	104	보호수	11.50	12.0 /11	2.47			흙	1	1	1	2	1	I
365	은행나무	36.27.38 /128.39.56	149	C	11-14-6-2	82.10.26	정자목	S	290/270	0.00	충적대지	내부	알미늄/중	5	1	1	1	1	02.03.26
	안동/일직/망호/62		휴식-정자	R	도로,주택,경작지	143	보호수	13.50	13.5 /10	3.10			흙	5	1	5	2	5	II
366	왕버들	36.27.41 /128.40.22	150	N	11-14-6-3-2	82.10.26	당산목	P	200/180	0.00	충적저지	기타	철제/중	3	1	1	1	1	02.03.26
	안동/일직/망호/1038-1		기타-경관	R	경작지	491	보호수	25.00	19.6 /11	3.50			흙	3	1	3	1	3	I
367	왕버들	36.27.41 /128.40.22	150	N				P	200/	0.00	충적저지	기타		4	1	1	1	1	02.03.26
	안동/일직/망호/1038-1		기타-경관	R	농경지	177	노거수	15.00	9.6 /	3.20			흙	4	1	4	1	4	II
368	느티나무	36.27.50 /128.40.41	140	N	11-14-6-1-1	82.10.26	정자목	P	220/200	0.00	충적대지	입구		4	2	3	3	1	02.03.26
	안동/일직/귀미/787	정류장	휴식-정자	R	도로,경작지	131	보호수	12.90	11.5 /15	2.90			시멘트	4	1	4	2	4	II
369	느티나무	36.27.29 /128.40.14	149	N	11-14-6-3-1	82.10.26	당산목	S	180/160	0.00	충적대지	내부		2	2	3	3	1	02.03.26
	안동/일직/망호/719	정자, 벤치	제사-신앙	R	주택,도로,경작지	133	보호수	13.00	17.4 /11	5.40			시멘트	2	1	2	2	3	II
370	왕버들	36.26.09 /128.40.17	155	N	11-14-6-5-2	82.10.26	당산목	P	220/200	0.00	충적대지	입구		4	2	3	2	1	02.03.26
	안동/일직/광연/산42-1		제사-신앙	R	도로,임안,하천	172	보호수	14.80	13.5 /10	2.35	태풍		시멘트	4	1	4	1	4	II
371	느티나무	36.26.36 /128.40.53	185	N	11-14-6-5-1	82.10.26	당산목	S	500/240	0.00	계류역	입구	대리석/상	3	2	3	2	1	02.03.26
	안동/일직/광연/213-5	벤치	휴식-정자	R	계류,도로,경작지	594	보호수	27.50	18.0 /20	7.75			시멘트	3	2	3	2	3	II
372	회화나무	36.25.47 /128.39.27	157	C	11-14-6-5	82.10.26	당산목	S	240/220	0.00	충적대지	내부	대리석/상	3	2	2	2	1	02.03.26
	안동/일직/명진/556	정류소, 벤치	휴식-정자	R	경작지,도로	531	보호수	26.00	11.2 /18	6.70	태풍		자갈,시멘트	3	1	3	2	3	II
373	느티나무	36.25.44 /128.38.17	169	N	11-14-6-6-1	82.10.26	동신목	P	170/150	0.00	충적대지	후방		2	2	3	2	1	02.03.26
	안동/일직/명진/164-2	벤치	휴식-정자	R	도로,주택,경작	380	보호수	22.00	13.0 /15	2.90			시멘트	2	3	2	2	3	II
374	느티나무	36.25.44 /128.38.17	169	N				P	170/	0.00	충적대지	입구		3	2	3	2	1	02.03.26
	안동/일직/명진/164-2	벤치	휴식-정자	R	주택,농경지,도로	353	노거수	21.20	13.0 /	3.70			시멘트	3	3	3	2	3	II
375	느티나무	36.29.01 /128.39.50	130	N	11-14-6-9	82.10.26	당산목	S	300/250	0.00	충적대지	후방	대리석/상	1	1	1	1	1	02.03.26
	안동/일직/원호/921		제사-신앙	R	경작지,하천	531	보호수	26.00	17.0 /13	5.00				1	1	1	2	1	I
376	느티나무	36.28.55 /128.39.38	127	N	11-14-6-8	82.10.26	정자목	S	320/300	0.00	계류역	내부	대리석/상	3	2	3	2	1	02.03.26
	안동/일직/원호/산39	벤치	휴식-정자	R	주택,임야, 계류	397	보호수	22.50	19.6 /15	5.40			시멘트	3	2	3	2	3	II
377	느티나무	36.28.51 /128.39.21	127	N	11-14-6-10	82.10.26	정자목	S	270/250	0.00	충적저지	기타	대리석/상	3	1	1	1	1	02.03.26
	안동/일직/원호1/383		기타-경관	R	경작지	201	보호수	16.00	18.2 /10	3.75	인재		흙	3	1	3	2	3	I

378	팽나무	36.29.20 /128.39.12	124	N	11-14-6-12-1	82.10.26	당산목	P	170/150	0.00	계류역	내부	철제/중	1	2	3	3	1	02.03.26
	안동/일직/원호2/684-2		제사-신앙	R	도로,주택,계류	598	보호수	27.60	18.0 /16	3.50			시멘트	1	1	1	2	1	I
379	느티나무	36.29.20 /128.39.12	124	N				P	150/	0.00	계류역	내부		1	2	3	3	1	02.03.26
	안동/일직/원호/684-2	시멘좌대	제사-신앙	R	도로,주택,계류	479	노거수	24.70	20.0 /	3.10			시멘트	1	1	1	2	1	I
380	느티나무	36.29.20 /128.39.12	124	N				P	150/	0.00	충적대지	내부		1	2	3	3	1	02.03.26
	안동/일직/원호/684-2	시멘좌대	제사-신앙	R	도로,주택,계류	479	노거수	24.70	20.0 /	2.90			시멘트	1	1	1	2	1	I
381	느티나무	36.28.44 /128.37.59	139	N	11-14-6-6	82.10.26	정자목	P	310/290	0.00	충적대지	입구		4	1	1	1	1	02.03.26
	안동/일직/조탑/344-1	정자, 벤치	휴식-정자	R	도로,경작지	181	보호수	15.20	10.0 /9	5.75	태풍		흙	4	1	4	2	4	II
382	느티나무	36.28.44 /128.37.59	139	N				P	120/	0.00	충적대지	입구		4	1	1	1	1	02.03.26
	안동/일직/조탑/344-1	정자, 벤치	휴식-정자	R	도로,경작지	125	노거수	12.60	9.0 /	2.70			흙	4	1	4	2	4	II
383	느티나무	36.29.00 /128.38.23	141	N	11-14-6-11-1	82.10.26	동신목	S	200/180	0.00	계류역	입구		5	2	2	2	1	02.03.26
	안동/일직/송/988		휴식-정자	R	도로,경작지,계류	330	보호수	20.50	11.0 /10	4.00			시멘트	5	1	5	2	5	II
384	은행나무	36.29.08 /128.38.22	137	C	44	83.09.29	정자목	S	700/680	0.00	충적대지	내부	알미늄/중	3	2	3	1	1	02.03.26
	안동/일직/송/650-2외2필지		기타-경관	R	주택,도로	158	도기념물	14.20	13.5 /	4.50	태풍	+	시멘트	3	1	3	1	3	II
385	은행나무	36.33.04 /128.43.19	122	C	11-14-18-6	82.10.26	경관목	S	500/490	0.00	충적대지	내부	대리석/상	2	1	1	1	1	02.03.26
	안동/정상/770		기타-경관	R	주택	201	보호수	16.00	18.0 /	5.75			흙	2	1	2	1	1	I
386	느티나무	36.29.04 /128.42.30	173	N	11-14-8-9-1	82.10.26	정자목	S	200/180	0.00	계류역	입구	대리석/상	1	1	1	1	1	02.03.26
	안동/남선/원림2/61-1	평상, 벤치	기타-경관	R	도로,계류,경작지	222	보호수	16.80	11.9 /15	3.10			자갈	1	1	1	2	1	I
387	느티나무	36.31.19 /128.42.14	139	N	11-14-8-9-3	82.10.26	정자목	S	200/180	0.00	계류역	입구	철제/중	2	1	1	1	1	02.03.26
	안동/남선/원림1/61-1		휴식-정자	R	경작지,계류	483	보호수	24.80	18.8 /15	6.10			흙	2	1	2	2	2	I
388	회화나무	36.30.58 /128.42.20	130	C	11-14-8-9-2	82.10.26	경관목	S	200/180	0.00	충적대지	내부	철제/하	2	1	1	1	1	02.03.26
	안동/남선/원림 762		휴식-정자	R	도로,주택,경작지	240	보호수	17.50	12.6 /15	2.10	인재		흙	2	1	2	2	2	I
389	소태나무	36.31.04 /128.42.57	142	N	11-14-8-8-1	82.10.26	경관목	S	120/100	0.00	충적저지	입구	대리석/중	3	1	1	1	1	02.03.26
	안동/남선/현내 1/925	울타리	휴식-정자	R	경작지,도로	127	보호수	12.70	11.5 /8	2.50			시멘트	3	1	3	1	3	I
390	느티나무	36.31.38 /128.47.10	129	N	11-14-8-2	82.10.26	정자목	P	240/220	0.00	충적대지	입구	대리석/상	3	1	2	1	1	02.03.26
	안동/남선/신석1/478-2		휴식-정자	R	주택,경작지	555	보호수	26.60	21.9 /14	5.00			시맨	3	1	3	2	3	II
391	느티나무	36.31.38 /128.47.10	129	N				P	150/	0.00	충적대지	입구		3	1	1	1	1	02.03.26
	안동/남선/신석1/478-2	정자, 벤치	휴식-정자	R	주택,농경지	240	노거수	17.50	0.0 /	3.90			흙	3	1	3	2	3	I
392	느티나무	36.31.38 /128.47.10	129	N				P	150/	0.00	충적대지	입구		1	1	1	1	1	02.03.26
	안동/남선/신석1/478-2	정자, 벤치	휴식-정자	R	농경지	523	노거수	25.80	17.0 /	3.40			흙	1	1	1	2	1	I
393	느티나무	36.31.38 /128.47.10	129	N				P	150/	0.00	충적대지	입구		1	1	1	1	1	02.03.26
	안동/남선/신석1/478-2	정자, 벤치	휴식-정자	R	주택,농경지	340	노거수	20.80	15.1 /	3.05			흙	1	1	1	3	1	I
394	호도나무	36.31.34 /128.48.33	129	C				S	150/	0.00	충적대지	내부		1	1	1	1	1	02.03.26
	안동/남선/이천		기타-경관	R	주택,경작지	177	노거수	15.00	16.8 /	3.17			자갈	1	2	1	3	1	I
395	회화나무	36.31.34 /128.48.33	129	C	11-14-8-4-1	82.10.26	경관목	S	170/150	0.00	충적대지	내부		2	1	1	1	1	02.03.26
	안동/남선/이천2/160		기타-경관	R	주택,경작지	359	보호수	21.40	23.0 /14	3.40			자갈	3	1	1	1	2	I
396	느티나무	36.31.36 /128.48.30	128	N	11-18-8-1	82.10.26	정자목	S	250/230	0.00	충적대지	내부		3	2	2	1	1	02.03.26
	안동/남선/이천2/130-1		휴식-정자	R	주택,경작지	196	보호수	15.80	13.7 /16	5.70			시멘트	3	1	3	2	3	II
397	느티나무	36.31.39 /128.47.51	121	N	11-14-6	82.10.26	당산목	S	390/370	0.00	충적대지	내부	대리석/상	2	2	3	3	1	02.03.26
	안동/남선/이천/676		휴식-정자	R	주택,도로,경작지	314	보호수	20.00	15.0 /14	5.50			시멘트	2	2	2	2	3	II
398	느티나무	36.28.18 /128.48.57	196	N	11-14-9-5-1	82.10.26	당산목	S	470/450	0.00	계류역	입구		2	2	2	2	1	02.03.26
	안동/임하/추목/766		제사-신앙	R	도로,계류,경작지	397	보호수	22.50	18.4 /12	5.50			시멘트	2	2	2	2	2	I

399	소나무	36.31.54 /128.49.14	129	N	11-14-9-6-1	82.10.26	당산목	P	220/200	0.00	충적대지	입구	철제/중	2	1	1	1	1	02.03.26
	안동/임하/추목/766	정자, 벤치	휴식-정자	R	주택,경작지	44	보호수	7.50	14.6 /11	1.96			흙	2	1	2	2	2	I
400	소나무	36.31.54 /128.49.14	129	N				P	220/	0.00	충적대지	입구		2	1	1	1	1	02.03.26
	안동/임하/신덕/813-4	정자, 벤치	휴식-정자	R	주택,경작지	28	노거수	6.00	14.6 /	2.00			흙	2	1	2	2	2	I
401	소나무	36.31.54 /128.49.14	129	N				P	220/	0.00	충적대지	입구		2	1	1	1	1	02.03.26
	안동/임하/신덕/813-4	정저, 벤치	휴식-정자	R	주택,경작지	44	노거수	7.50	10.0 /	1.86			흙	2	1	2	2	2	I
402	소나무	36.31.54 /128.49.15	129	N				P	220/	0.00	충적대지	입구		2	1	1	1	1	02.03.26
	안동/임하/신덕/813-4	정자, 벤치	휴식-정자	R	주택,경작지	44	노거수	7.50	14.0 /	2.14			흙	2	1	2	2	2	I
403	소나무	36.31.54 /128.49.14	129	N				P	220/	0.00	충적대지	입구		2	1	1	1	1	02.03.26
	안동/임하/신덕/813-4	정자, 벤치	휴식-정자	R	주택,경작지	135	노거수	13.10	15.6 /	3.30			흙	2	1	2	2	2	I
404	느티나무	36.29.27 /128.51.48	153	N	11-14-9-8-1	82.10.26	당산목	S	220/200	0.00	충적대지	입구		2	3	3	3	1	02.03.26
	안동/임하/고곡/111		휴식-정자	R	도로,경작지	311	보호수	19.90	13.5 /12	3.50		+	시멘트,자갈	2	2	2	2	2	II
405	느티나무	26.28.38 /128.53.50	163	N	11-14-9-5	82.10.26	정자목	S	290/270	0.00	산비탈	내부	대리석/하	4	1	1	1	1	02.03.26
	안동/임하/오대1/산132		휴식-정자	R	도로,임야	219	보호수	16.70	17.8 /15	4.95	인재화재		흙	4	1	4	2	4	II
406	느티나무	36.28.35 /128.53.44	153	N	11-14-9-4	82.10.26	당산목	S	280/260	0.00	계류역	입구		5	5	3	4	1	02.03.26
	안동/임히/오대1/135		휴식-정자	R	도로,계류,경작지	88	보호수	10.60	8.5 /8	3.60			시멘트	5	1	5	2	5	II
407	은행나무	36.28.32 /128.51.64	162	C	11-14-9-9-1	82.10.26	정자목	S	280/260	0.00	산비탈	후방	철제/중	3	1	1	1	1	02.03.26
	안동/임하/오대1/179		기타-경관	R	임야,주택,경작지	235	보호수	17.30	25.0 /15	2.70			흙	3	1	3	2	3	I
408	회화나무	36.31.02 /128.52.05	145	C	11-14-9-1	82.10.26	경관목	S	270/250	0.00	충적대지	내부	철제/중	2	1	1	1	1	02.03.26
	안동/임하/임하/547		기타-경관	R	주택,경작지	191	보호수	15.60	15.5 /17	2.60			흙	2	1	2	2	2	I
409	회화나무	36.31.58 /128.51.30	130	C	11-14-9-2	82.10.26	정자목	S	290/270	0.00	충적대지	내부	대리석/상	4	1	1	1	1	02.03.26
	안동/임하/천전/280-1	벤치	휴식-정자	R	주택	156	보호수	14.10	14.4 /10	2.40			흙	4	1	4	2	3	II
410	모감주나무	36.32.54 /128.46.45	135	C	50	84.12.29	명목	S	300/300	0.00	산비탈	기타	알미늄/상	1	1	3	1	1	02.03.26
	안동/송천 산30-2	울타리	기타-경관	R	도로,임야	93	도기념물	10.90	12.0 /	1.50			돌	1	2	1	1	1	I
411	회화나무	36.32.52 /128.47.20	128	C	11-4-18-1-1	82.10.26	경관목	S	170/150	0.00	충적대지	내부	알미늄/중	2	2	3	2	1	02.06.05
	안동/송천/1118		기타-경관	R	도로,경작지	289	보호수	19.20	16.8 /	2.30			시멘트	2	1	2	2	1	I
412	느티나무	36.32.19 /128.48.46	175	N	11-14-8-7	82.10.26	경관목	S	280/260	0.00	산비탈	후방	철제/중	4	1	1	1	1	02.06.05
	안동/송천/199		기타-경관	R	임야,계곡	314	보호수	20.00	15.0 /	4.50			흙	5	1	4	1	4	II
413	회화나무	36.33.47 /128.44.05	144	C			경관목	S	200/	0.00	충적대지	내부		4	4	5	4	1	02.03.26
	안동/중부	중구동사무소	기타-경관	U	농경지,관공서	317	노거수	20.10	17.0 /	3.60			시멘트,블럭	4	1	4	2	4	II
414	느티나무	36.33.47 /128.44.05	144	N			경	P	300/	0.00	충적대지	내부		4	1	1	1	1	02.03.26
	안동/중부 동사무소		제사-신앙	U	농경지,관공서	252	노거수	17.90	14.1 /	5.23	태풍	+	흙	4	1	4	2	4	II
415	향나무	36.34.51 /128.43.01	175	C	106	95.06.30	희귀목	S	420/400	0.00	산비탈	기타	"알미늄,대리석"/상	4	1	1	1	1	02.06.05
	안동/안기/276		기타-경관	U	암야,암자	216	도기념물	16.60	8.4 /	4.55		+	자갈	4	1	4	2	4	II
416	회화나무	36.34.39 /128.41.19	126	C	11-4-18-5	82.10.26	정자목	S	120/200	0.00	충적대지	내부	철제/하	3	2	3	2	1	02.06.05
	안동/노하동162		휴식-정자	R	주택	201	보호수	16.00	15.6 /	2.01			시멘트	3	1	3	2	3	II
417	왕버들	36.35.05 /128.41.03	125	N	11-4-18-4	82.10.26	정자목	S	220/200	0.00	산비탈	후방	대리석/중	1	1	1	1	1	02.06.05
	안동/노하/232		휴식-정자	R	주택,임야,경작지	502	보호수	25.30	25.0 /	3.75			흙	2	1	1	2	1	I
418	느티나무	36.45.42 /128.53.58	212	N	11-14-13-6-1	94.10.21	당산목	S	600/600	0.00	산비탈	후방	대리석/상	3	1	1	1	1	00.05.15
	안동/도산/가송 산146-2	좌대	제사-신앙	R	임야,경작지	346	보호수	21.00	20.0 /20	6.20		+	자갈	3	1	3	2	3	I
419	느티나무	36.47.28 /128.49.36	329	N	11-14-13-1	82.10.26	당산목	S	400/350	0.00	산비탈	입구	대리석/상	1	1	1	1	1	02.05.15
	안동/도산/태자2/1011-1		제사-신앙	R	도로,계류,경작지	804	보호수	32.00	19.5 /15	5.20			자갈	1	1	1	2	1	I

420	떡갈나무	36.45.42 /128.53.58	205	N	11-14-13-3	82.10.26	당산목	S	250/220	0.00	충적대지	입구	철제/중	2	1	1	1	1	02.05.15
	안동/도산/온혜1/	창고	기타-경관	R	주택,경작지	209	보호수	16.30	12.5 /9	2.80			흙	2	1	2	2	2	I
421	느티나무	36.45.15 /128.50.12	217	N	11-14-13-2	82.10.26	당산목	S	300/250	0.00	충적대지	기타	대리석/상	4	2	3	3	1	02.05.15
	안동/도산/온혜 221-4		제사-신앙	R	도로	269	보호수	18.50	12.0 /11	5.60	태풍	+	시멘트	4	1	4	3	3	II
422	느티나무	36.44.58 /128.50.05	220	N	11-14-13-8-2	82.10.26	풍치목	P	120/100	0.00	충적저지	내부	철제/하	2	1	4	1	1	02.05.15
	안동/도산/온혜리		기타-경관	R	농경지	254	보호수	18.00	12.0 /7	2.60			흙	2	2	1	2	3	I
423	느티나무	36.44.58 /128.50.05	220	N				S	120/	0.00	충적저지	내부		4	1		1	3	02.05.15
	안동/도산/온혜리		기타-경관	R	농경지	123	노거수	12.50	9.0 /	2.20			흙	4	2	4	4	4	II
424	느티나무	36.44.36 /128.50.05	217	N	11-14-13-8-1	82.10.26	당산목	P	200/150	0.00	계류역	기타	대리석/상	1	1	1	1	1	02.05.15
	안동/도산/온혜2/565-1	벤취, 정자	제사-신앙	R	하천	283	보호수	19.00	18.7 /17	4.30			흙	1	1	1	2	1	I
425	느티나무	36.44.36 /128.50.05	217	N				P	100/100	0.00	계류역	기타		1	1	1	1	1	02.05.15
	안동/도산/온혜2/278-7	벤치, 정자	휴식-정자	R	하천	269	노거수	18.50	18.5 /	2.80			흙	1	1	1	2	1	I
426	느티나무	36.44.36 /128.50.05	217	N				P	100/	0.00	계류역	기타		1	1	1	1	1	02.05.15
	안동/도산/온혜2/565-1	벤치, 정자	휴식-정자	R	하천	275	노거수	18.70	17.0 /	3.40			흙	1	1	1	2	1	I
427	느티나무	36.45.39 /128.48.40	291	N	11-14-13-9-1	82.10.26	당산목	S	450/450	0.00	계류역	입구	"철제,대리석"/상	1	2	1	1	1	02.05.15
	안동/도산/운곡 440		제사-신앙	R	계류,주택,도로	491	보호수	25.00	15.0 /15	5.40		+	시멘트	1	1	1	2	1	I
428	느티나무	36.45.39 /128.48.40	291	N				S	150/150	0.00	계류역	입구		1	2	1	1	1	02.05.15
	안동/도산/운곡 440		제사-신앙	R	도로,주택,계류	154	노거수	14.00	14.0 /	3.30			시멘트	2	1	1	2	1	I
429	소나무	36.44.50 /128.49.33	225	N	11-14-13-8-5	82.10.26	당산목	S	150/190	0.00	충적저지	기타		3	1	1	1	1	02.05.15
	안동/도산/온혜3/1256		기타-경관	R	들판	133	보호수	13.00	14.0 /16	2.20	태풍			3	1	3	2	3	I
430	회화나무	36.44.50 /128.49.33	225	C	11-14-13-8-3	82.10.26	정자목	S	170/150	0.00	충적저지	기타	철제/상	3	1	1	1	1	02.05.15
	안동/도산/온혜3/1256		기타-경관	R	도로,경작지	615	보호수	28.00	18.0 /17	3.40			돌	3	1	3	2	3	I
431	소나무	36.35.54 /128.45.57	239	N	11-14-2-1-1	82.10.26	정자목	S	270/250	0.00	충적대지	입구	철제/상	3	1	1	1	1	02.05.15
	안동/와룡/중가구/산37		기타-경관	R	도로,주택	53	보호수	8.20	9.0 /7.5	1.90	태풍	+	흙	3	1	3	2	3	I
432	왕버들	36.35.42 /128.45.44	221	N	11-14-2-1	82.10.26	당산목	P	300/300	0.00	계류역	기타	철제/하	3	1	1	1	1	02.05.15
	안동/와룡/중가구/827		기타-경관	R	계류,임야	133	보호수	13.00	14.5 /15	3.50			흙	3	1	3	1	3	I
433	왕버들	36.35.42 /128.45.44	221	N				P	300/	0.00	계류역	기타		3	1	1	1	1	02.05.15
	안동/와룡/중가구/827		기타-경관	R	계류,임야	283	노거수	19.00	16.0 /	3.60			흙	3	1	3	1	3	I
434	느티나무	36.36.02 /128.46.40	232	N	11-14-2-1-2	82.10.26	정자목	S	150/150	0.00	산비탈	입구		1	3	1	1	1	02.05.15
	안동/와룡/중가구/377	벤치, 정자	휴식-정자	R	임야,도로,보호철책	227	보호수	17.00	19.0 /14	3.20			블럭	1	1	1	2	1	I
435	느티나무	36.36.01 /128.46.39	232	N	11-14-2-2-1	82.10.26	정자목	S	200/200	0.00	충적저지	기타	대리석/상	1	1	1	1	1	02.05.15
	안동/와룡/중가구/106		휴식-정자	R	도로,경작지	283	보호수	19.00	17.0 /12	3.60			흙	1	1	1	2	1	I
436	느티나무	36.37.27 /128.47.43	250	N	11-14-2-6-2	82.10.26	당산목	S	180/150	0.00	충적저지	기타	대리석/상	1	2	2	2	1	02.05.15
	안동/와룡/지내 148-1	벤치	휴식-정자	R	도로,경작지	346	보호수	21.00	17.0 /13	3.60			시멘트	1	1	1	2	1	I
437	느티나무	36.37.42 /128.47.19	269	N	11-14-2-6	82.10.26	정자목	S	320/300	0.00	충적저지	기타	대리석/상	3	1	1	1	1	02.05.15
	안동/와룡/지내 1091		휴식-정자	R	도로,경작지	380	보호수	22.00	16.0 /15	6.20		+	흙	3	1	3	2	3	I
438	소나무	36.38.25 /128.47.11	315	N	11-11-2-3	82.10.26	당산목	S	300/300	0.00	기타	임야	철제/하	3	1	1	4	3	02.05.15
	안동/와룡/지내		기타-경관	R		40	보호수	7.10	7.0 /6	2.10			나뭇잎	4	1	3	3	3	II
439	느티나무	36.38.13 /128.46.58	275	N	11-14-2-6-1	82.10.26	정자목	S	300/250	0.00	충적저지	기타	대리석/상	3	3	3	1	1	02.05.15
	안동/와룡/지내 557-1		휴식-정자	R	도로,경작지	283	보호수	19.00	14.0 /15	3.60			시멘트	3	1	3	2	3	II
440	느티나무	36.38.09 /128.46.55	274	N	11-14-2-4	82.10.26	정자목	P	280/250	0.00	충적저지	측면	대리석/상	2	1	1	1	1	02.05.15
	안동/와룡/지내 1113		휴식-정자	R	임야,도로	394	보호수	22.40	17.5 /15	3.60			흙	1	2	1	3	1	I

441	느티나무	36.38.09 /128.46.55	274	N				P	250/	0.00	충적저지	측면		5	2	4	1	1	02.05.15
	안동/와룡/지내 1113		휴식-정자	R	도로,경작지,주택	113	노거수	12.00	11.0 /7	2.90			시멘트	4	2	2	4	4	II
442	느티나무	36.38.08 /128.45.13	216	N	11-11-2-7	82.10.26	당산목	S	300/250	0.00	충적대지	기타	철제/상	3	1	1	1	1	02.05.15
	안동/와룡/태/전 838-1		제사-신앙	R	도로,경작지	452	보호수	24.00	17.0 /	6.40		+	흙	4	3	3	2	3	II
443	느티나무	36.38.50 /128.47.08	262	N	11-14-2-2	82.10.26	전설목	S	320/300	0.00	산비탈	기타	대리석/상	3	1	1	1	1	02.05.15
	안동/와룡/가야 982		휴식-정자	R	임야,경작지	314	보호수	20.00	17.0 /10	6.50			흙	3	1	3	2	3	I
444	느티나무	36.40.43 /128.46.2	200	C	11-11-2-10	82.10.26	당산목	S	290/270	0.00	충적대지	내부	철제/중	3	2	3	3	1	02.05.15
	안동/와룡/서현 865		제사-신앙	R	농촌가옥	283	보호수	19.00	13.5 /18	3.30			시멘트	2	3	3	2	3	II
445	느티나무	36.39.50 /128.45.54	285	N	11-14-2-9	82.10.26	당산목	S	230/210	0.00	계류역	내부	철제/하	1	1	1	1	1	02.05.15
	안동/와룡/감애 2/산61		휴식-정자	R	경작지	219	보호수	16.70	17.0 /19	3.60			흙	1	2	3	2	1	I
446	느티나무	36.39.03 /128.45.20	233	N	11-11-2-11-1	82.10.26	정자목	S	170/150	0.00	계류역	기타	철제/하	1	1	1	1	1	02.05.15
	안동/와룡/주하 160-2		제사-신앙	R	계류,도로	275	보호수	18.70	13.5 /9	3.70			흙	1	1	1	2	1	I
447	향나무	36.39.25 /128.44.57	254	N	11-11-2-8	82.10.26	희귀목	S	330/300	0.00	계류역	기타	철제/하	1	1	1	1	1	02.05.15
	안동/와룡/주하 71		기타-경관	R	주택,계류	107	보호수	11.70	2.5 /2.5	0.70			흙	1	1	1	1	1	I
448	느티나무	36.38.09 /128.44.36	214	N	11-14-2-11-2	82.10.26	정자목	S	200/200	0.00	충적저지	기타		1	3	1	1	1	02.05.15
	안동/와룡/주하 637		휴식-정자	R	경작지	238	보호수	17.40	15.0 /14	3.20			흙	1	1	1	2	1	I
449	느티나무	36.38.09 /128.44.36	214	N				S	200/	0.00	계류역	입구		1	3	1	1	1	02.05.15
	안동/와룡/주하 637		기타-경관	R	논,도로,경작지	380	노거수	22.00	13.5/13.5	3.10			시멘트	2	3	2	1	1	I
450	상수리나무	36.38.11 /128.44.40	222	C				S	100/	0.00	산비탈	입구		2	2	1	1	1	03.04.08
	안동/와룡/주하 637		기타-경관	R	도로,경작지,산지하부	165	노거수	14.50	16.0 /	2.00			시멘트	1	2	2	2	2	I
451	은행나무	36.38.09 /128.44.36	214	C				S	150/	0.00	충적저지	기타		1	1	1	1	1	02.05.15
	안동/와룡/주하 637		기타-경관	R	경작지	531	노거수	26.00	26.0 /	4.10			흙	1	2	1	1	1	I
452	느티나무	36.38.09 /128.44.36	214	N				S	200/	0.00	충적저지	기타		4	3	3	3	1	02.05.15
	안동/와룡/주하 637		기타-경관	R	도로,경작지	238	노거수	17.40	15.0 /	3.20			시멘트	4	3	5	4	4	II
453	뚝향나무	36.38.09 /128.44.36	222	C	314	82.11.04		S	600/600	0.00	충적대지	내부	알미늄/상	1	1	1	1	1	02.05.15
	안동/와룡/주하/634외1필지		기타-경관	R	주택,경작지	177	천연기념물	15.00	3.0 /	2.30		+	자갈	1	1	1	1	1	I
454	느티나무	36.37.27 /128.44.45	208	N	11-11-2-10-1	82.10.26	당산목	S	170/150	0.00	충적저지	측면	철제/중	1	1	1	1	1	02.05.15
	안동/와룡/이상 745	벤치, 정자	휴식-정자	R	도로,임야	437	보호수	23.60	17.0 /13	3.80			흙	1	1	2	2	1	I
455	느티나무	36.38.38 /128.54.01	208	N	11-14-12-1	82.10.26	정자목	S	250/250	0.00	계류역	기타		1	1	2	1	1	02.05.15
	안동/예안/정산256-1		휴식-정자	R	도로,계류,경작지	283	보호수	19.00	15.0 /12	3.50			흙	2	1	2	2	1	I
456	느티나무	36.38.40 /128.55.15	188	N	11-14-12-15-3	82.10.26	정자목	S	250/220	0.00	계류역	입구		3	4	1	1	1	22.05.15
	안동/예안/구룡 701-2		휴식-정자	R	도로,계류	452	보호수	24.00	15.0 /15	4.30			시멘트	5	3	4	3	3	II
457	느티나무	36.38.51 /128.55.47	213	N	11-14-12-15-2	82.10.26	동신목	S	300/230	0.00	충적대지	측면		2	4	1	1	1	02.05.15
	안동/예안/구룡 524	벤치, 정자	휴식-정자	R	주택,경작지	471	보호수	24.50	13.5 /15	4.80			자갈,시멘트	3	5	2	2	3	II
458	느티나무	36.39.11 /128.56.02	215	N	11-14-12-15-1	82.10.26	동신목	S	220/200	0.00	계류역	기타	철제/중	3	1	1	1	1	02.05.15
	안동/예안/구룡 1069		제사-신앙	R	계류,경작지	336	보호수	20.70	16.5 /15	5.00			돌	3	3	2	2	3	II
459	느티나무	36.37.58 /128.55.51	214	N	11-14-12-16-1	82.10.26	당산목	S	200/230	0.00	산비탈	입구		2	1	1	1	1	02.05.15
	안동/예안/개곡 74-1		휴식-정자	R	임야,도로	201	보호수	16.00	16.0 /22	3.50			시멘트	2	1	3	2	1	I
460	느티나무	36.37.58 /128.55.51	' 214	N				P	120/	0.00	산비탈	입구		4	1	1	2	1	02.05.15
	안동/예안/개곡 74-1		휴식-정자	R	임야,도로	106	노거수	11.60	12.0 /	2.60			흙	3	2	4	2	2	II
461	느티나무	36.39.55 /128.52.37	250	N	11-11-12-1	82.10.26	정자목	S	240/220	0.00	계류역	기타	철제/중	3	1	1	1	1	02.05.28
	안동/예안/정산/185		휴식-정자	R	경작지	419	보호수	23.10	17.0 /10	7.50			흙	3	1	3	2	3	I

462	느티나무	36.41.27 /128.55.16	184	N	11-14-12-10-1	82.10.26	정자목	P	240/220	0.00	계류역	입구		3	2	2	2	1	02.05.28
	안동/예안/인계/391-3	벤치, 버스정류장	휴식-정자	R	도로,주택,경작지	305	보호수	19.70	13.5 /14	3.50			흙	3	1	3	2	3	II
463	느티나무	36.41.27 /128.55.16	184	N	11-14-12-10-2	82.10.26	정자목	P	240/220	0.00	계류역	입구		3	2	2	2	1	02.05.28
	안동/예안/인계/391-5	버스정류장	휴식-정자	R	도로,주택,경작지	181	보호수	15.20	12.0 /13	3.30			시멘트	3	4	3	2	3	II
464	느티나무	36.41.27 /128.55.16	184	N	11-14-12-10-3	82.10.26	정자목	P	240/220	0.00	계류역	입구		3	2	2	2	1	02.05.28
	안동/예안/인계/391-5	벤치, 버스정류장	휴식-정자	R		314	보호수	20.00	14.0 /12	3.50			흙	3	2	3	2	3	II
465	느티나무	36.41.27 /128.55.16	184	N	11-14-12-10-4	82.10.26	정자목	P	240/220	0.00	계류역	입구		3	2	2	2	1	02.05.28
	안동/예안/인계/391-5	버스정류장	휴식-정자	R	도로,주택,경작지	158	보호수	14.20	11.0 /10	2.90			흙	3	2	3	2	3	II
466	왕버들	36.42.51 /128.55.48	184	N	11-14-12-11-1	82.10.26	방풍림	P	200/200	0.00	계류역	기타		4	1	1	1	1	02.05.28
	안동/예안/삼계/379-2		기타-경관	R	하천	380	보호수	22.00	15.0 /11	5.50			흙	4	1	4	1	4	II
467	왕버들	36.42.51 /128.55.48	184	N				P	200/	0.00	계류역	기타		4	1	1	1	1	02.05.28
	안동/예안/삼계/379-2		기타-경관	R	하천	434	노거수	23.50	17.0 /	5.70			흙	4	1	4	1	4	II
468	느티나무	36.42.44 /128.55.48	180	N	11-14-12-11-2	82.10.26	당산목	S	280/220	0.00	충적대지	기타		1	1	1	1	1	02.05.28
	안동/예안/삼계/838-32		휴식-정자	R	주택,경작지	674	보호수	29.30	18.0 /15	4.40			흙	2	4	2	2	1	I
469	느티나무	36.33.57 /128.40.16	118	N	11-14-1-6	82.10.26	당산목	S	500/400	0.00	계류역	입구		2	1	1	1	1	02.03.27
	안동/풍산/막곡/659		제사-신앙	R	계류,경작지	721	보호수	30.30	17.0 /15	9.75			흙	2	1	2	2	2	I
470	느티나무	36.33.48 /128.40.13	102	N	11-14-1-8-1	82.10.26	동신목	S	400/300	0.00	계류역	입구		5	2	3	2	1	02.03.27
	안동/풍산/막곡/663		휴식-정자	R	도로,계류,경작지	154	보호수	14.00	16.0 /15	5.40			시멘트	5	1	5	2	5	II
471	느티나무	36.33.01 /128.39.59	112	N	11-14-1-5	82.10.26	동신목	S	400/300	0.00	계류역	입구	대리석/상	3	2	3	1	1	02.03.27
	안동/풍산/계평/717		휴식-정자	R	도로,계류,경작지	254	보호수	18.00	16.5 /14	6.20		+	시멘트	4	1	3	3	3	II
472	느티나무	36.34.01 /128.37.33	112	N	11-14-1-7	82.10.26	정자목	P	280/260	0.00	충적저지	측면	철제/중	5	2	2	2	1	02.03.27
	안동/풍산/수곡/738-2	벤치, 정자	휴식-정자	R	주택,경작지	87	보호수	10.50	11.0 /11	3.75	태풍		블럭	5	1	5	2	5	II
473	느티나무	36.34.01 /128.37.33	113	N				P	100/	0.00	산비탈	측면		1	2	2	2	1	02.03.27
	안동/풍산/수곡/738-2		휴식-정자	R	임야,주택	314	노거수	20.00	17.0 /	2.70			블럭	1	1	1	2	1	I
474	느티나무	36.34.24 /128.36.48	105	N	11-14-1	82.10.26	당산목	S	420/400	0.00	계류역	후방	대리석/상	5	2	2	2	1	02.03.27
	안동/풍산/수/산48		휴식-정자	R	도로,임야,주택	133	보호수	13.00	14.5 /12	7.20	인재	+	시멘트	5	1	5	2	5	II
475	느티나무	36.34.28 /128.36.49	112	N	11-14-2	82.10.26	당산목	S	520/500	0.00	계류역	내부	대리석/상	5	2	3	3	1	02.03.27
	안동/풍산/수/1364	체육시설	휴식-정자	R	도로,계류,주택	147	보호수	13.70	5.2 /6	3.30	인재화재	+	시멘트	5	1	5	2	5	II
476	회화나무	36.34.37 /128.34.25	101	C	11-14-1-1	82.10.26	동신목	P	270/250	0.00	충적저지	내부	대리석/중	3	2	3	2	1	02.03.27
	안동/풍산/안교 128-1	울타리, 시멘좌대	제사-신앙	R	도로,주택	143	보호수	13.50	13.0 /10	3.50			시멘트	3	1	3	2	3	II
477	왕버들	36.34.37 /128.34.25	101	N	11-14-1-1	82.10.26	동신목	P	270/250	0.00	충적대지	내부		2	2	2	2	1	02.03.27
	안동/풍산/안교 128-1	시멘좌대, 울타리	제사-신앙	R	도로,주택	314	보호수	20.00	17.5 /13	3.50			시멘트	2	1	2	2	2	I
478	왕버들	36.34.37 /128.34.25	101	N	11-14-1-2	82.10.26	동신목	P	270/250	0.00	충적대지	내부	대리석/상	1	2	3	1	1	02.03.27
	안동/풍산/안교 128-1	시멘좌대	제사-신앙	R	도로,주택	346	보호수	21.00	18.5 /16	3.80			시멘트	1	1	1	2	1	I
479	왕버들	36.34.42 /128.33.41	101	N	11-14-1-3	82.10.26	동신목	S	270/250	0.00	충적대지	내부	철제/중	4	2	2	2	1	02.03.27
	안동/풍산/안교 802-2		제사-신앙	R	도로,주택	113	보호수	12.00	11.0 /	6.90			시멘트	4	1	4	2	3	II
480	느티나무	36.34.20 /128.35.10	111	N	11-14-1-2-1	82.10.26	정자목	P	220/200	0.00	계류역	입구	철제/중	4	2	2	1	1	02.03.27
	안동/풍산/상/532		휴식-정자	R	도로,경작지	189	보호수	15.50	14.0 /10	4.40			시멘트	4	1	4	3	4	II
481	느티나무	36.36.52 /128.33.31	152	N	11-14-1-14-2	82.10.26	동신목	S	220/200	0.00	충적대지	내부		3	2	2	1	1	02.03.27
	안동/풍산/신양 298		휴식-정자	R	도로,주택	154	보호수	14.00	11.3 /7	3.70			시멘트	3	3	3	2	3	II
482	느티나무	36.37.49 /128.34.02	253	N	11-14-1-13-1	82.10.26	당산목	S	220/200	0.00	산비탈	내부	철제/중	2	2	2	2	1	02.03.27
	안동/풍산/서미 627		제사-신앙	R	도로,주택	201	보호수	16.00	13.0 /12	4.05			시멘트	2	3	2	2	2	II

483	느티나무	36.36.35 /128.33.24	145	N	11-14-14-1	82.10.26	정자목	S	200/180	0.00	충적대지	내부		1	2	2	1	1	02.03.27
	안동/풍산/신양 1215		휴식-정자	R	도로,주택,경작지	227	보호수	17.00	18.0 /14	3.85			시멘트	1	1	1	2	1	I
484	느티나무	36.36.55 /128.32.34	151	N	11-14-1-9	82.10.26	정자목	S	300/280	0.00	충적저지	기타	알미늄/중	5	1	5	1	1	02.03.27
	안동/풍산/현애 466		휴식-정자	R	경작지	154	보호수	14.00	19.5 /14	5.40			흙	5	1	5	2	5	II
485	느티나무	36.36.56 /128.32.22	158	N	11-14-1-15-1	82.10.26	정자목	S	250/160	0.00	충적대지	입구		3	1	1	1	1	02.03.27
	안동/풍산/현애 454		휴식-정자	R	경작지	283	보호수	19.00	12.0 /9	5.00	태풍		흙	3	1	3	1	2	I
486	느티나무	36.37.15 /128.34.30	245	N	11-14-1-8	82.10.26	당산목	S	240/220	0.00	계류역	후방	철제/중	2	1	1	1	1	02.03.27
	안동/풍산/서미 산145		기타-경관	R	임야,계류,경작지	317	보호수	20.10	17.5 /15	3.95			흙	2	1	2	1	2	I
487	느티나무	36.35.19 /128.32.11	104	N	11-14-3	82.10.26	당산목	S	420/400	0.00	충적대지	입구	대리석/상	3	1	3	1	1	02.03.27
	안동/풍산/괴정 산62	나무좌대	제사-신앙	R	주택,농경지	177	보호수	15.00	14.0 /9	5.65	화재	+	흙	3	2	3	2	3	II
488	소나무	36.35.42 /128.31.19	140	N	11-14-1-10	82.10.26	당산목	P	280/260	0.00	기타	후방	철제	3	1	1	1	1	02.03.27
	안동/풍산/오미 산21		기타-경관	R	경작지	165	보호수	14.50	13.0 /9	2.95	태풍		흙	3	1	3	2	3	I
489	느티나무	36.35.43 /128.31.23	141	N				S	150/	0.00	산비탈	후방		1	2	2	1	1	02.03.27
	안동/풍산/오미 1리		휴식-정자	R	도로,주택,경작지	401	노거수	22.60	17.0 /	4.50			시멘트	1	1	1	2	1	I
490	느티나무	36.34.29 /128.33.07	95	N	11-14-1-11	82.10.26	당산목	P	320/300	0.00	계류역	측면	대리석/상	1	1	1	1	1	02.03.27
	안동/풍산/소산75		제사-신앙	R	임야,계류	452	보호수	24.00	15.0 /13	6.50			흙	1	1	1	2	1	I
491	소나무	36.34.29 /128.33.07	95	N	11-14-1-19-1	82.10.26	당산목	P	170/150	0.00	기타	측면	철제/상	1	1	1	1	1	02.03.27
	안동/풍산/소산75		기타-경관	R	임야,경작지	113	보호수	12.00	14.0 /10	2.35			흙	1	1	1	1	1	I
492	느티나무	36.34.29 /128.33.07	95	N				P	150/	0.00	기타	측면		1	1	1	1	1	02.03.27
	안동/풍산/소산/		기타-경관	R	주택,경작지	177	노거수	15.00	9.0 /	3.35			흙	1	1	1	2	1	I
493	느티나무	36.34.29 /128.33.47	95	N				P	120/	0.00	기타	측면		1	1	1	1	1	02.03.27
	안동/풍산/소산/75		기타-경관	R	경작지	254	노거수	18.00	11.0 /	3.05			흙	1	1	1	1	1	I
494	느티나무	36.32.10 /128.31.11	105	N	11-14-5-4	82.10.26	당산목	S	620/600	0.00	충적대지	내부	대리석/상	2	1	3	1	1	02.03.27
	안동/풍천/하회 709-3		제사-신앙	R	주택	380	보호수	22.00	17.0 /15	12.35		+	흙	2	2	2	2	2	I
495	느티나무	36.32.07 /128.31.02	87	N				P	250/	0.00	계류역	측면		3	1	1	1	1	02.03.27
	안동/풍청/하회	벤치	제사-신앙	R	하천,제방	254	노거수	18.00	13.0 /	4.70			흙	3	1	3	2	3	I
496	느티나무	36.32.07 /128.31.02	87	N				P	250/	0.00	계류역	측면		3	1	1	1	1	02.03.27
	안동/풍천/하회		휴식-정자	R	하천,제방	227	노거수	17.00	12.0 /	4.60			흙	3	2	3	2	1	I
497	느티나무	36.32.56 /128.33.10	125	N	11-14-10-1	82.10.26	당산목	P	150/200	0.00	계류역	측면	대리석/상	1	1	1	1	1	02.03.27
	안동/풍천/병산110		기타-경관	R	도로,계류	201	보호수	16.00	13.0 /10	3.40			자갈	1	1	1	1	1	I
498	왕버들	36.34.04 /128.31.42	115	N	11-14-5-12-1	82.10.26	동신목	P	170/150	0.00	충적대지	입구	대리석/상	3	2	3	2	1	02.03.27
	안동/풍천/가곡/605	벤치	휴식-정자	R	도로,연못	397	보호수	22.50	13.0 /12	5.70			시멘트,자갈	3	1	3	2	3	II
499	왕버들	36.34.04 /128.31.42	115	N				P	170/	0.00	충적대지	입구		3	1	2	1	1	02.03.27
	안동/풍천/가곡/605	벤치, 정자	휴식-정자	R	도로,연못	79	노거수	10.00	12.0 /	5.30	태풍		시멘트	3	1	3	2	2	I
500	회화나무	36.34.04 /128.31.42	115	C	11-14-5-12-2	82.10.26	당산목	P	220/200	0.00	충적대지	입구	대리석/상	2	2	3	1	1	02.03.27
	안동/풍천/가곡/605	벤치, 정	휴식-정자	R	도로,연못	308	보호수	19.80	12.0 /11	5.05		+	블럭,흙	2	1	2	2	2	I
501	왕버들	36.34.04 /128.31.42	115	N				P	170/	0.00	충적대지	입구		3	1	1	1	1	02.03.27
	안동/풍천/가곡/605		휴식-정자	R	주택	283	노거수	19.00	12.0 /	6.10			흙	3	1	3	2	3	I
502	느티나무	36.34.02 /128.30.30	' 119	N	11-14-5-1	82.10.26	동신목	S	270/250	0.00	계류역	입구	대리석/상	1	1	1	1	1	02.03.27
	안동/풍천/갈전 253	벤치, 정자	휴식-정자	R	계류,주택,경작지	754	보호수	31.00	21.0 /20	8.80	태풍,낙뢰		흙	1	1	1	2	1	I
503	은행나무	36.38.26 /128.37.01	160	C	11-14-4-3	82.10.26	거목	S	430/410	0.00	산비탈	기타	대리석/상	2	1	2	1	1	02.03.27
	안동/서후/자품 806-1		기타-경관	R	도로,경작지	754	보호수	31.00	24.0 /16	9.90			시멘트	2	1	2	2	2	I

504	향나무	36.36.58 /128.37.14	146	C	11-14-4-10-1	87.03.10	동신목	S	320/320	0.00	계류역	입구	철제/중	5	2	2	1	1	02.03.27
	안동/서후/대두서 441	우물	기타-경관	R	도로,우물,경작지	47	보호수	7.70	5.0 /4	2.50	인재		돌,시멘트	5	2	5	2	5	II
505	느티나무	36.32.37 /128.30.19	87	N	11-14-5-2	82.10.26	당산목	P	300/280	0.00	충적대지	입구	철제/중	1	1	1	1	1	02.06.04
	안동/풍천/광덕 6-5	울타리	휴식-정자	R	숲,도로,경작지	633	보호수	28.40	19.0 /20	5.10		+	흙	4	1	1	2	3	I
506	느티나무	36.32.37 /128.30.19	87	N				P	300/	0.00	충적대지	입구		1	1	1	1	1	02.06.04
	안동/풍천/광덕 6-5		휴식-정자	R	숲,도로,경작지	412	노거수	22.90	21.0 /	3.95			흙	3	1	1	2	3	I
507	느티나무	36.30.07 /128.31.11	130	N	11-14-5-7-1	82.10.26	당산목	S	350/200	0.00	충적대지	측면	철제/하	3	5	3	2	1	02.06.04
	안동/풍천/금계 575-3	벤치	휴식-정자	R	경작지	390	보호수	22.30	13.5 /13	6.60			시멘트	4	1	3	2	4	II
508	느티나무	36.30.13 /128.31.39	140	N				P	350/	0.00	산비탈	입구		4	5	4	2	1	02.06.04
	안동/풍천/금계	벤치, 정자	휴식-정자	R	도로,경작지	346	노거수	21.00	13.0 /	5.80			시멘트	4	1	3	2	2	II
509	팽나무	36.30.13 /128.31.39	140	N				P	300/	0.00	산비탈	입구		3	5	4	2	1	02.06.04
	안동/풍천/금계	벤치, 정자	휴식-정자	R	도로,경작지	216	노거수	16.60	15.0 /	2.70			시멘트	2	1	3	2	3	II
510	느티나무	36.30.13 /128.32.14	140	N				P	350/	0.00	충적대지	입구		3	5	3	3	1	02.06.04
	안동/풍천/금계	벤치	휴식-정자	R	도로	260	노거수	18.20	14.0 /	4.60			시멘트	3	1	3	2	3	II
511	느티나무	36.30.13 /128.32.14	140	N				P	350/	0.00	충적대지	입구		4	5	3	4	1	02.06.04
	안동/풍천/금계	벤치	기타-경관	R	도로	184	노거수	15.30	11.0 /	4.10				4	1	4	3	4	II
512	느티나무	36.30.07 /128.32.22	143	N	11-14-5-2	82.10.26	당산목	P	350/250	0.00	계류역	입구		5	2	3	1	1	02.06.04
	안동/풍천/어담 1553		기타-경관	R	계류,경작지	147	보호수	13.70	8.3 /	4.30	태풍		시멘트	5	1	5	2	5	II
513	느티나무	36.30.07 /128.32.22	143	N				P	250/	0.00	계류역	입구		3	1	1	1	1	02.06.04
	안동/풍천/어담 1553		기타-경관	R	계류,경작지	346	노거수	21.00	13.0 /	3.50			흙	3	1	3	2	3	I
514	느티나무	36.30.07 /128.32.22	143	N				P	250/	0.00	계류역	입구		3	1	1	1	1	02.06.04
	안동/풍천/어담 1553		기타-경관	R	계류,경작지	311	노거수	19.90	13.0 /	4.00			흙	3	1	3	2	3	I
515	느티나무	36.30.07 /128.32.22	143	N				P	150/	0.00	계류역	측면		4	1	1	1	1	02.06.04
	안동/풍천/어담 1553		기타-경관	R	계류,경작지	193	노거수	15.70	15.0 /	3.10			흙	4	1	4	2	4	II
516	느티나무	36.30.07 /128.32.22	143	N				P	150/	0.00	계류역	측면		1	1	1	1	1	02.06.04
	안동/풍천/어담 1553		기타-경관	R	계류,경작지	598	노거수	27.60	17.0 /	3.15			흙	1	1	1	2	1	I
517	느티나무	36.30.07 /128.32.22	143	N				P	150/	0.00	계류역	측면		2	1	1	1	1	02.06.04
	안동/풍천/어담 1553		기타-경관	R	계류,경작지	479	노거수	24.70	17.0 /	3.85			흙	2	1	2	2	2	I
518	느티나무	36.30.07 /128.32.22	143	N				P	150/	0.00	계류역	측면		3	1	3	1	1	02.06.04
	안동/풍천/어담 1553		기타-경관	R	계류,경작지	133	노거수	13.00	18.0 /	3.50			흙	3	1	3	2	3	II
519	느티나무	36.30.07 /128.32.22	143	N				P	350/	0.00	계류역	측면		4	1	3	1	1	02.06.04
	안동/풍천/어담 1553		기타-경관	R	계류,경작지	336	노거수	20.70	14.0 /	6.00	태풍		흙	4	1	4	2	4	II
520	느티나무	36.30.07 /128.32.22	143	N				P	250/	0.00	계류역	측면		3	1	3	1	1	02.06.04
	안동/풍천/어담 1553		기타-경관	R	계류,경작지	302	노거수	19.60	13.0 /	5.75			흙	3	1	3	2	3	II
521	말채나무	36.30.07 /128.32.22	143	N				P	100/	0.00	계류역	측면		1	1	1	1	1	02.06.04
	안동/풍천/어담 1553		기타-경관	R	계류,경작지	260	노거수	18.20	18.0 /	1.95			흙	1	1	1	2	1	I
522	느티나무	36.29.35 /128.34.32	104	N	11-14-5-8-2	82.10.26	당산목	P	220/150	0.00	충적저지	기타	대리석/상	3	1	1	1	1	02.06.04
	안동/풍천/어담/1003-2		휴식-정자	R	도로,경작지	283	보호수	19.00	18.0 /15	4.90	도수로공사		흙	3	1	3	2	3	I
523	느티나무	36.29.35 /128.34.32	104	N				P	200/	0.00	충적저지	기타		3	1	3	1	1	02.06.04
	안동/풍천/어담/1003-2		휴식-정자	R	도로,경작지	295	노거수	19.40	17.5 /	3.70			시멘트	3	1	3	1	3	II
524	느티나무	36.29.42 /128.33.12	155	N	11-11-5-3	82.10.26	당산목	P	170/250	0.00	계류역	입구	철제/하	3	1	1	1	1	02.06.04
	안동/풍천/어담/1094		휴식-정자	R	도로,계류	184	보호수	15.30	16.0 /	3.00		+	흙	3	1	3	2	3	I

525	느티나무	36.29.42 /128.33.12	155	N				P	170/	0.00	계류역	입구		3	1	1	1	1	02.06.04
	안동/풍천/어담/1094		휴식-정자	R	도로,계류	249	노거수	17.80	15.0 /	3.30			흙	3	1	3	2	1	I
526	느티나무	36.31.17 /128.33.29	102	N	11-14-5-9-1	82.10.26	당산목	P	300/500	0.00	충적대지	입구		4	5	3	3	1	02.06.04
	안동/풍천/임금 1090		휴식-정자	R	도로,주택	177	보호수	15.00	14.0 /11	4.80			시멘트	4	1	4	2	4	II
527	느티나무	36.31.17 /128.33.29	102	N				P	300/	0.00	충적대지	입구		3	1	1	1	1	02.06.04
	안동/풍천/임금 1090		휴식-정자	R	도로,경작지	327	노거수	20.40	20.0 /	2.90			흙	3	1	3	2	3	I
528	회화나무	36.31.17 /128.33.29	102	C				S	300/	0.00	충적대지	입구		1	1	1	1	1	02.06.04
	안동/풍천/임금 1090		휴식-정자	R	도로,주택,계류,경작지	327	노거수	20.40	20.0 /	2.90	인재		흙	2	1	1	2	1	I
529	느티나무	36.31.10 /128.33.32	109	N				S	500/	0.00	계류역	기타		5	1	3	1	1	02.06.04
	안동/풍천/임금 1		기타-경관	R	도로,계류	222	노거수	16.80	12.5 /	4.30	태풍,화재		시멘트	5	1	5	2	5	II
530	느티나무	36.31.08 /128.32.42	104	N	11-14-5-9-2	82.10.26	당산목	S	180/180	0.00	산비탈	입구		1	1	3	1	1	02.06.04
	안동/풍천/임금 891		휴식-정자	R		292	보호수	19.30	14.5 /10	2.95			시멘트	1	1	1	2	1	I
531	느티나무	36.17.57 /128.54.38	374	N				S	600/	0.00	충적대지	기타		3	2	3	2	1	02.04.28
	안동/길안/송사		휴식-정자	R	도로,경작지	452	노거수	24.00	14.0 /	6.90	인재화재		시멘트	5	2	3	2	4	II
532	느티나무	36.21.44 /128.55.54	265	N				S	600/	0.00	충적대지	내부		5	5	3	3	1	02.04.28
	안동/길안/송사		휴식-정자	R	도로,경작지	343	노거수	20.90	12.0 /	5.60	인재화재		시멘트	5	1	5	2	5	II
533	말채나무	36.21.57 /128.55.47	218	N				S	200/	0.00	산비탈	기타		1	1	1	1	1	02.04.28
	안동/길안/송사		휴식-정자	R	경작지	135	노거수	13.10	14.0 /	3.10			돌	1	1	1	1	1	I
534	소태나무	36.21.58 /128.55.52	212	N	174	66.01.13	동신목	S	600/600	0.00	충적대지	기타	알미늄/상	5	1	1	1	1	02.04.28
	안동/길안/송사1/100-7	당집, 울타리	제사-신앙	R	운동장,교실	165	천연기념물	14.50	13.5 /	3.35	태풍		자갈	3	1	5	2	4	II
535	회화나무	36.21.58 /128.55.52	212	C				P	200/	0.00	충적대지	기타		3	1	1	1	1	02.04.28
	안동/길안/송사1/100-7	당집, 보호울타리	제사-신앙	R	운동장,교실	113	노거수	12.00	18.0 /	1.45			흙	3	1	3	2	3	I
536	회화나무	36.21.58 /128.55.52	212	C				P	200/	0.00	충적대지	기타		1	1	1	1	1	02.04.28
	안동/길안/송사1/100-7	당집, 나무모형세면	휴식-정자	R	운동장,교실	186	노거수	15.40	18.0 /	2.40			흙	1	1	1	1	1	I
537	회화나무	36.21.58 /128.55.52	212	C				P	200/	0.00	충적대지	기타		1	1	1	1	1	02.04.28
	안동/길안/송사1/100-7	당집, 보호울타리	제사-신앙	R	경작지,운동장	141	노거수	13.40	16.0 /	1.70			흙	1	1	1	1	1	I
538	회화나무	36.21.58 /128.55.52	212	C				P	200/	0.00	충적대지	기타		3	1	1	1	1	02.04.28
	안동/길안/송사1/100-7	당집, 보호울타리	제사-신앙	R	경작지,운동장	127	노거수	12.70	13.0 /	3.65			흙	3	1	3	2	1	I
539	느티나무	36.22.24 /128.54.37	326	N	11-14-10-2	82.10.26	당산목	S	270/250	0.00	산비탈	기타	대리석/상	1	1	1	1	1	02.04.28
	안동/길안/금곡 277-1		제사-신앙	R		539	보호수	26.20	17.5 /12	5.65			흙	1	1	1	1	1	I
540	상수리나무	36.24.51 /128.55.02	233	N	11-14-10-8-1	82.10.26	경관목	P	220/200	0.00	산비탈	내부	철제/중	1	1	1	1	1	02.04.28
	안동/길안/묵계 704		기타-경관	R	주택	227	보호수	17.00	19.5 /23	2.40			흙	1	1	1	1	1	I
541	상수리나무	36.24.51 /128.55.02	233	N				P	170/	0.00	산비탈	내부		1	1	1	1	1	02.04.28
	안동/길안/묵계 704		기타-경관	R	주택	235	노거수	17.30	20.5 /	2.15			흙	1	1	1	1	1	I
542	느티나무	36.25.47 /128.53.51	180	N	11-14-10-1	82.10.26	정자목	S	320/300	0.00	충적대지	입구	철제/중	1	5	3	3	1	02.04.28
	안동/길안/만음 1/856		휴식-정자	R	도로,주택	363	보호수	21.50	14.0 /18	4.75			시멘트	2	1	1	2	3	II
543	회화나무	36.26.22 /128.54.09	163	N	11-14-10-2-1	82.10.26	당산목	P	170/150	0.00	충적저지	입구		1	2	3	1	1	02.04.28
	안동/길안/만음 2/29		휴식-정자	R	도로,경작지	380	보호수	22.00	18.0 /19	3.00			시멘트	1	1	1	2	1	I
544	느릅나무	36.27.17 /128.53.53	' 155	N	11-14-10-1-3	82.10.26	당산목	P	170/150	0.00	충적대지	내부	대리석/상	3	1	3	1	1	02.04.28
	안동/길안/천지 606-1		휴식-정자	R	주택,제방,운동장	266	보호수	18.40	27.0 /24	2.60			흙	2	1	3	2	3	II
545	느릅나무	36.27.17 /128.53.53	155	N				P	170/	0.00	충적대지	내부		1	1	3	1	1	02.04.28
	안동/길안/천지 606-1		휴식-정자	R	운동장	598	노거수	27.60	18.0 /	3.90			흙	1	1	1	2	3	I

546	느릅나무	36.27.17 /128.53.53	155	N				P	170/	0.00	충적대지	내부		1	1	3	1	1	02.04.28
	안동/길안/천지 606-1		휴식-정자	R	주택,제방,운동장	249	노거수	17.80	18.0 /	2.35			흙	1	1	1	2	3	I
547	느릅나무	36.27.27 /128.53.53	155	N				P	170/	0.00	충적대지	내부		2	1	1	1	1	02.04.28
	안동/길안/천지 606-1		휴식-정자	R	운동장	243	노거수	17.60	12.0 /	2.60			흙	2	1	2	2	3	I
548	느릅나무	36.27.17 /128.53.53	155	N				P	170/	0.00	충적대지	내부		2	1	1	1	1	02.04.28
	안동/길안/천지 606-1		휴식-정자	R	주택,제방,운동장	186	노거수	15.40	17.0 /	2.20			흙	3	1	2	2	3	I
549	느릅나무	36.27.17 /128.53.53	155	N				P	170/	0.00	충적대지	내부		3	1	1	1	1	02.04.28
	안동/길안/천지 606-1		휴식-정자	R	주택,제방,운동장	216	노거수	16.60	15.0 /	2.30			흙	3	1	3	2	3	I
550	느티나무	36.27.17 /128.53.53	155	N				P	120/	0.00	충적대지	내부		3	1	3	1	1	02.04.28
	안동/길안/천지 606-1		휴식-정자	R	주택,제방,운동장	272	노거수	18.60	17.0 /	2.35	복토		흙	3	1	3	2	3	II
551	느릅나무	36.27.17 /128.53.53	155	N				P	200/	0.00	충적대지	내부		1	1	1	1	1	02.04.28
	안동/길안/천지 606-1		휴식-정자	R	주택,제방,운동장	491	노거수	25.00	17.0 /	4.70			흙	3	1	1	2	3	I
552	느릅나무	36.27.17 /128.53.53	155	N				P	170/	0.00	충적대지	내부		1	1	1	1	1	02.04.28
	안동/길안/천지 606-1		휴식-정자	R	주택,제방,운동장	346	노거수	21.00	22.0 /	2.60			흙	1	1	1	2	3	I
553	느릅나무	36.27.17 /128.53.53	155	N				P	170/	0.00	충적대지	내부		1	1	3	1	1	02.04.28
	안동/길안/천지 606-1		휴식-정자	R	주택,제방,운동장	263	노거수	18.30	22.0 /	2.80			시멘트	1	1	1	2	3	I
554	팽나무	36.27.20 /128.53.39	150	N	11-14-10-1-4	82.10.26	경관목	S	170/150	0.00	충적대지	내부	철제/하	2	2	3	3	1	02.04.28
	안동/길안/천지 740		기타-경관	R	주택,도로	224	보호수	16.90	16.0 /20	2.70			시멘트	3	1	2	2	3	II
555	느티나무	36.31.46 /128.55.07	190	N	11-14-11-3-2	82.10.26	당산목	S	170/170	0.00	계류역	입구	대리석/상	1	1	1	1	1	02.05.28
	안동/임동/박곡/939		제사-신앙	R	계류,도로	415	보호수	23.00	21.0 /20	3.70			흙	1	1	1	1	1	I
556	느티나무	36.31.39 /128.56.56	365	N	11-14-11-10	82.10.26	당산목	P	420/420	0.00	산비탈	입구	철제/하	3	1	1	1	1	02.05.28
	안동/임동/고천/925	재단	제사-신앙	R	주택,경작지	314	보호수	20.00	18.0 /15	4.60	인재화재		자갈	3	1	3	2	3	I
557	느티나무	36.31.39 /128.56.56	365	N				P	150/	0.00	산비탈	입구		2	1	1	1	1	02.05.28
	안동/임동/고천/925		제사-신앙	R	주택,경작지	598	노거수	27.60	18.0 /	3.30			자갈	2	1	2	2	1	I
558	상수리나무	36.32.43 /128.58.13	210	N	11-14-11-7	82.10.26	당산목	P	320/320	0.00	산비탈	입구	대리석/상	1	1	1	1	1	02.05.28
	안동/임동/고천/109	당집	제사-신앙	R	도로,경작지	405	보호수	22.70	17.0 /13	2.70			흙	1	1	1	2	1	I
559	상수리나무	36.32.43 /128.58.13	210	N				P	300/	0.00	산비탈	입구		3	1	1	1	1	02.05.28
	안동/임동/고천/109	정자	휴식-정자	R	경작지	254	노거수	18.00	13.0 /	2.40			흙	3	1	3	2	3	I
560	상수리나무	36.32.43 /128.58.13	210	N				S	200/	0.00	산비탈	입구		3	1	1	1	1	02.05.28
	안동/임동/고천/109	정자	휴식-정자	R	경작지	158	노거수	14.20	13.0 /	2.25			흙	3	1	3	2	3	I
561	느티나무	36.32.43 /128.58.13	210	N	11-14-11-8	82.10.26	당산목	P	320/320	0.00	산비탈	입구	대리석/상	4	2	3	2	1	02.05.28
	안동/임동/고천/109		휴식-정자	R	도로,경작지	92	보호수	10.80	10.0 /10	3.30			시멘트	4	1	4	2	4	II
562	느티나무	36.32.43 /128.58.13	210	N				P	320/	0.00	산비탈	입구		3	2	3	3	1	02.05.28
	안동/임동/고천/109		휴식-정자	R	도로	269	노거수	18.50	11.0 /	2.80			시멘트	3	1	3	2	3	II
563	느릅나무	36.32.43 /128.58.13	210	N	11-14-11-9	82.10.26	당산목	P	320/320	0.00	산비탈	입구	대리석/상	3	1	1	1	1	02.05.28
	안동/임동/고철/109	당집	제사-신앙	R	경작지	50	보호수	8.00	10.0 /10	1.25			흙	3	1	3	1	3	I
564	느티나무	36.30.21 /128.59.37	195	N	11-14-11-7-1	82.10.26	당산목	P	170/170	0.00	계류역	후방	철제/중	3	1	1	1	1	02.05.28
	안동/임동/지/774-7		기타-경관	R	경작지,저수지	380	보호수	22.00	19.0 /15	4.00	인재화재		흙	3	4	1	1	1	I
565	느티나무	36.30.21 /128.59.37	195	N				P	170/	0.00	계류역	후방		1	1	1	1	1	02.05.28
	안동/임동/지/774-7		기타-경관	R	경작지,저수지	415	노거수	23.00	18.0 /	4.00			흙	1	1	1	2	1	I
566	느티나무	36.30.21 /128.59.37	195	N				P	170/	0.00	계류역	후방		3	1	1	1	1	02.05.28
	안동/임동/지/774-7		기타-경관	R	경작지,저수지	95	노거수	11.00	13.0 /	2.50			흙	3	3	3	1	3	II

567	느티나무	36.36.09 /128.59.11	277	N	11-14-11-4	82.10.26	당산목	S	400/370	0.00	산비탈	후방	철제/하	3	1	1	1	1	02.05.28
	안동/임동/마령 166-1		제사-신앙	R	임야,경작지	721	보호수	30.30	21.0 /15	4.90			흙	3	1	3	1	3	I
568	소나무	36.37.13 /128.58.33	310	N	11-14-11-6	82.10.26	당산목	S	450/420	0.00	산비탈	기타	철제/하	1	1	1	1	1	02.05.28
	안동/임동/대곡 산20		제사-신앙	R	임야,경작지	397	보호수	22.50	14.0 /10	5.30			흙	1	1	1	1	1	I
569	느티나무	36.37.55 /128.58.54	385	N	11-14-7-5	82.10.26	전설목	P	450/420	0.00	산비탈	후방	철제/중	3	1	1	1	1	02.05.28
	안동/임동/대곡 1/산106		휴식-정자	R	경작지	346	보호수	21.00	17.0 /13	5.50	인재도로		흙	3	3	3	2	3	II
570	느티나무	36.37.55 /128.58.54	385	N				P	400/	0.00	산비탈	후방		3	1	1	1	1	02.05.28
	안동/임동/대곡 1/산106		휴식-정자	R	경작지	615	노거수	28.00	21.0 /	3.10	인재도로		흙	3	1	3	2	3	I
571	느티나무	36.37.55 /128.58.54	385	N				P	400/	0.00	산비탈	후방		3	1	1	1	1	02.05.28
	안동/임동/대곡 1/산106		휴식-정자	R	경작지	572	노거수	27.00	20.0 /	3.90	인재도로		흙	3	2	3	2	3	II
572	느티나무	36.37.55 /128.58.54	385	N				P	400/	0.00	산비탈	후방		3	1	1	1	1	02.05.28
	안동/임동/대곡 1/산106		휴식-정자	R	임야	363	노거수	21.50	18.0 /	3.10	인재도로		흙	2	3	3	2	3	II
573	느티나무	36.37.55 /128.58.54	385	N				P	400/	0.00	산비탈	후방		3	1	1	1	1	02.05.28
	안동/임동/대곡 1/산106		휴식-정자	R	임야	227	노거수	17.00	15.0 /	2.80	도로		흙	3	1	3	2	3	I
574	굴참나무	36.38.59 /128.58.40	298	N	288	81.11.4	동신목	S	500/400	0.00	산비탈	측면	철제/상	2	1	1	1	1	02.05.28
	안동/임동/대곡 583		기타-경관	R	임야,계곡	560	천연기념물	26.70	18.0 /	4.80			흙	2	1	2	1	2	I
575	느티나무	36.36.36 /128.56.40	187	N	11-14-11-12-2	82.10.26	당산목	P	200/220	0.00	충적저지	입구	대리석/상	2	2	3	1	1	02.05.28
	안동/임동/위/596-1		휴식-정자	R	경작지	232	보호수	17.20	18.0 /10	2.60			시멘트	2	1	2	2	2	I
576	느티나무	36.36.36 /128.56.40	187	N				덤목군	200/	0.00	충적저지	입구		2	1	1	1	1	02.05.28
	안동/임동/위/596-1		휴식-정자	R		415	노거수	23.00	18.5 /	2.60	태풍		흙	2	2	2	2	2	I
577	느티나무	36.36.36 /128.56.40	187	N				P	200/	0.00	충적저지	입구		2	1	1	1	1	02.05.28
	안동/임동/위/596-1		휴식-정자	R	경작지	415	노거수	23.00	18.0 /	2.50			흙	2	1	2	2	2	I
578	느티나무	36.36.36 /128.56.40	187	N				P	200/	0.00	충적대지	입구		2	1	1	1	1	02.05.28
	안동/임동/위/596-1		휴식-정자	R		133	노거수	13.00	15.0 /	2.00			흙	2	1	2	2	2	I
579	느티나무	36.36.36 /128.56.40	187	N				P	200/	0.00	충적대지	입구		4	1	1	4	1	02.05.28
	안동/임동/위/596-1		휴식-정자	R		227	노거수	17.00	13.0 /	2.50			흙	4	2	4	2	4	II
580	느티나무	36.36.36 /128.56.40	187	N				P	200/	0.00	충적저지	입구		2	1	1	1	1	02.05.28
	안동/임동/위/596-1		휴식-정자	R		201	노거수	16.00	14.0 /	2.20			흙	2	1	2	2	2	I
581	느티나무	36.36.36 /128.56.40	187	N				P	200/	0.00	충적저지	입구		1	1	1	1	1	02.05.28
	안동/임동/위/596-1		휴식-정자	R	경작지	227	노거수	17.00	17.0 /	3.90			흙	1	1	1	1	1	I
582	말채나무	36.36.36 /128.56.40	187	N				P	200/	0.00	충적저지	입구		2	1	1	1	1	02.05.28
	안동/임동/위/596-1		제사-신앙	R	경작지	133	노거수	13.00	19.0 /	1.80			흙	2	1	2	1	2	I
583	회화나무	36.36.36 /128.56.40	187	N				P	150/	0.00	충적대지	입구		1	1	1	1	1	02.05.28
	안동/임동/위/596-1		제사-신앙	R	경작지	415	노거수	23.00	18.0 /	2.00			흙	1	1	1	1	1	I
584	회화나무	36.36.36 /128.56.40	187	N				P	150/	0.00	충적대지	입구		2	2	2	1	1	02.05.28
	안동/임동/위/596-1		제사-신앙	R		227	노거수	17.00	15.0 /	1.80			시멘트	2	1	2	1	2	I
585	느티나무	36.33.30 /128.53.12	242	N	11-14-11-11	82.10.26	당산목	S	320/320	0.00	계류역	기타	철제/중	3	2	3	2	1	02.05.28
	안동/임동/망천 산20		휴식-정자	R	임야,계류,경작지	506	보호수	25.40	18.0 /15	3.25			시멘트	3	1	3	2	2	II
586	느티나무	36.26.34 /128.57.52	' 260	N	11-14-10-3	82.10.26	당산목	S	200/200	0.00	계류역	입구	철제/중	3	2	3	2	1	02.05.28
	안동/길안/배방 519		휴식-정자	R	도로,계류	227	보호수	17.00	9.5 /8	4.70			시멘트	3	1	3	2	3	II
587	느티나무	36.28.12 /128.58.46	365	N	11-14-10-4	82.10.26	당산목	P	250/250	0.00	계류역	입구	철제/중	2	1	1	1	1	02.05.28
	안동/길안/대곡 116		휴식-정자	R	임야,계류	346	보호수	21.00	13.0 /13	5.00			흙	2	3	2	2	2	I

588	은행나무	36.29.13 /128.55.43	190	C	175	66.01.13	전설목	S	700/700	0.00	산비탈	기타	알미늄/상	3	1	1	1	1	02.05.28
	안동/길안/용계943외6필지	보호철망	기타-경관	R	댐,임야	1075	천연기념물	37.00	37.0 /	14.50		+	흙	3	1	3	1	3	I
589	상수리나무	36.27.43 /128.56.25	215	N	11-14-10-9-1	82.10.26	당산목	P	150/150	0.00	충적대지	기타		1	1	1	1	1	02.05.28
	안동/길안/구수 645		제사-신앙	R	경작지	283	보호수	19.00	21.0 /25	2.25			흙	1	1	1	1	1	I
590	느티나무	36.27.43 /128.56.25	215	N				P	250/	0.00	충적대지	기타		1	1	1	1	1	02.05.28
	안동/길안/구수 645		제사-신앙	R	경작지	491	노거수	25.00	18.0 /	2.90			흙	1	1	1	1	1	I
591	느티나무	36.27.25 /128.54.08	154	N	11-14-10-1-2	82.10.26	정자목	P	200/200	0.00	산비탈	기타	철제/중	1	1	1	1	1	02.05.28
	안동/길안/천지 산3		기타-경관	R	임야,경작지	346	보호수	21.00	17.5 /20	2.60			흙	1	1	1	1	1	I
592	느티나무	36.27.25 /128.54.08	154	N				P	200/	0.00	산비탈	기타		1	1	1	1	1	02.05.28
	안동/길안/천지 산3		기타-경관	R	임야,경작지	330	노거수	20.50	18.0 /	2.20			흙	1	1	1	1	1	I
593	말채나무	36.27.25 /128.54.08	154	N				P	200/	0.00	산비탈	기타		1	1	1	1	1	02.05.28
	안동/길안/천지 산3		기타-경관	R	임야,경작지	113	노거수	12.00	18.0 /	2.10			흙	1	1	1	1	1	I
594	회화나무	36.27.25 /128.54.08	154	N				P	200/	0.00	산비탈	기타		1	1	1	1	1	02.05.28
	안동/길안/천지 산3		기타-경관	R	임야,경작지	133	노거수	13.00	13.0 /	1.90			흙	1	1	1	1	1	I
595	상수리나무	36.27.25 /128.54.08	154	N				P	200/	0.00	산비탈	기타		3	1	1	1	1	02.04.28
	안동/길안/만음 2/29		휴식-정자	R	임야,경작지	254	노거수	18.00	13.0 /	3.35			흙	3	1	3	1	3	I
596	팽나무	36.26.06 /128.52.06	185	N	11-14-10-5	82.10.26		S	270/250	0.00	충적대지	입구	대리석/상	2	2	3	3	1	02.04.28
	안동/길안/현하 582-1		휴식-정자	R	도로,주택	340	보호수	20.80	12.5 /	2.75			시멘트	3	1	2	2	2	II
597	느티나무	36.25.55 /128.51.29	190	N	11-14-10-13-1	82.10.26	정자목	S	500/200	0.00	계류역	입구		4	3	3	3	1	02.04.28
	안동/길안/현하 1064-2		휴식-정자	R	계류,도로	252	보호수	17.90	12.5 /	6.25	인재화재		시멘트	5	1	4	2	4	II
598	은행나무	36.27.33 /128.53.16	146	C	11-14-7	82.10.26	당산목	P	420/400	0.00	충적대지	입구	대리석/상	3	1	1	1	1	02.05.28
	안동/길안/현하 139-2		제사-신앙	R	도로,경작지	209	보호수	16.30	15.0 /20	7.00			흙	3	1	3	2	3	I
599	모감주나무	36.27.33 /128.53.16	146	N				P	100/	0.00	충적대지	입구		2	1	1	1	1	02.05.28
	안동/길암년 현하 139-2		제사-신앙	R	주택,경작지	95	노거수	11.00	13.0 /	1.70			시멘트	2	1	2	2	2	I
600	회화나무	36.27.33 /128.53.16	146	N				P	150/	0.00	충적대지	입구		1	1	3	1	1	02.05.25
	안동/길안/현하 139-2		제사-신앙	R	도로,경작지	224	노거수	16.90	15.0 /	2.20			시멘트	1	1	1	2	1	I
601	느티나무	36.27.33 /128.53.16	146	N				P	150/	0.00	충적대지	입구		3	1	1	1	1	02.05.25
	안동/길안/현하 139-2		제사-신앙	R	도로,경작지	189	노거수	15.50	11.0 /	2.80			흙	3	1	3	2	3	I
602	회화나무	36.27.10 /128.53.46	161	C	11-14-10-1-1	82.10.26	정과목	S	220/200	0.00	충적대지	내부	대리석/상	4	5	5	4	1	02.05.25
	안동/길안/천지		기타-경관	R	도로	42	보호수	7.30	12.5 /	2.30			시멘트	4	1	4	2	4	II
603	왕버들	36.35.21 /128.40.47	119	N	11-14-4-8-1	82.10.26	정자목	S	220/220	0.00	계류역	기타	대리석/상	2	2	2	1	1	02.03.27
	안동/서후/교/513		휴식-정자	R	도로,계류	376	보호수	21.90	11.0 /10	4.35			시멘트	2	1	2	2	2	I
604	느티나무	36.35.10 /128.38.58	151	N	11-14-4-9-1	82.10.26	당산목	P	190/190	0.00	산비탈	입구	철제/하	2	1	1	1	1	02.03.27
	안동/서후/명/424	당집	제사-신앙	R	임야,경작지	280	보호수	18.90	15.0 /14	3.65			흙	2	1	2	2	1	I
605	느티나무	36.35.10 /128.38.58	151	N				P	100/	0.00	산비탈	입구		1	1	1	1	1	02.03.17
	안동/서후/명/424	당집	제사-신앙	R	임야,경작지	80	노거수	10.10	14.0 /	2.25			흙	1	1	1	1	1	I
606	느티나무	36.36.30 /128.41.35	135	N	11-14-4-4-1	82.10.26	당산목	S	150/150	0.00	산비탈	내부	철제/중	1	1	1	1	1	02.03.27
	안동/서후/이송천/1030		제사-신앙	R	임야,경작지	683	보호수	29.50	14.0 /15	3.95			흙	1	1	1	2	1	I
607	느티나무	36.36.47 /128.39.57	146	N	11-14-4-5-1	82.10.26	정자목	S	170/170	0.00	충적대지	내부		4	2	3	3	1	02.03.27
	안동/서후/금계 758-1		휴식-정자	R	도로,주택	118	보호수	12.25	11.0 /11	2.90			시멘트	4	1	4	2	4	II
608	느티나무	36.37.24 /128.39.55	161	N	11-14-4-6-1	82.10.26	정자목	P	170/170	0.00	계류역	후방		3	1	1	1	1	02.03.27
	안동/서후/성곡 374		휴식-정자	R	도로,계류,경작지	306	보호수	19.75	17.0 /12	3.99			흙	3	1	3	2	3	I

609	느티나무	36.37.59 /128.40.31	185	N	11-14-4-3-3	82.10.26	당산목	S	180/180	0.00	계류역	입구	대리석/상	3	2	3	2	1	02.03.27
	안동/서후/태장 1046		제사-신앙	R	도로,주택,경작지	200	보호수	15.95	12.0 /8	4.20	태풍		시멘트	3	1	3	2	3	II
610	소나무	36.38.58 /128.39.52	288	N	11-14-3-2	82.10.26	경관목	P	140/140	0.00	산비탈	기타	대리석/상	3	1	1	1	1	02.03.27
	안동/서후/태장 901		기타-경관	R	사찰내	71	보호수	9.50	8.0 /7	2.10			흙	3	1	3	1	1	I
611	은행나무	36.38.58 /128.39.52	288	C	11-14-4	82.10.26	경관목	P	420/420	0.00	산비탈	기타	대리석/상	3	1	1	2	1	02.03.27
	안동/서후/태장 901		기타-경관	R	사찰내	320	보호수	20.20	17.0 /15	4.50			흙	3	5	3	1	3	II
612	은행나무	36.38.58 /128.39.52	288	C				P	100/	0.00	산비탈	기타		2	1	1	1	1	02.03.27
	안동/서후/태장 901		기타-경관	R	사찰내	317	노거수	20.10	18.0 /	3.25	태풍		흙	2	1	2	1	1	I
613	느티나무	36.37.50 /128.40.51	180	N	11-14-4-3-1	82.10.26	당산목	S	180/180	0.00	계류역	내부	대리석/상	3	2	3	1	3	02.03.27
	안동/서후/태장 산34-1		휴식-정자	R	주택,임야,계류	189	보호수	15.50	14.5 /10	3.66			시멘트	3	1	3	2	4	II
614	느티나무	36.37.51 /128.40.36	215	N	11-14-4-1	82.10.26	정자목	S	270/270	0.00	산비탈	후방	대리석/상	3	1	1	1	1	02.03.27
	안동/서후/태장 산108		제사-신앙	R	주택,계류	353	보호수	21.20	15.0 /10	4.63			흙	3	1	3	3	3	II
615	느티나무	36.39.25 /128.41.55	170	N	11-14-3-3-1	82.10.26	당산목	S	800/170	0.00	충적저지	입구	대리석/상	5	1	1	1	1	02.03.27
	안동/북후/도촌 364-2		제사-신앙	R	경작지	198	보호수	15.90	11.5 /10	8.70	태풍,인재화재		흙	5	1	5	2	3	II
616	느티나무	36.40.08 /128.43.28	210	N	11-14-3-7-1	82.10.26	당산목	S	200/170	0.00	충적대지	입구	대리석/상	3	2	3	1	1	02.03.27
	안동/북후/연곡1/산122	벤치, 정자	휴식-정자	R	도로,임야,경작지	405	보호수	22.72	21.0 /15	4.89			시멘트	3	1	3	3	4	II
617	말채나무	36.48.01 /128.47.19	241	N	11-14-14-3-2	94.10.21	당산목	P	400/400	0.00	충적대지	내부		1	1	1	1	1	02.03.27
	안동/녹전/매정 561	당집	제사-신앙	R	경작지	232	보호수	17.20	15.0 /25	3.00			흙	1	1	1	2	1	I
618	말채나무	36.48.01 /128.47.19	241	N	11-14-14-3-2	94.10.21	당산목	P	100/400	0.00	충적대지	내부		1	1	1	1	1	02.03.27
	안동/녹전/매정 561	당집	제사-신앙	R	경작지	172	보호수	14.80	15.0 /	1.50			흙	1	1	1	2	1	I
619	느티나무	36.47.34 /128.47.56	315	N	11-14-14-3-1	82.10.26	당산목	P	220/	0.00	계류역	입구	대리석/상	3	1	1	1	1	02.03.27
	안동/녹전/매정 395		제사-신앙	R	계류	232	보호수	17.20	12.0 /9	4.70		+	흙	3	1	3	2	3	I
620	느티나무	36.47.34 /128.47.56	315	N				P	150/	0.00	계류역	입구		3	1	1	1	1	02.03.27
	안동/녹전/매정 395		제사-신앙	R	도로,계류	224	노거수	16.90	12.0 /	2.91			흙	3	1	3	3	3	II
621	느티나무	36.47.34 /128.47.56	315	N				P	150/	0.00	계류역	입구		3	1	1	1	1	02.03.27
	안동/녹전/매정 395		제사-신앙	R	계류	257	노거수	18.10	14.0 /	2.80			흙	3	1	3	2	3	I
622	느티나무	36.47.34 /128.47.56	315	N				P	150/	0.00	충적대지	입구		3	1	1	1	1	02.03.27
	안동/녹전/매정 395		제사-신앙	R	도로,경작지	203	노거수	16.10	13.5 /	2.70			흙	3	1	3	2	3	I
623	느티나무	36.47.34 /128.47.56	315	N				P	150/	0.00	계류역	입구		3	1	2	1	1	02.03.27
	안동/녹전/매정 395		제사-신앙	R	도로,계류	115	노거수	12.10	13.0 /	2.60			시멘트	3	1	3	2	3	II
624	느티나무	36.46.01 /128.44.46	242	N	11-14-14-1	82.10.26	당산목	P	320/300	0.00	충적대지	입구	대리석/상	2	1	1	1	1	02.03.27
	안동/녹전/사천 721	벤치, 체육시설	제사-신앙	R	경작지	633	보호수	28.40	24.0 /15	6.33			흙	2	1	2	2	2	I
625	느티나무	36.46.01 /128.44.46	242	N				P	200/	0.00	충적대지	입구		1	1	1	1	1	02.03.27
	안동/녹전/사천 721	벤치, 체육시설	휴식-정자	R	주택,도로,경작지	430	노거수	23.40	13.0 /	4.78			흙	1	1	1	2	1	I
626	느티나무	36.46.01 /128.44.46	242	N				P	200/	0.00	충적대지	입구		1	1	1	1	1	02.03.27
	안동/녹전/사천 721	벤치 , 체육시설	휴식-정자	R	도로,주택,농경지	196	노거수	15.80	11.0 /	3.61			흙	1	1	1	2	1	I
627	느티나무	36.46.01 /128.44.46	242	N				P	150/	0.00	충적대지	입구		1	1	1	1	1	02.03.27
	안동/녹전/사천 721	벤치	휴식-정자	R	도로,주택	303	노거수	19.65	14.0 /	3.27			흙	1	1	1	2	1	I
628	느티나무	36.46.01 /128.44.46	242	N				P	120/	0.00	충적대지	입구		1	1	1	1	1	02.03.27
	안동/녹전/사천 721	벤치, 체육시설	휴식-정자	R	도로	275	노거수	18.70	13.0 /	2.56			흙	1	1	1	2	2	I
629	느릅나무	36.46.01 /128.44.46	242	N				P	250/	0.00	계류역	입구		3	1	1	1	1	02.03.27
	안동/녹전/사천 721	벤치, 체육시설	휴식-정자	R	주택,계류,농경지	349	노거수	21.10	14.0 /	5.46			흙	3	1	3	2	3	I

630	느티나무	36.44.45 /128.46.11	271	N	11-14-14-1-1	82.10.26	동신목	P	180/150	0.00	계류역	입구		2	2	2	2	1	02.03.27
	안동/녹전/신평 974-2		휴식-정자	R	도로,주택,계류	203	보호수	16.10	13.0 /13	3.10			시멘트	2	1	2	2	2	I
631	느티나무	36.44.45 /128.46.11	271	N	11-14-14-1-1	82.10.26	정자목	P	180/160	0.00	계류역	입구	대리석/상	3	2	2	2	1	02.03.27
	안동/녹전/신평 974-2		휴식-정자	R	도로,주택,계류	613	보호수	27.95	13.0 /12	3.59			시멘트	3	1	3	2	2	II
632	느티나무	36.43.42 /128.45.57	244	N				S	250/	0.00	계류역	입구		3	1	5	1	1	03.07.11
	안동/녹전/죽송/		휴식-정자	R	계류,경작지	275	노거수	18.70	10.0 /	4.20			흙	3	1	3	1	3	II
633	느티나무	36.44.08 /128.45.03	316	N	11-14-14-2		정자목	S	400/300	0.00	충적대지	입구		1	2	3	2	1	02.06.05
	안동/녹전/녹래 547		휴식-정자	R	도로,초교운동장	624	보호수	28.20	18.0 /20	6.52			시멘트	1	1	1	2	1	I
634	느티나무	36.44.02 /128.45.09	300	N				S	200/	0.00	산비탈	입구		4	3	3	3	1	02.06.05
	안동/녹전/녹래		휴식-정자	R	도로,경작지	161	노거수	14.30	11.0 /	4.02			시멘트	4	3	4	2	4	II
635	느티나무	36.43.55 /128.45.11	295	N				S	200/	0.00	충적대지	기타		4	2	2	2	1	02.06.05
	안동/녹전/녹래		휴식-정자	R	도로,경작지	177	노거수	15.00	12.0 /	4.09			시멘트	4	1	4	2	4	II
636	느티나무	36.42.36 /128.45.00	253	N	11-14-14-4		정자목	S	320/300	0.00	계류역	입구	철제/중	1	2	2	2	1	02.06.05
	안동/녹전/사신 785		휴식-정자	R	도로,계류,경작지	423	보호수	23.20	14.0 /17	4.87			블럭	2	1	1	2	1	I
637	느티나무	36.42.46 /128.44.17	299	N	11-14-14-3		정자목	S	320/300	0.00	계류역	입구	철제/하	1	1	1	1	1	02.06.05
	안동/녹전/사신 산159		휴식-정자	R	도로,주택,계류	165	보호수	14.50	19.9 /11	6.00			돌	1	2	1	2	1	I
638	느티나무	36.41.28 /128.46.26	189	N	275	82.11.03	당산목	S	720/700	0.00	계류역	입구	알미늄/상	1	1	3	1	1	02.03.27
	안동/녹전/사신 256외 3필지	벤치,좌대, 체육시설	제사-신앙	R	도로,주택,경작지	1006	천연기념물	35.80	28.0 /	10.32			흙	1	1	1	2	1	I
639	느티나무	36.14.30/128.12.27	120	N	11-27-4	82.09.24	정자목	P	330/310	1.74	충적대지	내부	대리석/중	3	2	3	3	1	02.03.14
	구미/무을/원1/565	정자	휴식-정자	R	도로,주택	430	보호수	23.4	16.4/16	5.45	태풍	+	자갈,시멘트	3	1	3	2	3	II
640	느티나무	36.14.41/128.12.31	79	N	11-27-2-2-1	82.09.24	정자목	S	200/130	1.08	충적대지	내부		5	5	5	5	1	02.03.14
	구미/무을/원1/355		휴식-정자	R	도로,주택	119	보호수	12.3	9.5/12	3.4	인재		시멘트	4	1	5	4	4	II
641	느티나무	36.15.53/128.12.12	134	N	11-27-2-3	82.09.24	당산목	S	280/280	1.16	산비탈	후방		3	1	1	1	1	02.03.14
	구미/무을/송삼/67		제사-신앙	R	대나무밭	219	보호수	16.7	17.5/20	3.65			흙	1	2	3	1	1	I
642	느티나무	36.15.53/128.12.12	131	N	11-27-2-1-1	82.09.24	경관목	S	300/130	1.75	충적대지	입구		3	2	3	1	1	02.03.14
	구미/무을/무등2/612		휴식-정자	R	경작지	366	보호수	21.6	12/15	5.5			블럭	4	1	3	2	1	II
643	느티나무	36.16.07/128.09.44	156	N	11-53	82.09.24	정자목	S	200/510	1.10	충적대지	입구		3	5	5	4	1	02.03.14
	구미/무을/상송/847	체육시설	휴식-정자	R	도로,주택	209	보호수	16.3	12.5/20	3.45		+	시멘트	3	1	3	3	3	II
644	느티나무	36.16.07/128.09.44	156	N				P	200/	1.02	충적대지	입구		5	5	5	4	1	02.03.14
	구미/무을/상송/847	체육시설	휴식-정자	R	도로,주택	139	노거수	13.3	21/	3.2	태풍		시멘트	5	1	5	3	3	II
645	느티나무	36.16.07/128.09.44	156	N	11-53	82.09.24	정자목	P	250/250	1.34	충적대지	입구	대리석/중	2	5	5	3	1	02.03.14
	구미/무을/상송/847	체육시설	휴식-정자	R	도로,주택	269	보호수	18.5	22/	4.2			시멘트	2	1	2	3	2	II
646	느티나무	36.16.07/128.09.44	156	N				P	250/	1.26	충적대지	입구	대리석/중	2	4	5	3	1	02.03.14
	구미/무을/상송/847	체육시설	휴식-정자	R	도로,주택	165	노거수	14.5	14.6/	3.95			시멘트	2	1	2	3	3	II
647	느티나무	36.16.07/128.09.44	156	N	11-27-2-4-1	82.09.24	정자목	P	200/130	1.40	충적대지	입구		1	1	1	1	1	02.03.14
	구미/무을/안곡1/533-1		휴식-정자	R	경작지	514	보호수	25.6	17.7/15	4.4			흙	2	1	1	2	1	I
648	느티나무	36.16.07/128.09.44	156	N	11-27-2-4-2	82.09.24	정자목	P	150/300	1.15	충적대지	입구		1	1	1	1	1	02.03.14
	구미/무을/안곡1/533-1		휴식-정자	R	경작지	349	보호수	21.1	20.5/20	3.6			흙	2	1	1	2	1	I
649	느티나무	36.16.07/128.09.44	156	N		82.09.24		P	150/	1.02	충적대지	입구		2	1	1	1	1	02.03.14
	구미/무을/안곡1/533-1		휴식-정자	R	경작지	373	노거수	21.8	17.9/	3.2			흙	2	1	2	2	1	I
650	느티나무	36.16.07/128.08.50	139	N	11-27-2-4-3	82.09.24	정자목	P	200/130	1.50	충적대지	입구		2	3	4	1	1	02.03.14
	구미/무을/안곡/557		휴식-정자	R	경작지,도로	269	보호수	18.5	25.5/20	4.7			시멘트,흙	2	1	2	2	1	I

651	느티나무	36.16.07/128.08.50	139	N				P	200/	1.15	충적대지	입구		1	1	1	1	1	02.03.14
	구미/무을/안곡/557		휴식-정자	R	경작지,도로	266	노거수	18.4	15.5/	3.6			흙	1	1	1	2	1	I
652	느티나무	36.16.07/128.08.50	139	N	11-27-2-5	82.09.24	정자목	S	250/230	2.12	충적대지	입구		3	3	3	2	1	02.03.14
	구미/무을/안곡/528-6	정자,벤치	휴식-정자	R	경작지,주택	314	보호수	20	13.5/15	6.67	인재	+	자갈,시멘트	3	1	3	3	3	II
653	느티나무	36.16.19/128.09.08	168	N	11-27-2-4	82.09.24	정자목	S	230/230	2.50	충적대지	입구	대리석/상	1	4	4	3	1	02.03.14
	구미/무을/안곡2/266	벤취,보호망	휴식-정자	R	경작지,주택,도로	881	보호수	33.5	19.5/12	7.85			자갈,시멘트	2	1	1	3	1	II
654	소나무	36.15.51/128.15.36	131	N	99-11	82.09.24	당산목	S	600/600	1.04	산비탈	기타	대리석/상	3	1	1	1	1	02.03.14
	구미/옥성/덕촌2/62		제사-신앙	R	임야	181	보호수	15.2	14/	3.25			흙	3	1	3	1	3	I
655	느티나무	36.16.49/128.14.17	122	N	11-27-5	82.09.24	정자목	S	500/480	1.75	충적대지	내부	대리석/상	2	4	4	2	2	02.03.14
	구미/옥성/대원1/752-3		휴식-정자	R	주택,도로	317	보호수	20.1	16.2/10	5.5			시멘트,흙	2	2	2	2	2	II
656	느티나무	36.16.56/128.15.57	127	N	99-12	99.07.29	정자목	S	500/500	1.61	충적대지	입구	대리석/상	1	2	3	1	1	02.03.14
	구미/옥성/주아2/694	좌대,보호철망,벤치	휴식-정자	R	경작지	401	보호수	22.6	23.2/	5.05		+	자갈,시멘트	2	1	1	2	2	I
657	왕버들	36.17.29/128.16.43	88	N	11-27-3-1	82.09.24	정자목	S	280/280	2.01	충적대지	내부	대리석/상	5	5	5	5	1	02.03.14
	구미/옥성/주아1/332		휴식-정자	R	도로,주택	50	보호수	8	15.5/15	6.3	태풍	+	시멘트,흙	5	1	5	5	5	III
658	은행나무	36.18.35/128.16.54	67	C	225	70.05.28	거목	S	600/600	3.73	충적대지	입구	알미늄/상	1	1	1	1	1	02.03.14
	구미/옥성/농소/436		기타-경관	R	경작지,도로	343	천연기념물	20.9	25/30	11.7		+	흙	2	1	2	2	2	I
659	소나무	36.16.47/128.20.19	73	C				P	150/	0.48	산비탈	입구		1	1	1	1	1	02.03.17
	구미/옥성/신기/	당집,벤치	기타-경관	R	사당,임야	184	노거수	15.3	6.4/	1.5			흙	2	1	1	2	1	I
660	소나무	36.16.47/128.20.19	73	N				P	150/	0.53	산비탈	후방		1	1	1	1	1	02.03.17
	구미/옥성/신기/	당집,벤치	기타-경관	R	사당,임야	141	노거수	13.4	9.5/	1.65			흙	1	1	1	1	1	I
661	모과나무	36.16.47/128.20.19	73	C				S	200/	0.97	산비탈	후방		1	1	1	1	1	02.03.17
	구미/옥성/신기/	당집,벤치	기타-경관	R	주택	79	노거수	10	8/	3.05			흙	1	1	1	1	1	I
662	은행나무	36.17.26/128.18.13	86	C	11-54	82.09.24	정자목	S	640/630	2.34	충적대지	내부	대리석/상	3	3	4	3	1	02.03.14
	구미/옥성/초곡/525-1		기타-경관	R	주택,도로	186	보호수	15.4	26/20	7.35	인재	+	자갈,시멘트	3	1	3	2	3	II
663	회화나무	36.14.25/128.18.08	76	C	11-27-1-1	82.09.24	정자목	S	300/400	1.24	기타	내부	대리석/상	1	4	5	3	1	02.03.14
	구미/선산/동부/542-3	주차장	기타-경관	U	주택,주차장	502	보호수	25.3	17.7/22	3.9			자갈,시멘트	1	1	1	2	2	II
664	회화나무	36.14.25/128.18.08	76	C	11-27-2	82.09.24	정자목	S	300/400	1.05	기타	내부	대리석/상	1	4	5	3	1	02.03.14
	구미/선산/동부/542-3	주차장	기타-경관	U	청사건물,주차장	426	보호수	23.3	17/23	3.3			자갈,시멘트	1	1	1	2	2	II
665	회화나무	36.14.25/128.18.08	76	C	11-27-1	82.09.24	정자목	S	280/420	1.23	기타	내부	대리석/상	1	1	1	1	1	02.03.14
	구미/선산/동부/542-3	울타리	기타-경관	U	청사건물,도로	415	보호수	23	17/22	3.85			흙	1	1	1	1	1	I
666	팽나무	36.14.09/128.18.56	75	C	11-27-1-2-1	82.09.24	상징목	S	250/250	1.18	충적대지	입구	대리석/상	2	3	5	3	1	02.03.14
	구미/선산/화조/254	정자,벤치	휴식-정자	R	경작지,주택,도로	624	보호수	28.2	14.5/15	3.7			블럭,시멘트	2	1	2	3	3	II
667	소나무	36.14.16/128.19.39	76	N	357	88.04.30	희귀	S	400/400	1.11	충적대지	입구	알미늄/상	1	1	1	1	1	02.03.14
	구미/선산/독동/537	울타리	기타-경관	R	경작지,도로	320	천연기념물	20.2	13/13	3.5			자갈	1	1	1	1	3	I
668	팽나무	36.14.29/128.19.41	79	C	11-27-1-5	82.09.24	정자목	S	280/280	1.00	충적대지	내부		2	5	5	3	1	02.03.14
	구미/선산/독동/630		휴식-정자	R	주택,도로	240	보호수	17.5	11.5/20	3.15			시멘트,흙	2	1	2	2	2	II
669	느티나무	36.13.22/128.15.56	85	N	11-27-3	82.09.24	정자목	S	200/420	1.26	충적저지	입구	대리석/상	3	2	3	2	1	02.03.14
	구미/선산/내고/589	벤치,좌대	휴식-정자	R	주택,경작지	154	보호수	14	10/15	3.95		+	시멘트,흙	3	1	3	2	3	II
670	왕버들	36.12.36/128.15.44	83	N	11-27-1-4	82.09.24	경관목	S	220/220	1.91	충적대지	입구	대리석/상	3	5	5	3	1	02.03.14
	구미/선산/습례/360		휴식-정자	R	주택,도로	423	보호수	23.2	19.5/17	6			시멘트	2	1	3	3	3	II
671	왕버들	36.12.36/128.15.30	72	N			정자목	P	200/200	1.37	충적대지	입구		3	4	4	3	1	02.03.14
	구미/선산/습례1리		휴식-정자	R	경작지,주택,도로	260	노거수	18.2	11.5/	4.3			시멘트	3	1	3	2	3	II

672	왕버들	36.12.36/128.15.30	72	N				P	200/	1.62	충적대지	입구		3	4	4	3	1	02.03.14
	구미/선산/습례1리	평상	휴식-정자	R	경작지,주택,도로	129	노거수	12.8	12.5/	5.1			자갈,시멘트	3	1	3	3	3	II
673	왕버들	36.12.36/128.15.30	72	N				P	200/	1.24	충적저지	입구		3	4	4	3	1	02.03.14
	구미/선산/습례1리	평상	휴식-정자	R	경작지,주택,도로	269	노거수	18.5	12.5/	3.9			자갈,시멘트	3	1	3	3	3	II
674	회화나무	36.12.21/128.18.35	79	C	11-27-8-3	82.09.24	경관목	P	220/220	0.86	충적대지	내부		3	2	1	2	2	02.03.14
	구미/고아/파산/230		휴식-정자	R	주택	100	보호수	11.3	8/15	2.7			흙	3	2	3	2	3	II
675	회화나무	36.12.21/128.18.35	79	C				P	200/	1.26	충적대지	내부		2	2	1	2	2	02.03.14
	구미/고아/파산/230	당집,벤치	휴식-정자	R	주택	57	노거수	8.5	8/	3.95			흙	3	4	2	2	2	II
676	왕버들	36.11.59/128.17.29	77	N	11-27-8-1-1	82.09.24	상징목	P	200/180	1.10	충적대지	기타	대리석/상	2	1	1	1	1	02.03.14
	구미/고아/신촌/244		휴식-정자	R	경작지	547	보호수	26.4	12.7/13	3.45			흙	2	1	2	2	1	I
677	왕버들	36.11.59/128.17.29	77	N				P	200/	2.04	충적대지	기타		2	1	1	1	1	02.03.14
	구미/고아/신촌/244		휴식-정자	R	경작지	216	노거수	16.6	9.5/	6.4			흙	2	1	2	2	1	I
678	왕버들	36.11.38/128.19.01	88	N	11-27-8-2	82.09.24	정자목	S	270/270	1.50	충적대지	내부	대리석/상	2	2	3	1	1	02.03.14
	구미/고아/대망1/		휴식-정자	R	주택,도로	133	보호수	13	9/20	4.7			시멘트,흙	2	1	2	1	2	I
679	회화나무	36.11.31/128.18.58	97	N	11-27-6	82.09.24	당산목	S	420/420	1.00	산비탈	후방	대리석/하	3	1	1	1	1	02.03.14
	구미/고아/대망1/236	우물	제사-신앙	R	경작지	189	보호수	15.5	10.5/7	3.15		+	흙	3	1	3	2	3	I
680	회화나무	36.11.40/128.18.58	85	C	11-27-8-1	82.09.24	정자목	P	260/260	0.70	충적저지	내부	대리석/상	4	2	3	1	1	02.03.14
	구미/고아/대망1/244		휴식-정자	R	경작지,주택,도로	125	보호수	12.6	10.4/7	2.2		+	시멘트,흙	4	1	4	2	3	II
681	회화나무	36.11.40/128.18.58	85	C				P	260/	0.56	충적저지	내부		3	2	3	1	1	02.03.14
	구미/고아/대망1/244		휴식-정자	R	경작지,주택,도로	117	노거수	12.2	11/	1.75		+	시멘트,흙	3	1	3	2	3	II
682	회화나무	36.11.29/128.21.47	56	C	11-27-8-4	82.09.24	상징목	S	300/280	1.31	충적대지	내부		5	2	5	5	1	02.03.14
	구미/고아/예강2/257		휴식-정자	R	주택,도로	327	보호수	20.4	11.5/20	4.1		+	시멘트,흙	5	1	5	5	5	II
683	느티나무	36.11.07/128.20.56	63	C	11-27-8-2-1	82.09.24	정자목	S	200/180	1.18	충적대지	내부		1	1	3	1	1	02.03.14
	구미/고아/항곡/521	벤치,정자	휴식-정자	R	주택,도로	373	보호수	21.8	15.5/15	3.7			자갈,시멘트	1	1	1	1	1	I
684	회화나무	36.10.35/128.20.58	71	C	11-27-8	82.09.24	정자목	S	430/430	1.58	충적대지	내부	철재/중	3	1	1	1	1	02.03.14
	구미/고아/봉한2/471		기타-경관	R	주택	330	보호수	20.5	14.5/13	4.95		+	흙	3	1	3	2	3	I
685	느티나무	36.09.57/128.22.01	64	C	11-27-7	82.09.24	정자목	S	200/380	1.34	충적대지	내부		1	1	3	1	1	02.03.14
	구미/고아/송림/124	벤치,정자	휴식-정자	R	주택,도로	272	보호수	18.6	11.9/13	4.2			자갈,시멘트	1	1	1	1	1	I
686	은행나무	36.07.36/128.25.59	74	C	11-5-4	82.09.20	경관목	S	390/390	1.42	산비탈	후방	대리석/상	1	3	3	3	1	02.03.14
	구미/구포/418		기타-경관	R	도로,경작지	514	보호수	25.6	17.5/	4.45			블럭,시멘트,흙	1	1	1	2	2	I
687	배롱나무	36.06.56/128.24.03	63	C	11-5-3	82.09.20	희귀목	S	350/350	0.89	산비탈	내부		2	1	1	1	1	02.03.17
	구미/임수/331		기타-경관	R	임야,서원	104	보호수	11.5	7/	2.8		+	흙	2	1	2	1	2	I
688	은행나무	36.06.30/128.24.06	61	C	11-5-2	82.09.20	거목	S	400/400	1.56	기타	입구	대리석/상	1	1	1	1	1	02.03.17
	구미/임수/375	울타리	기타-경관	U	도로,서원,하천	346	보호수	21	21.5/	4.9			흙	1	1	1	1	1	I
689	느티나무	36.10.56/128.28.59	121	N	199-13	99.07.29	정자목	S	600/600	2.21	계류역	입구	대리석/상	1	1	1	1	1	02.03.13
	구미/산동/백현/77-1	벤치,정자	휴식-정자	R	계류,농경지	855	보호수	33	21.5/	6.95			흙	1	1	1	1	1	I
690	느티나무	36.17.08/128.21.13	53	N	11-27-4-5	82.09.24	정자목	S	230/230	1.10	산비탈	측면		2	5	5	2	1	02.03.14
	구미/도개/도개/555	좌대	휴식-정자	R	경작지,주택,도로	181	보호수	15.2	10.5/9	3.45			시멘트	2	1	2	2	2	II
691	느티나무	36.19.23/128.18.35	72	N	11-27-4-2	82.09.24	정자목	P	300/280	0.86	산비탈	기타		3	1	1	1	1	02.03.14
	구미/도개/용산/826	정자	휴식-정자	R	경작지,도로	211	보호수	16.4	12/10	2.7	태풍	+	흙	4	1	3	3	3	II
692	느티나무	36.19.23/128.18.35	72	N				P	300/	1.34	산비탈	기타		3	1	1	1	1	02.03.14
	구미/도개/용산1/826	당집,벤치,정자	휴식-정자	R	경작지,도로	201	노거수	16	12.5/	4.2	태풍	+	흙	4	1	3	3	3	II

693	회화나무	36.18.33/128.20.06	73	C	11-27-4-3	82.09.24	경관목	S	300/280	1.45	충적대지	내부	대리석/상	3	2	3	2	1	02.03.14
	구미/도개/월림2/38	좌대,벤치	휴식-정자	R	주택,도로	314	보호수	20	13/15	4.55	태풍	+	자갈,시멘트	3	3	3	3	3	II
694	왕버들	36.17.31/128.20.57	61	N	11-27-4-4	82.09.24	당산목	S	280/280	1.91	계류역	측면	대리석/상	1	5	5	3	1	02.03.14
	구미/도개/궁기2/50	정자,벤치	휴식-정자	R	경작지,계류	193	보호수	15.7	15.5/10	6			시멘트	2	1	1	3	1	II
695	왕버들	36.17.03/128.22.05	74	N	11-27-4-1-1	82.09.24	정자목	S	200/180	1.66	충적저지	기타		3	4	1	1	1	02.03.14
	구미/도개/다곡1/885		휴식-정자	R	경작지,계류	123	보호수	12.5	7.5/7	5.2	인재		자갈	3	1	3	1	1	I
696	느티나무	36.14.25/128.23.69	129	N	11-55	82.09.24	거목	P	580/580	1.72	계류역	입구		4	1	1	1	1	02.03.17
	구미/해평/송곡/125		기타-경관	R	경작지	206	보호수	16.2	10.2/20	5.4		+	흙	4	3	4	1	3	II
697	회화나무	36.14.59/128.21.51	80	C	11-27-5-2	82.09.24	정자목	S	280/280	0.94	충적대지	내부		3	1	1	1	1	02.03.17
	구미/해평/낙산1/805		휴식-정자	R	주택	177	보호수	15	11.3/15	2.95			흙	3	1	3	1	3	I
698	느티나무	36.13.32/128.23.57	97	N	11-27-5-4-1	82.09.24	정자목	S	200/180	1.48	계류역	입구		1	1	1	1	1	02.03.17
	구미/해평/창림/146	정자,벤치	휴식-정자	R	경작지,도로,계류	523	보호수	25.8	14.1/15	4.65			자갈	1	1	1	1	1	I
699	느티나무	36.11.41/128.23.09	75	N	11-27-5-1-1	82.09.24	정자목	S	250/180	1.80	충적대지	후방		2	2	3	3	1	02.03.17
	구미/해평/낙성/288-1	좌대,울타리	휴식-정자	R	경작지	543	보호수	26.3	17.5/	5.65			블럭,흙	2	1	2	2	2	II
700	회화나무	36.11.13/128.23.06	78	C	11-27-5-5-1	82.10.26	정자목	S	220/220	1.34	충적대지	내부		1	3	1	1	1	02.03.17
	구미/해평/오상/645-3		기타-경관	R	주택	165	보호수	14.5	12/10	4.2			담장,흙	1	1	1	1	1	I
701	회화나무	36.11.13/128.23.06	78	C				S	200/	0.96	충적대지	내부		3	3	3	3	1	02.03.17
	구미/해평/오상/도로변	당집,벤치	기타-경관	R	주택,도로	181	노거수	15.2	13.5/	3	인재		시멘트,흙	3	5	3	2	3	II
702	회화나무	36.11.13/128.23.06	78	C				S	200/	0.96	충적대지	내부		1	1	1	1	1	02.03.17
	구미/해평/오상	당집,벤치	기타-경관	R	주택	254	노거수	18	13/	3			흙	1	1	1	1	1	I
703	팽나무	36.12.18/128.25.17	91	N	11-27-5-3-1	82.09.24	정자목	S	230/230	0.51	충적대지	내부		2	2	3	3	1	02.03.17
	구미/해평/금산/231		기타-경관	R	주택	133	보호수	13	15/20	1.6			시멘트,흙	2	5	2	2	2	II
704	느릅나무	36.11.25/128.24.07	75	N	11-27-5-2-2	82.09.24	정자목	S	200/180	1.11	계류역	기타		2	1	1	1	1	02.03.17
	구미/해평/오상/629		기타-경관	R	경작지,계류	95	보호수	11	12/14	3.5			흙	2	1	2	1	2	I
705	느티나무	36.10.46/128.24.24	76	N	11-27-5-2	82.09.24	당산목	S	250/210	1.67	충적대지	측면		3	1	1	1	1	02.03.17
	구미/해평/문량3/128-1	당집	제사-신앙	R	주택,경작지	201	보호수	16	17/15	5.25			흙	3	3	3	2	3	II
706	느티나무	36.54.22 /128.34.47	224	N	11-28-8-13	82.10.26	노목	S	700/500	0.00	계류역	입구	대리석/상	5	5	5	3	1	02.03.02
	영주/순흥/석교2/671		기타-경관목	U	도로,경작지,주택	137	보호수	13.2	7/5	8.0	태풍	+	시멘트	5	1	5	2	5	II
707	은행나무	36.54.48 /128.34.44	240	C	11-28-6	82.10.26	정자목	S	420/400	0.00	충적대지	내부	대리석/상	3	2	3	2	1	02.03.28
	영주/순흥/읍내 331-2	벤치,좌대	기타-경관	R	주택,도로	380	보호수	22.0	22/25	3.7		+	시멘트,흙	2	1	3	2	3	II
708	은행나무	36.54.48 /128.34.44	240	C	11-28-6	82.10.26	정자목	S	420/400	0.00	충적대지	내부	대리석	1	1	1	1	1	02.03.28
	영주/순흥/읍내 331-2	벤치	기타-경관	R	주택,도로	380	보호수	22.0	24/	8.8			흙	1	1	1	2	1	I
709	느티나무	36.54.45 /128.34.40	230	C	11-28-8-15	82.10.26	경관목	P	420/400	0.00	충적대지	내부	대리석/상	2	2	2	2	1	02.03.02
	영주/순흥/읍내 314-1	보호책, 담장	기타-경관	R	면사무소 관청	401	보호수	22.6	12.5/30	6.1			시멘트,흙	4	1	2	2	2	II
710	느티나무	36.54.45 /128.34.40	230	C	11-28-8-1-56	82.10.26	경관목	P	170/150	0.00	충적대지	내부		1	2	3	3	1	02.03.02
	영주/순흥/읍내 314	담장	기타-경관	U	관청내	227	보호수	17.0	10/25	4.2			시멘트,흙	1	1	1	2	1	I
711	느티나무	36.54.45 /128.34.40	230	C	11-28-8-1-57	82.10.26	경관목	P	170/150	0.00	충적대지	내부	대리석/상	1	2	3	3	1	02.03.02
	영주/순흥/읍내 314		기타-경관	U	도로,관청	269	보호수	18.5	10.5/30	3.6			시멘트,자갈	1	1	1	2	3	I
712	왕버들	36.54.45 /128.34.40	230	N	11-28-8-16	82.10.26	정자목	S	420/400	0.00	계류역	내부		3	1	1	1	1	02.03.28
	영주/순흥/읍내1/307	벤치, 정자	기타-경관	R	경작지,연못	531	보호수	26.0	21.5/20	8.0			흙	3	1	3	2	3	I
713	느티나무	36.53.55 /128.33.13	262	N	274	82.10.26	정자목	S	650/600	0.00	계류역	입구	알미늄/상	3	2	2	2	1	02.03.02
	영주/순흥/태장3/1095		휴식-정자	R	경작지,도로	707	천연기념물	30.0	20.5/	8.8	태풍	+	시멘트,모래	3	1	3	2	3	II

714	느티나무	36.55.09 /128.32.26	389	N	11-28-8-4-63	82.10.26	당산목	P	220/200	0.00	산비탈	입구	대리석/상	3	2	3	2	1	02.03.02
	영주/순흥/태장1/902-1		휴식-정자	R	경작지,도로	510	보호수	25.5	17/25	4.2			시멘트,흙	3	1	3	2	1	II
715	느티나무	36.55.09 /128.32.26	389	N				P	300/	0.00	산비탈	입구		3	1	1	1	1	02.03.02
	영주/순흥/태장 902-1		휴식-정자	R	경작지,도로	113	노거수	12.0	18/	4.5			흙	4	1	3	2	3	II
716	느티나무	36.54.50 /128.33.34	273	C	11-28-8-4-64	82.10.26	당산목	P	120/150	0.00	계류역	입구	대리석	3	2	3	3	1	02.03.02
	영주/순흥/태장2/133-2		제사-신앙	R	도로,계류	133	보호수	13.0	17/20	2.5			시멘트,흙	3	1	3	2	3	II
717	느티나무	36.54.50 /128.33.34	273	C				P	120/	0.00	계류역	입구		1	1	1	1	1	02.03.02
	영주/순흥/태장 133-2		휴식-정자	R	도로,계류	154	노거수	14.0	22/	2.5			흙	1	1	1	2	1	I
718	느티나무	36.54.50 /128.33.34	273	C				P	120/	0.00	계류역	입구		1	1	1	1	1	02.03.02
	영주/순흥/태장 133-2		휴식-정자	R	도로,계류	154	노거수	14.0	19/	2.7			흙	1	1	1	2	3	I
719	느티나무	36.55.46 /128.33.28	313	N	11-28-8	82.10.26	정자목	P	420/400	0.00	충적대지	입구	대리석/상	3	2	2	2	1	02.03.02
	영주/순흥/배점2리	벤치, 정려비	휴식-정자	R	도로,주택,경작지	214	보호수	16.5	17/15	5.5		+	시멘트,흙	4	1	3	2	3	II
720	느티나무	36.55.46 /128.33.28	313	N	11-28-8-5-66	82.10.26	경관목	P	420/400	0.00	충적대지	입구	대리석/상	3	2	3	3	1	02.03.28
	영주/순흥/배점 183	정려비	휴식-정자	R	주택,도로	170	보호수	14.7	9/20	5.0			시멘트,흙	3	1	3	2	3	II
721	느티나무	36.55.46 /128.33.28	313	N				P	420/	0.00	충적대지	입구		3	2	2	2	1	02.03.28
	영주/순흥/배점 184		휴식-정자	R	주택,도로	113	노거수	12.0	10/	4.0		+	시멘트,흙	4	2	3	2	3	II
722	느티나무	36.55.46 /128.33.28	313	N				S	150/	0.00	충적대지	내부		2	2	2	2	1	02.03.28
	영주/순흥/배점 121		휴식-정자	R	주택,도로,경작지	214	노거수	16.5	11/	3.5			시멘트,흙	2	1	2	2	2	I
723	은행나무	36.55.18 /128.34.51	254	C	11-28-7	82.10.26	경관목	P	420/400	0.00	계류역	내부	대리석/상	4	1	1	1	1	02.03.28
	영주/순흥/내죽 84		기타-경관	R	소수서원내	100	보호수	11.3	21/20	4.0			흙	4	1	4	2	3	II
724	은행나무	36.55.18 /128.34.51	254	C	11-28-8-14	82.10.26	경관목	P	520/500	0.00	계류역	내부	대리석/상	4	1	1	1	1	02.03.28
	영주/순흥/내죽 84	정자	기타-경관	R	소수서원내	104	보호수	11.5	11/25	5.0			흙	4	1	4	2	3	II
725	느티나무	36.55.18 /128.34.51	254	C				S	250/	0.00	충적대지	내부		1	2	2	1	1	02.03.28
	영주/순흥/내죽 84	벤치	기타-경관	R	소수서원내	201	노거수	16.0	18/	4.1		+	시멘트,흙	1	1	1	2	1	I
726	은행나무	36.55.28 /128.34.49	249	C	11-68	82.10.26	노목	P	800/1100	0.00	충적대지	내부	대리석/상	3	1	1	1	1	02.03.28
	영주/순흥/내죽 98	벤치, 울타리	기타-경관	R	경작지,주택	177	보호수	15.0	23/30	5.5			흙	3	1	3	2	1	I
727	은행나무	36.55.28 /128.34.49	249	C	11-68	82.10.26	노목	P	800/1100	0.00	충적대지	내부	대리석	3	1	1	1	1	02.03.28
	영주/순흥/내죽 98	벤치, 울타리	기타-경관	R	농경지,주택	177	보호수	15.0	23/	4.0			흙	3	1	3	2	1	I
728	느티나무	36.55.38 /128.34.44	269	C	11-28-8-3-60	82.10.26	경관목	P	220/200	0.00	산비탈	내부	대리석/상	3	1	1	1	1	02.03.28
	영주/순흥/청구1/437		기타-경관	R	향교내	113	보호수	12.0	13/30	4.2			바위	3	1	3	2	3	I
729	느티나무	36.55.38 /128.34.44	269	N				P	220/	0.00	산비탈	내부		3	1	1	1	1	02.03.28
	영주/순흥/청/437		기타-경관	R	향교내	117	노거수	12.2	16/	4.0			흙	3	1	3	2	2	I
730	느티나무	36.55.38 /128.34.44	269	N				P	220/	0.00	산비탈	내부		4	1	1	1	1	02.03.28
	영주/순흥/청/437		기타-경관	R	향교내	79	노거수	10.0	6/	3.5	인재		자갈,흙	4	1	4	2	4	II
731	느티나무	36.56.36 /128.34.53	348	C	11-28-8-1-61	82.10.26	정자목	S	120/	0.00	기타	기타		1	1	1	1	1	02.03.28
	영주/순흥/청구1/561		휴식-정자	R	경작지,주택	177	보호수	15.0	12/	2.5			자갈,흙	1	1	1	2	1	I
732	소나무	36.56.11 /128.35.14	277	N	11-28-8-3-62	82.10.26	경관목	P	220/200	0.00	충적저지	입구	대리석/상	2	1	1	1	1	02.03.28
	영주/순흥/청/219		제사-신앙	R	경작지	79	보호수	10.0	13/30	2.9			흙	2	1	2	2	2	I
733	느티나무	36.54.07 /128.34.47	' 224	N				S	200/	0.00	계류역	기타		3	2	2	2	1	02.03.28
	영주/순흥/지동3리	오산단유적비	휴식-정자	R	도로,계류,경작지	177	노거수	15.0	13/	4.6			시멘트,흙	3	1	3	2	2	II
734	팽나무	36.53.22 /128.35.05	210	N	11-28-8-2-58	82.10.26	당산목	P	420/400	0.00	충적대지	입구	대리석/상	4	2	2	1	1	02.03.28
	영주/순흥/지동2/429-1	정자, 벤치	제사-신앙	R	경작지,주택,도로	201	보호수	16.0	6/15	3.5	태풍		시멘트, 흙	4	1	4	2	2	II

735	팽나무	36.53.22 /128.35.05	210	N	11-28-8-2-58	82.10.26	당산목	P	420/400	0.00	충적대지	입구	대리석/상	3	2	2	1	1	02.03.28
	영주/순흥/지/429-1	정자, 벤치	제사-신앙	R	경작지,주택,도로	143	보호수	13.5	17/	3.8			시멘트,흙	2	1	3	2	3	II
736	왕버들	36.53.13 /128.35.18	198	N			정자목	S	500/	0.00	충적저지	입구		4	2	3	2	1	02.03.28
	영주/순흥/지동2리	정자나무유개비	기타-경관	R	경작지,도로	227	노거수	17.0	13/	6.9	낙뢰		시멘트,흙	4	1	4	2	3	II
737	느티나무	36.53.16 /128.35.11	202	N	11-28-8-1-59	82.10.26	경관목	S	200/200	0.00	충적저지	측면		3	1	1	1	1	02.03.28
	영주/순흥/지동2/218-4		기타-경관	R	경작지	113	보호수	12.0	10/	2.4	낙뢰,인재		돌,흙	4	1	3	2	3	II
738	은행나무	36.56.45 /128.36.02	272	C	11-28-12	82.10.26	정자목	S	520/500	0.00	충적대지	입구	대리석/상	2	2	2	2	1	02.03.28
	영주/단산/단곡1/391		휴식-정자	R	주택,도로	283	보호수	19.0	23/25	6.6			시멘트,흙	2	1	2	2	3	I
739	느티나무	36.53.57 /128.37.09	209	N				S	300/	0.00	산비탈	기타		2	1	1	1	1	02.03.28
	영주/단산/구구2리		기타-경관	R	임야,경작지	177	노거수	15.0	24/	5.3			흙	2	2	2	1	1	I
740	갈참나무	36.55.17 /128.36.41	222	N	285	82.11.04	경관목	S	520/500	0.00	기타	입구	알미늄/상	2	1	1	1	1	02.03.28
	영주/단산/병산1/산338		기타-경관	R	경작지	283	천연기념물	19.0	17/	3.3			흙	2	1	2	2	1	I
741	느티나무	36.55.24 /128.36.39	220	N	11-28-11	82.10.26	경관목	S	820/800	0.00	충적대지	입구	대리석/상	5	2	2	3	1	02.03.28
	영주/단산/병산1/351		휴식-정자	R	주택,도로	177	보호수	15.0	18/20	7.2		+	시멘트,흙	5	1	5	2	4	II
742	회화나무	36.55.23 /128.36.35	220	C	11-28-9-1-68	82.10.26	경관목	S	520/500	0.00	충적대지	내부	대리석/상	1	1	1	1	1	02.03.28
	영주/단산/병산370	첨모당	기타-경관	R	주택	272	보호수	18.6	17/30	3.4			흙	1	1	1	2	1	I
743	향나무	36.55.23 /128.36.35	220	C	11-28-9-17	82.10.26	경관목	S	150/500	0.00	기타	내부		5	2	2	4	1	02.03.28
	영주/단산/병산370	첨모당	기타-경관	R	첨모당내	38	보호수	7.0	3.5/4	1.0	태풍,인재		블럭,흙	2	1	5	2	5	II
744	느티나무	36.55.58 /128.36.48	239	C				S	130/	0.00	계류역	입구		1	2	2	1	1	02.03.28
	영주/단산/병산2리	벤치, 좌대	휴식-정자	R	도로,주택,계류	346	노거수	21.0	22/	4.3			시멘트,흙	1	1	1	2	2	I
745	느티나무	36.56.15 /128.36.55	240	N	11-28-9-1-69	82.10.26	당산목	P	320/300	0.00	충적저지	입구	대리석/상	2	1	3	2	1	02.03.28
	영주/단산/병산3/668		기타-경관	R	경작지,계류	201	보호수	16.0	12/20	5.8			흙	3	1	2	2	2	I
746	느티나무	36.56.15 /128.36.55	240	N				P	100/	0.00	충적저지	입구		1	1	1	1	1	02.03.28
	영주/단산/병산3/668		휴식-정자	R	경작지,계류	227	노거수	17.0	12/	3.4			흙	1	1	1	2	1	I
747	느티나무	36.57.08 /128.36.35	279	N	11-28-9-3-72	82.10.26	당산목	P	120/100	0.00	산비탈	입구		1	1	1	2	1	02.03.28
	영주/단산/단곡2/114		제사-신앙	R	임야,주택	314	보호수	20.0	8/30	1.9			돌	1	1	1	1	2	I
748	느티나무	36.57.08 /128.36.35	224	N	11-28-9-3-72	82.10.26	당산목	P	120/100	0.00	산비탈	입구		3	1	1	2	1	02.03.28
	영주/단산/단곡2/114		제사-신앙	R	임야,주택	177	보호수	15.0	10/	3.0			돌	3	1	3	1	3	I
749	느티나무	36.57.08 /128.36.35	279	N				S	200/150	0.00	산비탈	측면		4	1	1	1	1	02.03.28
	영주/단산/단곡2리		기타-경관	R	임야	177	노거수	15.0	9/	3.0			흙	4	2	4	1	3	II
750	느티나무	36.57.08 /128.37.20	266	N				S	300/	0.00	충적저지	내부		5	2	2	1	1	02.03.28
	영주/단산/옥대3리		기타-경관	R	경작지,주택,도로	133	노거수	13.0	14/	4.4			시멘트,흙	5	1	5	2	5	II
751	은행나무	36.57.25 /128.37.18	272	C	11-28-10	82.10.26	경관목	S	720/700	0.00	충적저지	입구	대리석/상	5	1	1	1	1	02.03.28
	영주/단산/옥대3/425		기타-경관	R	경작지,도로	113	보호수	12.0	16/25	7.3			흙	5	1	5	2	4	II
752	느티나무	36.57.26 /128.37.20	276	N	11-28-16-9	82.10.26	정자목	S	420/700	0.00	충적대지	내부	대리석	3	2	2	2	1	02.03.28
	영주/단산/옥대3/425	벤치, 체육시설	휴식-정자	R	주택,도로,경작지	363	보호수	21.5	15/25	7.2			시멘트,흙	3	1	3	2	3	II
753	은행나무	36.57.32 /128.37.13	281	C	11-28-9	82.10.26	경관목	S	720/700	0.00	충적저지	입구	대리석/상	3	2	2	2	1	02.03.28
	영주/단산/옥대3/834	벤치	기타-경관	R	도로,경작지	201	보호수	16.0	17/	8.0			시멘트,흙	3	1	3	2	3	II
754	느티나무	36.57.38 /128.38.13	274	N	11-28-10-3-79	82.10.26	정자목	S	100/	0.00	계류역	내부	대리석/상	1	2	2	1	1	02.03.28
	영주/부석/노곡2/150		휴식-정자	R	경작지,도로,계류	415	보호수	23.0	16.5/25	3.7			시멘트,흙	2	1	1	2	1	I
755	느티나무	36.58.57 /128.39.39	334	N	11-28-10-4-80	82.10.26	정자목	P	200/500	0.00	계류역	기타	대리석/상	3	2	3	3	1	02.03.28
	영주/부석/소천6/250		휴식-정자	R	경작지,도로,계류	452	보호수	24.0	15/25	3.5			시멘트,흙	3	1	3	2	3	II

756	느티나무	36.58.57 /128.39.39	334	N				P	250/	0.00	계류역	기타	대리석/상	3	2	3	3	1	02.03.28
	영주/부석/소천6/250		휴식-정자	R	경작지,도로,계류	452	노거수	24.0	15/	4.2			시멘트,흙	3	1	3	2	3	II
757	느티나무	36.59.42 /128.39.15	376	N	11-28-10-1-74	82.10.26	정자목	P	150/200	0.00	계류역	입구	대리석/상	1	2	2	2	1	02.03.28
	영주/부석/임곡 979	벤치, 체육시설	휴식-정자	R	도로,계류	154	보호수	14.0	10/	2.8			시멘트,흙	1	1	1	2	1	I
758	느티나무	36.59.42 /128.39.15	376	N	11-28-10-1-74	82.10.26	정자목	P	200/200	0.00	계류역	입구	대리석/상	5	2	2	1	1	02.03.28
	영주/부석/임곡 979	벤치, 체육시설	휴식-정자	R	도로,계류	177	보호수	15.0	6/	3.2		+	시멘트,흙	5	1	5	2	5	II
759	느티나무	36.59.47 /128.39.02	401	N				S	400/	0.00	계류역	후방		4	2	2	2	1	02.03.28
	영주/부석/임곡1리		휴식-정자	R	도로,계류,경작지	177	노거수	15.0	12/	5.5			시멘트,흙	4	1	4	2	4	II
760	회화나무	36.59.51 /128.39.03	420					S	120/	0.00	산비탈	후방		1	1	1	1	1	02.03.28
	영주/부석/임곡1리		기타-경관	R	임야	314	노거수	20.0	14/	2.5			흙	1	1	1	1	1	I
761	느티나무	36.59.33 /128.41.29	447	N	11-28-10-2-78	82.10.26	경관목	S	120/	0.00	산비탈	후방	대리석/상	2	2	2	2	1	02.03.28
	영주/부석/북지2/600		휴식-정자	R	계류,도로	380	보호수	22.0	18/25	4.0			시멘트,흙	2	1	2	2	2	I
762	느티나무	37.00.00 /128.40.35	401	N	11-28-10-2-76	82.10.26	풍치목	P	320/300	0.00	계류역	입구		3	2	2	2	1	02.03.28
	영주/부석/북지1/600		기타-경관	R	도로,경작지,계류	254	보호수	18.0	15/20	5.2			시멘트,흙	3	2	3	2	3	II
763	느티나무	36.59.52 /128.40.31	387	N	11-28-10-2-77	82.10.26	경관목	P	250/500	0.00	계류역	입구		3	4	4	3	1	02.03.28
	영주/부석/북지1/954		휴식-정자	R	경작지,도로,계류	227	보호수	17.0	19/25	5.2			시멘트,흙	3	1	3	2	3	II
764	느티나무	36.57.14 /128.39.41	272	N	11-28-10-5-81	82.10.26	경관목	P	500/400	0.00	산비탈	입구		3	2	2	3	1	02.03.28
	영주/부석/우곡 164		기타-경관	R	임야,도로	201	보호수	16.0	8/14	6.0			시멘트,바위	4	4	3	2	3	II
765	느티나무	36.57.14 /128.39.41	272	N				P	200/200	0.00	산비탈	입구		1	1	1	1	1	02.03.28
	영주/부석/우곡 164		기타-경관	R	임야,주택	177	노거수	15.0	17/	4.0			흙	2	1	1	2	1	I
766	느티나무	36.55.56 /128.38.54	244	N				S	150/150	0.00	계류역	입구		1	1	1	1	1	02.03.28
	영주/부석/우곡	벤치	휴식-정자	R	계루,도로,주택	254	노거수	18.0	12/	4.1			흙	1	1	1	2	1	I
767	느티나무	36.52.49 /128.32.10	264	N	11-28-1-1	82.10.26	경관목	P	150/300	0.00	산비탈	기타	대리석/상	2	1	1	1	1	02.03.29
	영주/풍기/산법 77		기타-경관	R	임야,학교내	177	보호수	15.0	17/20	3.2			흙	2	3	2	2	1	I
768	은행나무	36.52.26 /128.31.44	247	C	11-28-1-2-2	82.10.26	경관목	S	300/300	0.00	충적대지	내부		2	2	3	2	1	02.03.29
	영주/풍기/서부5-1		기타-경관	R	주택,도로	79	보호수	10.0	16/30	4.4			시멘트,흙	2	1	2	2	2	I
769	은행나무	36.52.30 /128.31.36	245	C	11-28-1	82.10.26	경관목	S	350/400	0.00	충적대지	내부		1	1	1	1	1	02.03.29
	영주/풍기/서부 33		기타-경관	R	주택,경작지	177	보호수	15.0	21/20	7.0			흙	1	1	1	2	1	I
770	은행나무	36.52.05 /128.31.37	226	C	11-66	82.10.26	노목	S	720/700	0.00	충적대지	내부	대리석/상	3	2	3	3	1	02.03.29
	영주/풍기읍 성내 22		기타-경관	R	관청	227	보호수	17.0	20/20	7.8		+	시멘트,자갈	3	1	3	2	3	II
771	느티나무	36.52.19 /128.29.34	267	C	11-28-1-1-1	82.10.28	당산목	P	200/200	0.00	계류역	입구	대리석/상	1	2	3	1	1	02.03.29
	영주/풍기/전/76		휴식-정자	R	경작지,도로,계류	254	보호수	18.0	17/20	3.3			시멘트,흙	1	1	1	2	1	I
772	느티나무	36.52.19 /128.29.34	267	C				P	200/200	0.00	계류역	입구		1	2	2	1	1	02.03.29
	영주/풍기/전/76		휴식-정자	R	경작지,도로,계류	201	노거수	16.0	18/	3.6			시멘트,흙	1	1	1	2	1	I
773	느티나무	36.52.19 /128.29.34	267	C				P	120/200	0.00	계류역	입구		1	3	3	1	1	02.03.29
	영주/풍기/전/76		휴식-정자	R	경작지,도로,계류	314	노거수	20.0	17/	2.8			시멘트,흙	1	1	1	2	1	I
774	느티나무	36.51.52 /128.29.53	264	N	11-28-7-2-51	82.10.28	정자목	P	320/300	0.00	충적대지	내부	대리석/상	1	1	2	1	1	02.03.29
	영주/봉현/두산314		휴식-정자	R	주택,도로	314	보호수	20.0	14/25	5.0			시멘트,흙	1	1	1	2	1	I
775	느티나무	36.51.52 /128.29.53	264	N				P	300/300	0.00	충적대지	내부		2	1	1	1	1	02.03.29
	영주/봉현/두산314		제사-신앙	R	주택,경작지	314	노거수	20.0	18/	4.1			흙	2	1	2	2	1	I
776	느티나무	36.51.42 /128.29.56	293	N	11-28-7-1-49	82.10.26	당산목	P	200/200	0.00	계류역	측면		1	2	2	1	1	02.03.29
	영주/봉현/두산113-1		휴식-정자	R	계류,경작지	177	보호수	15.0	22/20	4.1			시멘트,흙	1	1	1	2	1	I

777	느티나무	36.50.34 /128.31.39	241	N	11-28-7-12	82.10.26	정자목	S	500/500	0.00	계류역	측면	대리석/상	4	2	2	2	1	02.03.29
	영주/봉현/대촌 109	울타리	휴식-정자	R	계류,주택,도로	201	보호수	16.0	18/20	7.4		+	시멘트,흙	4	1	4	2	3	II
778	느티나무	36.50.19 /128.30.04	281	N				S	250/	0.00	계류역	입구		2	2	2	1	1	02.03.29
	영주/봉현/대촌2리		휴식-정자	R	계류,도로	660	노거수	29.0	21/	4.3			시멘트,흙	2	4	2	2	1	I
779	소나무	36.50.19 /128.30.04	281	N				P	300/200	0.00	산비탈	입구		1	1	1	1	1	02.03.29
	영주/봉현/대촌2리		제사-신앙	R	경작지,계류,주택	227	노거수	17.0	12/	3.5			흙	1	1	1	2	1	I
780	소나무	36.50.19 /128.30.04	281	N				P	200/200	0.00	계류역	입구		3	1	1	1	1	02.03.29
	영주/봉현/대촌2리		제사-신앙	R	경작지,계류,주택	79	노거수	10.0	12/	2.9			흙	3	1	3	2	3	I
781	소나무	36.50.19 /128.30.04	281	N				P	100/200	0.00	계류역	입구		2	1	1	1	1	02.03.29
	영주/봉현/대촌2리		제사-신앙	R	경작지,계류,주택	79	노거수	10.0	10/	2.0			흙	2	1	2	2	2	I
782	소나무	36.50.19 /128.30.04	281	N				P	120/200	0.00	계류역	입구		3	1	1	1	1	02.03.29
	영주/봉현/대촌2리		기타-경관	R	경작지,계류,주택	177	노거수	15.0	12/	2.2			흙	3	1	3	2	3	I
783	느티나무	36.49.49 /128.31.01	313	N	11-28-7-5-54	82.10.26	정자목	P	320/300	0.00	산비탈	기타		1	1	1	1	1	02.03.29
	영주/봉현/한천 37		기타-경관	R	경작지,도로	380	보호수	22.0	20/30	4.4			흙	1	3	1	2	1	I
784	느티나무	36.48.17 /128.30.29	281	N	11-28-7-1-49	82.10.26	정자목	S	320/300	0.00	계류역	후방		2	2	2	2	1	02.03.29
	영주/봉현/유전1/467	벤치	휴식-정자	R	계류,도로	314	보호수	20.0	16/25	3.8			시멘트,바위	3	2	2	2	2	II
785	느티나무	36.47.44 /128.30.00	283	N	11-28-7-4-53	82.10.26	당산목	S	300/500	0.00	충적대지	입구	대리석/상	1	2	2	3	1	02.03.29
	영주/봉현/노좌2/313	벤치, 정자	제사-신앙	R	주택,도로	491	보호수	25.0	25/25	5.0			시멘트,흙	1	1	1	2	1	I
786	느티나무	36.47.14 /128.30.10	245	N	11-28-15	82.10.26	풍치목	P	300/400	0.00	충적대지	기타	대리석/상	5	1	1	1	1	02.03.29
	영주/봉현/노좌1/106	좌대	휴식-정자	R	도로,경작지	201	보호수	16.0	11/8	5.3		+	흙	5	1	5	2	3	II
787	느티나무	36.46.56 /128.29.54	245	C				S	120/	0.00	계류역	기타		1	1	1	1	1	02.03.29
	영주/봉현/하촌리		기타-경관	R	경작지	254	노거수	18.0	22/	3.1			흙	1	2	1	1	1	I
788	느티나무	36.46.36 /128.29.56	224	C	11-28-7-2-51	82.10.26	정자목	S	120/200	0.00	충적대지	입구	대리석/상	2	2	2	1	1	02.03.29
	영주/봉현/하촌 569	정자, 벤치, 좌대	휴식-정자	R	도로,경작지	201	보호수	16.0	20/15	2.9			시멘트,자갈	2	1	2	2	3	I
789	느티나무	36.51.20 /128.31.16	227	N	11-28-7-6-55	82.10.26	정자목	P	200/400	0.00	충적대지	입구	대리석/상	5	2	4	4	1	02.03.29
	영주/봉현/오현3/425-1		휴식-정자	R	도로,주택	133	보호수	13.0	12/15	3.9			시멘트,흙	5	1	5	2	5	II
790	느티나무	36.51.20 /128.31.16	227	N				P	100/	0.00	충적대지	입구		2	2	2	2	1	02.03.29
	영주/봉현/오현 425-1		휴식-정자	R	주택,도로	113	노거수	12.0	14/	3.0			시멘트,흙	2	1	2	2	3	I
791	느티나무	36.51.20 /128.31.16	227	N				P	100/	0.00	충적대지	입구		2	2	3	3	1	02.03.29
	영주/봉현/오현 425-1	정자, 벤치	휴식-정자	R	주택,도로	133	노거수	13.0	14/	2.7			시멘트,흙	2	2	2	2	3	II
792	느티나무	36.51.20 /128.31.16	227	N				P	100/	0.00	충적대지	입구		2	2	3	2	1	02.03.29
	영주/봉현/오현3리	정자, 벤치	휴식-정자	R	주택,도로	113	노거수	12.0	16/	2.6			시멘트,흙	2	1	2	2	2	I
793	팽나무	36.51.30 /128.31.02	241	N				S	100/	0.00	계류역	기타		1	1	1	1	1	02.03.29
	영주/봉현/오현1리		휴식-정자	R	경작지,창고	133	노거수	13.0	18/20	2.4			흙	1	1	1	2	1	I
794	느티나무	36.51.43 /128.31.33	222	N	11-28-7-11	82.10.26	당산목	P	500/500	0.00	충적대지	내부	대리석/상	4	2	3	1	1	02.03.29
	영주/봉현/오현1/264-1		휴식-정자	U	도로,여관	314	보호수	20.0	20/	5.5		+	시멘트,자갈,흙	4	1	4	2	3	II
795	느티나무	36.53.23 /128.33.40	228	N	11-28-6-7-47	82.10.26	당산목	S	300/300	0.00	계류역	입구		3	2	2	2	1	02.03.29
	영주/안정/단촌2/68		휴식-정자	R	경작지,주택,계류	531	보호수	26.0	24/40	4.9			시멘트,흙	3	2	3	2	1	II
796	느티나무	36.52.57 /128.33.58	211	N	273	82.11.03	동신목	S	700/500	0.00	충적지지	기타	알미늄/상	4	1	1	1	1	02.03.29
	영주/안정/단촌 185-2	울타리	제사-신앙	R	경작지	754	천연기념물	31.0	18/	10.2		+	흙	4	1	4	2	3	II
797	느티나무	36.50.54 /128.33.57	198	N	11-28-6-8-48	82.10.26	정자목	P	320/300	0.00	충적대지	내부	대리석/상	3	2	3	3	1	02.03.29
	영주/안정/안심1/39	벤치	휴식-정자	R	주택,도로	201	보호수	16.0	16/20	5.5	인재		시멘트,흙	4	1	3	2	1	II

798	느티나무	36.50.38 /128.33.11	201	N	11-28-6-1-42	82.10.26	정자목	S	320/300	0.00	충적저지	기타		2	2	3	1	1	02.03.29
	영주/안정/신전 241-2		휴식-정자	R	경작지	346	보호수	21.0	16/20	6.5			시멘트,흙	2	1	2	2	2	I
799	회화나무	36.50.44 /128.32.12	234	C	11-28-6-3-43	82.10.26	정자목	S	200/200	0.00	충적대지	내부	대리석/상	2	2	2	2	1	02.03.29
	영주/안정/생현 428		휴식-정자	R	주택,경작지,도로	254	보호수	18.0	16/20	3.0		+	시멘트,흙	3	1	2	2	2	I
800	느티나무	36.52.21 /128.32.15	252	N				S	150/	0.00	계류역	내부		2	2	2	2	1	02.03.29
	영주/안정/생현2리		휴식-정자	R	도로,계류	314	노거수	20.0	19/	3.5			시멘트,흙	2	1	2	2	2	I
801	느티나무	36.50.39 /128.32.32	216	N				S	250/	0.00	계류역	측면		3	1	5	1	1	02.03.29
	영주/안정/생현2리		기타-경관	R	계류,주택	346	노거수	21.0	15/	4.9			흙	2	1	3	2	4	II
802	느티나무	36.49.49 /128.33.36	190	N	11-28-6-1-41	82.10.26	당산목	S	500/300	0.00	계류역	기타	대리석/상	4	1	1	1	1	02.03.29
	영주/안정/내줄 335		제사-신앙	R	경작지,계류	356	보호수	21.3	16/20	5.7			흙	4	2	4	2	3	II
803	왕버들	36.49.49 /128.33.36	190	N	11-28-6-1-40	82.10.26	당산목	S	200/200	0.00	계류역	입구	대리석/상	3	2	2	2	1	02.03.29
	영주/안정/내줄 479-1		제사-신앙	R	도로,계류,임야	346	보호수	21.0	16/20	4.2			시멘트,흙	3	1	3	2	2	II
804	느티나무	36.49.31 /128.32.16	270	C				S	100/	0.00	충적대지	내부		1	1	1	1	1	02.03.29
	영주/안정/봉암 242		휴식-정자	R	주택	346	노거수	21.0	14/	2.9			바위	1	1	1	2	1	I
805	느티나무	36.49.40 /128.32.15	257	N	11-28-6-4-44	82.10.26	경관목	S	300/200	0.00	계류역	후방		5	1	3	1	1	02.03.29
	영주/안정/봉암 166		기타-경관	R	임야	201	보호수	16.0	7/20	5.0			흙	5	3	5	2	4	II
806	느티나무	36.49.40 /128.32.15	257	N				P	100/	0.00	계류역	후방		1	2	3	2	1	02.03.29
	영주/안정/봉암 166		휴식-정자	R	도로,주택,계류	380	노거수	22.0	21/	2.6			시멘트,흙	1	1	1	2	1	I
807	느티나무	36.49.40 /128.32.15	257	N				P	100/	0.00	산비탈	후방		1	2	2	1	1	02.03.29
	영주/안정/봉암 166		휴식-정자	R	주택,도로	177	노거수	15.0	21/	2.0			시멘트,흙	1	1	1	2	1	I
808	느티나무	36.49.40 /128.32.15	257	N				P	100/	0.00	산비탈	후방		3	1	1	1	1	02.03.29
	영주/안정/봉암 166		제사-신앙	R	임야	154	노거수	14.0	15/	2.5			흙	3	1	3	1	1	I
809	느티나무	36.48.30 /128.32.44	173	N	11-28-6-6-46	82.10.26	당산목	S	150/300	0.00	산비탈	기타		3	1	1	1	1	02.03.29
	영주/안정/용산2/867	당집	제사-신앙	R	임야	201	보호수	16.0	12/20	3.2			흙	3	3	3	2	2	II
810	느티나무	36.47.47 /128.32.10	221	N	11-28-6-5-45	82.10.26	정자목	P	250/300	0.00	충적대지	측면		1	2	3	3	1	02.03.29
	영주/안정/여륵2/227	정자	휴식-정자	R	도로,주택	154	보호수	14.0	19/15	4.0			시멘트,흙	2	2	1	2	3	II
811	느티나무	36.47.47 /128.32.10	221	N				P	150/	0.00	충적대지	측면		1	3	3	3	1	02.03.29
	영주/안정/여륵 227	정자	휴식-정자	R	도로,주택	201	노거수	16.0	19/	3.2			시멘트,흙	1	1	1	2	3	I
812	느티나무	36.47.19 /128.32.02	217	N	11-28-5-3-31	82.10.26	정자목	P	300/300	0.00	계류역	입구	대리석/상	3	1	2	1	1	02.03.29
	영주/장수/성곡2/778		휴식-정자	R	계류,경작지,도로	314	보호수	20.0	12/17	4.5			흙	3	1	3	2	3	II
813	느티나무	36.47.19 /128.32.02	217	N				P	200/	0.00	계류역	기타		3	2	2	1	1	02.03.29
	영주/장수/성곡2/778		휴식-정자	R	계류,경작지,도로	314	노거수	20.0	15/	3.8			시멘트,흙	2	1	3	2	2	I
814	느티나무	36.46.45 /128.32.02	186	N				P	120/	0.00	계류역	입구		1	2	3	3	1	02.03.29
	영주/장수/성곡	정자	휴식-정자	R	계류	154	노거수	14.0	16/	2.9			시멘트,흙	1	1	1	2	2	I
815	느티나무	36.46.45 /128.32.02	186	N				P	100/	0.00	계류역	입구		1	2	3	2	1	02.03.29
	영주/장수/성곡	정자	휴식-정자	R	계류	64	노거수	9.0	16/	3.0			시멘트,흙	1	1	1	2	2	I
816	느티나무	36.46.42 /128.32.03	199	N	11-28-5-3-30	82.10.26	정자목	S	150/200	0.00	산비탈	입구	대리석/상	3	2	3	3	1	02.03.29
	영주/장수/성곡1/255-2		휴식-정자	R	도로,경작지	380	보호수	22.0	20/20	4.0			시멘트,흙	2	1	3	2	3	II
817	느티나무	36.46.42 /128.32.03	199	N	11-28-5-3-29	82.10.26	정자목	S	500/400	0.00	충적대지	내부	대리석/상	4	3	3	3	1	02.03.29
	영주/장수/성곡2/548		휴식-정자	R	주택,도로	314	보호수	20.0	20/20	7.0		+	시멘트,흙	4	1	4	2	3	II
818	소나무	36.46.06 /128.31.42	259	N	11-28-5-3-32	82.10.26	당산목	P	220/200	0.00	산비탈	입구	대리석/상	1	1	1	1	1	02.03.29
	영주/장수/성곡2/41-3	돌탑	제사-신앙	R	임야,도로	201	보호수	16.0	8/12	2.3			흙	1	1	1	1	1	I

819	느티나무	36.46.06 /128.31.42	259	N				S	300/	0.00	계류역	입구		5	2	3	2	1	02.03.29
	영주/장수/성곡2리		기타-경관	R	도로,경작지	123	노거수	12.5	13/	5.0			시멘트,흙	5	1	5	2	5	॥
820	왕버들	36.46.06 /128.31.42	259	N				S	250/	0.00	계류역	입구		5	1	1	1	1	02.03.29
	영주/장수/성곡2리		기타-경관	R	계류,경작지	177	노거수	15.0	15/	5.0			흙	5	1	5	1	4	॥
821	느티나무	36.46.03 /128.34.37	151	N	11-28-14	82.10.26	정자목	S	700/300	0.00	계류역	입구	대리석/상	4	2	3	3	1	02.03.29
	영주/장수/화기1/143		휴식-정자	R	도로,주택,계류	314	보호수	20.0	20/	8.8	태풍	+	시멘트,흙	4	1	4	2	4	॥
822	느티나무	36.45.44 /128.34.46	145	N	11-28-13	82.10.26	노목	S	700/450	0.00	충적대지	입구	알미늄/상	5	1	5	1	1	02.03.29
	영주/장수/화기1/15		제사-신앙	R	경작지,도로	201	보호수	16.0	7/12	7.5	태풍		흙	5	1	5	2	4	॥
823	느티나무	36.44.40 /128.35.03	149	C	11-28-5-7-39	82.10.26	정자목	S	200/300	0.00	계류역	입구	대리석/상	2	2	3	2	1	02.04.05
	영주/장수/소룡3/249	정자	휴식-정자	R	도로,경작지,계류	415	보호수	23.0	22/25	4.1			시멘트,흙	2	1	2	2	3	॥
824	느티나무	36.45.12 /128.34.45	139	N	11-28-5-4-34	82.10.26	노목	S	320/300	0.00	충적저지	입구		5	1	1	1	1	02.04.05
	영주/장수/호문2/70		제사-신앙	R	계류	415	보호수	23.0	18/15	5.2	인재		흙	5	1	5	2	5	॥
825	굴참나무	36.45.12 /128.34.45	139	N				P	200/	0.00	계류역	입구		1	1	1	1	1	02.04.05
	영주/장수/호문 70		기타-경관	R	농경지,임야,계류	314	노거수	20.0	21/	3.0			흙	1	1	1	1	1	।
826	느티나무	36.45.44 /128.35.21	147	N	11-28-5-4-33	82.10.26	정자목	S	400/400	0.00	충적저지	입구	대리석/상	5	2	3	2	1	02.04.05
	영주/장수/호문 529-5		휴식-정자	R	도로,경작지	106	보호수	11.6	10/12	4.3	인재		시멘트,흙	5	1	5	2	5	॥
827	팽나무	36.46.16 /128.34.54	139	C	11-28-5-1-25	82.10.26	당산목	P	100/100	0.00	충적저지	기타		1	1	1	1	1	02.03.29
	영주/장수/반/1033	당집	제사-신앙	R	경작지	79	보호수	10.0	7/18	1.4			흙	1	1	1	2	1	।
828	느티나무	36.47.30 /128.33.49	172	C	11-28-5-2-28	82.10.26	정자목	S	120/200	0.00	충적대지	입구	대리석/상	5	1	5	1	1	02.04.05
	영주/장수/갈산2/273		휴식-정자	R	주택,도로	346	보호수	21.0	18/25	3.0			흙	5	1	5	2	5	॥
829	소나무	36.47.15 /128.34.53	155	N	11-28-5-5-35	82.10.26	당산목	P	300/300	0.00	산비탈	기타		3	1	1	1	1	02.04.05
	영주/장수/두전2/657		제사-신앙		임야,경작지	314	보호수	20.0	20/20	2.5			흙	2	1	3	2	3	।
830	소나무	36.47.15 /128.34.53	155	N	11-28-5-5-35	82.10.26	당산목	P	300/300	0.00	산비탈	기타		3	1	1	1	1	02.04.05
	영주/장수/두전 657		제사-신앙	R	임야,경작지	314	보호수	20.0	24/	2.5			흙	2	1	3	2	3	।
831	소나무	36.47.15 /128.34.53	155	N	11-28-5-5-35	82.10.26	당산목	P	300/300	0.00	산비탈	기타		3	1	1	1	1	02.04.05
	영주/장수/두전 657		제사-신앙		임야,경작지	314	보호수	20.0	20/	2.5			흙	2	1	3	2	3	।
832	느티나무	36.47.54 /128.35.30	180	N	11-28-5-5-36	82.10.26	경관목	S	400/300	0.00	충적저지	입구		3	1	1	1	1	02.03.29
	영주/장수/두전4/109		제사-신앙	R	경작지	346	보호수	21.0	18/20	6.0			흙	3	1	3	1	1	।
833	느티나무	36.46.48 /128.36.10	161	N	11-28-5-1-26	82.10.26	정자목	P	400/300	0.00	계류역	입구	대리석/상	4	2	3	2	1	02.04.05
	영주/장수/반구2/79-1	벤치, 좌대	휴식-정자	R	주택,도로,계류	214	보호수	16.5	14/15	5.0			시멘트,흙	5	1	4	2	4	॥
834	느티나무	36.46.48 /128.36.10	161	N	11-28-5-1-26	82.10.26	정자목	P	300/100	0.00	계류역	입구		4	2	2	1	1	02.04.05
	영주/장수/반/79-1	벤치, 좌대	휴식-정자	R	주택,도로,계류	177	보호수	15.0	16/	5.0			시멘트,흙	4	1	4	2	4	॥
835	팽나무	36.46.48 /128.36.10	161	N				P	100/	0.00	계류역	입구		2	2	1	1	1	02.04.05
	영주/장수/반/79-1	벤치	휴식-정자	R	주택,도로	113	노거수	12.0	14/	2.1			흙	2	1	2	2	2	।
836	향나무	36.47.39 /128.37.06	146	C	11-6-2	82.10.26	경관목	S	150/400	0.00	충적대지	내부	대리석/상	1	2	3	3	1	02.06.08
	영주/가흥1/63-1		기타-경관	R	도로	24	보호수	5.5	4/	1.3			시멘트,흙	1	1	1	1	1	।
837	느티나무	36.47.30 /128.37.05	146	N	11-6-12-3	82.10.26	정자목	S	200/400	0.00	산비탈	측면	대리석/상	2	2	3	1	1	02.06.08
	영주/가흥1/54-2		휴식-정자	R	도로,경작지,임야	452	보호수	24.0	8/	4.1			시멘트,흙	2	4	2	2	4	॥
838	느티나무	36.47.18 /128.36.41	180	N				P	150/	0.00	충적대지	입구		1	2	3	1	1	02.06.08
	영주/가흥1리		휴식-정자	R	도로,임야	314	노거수	20.0	23/	6.5			시멘트,흙	2	4	1	2	1	।
839	느티나무	36.47.18 /128.36.41	180	N				P	250/	0.00	충적대지	입구		1	2	2	1	1	02.06.08
	영주/가흥1리		제사-신앙	R	도로,경작지	452	노거수	24.0	25/	5.0			시멘트,흙	1	1	1	2	1	।

840	느티나무	36.47.18 /128.36.41	180	N	11-6-12-2-4	82.10.26	당산목	S	300/450	0.00	기타	입구	대리석/상	1	2	2	1	1	02.06.08
	영주/가흥1/712		제사-신앙	R	도로,임야	452	보호수	24.0	25/	5.0			시멘트,흙	2	1	2	1	1	I
841	소나무	36.50.03 /128.37.12	170	N	11-6-13-2-3	82.10.26	당산목	P	150/100	0.00	산비탈	기타	알미늄/중	1	1	1	1	1	02.06.08
	영주/가흥2/산3-2	울타리	제사-신앙	R	임야,경작지,계류	20	보호수	5.0	15/	2.0			흙	1	1	1	2	1	I
842	소나무	36.50.03 /128.37.12	170	N	11-6-13-2-3	82.10.26	당산목	P	100/100	0.00	충적대지	기타	알미늄/중	1	1	1	1	1	02.06.08
	영주/가흥2/산3-2	울타리	제사-신앙	R	임야,경작지,계류	133	보호수	13.0	10/	1.8			흙	1	1	1	2	1	I
843	느티나무	36.51.47 /128.38.39	220	N	11-6-1-2-1	82.10.26	정자목	S	250/350	0.00	계류역	입구	대리석/상	2	5	4	4	1	02.06.08
	영주/상망/159		휴식-정자	R	도로,경작지,계류	314	보호수	20.0	20/	4.0			시멘트	2	1	2	2	3	II
844	팽나무	36.49.32 /128.37.54	172	C	11-6-12-4-1	95.10.24	정자목	S	200/200	0.00	충적대지	내부	대리석/상	1	4	4	4	1	02.06.08
	영주/하망1/182		휴식-정자	R	관공서	143	보호수	13.5	13/	3.3		+	시멘트,흙	1	1	1	2	3	II
845	느티나무	36.48.56 /128.38.08	174	N	11-6-1	82.10.26	정자목	S	500/550	0.00	도로변	내부	대리석/상	1	2	3	3	1	02.06.08
	영주/휴천1/165-21	울타리, 평상	휴식-정자	U	도로,주택	491	보호수	25.0	17/	6.0			시멘트,흙	1	3	1	2	1	I
846	느티나무	36.47.50 /128.39.44	214	C	11-6-11-2	82.10.26	정자목	S	400/400	0.00	계류역	입구	대리석/상	3	2	2	1	1	02.06.08
	영주/휴천3/산2	벤치, 좌대	휴식-정자	R	도로,경작지,계류	330	보호수	20.5	14/	5.0			시멘트,흙	4	1	3	2	3	II
847	느티나무	36.47.50 /128.39.44	214	N				S	400/	0.00	충적대지	내부		4	2	3	2	1	02.06.08
	영주/휴천3동	체육시설	휴식-정자	R	도로,주택	201	노거수	16.0	14/	5.0	인재		시멘트,흙	5	2	4	2	4	II
848	왕버들	36.47.50 /128.39.44	214	N				S	300/	0.00	계류역	기타		3	1	1	1	1	02.06.08
	영주/휴천3동		기타-경관	R	임야,계류	201	노거수	16.0	12/	6.6			흙	3	1	3	1	1	I
849	왕버들	36.47.42 /128.39.31	271	N				S	200/	0.00	계류역	입구		3	1	1	1	1	02.06.08
	영주/휴천3동		기타-경관	R	경작지,도로,계류	254	노거수	18.0	16/	5.5	태풍		흙	3	1	3	2	2	I
850	느티나무	36.47.28 /128.39.15	214	N				P	150/	0.00	계류역	입구		1	1	1	1	1	02.06.08
	영주/휴천3동		기타-경관	R	도로,경작지, 계류	254	노거수	18.0	22/	2.3			흙	1	1	1	1	1	I
851	느티나무	36.47.28 /128.39.15	214	N				P	100/	0.00	계류역	입구		1	1	1	1	1	02.06.08
	영주/휴천3동		기타-경관	R	도로,경작지,계류	254	노거수	18.0	22/	2.0			흙	1	1	1	1	1	I
852	왕버들	36.47.16 /128.37.46	147	N	11-6-11-3-2	82.10.26	경관목	P	170/200	0.00	충적대지	내부	대리석/상	1	1	1	1	1	02.06.08
	영주/휴천3/822-1	울타리	기타-경관	R	공장내	201	보호수	16.0	17/	4.3			자갈	1	1	1	2	1	I
853	느티나무	36.47.03 /128.37.57	155	N				S	100/	0.00	계류역	내부		4	4	4	4	1	02.06.08
	영주/휴천3동	시멘좌대	휴식-정자	R	도로,주택,계류	227	노거수	17.0	18/	3.3			시멘트,흙	4	1	4	3	4	II
854	느티나무	36.47.07 /128.37.59	167	N	11-6-11-1	82.10.26		S	700/400	0.00	충적대지	측면	대리석/상	2	2	2	1	1	02.06.08
	영주/휴천3/147		휴식-정자	R	도로,경작지	415	보호수	23.0	17/	7.4			시멘트,흙	2	3	2	2	1	I
855	느티나무	36.46.10 /128.36.44	188	N				P	300/	0.00	기타	후방		2	1	1	1	1	02.04.05
	영주/문수/권선리		휴식-정자	R	경작지	314	노거수	20.0	22/	5.2			흙	2	3	2	2	2	I
856	느티나무	36.46.10 /128.36.44	188	N				P	300/	0.00	기타	후방		1	1	1	1	1	02.04.05
	영주/문수/권선리		기타-경관	R	경작지	254	노거수	18.0	24/	4.8			흙	1	2	1	1	1	I
857	느티나무	36.46.10 /128.36.44	188	N				P	300/	0.00	기타	후방		4	1	1	1	1	02.04.05
	영주/문수/권선리		기타-경관	R	경작지	177	노거수	15.0	20/	4.6			흙	4	2	4	1	3	II
858	느티나무	36.46.10 /128.36.44	188	N				P	200/	0.00	기타	후방		1	1	1	1	1	02.04.05
	영주/문수/권선리		기타-경관	R	경작지,주택	283	노거수	19.0	22/	3.7			흙	1	1	1	1	1	I
859	느티나무	36.46.10 /128.36.44	188	N				P	200/	0.00	기타	후방		4	1	1	1	1	02.04.05
	영주/문수/권선리		기타-경관	R	경작지,주택	491	노거수	25.0	22/	3.3			흙	4	1	4	1	3	II
860	느티나무	36.46.07 /128.36.28	187	N	11-28-4-1-20	82.10.26	정자목	P	200/400	0.00	계류역	입구	대리석/상	4	2	2	2	1	02.04.05
	영주/문수/권선 451	좌대	휴식-정자	R	도로,주택,계류	254	보호수	18.0	14/15	5.8		+	시멘트,흙	4	1	4	2	4	II

861	느티나무	36.46.07 /128.36.28	187	N				P	150/	0.00	충적대지	입구		3	2	2	2	1	02.04.05
	영주/문수/권선 451	좌대	휴식-정자	R	도로,계류	314	노거수	20.0	0/	5.4			시멘트,흙	3	1	3	2	3	II
862	상수리나무나무	36.46.07 /128.36.25	194	N				S	100/	0.00	산비탈	후방		1	1	1	1	1	02.04.05
	영주/문수/권선리		기타-경관	R	임야,경작지	177	노거수	15.0	25/	2.0			흙	1	1	1	1	1	I
863	느티나무	36.44.50 /128.36.58	250	N	11-28-4-7	82.10.26	정자목	S	370/350	0.00	산비탈	후방	대리석/상	2	1	3	2	1	02.04.05
	영주/문수/월호1/153	벤치, 울타리	휴식-정자	R	도로,경작지	254	보호수	18.0	13/20	4.8			흙	4	1	2	2	2	II
864	느티나무	36.44.52 /128.37.10	237	N	11-28-4-3-82	82.10.26	경관목	S	200/500	0.00	산비탈	후방		3	1	1	1	1	02.04.05
	영주/문수/월호1/산128		기타-경관	R	임야	314	보호수	20.0	18/	4.0			흙	3	2	3	1	3	I
865	밤나무	36.44.52 /128.37.06	237	N				S	200/	0.00	산비탈	측면		5	1	1	1	1	02.04.05
	영주/문수/월호1리		기타-희귀	R	경작지	177	노거수	15.0	13/	4.0			흙	5	1	5	1	5	II
866	소나무	36.44.52 /128.37.06	237	N				S	200/	0.00	계류역	입구		4	1	1	1	1	02.04.05
	영주/문수/월호1리		기타-경관	R	경작지,계류	79	노거수	10.0	7/	2.3			흙	2	1	4	1	3	I
867	느티나무	36.44.52 /128.37.06	237	N				S	300/	0.00	계류역	입구		5	1	1	1	1	02.04.05
	영주/문수/월호1리		기타-경관	R	경작지,계류,임야	79	노거수	10.0	5/	5.0	태풍		흙	5	1	5	1	5	II
868	느티나무	36.44.08 /128.37.19	159	N	11-28-4-3-82	97.09.08	정자목	P	400/250	0.00	산비탈	측면	대리석/상	4	1	2	1	1	02.04.05
	영주/문수/월호3리		휴식-정자	R	임야,도로	283	보호수	19.0	17/	4.0			시멘트,흙	4	4	4	2	3	II
869	왕버들	36.44.01 /128.35.53	194	N				P	150/	0.00	계류역	입구		3	2	2	1	1	02.04.05
	영주/문수/벌사1/404-1	집, 돌탑, 체육시설, 벤	제사-신앙	R	도로,계류,늪	254	노거수	18.0	16/	3.7			시멘트,흙	3	1	3	2	3	II
870	왕버들	36.44.01 /128.35.53	194	N				S	100/	0.00	충적대지	입구		3	2	2	2	1	02.04.05
	영주/문수/벌사1/404-1	체육시설, 벤치, 돌탑	기타-풍치	R	도로	346	노거수	21.0	18/	3.2			시멘트,흙	3	1	3	2	3	II
871	느티나무	36.44.01 /128.35.53	194	C				S	200/	0.00	충적대지	입구		2	1	1	1	1	02.04.05
	영주/문수/벌사1/404-1	체육시설, 벤치	기타-풍치	R	도로,임야	254	노거수	18.0	22/	3.7			자갈	2	1	2	2	2	I
872	느티나무	36.44.55 /128.37.59	168	N	11-28-4-2-21	97.09.08	정자목	S	400/400	0.00	충적저지	기타	대리석/상	2	1	1	1	1	02.04.05
	영주/문수/승문1/1559		기타-경관	R	경작지	283	보호수	19.0	17/20	7.7			흙	3	1	2	2	3	I
873	느티나무	36.45.01 /128.38.21	198	N	11-28-4-9	82.10.26	정자목	S	500/600	0.00	충적대지	내부	대리석/상	5	2	3	3	1	02.04.05
	영주/문수/승문1/844		휴식-정자	R	주택,도로	177	보호수	15.0	11/14	4.0		+	시멘트,흙	5	1	5	5	4	II
874	느티나무	36.44.57 /128.38.54	184	N	11-28-4-2-23	82.10.26	당산목	P	250/250	0.00	계류역	입구		1	1	1	1	1	02.04.05
	영주/문수/승문1/351		제사-신앙	R	경작지,도로,계류	177	보호수	15.0	21/20	4.9			흙	1	1	1	1	1	I
875	느티나무	36.44.58 /128.38.58	195	N	11-28-4-2-24	82.10.26	경관목	S	500/600	0.00	계류역	입구	대리석/상	4	1	1	1	1	02.04.05
	영주/문수/승문1/1-1		기타-경관	R	도로,임야	254	보호수	18.0	19/20	5.5		+	흙	4	1	4	1	3	II
876	느티나무	36.44.58 /128.38.58	190	N				S	150/	0.00	계류역	측면		1	1	1	1	1	02.04.05
	영주/문수/승문1리		기타-경관	R	임야,계류	254	노거수	18.0	20/	4.0			흙	1	1	1	1	1	I
877	느티나무	36.44.29 /128.38.47	155	N	11-28-4-2-22	82.10.26	경관목	S	300/400	0.00	계류역	측면	대리석/상	2	1	1	1	1	02.04.05
	영주/문수/승문2/618		기타-경관	R	임야,경작지	380	보호수	22.0	25/30	4.4			흙	2	2	2	1	2	I
878	소나무	36.44.13 /128.43.27	319	N	11-28-3-2-15	82.10.26	경관목	P	100/200	0.00	기타	기타	대리석/상	3	1	1	1	1	02.04.05
	영주/평은/오운1/86	벤치	기타-경관	R	도로,소	28	보호수	6.0	16/25	1.7			흙	3	1	3	2	3	I
879	소나무	36.44.13 /128.43.27	319	N	11-28-3-2-15	82.10.26	경관목	P	100/200	0.00	기타	기타	대리석/상	1	1	1	1	1	02.04.05
	영주/평은/오운 86	벤치	기타-경관	R	도로,소공원	113	보호수	12.0	18/	1.9			흙	1	1	1	2	1	I
880	소나무	36.44.13 /128.43.27	' 319	N				P	100/	0.00	휴게소앞	기타	대리석/상	3	1	1	1	1	02.04.05
	영주/평은/오운1/86	벤치	기타-경관	R	도로,소공원	28	노거수	6.0	10/	1.4			흙	3	1	3	2	1	I
881	느티나무	36.42.46 /128.43.02	218	N	11-28-3-2-16	82.10.26	당산목	P	200/300	0.00	계류역	내부	대리석/상	3	1	1	3	1	02.04.05
	영주/평은/오운1/1329	벤치, 체육시설	제사-신앙	R	주택,도로	113	보호수	12.0	17/25	3.3			흙	4	1	3	2	3	II

882	느티나무	36.42.46 /128.43.02	218	N	11-28-3-2-16	82.10.26	당산목	P	200/300	0.00	충적대지	내부		3	2	2	2	1	02.04.05
	영주/평은/오운1/1329	벤치, 체육시설	제사-신앙	R	주택,도로	133	보호수	13.0	17/	2.5			시멘트,흙	3	1	3	2	3	II
883	느티나무	36.42.46 /128.43.02	218	N	11-28-3-2-16	82.10.26	당산목	P	200/300	0.00	계류역	내부		3	2	2	1	1	02.04.05
	영주/평은/오운1/1329		제사-신앙	R	도로,경작지	227	보호수	17.0	18/	3.5			시멘트,흙	3	1	3	2	3	II
884	느티나무	36.44.14 /128.43.01	284	N	11-28-3-2-14	82.10.26	경관목	S	270/300	0.00	계류역	입구		2	2	2	1	1	02.04.05
	영주/평은/오운2/647-3		기타-경관	R	도로,계류	415	보호수	23.0	22/20	3.9		+	시멘트,흙	2	1	2	3	3	I
885	떡갈나무	36.44.22 /128.41.09	180	N	11-28-3-4	82.10.26	경관목	P	300/300	0.00	산비탈	후방	대리석	1	1	1	1	1	02.04.05
	영주/평은/강동2/225		기타-경관	R	경작지	227	보호수	17.0	18/	3.1			흙	2	1	1	1	1	I
886	왕버들	36.44.22 /128.41.09	170	N				P	120/	0.00	계류역	입구		1	1	1	1	1	02.04.05
	영주/평은/강동2리		휴식-정자	R	도로,계류,경작지	283	노거수	19.0	16/	4.7			흙	1	1	1	2	1	I
887	느티나무	36.44.22 /128.41.09	170	N	11-28-3-4-19	82.10.26	정자목	P	300/450	0.00	계류역	입구	대리석/상	1	2	2	1	1	02.04.05
	영주/평은/강동2리	벤치, 좌대	휴식-정자	R	도로,계류,주택	189	보호수	15.5	12/15	5.7			시멘트,흙	1	1	1	2	1	I
888	느티나무	36.44.22 /128.41.09	170	N				P	120/	0.00	계류역	내부		3	1	1	1	1	02.04.05
	영주/평은/강동2/304		기타-경관	R	주택,계류	95	노거수	11.0	7/	2.2			바위	3	3	3	4	3	II
889	느티나무	36.44.29 /128.40.37	180	N	11-28-3-1-13	82.10.26	경관목	S	300/300	0.00	계류역	후방	대리석/상	3	3	3	3	1	02.04.05
	영주/평은/금광 93		기타-경관	R	주택,계류,임야	104	보호수	11.5	12/	3.5			시멘트,흙	3	2	3	2	3	II
890	느티나무	36.44.56 /128.41.17	175	N	11-28-3-1-13	82.10.26	경관목	S	300/300	0.00	산비탈	입구		1	1	1	1	1	02.04.05
	영주/평은/금광/93		기타-경관	R	도로	283	보호수	19.0	16/16	4.7			흙	2	1	1	2	3	I
891	느티나무	36.42.37 /128.42.04	297	N	11-28-3-6	82.10.26	경관목	S	500/600	0.00	산비탈	측면	대리석/상	2	1	1	1	1	02.04.05
	영주/평은/강동1/26		휴식-정자	R	경작지	415	보호수	23.0	25/35	5.9			흙	2	1	2	1	1	I
892	느티나무	36.42.37 /128.42.04	297	N				S	400/	0.00	계류역	내부		1	2	2	5	1	02.04.05
	영주/평은/강동1리		기타-경관	R	도로,주택	314	노거수	20.0	12/	4.0			시멘트,바위	1	4	1	2	3	II
893	느티나무	36.42.36 /128.42.01	270	N				S	300/	0.00	계류역	입구		3	1	1	1	1	02.04.05
	영주/평은/강동1리		제사-신앙	R	경작지,계류	227	노거수	17.0	20/	4.0			흙	3	1	3	2	2	I
894	느티나무	36.44.11 /128.39.19	170	N	11-28-3-3-18	82.10.26	경관목	S	400/450	0.00	산비탈	내부		1	1	1	1	1	02.04.05
	영주/평은/용혈2/685		기타-경관	R	도로,경작지	346	보호수	21.0	22/15	5.0			흙	1	4	1	1	1	I
895	느티나무	36.44.19 /128.39.18	175	N				P	150/	0.00	충적저지	입구		3	2	2	1	1	02.04.05
	영주/평은/용혈2리		기타-경관	R	도로,경작지,계류	177	노거수	15.0	17/	3.4			시멘트,흙	3	1	3	2	3	II
896	느티나무	36.44.19 /128.39.18	175	N				S	150/	0.00	계류역	입구		4	2	2	1	1	02.04.05
	영주/평은/용혈		기타-경관	R	도로,경작지,계류	79	노거수	10.0	13/	3.2			시멘트,흙	4	1	4	2	3	II
897	느티나무	36.44.15 /128.39.19	178	N				S	200/	0.00	계류역	입구		3	2	2	2	1	02.04.05
	영주/평은/용혈리		휴식-정자	R	도로,주택	177	노거수	15.0	15/	5.0			시멘트,흙	3	1	3	2	3	II
898	느티나무	36.44.14 /128.39.20	180	N	11-28-3-2-17	82.10.26	경관목	S	200/300	0.00	산비탈	후방		5	1	1	1	1	02.04.05
	영주/평은/용혈2리		기타-경관	R	임야	113	보호수	12.0	8/	2.6	태풍		흙	5	3	5	1	3	II
899	느티나무	36.44.06 /128.39.19	166	N				S	400/	0.00	계류역	입구		5	1	1	1	1	02.04.05
	영주/평은/용혈2리		기타-경관	R	계류,경작지	314	노거수	20.0	16/	5.5	태풍		돌	5	1	5	1	3	II
900	느티나무	36.46.17 /128.43.00	231	N	11-28-3	82.10.26	정자목	P	600/600	0.00	충적대지	입구	대리석/상	4	2	3	2	1	02.04.05
	영주/평은/천본2/866	벤치, 좌대, 체육시설	휴식-정자	R	도로,주택	227	보호수	17.0	14/25	6.2			시멘트,흙	4	1	4	2	4	II
901	느티나무	36.46.17 /128.43.00	' 231	N	11-28-3	82.10.26	정자목	P	400/600	0.00	충적대지	입구		4	1	1	1	1	02.04.05
	영주/평은/천본 866	벤치, 좌대	휴식-정자	R	도로,주택,경작지	133	보호수	13.0	17/	4.7			흙	4	1	4	2	4	II
902	느티나무	36.46.17 /128.43.00	231	N				P	300/	0.00	충적대지	입구		2	1	1	1	1	02.04.05
	영주/평은/천본2/866	벤치, 좌대, 체육시설	휴식-정자	R	도로,주택	133	노거수	13.0	17/	3.8			흙	2	1	2	2	2	I

903	느티나무	36.46.17 /128.43.00	231	N				P	300/	0.00	충적대지	입구		3	1	1	1	1	02.04.05
	영주/평은/천본2/866	벤치, 좌대, 체육시설	휴식-정자	R	도로,주택	201	노거수	16.0	17/	4.0			흙	3	1	3	2	3	I
904	느티나무	36.47.59 /128.42.18	183	N	11-28-2-3-8	82.10.26	당산목	S	250/200	0.00	충적대지	기타	대리석/상	2	1	1	1	1	02.04.05
	영주/이산/두월1/928	당집	제사-신앙	R	경작지,도로,임야	314	보호수	20.0	23/30	5.6			흙	2	1	2	2	2	I
905	느티나무	36.49.11 /128.42.59	241	N	11-28-2-3-7	82.10.26	당산목	S	250/200	0.00	산비탈	기타		3	1	1	1	1	02.04.05
	영주/이산/두월2/273		기타-경관	R	임야	314	보호수	20.0	12/20	4.4	인재		흙	4	2	3	1	3	II
906	느티나무	36.50.43 /128.43.15	211	N	11-28-2-2-6	82.10.26	경관목	S	150/200	0.00	산비탈	입구	대리석/상	1	2	2	1	1	02.04.05
	영주/이산/지/130		휴식-정자	R	도로,임야,경작지	314	보호수	20.0	23/15	3.6			시멘트,흙	1	1	1	2	1	I
907	느티나무	36.50.47 /128.43.25	208	N	11-28-2-2-5	82.10.26	경관목	S	600/300	0.00	산비탈	후방	대리석/상	4	1	2	1	1	02.04.05
	영주/이산/지동2/538-294		휴식-정자	R	임야,경작지,주택	314	보호수	20.0	10/17	7.5	인재		시멘트,흙	4	1	4	2	4	II
908	느티나무	36.50.23 /128.41.56	190	N	11-28-2-3	82.10.26	정자목	P	600/600	0.00	계류역	입구	대리석/상	5	2	3	3	1	02.04.05
	영주/이산/신암2/304	정자	휴식-정자	R	도로,계류	0	보호수	0.0	5/10	6.2		+	시멘트,흙	5	1	5	2	5	II
909	느티나무	36.50.23 /128.41.56	190	N	11-28-2-3	82.10.26	정자목	P	600/600	0.00	계류역	입구	대리석/상	5	2	3	3	1	02.04.05
	영주/이산/신암2/304	정자	휴식-정자	R	도로,계류	50	보호수	8.0	6/	4.8		+	시멘트,흙	5	1	5	2	5	II
910	느티나무	36.49.09 /128.40.33	229	N	11-28-2-1-3	82.10.26	경관목	S	300/300	0.00	산비탈	기타	대리석/상	1	1	2	1	1	02.04.05
	영주/이산/석포2/1214		휴식-정자	R	도로,임야	572	보호수	27.0	26/30	6.3			흙	1	1	1	2	3	I
911	느티나무	36.49.05 /128.40.28	240	N	11-28-2-1-4	82.10.26	경관목	S	200/400	0.00	산비탈	후방		2	1	1	1	1	02.04.05
	영주/이산/석포2/1343		휴식-정자	R	주택,경작지	491	보호수	25.0	20/30	4.5			흙	2	1	2	2	2	I
912	느티나무	36.49.04 /128.40.29	244	N				S	150/	0.00	계류역	입구		3	2	2	2	1	02.04.05
	영주/이산/석포2리		기타-경관	R	도로,임야,계류	177	노거수	15.0	15/	4.2			시멘트,흙	3	1	3	2	3	II
913	회화나무	36.48.35 /128.40.34	279	C	11-28-2-4-9	82.10.26	경관목	P	200/200	0.00	산비탈	측면	대리석/상	3	1	1	1	1	02.04.05
	영주/이산/용상1/128		기타-경관	R	임야,도로	201	보호수	16.0	18/20	3.4			흙	3	1	3	2	3	I
914	회화나무	36.48.35 /128.40.34	239	C	11-28-2-4-9	82.10.26	경관목	P	200/200	0.00	산비탈	측면		5	1	1	1	1	02.04.05
	영주/이산/용상 128		기타-경관	R	임야,도로	254	보호수	18.0	21/	4.2	낙뢰		흙	5	1	5	1	4	II
915	느티나무	36.49.01 /128.41.02	251	N	11-28-2	82.10.26	노목	S	800/600	0.00	산비탈	기타		4	1	2	3	1	02.04.05
	영주/이산/용상1/97-1		휴식-정자	R	경작지,도로	415	보호수	23.0	21/25	8.2			시멘트,흙	4	1	4	2	3	II
916	느티나무	36.46.36 /128.40.54	210	N	11-28-2-6-12	82.10.26	정자목	S	400/400	0.00	산비탈	후방		5	1	1	1	1	02.04.05
	영주/이산/신천2/777		휴식-정자	R	경작지,주택	314	보호수	20.0	15/15	5.0			흙	5	4	5	2	4	II
917	느티나무	36.46.09 /128.40.21	217	N	11-28-2-5-10	82.10.26	경관목	S	200/200	0.00	계류역	측면		1	1	1	1	1	02.04.05
	영주/이산/운문 1962		기타-경관	R	임야,계류	283	보호수	19.0	25/25	3.8			흙	1	1	1	1	1	I
918	느티나무	36.46.25 /128.40.03	251	N	11-28-2-5-11	82.10.26	경관목	S	250/300	0.00	충적저지	입구		3	1	1	1	1	02.04.05
	영주/이산/운문2/261		기타-경관	R	경작지	201	보호수	16.0	18/20	4.0			흙	3	1	3	1	3	I
919	왕버들	35.52.52/128.53.38	98	C	11-20-13	82.09.20	정자목	S	320/300	1.75	충적대지	입구	대리석/상	3	1	1	1	1	02.03.15
	영천/대창/대창1076	정자,좌대,벤치	휴식-정자	R	도로,경작지	269	보호수	18.5	12.5/16	5.5			흙	3	1	3	2	2	I
920	은행나무	36.00.32/128.58.30	126	C	11-20-7	82.09.20	경관목	S	400/400	1.56	충적대지	내부	대리석/상	4	1	1	1	1	02.03.15
	영천/임고/양항2리		기타-경관	R	향교내,임강정사내	79	보호수	10	13.5/25	4.9	태풍	+	자갈	4	1	4	2	3	II
921	은행나무	36.00.49/128.58.34	115	C	11-20-11	82.09.20	경관목	S	400/400	1.88	충적대지	후방	대리석/중	1	1	1	1	1	02.03.15
	영천/임고/양항 235		기타-경관	R	임고서원	415	보호수	23	29.5/20	5.9		+	흙	2	1	1	2	1	I
922	왕버들	36.02.02/128.58.25	124	N				S	200/	1.34	충적대지	들판		4	1	1	1	1	02.03.15
	영천/임고/선원2리		기타-경관	R	경작지	314	노거수	20	17.5/	4.2	화재		흙	4	1	4	2	2	II
923	은행나무	36.02.41/128.58.49	122	C	11-20-8-8	82.09.20	전설목	S	200/200	1.46	언덕위	측면	대리석/상	1	1	1	1	1	02.03.15
	영천/임고/선원1/208		휴식-정자	R	주택	330	보호수	20.5	24/20	4.6			흙	1	1	1	2	1	I

924	은행나무	36.03.00/128.59.22	132	C	11-20-9	82.09.20	풍치목	S	100/400	0.80	계류역	후방	대리석/상	1	1	1	1	1	02.03.15
	영천/임고/덕연 351		휴식-정자	R	경작지,계류	235	보호수	17.3	16.5/18	2.5			흙	1	1	1	1	1	I
925	왕버들	36.03.00/128.59.22	132	N				S	200/	1.31	계류역	후방		5	2	1	1	1	02.03.15
	영천/임고/덕연/		기타-경관	R	계류,도로	123	노거수	12.5	11/	4.1	태풍		자갈	5	1	5	2	3	II
926	느티나무	36.03.11/129.00.01	132	C	11-20-8	82.09.20	거목	S	320/300	2.52	충적저지	입구	대리석/상	3	2	3	2	1	02.03.15
	영천/임고/삼매 506	울타리	휴식-정자	R	도로,주택	201	보호수	16	15/20	7.9	축대		자갈,시멘트	3	1	3	2	3	II
927	은행나무	36.05.08/129.02.17	188	C	11-20-6	82.09.20	풍치목	P	300/300	1.31	충적대지	입구	대리석/중	1	1	1	1	1	02.03.15
	영천/자양/용산275	벤치,시멘좌대	휴식-정자	R	경작지,도로	471	보호수	24.5	30.5/30	4.1			흙	1	1	1	2	1	I
928	느티나무	36.05.08/129.02.17	188	C				P	250/	1.24	충적대지	입구		2	1	1	1	1	02.03.15
	영천/자양/용산275	벤치,시멘좌대	제사-신앙	R	경작지,도로	165	노거수	14.5	13.5/	3.9	태풍		흙	2	1	2	2	1	I
929	느티나무	36.05.08/129.02.17	188	C				P	200/	1.27	충적대지	입구		1	1	1	1	1	02.03.15
	영천/자양/용산275	벤치,시멘좌대	휴식-정자	R	경작지	269	노거수	18.5	16.5/	4			흙	2	1	1	2	1	I
930	느티나무	36.05.08/129.02.17	188	C				P	200/	0.80	충적대지	입구		2	1	1	1	1	02.03.15
	영천/자양/용산275	벤치,시멘좌대	휴식-정자	R	경작지	201	노거수	16	17.5/	2.5	화재		흙	2	1	2	2	3	I
931	말채나무	36.05.08/129.02.17	188	C				P	200/	0.83	충적대지	입구		1	1	1	1	1	02.03.15
	영천/자양/용산275	벤치,시멘좌대	휴식-정자	R	경작지	177	노거수	15	17.5/	2.6			흙	1	1	1	2	1	I
932	팽나무	36.07.44/129.03.06	233	C				P	150/	0.83	계류역	내부		1	2	3	2	1	02.03.15
	영천/자영/보현1리		휴식-정자	R	주택,계류,도로	314	노거수	20	14.5/	2.6			시멘트	1	1	1	2	1	I
933	은행나무	36.07.44/129.03.06	233	C				P	150/	0.83	계류역	내부		1	1	1	1	1	02.03.15
	영천/자영/보현1리		제사-신앙	R	주택,경작지	143	노거수	13.5	26/	2.6			흙	1	1	1	2	1	I
934	왕버들	36.07.44/129.03.06	233	C				P	150/	0.99	충적대지	내부		1	2	3	1	1	02.03.15
	영천/자영/보현1리		휴식-정자	R	주택,계류,도로	397	노거수	22.5	26/	3.1			시멘트	1	1	1	2	1	I
935	느티나무	36.08.28/129.02.01	303	N				S	300/	1.43	계류역	내부		2	5	5	2	1	03.06.13
	영천/자양/보현3리		제사-신앙	R	주택,계류	227	노거수	17	13/	4.5	시멘포장		시멘트	3	1	2	2	3	II
936	느티나무	36.08.05/129.02.04	281	N				P	150/	1.37	계류역	입구		1	5	4	3	1	02.03.15
	영천/자양/보현3리	정자,벤치	제사-신앙	R	계류	363	노거수	21.5	13.5/	4.3			시멘트	1	1	1	2	1	II
937	느티나무	36.08.05/129.02.04	281	N				P	150/	1.08	계류역	입구		1	5	4	3	1	02.03.15
	영천/자양/보현3리	정자,벤치	제사-신앙	R	계류	330	노거수	20.5	13.5/	3.4			시멘트	1	1	1	2	1	II
938	느티나무	36.08.10/129.01.07	335	N				S	250/	1.46	충적대지	입구		1	1	1	1	1	02.03.15
	영천/자양/보현4리		기타-경관	R	경작지	415	노거수	23	18.5/	4.6			흙	1	1	1	2	1	I
939	느티나무	36.08.44/128.59.50	409	C				S	200/	1.34	계류역	입구		2	5	1	3	1	02.05.15
	영천/화북/정각리		제사-신앙	R	도로,계류	346	노거수	21	16/	4.2			시멘트	3	1	2	2	3	II
940	느티나무	36.06.40/128.57.04	245	N				P	500/	1.59	계류역	내부		5	1	1	2	1	02.03.15
	영천/화북/횡계리		기타-경관	R	계류	33	노거수	6.5	14/	5	태풍		흙	4	5	5	1	3	II
941	느티나무	36.06.40/128.57.04	245	N				P	200/	0.80	계류역	내부		5	1	1	2	1	02.05.13
	영천/화북/횡계리		기타-경관	R	계류	50	노거수	8	13/	2.5			흙	4	3	5	1	3	II
942	은행나무	36.06.43/128.56.59	208	C		82.09.20		S	300/	1.05	계류역	계류		1	1	1	1	1	02.03.15
	영천/화북/횡계/439-3		기타-경관	R	계류,도로	201	보호수	16	22/20	3.3			흙	1	1	1	1	1	I
943	향나무	36.06.45/128.56.56	215	C	11-20-4	82.09.20	경관목	S	320/300	1.15	계류역	내부	대리석/상	2	1	1	1	1	02.03.15
	영천/화북/횡계 439-3		기타-경관	R	정자내,계류역	189	보호수	15.5	9/8	3.6		+	흙	3	1	2	1	2	I
944	상수리나무나무	36.06.45/128.56.56	215	C				S	120/	0.73	계류역	입구		1	1	1	1	1	02.03.15
	영천/화북/횡계/439-3		기타-경관	R	하천변,도로	227	노거수	17	18.5/	2.3			흙	1	1	1	1	1	I

966	회화나무	35.56.20/128.57.16	68	C	11-7-6-2-1	82.09.20	정자목	P	200/200	1.02	충적대지	입구	대리석/상	3	2	3	3	1	02.04.04
	영천/작산/17-3	시멘테	휴식-정자	R	도로,주택	127	보호수	12.7	13.5/20	3.2		+	시멘트	5	1	3	2	3	II
967	왕버들	35.56.20/128.57.16	68	C				P	150/	0.96	충적대지	입구		5	2	3	1	1	02.04.04
	영천/작산/17-3	시멘테	휴식-정자	R	도로,주택	68	노거수	9.3	8.5/	3	태풍		시멘트	5	1	5	2	5	II
968	회화나무	35.54.31/128.57.40	115	C	11-7-7-1	82.09.20	경관	S	250/250	1.27	충적대지	입구		3	2	3	3	1	02.04.04
	영천/채신/355		기타-경관	R	도로,계류	57	보호수	8.5	12.5/22	4	태풍		시멘트	3	1	3	2	3	II
969	왕버들	35.54.26/128.56.06	105	N	11-20-1-1	82.09.20	전설목	S	220/200	1.75	계류역	돌판		1	2	3	1	1	02.04.04
	영천/금호/구암 1050		제사-신앙	R	도로,계류	249	보호수	17.8	16.5/15	5.5			시멘트	1	1	1	2	1	I
970	느티나무	35.59.08/128.01.01	117	N	11-20-9-10	82.09.20	정자목	S	270/250	1.56	계류역	계류	대리석/상	4	1	1	1	1	02.04.04
	영천/고경/용전 499		제사-신앙	R	계류,임야	246	보호수	17.7	10/13	4.9		+	흙	4	1	4	1	3	II
971	왕버들	35.59.48/129.03.13	128	N	11-20-9-12	82.09.20	전설목	S	250/250	1.53	계류역	입구		5	2	3	2	1	02.04.04
	영천/고경/전사 74		휴식-정자	R	주택,도로,계류	158	보호수	14.2	11.5/18	4.8	태풍		시멘트	5	1	5	2	5	II
972	느티나무	35.59.13/129.05.33	157	N	11-20-9-25-5	82.09.20	풍치목	P	170/150	0.96	계류역	돌판	대리석/상	3	1	1	1	1	02.04.04
	영천/고경/덕암 114		기타-경관	R	계류,경작지	305	보호수	19.7	16.5/14	3			흙	3	1	3	2	1	I
973	은행나무	35.59.13/129.05.33	157	C				P	100/	0.92	계류역	돌판		1	1	1	1	1	02.04.04
	영천/고경/덕암 114		기타-경관	R	계류,경작지	222	노거수	16.8	17/	2.9			흙	1	1	1	2	1	I
974	느티나무	35.55.28/129.07.16	264	N	11-20-9-15	91.12.20	당산목	P	420/400	1.67	충적대지	입구	대리석/상	5	2	3	2	1	02.04.04
	영천/고경/덕정 389		휴식-정자	R	경작지,도로	143	보호수	13.5	12/12	5.25	태풍	+	시멘트	5	1	5	2	5	II
975	느티나무	35.59.08/129.06.59	223	N				P	100/	0.79	산비탈	휴게소		1	1	1	1	1	02.04.04
	영천/고경/청정/시티재		휴식-정자	R	휴게소,도로	152	노거수	13.9	16/	2.48			자갈	1	1	1	2	1	I
976	느티나무	35.59.08/129.06.59	223	N				P	100/	0.62	산비탈	휴게소		4	1	1	1	1	02.04.04
	영천/고경/청정/시티재		휴식-정자	R	휴게소,도로	133	노거수	13	15/	1.96	태풍		자갈	4	1	4	2	4	II
977	느티나무	35.59.52/129.00.58	135	N	11-20-9-9	82.09.20	당산목	P	250/250	1.42	계류역	내부	대리석/중	2	2	3	1	1	02.04.04
	영천/고경/도암 264	벤치,놀이시설	제사-신앙	R	도로,계류	320	보호수	20.2	13/14	4.45			시멘트,자갈	2	3	2	2	2	II
978	회화나무	35.57.59/128.55.50	153	C	11-7-2	94.10.21	경관목	S	400/400	1.21	향교내	내부	대리석/상	4	1	1	1	1	02.04.04
	영천/교촌/46-1		기타-경관	R	향교내	95	보호수	11	10/13	3.8	태풍		흙	4	1	4	2	3	II
979	향나무	35.59.08/128.55.03	108	C	11-7-1	82.09.20	경관목	S	390/370	0.88	산비탈	후방	대리석/상	1	1	1	1	1	02.04.04
	영천/대전/59	울타리	기타-경관	R	경작지	43	보호수	7.4	7/12	2.75		+	흙	3	1	1	2	1	I
980	느티나무	36.01.52/128.56.10	135	N	11-17-5-6	82.09.20	경관목	P	270/250	1.37	충적대지	입구	대리석/중	3	2	3	2	1	02.04.04
	영천/화남/신호/650	벤치,놀이시설	휴식-정자	R	도로,주택	266	보호수	18.4	11.5/	4.3		+	자갈,시멘트	3	1	3	2	3	II
981	왕버들	36.00.46/128.55.51	110	N				S	200/	2.04	충적대지	도로		3	4	5	4	1	03.06.07
	영천/도림2동		휴식-정자	R	도로,주택	167	노거수	14.6	8.5/	6.4			시멘트	3	1	3	3	3	II
982	왕버들	35.58.22/128.54.57	107	N				P	150/	1.34	충적저지	돌판		5	1	1	1	5	02.04.04
	영천/화룡동		기타-경관	R	경작지	30	노거수	6.2	8.5/	4.2	인재		흙	5	1	5	2	5	III
983	왕버들	35.58.22/128.54.57	107	N				P	200/	1.50	충적저지	돌판		5	1	5	1	1	02.04.04
	영천/화룡동		기타-경관	R	경작지	54	노거수	8.3	11.5/	4.7	복토,축대		흙	5	1	5	2	5	II
984	왕버들	35.57.43/128.51.58	110	N				S	150/	1.42	계류역	입구		1	5	5	5	1	02.04.04
	영천/청통/대평리	정자,벤치,체육시설	휴식-정자	R	계류,경작지,도로	269	노거수	18.5	18/	4.45		+	시멘트	2	1	1	3	3	II
985	느티나무	35.57.35/128.52.00	88	N		82.09.20	당산목	S	220/200	1.39	산비탈	입구	대리석/상	1	2	3	2	1	02.03.15
	영천/청통/대평/705		휴식-정자	R	임야,도로	314	보호수	20	19/14	4.35		+	시멘트	2	1	1	2	2	I
986	느티나무	35.56.42/128.52.54	105	N	11-20-1	82.09.20	풍치목	P	320/300	1.43	제방둑	입구	대리석/상	2	2	3	2	1	02.03.15
	영천/금호/대미1/735		제사-신앙	R	도로,저수지	260	보호수	18.2	15.5/14	4.5		+	시멘트	2	1	2	2	2	I

966	회화나무	35.56.20/128.57.16	68	C	11-7-6-2-1	82.09.20	정자목	P	200/200	1.02	충적대지	입구	대리석/상	3	2	3	3	1	02.04.04
	영천/작산/17-3	시멘테	휴식-정자	R	도로,주택	127	보호수	12.7	13.5/20	3.2		+	시멘트	5	1	3	2	3	II
967	왕버들	35.56.20/128.57.16	68	C				P	150/	0.96	충적대지	입구		5	2	3	1	1	02.04.04
	영천/작산/17-3	시멘테	휴식-정자	R	도로,주택	68	노거수	9.3	8.5/	3	태풍		시멘트	5	1	5	2	5	II
968	회화나무	35.54.31/128.57.40	115	C	11-7-7-1	82.09.20	경관	S	250/250	1.27	충적대지	입구		3	2	3	3	1	02.04.04
	영천/채신/355		기타-경관	R	도로,계류	57	보호수	8.5	12.5/22	4	태풍		시멘트	3	1	3	2	3	II
969	왕버들	35.54.26/128.56.06	105	N	11-20-1-1	82.09.20	전설목	S	220/200	1.75	계류역	돌판		1	2	3	1	1	02.04.04
	영천/금호/구암 1050		제사-신앙	R	도로,계류	249	보호수	17.8	16.5/15	5.5			시멘트	1	1	1	2	1	I
970	느티나무	35.59.08/128.01.01	117	N	11-20-9-10	82.09.20	정자목	S	270/250	1.56	계류역	계류	대리석/상	4	1	1	1	1	02.04.04
	영천/고경/용전 499		제사-신앙	R	계류,임야	246	보호수	17.7	10/13	4.9		+	흙	4	1	4	1	3	II
971	왕버들	35.59.48/129.03.13	128	N	11-20-9-12	82.09.20	전설목	S	250/250	1.53	계류역	입구		5	2	3	2	1	02.04.04
	영천/고경/전사 74		휴식-정자	R	주택,도로,계류	158	보호수	14.2	11.5/18	4.8	태풍		시멘트	5	1	5	2	5	II
972	느티나무	35.59.13/129.05.33	157	N	11-20-9-25-5	82.09.20	풍치목	P	170/150	0.96	계류역	돌판	대리석/상	3	1	1	1	1	02.04.04
	영천/고경/덕암 114		기타-경관	R	계류,경작지	305	보호수	19.7	16.5/14	3			흙	3	1	3	2	1	I
973	은행나무	35.59.13/129.05.33	157	C				P	100/	0.92	계류역	돌판		1	1	1	1	1	02.04.04
	영천/고경/덕암 114		기타-경관	R	계류,경작지	222	노거수	16.8	17/	2.9			흙	1	1	1	2	1	I
974	느티나무	35.55.28/129.07.16	264	N	11-20-9-15	91.12.20	당산목	P	420/400	1.67	충적대지	입구	대리석/상	5	2	3	2	1	02.04.04
	영천/고경/덕정 389		휴식-정자	R	경작지,도로	143	보호수	13.5	12/12	5.25	태풍	+	시멘트	5	1	5	2	5	II
975	느티나무	35.59.08/129.06.59	223	N				P	100/	0.79	산비탈	휴게소		1	1	1	1	1	02.04.04
	영천/고경/청정/시티재		휴식-정자	R	휴게소,도로	152	노거수	13.9	16/	2.48			자갈	1	1	1	2	1	I
976	느티나무	35.59.08/129.06.59	223	N				P	100/	0.62	산비탈	휴게소		4	1	1	1	1	02.04.04
	영천/고경/청정/시티재		휴식-정자	R	휴게소,도로	133	노거수	13	15/	1.96	태풍		자갈	4	1	4	2	4	II
977	느티나무	35.59.52/129.00.58	135	N	11-20-9-9	82.09.20	당산목	P	250/250	1.42	계류역	내부	대리석/중	2	2	3	1	1	02.04.04
	영천/고경/도암 264	벤치,놀이시설	제사-신앙	R	도로,계류	320	보호수	20.2	13/14	4.45			시멘트,자갈	2	3	2	2	2	II
978	회화나무	35.57.59/128.55.50	153	C	11-7-2	94.10.21	경관목	S	400/400	1.21	향교내	내부	대리석/상	4	1	1	1	1	02.04.04
	영천/교촌/46-1		기타-경관	R	향교내	95	보호수	11	10/13	3.8	태풍		흙	4	1	4	2	3	II
979	향나무	35.59.08/128.55.03	108	C	11-7-1	82.09.20	경관목	S	390/370	0.88	산비탈	후방	대리석/상	1	1	1	1	1	02.04.04
	영천/대전/59	울타리	기타-경관	R	경작지	43	보호수	7.4	7/12	2.75		+	흙	3	1	1	2	1	I
980	느티나무	36.01.52/128.56.10	135	N	11-17-5-6	82.09.20	경관목	P	270/250	1.37	충적대지	입구	대리석/중	3	2	3	2	1	02.04.04
	영천/화남/신호/650	벤치,놀이시설	휴식-정자	R	도로,주택	266	보호수	18.4	11.5/	4.3		+	자갈,시멘트	3	1	3	2	3	II
981	왕버들	36.00.46/128.55.51	110	N				S	200/	2.04	충적대지	도로		3	4	5	4	1	03.06.07
	영천/도림2동		휴식-정자	R	도로,주택	167	노거수	14.6	8.5/	6.4			시멘트	3	1	3	3	3	II
982	왕버들	35.58.22/128.54.57	107	N				P	150/	1.34	충적저지	돌판		5	1	1	1	5	02.04.04
	영천/화룡동		기타-경관	R	경작지	30	노거수	6.2	8.5/	4.2	인재		흙	5	1	5	2	5	III
983	왕버들	35.58.22/128.54.57	107	N				P	200/	1.50	충적저지	돌판		5	1	5	1	1	02.04.04
	영천/화룡동		기타-경관	R	경작지	54	노거수	8.3	11.5/	4.7	복토,축대		흙	5	1	5	2	5	II
984	왕버들	35.57.43/128.51.58	110	N				S	150/	1.42	계류역	입구		1	5	5	5	1	02.04.04
	영천/청통/대평리	정자,벤치,체육시설	휴식-정자	R	계류,경작지,도로	269	노거수	18.5	18/	4.45		+	시멘트	2	1	1	3	3	II
985	느티나무	35.57.35/128.52.00	88	N		82.09.20	당산목	S	220/200	1.39	산비탈	입구	대리석/상	1	2	3	2	1	02.03.15
	영천/청통/대평/705		휴식-정자	R	임야,도로	314	보호수	20	19/14	4.35		+	시멘트	2	1	1	2	2	I
986	느티나무	35.56.42/128.52.54	105	N	11-20-1	82.09.20	풍치목	P	320/300	1.43	제방둑	입구	대리석/상	2	2	3	2	1	02.03.15
	영천/금호/대미1/735		제사-신앙	R	도로,저수지	260	보호수	18.2	15.5/14	4.5		+	시멘트	2	1	2	2	2	I

987	느티나무	36.14.30 /128.04.10	262	N	11-24-7-3	82.10.26	정자목	S	250/270	0.00	계류역	입구	대리석/상	2	2	3	1	1	02.06.09
	상주/공성/영오/691		휴식-정자	R	계류,도로	232	보호수	17.20	10/13	3.70			시멘트,흙	2	2	2	2	1	I
988	느티나무	36.16.14 /128.04.44	142	N	11-24-5	82.10.26	정자목	P	320/320	0.00	충적대지	입구	대리석/상	3	2	3	2	1	02.06.09
	상주/공성/거창/566		휴식-정자	R	도로,경작지	441	보호수	23.70	12/16	5.70	인재		시멘트,흙	3	1	3	2	3	II
989	느티나무	36.16.14 /128.04.44	142	N				P	320/	0.00	충적대지	입구		3	2	3	2	1	02.06.07
	상주/공성/거창/566		휴식-정자	R	도로,경작지	408	노거수	22.80	15/	4.20	인재		시멘트,흙	3	1	3	2	3	II
990	느티나무	36.16.25 /128.04.20	169	N	11-24-7-5-1	82.10.26	정자목	S	300/270	0.00	산비탈	입구		2	2	3	3	1	02.06.09
	상주/공성/장동/348-2	게시판	휴식-정자	R	도로,주택,경작지	373	노거수	21.80	11/15	6.05			시멘트,돌	2	1	2	2	2	II
991	느티나무	36.16.23 /128.16.30	165	N	11-24-7-5-2	82.10.26	정자목	P	100/170	0.00	산비탈	입구		1	1	1	1	1	02.06.09
	상주/공성/장동/488		기타-경관	R	주택,도로	135	보호수	13.10	120/15	2.60			흙	1	1	1	1	1	I
992	느티나무	36.16.23 /128.16.30	165	N				P	100/	0.00	산비탈	입구		1	1	1	1	1	02.06.09
	상주/공성/장동/488		휴식-정자	R	주택,도로	323	노거수	20.30	14/	2.50			흙	1	1	1	1	1	I
993	팽나무	36.16.23 /128.16.30	165	지연				S	200/	0.00	산비탈	내부		2	5	3	3	2	02.06.09
	상주/공성/장동/488		기타-경관	R	주택,도로	311	노거수	19.90	14/	2.65	병충해		시멘트,흙	2	1	2	2	2	II
994	은행나무	36.16.23 /128.16.30	165	C	11-24-7-4	82.10.26	정자목	S	350/270	0.00	산비탈	내부	대리석/상	3	4	3	1	1	02.06.09
	상주/공성/장동/394		휴식-정자	R	주택	441	보호수	23.70	18/20	7.20	눈		시멘트,흙	3	1	3	2	1	II
995	느티나무	36.16.24 /128.06.14	130	N	11-24-7-1	82.10.26	정자목	P	420/420	0.00	계류역	내부	대리석/상	4	2	3	1	1	02.06.09
	상주/공성/산현/686		휴식-정자	R	도로,주택,계류	349	보호수	21.10	16/15	5.55			시멘트,흙	4	2	4	2	1	II
996	느티나무	36.16.24 /128.06.14	130	N	11-24-7-2	82.10.26	정자목	P	310/310	0.00	계류역	내부		3	1	1	3	1	02.06.09
	상주/공성/산현/686		휴식-정자	R	도로,주택,계류	243	보호수	17.60	19/17	3.85			흙	3	1	3	2	3	II
997	느티나무	36.16.24 /128.06.14	130	N				P	310/	0.00	계류역	내부		3	2	3	1		02.06.09
	상주/공성/산현/686		휴식-정자	R	도로,주택,계류	172	노거수	14.80	15/	3.25			시멘트,흙	3	2	3	2		II
998	팽나무	36.16.24 /128.06.14	130	N				P	300/	0.00	계류역	내부		5	2	3	2	3	02.06.09
	상주/공성/산현/686		휴식-정자	R	도로,주택,계류	165	노거수	14.50	15/	2.80			시멘트,흙	5	1	5	2	5	II
999	은행나무	36.16.49 /128.02.06	154	C	11-28-7-33-1	82.10.26	경관목	P	170/170	0.00	산비탈	내부	대리석/상	4	2	3	3	3	02.06.09
	상주/공성/우하/360-3		기타-경관	R	주택,도로	69	보호수	9.40	20/	1.95			시멘트,흙	4	1	4	2	4	II
1000	은행나무	36.16.49 /128.02.06	154	C	11-28-7-33-1	82.10.26	경관목	P	170/170	0.00	산비탈	내부	대리석/상	4	2	3	3	3	02.06.09
	상주/공성/우하/360-3		기타-경관	R	주택,도로	80	보호수	10.10	20/	1.80			시멘트,흙	4	1	4	2	4	II
1001	은행나무	36.16.49 /128.02.06	154	C	11-28-7-33-1	82.10.26	경관목	P	170/170	0.00	산비탈	내부	대리석/상	4	2	3	3	3	02.06.09
	상주/공성/우하/360-3		기타-경관	R	주택,도로	71	보호수	9.50	20/	2.10			시멘트,흙	4	1	4	2	4	II
1002	느티나무	36.18.21 /128.02.19	336	N				P	400/	0.00	산비탈	입구		3	1	1	1	1	02.06.09
	상주/공성/봉산2리		휴식-정자	R	도로,경작지	252	노거수	17.90	14/19	4.91			흙	3	1	3	2	3	I
1003	느티나무	36.18.21 /128.02.19	336	N				P	150/	0.00	산비탈	입구		2	2	3	2	1	02.06.09
	상주/공성/봉산2리		휴식-정자	R	도로,경작지	317	노거수	20.10	14/	3.15			시멘트,흙	2	1	2	2	2	I
1004	느티나무	36.17.24 /128.03.59	118	N	11-24-6	82.10.26	당산목	S	200/318	0.00	충적대지	입구	대리석/상	3	1	1	1	1	02.06.09
	상주/공성/오광/503		휴식-정자	R	도로,경작지	577	보호수	27.10	12/9	5.50			흙	3	1	3	2	1	I
1005	느티나무	36.17.29 /128.03.59	109	N	11-24-7-33-1	82.10.26	정자목	S	200/170	0.00	산비탈	입구		3	2	3	3	1	02.06.09
	상주/공성/오광이리 561		휴식-정자	R	주택,도로	240	보호수	17.50	12.5/9	4.35			시멘트,흙	3	1	3	2	3	II
1006	느티나무	36.18.06 /128.03.37	151	N	11-24-7-30-1	82.10.26	당산목	S	200/170	0.00	산비탈	후방		2	1	1	1	1	02.06.09
	상주/공성/봉산/114		기타-경관	R	경작지	543	보호수	26.30	11/12	3.65			흙	2	3	2	1	2	I
1007	느티나무	36.18.34 /128.04.50	114	N	11-24-7-24-2		정자목	S	200/170	0.00	충적대지	입구		1	1	1	1	1	02.05.07
	상주/공성/인창/344		휴식-정자	R	도로,주택	227	보호수	17.00	10/15	3.70			흙	1	1	1	2	1	I

1008	느티나무	36.18.39 /128.04.52	133	N	11-24-7-24-1		정자목	S	300/170	0.00	산비탈	후방		3	1	1	1	1	02.05.07
	상주/공성/인창/263		휴식-정자	R	주택	230	보호수	17.10	11/8	4.91			흙	3	2	3	2	3	II
1009	팽나무	36.18.35 /128.06.05	100	N	11-24-6-11-1	82.10.26	경관목	S	200/190	0.00	충적대지	내부		3	1	1	1	1	02.06.09
	상주/청리/하초/460		휴식-정자	R	주택	135	보호수	13.10	14/15	2.50			흙	3	1	3	1	3	I
1010	느티나무	36.18.29 /128.06.04	110	N	11-24-6-3	82.10.26	경관목	S	270/270	0.00	산비탈	측면	대리석/상	1	1	1	1	1	02.06.09
	상주/청리/하초/325-1		휴식-정자	R	경작지,무덤,임야	308	보호수	19.80	12/15	3.65			흙	2	1	1	1	1	I
1011	느티나무	36.18.40 /128.07.55	131	N	11-24-6-4	82.10.26	정자목	P	200/230	0.00	산비탈	측면	대리석/상	3	1	1	1	1	02.06.09
	상주/청리/마공/729		제사-신앙	R	경작지,주택	252	보호수	17.90	10/13	1.95			흙	3	1	3	2	3	I
1012	느릅나무	36.18.40 /128.07.55	131	N				P	200/	0.00	산비탈	측면		3	1	1	1	1	02.06.09
	상주/청리/마공/729		휴식-정자	R	경작지	214	노거수	16.50	11/	2.35			흙	3	1	3	2	3	I
1013	느티나무	36.20.15 /128.06.58	90	N	11-24-6-13-1	82.10.26	정자목	P	150/140	0.00	충적저지	입구	대리석/상	2	3	3	3	1	02.06.09
	상주/청리/덕산/267	벤치	제사-신앙	R	도로,경작지	198	보호수	15.90	12/17	4.00			블럭	2	1	2	2	2	II
1014	느티나무	36.20.15 /128.06.58	90	N				P	150/	0.00	충적저지	입구		2	3	3	3	1	02.06.09
	상주/청리/덕산/267	벤치	제사-신앙	R	도로,경작지	189	노거수	15.50	13/	3.35			블럭	2	1	2	2	2	II
1015	은행나무	36.20.14 /128.06.50	100	C	11-24-6-13-2	82.10.26	경관목	S	200/130	0.00	충적대지	후방		3	1	1	1	1	02.06.09
	상주/청리/덕산/672		기타-경관	R	주택	156	보호수	14.10	18/18	6.75			흙	3	1	3	1	3	I
1016	느티나무	36.21.42 /128.07.53	75	N	11-29-6-1	82.10.26	정자목	S	350/290	0.00	계류역,충적저지	입구	대리석/상	3	1	1	1	1	02.06.09
	상주/청리/학하/298	시멘좌대	휴식-정자	R	농경지,도로,계류	349	보호수	21.10	12/13	6.35			흙	3	1	3	2	2	I
1017	느티나무	36.21.12 /128.05.34	103	N	11-24-8-2	82.10.26	경관목	S	260/260	0.00	충적저지	기타	대리석/상	2	1	1	1	1	02.05.07
	상주/외남/신상/272		휴식-정자	R	경작지	366	보호수	21.60	16/14	3.60			흙	2	1	2	1	1	I
1018	느티나무	36.19.56 /128.04.51	122	N	11-24-8-3	82.10.26	정자목	S	210/210	0.00	계류역	입구	대리석/상	3	2	3	1	1	02.05.07
	상주/외남/구서/770-1	시멘좌대	휴식-정자	R	주택,도로,계류	179	보호수	15.10	11/12	3.45		+	시멘트,흙	3	1	3	2	3	II
1019	은행나무	36.20.02 /128.04.22	135	C	11-24-8-1	82.09.22	정자목	S	500/470	0.00	충적대지	입구	대리석/상	4	2	3	3	1	02.05.07
	상주/외남/소상/31	울타리	휴식-정자	R	도로,주택	295	보호수	19.40	15/13	5.60		+	시멘트,흙	4	1	4	2	4	II
1020	느티나무	36.20.02 /128.04.27	135	N	11-24-7	82.09.22	정자목	P	150/150	0.00	계류역	기타		2	1	1	1	1	02.05.07
	상주/외남/소상 1/74-1	정자, 벤치	휴식-정자	R	경작지,계류	460	보호수	24.20	12/18	4.55			흙	2	1	2	2	1	I
1021	왕버들	36.22.09 /128.05.31	133	N	11-24-8-11-1	82.10.26	경관목	P	200/200	0.00	충적대지	입구	대리석/상	3	1	1	1	2	02.05.07
	상주/외남/흔평/775-1		기타-경관	R	경작지	252	보호수	17.90	18/15	2.75			흙	3	1	3	1	3	I
1022	왕버들	36.22.09 /128.05.31	133	N				P	200/	0.00	충적대지	입구		4	1	1	1	4	05.05.07
	상주/외남/흔평/775-1		기타-경관	R	경작지	79	노거수	10.00	15/	2.50	병충해		흙	4	1	4	1	4	III
1023	왕버들	36.22.09 /128.05.31	133	N				P	200/	0.00	충적대지	입구		4	1	1	1	4	02.05.07
	상주/외남/흔평/775-1		기타-경관	R	경작지	113	노거수	12.00	13/	2.60	병충해		흙	4	1	4	2	4	III
1024	소나무	36.22.07 /128.05.16	146	N	11-24-8-11-2	82.10.26		P	150/170	0.00	계류역	입구	대리석/상	3	2	3	1	1	02.05.07
	상주/외남/흔평/25 내골		기타-경관	R	도로,경작지,계류	198	보호수	15.90	13/15	3.50			시멘트,흙	3	1	3	2	3	II
1025	느티나무	36.22.50 /128.07.11	178	N	11-24-8-3	82.10.26	정자목	P	300/300	0.00	계류역	입구	대리석/상	1	1	1	1	1	02.05.07
	상주/외남/지사/27	정자, 벤치	휴식-정자	R	주택,경작지,계류	390	보호수	22.30	13/13	4.60			흙	1	1	1	2	1	I
1026	느티나무	36.22.50 /128.07.11	178	N	11-24-8	82.10.26	정자목	P	500/340	0.00	계류역	입구	대리석/상	3	1	1	1	1	02.05.07
	상주/외남/지사/27	정자, 벤치	휴식-정자	R	주택,경작지,계류	311	보호수	19.90	14/15	6.50			흙	3	1	3	2	1	I
1027	소나무	36.28.25 /128.10.14	90	N	11-24-15-2	82.10.26	경관목	S	250/250	0.00	충적저지	기타	대리석/상	1	1	1	1	1	02.05.31
	상주/외서/관동/28		기타-경관	R	경작지	125	보호수	12.60	8/9	3.10			흙	1	1	1	1	1	I
1028	소나무	36.28.49 /128.09.18	108	N	11-24-15-4-1	82.10.26	경관목	P	200/170	0.00	산비탈	입구		3	1	1	1	1	02.05.31
	상주/외서/개곡/8		기타-경관	R	임야,도로	165	보호수	14.50	12/14	2.50			흙	2	1	3	1	3	I

1029	느티나무	36.28.49 /128.09.18	108	N				P	150/	0.00	계류역	입구		1	2	3	3	1	02.05.31
	상주/외서/개곡/8	벤치	휴식-정자	R	도로,주택	467	노거수	24.40	16/	3.20			시멘트,흙	1	1	1	2	1	I
1030	느티나무	36.28.49 /128.09.18	108	N				P	100/	0.00	계류역	입구		1	2	3	3	1	02.05.31
	상주/외서/개곡/8	벤치	휴식-정자	R	도로,주택	240	노거수	17.50	14/	2.50			시멘트,흙	1	1	1	2	1	I
1031	은행나무	36.27.36 /128.06.26	178	C	11-24-15	82.10.26	거목	S	450/450	0.00	산비탈	후방	대리석/상	2	1	1	1	1	02.05.31
	상주/외서/백전1/449		기타-경관	R	주택	184	보호수	15.30	25/20	9.65			흙	3	1	2	1	3	I
1032	굴참나무	36.28.13 /128.05.20	225	N	11-24-15-12-1	82.10.26	정자목	P	170/170	0.00	계류역,산비탈	후방		1	1	1	1	1	02.05.31
	상주/외서/가곡/85	돌탑	제사-신앙	R	수림,계류	181	보호수	15.20	12/13	2.40			흙	1	1	1	1	1	I
1033	굴참나무	36.28.13 /128.05.20	225	N				P	150/	0.00	계류역,산비탈	후방		1	1	1	1	1	02.05.31
	상주/외서/가곡/56	돌탑	제사-신앙	R	수림,계류	97	노거수	11.10	12/	1.75			흙	1	1	1	1	1	I
1034	굴참나무	36.28.13 /128.05.20	225	N				P	170/	0.00	계류역,산비탈	후방		1	1	1	1	1	02.05.31
	상주/외서/가곡/56	돌탑	제사-신앙	R	수림,계류	280	노거수	18.90	12/	2.20			흙	1	1	1	1	1	I
1035	느티나무	36.28.50 /128.05.44	155	N	11-24-16	82.10.26	당산목	S	450/450	0.00	계류역	입구		1	1	1	1	1	02.05.31
	상주/외서/가곡/472-2	벤치	제사-신앙	R	도로,계류,경작지	224	보호수	16.90	14/13	6.25		+	자갈	2	1	2	2	2	I
1036	소나무	36.28.30 /128.04.10	149	N	11-24-15-1	82.10.26	당산목	P	300/300	0.00	계류역	기타	대리석/상	2	1	1	1	1	02.05.31
	상주/외서/우산/30-3	울타리, 당집	제사-신앙	R	도로,경작지,계류	232	보호수	17.20	14/13	3.05			흙	2	1	2	1	2	I
1037	소나무	36.28.30 /128.04.10	149	N				P	250/	0.00	계류역	기타		1	1	1	1	1	02.05.31
	상주/외서/우산/30-3		제사-신앙	R	도로,경작지,계류	165	노거수	14.50	12/	2.20			흙	1	1	1	2	1	I
1038	느티나무	36.28.15 /128.04.06	152	N	11-24-15-14-1	82.10.26	정자목	S	250/170	0.00	산비탈	측면		3	1	1	1	1	02.05.31
	상주/외서/우산/30-3		휴식-정자	R	주택,임야,도로	495	보호수	25.10	15/15	5.80	인재		흙	3	1	3	2	1	I
1039	느티나무	36.25.12 /128.04.07	137	N	11-24-10	82.10.26	정자목	S	600/600	0.00	충적대지	입구	철재/하	2	1	1	1	1	02.05.07
	상주/내서/복장/383-4		제사-신앙	R	경작지,도로	380	보호수	22.00	11/21	8.45			흙	2	1	2	2	1	I
1040	느티나무	36.26.07 /128.03.14	185	N	11-24-9-10-1	82.10.26	정자목	P	230/230	0.00	계류역	입구	대리석/상	2	1	1	1	1	02.05.07
	상주/내서/고곡/672-1		제사-신앙	R	경작지,계류	394	보호수	22.40	15/14	3.90			흙	2	1	2	2	2	I
1041	느티나무	36.26.07 /128.03.14	185	N				P	150/	0.00	계류역	입구		2	1	1	1	1	02.05.07
	상주/내서/고곡/672-1		제사-신앙	R	경작지,계류	135	노거수	13.10	15/	2.85			흙	2	1	2	2	2	I
1042	느티나무	36.24.08 /128.01.31	150	N	11-24-9-2	82.10.26	정자목	S	420/420	0.00	충적대지	입구	대리석/상	4	2	3	3	1	02.05.07
	상주/내서/낙서/278-20		휴식-정자	R	도로,주택	102	보호수	11.40	13/16	4.65			시멘트,흙	4	1	4	2	4	II
1043	느티나무	36.25.57 /128.01.12	116	N	11-24-9-14-1	82.10.26	정자목	P	200/170	0.00	산비탈	입구	대리석/상	3	1	1	1	1	02.05.07
	상주/내서/서원/172	울타리	휴식-정자	R	도로,임야	249	보호수	17.80	15/17	2.95			흙	3	1	3	2	1	I
1044	느티나무	36.25.57 /128.01.12	196	N				P	170/	0.00	산비탈	입구		2	1	1	1	1	02.05.07
	상주/내서/서원/172		휴식-정자	R	도로,임야	193	노거수	15.70	15/	2.70			흙	2	3	2	2	2	I
1045	느티나무	36.29.18 /128.01.36	210	N	11-4-17	82.10.26	당산목	S	500/500	0.00	계류역	내부	철재/하	3	1	1	1	1	02.05.31
	상주/외서/대전/355	주택	제사-신앙	R	주택,계류	647	보호수	28.70	22/13	7.00			흙	3	2	3	2	3	II
1046	느티나무	36.28.23 /127.57.19	275	N				P	200/	0.00	계류역	입구		5	2	3	2	1	02.05.06
	상주/화서/하송 1리	돌탑	제사-신앙	R	도로,경작지,계류	75	노거수	9.80	8/	3.95	태풍		시멘트,흙	5	1	5	2	5	!!
1047	느티나무	36.28.23 /127.57.19	275	N				P	150/	0.00	계류역	입구		1	1	2	2	1	02.05.06
	상주/화서/하송 1리	돌탑	제사-신앙	R	도로,경작지,계류	206	노거수	16.20	11/	2.75	태풍		흙	1	1	1	2	1	I
1048	느티나무	36.28.23 /127.57.19	275	N				S	150/	0.00	계류역	입구		1	5	2	1	1	02.05.06
	상주/화서/화송 1리		휴식-정자	R	도로,경작지,계류	246	노거수	17.70	12/	2.75			시멘트,흙	1	1	1	2	1	I
1049	느티나무	36.29.16 /127.53.55	320	N	11-24-14-6	82.10.26	정자목	S	400/400	0.00	충적대지	후방	대리석/중	3	1	1	1	1	02.05.06
	상주/화남/동관/618		휴식-정자	R	주택,경작지	191	보호수	15.60	16/22	6.25			흙	3	2	3	2	3	II

1050	느티나무	36.26.47 /127.54.31	225	N	11-24-14-15-1	82.10.26	정자목	S	150/150	0.00	충적대지	내부		2	5	3	3	1	02.05.06
	상주/화남/평온/213-5	벤치	제사-신앙	R	도로,주택,경작지	298	보호수	19.50	14/20	2.95			시멘트,자갈	2	1	2	2	1	II
1051	느티나무	36.26.37 /127.53.56	210	N	11-24-14-5	82.10.26	정자목	S	250/250	0.00	계류역	입구		4	2	3	2	1	02.05.06
	상주/화남/평온/415-1		휴식-정자	R	임야,도로,계류	154	보호수	14.00	10/18	4.50		+	시멘트,흙	4	1	4	2	4	II
1052	느티나무	36.26.27 /127.57.07	312	N	11-24-13-3	82.10.26	정자목	S	370/370	0.00	충적대지	내부	대리석/상	3	2	3	1	1	02.05.06
	상주/화서/신봉/170-26		제사-신앙	R	주택,도로	222	보호수	16.80	14/20	4.50			블럭,흙	3	1	3	2	3	II
1053	소나무	36.26.45 /127.55.54	280	N	11-24-13-2	82.10.26	경관목	S	320/320	0.00	산비탈	기타	대리석/상	1	1	3	1	1	02.05.06
	상주/화서/상용/174	돌탑, 벤치	휴식-정자	R	임야,도로	280	보호수	18.90	10/12	3.60		+	흙	2	1	1	2	1	I
1054	소나무	36.27.04 /127.57.16	135	N	295	82.11.04	경관목	S	500/300	0.00	충적대지	후방	알미늄/상	2	1	1	1	1	02.05.06
	상주/화서/상현리	울타리	기타-경관	R	경작지	665	천연기념물	29.10	16.5/0	4.95			흙	2	1	2	1	2	I
1055	느티나무	36.26.46 /127.56.38	127	N	11-24-13-1	82.10.26	당산목	S	420/420	0.00	충적대지	내부	대리석/상	3	2	3	3	1	02.05.06
	상주/화서/상현/508		제사-신앙	R	주택	149	보호수	13.80	18/20	5.05		+	시멘트,흙	3	1	3	2	3	II
1056	소나무	36.26.46 /127.56.38	135	N	11-28-13-2	82.10.26	경관목	S	500/300	0.00	산비탈	후방	대리석/중	1	1	1	1	1	02.05.06
	상주/화서/상용/174		기타-경관	R	경작지	665	보호수	29.10	16.5/	4.95			흙	1	1	1	2	1	I
1057	느티나무	36.26.43 /127.55.54	275	N	11-24-13-9-1	82.10.26	당산목	S	320/320	0.00	충적대지	내부	대리석/상	3	1	1	1	1	02.05.06
	상주/화서/금산/646-2		제사-신앙	R	주택	161	보호수	14.30	12/1.5	3.60			흙	3	1	3	2	3	I
1058	느티나무	36.24.20 /127.54.52	317	N	11-24-14-4	82.10.26	정자목	S	250/240	0.00	계류역	입구	대리석/상	3	1	1	1	1	02.05.06
	상주/화남/소곡/522		휴식-정자	R	도로,계류,경작지	260	보호수	18.20	14/17	5.40			흙	3	1	3	2	3	I
1059	느티나무	36.24.27 /127.53.00	225	N	11-24-14-18-2	82.10.26	경관목	S	200/190	0.00	계류역	기타		4	1	1	1	1	02.05.06
	상주/화남/중눌1/446		휴식-정자	R	계류,경작지	147	보호수	13.70	12/15	3.55	태풍		흙	4	1	4	2	4	II
1060	느티나무	36.23.43 /127.52.27	220	N	11-24-14-18-1	82.10.26	정자목	S	500/220	0.00	충적대지	내부		5	5	4	5	1	02.05.06
	상주/화남/중눌2리		휴식-정자	R	주택,도로	113	보호수	12.00	13/19	5.50			시멘트	5	1	5	2	5	II
1061	느티나무	36.24.37 /127.56.16	318	N	11-24-13-13-1	82.10.26	정자목	S	320/320	0.00	충적대지	입구	대리석/상	2	2	3	1	1	02.05.06
	상주/화서/율림/737		제사-신앙		도로,경작지,주택	249	보호수	17.80	14/18	4.20		+	시멘트,흙	2	1	2	2	1	I
1062	느티나무	36.22.07 /127.53.38	380	N	11-24-12-11-2	82.10.26	정자목	P	150/270	0.00	계류역	입구		1	1	1	1	1	02.05.06
	상주/화동/평산/347		휴식-정자	R	경작지,도로,계류	216	보호수	16.60	14/20	3.10			흙	1	1	1	1	1	I
1063	느티나무	36.22.07 /127.53.38	0	N				P	150/	0.00	계류역	입구		1	1	1	1	1	02.05.06
	상주/화동/평산/347		휴식-정자	R	경작지,도로,계류	186	노거수	15.40	13/	2.45			흙	1	1	1	1	1	I
1064	느티나무	36.22.34 /127.54.09	154	N	11-24-12-1	82.10.26	정자목	S	370/370	0.00	산비탈	입구		1	1	3	1	1	02.05.06
	상주/화동/양지/149	울타리	휴식-정자	R	도로,임야,경작지	397	보호수	22.50	14/25	5.05			흙	1	1	1	2	1	I
1065	느티나무	36.22.22 /127.55.07	140	N	11-24-13	82.10.26	정자목	S	500/370	0.00	산비탈	측면	철재/중	1	1	1	1	1	02.05.06
	상주/화동/보미/13		휴식-정자	R	임야,주택	702	보호수	29.90	15/25	8.30			흙	1	1	1	2	1	I
1066	느티나무	36.22.44 /127.55.45	327	N				S	300/	0.00	산비탈	입구		1	1	1	1	1	02.05.06
	상주/화동/반곡 산임야 75		휴식-정자	R	임야,도로	286	노거수	19.10	11/	3.70			흙	1	1	1	2	1	I
1067	느티나무	36.23.27 /127.55.22	363	N	11-24-12	82.10.26	당산목	S	420/420	0.00	계류역	입구		4	1	1	1	1	02.05.06
	상주/화동/반곡/905		제사-신앙	R	경작지,도로,계류	177	보호수	15.00	12/25	8.10	태풍		흙	4	1	4	1	3	II
1068	느티나무	36.22.51 /127.56.13	310	N	11-24-12-8-1	82.10.26	정자목	S	170/170	0.00	충적대지	입구		4	1	1	1	1	02.05.06
	성주/화동/반곡2/542	정자	휴식-정자	R	도로	95	보호수	11.00	7/20	3.30		+	자갈	4	1	4	2	4	II
1069	느티나무	36.39.03 /127.52.50	265	N	11-24-14-7-1	82.10.26	정자목	S	150/140	0.00	충적저지	입구	대리석/상	3	2	3	3	1	02.06.06
	상주/화북/입석/892		휴식-정자	R	도로,경작지	246	보호수	17.70	16/20	4.30			시멘트,흙	3	1	3	2	3	II
1070	느티나무	36.38.37 /127.53.00	269	N				P	200/	0.00	충적대지	입구		2	2	1	1	1	02.06.06
	상주/화북/입석2리	정자	휴식-정자	R	임야,경작지	373	노거수	21.80	19/	4.10			시멘트,흙	2	1	2	2	2	I

1071	느티나무	36.38.39 /127.53.01	269	N				P	150/	0.00	계류역	입구		3	2	3	1	1	02.06.06
	상주/화북/입석2리	정자	휴식-정자	R	도로,계류,임야	323	노거수	20.30	21/	2.65			시멘트,흙	3	1	3	2	3	II
1072	느티나무	36.38.37 /127.53.00	269	N				P	150/	0.00	계류역	입구		3	2	3	3	1	02.06.06
	상주/화북/입석2리	정자	휴식-정자	R	도로,계류,임야	445	노거수	23.80	20/	3.20			시멘트,흙	3	1	3	2	3	II
1073	상수리나무나무	36.38.37 /127.53.00	269	N				P	150/	0.00	충적저지	입구		1	1	1	1	1	02.06.06
	상주/화북/입석2리	정자	휴식-정자	R	도로,주택,경작지	629	노거수	28.30	22/	3.40			흙	1	1	1	2	1	I
1074	밤나무	36.37.54 /127.53.19	175	C				S	120/	0.00	충적대지	입구		1	5	3	3	1	02.06.06
	상주/화북/입석2리	주택	휴식-정자	R	도로,주택,경작지	252	노거수	17.90	14/	3.60			시멘트	1	1	1	2	1	I
1075	음나무	36.35.33 /127.54.17	397	N	11-24-14-3	82.10.26	당산목	S	340/340	0.00	산비탈	기타	대리석/상	3	1	1	1	1	02.06.06
	상주/화북/장암/537	당집	제사-신앙	R	수림,도로	254	보호수	18.00	11/17	3.60			흙	3	1	3	1	3	I
1076	느티나무	36.36.02 /127.49.41	288	N	11-24-14-9-1	82.10.26	정자목	S	300/180	0.00	충적대지	내부	대리석/상	3	2	3	3	1	02.06.06
	상주/화북/중벌/778		휴식-정자	R	주택,도로	243	보호수	17.60	11/20	6.15			시멘트,흙	3	1	3	2	3	II
1077	상수리나무나무	36.35.28 /127.52.05	369	N				S	200/	0.00	산비탈	기타		3	1	3	3	1	02.06.06
	상주/화북/중벌리		기타-경관	R	도로,수림	405	노거수	22.70	13/	3.20			흙	3	1	3	2	3	II
1078	느티나무	36.33.37 /127.55.12	320	N	11-24-14-2	82.10.26	정자목	S	300/270	0.00	충적대지	내부	대리석/중	3	5	3	3	1	02.06.06
	상주/화북/용유/649		제사-신앙	R	도로,주택	98	보호수	11.20	8/13	3.35			시멘트	4	1	3	2	3	II
1079	소나무	36.33.44 /127.55.29	314	N	11-24-14-1-1	82.10.26	경관목	P	200/200	0.00	계류역	기타	대리석/중	1	1	1	1	1	02.06.06
	상주/화북/용유/601		기타-경관	R	계류,경작지	254	보호수	18.00	15/20	3.30			흙	1	1	1	2	1	I
1080	소나무	36.33.44 /127.55.29	314	N				P	200/	0.00	계류역	기타		1	1	1	1	1	02.06.06
	상주/화북/용유/601		휴식-정자	R	계류,경작지	314	노거수	20.00	15/	2.90			흙	1	1	1	2	1	I
1081	소나무	36.34.08 /127.56.09	306	N				P	400/	0.00	계류역	기타	대리석/상	1	1	1	1	1	02.06.06
	상주/화북/용유/601	돌탑, 울타리	제사-신앙	R	계류,수림	260	노거수	18.20	15/	2.40			흙	1	1	1	1	1	I
1082	소나무	36.34.08 /127.56.09	306	N	11-24-14-1	82.10.26	당산목	P	400/370	0.00	계류역	기타	대리석/상	3	1	1	1	1	02.06.06
	상주/화북/용유/601	돌탑, 울타리	제사-신앙	R	계류,수림	165	보호수	14.50	13/15	2.10			흙	1	1	3	1	1	I
1083	소나무	36.32.13 /128.03.16	160	N	11-24-16-6-1			S	150/120	0.00	충적대지	입구	대리석/상	1	1	1	1	1	02.05.31
	상주/은척/남곡/126-4		기타-경관	R	도로,경작지	177	보호수	15.00	11/10	2.70			흙	1	1	1	1	1	I
1084	느티나무	36.31.49 /128.04.34	130	N	11-24-16-1	82.10.26	정자목	S	300/240	0.00	충적대지	입구	대리석/상	3	2	3	1	1	02.05.31
	상주/은척/봉중/382	벤치	휴식-정자	R	주택,도로	452	보호수	24.00	9/14	6.40			시멘트,자갈	3	1	3	2	3	II
1085	느티나무	36.32.05 /128.04.24	142	N	11-24-16-2	82.10.26	정자목	P	300/270	0.00	산비탈	기타	대리석/상	4	2	3	3	1	02.05.31
	상주/은척/우기리2/70		휴식-정자	R	임야,도로	222	보호수	16.80	11/8	4.70			시멘트,흙	4	2	4	2	4	II
1086	시무나무	36.32.44 /128.03.45	160	N	11-24-16-8-1	82.10.26	당산목	P	150/200	0.00	충적저지	입구		4	1	3	1	1	02.05.31
	상주/은척/문암2/554		제사-신앙	R	경작지,도로,계류	95	보호수	11.00	9/11	2.20			시멘트,흙	4	1	4	2	4	II
1087	시무나무	36.32.44 /128.03.45	160	N				P	200/	0.00	충적저지	입구		5	1	3	1	1	02.05.31
	상주/은척/문암/554		제사-신앙	R	경작지,도로,계류	38	노거수	7.00	11/	2.50			시멘트,흙	5	1	5	2	5	II
1088	시무나무	36.32.44 /128.03.45	160	N				P	150/	0.00	충적저지	입구		4	2	3	1	1	02.05.31
	상주/은척/문암/554		제사-신앙	R	경작지,도로,계류	41	노거수	7.20	10/	2.30			시멘트,흙	4	1	4	2	4	II
1089	느티나무	36.32.56 /128.03.45	173	N	11-24-16-3	82.10.26	경관목	S	300/270	0.00	기타	후방		3	1	1	1	1	02.05.31
	상주/은척/문암2/468		휴식-정자	R	경작지	333	보호수	20.60	11/11	4.80			흙	3	3	3	2	2	II
1090	은행나무	36.33.59 /128.04.44	140	C	75	87.05.10	정자목	S	450/450	0.00	충적저지	입구	알미늄/상	3	1	1	1	1	02.05.31
	상주/은척/두곡/640외4필	울타리, 나무좌대	휴식-정자	R	경작지	383	도기념물	22.10	15/	8.40		+	흙	3	1	3	2	3	I
1091	뽕나무	36.33.58 /128.04.37	152	N	1	72.12.29	희귀목	S	350/350	0.00	충적저지	후방	알미늄/상	1	1	1	1	1	02.05.31
	상주/은척/두곡/324외 2필	울타리	기타-경관	R	경작지,주택,도로	240	도기념물	17.50	13/	3.50		+	흙	3	1	2	1	2	I

1092	느티나무	36.34.14 /128.05.31	140	N	11-24-16-14-1	82.10.26	풍치목	P	200/170	0.00	충적대지	입구		2	1	1	1	1	02.05.31
	상주/은척/무릉/11	벤치	휴식-정자	R	주택	560	보호수	26.70	10/15	3.60			흙	2	1	2	2	2	I
1093	느티나무	36.34.50 /128.05.38	156	N	11-24-18-1	82.10.26	경관목	S	200/300	0.00	계류역	기타	대리석/중	3	1	1	1	1	02.05.31
	상주/이안/구미/907		제사-신앙	R	계류,경작지	323	보호수	20.30	13/20	3.20			흙	3	2	3	1	3	I
1094	느티나무	36.35.26 /128.08.00	136	N	11-24-18-2	82.10.26	정자목	S	300/280	0.00	충적대지	내부	대리석/상	2	2	3	1	1	02.05.31
	상주/이안/안룡/309		휴식-정자	R	주택,도로	412	보호수	22.90	14/15	3.80			시멘트,흙	2	1	2	2	1	I
1095	느티나무	36.35.10 /128.08.16	140	N				S	650/	0.00	충적저지	측면		4	1	1	1	1	02.05.31
	상주/이안/안룡1		제사-신앙	R	경작지,계류	298	노거수	19.50	10/	7.40	인재		흙	4	1	4	1	4	II
1096	은행나무	36.32.22 /128.09.32	95	C	11-24-18-1-1	82.10.26	경관목	S	400/470	0.00	산비탈	후방		3	1	1	1	1	02.06.07
	상주/이안/이안/464		기타-경관	R	주택	121	보호수	12.40	13/	4.20			흙	4	1	3	1	3	I
1097	팽나무	36.33.36 /128.10.46	91	N	11-28-7-23-1	82.10.26	정자목	S	200/150	0.00	충적대지	내부	대리석/상	2	5	4	1	1	02.06.07
	상주/함창/오사/225-1	벤치	제사-신앙	R	주택,도로	249	보호수	17.80	13/16	3.65			시멘트	2	1	2	2	2	II
1098	팽나무	36.32.41 /128.12.37	82	N	11-28-1-1	94.10.21	전설목	S	400/410	0.00	산비탈	기타	대리석/상	1	1	1	1	1	02.06.06
	상주/함창/태봉/109-2		휴식-정자	R	수림,경작지	305	보호수	19.70	13/21	4.15			흙	2	1	1	1	1	I
1099	회화나무	36.31.22 /128.13.06	74	C	11-24-2-8-1	82.10.26	당산목	P	250/250	0.00	충적대지	입구	대리석/상	3	1	1	1	1	02.06.06
	상주/함창/금곡/460		제사-신앙	R	주택,도로	227	보호수	17.00	17/16	2.40			흙	3	1	3	2	3	I
1100	느티나무	36.31.22 /128.13.06	74	N				P	100/	0.00	충적대지	입구		1	1	1	1	1	02.06.06
	상주/함창/금곡/460		제사-신앙	R	주택,도로	238	노거수	17.40	16/	2.15			흙	1	1	1	2	3	I
1101	은행나무	36.32.14 /128.07.24	100	C	11-24-20	82.10.26	당산목	S	400/520	0.00	충적대지	내부	철재/하	3	5	3	1	1	02.06.07
	상주/공검/예주/750-2		휴식-정자	R	주택	154	보호수	14.00	17/22	3.00			시멘트	3	1	3	2	3	II
1102	느티나무	36.29.48 /128.07.00	125	N	11-24-17-6-1	82.10.26	당산목	S	740/720	0.00	산비탈	후방		4	2	1	2	2	02.06.07
	상주/공검/오태1/26		기타-경관	R	임야	137	보호수	13.20	13/19	5.10			흙	4	3	4	4	3	II
1103	느티나무	36.30.56 /128.06.59	133	N	11-24-21	82.10.26	당산목	S	500/450	0.00	계류역	내부	철재/하	3	5	4	3	1	02.06.07
	상주/공검/중소1/494	울타리	휴식-정자	R	도로	401	보호수	22.60	16.5/20	7.80			시멘트	3	1	3	2	3	II
1104	왕버들	36.27.30 /128.11.20	69	N	11-24-3-4-1	82.10.26	정자목	P	220/220	0.00	충적대지	입구		4	3	1	4	1	02.05.31
	상주/사벌/원흥/1644-5		휴식-정자	R	도로,경작지	88	보호수	10.60	13.5/15	5.10	태풍	+	아스팔트	4	1	4	4	4	II
1105	왕버들	36.27.30 /128.11.20	69	N				P	220/	0.00	충적대지	입구		3	3	1	4	1	02.05.31
	상주/사벌/원흥/1644-5		휴식-정자	R	도로,경작지	286	노거수	19.10	15.5/	4.70	태풍		아스팔트	4	1	4		3	II
1106	느티나무	36.26.43 /128.12.44	90	N	11-24-3-1	82.10.26	정자목	P	340/340	0.00	충적저지	입구	대리석/상	3	1	1	1	1	02.05.31
	상주/사벌/금흔/472-2	울타리, 벤치, 체육시설	휴식-정자	R	도로,경작지	246	보호수	17.70	14/18	4.60			흙	3	1	3	2	3	I
1107	느티나무	36.26.43 /128.12.44	90	N				P	300/	0.00	충적저지	입구		3	1	1	1	1	02.05.31
	상주/사벌/금흔/472-2	울타리, 벤치, 체육시설	휴식-정자	R	도로,경작지	323	노거수	20.30	15/	3.60			흙	3	1	3	2	1	I
1108	느티나무	36.26.43 /128.12.44	90	N				P	200/	0.00	충적저지	입구		3	1	1	1	1	02.05.31
	상주/사벌/금흔/472-2	울타리, 벤치, 체육시설	휴식-정자	R	도로,경작지	222	노거수	16.80	12/	3.10			흙	3	1	3	2	1	I
1109	왕버들	36.26.43 /128.12.44	90	N				P	250/	0.00	충적저지	입구		4	1	1	1	1	02.05.31
	상주/사벌/금흔/472-2	울타리, 벤치, 체육시설	휴식-정자	R	도로,경작지	109	노거수	11.80	11/	3.65			흙	4	1	4	2	4	II
1110	느티나무	36.25.26 /128.16.19	95	N	11-24-4-2-1	82.10.26	정자목	S	200/180	0.00	계류역	내부	대리석/상	4	2	3	3	1	02.06.06
	상주/중동/오상/865		휴식-정자	R	주택,하천변	139	보호수	13.30	9.5/	2.90			시멘트,자갈	4	1	4	2	3	II
1111	느티나무	36.24.48 /128.17.12	9.5	N	11-24-4-1	82.10.26	정자목	S	200/290	0.00	충적대지	내부	대리석/상	4	2	3	3	1	02.06.06
	상주/중동/간상/914-1		휴식-정자	R	도로,주택	174	보호수	14.90	13/16	3.70			시멘트,자갈	4	1	4	2	4	II
1112	느티나무	36.25.20 /128.19.06	7.5	N	11-24-4-7-1	82.10.26	당산목	S	250/200	0.00	계류역	내부	대리석/상	1	2	3	3	1	02.06.06
	상주/중동/금당1/632	벤치	휴식-정자	R	주택	615	보호수	28.00	22/15	4.30			블럭,자갈	1	1	1	2	1	I

1113	느티나무	36.26.52 /128.18.41	115	N	11-24-4-7-2	82.10.26	정자목	S	350/210	0.00	계류역	입구		4	5	3	3	1	02.06.06
	상주/중동/금당2/940-17		휴식-정자	R	주택,경작지	127	보호수	12.70	10/12	5.05			시멘트	4	1	4	2	4	II
1114	느티나무	36.26.41 /128.18.55	105	N	11-24-4-2	82.10.26	경관목	S	200/180	0.00	충적저지	기타	대리석/상	5	3	3	1	1	02.06.06
	상주/중동/금당/256		제사-신앙	R	경작지,도로	85	보호수	10.40	8/16	2.85			시멘트,흙	5	1	5	1	5	II
1115	느티나무	36.23.41 /128.15.58	80	N	11-24-5-1	82.10.26	당산목	S	400/320	0.00	기타	입구	대리석/상	3	1	1	1	1	02.06.06
	상주/낙동/분황/377-1	벤치	휴식-정자	R	도로,연못	135	보호수	13.10	12/14	4.60		+	흙	3	1	3	2	3	I
1116	느티나무	36.22.05 /128.14.05	105	N	11-24-3	82.10.26	경관목	S	300/360	0.00	산비탈	기타	대리석/상	1	1	3	1	1	02.06.06
	상주/낙동/내곡/745		휴식-정자	R	도로,수림	286	보호수	19.10	17/20	7.30			흙	1	1	1	1	1	I
1117	은행나무	36.22.27 /128.12.45	127	C	11-24-4	82.10.26	경관목	P	300/520	0.00	충적대지	내부	대리석/상	1	1	1	1	1	02.06.07
	상주/낙동/운평/153		기타-경관	R	경작지,주택,도로	380	보호수	22.00	18/20	4.40			흙	1	1	1	1	1	I
1118	은행나무	36.22.27 /128.12.45	127	C				P	200/	0.00	충적대지	내부		1	1	1	1	1	02.06.07
	상주/낙동/운평/153		기타-경관	R	경작지,주택,도로	254	노거수	18.00	17/	3.20			흙	1	1	1	1	1	I
1119	팽나무	36.22.20 /128.12.48	115	N	11-24-5-16-1	82.10.26	경관목	S	150/120	0.00	계류역	입구	대리석/상	3	1	1	1	1	02.06.07
	상주/낙동/운평/137		기타-경관	R	도로,계류	100	보호수	11.30	7/14	2.70			흙	3	1	3	2	3	I
1120	느티나무	36.19.31 /128.12.55	115	N				P	200/	0.00	충적대지	입구		3	1	1	1	1	02.06.06
	상주/낙동/용포리		휴식-정자	R	주택,농경지	314	노거수	20.00	16/	3.90			흙	3	1	3	2	3	I
1121	느티나무	36.19.31 /128.12.55	115	N				P	200/	0.00	충적대지	입구		3	1	1	1	1	02.06.06
	상주/낙동/용포리		휴식-정자	R	주택,농경지	254	노거수	18.00	18/	4.05			흙	3	1	3	2	3	I
1122	느티나무	36.19.12 /128.12.15	154	N	11-24-5-19-1	82.10.26	당산목	S	250/300	0.00	충적대지	입구	대리석/상	2	2	3	1	1	02.06.06
	상주/낙동/용포/465	당집	제사-신앙	R	주택,농경지	209	보호수	16.30	13/20	5.90			흙	2	3	2	2	2	II
1123	느티나무	36.21.37 /128.12.35	213	N	11-24-5-3	82.10.26	경관목	S	250/220	0.00	계류역	입구	돌	2	1	1	1	1	02.06.07
	상주/낙동/승곡/749		기타-경관	R	경작지,계류	177	보호수	15.00	11/10	2.60			흙	2	1	2	1	1	I
1124	팽나무	36.24.20 /128.04.45	105	N	11-24-9-7-1	82.10.26	정자목	P	350/370	0.00	계류역,충적저지	기타		3	2	3	1	1	02.05.07
	상주/내서/신촌2/346	벤치	휴식-정자	R	도로,경작지	172	보호수	14.80	12/14	2.80			시멘트,흙	3	1	3	2	3	II
1125	팽나무	36.24.20 /128.04.45	105	N	11-24-9-7-1	82.10.26	정자목	P	300/370	0.00	계류역,충적저지	기타		4	2	3	1	1	02.05.07
	상주/내서/신촌2/346	벤치	휴식-정자	R	도로,경작지	135	보호수	13.10	11/	2.45			시멘트,흙	4	1	4	2	2	II
1126	느티나무	36.23.10 /128.02.05	135	N	11-24-9-19-2	82.10.26	정자목	S	250/270	0.00	산비탈	기타		3	1	1	1	1	02.05.07
	상주/내서/노류1리		제사-신앙	R	임야	232	보호수	17.20	13/16	3.30			흙	3	1	3	2	1	I
1127	느티나무	36.21.10 /128.01.04	192	N	11-24-11-1	82.10.26	정자목	S	450/550	0.00	계류역	내부	대리석/상	3	1	1	1	1	02.05.07
	상주/모서/대포/796-1		휴식-정자	R	경작지,주택	280	보호수	18.90	15/18	6.50		+	시멘트,흙	3	1	3	2	2	I
1128	느티나무	36.22.01 /128.00.30	170	N	11-24-11	82.10.26	정자목	S	450/430	0.00	계류역	내부	철재/하	4	2	3	1	1	02.05.07
	상주/모서/대포/483		휴식-정자	R	계류,주택,도로	177	보호수	15.00	17/20	6.35	태풍	+	시멘트,흙	4	3	4	2	4	II
1129	소나무	36.23.47 /127.58.21	286	N				S	200/	0.00	산비탈	입구		3	1	1	1	1	02.05.06
	상주/화동/선교1리		휴식-정자	R	도로,경작지	211	노거수	16.40	13/	2.40			흙	3	1	3	2	3	I
1130	떡갈나무	36.23.47 /127.58.21	286	N				S	150/	0.00	산비탈	입구		1	1	1	1	1	02.05.06
	상주/화동/선교1리		휴식-정자	R	도로	106	노거수	11.60	13/	3.40			흙	1	1	1	1	1	I
1131	느티나무	36.24.02 /127.58.20	305	N	11-24-12-3	82.10.26	정자목	S	250/270	0.00	계류역	후방		1	1	1	1	1	02.05.06
	상주/화동/선교/299	시멘좌대	휴식-정자	R	경작지	419	보호수	23.10	12/20	3.60			흙	1	1	1	2	1	I
1132	소나무	36.24.45 /127.58.52	300	C	11-24-14	82.10.26	경관목	S	500/520	0.00	충적저지	내부	대리석/상	2	1	1	1	1	02.05.06
	상주/화동/판곡/423		기타-경관	R	연못	104	보호수	11.50	8/13	2.60			흙	1	1	2	1	2	I
1133	느티나무	36.25.44 /127.59.09	315	N	11-24-12-4-1	82.10.26	풍치목	S	150/300	0.00	산비탈	기타	대리석/상	1	1	1	1	1	02.05.06
	상주/화동/판곡/9		휴식-정자	R	경작지	302	보호수	19.60	15/17	4.35			흙	1	1	1	2	1	I

1134	소나무	36.25.50 /127.57.56	355	N	11-24-12-4-1	82.10.26	정자목	P	300/200	0.00	산비탈	기타		1	1	1	1	1	02.05.06
	상주/화동/판곡/700		휴식-정자	R	도로,임야	441	보호수	23.70	16/15	7.05		+	흙	1	2	1	2	1	I
1135	느티나무	36.25.50 /127.57.56	355	N				P	150/	0.00	산비탈	기타		2	2	3	3	1	02.05.06
	상주/화동/판곡/700		기타-경관	R	도로,임야	452	노거수	24.00	15/	3.00			시멘트,흙	2	2	2	2	2	II
1136	느티나무	36.25.28 /127.58.11	360	N				S	100/	0.00	산비탈	내부		1	1	1	1	1	02.05.07
	상주/화동/판곡2리 회관		휴식-정자	R	주택	249	노거수	17.80	13/	3.05			흙	1	1	1	1	1	I
1137	느티나무	36.20.46 /127.58.35	265	N				S	200/	0.00	충적저지	입구		2	1	1	1	1	02.05.07
	상주/모서/도안2/229		휴식-정자	R	경작지	165	노거수	14.50	9/	3.40			흙	2	1	2	2	2	I
1138	느티나무	36.20.25 /127.58.40	268	N	11-24-11-2-1	82.10.26	당산목	S	300/300	0.00	충적저지	기타		2	1	1	1	1	02.05.07
	상주/모서/도안/229		제사-신앙	R	경작지	363	보호수	21.50	15/15	4.60			흙	2	2	2	2	2	I
1139	느티나무	36.19.42 /127.53.56	230	N	11-24-11-3	82.10.26	당산목	P	350/320	0.00	충적저지	입구	대리석/상	4	1	1	1	1	02.05.07
	상주/모서/득수2/427	돌탑	제사-신앙	R	도로,경작지	125	보호수	12.60	16/20	6.60			흙	4	1	4	2	4	II
1140	팽나무	36.19.42 /127.53.56	230	N				P	200/	0.00	충적저지	입구		3	1	1	1	1	02.05.07
	상주/모서/득수/427		휴식-정자	R		167	노거수	14.60	13/	2.40	태풍		흙	3	1	3	2	3	I
1141	느티나무	36.19.09 /127.53.29	208	N	11-24-11-16-1	82.10.26	정자목	S	400/400	0.00	계류역	내부		4	1	1	1	1	02.05.07
	상주/모서/백학1/342		휴식-정자	R	계류,주택	167	보호수	14.60	11/20	5.20			흙	4	1	4	3	4	II
1142	느티나무	36.19.09 /127.53.28	215	N	11-24-11-2	82.10.26	당산목	P	320/320	0.00	계류역	내부	대리석/상	3	1	1	1	1	02.05.07
	상주/모서/백학2/340-2	돌탑	제사-신앙	R	계류,주택	483	보호수	24.80	13/25	3.20		+	흙	3	1	3	2	2	I
1143	느티나무	36.19.09 /127.53.28	215	N				P	150/	0.00	계류역	내부		2	2	3	1	1	02.05.07
	상주/모서/백학2/340-2	돌탑	제사-신앙	R	계류,주택	147	노거수	13.70	11/	2.30			시멘트,흙	2	1	2	2	2	I
1144	느티나무	36.19.54 /127.52.51	260	N	11-24-10-1	82.10.26	당산목	S	400/700	0.00	계류역	내부	대리석/상	3	1	1	1	1	02.05.07
	상주/모서/득수3/877	울타리	제사-신앙	R	계류,도로	568	보호수	26.90	13/	5.65			흙	3	1	3	2	3	I
1145	왕버들	36.18.53 /127.57.40	245	N	11-24-10-2	82.10.26	정자목	S	350/320	0.00	계류역,충적저지	내부	대리석/상	5	2	3	1	1	02.05.07
	상주/모동/용호/28-3	벤치	휴식-정자	R	도로,주택,계류	158	보호수	14.20	8/10	5.05	태풍		시멘트,흙	5	1	5	2	3	II
1146	왕버들	36.18.53 /127.57.40	245	N				P	200/	0.00	계류역,충적저지	내부		3	5	3	1	1	02.05.07
	상주/모동/용호/28-3	벤치	휴식-정자	R	계류,도로	189	노거수	15.50	10/	3.20	태풍		시멘트,흙	3	1	3	2	3	II
1147	왕버들	36.18.53 /127.57.40	245	N				S	250/	0.00	계류역,충적저지	내부		3	2	3	1	1	02.05.07
	상주/모동/용호/28-3		휴식-정자	R	주택,도로,경작지	156	노거수	14.10	9/	3.90			시멘트,흙	3	1	3	2	3	II
1148	느티나무	36.18.57 /127.57.20	260	N	11-24-10-1	82.10.26	당산목	S	500/480	0.00	충적대지	내부	대리석/상	4	1	1	1	1	02.05.07
	상주/모동/금천1/300 육인정		제사-신앙	R	주택	252	보호수	17.90	8/8	7.20		+	흙	4	1	4	2	4	II
1149	돌배나무	36.18.35 /127.59.05	260	N	11-24-10-3-1	82.10.26	전설목		220/220	0.00	계류역	기타		3	1	1	1	1	02.05.07
	상주/모동/이동/43-1		기타-전설	R	임야,계류	147	보호수	13.70	7/15	1.60			흙	3	1	3	1	3	I
1150	느티나무	36.25.07 /128.09.48	76	N	11-3	82.10.26	정자목	S	540/540	0.00	충적대지	내부	대리석/상	4	1	1	1	1	02.06.07
	상주/냉림/217	체육시설	기타-경관	U	운동장	107	보호수	11.70	11.5/	5.50		+	흙	4	1	4	2	4	II
1151	느티나무	36.25.01 /128.09.28	76	N	11-8-1-2-4	82.10.26	당산목	S	230/210	0.00	충적대지	입구		4	5	4	3	1	02.06.07
	상주/무양/267		휴식-정자	R	도로,주택	98	보호수	11.20	11/	2.60		+	시멘트	3	2	4	2	3	II
1152	느티나무	36.25.11 /128.06.44	74	N	11-8-1-3-1	97.12.19	정자목	S	255/250	0.00	충적대지	기타	대리석/상	2	1	1	1	1	02.06.07
	상주/남장/465-2	울타리, 벤치	휴식-정자	R	도로	232	보호수	17.20	13/	4.40			자갈	2	1	2	2	1	I
1153	느티나무	36.25.38 /128.66.30	162	N	11-8-1-2	82.10.26	당산목	S	420/500	0.00	계류역	기타	대리석/상	3	1	1	1	1	02.06.07
	상주/남장/502		휴식-정자	R	계류,도로,임야	346	보호수	21.00	20/	5.05			흙	3	1	3	2	2	I
1154	느티나무	36.26.15 /128.07.26	134	N	11-8-1-2-3	82.10.26	당산목	S	220/220	0.00	계류역	측면	대리석/상	1	1	1	1	1	02.05.31
	상주/연원/217	울타리	제사-신앙	R	계류,경작지	408	보호수	22.80	16/	3.90			흙	1	1	1	2	1	I

1155	느티나무	36.25.52 /128.07.56	111	N	11-8-1	82.10.26	당산목	S	500/320	0.00	충적대지	입구	대리석/상	2	1	1	1	1	02.05.31
	상주/연원/408-2		휴식-정자	R	도로,주택	794	보호수	31.80	21/	6.20			자갈	2	1	2	2	2	I
1156	느티나무	36.24.25 /128.08.57	131	N	11-8-1-2-2	82.10.26	정자목	S	190/170	0.00	충적대지	입구	철재/중	1	1	1	2	1	02.06.07
	상수지 낙양/357		휴식-정자	R	주택	117	보호수	12.20	10.5/	3.10			흙	1	2	1	2	1	I
1157	팽나무	36.24.50 /128.09.52	76	N	11-8-1-1	82.10.26	정자목	P	420/420	0.00	산비탈	기타	대리석/상	3	5	4	3	1	02.06.07
	상주/서성/163		휴식-정자	U	공원	286	보호수	19.10	19/	3.40			시멘트	3	2	3	2	3	II
1158	느티나무	36.24.50 /128.09.52	76	N	11-8-1-2-1	82.10.26	정자목	S	400/400	0.00	충적대지	기타		3	5	4	3	1	02.06.07
	상주/서성/163		휴식-정자	U	주택,공원	219	보호수	16.70	20/	4.40			시멘트	3	1	3	2	3	II
1159	느티나무	36.24.50 /128.09.52	76	N				P	500/	0.00	산비탈	기타		5	5	4	3	1	02.06.07
	상주/서성/163		휴식-정자	U	공원	33	노거수	6.50	11/	3.80			시멘트	5	3	5	3	5	II
1160	팽나무	36.24.50 /128.09.52	76	N				P	200/	0.00	산비탈	기타		3	4	3	3	1	02.06.07
	상주/서성/163		휴식-정자	U	공원	34	노거수	6.60	11/	2.20		+	블럭	3	1	3	2	3	II
1161	아까시나무	36.24.50 /128.09.52	76	C				P	100/	0.00	산비탈	기타		5	4	3	3	1	02.06.07
	상주/서성/163		휴식-정자	R	공원	93	노거수	10.90	14.5/	3.00			블럭	1	2	5	2	1	II
1162	느티나무	36.23.40 /128.09.36	81	N	11-8-1-2-7	97.12.19	정자목	S	300/300	0.00	충적대지	내부	대리석/상	2	1	1	1	1	02.05.31
	상주/신봉/711-1		휴식-정자	U	도로,주택	305	보호수	19.70	16/	4.45			흙	1	1	2	3	2	I
1163	느티나무	36.23.40 /128.09.09	112	N	11-8-1-2-6	82.10.26	당산목	S	190/170	0.00	충적대지	내부	대리석/상	2	1	1	1	1	02.05.31
	상주/신봉/549-1	정자, 체육시설, 울타리	휴식-정자	U	도로	397	보호수	22.50	18.5/	4.40			흙	2	1	2	2	2	I
1164	왕버들	36.22.49 /128.09.07	82	N	11-8-1-2-7	82.10.26	정자목	S	240/220	0.00	계류역	내부	대리석/상	3	1	1	1	1	02.05.31
	상주/가장/301	체육시설	휴식-정자	U	도로,주택	181	보호수	15.20	15/	4.10			흙	3	1	3	2	3	I
1165	갈참나무	36.22.32 /128.10.10	108	N	11-8-1-2-8	82.10.26	당산목	S	200/220	0.00	충적대지	입구	대리석/상	1	2	3	1	1	02.05.31
	상주/오대/551	체육시설	휴식-정자	R	도로,주택	222	보호수	16.80	14.5/	3.60			시멘트,흙	2	1	2	2	1	I
1166	왕버들	36.22.48 /128.09.55	86	N				P	200/	0.00	충적저지	입구		1	2	3	1	1	02.05.31
	상수/신흥/흥각 247-2		기타-경관	R	도로,경작지	275	노거수	18.70	12/	4.10			시멘트,흙	1	1	1	2	1	I
1167	왕버들	36.22.48 /128.09.55	86	N				P	200/	0.00	충적저지	입구		1	2	3	1	1	02.05.31
	상주/신흥/흥각 247-2		기타-경관	R	도로,경작지	359	노거수	21.40	12/	2.60			시멘트,흙	1	1	1	2	1	I
1168	왕버들	36.22.48 /128.09.55	86	N				P	200/	0.00	충적저지	입구		1	2	3	1	1	02.05.31
	상주/신흥/흥각 247-2		기타-경관	R	도로,경작지	314	노거수	20.00	12/	3.10			시멘트,흙	1	1	1	2	1	I
1169	왕버들	36.22.48 /128.09.55	86	N				P	200/	0.00	충적저지	입구		1	2	3	1	1	02.05.31
	상주/신흥/흥각 247-2		기타-경관	R	도로,경작지	346	노거수	21.00	12.5/	4.80			시멘트,흙	1	1	1	2	1	I
1170	왕버들	36.22.48 /128.09.55	86	N				P	200/	0.00	충적저지	입구		1	2	3	1	1	02.05.31
	상주/신흥/흥각 247-2		기타-경관	R	도로,경작지	295	노거수	19.40	12.5/	4.00			시멘트,흙	1	1	1	2	1	I
1171	왕버들	36.22.48 /128.09.55	86	N				P	200/	0.00	충적저지	입구		1	2	3	1	1	02.05.31
	상주/신흥/흥각 247-2		기타-경관	R	도로,경작지	79	노거수	10.00	13/	2.70			시멘트,흙	1	1	1	2	1	I
1172	왕버들	36.22.48 /128.09.55	86	N				P	200/	0.00	충적저지	입구		1	2	3	1	1	02.05.31
	상주/신흥/흥각 247-2		기타-경관	R	도로,경작지	95	노거수	11.00	13.5/	2.80			시멘트,흙	1	1	1	2	1	I
1173	왕버들	36.22.48 /128.09.55	86	N				P	200/	0.00	충적저지	입구		1	2	3	1	1	02.05.31
	상주/신흥/흥각 247-2		기타-경관	R	도로,경작지	177	노거수	15.00	10/	3.50			시멘트,흙	1	1	1	2	1	I
1174	팽나무	36.22.32 /128.10.57	' 112	N	11-8-1-6	82.10.26	정자목	S	370/370	0.00	충적대지	내부		5	2	3	1	1	02.05.31
	상주/거동/296-2	버스정류소	휴식-정자	R	도로,주택	90	보호수	10.70	7/	4.80		+	시멘트,흙	5	1	5	3	5	II
1175	느티나무	36.22.53 /128.10.43	108	N	11-8-1-5	82.10.26	정자목	S	370/370	0.00	충적대지	입구	대리석/상	3	2	3	3	1	02.05.31
	상주/거동/100-1	벤치	휴식-정자	R	도로,주택	460	보호수	24.20	14/	6.90		+	블럭,흙	3	1	3	2	3	II

1176	상수리나무나무	36.23.23 /128.10.50	101	N	11-8-1-2-5	82.10.26	정자목	P	150/300	0.00	충적대지	내부	대리석/상	1	1	1	1	1	02.05.31
	상주/인평/482	시멘좌대	휴식-정자	R	주택,경작지	353	보호수	21.20	18/	2.70			흙	1	1	1	2	1	I
1177	팽나무	36.23.49 /128.11.28	116	N	11-8-1-9	82.10.26	정자목	S	230/230	0.00	충적대지	내부		3	1	1	1	1	02.05.31
	상주/서곡/205-1		휴식-정자	R	주택,경작지	260	보호수	18.20	16/	4.50			흙	3	1	3	2	3	I
1178	느티나무	36.24.08 /128.11.46	337	N	11-8-1-8	82.10.26	경관목	S	270/270	0.00	산비탈	내부	대리석/상	1	1	1	1	1	02.05.31
	상주/서곡/227-3 동해사		기타-경관	R	임야,사찰	380	보호수	22.00	20/	3.00			흙	1	1	1	2	1	I
1179	팽나무	36.24.04 /128.10.54	76	N	11-8-1-7	82.10.26	당산목	P	370/370	0.00	계류역,충적저지	입구	대리석/상	3	2	3	3	1	02.05.31
	상주/서곡/82		제사-신앙	R	도로,주택	85	보호수	10.40	10/	3.50		+	시멘트,흙	3	1	3	2	3	II
1180	팽나무	36.24.04 /128.10.54	76	N				P	200/	0.00	계류역,충적저지	입구		3	2	3	3	1	02.05.31
	상주/서곡/82		제사-신앙	R	도로,주택	22	노거수	5.30	10/	2.40		+	시멘트,흙	3	1	3	2	3	II
1181	은행나무	36.24.29 /128.12.40	78	C	11-8-1-4	82.10.26	당산목	S	320/320	0.00	산비탈	후방	철재/중	3	1	1	1	1	02.06.07
	상주/현신/131		기타-경관	R	주택,임야	380	보호수	22.00	19/	8.70			흙	4	1	4	1	3	II
1182	은행나무	36.27.11 /128.11.22	76	C	11-8-3	82.10.26	정자목	S	370/370	0.00	충적대지	입구	대리석/상	2	1	1	1	1	02.05.31
	상주/중덕/298-2	벤치	휴식-정자	R	도로,주택	137	보호수	13.20	17/	3.00		+	흙	1	1	2	2	1	I
1183	팽나무	36.26.18 /128.09.24	72	N	11-8-2	82.10.26	당산목	S	320/320	0.00	충적대지	내부	대리석/상	2	1	1	1	1	02.06.07
	상주/만산/482	좌대	휴식-정자	R	주택,도로	227	보호수	17.00	14/	4.60			자갈	1	1	2	2	1	I
1184	팽나무	36.36.18 /128.09.24	72	N				P	300/	0.00	충적대지	내부		4	1	1	1	1	02.06.07
	상주/만산/412	주택	휴식-정자	R	주택	154	노거수	14.00	11/	5.20			흙	4	1	4	2	4	II
1185	느티나무	36.34.14 /128.05.31	140	N				P	150/	0.00	충적대지	내부		1	1	1	1	1	02.06.07
	상주/은척/무릉/11		휴식-정자	R	경작지,도로,주택	510	노거수	25.50	15/	4.35			흙	1	1	1	2	1	I
1186	느티나무	36.34.48 /128.01.28	188	N				S	200/	0.0	충적저지	기타		1	2	3	1	1	02.05.08
	문경/농암/갈동2/		기타-경관	R	경작지	642	노거수	28.6	13/	2.0			시멘트,흙	1	1	1	1	1	I
1187	느티나무	36.35.22 /128.00.52	190	N	11-26-9-6	82.10.26	당산목	S	520/500	0.0	충적저지	기타	대리석/상	1	1	1	1	1	02.05.08
	문경/농암/갈동2/357		제사-신앙	R	경작지	892	보호수	33.7	17/24	7.2		+	블럭,흙	3	2	1	2	1	I
1188	소나무	36.35.18 /128.00.21	185	N	11-26-12	82.10.26	당산목	수림	300/300	0.0	충적저지	입구	대리석/상	3	1	1	1	1	02.05.08
	문경/농암/종곡/71		제사-신앙	R	도로,수림,하천	71	보호수	9.5	19/20	2.4			흙	3	1	3	1	3	I
1189	소나무	36.35.18 /128.00.21	185	N	11-26-12	82.10.26	당산목	수림	250/300	0.0	충적대지	측면	대리석/상	3	1	1	1	1	02.05.08
	문경/농암/종곡/71		제사-신앙	R	도로,수림	87	보호수	10.5	17/	2.0			흙	3	1	3	1	3	I
1190	느티나무	36.34.34 /127.59.52	205	N	11-26-9-4	82.10.26	당산목	S	450/400	0.0	충적저지	측면	대리석/상	4	1	1	1	1	02.05.08
	문경/농암/화산/52	제단	제사-신앙	R	경작지,도로	186	보호수	15.4	10/15	5.2			흙	4	1	4	2	4	II
1191	느티나무	36.34.36 /127.59.53	200	N				P	200/	0.0	계류역	입구	/	3	2	3	3	1	02.05.08
	문경/농암/화산/52	버스정류소	휴식-정자	R	하천,도로	139	노거수	13.3	10/	2.3			시멘트,흙	3	1	3	2	3	II
1192	느티나무	36.34.36 /127.59.53	200	N				P	200/	0.0	계류역	입구	/	3	2	3	3	1	02.05.08
	문경/농암/화산/52	버스정류소	휴식-정자	R	하천,도로	230	노거수	17.1	10/	3.5			시멘트,흙	3	1	3	2	3	II
1193	느티나무	36.34.36 /127.59.53	200	N				P	200/	0.0	계류역	입구		3	2	3	3	1	02.05.08
	문경/농암/화산2/52	버스정류소	휴식-정자	R	하천,도로	174	노거수	14.9	9/	3.2			시멘트,흙	3	1	3	2	3	II
1194	소나무	36.34.49 /127.57.55	275	N	292	82.11.04	전설목	수림	400/400	0.0	산비탈	입구	"알미늄,대리석"/상	2	1	1	1	1	02.05.08
	문경/농암/화산1/942외 3필지	울타리	기타-경관	R	계류,임야	506	천연기념물	25.4	22/	5.2		+	흙	3	1	2	2	1	I
1195	느티나무	36.34.21 /128.00.09	205	N	11-26-9-5	82.10.26	당산목	S	450/300	0.0	충적저지	기타	대리석/상	3	1	1	1	1	02.05.08
	문경/농암/율수1/271	제단	제사-신앙	R	경작지	615	보호수	28.0	17/25	5.1			돌	3	1	3	2	2	I
1196	느티나무	36.34.04 /127.59.10	220	N	11-26-9-5-1	82.10.26	풍치목	P	250/250	0.0	산비탈	기타		1	1	1	1	1	02.05.08
	문경/농암/내서/702 도로변		기타-경관	R	도로,임야	441	보호수	23.7	15/15	4.6			흙	1	1	1	1	1	I

1197	느티나무	36.35.45 /128.00.16	209	N	11-26-9-1-1	82.10.26	당산목	S	300/200	0.0	충적대지	내부	대리석/상	1	1	1	1	1	02.05.08
	문경/농암/농암/126-1	벤치	제사-신앙	R	경작지,주택	674	보호수	29.3	20/18	4.6			자갈	2	1	2	2	1	I
1198	은행나무	36.36.51 /128.00.03	221	C	11-26-9-1	82.10.26	경관목	S	320/300	0.0	충적저지	입구	철재/중	1	1	1	1	1	02.05.08
	문경/농암/연천1/433	충효각	제사-신앙	R	경작지,도로,주택	688	보호수	29.6	29/39	4.5			시멘트,흙	1	1	1	2	1	I
1199	느티나무	36.36.43 /127.59.55	220	N	11-26-9-2	82.10.26	당산목	P	350/300	0.0	충적대지	내부		3	5	4	3	1	02.05.08
	문경/농암/연천1/396		제사-신앙	R	주택,도로,경작	277	보호수	18.8	13/20	5.6			시멘트	4	1	3	2	3	II
1200	느티나무	36.36.43 /127.59.55	220	N				P	200/	0.0	충적대지	내부		3	2	3	3	1	02.05.08
	문경/농암/연천1/396	공적비	휴식-정자	R	도로,주택	224	노거수	16.9	12/	4.0			시멘트,흙	3	1	3	2	3	II
1201	느티나무	36.36.27 /127.59.18	215	N	11-26-9-3	82.10.26	정자목	S	500/200	0.0	충적대지	내부	대리석/상	3	1	1	1	1	02.05.08
	문경/농암/연천2/567	벤치	휴식-정자	R	주택,경작지,도로	408	보호수	22.8	13/30	5.4			흙	3	1	3	2	3	I
1202	팽나무	36.36.01 /128.00.01	207	N	11-26-9-21	82.10.26	정자목	S	250/250	0.0	계류역	입구		4	2	3	1	1	02.05.08
	문경/농암/종곡/417		휴식-정자	R	도로,주택,경작지	87	보호수	10.5	14/20	2.7			시멘트,흙	4	1	4	2	3	II
1203	느티나무	36.35.27 /128.00.22	190	N				P	300/	0.0	충적저지	입구		3	1	1	1	1	02.05.08
	문경/농암/종곡리		휴식-정자	R	도로,수림	196	노거수	15.8	13/	4.6			흙	3	1	3	2	3	I
1204	소나무	36.40.26 /127.59.20	230	N	11-26-2-12	00.07.10	경관목	S	200/400	0.0	계류역	기타	대리석/상	3	1	1	1	1	02.05.08
	문경/가은/완장/731		기타-경관	R	도로,경작,임야	235	보호수	17.3	7/	2.3			시멘트,흙	3	1	3	2	3	I
1205	상수리나무나무	36.35.47 /128.01.10	178	N	11-26-2-6-1	82.10.26	정자목	S	200/150	0.0	계류역	입구		1	4	3	1	1	02.05.08
	문경/가은/민지/390		기타-경관	R	하천,도로	514	보호수	25.6	25/30	2.8			시멘트,흙	1	1	1	2	1	I
1206	모과나무	36.36.36 /128.01.17	176	N	11-26-2-5	82.10.26	희귀목	S	250/250	0.0	산비탈	후방		5	1	1	1	1	02.05.08
	문경/가은/전곡/775		기타-경관	R	임야,주택	8	보호수	3.2	6/13	2.8	병충해		흙	5	2	5	1	5	II
1207	은행나무	36.36.35 /128.01.28	180	C	11-26-2-7-1	82.10.26	명목	S	150/150	0.0	충적대지	내부		1	1	1	1	1	02.05.08
	문경/가은/전곡/969		기타-경관	R	주택	252	보호수	17.9	25/27	3.0			흙	1	1	1	2	1	I
1208	소나무	36.37.01 /128.02.15	185	N	11-26-2-10	82.10.26	경관목	P	300/300	0.0	산비탈	기타	대리석/중	4	1	1	1	1	02.05.08
	문경/가은/성유/78-1		기타-경관	R	재실	90	보호수	10.7	14/	2.8			흙	4	1	4	2	4	II
1209	소나무	36.37.01 /128.02.15	185	N	11-26-2-10	82.10.26	경관목	P	300/300	0.0	산비탈	후방	대리석/상	1	1	1	1	1	02.05.08
	문경/가은/성유/78-1		기타-경관	R	임야,경작지	174	보호수	14.9	14/	2.5			흙	2	1	1	1	1	I
1210	느티나무	36.37.20 /128.02.41	190	N	11-26-2-11	82.10.26	당산목	P	400/400	0.0	충적대지	내부	대리석/상	3	2	3	3	1	02.05.08
	문경/가은/성저/861	벤치	제사-신앙	R	주택,도로,경작지	397	보호수	22.5	17/	5.9		+	시멘트,자갈	3	1	3	2	3	II
1211	느티나무	36.37.20 /128.02.41	190	N				P	300/	0.0	충적대지	내부		1	2	3	3	1	02.05.08
	문경/가은/성저/861	벤치	제사-신앙	R	주택,도로,경작지	387	노거수	22.2	15/	3.5			시멘트,자갈	1	1	1	2	1	I
1212	팽나무	36.37.20 /128.02.41	190	N				P	200/	0.0	충적대지	내부		4	2	3	3	1	02.05.08
	문경/가은/성저/861	벤치	휴식-정자	R	주택,도로,경작지	230	노거수	17.1	13/	2.3			시멘트,흙	4	1	4	2	4	II
1213	느티나무	36.37.20 /128.02.41	180	N	11-26-2-4	82.10.26	풍치목	P	300/300	0.0	계류역	입구		3	2	3	3	1	02.05.08
	문경/가은/성저/296		휴식-정자	R	계류,도로,주택	214	보호수	16.5	14/20	4.1			시멘트,흙	3	1	3	2	3	II
1214	회화나무	36.37.42 /128.03.27	170	C	11-26-2-1	82.10.26	경관목	P	200/140	0.0	충적대지	내부	대리석/상	1	2	3	3	1	02.05.08
	문경/가은/갈전/375		휴식-정자	R	주택,도로	555	보호수	26.6	17/22	3.3			시멘트,자갈	1	1	1	2	1	I
1215	팽나무	36.37.42 /128.03.27	170	C				P	140/	0.0	충적대지	내부		3	2	3	3	1	02.05.08
	문경/가은/갈전/375		휴식-정자	R	주택,도로	277	노거수	18.8	15/	2.5			시멘트,자갈	3	1	3	2	3	II
1216	팽나무	36.37.44 /128.03.25	165	N				P	140/	0.0	충적저지	입구		3	2	3	3	1	02.05.08
	문경/가은/갈전/375		휴식-정자	R	도로,경작지	216	노거수	16.6	12/	2.6			시멘트,자갈	3	1	3	2	3	II
1217	팽나무	36.37.44 /128.03.25	165	N				P	140/	0.0	충적저지	입구		3	2	3	3	1	02.05.08
	문경/가은/갈전/375		휴식-정자	R	도로,경작지	174	노거수	14.9	11/	2.7			시멘트,자갈	3	1	3	2	3	II

1218	팽나무	36.37.55 /128.03.19	175	N				S	150/	0.0	충적저지	기타		3	1	1	1	1	02.05.08
	문경/가은/갈전리		기타-경관	R	도로,경작지	254	노거수	18.0	8/	2.5			흙	3	1	3	2	3	I
1219	산돌돌배나무	36.38.04 /128.02.52	180	N	11-26-2-2	82.10.26	당산목	S	250/250	0.0	충적저지	기타		2	2	1	1	1	02.05.08
	문경/가은/작천/249		기타-경관	R	경작지	257	보호수	18.1	15/20	3.0			시멘트,흙	2	1	2	1	1	I
1220	느티나무	36.38.50 /128.02.20	135	N	11-26-2-3	82.10.26	당산목	P	300/300	0.0	산비탈	기타	대리석/상	3	1	3	1	1	02.05.08
	문경/가은/작천/62	당집	제사-신앙	R	임야,도로	87	보호수	10.5	17/20	3.9			시멘트,흙	3	1	3	2	3	II
1221	느티나무	36.38.50 /128.02.20	135	N	11-26-2-3	82.10.26	당산목	P	300/300	0.0	산비탈	기타		3	1	3	1	1	02.05.08
	문경/가은/작천/62	당집	제사-신앙	R	임야,도로	170	보호수	14.7	17/	4.7			시멘트,흙	3	1	3	2	3	II
1222	느티나무	36.38.50 /128.02.20	135	N				P	200/	0.0	산비탈	기타		3	1	1	1	1	02.05.08
	문경/가은/작천/62		기타-경관	R	임야,도로	272	노거수	18.6	18/	2.5			흙	3	1	3	1	1	I
1223	느티나무	36.38.50 /128.02.20	135	N				P	200/	0.0	산비탈	기타		3	1	1	1	1	02.05.08
	문경/가은/작천/62		기타-경관	R	임야,도로	219	노거수	16.7	10/	3.1			흙	3	1	3	1	1	I
1224	느티나무	36.39.17 /128.02.07	190	N	11-26-2-9	82.10.26	당산목	S	300/250	0.0	계류역	측면	대리석/상	2	1	1	1	1	02.05.08
	문경/가은/하괴/112-6	울타리	제사-신앙	R	하천,도로	408	보호수	22.8	13/20	4.1			흙	2	1	2	2	2	I
1225	느티나무	36.40.52 /128.01.02	225	N	11-26-2-8	82.10.26	당산목	S	500/300	0.0	충적대지	기타	대리석/상	5	2	3	2	1	02.05.08
	문경/가은/원북/342	당집	제사-신앙	R	도로,경작지,하천	305	보호수	19.7	9/15	6.4			시멘트,암석	5	5	5	2	5	II
1226	느티나무	36.40.52 /128.01.02	225	N				P	200/	0.0	계류역	기타		5	1	1	1	1	02.05.08
	문경/가은/원북/342		기타-경관	R	도로,계류	50	노거수	8.0	6/	4.3	인재		자갈	5	1	5	1	4	II
1227	느티나무	36.40.52 /128.01.02	225	N				P	150/	0.0	계류역	기타		2	1	1	1	1	02.05.08
	문경/가은/원북/342		기타-경관	R	도로,계류	260	노거수	18.2	17/	3.2			자갈	2	1	2	1	1	I
1228	말채나무	36.39.50 /128.01.02	205	N	11-26-2-12-1	82.10.26	당산목	S	150/130	0.0	충적저지	기타	대리석/상	2	1	1	1	1	02.05.08
	문경/가은/상괴/574		제사-신앙	R	경작지	141	보호수	13.4	10/10	3.0			흙	2	1	2	1	1	I
1229	느티나무	36.39.50 /128.01.02	205	N				S	200/	0.0	충적저지	기타		2	1	1	1	1	02.05.08
	문경/가은/상괴/574		기타-경관	R	경작지	269	노거수	18.5	14/	3.3			흙	2	1	2	1	1	I
1230	느티나무	36.38.58 /127.59.40	265	N	11-26-2-7	82.10.26	당산목	S	320/300	0.0	계류역	입구		4	2	3	1	1	02.05.08
	문경/가은/죽문1/5294		기타-경관	R	계류,도로	17	보호수	4.7	13/15	4.4			시멘트,흙	4	1	4	2	4	II
1231	시무나무	36.39.02 /127.59.49	250	N	11-26-2-9-1	82.10.26	풍치목	P	350/200	0.0	충적대지	입구	대리석/상	3	2	3	3	1	02.05.08
	문경/가은/죽문1/203		제사-신앙	R	주택,도로	143	보호수	13.5	12/15	3.6			시멘트,흙	3	2	3	2	3	II
1232	시무나무	36.39.02 /127.59.49	250	N				P	250/	0.0	충적대지	입구		3	2	2	3	1	02.05.08
	문경/가은/죽문1/203		제사-신앙	R	주택,도로	71	노거수	9.5	17/	2.5			시멘트,흙	3	2	3	2	3	II
1233	비술나무	36.39.45 /128.00.25	210	N	11-26-2-6	82.10.26	당산목	S	200/200	0.0	충적저지	기타		3	1	1	1	1	02.05.08
	문경/가은/죽문/149	당집	제사-신앙	R	경작지	238	보호수	17.4	15/15	3.3			흙	3	1	3	1	3	I
1234	느티나무	36.35.20 /128.11.26	106	N	11-9-6-3	82.10.26	당산목	S	300/310	0.0	충적대지	내부	대리석/상	3	1	1	1	1	02.05.08
	문경/모전/837-1	벤치, 파고라	제사-신앙	U	도로	343	보호수	20.9	11/	4.0		+	블럭,흙	4	2	4	2	3	II
1235	느티나무	36.45.13 /128.09.13	361	N	11-26-1-13-1	82.10.26	정자목	S	250/250	0.0	산비탈	기타		1	1	1	1	1	02.05.08
	문경/문경/당포3/128		기타-경관	R	임야,경작지	295	보호수	19.4	16/20	4.2			흙	1	1	1	1	1	I
1236	느티나무	36.44.53 /128.09.47	356	N	11-26-1-4	82.10.26	당산목	P	300/300	0.0	충적대지	입구		4	1	1	1	1	02.05.08
	문경/문경/당포1/466	당집	제사-신앙	R	도로,수림	390	보호수	22.3	17/20	5.3			흙	4	3	4	1	3	II
1237	소나무	36.47.47 /128.13.05	471	N	11-26-1-17-1	82.10.26	당산목	S	250/200	0.0	산비탈	기타		2	1	1	1	1	02.06.02
	문경/문경/중평/287		제사-신앙	R	임야,경작지	93	보호수	10.9	16/15	3.1			흙	2	1	2	1	2	I
1238	느티나무	36.44.53 /128.09.44	260	N				P	250/	0.0	계류역	입구		3	1	1	1	1	02.05.08
	문경/문경/당포1/466	공원, 체육시설	휴식-정자	R	도로,수림	277	노거수	18.8	15/	4.4			흙	3	1	3	2	1	I

1239	느티나무	36.44.53 /128.09.42	260	N				P	250/	0.0	충적대지	입구		3	1	1	1	1	02.05.08
	문경/문경읍 당포1/466		휴식-정자	R	도로,수림	320	노거수	20.2	15/	3.8			흙	3	1	3	2	1	I
1240	느티나무	36.44.07 /128.08.37	205	N	11-26-3	82.10.26	당산목	S	450/450	0.0	충적저지	기타	대리석/상	2	1	1	1	1	02.05.08
	문경/문경/고요/873-1	시멘트좌대	제사-신앙	R	경작지	412	보호수	22.9	15/20	6.3			흙	3	2	2	2	1	I
1241	느티나무	36.44.21 /128.09.10	220	N	11-26-1-11-1	82.10.26	당산목	S	400/400	0.0	산비탈	입구		4	1	1	1	1	02.05.08
	문경/문경/고요1/87-1		휴식-정자	R	주택,도로,임야	216	보호수	16.6	13/20	4.6			흙	5	1	4	2	4	II
1242	느티나무	36.44.22 /128.09.05	219	N				P	250/	0.0	충적대지	입구		2	2	1	1	1	02.05.08
	문경/문경/고요1리	당집, 벤치	휴식-정자	R	도로,경작지	320	노거수	20.2	21/	4.2			시멘트,흙	2	2	2	1		I
1243	소나무	36.44.22 /128.09.05	219	N				S	200/	0.0	충적대지	입구		1	2	1	1	1	02.05.08
	문경/문경/고요1리	당집, 벤치	휴식-정자	R	도로,경작지	123	노거수	12.5	15/	2.2			시멘트,흙	1	1	1	1	1	I
1244	느티나무	36.44.57 /128.07.21	247	N	11-26-1	82.10.26	정자목	S	400/400	0.0	충적대지	입구	대리석/상	3	1	1	1	1	02.05.08
	문경/문경/지곡/399-4		휴식-정자	R	도로,계류	471	보호수	24.5	14/16	4.7			시멘트,모래,자갈	3	2	3	2	3	II
1245	느티나무	36.43.49 /128.06.42	179	N	11-26-1-1	82.10.26	당산목	S	350/350	0.0	충적대지	기타	대리석/상	3	1	1	1	1	02.05.08
	문경/문경/하/224	울타리	제사-신앙	R	경작지	145	보호수	13.6	12/13	4.5		+	흙	3	1	3	2	3	I
1246	느티나무	36.44.56 /128.05.15	244	N	11-26-1-10-1	82.10.26	정자목	S	350/350	0.0	충적대지	내부		3	2	3	2	1	02.05.08
	문경/문경/하초/188	벤치	휴식-정자	R	주택	353	보호수	21.2	19/25	5.3		+	시멘트,자갈	4	1	3	2	4	II
1247	느티나무	36.44.53 /128.05.08	211	N				P	250/	0.0	충적대지	입구	대리석/상	1	1	1	1	1	02.05.08
	문경/문경/하초리	체육시설, 울타리, 벤치	휴식-정자	R	경작지	370	노거수	21.7	18/	3.7			흙	1	1	1	2	1	I
1248	느티나무	36.43.14 /128.06.45	179	N	11-26-1-2	82.10.26	당산목	S	400/350	0.0	충적저지	기타	대리석/상	4	1	1	1	1	02.05.08
	문경/문경/마원1/462		휴식-정자	R	경작지	260	보호수	18.2	10/9	6.3		+	흙	4	1	4	2	4	II
1249	느티나무	36.43.09 /128.07.13	158	N	11-26-2	82.10.26	정자목	S	300/300	0.0	계류역	입구	대리석/상	1	2	3	1	1	02.05.08
	문경/문경/마원3/114		휴식-정자	R	도로,경작지,주택	230	보호수	17.1	16/14	4.2			시멘트,흙	2	1	1	2	1	I
1250	느티나무	36.42.52 /129.06.50	174	N	11-26-1-3	82.10.26	정자목	S	350/350	0.0	충적대지	내부	대리석/상	3	2	3	2	1	02.05.08
	문경/문경/마원2/846		휴식-정자	R	주택,도로	189	보호수	15.5	12/10	4.3			시멘트,흙	3	1	3	2	3	II
1251	느티나무	36.37.45 /128.12.28	115	N	11-26-6-14-1	82.12.27	당산목	S	350/350	0.0	충적대지	입구	대리석/상	1	1	1	1	1	02.05.09
	문경/호계/막곡2/320	정자, 벤치	제사-신앙	R	경작지	499	보호수	25.2	17/20	6.1			흙	1	1	1	2	1	I
1252	소나무	36.37.49 /128.12.39	113	N	11-26-5-6	82.12.26	정자목	P	240/200	0.0	충적대지	내부	대리석/상	2	1	3	1	1	02.05.09
	문경/호계/막곡/61	벤치	휴식-정자	R	주택	143	보호수	13.5	9.5/25	2.4			흙	2	1	2	2	2	I
1253	소나무	36.37.49 /128.12.39	113	N	11-26-5-7	82.10.26	정자목	P	240/200	0.0	충적대지	내부	대리석/상	2	1	3	1	1	02.05.09
	문경/호계/막곡/61	정자, 벤치	휴식-정자	R	주택	129	보호수	12.8	13/	2.3			흙	2	1	2	2	2	I
1254	소나무	36.37.49 /128.12.39	112	N	11-26-5-7	82.10.26	정자목	P	240/200	0.0	충적대지	내부	대리석/상	2	1	3	1	1	02.05.09
	문경/호계/막곡/61	정자, 벤치	휴식-정자	R	주택	133	보호수	13.0	12/	2.7			흙	2	1	2	2	2	I
1255	느티나무	36.38.21 /128.12.15	111	N	11-26-5-5	82.10.26	당산목	S	320/450	0.0	충적저지	기타	석재/상	4	1	1	1	1	02.05.09
	문경/호계/우로/198		휴식-정자	R	경작지	209	보호수	16.3	9.5/25	5.3			흙	4	1	4	2	4	II
1256	느티나무	36.38.47 /128.12.27	131	N	11-26-5-5	82.10.26	정자목	S	470/300	0.0	충적대지	내부	석재/상	1	1	1	1	1	02.05.09
	문경/호계/우로/249-1		휴식-정자	R	경작지	607	보호수	27.8	16/20	5.3			흙	1	1	1	2	1	I
1257	느티나무	36.38.28 /128.11.16	107	N	11-58	82.10.26	당산목	S	520/500	0.0	계류역	입구	대리석/상	4	1	1	1	1	02.05.09
	문경/호계/별암/319		제사-신앙	R	도로,하천	143	보호수	13.5	13.5/20	5.6		+	흙	4	1	4	2	4	II
1258	느티나무	36.39.31 /128.11.37	138	N	11-26-5-3-1	82.10.26	정자목	S	300/200	0.0	산비탈	입구	대리석/상	1	1	1	1	1	02.05.09
	문경/호계/호계/210		제사-신앙	R	경작지	638	보호수	28.5	21/22	5.2			흙	1	1	1	2	1	I
1259	느티나무	36.38.45 /128.11.37	106	N	11-26-5-3-1	82.10.26	경관목	S	130/150	0.0	충적저지	기타	대리석/상	3	1	1	1	1	02.05.09
	문경/호계/호계/635-7		제사-신앙	R	경작지	131	보호수	12.9	10.5/8	3.3			흙	3	1	3	1	3	I

1260	시무나무	36.38.55 /128.13.33	113	N	11-26-0-10-1	82.10.26	당산목	P	170/150	0.0	산비탈	입구		3	1	1	1	1	02.05.09
	문경/호계/가도/136		제사-신앙	R	도로,경작지	137	노거수	13.2	14.5/20	2.5				3	1	3	2	3	I
1261	느티나무	36.39.29 /128.14.00	129	N	11-26-5-6-1	82.10.26	정자목	S	320/200	0.0	충적대지	입구	대리석/상	1	1	1	1	1	02.05.09
	문경/호계/지천/210	울타리	휴식-정자	R	도로,주택	572	보호수	27.0	19/20	3.6			자갈	1	1	1	2	1	I
1262	느티나무	36.39.29 /128.14.00	129	N				P	200/	0.0	충적대지	입구		1	1	1	1	1	02.05.09
	문경/호계/지천/210	울타리	휴식-정자	R	도로,주택	327	노거수	20.4	20/	1.7			자갈	1	1	1	2	1	I
1263	느티나무	36.40.24 /128.13.34	148	N	11-26-5-3	82.10.26	당산목	S	420/400	0.0	계류역	측면	대리석/상	2	1	3	1	1	02.06.04
	문경/호계/선암/557	벤치, 정자	제사-신앙	R	계류,경작지	314	보호수	20.0	19/30	4.7			자갈	2	2	2	2	2	I
1264	시무나무	36.40.28 /128.12.39	158	N	11-26-5-4-2	82.10.26	당산목	P	150/130	0.0	충적저지	기타		2	2	3	3	1	02.06.02
	문경/호계/부곡리		제사-신앙	R	도로,경작지	90	보호수	10.7	12.5/14	2.4			시멘트,흙	2	1	2	2	2	II
1265	시무나무	36.40.28 /128.12.39	158	N				P	120/	0.0	충적저지	기타		2	2	3	3	1	02.06.02
	문경/호계/부곡리		제사-신앙	R	도로,경작지	145	노거수	13.6	13/	1.9			시멘트,흙	2	1	2	2	2	II
1266	시무나무	36.40.28 /128.12.39	158	N				P	100/	0.0	충적저지	기타		2	2	3	3	1	02.06.04
	문경/호계/부곡리		제사-신앙	R	도로,경작지	75	노거수	9.8	12/	1.7			시멘트,흙	2	1	2	2	2	II
1267	시무나무	36.40.28 /128.12.39	158	N				P	100/	0.0	충적저지	기타		2	2	3	3	1	02.06.04
	문경/호계/부곡리		제사-신앙	R	도로,경작지	66	노거수	9.2	10/	1.5			시멘트,흙	2	1	2	2	2	II
1268	시무나무	36.40.28 /128.12.39	158	N				P	100/	0.0	충적저지	기타		2	2	3	3	1	02.06.04
	문경/호계/부곡리		제사-신앙	R	도로,경작지	66	노거수	9.2	9/	1.5			시멘트,흙	2	1	2	2	2	II
1269	소나무	36.40.48 /128.12.19	200	N				P	250/	0.0	산비탈	후방		4	1	1	1	1	02.06.02
	문경/호계/부곡리		기타-경관	R	임야	211	노거수	16.4	17/	2.8	태풍			4	1	4	1	4	II
1270	음나무	36.40.28 /128.12.39	160	N	11-26-5-4-1	82.10.26	당산목	S	320/170	0.0	충적저지	내부	대리석/상	1	2	3	1	1	02.06.02
	문경/호계/부곡/산8		제사-신앙	R	임야,주택	263	보호수	18.3	19/28	2.9			시멘트,흙	1	1	1	2	1	I
1271	느티나무	36.35.38 /128.13.06	122	C	11-26-3-2	82.10.26	경관목	P	500/450	0.0	충적대지	내부		4	1	1	2	1	02.06.04
	문경/영순/포내/164	정자, 울타리	휴식-정자	R	도로,주택	123	보호수	12.5	15/15	4.3			흙	4	1	4	2	4	II
1272	회화나무	36.34.40 /128.14.16	122	C	11-26-3-1	82.10.26	당산목	P	450/400	0.0	충적대지	내부	대리석/상	2	1	1	1	1	02.06.04
	문경/영순/의곡/39-2	울타리	제사-신앙	R	도로,주택	189	보호수	15.5	12/10	3.5			흙	3	1	2	2	2	I
1273	소나무	36.34.37 /128.14.45	118	N	11-26-3-4	82.10.26	경관목	S	250/300	0.0	산비탈	후방		1	1	1	1	1	02.06.04
	문경/영순/사근/948		휴식-정자	R	임야,무덤	240	보호수	17.5	10/12	3.5			흙	2	1	1	1	1	I
1274	회화나무	36.35.22 /128.16.36	78	C	11-26-3-5	82.10.26	경관목	S	400/420	0.0	충적저지	기타		4	1	1	1	1	02.06.04
	문경/영순/왕태/169	제단, 정자	제사-신앙	R	경작지	165	보호수	14.5	9/10	3.5			흙	4	1	4	2	4	II
1275	회화나무	36.33.59 /128.16.55	101	C	11-26-3-8-1	82.10.26	풍치목	P	350/300	0.0	산비탈	후방		2	1	1	1	1	02.06.04
	문경/영순/달지1/528		휴식-정자	R	임야,경작지	302	보호수	19.6	18/	3.6			흙	2	1	2	1	1	I
1276	왕버들	36.34.07 /128.16.10	95	N	11-26-4	82.10.26	당산목	S	500/450	0.0	계류역	입구	대리석/상	2	2	1	1	1	02.06.04
	문경/영순/금림/520		휴식-정자	R	도로	346	보호수	21.0	11/12	7.8			흙	4	1	2	2	3	I
1277	소나무	36.37.04 /128.13.17	176	N	11-26-6-16-2	82.10.26	경관목	S	100/	0.0	산비탈	입구		1	1	2	5	2	02.06.02
	문경/호계/봉서2/29-1		기타-경관	R	임야	50	보호수	8.0	3.5/	0.7			암석	1	3	3	2	4	II
1278	왕버들	36.36.31 /128.15.43	100	N	11-26-4-5	82.10.26	풍치목	S	350/250	0.0	기타	기타	대리석/중	4	2	2	2	1	02.05.09
	문경/산양/불암/55-7		휴식-정자	R	하천,제방	137	보호수	13.2	11/20	3.5			블럭,흙	4	1	4	2	4	II
1279	왕버들	36.36.31 /128.15.43	' 100	N				S	250/	0.0	기타	기타		2	4	3	2	1	02.05.09
	문경/산양/불암/55-7		휴식-정자	R	도로,하천	123	노거수	12.5	13/	3.7			시멘트,흙	3	1	2	2	3	II
1280	왕버들	36.36.31 /128.15.43	100	N				P	150/	0.0	충적대지	입구		4	2	4	4	1	02.05.09
	문경/산양/불암/55-7		휴식-정자	R	도로,주택	20	노거수	5.0	7/	2.5			시멘트,흙	5	4	4	2	3	II

1281	느티나무	36.37.33 /128.15.50	119	N	11-26-5	82.10.26	당산목	P	300/350	0.0	충적저지	입구	대리석/상	1	1	1	1	1	02.05.09
	문경/산양/녹문/303	벤치	제사-신앙	R	경작지	594	보호수	27.5	19/17	6.1			흙	2	1	2	2	2	I
1282	팽나무	36.38.00 /128.18.08	130	N	11-26-4-6-1	82.10.26	정자목	S	250/200	0.0	산비탈	후방		3	1	1	2	1	02.05.09
	문경/산양/위만/35		휴식-정자	R	임야	141	보호수	13.4	0/13	3.3			흙	3	1	3	2	3	II
1283	회화나무	36.38.00 /128.18.08	130	N				S	150/200	0.0	기타	후방		3	1	1	1	1	02.05.09
	문경/산양/위만/35		기타-경관	R	임야	102	노거수	11.4	14/	2.4			흙	2	2	3	2	1	I
1284	느티나무	36.38.05 /128.18.09	120	N	11-26-4-1-1	82.10.26	경관목	S	100/150	0.0	산비탈	후방		1	1	1	1	1	02.05.09
	문경/산양/위만/31		기타-경관	R	주택	385	보호수	22.1	15/15	8.6			흙	1	1	1	1	1	I
1285	왕버들	36.37.51 /128.16.39	120	N	11-26-4-1	82.10.26	정자목	S	400/400	0.0	충적저지	내부	대리석/상	4	1	2	3	1	02.05.09
	문경/산양/과곡/393		휴식-정자	R	도로,경작지	232	보호수	17.2	12/15	5.7			흙	3	1	4	2	3	II
1286	소나무	36.38.02 /128.16.39	109	N	11-26-4-2	82.10.26	당산목	S	300/300	0.0	충적대지	내부	대리석/상	1	2	3	2	1	02.05.09
	문경/산양/과곡/505		기타-경관	R	주택,경작지	137	보호수	13.2	5.5/4	4.2			시멘트,흙	1	1	1	2	1	I
1287	왕버들	36.36.51 /128.16.03	137	N	11-26-4-8-1	82.10.26	당산목	S	350/170	0.0	충적저지	입구		2	1	2	1	1	02.05.09
	문경/산양/연소/445		휴식-정자	R	경작지,도로	397	보호수	22.5	15/15	6.2			흙	3	1	2	2	1	I
1288	팽나무	36.36.51 /128.16.60	138	N				S	200/	0.0	충적저지	측면		1	1	1	1	1	02.05.09
	문경/산양/연소1/238		제사-신앙	R	경작지	286	노거수	19.1	15.5/	3.0			흙	1	1	1	1	1	I
1289	소나무	36.36.52 /128.15.16	97	N	425	02.10.09	당산목	S	500/500	0.0	충적대지	측면	철재/상	1	1	1	1	1	02.05.09
	문경/산양/존도/154		제사-신앙	R	경작지	415	천연기념물	23.0	9/7	2.5			흙	1	1	1	1	1	I
1290	왕버들	36.36.53 /128.15.14	97	N				P	200/	0.0	충적대지	측면		2	5	3	3	1	02.06.09
	문경/산양/존도리	정자	휴식-정자	R	경작지	135	노거수	13.1	15/	3.8			시멘트	3	1	3	2	3	II
1291	왕버들	36.36.53 /128.15.14	97	N				P	200/	0.0	충적대지	측면		2	5	3	2	1	02.05.09
	문경/산양/존도리		휴식-정자	R	경작지	203	노거수	16.1	14/	3.3			시멘트	3	3	2	2	2	II
1292	왕버들	36.37.38 /128.14.37	130	N	11-26-4-11-3	82.10.26	경관목	S	300/250	0.0	충적저지	입구	대리석/상	2	1	2	2	1	02.06.09
	문경/산양/봉정/195		휴식-정자	R	경작지	363	보호수	21.5	14.5/15	5.0	태풍		흙	1	1	2	2	2	I
1293	느티나무	36.37.26 /128.14.22	117	N	11-26-4-11-2	82.10.26	당산목	S	260/260	0.0	충적저지	입구	대리석/상	2	1	1	1	1	02.05.09
	문경/산양/봉정/62	벤치, 제단	제사-신앙	R	경작지,도로	397	보호수	22.5	20/	3.7			흙	1	1	1	2	1	I
1294	느티나무	36.36.43 /128.14.12	120	N	11-26-4-12-2	82.10.26	정자목	S	250/200	0.0	산비탈	입구	대리석/상	2	1	2	2	1	02.05.09
	문경/산양/진정/10	울타리, 벤치	휴식-정자	R	경작지,주택	415	보호수	23.0	19/16	4.8			흙	3	1	2	2	3	I
1295	상수리나무나무	36.36.07 /128.14.19	114	N	11-26-4-12-1	82.10.26	풍치목	S	200/200	0.0	산비탈	후방		1	1	1	1	1	02.05.09
	문경/산양/진정/8		기타-경관	R	임야	177	보호수	15.0	22/20	3.5			흙	1	1	1	1	1	I
1296	회화나무	36.36.07 /128.14.19	114	C	11-26-4-7	82.10.26	경관목	S	300/300	0.0	산비탈	내부		4	5	2	3	1	02.05.09
	문경/산양/진정1/118		기타-경관	R	주택	133	보호수	13.0	9/15	4.2			시멘트,흙	3	2	3	2	4	II
1297	소나무	36.35.45 /128.14.32	95	N	11-26-4-8	82.10.26	경관목	S	200/250	0.0	산비탈	기타		1	1	1	1	1	02.05.09
	문경/산양/평지/13		기타-경관	R	경작지,임야	283	보호수	19.0	11.5/11	4.0			흙	1	1	1	1	1	I
1298	느티나무	36.35.02 /128.15.41	91	N	11-16-4-16-1	82.10.26	당산목	S	600/200	0.0	기타	입구		5	1	1	4	1	02.05.09
	문경/산양/신전/299	돌담	제사-신앙	R	도로	104	보호수	11.5	7/	3.3			흙	5	1	5	1	4	II
1299	팽나무	36.35.07 /128.15.29	97	N				S	150/	0.0	산비탈	후방		2	1	1	1	1	02.05.09
	문경/산양/신전/299		기타-경관	R	임야	201	노거수	16.0	8/	3.2			흙	1	3	1	1	1	I
1300	팽나무	36.35.03 /128.15.42	' 96	N				P	300/	0.0	산비탈	측면		3	2	1	2	1	02.05.09
	문경/산양/신전/299	돌탑	제사-신앙	R	주택	177	노거수	15.0	10/	3.6			돌	3	2	3	2	1	II
1301	느티나무	36.38.27 /128.17.00	123	N	11-26-6	82.10.26	정자목	S	500/500	0.0	충적대지	입구		4	1	1	2	1	02.05.09
	문경/산양/형천/699		휴식-정자	R	경작지	227	보호수	17.0	15/15	5.1	태풍,인재		흙	4	3	4	3	3	II

1302	팽나무	36.34.21 /128.12.41	91	N	11-9-2-2-1	82.10.26	정자목	P	350/260	0.0	충적저지	입구	대리석/상	2	3	3	3	1	02.06.02
	문경/영신/156-1	벤치	휴식-정자	R	경작지,주택	510	보호수	25.5	19/	4.4			블럭	2	1	2	2	1	II
1303	느티나무	36.34.21 /128.12.41	91	N				P	150/	0.0	충적저지	입구		3	3	3	3	1	02.06.02
	문경/영신/156-1	벤치	휴식-정자	R	주택,농경지	346	노거수	21.0	18/	3.9			블럭	3	1	3	2	3	II
1304	느티나무	36.34.21 /128.12.41	91	N				P	150/	0.0	충적저지	입구		3	3	3	3	1	02.06.02
	문경/영신/156-1	벤치	휴식-정자	R	주택,경작지	201	노거수	16.0	15/	3.0			블럭	3	1	3	2	3	II
1305	느티나무	36.36.20 /128.12.25	98	N	11-9-1	82.10.26	당산목	S	400/370	0.0	충적대지	내부	대리석/상	3	2	3	3	1	02.05.09
	문경/흥덕/660-7	울타리, 정자	제사-신앙	U	도로,주택	380	보호수	22.0	17/	7.4		+	시멘트,흙	3	3	3	2	3	II
1306	느티나무	36.36.54 /128.12.07	113	N	11-9-3-2	82.10.26	정자목	P	150/260	0.0	충적저지	입구		3	2	3	3	1	02.06.02
	문경/호계/우지/539-1	벤치	휴식-정자	R	도로,경작지	224	보호수	16.9	21/	3.0			시멘트,흙	3	1	3	2	1	II
1307	느티나무	36.36.54 /128.12.07	113	N	11-9-3-2	82.10.26	정자목	P	200/260	0.0	충적저지	입구	대리석/상	1	2	3	2	1	02.06.02
	문경/호계/우지/539-1	벤치	휴식-정자	R	도로,경작지	346	보호수	21.0	21.5/	3.1			시멘트,흙	1	1	1	2	1	I
1308	느티나무	36.36.54 /128.12.07	113	N	11-9-3-2	82.10.26	정자목	P	200/260	0.0	충적저지	입구		2	2	3	3	1	02.06.02
	문경/호계/우지/539-1	벤치	휴식-정자	R	도로,경작지	298	보호수	19.5	20/	3.0			시멘트,흙	2	1	2	2	2	II
1309	느티나무	36.36.54 /128.12.07	113	N	11-9-3-2	82.10.26	정자목	P	100/260	0.0	충적저지	입구		3	2	3	3	1	02.06.02
	문경/호계/우지/539-1	벤치	휴식-정자	R	도로,경작지	222	보호수	16.8	22.5/	2.5			시멘트,흙	3	1	3	2	1	II
1310	느티나무	36.36.58 /128.12.07	95	N	11-9-3-1	82.10.26	당산목	P	200/160	0.0	산비탈	입구	대리석/상	1	2	3	1	1	02.06.02
	문경/우지/33		제사-신앙	R	임야,도로,경작지	346	보호수	21.0	19/	4.7			시멘트,흙	1	1	1	2	1	I
1311	상수리나무	36.38.12 /128.09.55	136	N	11-9-5-5	82.10.26	정자목	S	300/300	0.0	충적저지	입구		1	2	3	2	1	02.06.02
	문경/신기/531-2		휴식-정자	R	제방,저수지	615	보호수	28.0	20.5/	3.3			시멘트,자갈	1	2	1	2	1	I
1312	느티나무	36.37.17 /128.09.45	147	N	11-9-5-4	82.10.26	정자목	P	230/210	0.0	충적대지	내부		1	2	3	1	1	02.05.08
	문경/유곡/179-13	정자, 벤치	휴식-정자	R	도로,주택	491	보호수	25.0	21.5/	4.8			시멘트,흙	1	1	1	2	1	I
1313	느티나무	36.37.17 /128.09.45	147	N		82.10.26	정자목	P	100/100	0.0	충적대지	내부		2	2	3	1	1	02.05.08
	문경/유곡/179-13	정자, 벤치	휴식-정자	R	도로,주택	298	노거수	19.5	9/	1.7			시멘트,흙	2	1	2	2	1	I
1314	느티나무	36.37.22 /128.09.16	175	N	11-9-5-3	82.10.26	당산목	S	260/260	0.0	기타	후방		2	1	1	1	1	02.05.08
	문경/유곡/675	제단	제사-신앙	R	도로,경작지	277	보호수	18.8	15/	4.2			자갈	2	1	2	2	1	I
1315	느티나무	36.37.34 /128.08.39	150	N	11-9-2	82.10.26	정자목	P	310/310	0.0	충적저지	입구	대리석/상	1	2	3	1	1	02.05.08
	문경/불정/421	벤치	휴식-정자	R	도로,경작지,계류	572	보호수	27.0	23/	4.9			블럭,시멘트,흙	1	1	1	2	1	I
1316	느티나무	36.37.34 /128.08.39	150	N				P	200/	0.0	충적대지	입구		2	2	3	1	1	02.05.08
	문경/불정/421	벤치	휴식-정자	R	도로,경작지	452	노거수	24.0	24/	4.0			블럭,시멘트,흙	2	1	2	2	2	I
1317	느티나무	36.37.34 /128.08.39	150	N				P	200/	0.0	충적대지	입구		3	2	3	3	1	02.05.08
	문경/불정/421	벤치	휴식-정자	R	도로,경작지,계류	246	노거수	17.7	17/	2.5			블럭,흙	3	1	3	2	3	II
1318	느티나무	36.37.34 /128.08.39	150	N				P	200/	0.0	충적저지	입구		3	2	3	3	1	02.05.08
	문경/불정/421	벤치	휴식-정자	R	도로,경작지,계류	283	노거수	19.0	17/	2.2			블럭,흙	3	1	3	2	3	II
1319	느티나무	36.42.22 /128.07.19	165	N	11-26-8-8-1	82.10.26	당산목	S	300/250	0.0	기타	측면		3	2	3	2	1	02.06.02
	문경/마성/남호1리	울타리	제사-신앙	R	주택,경작지	363	보호수	21.5	15/15	4.1			시멘트,흙	3	2	3	2	3	II
1320	느티나무	36.41.35 /128.08.09	170	N	11-26-8-7-1	82.10.26	풍치목	P	300/200	0.0	계류역	내부	대리석/상	3	2	3	1	1	02.06.02
	문경/마성/외어/74	벤치	휴식-정자	R	하천,주택,도로	346	보호수	21.0	7/18	5.2			시멘트,흙	3	1	3	2	3	II
1321	느티나무	36.41.35 /128.08.09	170	N				P	100/	0.0	계류역	내부		3	2	3	1	1	02.06.02
	문경/마성/외어/74	벤치	휴식-정자	R	도로,주택,하천	154	노거수	14.0	14/18	2.6			시멘트,흙	3	1	3	2	3	II
1322	느티나무	36.41.35 /128.08.09	170	N				P	150/	0.0	충적대지	내부		3	2	3	1	1	02.06.02
	문경/마성/외어/74	벤치	휴식-정자	R	도로,주택,하천	340	노거수	20.8	13/	3.1			시멘트,흙	3	1	3	2	3	II

1323	느티나무	36.41.26 /128.08.53	180	N	11-26-8-7-2	82.10.26	풍치목	P	350/160	0.0	충적저지	후방		2	2	3	1	1	02.06.02
	문경/마성/외어1/404		휴식-정자	R	도로,경작지,계류	452	보호수	24.0	17/17	5.0			시멘트,흙	2	1	2	2	2	I
1324	느티나무	36.40.28 /128.07.24	152	N				P	200/	0.0	충적대지	입구		1	1	1	1	1	02.06.02
	문경/마성/오천1리	체육시설	휴식-정자	R	도로,주택,경작지	467	노거수	24.4	24/	2.8			흙	1	1	1	2	1	I
1325	느티나무	36.40.28 /128.07.54	152	N				S	200/	0.0	계류역	입구		1	2	2	2	1	02.06.02
	문경/마성/오천리		휴식-정자	R	도로,공원	510	노거수	25.5	24/	2.9			흙	1	1	1	2	2	I
1326	느티나무	36.40.30 /128.08.00	168	N				S	200/	0.0	충적대지	내부		3	5	4	4	2	02.06.02
	문경/마성/오천1리		휴식-정자	R	주택	196	노거수	15.8	10/	3.4			흙	3	1	3	3	3	II
1327	느티나무	36.41.22 /128.07.05	161	N	11-26-10	82.10.26	정자목	S	400/400	0.0	충적대지	입구		4	2	3	1	1	02.06.02
	문경/마성/모곡/148	벤치, 체육시설	제사-신앙	R	주택,경작지	679	보호수	29.4	20/19	7.6			블럭,흙	4	1	4	2	4	II
1328	느티나무	36.41.03 /128.06.31	165	N	11-26-8-2-1	82.10.26	풍치목	P	100/160	0.0	충적대지	내부		2	3	3	3	1	02.06.02
	문경/마성/정/192		제사-신앙	R	도로,주택,경작지	133	보호수	13.0	15.5/17	2.0			블럭,시멘트	2	1	2	2	2	II
1329	느티나무	36.41.03 /128.06.31	165	N				P	100/	0.0	충적대지	내부		3	3	3	3	1	02.06.02
	문경/마성/정/192		제사-신앙	R	도로,주택,경작지	104	노거수	11.5	15/	2.4			블럭,시멘트	3	1	3	2	3	II
1330	느티나무	36.41.03 /128.06.31	165	N				P	100/	0.0	충적대지	내부		3	3	3	3	1	02.06.02
	문경/마성/정/192		제사-신앙	R	도로,주택,경작지	145	노거수	13.6	8/	2.0			블럭,시멘트	3	1	3	2	3	II
1331	느티나무	36.40.58 /128.06.08	186	N				P	200/	0.0	계류역	입구		2	2	2	1	1	02.06.02
	문경/마성/정리	벤치	휴식-정자	R	경작지,체육시설	346	노거수	21.0	19.5/	3.5			경작지,체육시설	2	2	2	2	2	I
1332	말채나무	36.40.58 /128.06.08	186	N				P	150/	0.0	계류역	입구		1	1	1	1	1	02.06.02
	문경/마성/정리	벤치	휴식-정자	R	도로,경작지,체육시설	222	노거수	16.8	18/	2.5			경작지,체육시설	1	1	1	1	1	I
1333	느티나무	36.39.20 /128.03.14	178	N				P	100/	0.0	계류역	내부		2	5	3	2	1	02.05.08
	문경/마성/정리	벤치	휴식-정자	R	하천,도로,주택	154	노거수	14.0	11/	2.2			시멘트	2	1	2	2	2	II
1334	팽나무	36.39.23 /128.03.16	180	N				P	150/	0.0	계류역	내부		3	2	3	2	1	02.05.08
	문경/마성/정리192	벤치	휴식-정자	R	하천,도로,주택	323	노거수	20.3	17/	4.3			시멘트,흙	3	1	3	2	3	II
1335	음나무	36.41.09 /128.03.40	270	N	11-26-8-2	82.10.26	당산목	P	250/200	0.0	충적대지	입구		1	2	3	1	1	02.06.02
	문경/마성/상내/1128	당집	제사-신앙	R	도로,경작지	479	보호수	24.7	16/18	3.5			시멘트,흙	1	1	1	1	1	I
1336	말채나무	36.41.09 /128.03.40	270	N				P	100/	0.0	충적대지	입구		1	1	1	1	1	02.06.02
	문경/마성/상내/1128	당집	제사-신앙	R	도로,경작지	314	노거수	20.0	16/	2.0			흙	1	1	1	1	1	I
1337	느티나무	36.39.28 /128.05.02	171	N				S	200/	0.0	충적대지	내부		2	3	1	2	1	02.05.08
	문경/마성/하래리	당집	제사-신앙	R	주택,도로	314	노거수	20.0	21/	3.8			흙	2	2	2	2	1	I
1338	느티나무	36.39.28 /128.05.02	171	N				P	180/	0.0	충적대지	측면		2	4	1	1	1	02.05.08
	문경/마성/하래리	당집	제사-신앙	R	주택,하천변,도로	363	노거수	21.5	20/	3.0			흙	2	1	2	2	3	I
1339	느티나무	36.39.20 /128.03.14	178	N				P	100/	0.0	계류역	내부		1	5	3	3	1	02.05.08
	문경/가은/하괴3리		휴식-정자	R	주택,하천변,도로	113	노거수	12.0	17.8/	2.8			시멘트	2	1	1	2	1	II
1340	느티나무	36.39.20 /128.03.14	178	N				P	100/	0.0	계류역	내부		1	5	3	3	1	02.05.08
	문경/가은/하괴리	벤치	휴식-정자	R	주택,하천변,도로	363	노거수	21.5	12/	2.8			시멘트	1	1	1	2	1	I
1341	느티나무	36.42.06 /128.16.24	200	N	11-26-6-14-1	82.10.26	당산목	S	200/200	0.0	계류역	기타		2	1	2	1	1	02.05.09
	문경/산북/종곡/105-1		휴식-정자	R	경작지,계류	555	보호수	26.6	19/	4.0			흙	2	1	2	2	1	I
1342	느티나무	36.42.08 /128.14.36	187	N	11-26-6-2	82.10.26	당산목	S	450/200	0.0	산비탈	후방		1	1	1	1	1	02.05.09
	문경/산북/우곡/281	당집	제사-신앙	R	경작지,임야	683	보호수	29.5	21/18	6.9			흙	1	3	1	1	1	I
1343	느티나무	36.41.50 /128.13.54	250	N	6-64	82.10.26	정자목	S	600/600	0.0	산비탈	기타	대리석/상	5	1	1	1	1	02.05.09
	문경/산북/우곡1/54		휴식-정자	R	임야	405	보호수	22.7	13/13	8.9	인재		흙	5	1	5	1	5	II

1344	느티나무	36.41.50 /128.13.54	250	N	11-26-8	82.10.26	당산목	P	400/600	0.0	계류역	입구		5	5	3	3	1	02.05.09
	문경/산북/우곡/543		제사-신앙	R	경작지,계류,임야	139	보호수	13.3	8/16	4.1	인재		시멘트	5	1	5	2	5	II
1345	느티나무	36.41.50 /128.13.54	250	N				P	400/	0.0	계류역	입구		3	1	1	3	1	02.05.09
	문경/산북/우곡/543		제사-신앙	R	경작지,계류	257	노거수	18.1	16/	4.9			흙	3	1	3	2	3	II
1346	느티나무	36.41.50 /128.13.54	250	N				P	250/	0.0	계류역	입구		5	2	3	2	1	02.05.09
	문경/산북/우곡/543		휴식-정자	R	도로,임야,계류	216	노거수	16.6	16/	3.3			시멘트,흙	5	1	5	2	5	II
1347	느티나무	36.41.50 /128.13.54	250	N				P	250/	0.0	계류역	입구	대리석/상	3	2	3	3	1	02.05.09
	문경/산북/우곡/543		휴식-정자	R	도로,임야,계류	373	노거수	21.8	16/	5.6			시멘트,흙	3	1	3	2	3	II
1348	느티나무	36.42.08 /128.14.40	189	N	11-26-6-3	82.10.26	정자목	S	300/300	0.0	충적대지	측면	대리석/상	1	2	3	1	1	02.05.09
	문경/산북/우곡/237		휴식-정자	R	도로,경작지	506	보호수	25.4	19/19	4.2			시멘트,흙	1	1	1	2	1	I
1349	느티나무	36.43.27 /128.14.41	211	N	11-26-6-8-1	82.10.26	경관목	P	300/200	0.0	충적저지	기타		1	1	1	1	1	02.05.09
	문경/산북/거산/328-2		휴식-정자	R	경작지	642	보호수	28.6	21/20	6.4			흙	1	1	1	2	1	I
1350	느티나무	36.43.27 /128.14.41	211	N	11-26-6-8-1	82.10.26	정자목	P	200/300	0.0	충적저지	기타		3	1	1	1	1	02.05.09
	문경/산북/거산/328-2		휴식-정자	R	경작지	642	보호수	28.6	21/	4.1			흙	3	1	3	2	1	I
1351	느티나무	36.44.10 /128.15.00	247	N	11-26-6-9-1	82.10.26	당산목	P	250/200	0.0	산비탈	입구		2	1	1	1	1	02.05.09
	문경/산북/전두/463	벤치, 파고라	제사-신앙	R	주택,경작지,도로	437	보호수	23.6	20/16	4.3			흙	2	1	2	2	1	I
1352	느티나무	36.43.13 /128.13.49	137	N	11-26-6-5	82.10.26	당산목	P	250/400	0.0	산비탈	기타	대리석/상	2	1	1	1	1	02.05.09
	문경/산북/김용/429		제사-신앙	R	도로,임야	594	보호수	27.5	15/15	3.3			흙	4	1	2	2	2	I
1353	느티나무	36.39.56 /128.17.27	201	N	11-26-6-17-1	82.10.26	정자목	S	450/200	0.0	산비탈	입구		2	2	2	1	1	02.05.09
	문경/산북/가곡/415		휴식-정자	R	경작지,주택,소하천	387	보호수	22.2	10/19	4.9			흙	2	4	2	2	3	II
1354	느티나무	36.39.54 /128.17.29	192	N				S	250/	0.0	계류역	입구		3	2	1	1	1	02.05.09
	문경/산북/가곡/415		휴식-정자	R	임야	238	노거수	17.4	9/	4.9			흙	3	4	3	1	1	II
1355	느티나무	36.40.14 /128.17.46	277	N				P	450/	0.0	계류역	입구		4	2	1	1	1	02.05.09
	문경/산북/가곡리		휴식-정자	R	경작지,도로,임야	243	노거수	17.6	13/	5.6			시멘트,흙	4	1	4	1	1	II
1356	느티나무	36.40.14 /128.17.46	277	N				P	150/	0.0	계류역	입구		1	1	1	1	1	02.05.09
	문경/산북/가곡리		휴식-정자	R	경작지,도로,임야	467	노거수	24.4	17/	4.0			흙	1	1	1	1	1	I
1357	느티나무	36.39.32 /128.19.31	243	N	11-26-6-7	82.10.26	정자목	S	250/250	0.0	산비탈	내부	대리석/상	3	5	3	3	1	02.05.09
	문경/산북/월천/204		휴식-정자	R	주택	320	보호수	20.2	16/15	5.2			시멘트	3	2	3	2	1	II
1358	느티나무	36.39.49 /128.20.41	145	N	11-26-6-8	82.10.26	정자목	S	300/450	0.0	산비탈	입구		3	3	3	2	1	02.05.09
	문경/산북/흑송/122		휴식-정자	R	도로,경작지,임야	323	보호수	20.3	12/14	3.5			시멘트,흙	3	2	3	2	3	II
1359	느티나무	36.39.49 /128.20.41	145	N				S	300/	0.0	산비탈	입구		3	2	1	1	1	02.05.09
	문경/산북/흑송리		휴식-정자	R	도로,경작,임야	311	노거수	19.9	13/	4.0			시멘트,흙	3	3	3	2	1	II
1360	느티나무	36.39.33 /128.15.46	125	N	11-26-6-1	82.10.26	정자목	S	350/300	0.0	충적저지	내부	대리석/상	3	1	1	1	1	02.05.09
	문경/산북/대하/481-1	벤치	휴식-정자	R	주택,경작지,도로	572	보호수	27.0	17/18	5.2		+	시멘트,자갈	3	1	3	2	1	I
1361	탱자나무	36.39.39 /128.15.49	134	C	99-22	82.10.26	경관목	S	400/400	0.0	충적대지	내부	대리석/상	1	1	1	1	1	02.05.09
	문경/산북/대하/460-1		기타-경관	R	주택	102	보호수	11.4	6/	2.1			자갈	2	1	1	1	1	I
1362	소나무	36.39.59 /128.16.16	134	N	11-26-6-3-2	82.10.26	경관목	S	220/200	0.0	충적대지	기타	알미늄/상	3	1	1	1	1	02.05.09
	문경/산북/대하/668	벤치	기타-경관	R	계류,도로	323	보호수	20.3	6/10	2.9		+	자갈	3	1	3	2	1	I
1363	은행나무	36.41.14 /128.16.46	' 141	C	11-26-6-6	82.10.26	경관목	S	450/450	0.0	충적대지	기타		3	1	1	1	1	02.05.09
	문경/산북/내화/459		기타-경관	R	경작지	383	보호수	22.1	23/13	4.2	인재		흙	4	1	3	2	3	II
1364	주엽나무	36.40.24 /128.15.58	145	N	11-26-6-3-1	82.10.26	희귀목	S	200/150	0.0	산비탈	후방		4	1	1	1	1	02.05.09
	문경/산북/대하/182-1		기타-경관	R	경작지,계류	158	보호수	14.2	15/15	2.2			흙	3	1	4	1	3	II

1365	느티나무	36.41.24 /128.18.16	195	N	11-26-7-1-1	82.10.26	당산목	S	400/300	0.0	산비탈	입구	대리석/상	4	1	1	1	1	02.06.02
	문경/동로/마광/633		휴식-정자	R	임야	137	보호수	13.2	10/13	4.4			자갈	4	1	4	2	4	II
1366	느티나무	36.46.28 /128.18.59	361	N	11-26-7-1	82.10.26	풍치목	P	250/300	0.0	계류역	입구	대리석/상	2	1	1	1	1	02.06.02
	문경/동로/적성/965	벤치, 울타리, 체육시설	휴식-정자	R	도로,계류,경작지	456	보호수	24.1	12/17	4.1			시멘트,자갈	2	1	2	2	3	I
1367	느티나무	36.46.28 /128.18.59	361	N	11-26-7-2	82.10.26	정자목	P	100/100	0.0	계류역	입구		3	1	1	1	1	02.06.02
	문경/동로/적성/965	벤치, 울타리, 체육시설	휴식-정자	R	도로,계류,경작지	172	보호수	14.8	13/	2.3			자갈	3	1	3	2	1	I
1368	소나무	36.46.22 /128.17.31	364	N	11-26-7-7-1	82.10.26	경관목	S	300/300	0.0	충적대지	기타		2	1	1	1	1	02.06.02
	문경/동로/적성/307		휴식-정자	R	도로	165	보호수	14.5	9/8	2.5			흙	2	1	2	2	2	I
1369	회화나무	35.47.20/128.43.35	101	N	11-10-8-1	82.09.20	풍치목	S	220/220	1.27	계류역	입구	대리석/하	5	3	5	3	1	02.04.03
	경산/남천/구일/281-2		휴식-정자	R	도로,계류	174	보호수	14.9	8/16	3.98	태풍		시멘트,돌	5	2	5	2	4	II
1370	팽나무	35.46.42/128.43.13	72	C	11-10-8-2	82.09.20	풍치목	P	170/170	1.19	충적대지	내부	대리석/중	3	5	3	3	1	02.04.03
	경산/남천/대명1/55		휴식-정자	R	주택,도로	257	보호수	18.1	15.5/18.2	3.75	인재	+	시멘트	3	1	3	2	3	II
1371	팽나무	35.46.42/128.43.13	72	C	11-10-8-2	82.09.20	풍치목	P	120/170	0.69	충적대지	내부	대리석/중	1	1	1	1	1	02.04.03
	경산/남천/대명1/55	울타리	기타-경관	R	도로,경작지	158	보호수	14.2	14/	2.17			흙	1	1	1	1	1	I
1372	팽나무	35.46.42/128.43.13	72	C	11-10-8-2	82.09.20	풍치목	P	120/170	0.76	충적대지	내부	대리석/중	3	1	1	1	1	02.04.03
	경산/남천/대명1/55	울타리	기타-경관	R	도로,경작지	88	보호수	10.6	16/	2.4			흙	3	1	3	1	1	I
1373	팽나무	35.46.42/128.43.13	72	C	11-10-8-2	82.09.20	풍치목	P	120/300	0.70	충적대지	내부	대리석/중	3	1	1	1	1	02.04.03
	경산/남천/대명1/55	울타리	기타-경관	R	도로,경작지	129	보호수	12.8	15/	2.2	인재	+	흙	3	1	3	1	3	I
1374	느티나무	35.45.52/128.43.43	130	N	11-10-11	82.09.20	정자목	P	320/320	1.53	충적대지	내부	대리석/상	1	1	3	1	1	02.04.03
	경산/남천/삼성/87	공원,벤치,울타리	휴식-정자	U	도로,주택,학교	499	보호수	25.2	22/20	4.8			흙	2	1	1	1	1	I
1375	팽나무	35.45.52/128.43.43	130	N				P	250/	1.50	충적대지	내부		2	1	3	1	1	02.04.03
	경산/남천/삼성/87	벤치	휴식-정자	U	도로,주택,학교	211	노거수	16.4	18.5/	4.7			자갈	2	1	2	2	1	I
1376	팽나무	35.45.49/128.43.45	133	N	11-10-10	82.09.20	풍치목	S	320/320	1.11	충적대지	내부	대리석/상	2	3	5	3	1	02.04.03
	경산/남천/삼성/93-4		기타-경관	U	도로,면사무소	232	보호수	17.2	19/15	3.5		+	블럭,시멘트	2	1	2	2	1	II
1377	느티나무	35.46.35/128.47.41	140	N	11-10-9	82.09.20	거목	S	370/370	1.74	충적대지	후방	대리석/하	3	1	1	1	1	02.04.03
	경산/남산/상대/639	벤치,울타리	기타-경관	R	경작지	305	보호수	19.7	18.5/19	5.45		+	흙	3	1	3	2	3	I
1378	느티나무	35.47.46/128.48.25	82	N	11-10-6-6-1	82.09.20	당산목	S	180/180	0.77	충적대지	입구		1	4	5	3	1	02.04.03
	경산/남산/하대/125		휴식-정자	R	경작지,도로	135	보호수	13.1	10.5/13	2.43			도로포장	1	1	1	2	2	II
1379	팽나무	35.47.28/128.50.04	85	N	11-10-6-3-1	82.09.20	동신목	P	150/150	1.39	충적대지	내부	대리석/하	3	2	2	1	1	02.04.03
	경산/남산/사월/14	벤치	제사-신앙	R	경작지,도로,주택	311	보호수	19.9	19/20	4.35		+	쇄석,시멘트	3	1	3	2	2	II
1380	팽나무	35.47.28/128.50.04	85	N	11-10-6-3-1	82.09.20	동신목	P	150/150	0.89	충적대지	내부	대리석/하	2	2	3	2	1	02.04.03
	경산/남산/사월/14	벤치	제사-신앙	R	경작지,도로,주택	343	보호수	20.9	15/	2.78		+	쇄석,시멘트	2	1	2	2	1	I
1381	회화나무	35.47.01/128.50.01	96	C	11-10-6-15-1	82.09.20	정자목	P	200/180	0.74	충적대지	내부	대리석/상	2	1	3	1	1	02.04.03
	경산/남산/송내/238-1	평상	휴식-정자	R	경작지,도로,주택	179	보호수	15.1	17/15.1	2.33			자갈	2	1	2	2	1	I
1382	팽나무	35.47.01/128.50.01	96	C				P	150/	0.76	충적대지	내부		1	2	3	1	1	02.04.03
	경산/남산/송내/238-1	평상	휴식-정자	R	경작지,도로,주택	363	노거수	21.5	12.5/	2.4			자갈	1	1	1	2	1	I
1383	느티나무	35.46.14/128.52.41	117	C	11-10-5-6-1	82.09.20	풍치목	P	170/170	0.73	계류역	들판	대리석/상	1	1	1	1	1	02.04.03
	경산/용성/곡란/862	좌대	기타-풍치	R	경작지,계류	201	보호수	16	16/15	2.3			흙	1	1	1	1	1	I
1384	느티나무	35.46.14/128.52.41	117	C	11-10-5-6-1	82.09.20	풍치목	P	120/170	1.00	계류역	하천변		1	1	1	1	1	02.04.03
	경산/용성/곡란/862		기타-풍치	R	경작지,계류	292	보호수	19.3	15.5/	3.15			흙	1	1	1	2	1	I
1385	느티나무	35.46.14/128.52.41	117	C	11-10-5-6-1	82.09.20	당산목	P	120/170	0.74	계류역	하천변		1	1	1	1	1	02.04.03
	경산/용성/곡란/862		제사-신앙	R	경작지,계류	298	보호수	19.5	15/	2.33			흙	1	1	1	2	1	I

1386	느티나무	35.46.14/128.52.41	117	C	11-10-5-6-1	82.09.20	풍치목	P	170/170	1.17	계류역	하천변		1	1	1	1	1	02.04.03
	경산/용성/곡란/862		기타-풍치	R	경작지,계류	246	보호수	17.7	17/	3.67			흙	1	1	1	2	1	I
1387	느티나무	35.46.14/128.52.41	117	C	11-10-5-6-11	82.09.20	풍치목	P	120/170	1.29	계류역	하천변		2	1	1	1	1	02.04.03
	경산/용성/곡란/862		기타-풍치	R	경작지,계류	189	보호수	15.5	9/	4.05			흙	2	1	2	1	1	I
1388	왕버들	35.46.14/128.52.41	117	C	11-10-5-6-11	82.09.20	풍치목	P	200/200	1.43	계류역	하천변		4	1	1	1	1	02.04.03
	경산/용성/곡란/862		기타-풍치	R	경작지,계류	222	보호수	16.8	12/	4.5			흙	4	1	4	2	4	II
1389	회화나무	35.46.14/128.52.41	117	C	11-10-5-6-11	82.09.20	풍치목	P	120/100	0.80	계류역	하천변		3	1	1	1	1	02.04.03
	경산/용성/곡란/862		기타-풍치	R	경작지,계류	302	보호수	19.6	17/	2.5			흙	3	1	3	2	3	I
1390	회화나무	35.45.40/128.54.54	228	C	11-35	82.09.20	정자목	P	520/520	1.63	충적대지	내부	대리석/상	2	2	3	2	1	02.04.03
	경산/용성/용천/151	보호나무목	휴식-정자	R	경작지,도로,주택	206	보호수	16.2	16/16	5.13		+	자갈,시멘트	2	1	2	2	2	I
1391	느티나무	35.45.40/128.54.54	228	C				P	150/	0.85	충적대지	내부		3	2	3	3	1	02.04.03
	경산/용성/용천/151	보호나무목	휴식-정자	R	도로,경작지,주택	152	노거수	13.9	10/	2.66			자갈,시멘트	3	1	3	2	3	II
1392	느티나무	35.45.39/128.54.51	235	N	11-34	82.09.20	정자목	S	520/520	1.72	계류역	내부		2	2	3	1	1	02.04.03
	경산/용성/용천/300	충효비	휴식-정자	R	도로,경작지,주택	343	보호수	20.9	16/17	5.4			시멘트	2	1	2	2	1	I
1393	왕버들	35.47.44/128.52.26	172	N	11-10-5-18-1	82.09.20	풍치목	P	120/100	0.83	계류역	후방		2	2	3	2	2	02.04.03
	경산/용성/미산/218		기타-풍치	R	도로,주택,계류	209	보호수	16.3	12.5/12	2.6			시멘트	2	2	2	2	2	II
1394	왕버들	35.47.44/128.52.26	172	N	11-10-5-18-1	82.09.20	풍치목	P	150/150	1.35	계류역	후방		2	2	2	2	2	02.04.03
	경산/용성/미산/218	벤치	기타-풍치	R	도로,주택,계류	249	보호수	17.8	13/	4.23			시멘트	2	2	2	2	2	II
1395	왕버들	35.47.44/128.52.26	172	N	11-10-5-18-1	82.09.20	풍치목	P	100/100	0.86	계류역	후방		2	2	2	2	2	02.04.03
	경산/용성/미산/218	벤치	기타-풍치	R	도로,주택,계류	170	보호수	14.7	12/	2.7			시멘트	2	2	2	2	2	II
1396	왕버들	35.47.44/128.52.26	172	N	11-10-5-18-1	82.09.20	풍치목	P	120/100	1.27	계류역	후방		2	2	2	2	2	02.04.03
	경산/용성/미산/218	벤치	기타-풍치	R	도로,주택,계류	219	보호수	16.7	15/	3.98			시멘트	2	2	2	2	2	II
1397	왕버들	35.47.44/128.52.26	172	N	11-10-5-18-1	82.09.20	풍치목	P	120/100	1.32	계류역	후방		2	2	2	2	1	02.04.03
	경산/용성/미산/218	벤치	기타-풍치	R	도로,계류	254	보호수	18	16/	4.15			시멘트	2	1	2	2	2	I
1398	팽나무	35.47.44/128.52.26	172	N	11-10-5-18-1	82.09.20	풍치목	P	150/100	1.00	계류역	후방		2	2	2	2	1	02.04.03
	경산/용성/미산/218	벤치	기타-풍치	R	도로,주택	121	보호수	12.4	16.5/	3.15			시멘트	2	1	2	2	2	I
1399	왕버들	35.47.44/128.52.26	172	N	11-10-5-18-1	82.09.20	풍치목	P	120/100	1.09	계류역	후방		2	2	2	1	1	02.04.03
	경산/용성/미산/218	벤치,놀이시설	기타-풍치	R	도로,계류	222	보호수	16.8	20/	3.43			시멘트	2	1	2	2	2	I
1400	팽나무	35.47.44/128.52.26	172	N	11-10-5-18-1	82.09.20	풍치목	P	120/100	0.97	계류역	후방		2	2	2	2	1	02.04.03
	경산/용성/미산/218	벤치	기타-풍치	R	도로,계류	206	보호수	16.2	15/	3.05			시멘트	2	1	2	2	2	I
1401	팽나무	35.47.44/128.52.26	172	N	11-10-5-18-1	82.09.20	풍치목	P	100/100	0.84	계류역	후방		2	2	2	2	1	02.04.03
	경산/용성/미산/218	벤치	기타-풍치	R	도로,계류	149	보호수	13.8	16.5/	2.63			시멘트	2	1	2	2	2	I
1402	왕버들	35.47.44/128.52.26	172	N	11-10-5-18-1	82.09.20	풍치목	P	200/100	1.60	계류역	후방		4	2	2	2	1	02.04.03
	경산/용성/미산/218	벤치	기타-풍치	R	도로,주택,계류	75	보호수	9.8	6/	5.03			시멘트	4	1	4	2	4	II
1403	왕버들	35.47.44/128.52.26	172	N	11-10-5-18-1	82.09.20	풍치목	P	200/100	1.72	계류역	후방		1	2	2	2	1	02.04.03
	경산/용성/미산/218	벤치	기타-풍치	R	도로,주택,계류	280	보호수	18.9	16.5/	5.4			시멘트	1	1	1	2	2	I
1404	회화나무	35.47.44/128.52.26	172	C				S	250/	1.25	충적대지	내부		2	5	5	2	1	02.04.03
	경산/용성/미산리		기타-경관	R	주택	479	노거수	24.7	0/	3.93			시멘트	2	1	1	2	2	II
1405	왕버들	35.47.46/128.51.34	106	N	11-10-5-19-1	82.09.20	정자목	P	120/100	1.39	충적대지	입구		3	1	1	2	1	02.04.03
	경산/남산/용성/고은1/216	좌대,벤치	휴식-정자	R	도로,주택	295	보호수	19.4	17/	4.38			흙	3	1	3	2	2	I
1406	왕버들	35.47.46/128.51.34	106	N	11-10-5-19-1	82.09.20	정자목	P	150/100	0.94	충적저지	입구		1	1	1	1	1	02.04.03
	경산/남산/용성/고은1/216	좌대,벤치	휴식-정자	R	도로,주택	333	보호수	20.6	15/	2.96			흙	1	1	1	2	2	I

1407	왕버들	35.47.46/128.51.34	106	N	11-10-5-19-1	82.09.20	정자목	P	120/100	0.88	충적저지	입구		2	2	3	2	1	02.04.03
	경산/남산/용성/고은1/216	좌대, 벤치	휴식-정자	R	도로, 주택	163	보호수	14.4	16/	2.76			시멘트	2	1	2	2	2	Ⅰ
1408	회화나무	35.48.59/128.49.38	103	C	11-10-4-2	82.09.20	당산목	S	220/220	1.67	계류역	내부	대리석/하	5	4	5	4	1	02.04.03
	경산/자인/동부/73	울타리	제사-신앙	U	계류, 도로	97	보호수	11.1	18/	5.25			시멘트, 자갈	5	1	5	3	4	Ⅱ
1409	회화나무	35.48.55/128.49.18	90	C	11-10-4-3	82.09.20	당산목	S	230/220	1.39	산비탈	내부	대리석/상	5	2	5	4	1	02.04.03
	경산/자인/서부/72-1		기타-경관	U	동산, 도로	172	보호수	14.8	13/15	4.38		+	시멘트	5	1	5	2	4	Ⅱ
1410	회화나무	35.48.54/128.49.28	87	C	11-10-4-4	82.09.20	당산목	S	220/220	1.29	계류역	내부	대리석/상	5	3	5	3	1	02.04.03
	경산/자인/서부/207	울타리, 벤치	휴식-정자	U	주택, 도로, 계류	141	보호수	13.4	14.5/16	4.06	인재	+	시멘트, 자갈	5	1	5	2	5	Ⅱ
1411	회화나무	35.49.03/128.49.33	90	C	11-10-4-1	82.09.20	경관목	S	220/220	1.46	충적대지	학교내	대리석/상	3	1	3	1	1	02.04.03
	경산/자인/동부/27		기타-경관	U	운동장	441	보호수	23.7	20/15	4.57			흙	3	1	3	3	3	Ⅱ
1412	회화나무	35.49.17/128.50.48	127	C	11-10-4-5	82.09.20	경관목	S	130/230	0.72	충적대지	후방		2	1	1	1	1	02.04.03
	경산/자인/신관/300	제실	기타-경관	R	주택, 경작지	100	보호수	11.3	8.5/14	2.26			흙	1	1	2	1	1	Ⅰ
1413	은행나무	35.49.11/128.49.43	115	C	11-10-4-4-1	82.09.20	경관목	S	150/150	1.35	언덕	후방		1	1	1	1	1	02.04.03
	경산/자인/교촌/330	담장	기타-경관	U	주택, 제실내	214	보호수	16.5	22/16	4.25			흙	1	1	1	1	1	Ⅰ
1414	회화나무	35.50.52/128.49.31	99	C	11-10-3-3	82.09.20	경관목	P	150/220	0.83	산비탈	입구	대리석/중	3	2	3	2	1	02.04.03
	경산/진량/안촌/330		기타-경관	R	경작지, 주택	121	보호수	12.4	12/15	2.6			시멘트	3	1	3	2	3	Ⅱ
1415	회화나무	35.50.52/128.49.31	99	C	11-10-3-3	82.09.20	경관목	P	150/220	0.89	산비탈	후방		2	2	3	2	1	02.04.03
	경산/진량/안촌/330		기타-경관	R	경작지, 주택	289	보호수	19.2	13/	2.8			흙	2	1	2	2	2	Ⅰ
1416	회화나무	35.50.52/128.49.31	99	C	11-10-3-3	82.09.20	경관목	P	150/220	0.89	산비탈	입구		2	2	3	2	1	02.04.03
	경산/진량/안촌/330		기타-경관	R	경작지, 주택	170	보호수	14.7	14/	2.8			시멘트	2	1	2	2	2	Ⅰ
1417	회화나무	35.51.21/128.49.45	103	C	11-10-3-18-1	82.09.20	풍치목	S	150/170	0.54	산비탈	후방		3	1	1	1	1	02.04.03
	경산/진량/대원/41		기타-경관	R	경작지, 공장	77	보호수	9.9	5.5/13	1.68			자갈	3	1	3	2	3	Ⅰ
1418	회화나무	35.51.03/128.49.54	97	C	11-10-3-2	82.09.20	풍치목	S	220/220	0.84	산비탈	입구	대리석/상	3	1	3	2	1	02.04.03
	경산/진량/속초/10		기타-경관	R	임야, 도로	196	보호수	15.8	11/13	2.65			흙	3	1	3	2	2	Ⅱ
1419	팽나무	35.50.32/128.51.02	107	N	11-10-3-15-1	82.09.20	풍치목	P	150/140	0.67	충적대지	입구	대리석/상	1	1	1	1	1	02.04.03
	경산/진량/마곡/111		기타-풍치	R	경작지	156	보호수	14.1	12.5/	2.1			흙	1	1	1	2	1	Ⅰ
1420	상수리나무	35.50.32/128.51.02	107	C	11-10-3-15-1	82.09.20	풍치목	P	150/140	0.73	충적대지	입구	대리석/상	1	1	1	1	1	02.04.03
	경산/진량/마곡/111		기타-풍치	R	경작지	193	보호수	15.7	23/	2.3			흙	1	1	1	2	1	Ⅰ
1421	느티나무	35.50.32/128.51.02	107	C	11-10-3-15-1	82.09.20	풍치목	P	150/140	0.62	충적대지	입구		1	1	1	1	1	02.04.03
	경산/진량/마곡/111		기타-풍치	R	경작지	143	보호수	13.5	15/	1.95			흙	1	1	1	2	1	Ⅰ
1422	느티나무	35.50.32/128.51.02	107	C	11-10-3-15-1	82.09.20	풍치목	P	150/140	0.61	충적대지	입구		1	1	1	1	1	02.04.03
	경산/진량/마곡/111		기타-풍치	R	경작지	79	보호수	10	15/	1.92			흙	1	1	1	2	1	Ⅰ
1423	느티나무	35.50.32/128.51.02	107	C	11-10-3-15-1	82.09.20	풍치목	P	150/140	0.70	충적대지	입구	대리석/상	1	1	1	1	1	02.04.03
	경산/진량/마곡/111		기타-풍치	R	경작지	95	보호수	11	15.7/	2.2			흙	1	1	1	2	1	Ⅰ
1424	느티나무	35.50.32/128.51.02	107	C	11-10-3-15-1	82.09.20	풍치목	P	150/140	0.61	충적대지	입구		1	1	1	1	1	02.04.03
	경산/진량/마곡/111		기타-풍치	R	경작지	87	보호수	10.5	16/	1.91			흙	1	1	1	2	1	Ⅰ
1425	느티나무	35.50.32/128.51.02	107	N	10-10-7	82.09.20	당산목	S	320/320	1.01	산비탈	측면	대리석/상	2	2	3	2	1	02.04.03
	경산/진량/마곡/23	보호, 철책	기타-풍치	R	임야, 도로, 경작지	390	보호수	22.3	10/14	3.18			시멘트	2	1	2	2	2	Ⅰ
1426	회화나무	35.51.44/128.51.01	' 115	C	11-10-3-13-1	82.09.20	풍치목	S	170/170	0.73	충적대지	입구	대리석/중	2	1	1	1	1	02.04.03
	경산/진량/시문/238-1		기타-경관	R	소공원 저수지, 도로	216	보호수	16.6	11/13	2.3			흙	2	1	2	1	2	Ⅰ
1427	느티나무	35.51.49/128.52.00	118	N	11-10-3-12-1	82.09.20	당산목	S	170/170	0.83	계류역	돌판	대리석/하	1	1	3	2	1	02.04.03
	경산/진량/아사/348		제사-신앙	R	경작지, 도로, 계류	193	보호수	15.7	13/18	2.6			시멘트	1	1	1	2	1	Ⅰ

1428	이팝나무	35.53.07/128.51.28	96	C	11-10-6	82.09.20	경관목	S	320/320	1.16	충적대지	내부	대리석/상	1	1	1	1	1	02.04.03
	경산/진량/평사/50		기타-경관	R	주택,경작지	257	보호수	18.1	16/16	3.64			흙	2	1	1	2	1	I
1429	느티나무	35.55.39/128.51.06	90	C	11-10-2-1	82.09.20	경관목	S	270/270	1.53	충적대지	내부	대리석/상	5	1	1	3	1	02.04.03
	경산/와촌/계당/685	담장	기타-경관	R	주택,농협건물	196	보호수	15.8	10/13	4.8			흙	5	1	5	2	5	II
1430	왕버들	35.55.39/128.51.06	90	N				S	200/	1.14	계류역	내부		1	2	5	1	1	02.04.03
	경산/와촌/계당/685	담장,건물	기타-경관	R	주택,계류	227	노거수	17	15.5/	3.59			시멘트	1	1	1	1	1	I
1431	느티나무	35.56.17/128.51.35	63	N	11-10-2-2	82.09.20	당산목	S	270/270	1.50	산비탈	내부	대리석/중	1	5	5	2	1	02.04.03
	경산/와촌/상암/60-5		제사-신앙	R	임야,도로,주택	387	보호수	22.2	19/18	4.7			시멘트	1	1	1	2	2	II
1432	왕버즘나무	35.56.48/128.50.21	81	C	11-10-2-8-1	82.09.20	경관목	S	110/90	1.67	충적대지	내부	대리석/상	1	1	1	1	1	02.04.03
	경산/와촌/동강/25	좌대	휴식-정자	R	운동장	804	보호수	32	29/23	5.24			흙	1	1	1	1	1	I
1433	느티나무	35.58.16/128.46.18	265	N	11-10-4	82.09.20	당산목	S	320/320	1.75	산비탈	내부	대리석/상	1	3	5	1	1	02.04.03
	경산/와촌/대한/397	담장	제사-신앙	R	주차장,주택	238	보호수	17.4	11.5/15	5.5	태풍		돌,시멘트	2	1	1	2	1	I
1434	느티나무	35.58.16/128.46.18	265	N	11-10-4	82.09.20	당산목	S	320/320	1.51	산비탈	내부	대리석/상	5	3	3	4	1	02.04.03
	경산/와촌/대한/397	시멘좌대	제사-신앙	R	주차장,주택	107	보호수	11.7	11/	4.73	인재	+	시멘트	5	1	5	3	4	II
1435	회화나무	35.57.07/128.46.53	158	C	11-10-2-13-1	82.09.20	정자목	S	180/180	0.94	계류역	내부	대리석/하	1	5	5	1	1	02.04.03
	경산/와촌/강학2/215	정자	휴식-정자	R	주택,계류,도로	405	보호수	22.7	19/15	2.95			시멘트	1	1	1	1	1	I
1436	은행나무	35.55.32/128.48.58	102	C	11-31	82.09.20	경관목	S	520/520	1.90	산비탈	내부	대리석/상	3	1	1	1	1	02.04.03
	경산/하양/교/158	향교,담장	기타-경관	R	향교	219	보호수	16.7	23/20	5.97	태풍	+	흙	3	1	3	2	3	I
1437	왕버들	35.55.16/128.49.31	92	N	11-10-1-1	82.09.20	풍치목	P	20/220	1.69	계류역	내부	대리석/중	3	2	3	1	1	02.04.03
	경산/하양/한사/772-3		기타-풍치	R	도로,계류	224	보호수	16.9	14/15	5.32	인재		시멘트,하천,흙	3	1	3	2	3	II
1438	왕버들	35.53.43/128.49.19	83	N	11-10-3-24-1	82.09.20	정자목	S	170/170	1.25	계류역	내부		2	1	1	1	1	02.04.03
	경산/진량/부기/158-1	정자,벤치	휴식-정자	U	도로,계류	235	보호수	17.3	19/	3.93			흙	2	1	2	2	1	I
1439	느티나무	35.52.25/128.48.47	100	N				P	320/	1.21	충적대지	내부		3	2	3	1	1	02.04.03
	경산/진량/신상/1144	화단,조각품	기타-경관	U	운동장,교실	189	노거수	15.5	12/	3.79		+	시멘트	3	1	3	2	3	II
1440	느티나무	35.52.25/128.48.47	100	N	11-10-5	82.09.20	경관목	P	320/320	0.80	충적대지	내부	대리석/상	5	2	3	3	1	02.04.03
	경산/진량/신상/1144	화단,교실	기타-경관	U	운동장,교실	43	보호수	7.4	10/	2.5	빗물	+	시멘트	5	1	5	2	4	II
1441	느티나무	35.52.17/128.48.28	72	N	11-10-3-2-1	82.09.20	당산목	S	170/170	1.27	산비탈	측면	대리석/상	1	2	3	1	1	02.04.03
	경산/진량/선화/448		휴식-정자	R	경작지,도로	415	보호수	23	11.5/13	4			시멘트	1	1	1	2	1	I
1442	이팝나무	35.52.12/128.48.27	90	N	11-10-3-1	82.09.20	당산목	P	270/270	0.80	산비탈	후방	대리석/중	1	1	1	1	1	02.04.03
	경산/진량/선화1/400	벤치,체육시설	제사-신앙	R	주택,도로,경작지	143	보호수	13.5	14/13	2.5			흙	1	1	1	2	1	I
1443	이팝나무	35.52.12/128.48.27	90	N	11-10-3-1	82.09.20	당산목	P	270/270	0.59	산비탈	후방		3	1	1	1	1	02.04.03
	경산/진량/선화1/400	울타리,체육시설	휴식-정자	R	주택,도로,경작지	143	보호수	13.5	13/	1.86			흙	3	1	3	2	3	I
1444	이팝나무	35.52.12/128.48.27	90	N	11-10-3-1	82.09.20	정자목	P	270/270	0.68	산비탈	후방	대리석/상	2	1	1	1	1	02.04.03
	경산/진량/선화1/400	울타리,체육시설	휴식-정자	R	주택,도로,경작지	129	보호수	12.8	10/	2.14			흙	2	1	2	2	1	I
1445	회화나무	35.51.20/128.48.01	83	C	11-10-7-8-1	82.09.20	당산목	P	120/120	0.81	언덕	후방		1	1	1	1	1	02.04.03
	경산/압량/의송/519	정자,놀이시설	제사-신앙	R	경작지	353	보호수	21.2	17/19	2.53			자갈	1	1	1	2	1	I
1446	회화나무	35.51.20/128.48.01	83	C	11-10-7-8-1	82.09.20	당산목	P	120/120	0.49	언덕	후방		2	1	1	1	1	02.04.03
	경산/압량/의송/519	정자,놀이시설	제사-신앙	R	경작지	154	보호수	14	17.5/	1.53			자갈	2	1	2	2	1	I
1447	회화나무	35.51.20/128.48.01	83	C	11-10-7-8-1	82.09.20	당산목	P	120/120	0.72	언덕	내부		1	1	1	1	1	02.04.03
	경산/압량/의송/519	정자,놀이시설	제사-신앙	R	경작지	353	보호수	21.2	18.5/	2.27			자갈	1	1	1	2	1	I
1448	회화나무	35.51.20/128.48.01	83	C	11-10-7-8-1	82.09.20	당산목	P	120/120	0.57	언덕	내부		1	1	1	1	1	02.04.03
	경산/압량/의송/519	정자,놀이시설	제사-신앙	R	경작지	121	보호수	12.4	15/	1.8			자갈	1	1	1	2	1	I

1449	왕버들	35.49.09/128.45.23	83	N	11-10-10-1	82.09.20	정자목	P	200/250	0.96	충적저지	내부	대리석/상	1	1	1	1	1	02.04.03
	경산/삼풍/365		휴식-정자	U	공원	308	보호수	19.8	16/	3			쇄석	1	1	1	2	1	I
1450	왕버들	35.49.09/128.45.23	83	N				P	200/	1.18	충적저지	내부	대리석/상	1	1	1	1	1	02.04.03
	경산/삼풍/365		휴식-정자	U	공원	346	노거수	21	16/	3.7		+	쇄석, 흙	2	1	1	2	1	I
1451	회화나무	35.50.34/128.44.12	80	C	11-10-2	82.09.20	경관목	P	470/470	1.33	충적대지	내부	대리석/중	1	1	1	1	1	02.04.03
	경산/대정/268	비석	기타-경관	U	경작지, 제실	380	보호수	22	21/	4.17			흙	1	1	1	1	1	I
1452	회화나무	35.50.34/128.44.12	80	C	11-10-2	82.09.20	경관목	P	200/200	1.25	충적대지	내부	대리석/중	1	1	1	1	1	02.04.03
	경산/대정/268	비석	기타-경관	U	경작지, 제실	269	보호수	18.5	18/	3.93			흙	1	1	1	1	1	I
1453	왕버들	35.49.28/128.44.15	77	N	11-10-14-1-1	82.09.20	정자목	P	170/170	1.29	충적대지	내부	대리석/상	1	1	3	1	1	02.04.03
	경산/중방/445-1	울타리	제사-신앙	U	주택, 도로	280	보호수	18.9	17/	4.06			시멘트	1	1	1	1	1	I
1454	왕버들	35.49.28/128.44.15	77	N	11-10-14-1-2	82.09.20	정자목	P	160/160	0.73	충적대지	내부		1	2	3	1	1	02.04.03
	경산/중방/445-1		제사-신앙	U	주택, 도로	104	보호수	11.5	11/	2.3			시멘트	5	1	3	2	1	II
1455	왕버들	35.49.28/128.44.15	77	N				P	170/	1.02	충적대지	내부		1	2	3	1	1	02.04.03
	경산/중방/445-1	울타리	제사-신앙	U	주택, 도로	143	노거수	13.5	11/	3.2			시멘트	1	1	1	2	1	I
1456	느티나무	36.05.00/128.35.44	184	N	11-9-4-3	82.10.29	정자목	P	430/430		계류역	입구	대리석/상	3	2	3	2	1	02.03.16
	군위/효령/매곡/746-1	체육시설, 철벤치	휴식-정자	R	도로, 주택, 계류	48	보호수	7.8	12/11	6.8	태풍	+	시멘트	4	1	3	2	2	II
1457	느티나무	36.05.00/128.35.44	184	N	11-9-4-3	82.10.29	풍치목	P	200/250	1.13	계류역	입구		2	2	3	2	1	02.03.16
	군위/효령/매곡/746-1	체육시설, 철벤치	휴식-정자	R	도로, 주택	44	보호수	7.5	11/	3.55	인재		시멘트	2	1	2	2	2	I
1458	느티나무	36.05.00/128.35.44	184	N	11-12-3-4	82.10.29	풍치목	P	350/430	1.73	계류역	입구		3	2	3	2	1	02.03.16
	군위/효령/매곡/746-1	체육시설, 철벤치	휴식-정자	R	도로, 주택	54	보호수	8.3	10/	5.43	태풍		시멘트	2	1	2	2	2	II
1459	느티나무	36.05.00/128.35.44	184	N	11-12-3-4	82.10.29	풍치목	P	150/150	0.72	계류역	입구		1	1	1	1	1	02.03.16
	군위/효령/매곡/746-1	체육시설, 철벤치	휴식-정자	R	도로, 주택	31	보호수	6.3	10/	2.25			시멘트	1	3	1	1	1	I
1460	느티나무	36.05.00/128.35.44	184	N	11-12-3-4	82.10.29	풍치목	P	100/200	0.66	계류역	입구		2	1	1	1	1	02.03.16
	군위/효령/매곡/746-1	체육시설, 철벤치	휴식-정자	R	도로, 주택	48	보호수	7.8	10/	2.06			흙	2	1	2	1	1	I
1461	느티나무	36.05.00/128.35.44	184	N	11-12-3-4	82.10.29	풍치목	P	200/300	1.08	계류역	입구		1	1	3	1	1	02.03.16
	군위/효령/매곡/746-1	체육시설, 철벤치	휴식-정자	R	도로, 주택	55	보호수	8.4	12/	3.4			흙	1	1	1	1	1	I
1462	느티나무	36.05.10/128.35.36	184	N	11-7-4-4	82.10.29	정자목	S	330/310	2.39	충적대지	입구	대리석/상	1	3	3	1	1	02.03.16
	군위/효령/매곡/825	콘크리트벤치	휴식-정자	R	도로, 주택, 경작지	85	보호수	10.4	15/14	7.5		+	시멘트	2	1	1	2	1	I
1463	왕버들	36.07.44/128.34.49	133	N	11-12-3-3	82.10.29	정자목	S	170/150	1.91	충적저지	기타	대리석/상	1	1	1	1	1	02.03.16
	군위/효령/장군1/26-2		휴식-정자	R	경작지	154	보호수	14	16/15	6	태풍		흙	1	1	1	1	1	I
1464	느티나무	36.06.57/128.35.52	112	N	11-12-3-1	82.10.29	정자목	P	230/290	1.50	계류역	입구	대리석/상	1	2	3	1	1	02.03.16
	군위/효령/거매/475		휴식-정자	R	도로, 주택, 경작지	286	보호수	19.1	10/14	4.7			시멘트	1	1	1	2	1	I
1465	느티나무	36.06.57/128.35.52	112	N	11-12-3-1	82.10.29	정자목	P	150/290	0.99	계류역	입구		1	2	3	2	1	02.03.16
	군위/효령/거매/475		휴식-정자	R	도로, 주택, 경작지	227	보호수	17	13/	3.1			시멘트	1	1	1	2	1	I
1466	느티나무	36.07.51/128.36.54	128	N	11-12-3-13-1	82.10.29	정자목	S	320/320	1.85	계류역	내부		3	2	3	1	1	02.03.16
	군위/효령/금매/709		휴식-정자	R	도로, 경작지	240	보호수	17.5	13.5/13	5.8			시멘트	3	1	3	2	2	II
1467	느티나무	36.07.39/128.39.11	140	N	11-12-3-2	82.10.29	정자목	S	340/340	1.61	충적대지	입구	대리석/상	1	2	3	1	1	02.03.16
	군위/효령/금매/1437		휴식-정자	R	도로, 경작지	380	보호수	22	11/9	5.05			시멘트	1	1	1	1	1	I
1468	느티나무	36.09.50/128.24.01	118	N	11-12-3-8-1	82.10.29	정자목	S	230/230	1.83	계류역	입구	대리석/상	4	2	2	3	1	02.03.16
	군위/효령/불로/665		휴식-정자	R	도로, 하천	240	보호수	17.5	9.5/8	5.75	태풍		시멘트, 자갈	3	1	4	2	3	II
1469	은행나무	36.13.53/128.34.14	111	C	11-12-1-1	82.10.29	조경목	S	270/270	1.08	기타	내부	대리석/상	1	1	1	1	1	02.03.13
	군위/군위/동부/629		기타-경관	R	향교내, 주택	240	보호수	17.5	21/20	3.4			흙	1	1	1	1	1	I

1470	은행나무	36.13.53/128.34.14	111	C				S	270/	1.00	기타	내부		1	1	1	1	1	02.03.13
	군위/군위/동부/629		기타-경관	R	향교내	97	노거수	11.1	20/	3.15			휴	1	1	1	1	1	I
1471	느티나무	36.16.32/128.32.02	115	N	11-12-2-3	82.10.29	당산목	S	360/360	0.66	산비탈	입구		3	1	5	2	1	02.03.13
	군위/군위/대흥1/24-1	상덕비.대흥교준공기념비	제사-신앙	R	도로,주택	346	보호수	21	10/8	2.07	태풍		휴	3	1	3	1	2	II
1472	느티나무	36.14.08/128.27.43	106	N				S	200/	1.21	계류역	입구		2	2	3	1	1	02.03.13
	군위/소보/도산1리		휴식-정자	R	경작지,소하천	249	노거수	17.8	14.5/	3.8			시멘트	2	1	2	2	1	I
1473	느티나무	36.14.09/128.28.41	106	N				P	250/	1.53	산비탈	기타		3	1	1	1	1	02.03.13
	군위/소보/도산1리		기타-경관	R	과수원	131	노거수	12.9	19.1/	4.8			휴	3	1	3	2	1	I
1474	느티나무	36.14.28/128.26.29	174	N	11-12-2-2	82.10.29	정자목	S	330/330	1.69	충적대지	입구		3	5	5	3	1	02.03.13
	군위/소보/도산2/1094-2		휴식-정자	R	도로,주택	349	보호수	21.1	10.5/11	5.32			시멘트	4	2	3	2	4	II
1475	느티나무	36.18.02/128.27.34	97	N	11-12-3-1	82.10.29	정자목	S	530/510	1.85	계류역	입구	대리석/상	5	2	3	3	1	02.03.13
	군위/소보/보현/218		휴식-정자	R	경작지	232	보호수	17.2	8.5/9	5.8	태풍	+	시멘트	5	1	5	2	4	II
1476	느티나무	36.17.36/128.25.57	176	N	11-12-2-1	82.10.29	정자목	S	360/360	1.91	충적대지	입구		1	2	5	1	1	02.03.13
	군위/소보/보현/530-1		휴식-정자	R	경작지,도로	456	보호수	24.1	14/15	6			시멘트,휴	1	1	1	1	1	I
1477	느티나무	36.16.16/128.28.33	81	N	11-12-2-7-1	82.10.29	정자목	S	230/230	1.39	기타	입구		3	2	1	1	1	02.03.13
	군위/소보/위성2/23		휴식-정자	R	경작지,주택,도로	135	보호수	13.1	11/15	4.38			휴	3	1	3	2	1	I
1478	팽나무	36.10.55/128.37.55	127	N	11-12-3	82.10.29	경관목	S	360/360	1.21	계류역	입구	대리석/상	2	2	2	1	1	02.03.13
	군위/우보/나호/1309-8		휴식-정자	R	도로,주택,경작지	121	보호수	12.4	11/10	3.8		+	도로포장	2	1	2	2	2	I
1479	은행나무	36.10.47/128.42.12	145	C	11-12-4	82.10.29	정자목	P	310/310	1.39	계류역	입구		1	2	5	1	1	02.03.13
	군위/의흥/수북/1081-1	좌대	휴식-정자	R	경작지,하천	564	보호수	26.8	18/16	4.36			시멘트,휴	1	1	1	2	1	I
1480	회화나무	36.10.47/128.42.12	145	C	11-12-4	82.10.29	정자목	P	100/310	0.68	계류역	입구		3	5	5	3	1	02.03.13
	군위/의흥/수북/1081-1		휴식-정자	R	경작지,하천	137	보호수	13.2	16/	2.15			시멘트	3	1	3	2	3	II
1481	회화나무	36.10.47/128.42.12	145	C	11-12-4	82.10.29	정자목	P	310/310	1.31	계류역	입구		2	5	5	3	1	02.03.13
	군위/의흥/수북/1081-1		휴식-정자	R	경작지,하천	376	보호수	21.9	16/	4.1			시멘트	2	1	2	3	2	II
1482	느티나무	36.09.59/128.42.33	135	N	11-12-5	82.10.29	정자목	P	510/360	2.17	계류역	입구	대리석/상	3	2	3	1	1	02.03.13
	군위/의흥/이지/234	벤치,농구대	휴식-정자	R	하천,경작지	366	보호수	21.6	14/13	6.8		+	시멘트	3	1	3	3	3	II
1483	느티나무	36.09.59/128.42.33	135	N	11-12-5	82.10.29	정자목	P	300/510	1.13	계류역	입구	대리석/상	1	1	3	1	1	02.03.13
	군위/의흥/이지/234	벤치,체육시설	휴식-정자	R	하천,경작지,도로	224	보호수	16.9	13/	3.54			시멘트	3	1	1	3	1	I
1484	느티나무	36.09.59/128.42.33	135	N	11-12-5	82.10.29	정자목	P	510/510	1.72	계류역	입구	대리석/상	5	2	3	3	1	02.03.13
	군위/의흥/이지/234	벤치,체육시설	휴식-정자	R	하천,경작지	104	보호수	11.5	7/	5.4	태풍		시멘트	5	1	5	2	5	II
1485	팽나무	36.09.59/128.42.33	135	N	11-12-5	82.10.29	정자목	P	200/510	1.02	계류역	입구	대리석/상	3	2	3	1	1	02.03.13
	군위/의흥/이지/234	벤치,체육시설	휴식-정자	R	하천,경작지,도로	198	보호수	15.9	14/	3.2			시멘트	3	1	3	3	2	II
1486	느티나무	36.09.59/128.42.33	135	N	11-12-5	82.10.29	정자목	P	150/510	1.05	계류역	입구	대리석/상	1	3	3	1	1	02.03.13
	군위/의흥/이지/234	벤치,체육시설	휴식-정자	R	하천,경작지,도로	93	보호수	10.9	13/	3.3			시멘트	1	1	1	2	1	I
1487	왕버들	36.10.24/128.40.16	141	N				S	200/	1.57	충적저지	기타		1	5	5	1	1	02.03.13
	군위/우보/미성1리	경로당	휴식-정자	R	경작지	302	노거수	19.6	18/	4.94			시멘트	1	1	1	1	1	I
1488	느티나무	36.08.48/128.41.19	141	N	11-12-15-13-1	82.10.29	정자목	S	300/290	1.45	계류역	입구	대리석/상	4	5	5	2	1	02.03.13
	군위/소보/모산리	버스정류장	휴식-정자	R	도로,하천	113	보호수	12	8/15	4.55		+	휴시멘트	5	1	4	2	4	II
1489	회화나무	36.07.09/128.41.47	160	C	11-12-7-2	82.10.29	정자목	P	300/290	0.75	계류역	입구		3	5	5	3	1	02.03.13
	군위/산성/화본/1300-1	벤치,정자	휴식-정자	R	도로,주택,계류	246	보호수	17.7	16/15	2.37			시멘트	3	1	3	2	3	II
1490	회화나무	36.07.09/128.41.47	160	C	11-12-7-2	82.10.29	정자목	P	300/310	0.73	계류역	내부	대리석/상	3	5	5	3	1	02.03.13
	군위/산성/화본1/1300-1	벤치,정자	휴식-정자	R	도로,주택,계류	183	보호수	15.25	16/	2.3			시멘트	3	1	3	2	3	II

1491	왕버들	36.08.25/128.41.33	154	N	11-12-6-14-1	95.10.24	정자목	S	320/320	1.10	계류역	내부	대리석/상	3	5	5	4	1	02.03.13
	군위/우보/문덕1/366-4	벤치	휴식-정자	R	도로,주택,경작지	283	보호수	19	12/13	3.45	인재		시멘트	4	1	3	3	3	II
1492	회화나무	36.05.30/128.42.39	192	C	11-12-7-1	82.10.29	정자목	S	310/310	1.44	계류역	내부		5	5	5	4	1	02.03.13
	군위/산성/삼산/1082		휴식-정자	R	도로,주택,경작지	210	보호수	16.35	10/25	4.53	태풍		시멘트	2	1	5	2	4	II
1493	왕버들	36.07.27/128.46.30	175	N	11-12-8-1	82.10.29	정자목	S	200/180	2.24	계류역	입구		1	1	3	1	1	02.03.13
	군위/고로/화북1/794-1		휴식-정자	R	하천,도로,경작지	314	보호수	20	11/12	7.02			시멘트	2	1	1	2	1	I
1494	왕버들	36.09.34/128.49.38	226	N	11-12-8-2	82.10.29	정자목	S	250/250	2.15	충적대지	기타	대리석/상	3	1	3	3	1	02.03.13
	군위/고로/양지/299-7		휴식-정자	R	도로,경작지	266	보호수	18.4	12.5/10	6.75	태풍		시멘트	4	1	3	3	1	II
1495	느티나무	36.10.25/128.51.27	284	N	11-12-8-3	82.10.29	당산목	P	300/390	1.43	계류역	내부	대리석/상	3	5	5	3	1	02.03.13
	군위/고로/석산/722	벤치,체육시설	휴식-정자	R	하천,경작지,주택	295	보호수	19.4	15/13	4.5	태풍		시멘트	3	1	3	3	3	II
1496	느티나무	36.10.25/128.51.27	284	N	11-12-8-3	82.10.29	당산목	P	300/390	1.49	계류역	내부		3	5	5	4	1	02.03.13
	군위/고로/석산/722	벤치,체육시설	휴식-정자	R	하천,경작지,주택	317	보호수	20.1	15/	4.67	태풍		시멘트	3	1	3	3	3	II
1497	느티나무	36.10.25/128.51.27	284	N	11-12-8-3	82.10.29	당산목	P	300/390	1.66	계류역	내부		1	1	1	1	1	02.03.13
	군위/고로/석산/722	벤치,체육시설	휴식-정자	R	하천,주택	249	보호수	17.8	13/	5.2			시멘트	1	3	1	2	1	I
1498	소나무	36.10.26/128.52.41	353	N	11-12-6	82.10.29	경관목	S	500/500	1.43	산비탈	기타	알미늄/상	2	1	1	1	1	02.03.13
	고위/고로/학암/33-5	소원함	제사-신앙	R	임야,경작지	346	보호수	21	7/7	4.5	눈		흙	3	5	2	1	1	I
1499	회화나무	36.07.19/128.45.30	174	C	11-12-8-1-1	82.10.29	경관목	S	240/240	1.13	산비탈	내부		2	1	1	3	1	02.03.13
	군위/고로/화수1/110	재실	기타-경관	R	주택	238	보호수	17.4	11/18	3.55			흙	3	1	2	2	2	I
1500	느티나무	36.05.03/128.40.01	185	N	11-12-4-3-1	82.10.29	당산목	P	150/110	1.50	계류역	내부	대리석/상	1	1	2	1	1	02.03.13
	군위/부계/가호/1053-3	돌무덤	제사-신앙	R	도로,주택,경작지	380	보호수	22	11/15	4.7			자갈	1	1	1	2	1	I
1501	느티나무	36.05.20/128.40.08	180	N	11-7	82.10.29	정자목	S	620/610	3.20	계류역	입구	대리석/상	2	2	4	2	1	02.03.13
	군위/부계/가호1/1231		휴식-정자	R	도로,계류,경작지	380	보호수	22	12/10	10.05			시멘트	2	1	2	2	2	II
1502	느티나무	36.03.32/128.39.28	229	C	11-12-4-6-1	82.10.29	정자목	P	200/140	1.34	충적대지	내부	대리석/상	1	1	1	1	1	02.03.13
	군위/부계/대율/661-1	체육시설	기타-경관	R	주택,공원	397	보호수	22.5	12/14	4.2			흙	1	1	1	1	1	I
1503	느티나무	36.03.32/128.39.28	229	C	11-12-4-6-1	82.10.29	정자목	P	150/180	0.96	충적대지	내부		1	1	1	1	1	02.03.13
	군위/부계/대율/661-1	체육시설	기타-경관	R	주택,공원	346	보호수	21	13/	3			흙	1	1	1	1	1	I
1504	느티나무	36.02.48/128.39.23	304	N	11-12-4-7-1	82.10.29	정자목	S	120/110	1.61	계류역	입구	대리석/상	1	2	3	1	1	02.03.13
	군위/부계/동산/819		휴식-정자	R	도로,계류	376	보호수	21.9	15/13	5.05			시멘트	1	1	1	2	1	I
1505	은행나무	36.02.39/128.38.34	307	C	11-12-2	82.10.29	경관목	S	150/430	0.96	계류역	내부	대리석/상	1	1	1	1	1	02.03.13
	군위/부계/남산/296	사찰	기타-경관	R	사찰내	79	보호수	10	200/	3			흙	1	1	1	1	1	I
1506	은행나무	36.02.42/128.38.31	307	C				S	150/150	0.99	충적대지	내부		1	1	1	1	1	02.03.13
	군위/부계/남산/296		기타-경관	R	사찰내	79	노거수	10	20/	3.1			흙	1	1	1	1	1	I
1507	왕버들	36.02.38/128.38.31	305	N	11-12-4-9-1	82.10.29	정자목	P	100/430	0.94	충적대지	내부		1	2	5	1	1	02.03.13
	군위/부계/남산/296		기타-경관	R	도로,주택	277	보호수	18.8	12/13	2.95			시멘트	1	1	1	2	1	I
1508	왕버들	36.02.38/128.38.31	305	N	11-12-4-9-1	82.10.29	정자목	P	100/430	1.04	충적대지	내부		1	1	5	1	1	02.03.13
	군위/부계/남산/296		휴식-정자	R	도로,주택	227	보호수	17	12/	3.28			시멘트	1	1	1	1	1	I
1509	왕버들	36.02.38/128.38.31	305	N	11-12-4-9-1	82.10.29	정자목	P	100/430	1.04	충적대지	내부		1	5	5	1	1	02.03.13
	군위/부계/남산/296		휴식-정자	R	도로,주택	289	보호수	19.2	12/	3.25			시멘트	1	1	1	1	1	I
1510	회화나무	36° 20.43 /128.41.52	121	N	제2호	72.12.29	노목	S	600/600	0.0	충적대지	내부	알미늄/상	5	1	3	3	1	02.05.13
	의성/의성/도서/210-3	울타리	기타-기원목	U	도로,주택	127	도기념물	12.7	8.0 /15	5.9	인재	+	시멘트,흙	5	2	5	1	4	II
1511	느티나무	36.21.28 /128.41.01	105	C	11-13-2	82.09.23	정자목	P	200/200	0.0	충적대지	내부	대리석/상	1	2	3	1	1	02.05.13
	의성/의성/철파/397	체육시설	휴식-정자	R	소하천,주택	415	보호수	23.0	13.0 /20	3.8			흙	1	1	1	2	1	I

1512	느티나무	36.21.28 /128.41.01	105	C				P	150/	0.0	충적대지	내부		1	1	1	1	1	02.05.15
	의성/의성/철파/397	체육시설, 좌대	휴식-정자	R	소하천,주택,소공원	641	노거수	28.6	12.0 /	3.6			흙	1	1	1	2	1	I
1513	왕버들	36.21.28 /128.41.01	105	C				P	200/	0.0	충적대지	내부		3	2	3	1	1	02.05.13
	의성/의성/철파/397		휴식-정자	R	소하천,주택	219	노거수	16.7	11.0 /	5.6	인재		시멘트,흙	4	1	3	3	3	II
1514	느티나무	36.17.06 /128.36.34	89	C	11-13-9-4-11	82.09.23	정자목	S	200/150	0.0	계류역	기타		1	2	3	1	1	02.05.13
	의성/봉양/구산/1428-24		휴식-정자	R	경작지,하천,농로	302	보호수	19.6	15.0 /15	4.2		+	시멘트,흙	3	1	1	2	1	I
1515	느티나무	36.17.09 /128.35.06	96	C	11-13-9-13	82.09.23	당산목	S	200/200	0.0	산비탈	후방	대리석/중	3	2	3	4	1	02.05.13
	의성/봉양/도원/산49	좌대	휴식-정자	R	주택	74	보호수	9.7	8.5 /10	3.1	인재		흙	4	1	3	3	4	II
1516	느티나무	36.19.55 /128.33.13	77	C				S	500/	0.0	충적대지	내부		3	2	3	4	1	02.05.13
	의성/비안/화신/산139		휴식-정자	R	주택	123	노거수	12.5	11.0 /11	4.5		+	시멘트,흙	5	1	3	2	3	II
1517	느티나무	36.19.17 /128.30.03	63	C	11-13-10-1	82.09.23	호안목	S	400/400	0.0	계류역	기타		2	1	1	1	1	02.05.13
	의성/비안/동부/414		기타-기원목	R	하천 제방	390	보호수	22.3	16.0 /15	4.8	인재		자갈	2	1	2	1	1	I
1518	왕버들	36.22.19 /128.27.17	54	C				S	400/	0.0	충적저지	기타		1	2	1	1	1	02.05.13
	의성/안계/위양/535-5	벤치, 체육시설	기타-기원목	R	경작지	1046	노거수	36.5	16.0 /16	3.5	인재		시멘트,흙	2	1	1	2	1	I
1519	느티나무	36.24.20 /128.27.50	79	N	11-12-10-1-1	96.07.23	당산목	S	200/190	0.0	충적대지	입구	대리석/상	1	2	2	3	1	02.05.13
	의성/안계/도덕/791-4	벤치	제사-신앙	R	도로,경작지	430	보호수	23.4	14.0 /13	6.7			시멘트,흙	2	1	1	3	3	I
1520	느티나무	36.24.29 /128.27.50	90	C	11-13-10-1-2	96.07.23	풍치목	S	200/200	0.0	산비탈	입구	대리석/상	1	2	2	3	1	02.05.13
	의성/안계/도덕/832-13	벤치	휴식-정자	R	도로,경작지	707	보호수	30.0	17.0 /13	7.0	인재.		흙	3	1	2	2	3	II
1521	향나무			C	11-13-16-8-19	82.09.23	희귀목	P	250/250	0.0	산비탈	기타		1	1	1	4	1	02.05.13
	의성/안사/안사/전 158		제사-신앙	R	임야	13	보호수	4.0	5.0 /5	1.4	인재		흙	5	1	1	5	4	II
1522	향나무			C				P	250/	0.0	산비탈	기타		1	1	1	4	1	02.05.13
	의성/안사/안사/전 158		제사-신앙	R	임야	13	노거수	4.0	5.0 /	1.3			흙	5	1	1	5	4	II
1523	향나무			C				P	250/	0.0	산비탈	기타		1	1	1	4	1	02.05.13
	의성/안사/안사/전 158		제사-신앙	R	임야	13	노거수	4.0	5.0 /	1.4			흙	5	1	1	5	4	II
1524	팽나무	36.30.21 /128.25.25	87	C	11-13-16-2-20	82.09.23	정자목	P	300/250	0.0	충적대지	입구		3	2	3	4	1	02.05.13
	의성/안사/쌍호/384-1		휴식-정자	R	도로,주택	149	보호수	13.8	14.0 /25	3.1				3	1	3	3	3	II
1525	팽나무	36.30.21 /128.25.25	87	C				P	300/	0.0	충적대지	입구		2	2	3	4	1	02.05.13
	의성/안사/쌍호/384-1		휴식-정자	R	도로,주택	158	노거수	14.2	16.0 /16	2.8	인재		흙	2	1	2	3	3	II
1526	팽나무	36.30.21 /128.25.25	87	C				P	300/	0.0	충적대지	입구		3	2	3	4	1	02.05.13
	의성/안사/쌍호/384-1		휴식-정자	R	도로,주택	272	노거수	18.6	16.0 /16	3.5	인재		흙	3	1	3	3	3	II
1527	팽나무	36.30.21 /128.25.25	87	C				P	250/	0.0	충적대지	입구		2	2		3	1	02.05.13
	의성/안사/쌍호/384-1		휴식-정자	R	도로,주택	214	노거수	16.5	11.0 /11	2.3			흙	2	1	2	2	3	I
1528	소나무	36.29.24 /128.25.34	98	C	제97호	94.06.03	정자목	S	200/200	0.0	충적대지	입구	알미늄/상	1	1	1	1	1	02.05.13
	의성/안사/월소3/693	벤치	제사-신앙	R	경작지	211	도기념물	16.4	11.0 /13	3.2			자갈	1	1	1	2	1	I
1529	느티나무	36.28.25 /128.27.09	88	N				P	300/	0.0	계류역	입구		3	5	5	5	1	02.05.13
	의성/안사/신수리		휴식-정자	R	소하천,도로	87	노거수	10.5	11.0 /11	3.3			시멘트	5	1	4	4	3	II
1530	느티나무	36.28.25 /128.27.09	88	N				P	200/	0.0	계류역	입구		4	1	3	1	1	02.05.13
	의성/안사/신수리		휴식-정자	R	소하천	129	노거수	12.8	10.0 /10	2.7	인재		흙	3	1	3	3	3	II
1531	느티나무	36.28.25 /128.27.09	' 88	N				P	150/	0.0	계류역	입구		2	2	2	1	1	02.05.13
	의성/안사/신수리		휴식-정자	R	소하천,경작지	131	노거수	12.9	10.0 /10	3.0	인재		흙	2	1	2	2	1	I
1532	느티나무	36.27.30 /128.27.16	129	N				S	400/	0.0	충적대지	내부		1	3	3	3	1	02.05.13
	의성/안사/신수리	벤치, 울타리	휴식-정자	R	주택,하천	491	노거수	25.0	17.0 /17	6.9	인재		시멘트	3	1	1	2	3	II

1533	팽나무	36.25.45 /128.25.16	122	C	11-13-15-18	82.09.23	정자목	S	230/210	0.0	충적대지	내부	대리석/상	1	3	1	1	1	02.05.13
	의성/다인/삼분3/385		휴식-정자	R	경작지, 주택	292	보호수	19.3	11.0 /11	2.7	인재		블럭	1	1	1	2	1	I
1534	팽나무	36.25.45 /128.25.16	122	C				S	150/	0.0	충적대지	후방		1	1	1	1	1	02.05.13
	의성/다인/삼분/385		휴식-정자	R	경작지, 도로	106	노거수	11.6	8.0 /8	1.8			흙	1	1	1	1	1	I
1535	왕버들	36.27.23 /128.24.00	67	N	11-13-15-20	82.09.23	정자목	S	300/260	0.0	충적저지	기타		1	2	2	1	1	02.05.13
	의성/다인/달제2/1569		휴식-정자	R	경작지, 도로	308	보호수	19.8	14.0 /12	5.6			흙	3	1	1	2	1	I
1536	느티나무	36.39.32 /128.23.31	89	N	11-13-15-17	82.09.23	당산목	P	450/360	0.0	계류역	후방	대리석/상	3	1	1	1	1	02.05.13
	의성/다인/봉정7/564		제사-신앙	R	계류, 주택	165	보호수	14.5	11.0 /12	6.7	태풍		흙	5	1	3	1	3	II
1537	느티나무	36.29.31 /128.23.32	84	N	11-13-16	82.09.23	당산목	P	450/320	0.0	계류역	후방		4	2	1	1	1	02.05.13
	의성/다인/봉정7/564		제사-신앙	R	임야	154	보호수	14.0	10.0 /12	5.7			흙	5	1	4	1	4	II
1538	회화나무	36.29.34 /128.23.32	82	C				S	300/	0.0	충적대지	내부		1	1	1	1	1	02.05.13
	의성/다인/봉정리		휴식-정자	R	주택	346	노거수	21.0	19.0 /19	4.3			흙	1	1	1	3	1	I
1539	느티나무	36.30.11 /128.21.36	107	N	11-13-15-8-17	82.09.23	정자목	S	350/320	0.0	산비탈	후방		1	1	1	1	1	02.05.13
	의성/다인/덕미2/265		휴식-정자	R	경작지	547	보호수	26.4	19.0 /17	5.9			흙	1	1	1	1	1	I
1540	상수리나무나무	36.27.58 /128.21.37	94	C	11-13-15-6-16	82.09.23	풍치목	P	100/100	0.0	충적저지	입구		2	1	2	1	1	02.05.13
	의성/다인/평림/543-4		기타-풍치	R	경작지	79	보호수	10.0	12.0 /13	1.2	태풍		시멘트, 흙	2	1	2	1	1	I
1541	회화나무	36.27.58 /128.21.36	85	C	11-11	82.09.23	정자목	S곤	750/750	0.0	충적저지	입구	대리석/상	5	2	3	1	1	02.05.13
	의성/다인/평림/543-4		기타-풍치	R	경작지	152	보호수	13.9	16.0 /15	5.4	태풍	+	시멘트, 흙	5	1	5	2	2	II
1542	팽나무	36.27.57 /128.21.35	95	C	11-13-15	82.09.23	정자목	P	330/310	0.0	충적저지	입구	알미늄/상	2	1	3	1	1	02.05.13
	의성/다인/평림/543-5		기타-풍치	R	경작지	201	보호수	16.0	12.0 /13	3.0			시멘트, 흙	2	1	2	1	1	I
1543	회화나무	36.27.57 /128.21.35	95	C	11-13-15-19	82.09.23	당산목	P	230/210	0.0	충적저지	입구	알미늄/상	3	1	3	1	1	02.05.13
	의성/다인/평림/543-4		기타-풍치	R	경작지	189	보호수	15.5	12.0 /13	2.1			시멘트, 흙	3	1	3	1	3	II
1544	회화나무	36.27.57 /128.21.35	95	C				P	230/	0.0	충적저지	입구	알미늄/상	3	1	3	1	1	02.05.13
	의성/다인/평림/543-4		기타-풍치	R	경작지	147	노거수	13.7	12.0 /	3.5			시멘트, 흙	3	1	3	1	3	II
1545	느티나무	36.22.34 /128.23.06	69	C	11-13-12-4-14	82.09.23	당산목	S	300/300	0.0	충적대지	입구	대리석/상	1	2	1	1	1	02.05.13
	의성/단밀/속암/60	벤치	휴식-정자	R	경작지, 도로, 연못	774	보호수	31.4	17.8 /16	5.6		+		2	1	1	2	1	I
1546	느티나무	36.21.40 /128.19.49	71	N				S	300/	0.0	충적대지	기타		4	1	1	1	1	02.05.13
	의성/단밀/생송2/826		기타-묵밭	R	경작지	143	노거수	13.5	6.0 /	3.1	태풍, 인재		흙	5	1	4	1	3	II
1547	팽나무	36.21.30 /128.19.57	81	C	11-13-14	82.09.23	당산목	S	320/300	0.0	충적대지	입구	대리석/상	2	2	3	1	1	02.05.13
	의성/단밀/생송2/826	당집	제사-신앙	R	경작지, 주택	145	보호수	13.6	10.0 /16	3.1			흙	2	1	2	2	1	I
1548	느티나무	36.22.14 /128.19.08	70	N	11-13-12-7-15	82.09.23	당산목	P	100/100	0.0	충적저지	기타		2	2	1	1	1	02.05.13
	의성/단밀/생송/1640		제사-신앙	R	경작지	102	보호수	11.4	5.0 /5	1.4	인재		흙	1	1	1	2	3	I
1549	왕버들	36.22.14 /128.19.08	70	N	11-13-12-7-15	82.09.23	당산목	P	200/150	0.0	충적저지	기타		5	2	1	1	1	02.05.13
	의성/단밀/생송/1640	우물	제사-신앙	R	경작지	177	보호수	15.0	5.5 /	5.0			흙	5	1	5	2	3	II
1550	느티나무	36.21.45 /128.23.27	77	C	11-13-12-2-13	82.09.23	당산목	P	200/200	0.0	충적대지	입구	대리석/상	2	2	1	1	1	02.05.13
	의성/단밀/위중/504	울타리	제사-신앙	R	경작지, 도로	102	보호수	11.4	11.0 /16	1.9	태풍		자갈	2	1	2	2	1	I
1551	느티나무	36.21.45 /128.23.27	77	C	11-13-12-2-13	82.09.23	당산목	P	300/300	0.0	충적저지	입구	대리석/상	2	2	1	1	1	02.05.13
	의성/단밀/위중/504	울타리	제사-신앙	R	경작지, 도로	115	보호수	12.1	14.0 /	3.9	인재		자갈	2	1	2	2	1	I
1552	느티나무	36.20.53 /128.24.45	85	C	11-10	82.09.23	당산목	S	500/500	0.0	충적대지	입구	대리석/상	5	4	4	1	1	02.05.13
	의성/구천/용사/592	철봉 및 의자	휴식-정자	R	도로, 주택	177	보호수	15.0	12.0 /16	6.1	인재		블럭, 시멘트	5	1	5	2	5	II
1553	느티나무	36.20.39 /128.26.03	90	C	11-13-11-1-1	82.09.23	당산목	S	200/200	0.0	충적대지	내부	대리석/상	1	1	1	1	1	02.05.13
	의성/구천/유산1/594	제단	제사-신앙	R	주택, 도로	283	보호수	19.0	15.0 /15	3.3			흙	1	1	1	1	1	I

1554	느티나무	36.17.31 /128.36.01	107	C	11-13-9-12	82.09.23	정자목	S	200/200	0.0	충적대지	내부		4	5	5	1	1	02.05.13
	의성/봉양/구산1/1317	나무벤치	휴식-정자	R	도로,주택	214	보호수	16.5	12.0 /10	3.5	인재		시멘트	5	2	4	3	3	II
1555	느티나무	36.17.14 /128.37.37	97	C	11-13-9-3-10	82.09.23	정자목	P	200/150	0.0	충적대지	입구	대리석/상	3	1	1	1	1	02.05.13
	의성/봉양/풍리1/1260-2	울타리	휴식-정자	R	도로,주택	119	보호수	12.3	9.0 /9	4.3			흙	3	1	3	1	1	I
1556	회화나무	36.17.14 /128.37.37	97	C				P	150/	0.0	충적대지	입구		1	1	1	1	1	02.05.13
	의성/봉양/풍리/1260-2	시멘좌대	휴식-정자	R	도로,주택	55	노거수	8.4	13.0 /	1.9			흙	1	1	1	1	1	I
1557	팽나무	36.17.14 /128.37.37	97	C				P	150/	0.0	충적대지	입구		2	1	1	1	1	02.05.13
	의성/봉양/풍리/1260-2	시멘좌대	휴식-정자	R	도로,주택	145	노거수	13.6	10.0 /	2.3	인재		흙	2	1	2	3	1	I
1558	느티나무	36.18.15 /128.37.16	103	C	11-13-13	82.09.23	풍치목	P	350/350	0.0	계류역	입구	대리석/상	2	2	1	1	1	02.05.13
	의성/봉양/길천2/689-1		휴식-정자	R	도로,연못,계류	198	보호수	15.9	11.0 /12	3.5			흙	2	1	2	1	1	I
1559	느티나무	36.18.50 /128.37.02	110	N				P	200/	0.0	계류역	후방		1	1	1	1	1	02.05.13
	의성/봉양/문흥2리		기타-경관	R	경작지,계류	254	노거수	18.0	15.0 /	5.2			흙	2	3	1	1	1	I
1560	느티나무	36.18.50 /128.37.02	110	N				P	200/	0.0	계류역	후방		3	1	1	3	1	02.05.13
	의성/봉양/문흥2리		기타-경관	R	경작지,계류	143	노거수	13.5	14.0 /	4.7			흙	3	3	3	1	3	II
1561	왕버들	36.19.23 /128.38.35	97	N	11-13-9-15	82.09.23	정자목	P	250/250	0.0	계류역	입구		5	5	5	1	1	02.05.13
	의성/봉양/문흥1/985-2		휴식-정자	R	계류,경작지	32	보호수	6.4	4.0 /16	4.7	태풍		시멘트	5	1	5	5	5	II
1562	왕버들	36.19.23 /128.38.35	97	N				P	250/	0.0	계류역	입구		5	5	5	1	1	02.05.13
	의성/봉양/문흥1/985-2		휴식-정자	R	계류,경작지	177	노거수	15.0	5.0 /	5.4	태풍		시멘트	5	1	5	5	5	II
1563	느티나무	36.19.39 /128.38.56	106	N	11-13-9-16	82.09.23	정자목	P	300/250	0.0	계류역	측면	대리석/상	1	2	3	1	1	02.05.13
	의성/봉양/분토/산51	벤치, 시멘좌대	휴식-정자	R	소하천,임야	277	보호수	18.8	10.0 /16	2.8			시멘트,돌	2	3	1	2	1	I
1564	느티나무	36.19.39 /128.38.56	106	N				P	300/	0.0	계류역	측면	대리석/상	1	2	3	1	1	02.05.13
	의성/봉양/분토/산51	벤치	휴식-정자	R	소하천,임야	219	노거수	16.7	10.0 /	1.9			시멘트,돌	3	1	1	2	1	I
1565	느티나무	36.21.59 /128.38.03	137	N	11-13-17-5-23	82.09.23	정자목	P	300/300	0.0	산비탈	입구		5	1	1	1	1	02.04.14
	의성/안평/신월/728-1		기타-경관	R	도로,경작지	68	보호수	9.3	11.0 /11	3.5	낙뢰,인재		흙	5	1	5	1	5	II
1566	느티나무	36.21.59 /128.38.03	137	N	11-13-17-5-23	82.09.23	정자목	P	300/300	0.0	산비탈	입구		1	1	1	1	1	02.04.14
	의성/안평/신월/728-1		기타-경관	R	도로,경작지	209	보호수	16.3	13.0 /	5.7			흙	2	2	2	1	1	I
1567	느티나무	36.21.59 /128.38.03	137	N				S	100/	0.0	산비탈	내부		1	1	1	1	1	02.04.14
	의성/안평/신월/728-1		휴식-정자	R	도로,경작지	191	노거수	15.6	12.0 /	1.7			흙	1	1	1	1	1	I
1568	느티나무	36.22.36 /128.38.26	148	N	11-13-17-4-21	82.09.23	당산목	P	200/330	0.0	충적저지	기타		2	2	2	1	1	02.05.14
	의성/안평/석탑2/746	벤치, 체육시설	제사-신앙	R	경작지	165	보호수	14.5	12.0 /	4.3	인재		블럭	3	2	2	3	2	II
1569	느티나무	36.22.36 /128.38.26	148	N	11-13-17-4-27	82.09.23	당산목	P	200/330	0.0	충적저지	기타	알미늄/상	3	2	2	1	1	02.05.14
	의성/안평/석탑2/746	벤치, 체육시설	제사-신앙	R	경작지	240	보호수	17.5	12.0 /	2.9	인재		블럭	3	1	3	2	2	II
1570	느티나무	36.23.01 /128.37.46	138	N	11-13-17-4-22	82.09.23	정자목	P	350/330	0.0	계류역	입구		4	4	3	3	1	02.05.14
	의성/안평/석탑/746		휴식-정자	R	계곡	121	보호수	12.4	11.0 /	2.5			시멘트	4	3	4	3	3	II
1571	느티나무	36.23.01 /128.37.46	138	N				P	250/	0.0	계류역	입구		4	1	1	1	1	02.05.14
	의성/안평/석탑/746		기타-경관	R	계곡	131	노거수	12.9	10.0 /	2.5			돌,흙	4	1	4	1	3	II
1572	느티나무	36.23.01 /128.37.46	138	N				P	250/	0.0	계류역	입구		4	1	1	1	1	02.05.14
	의성/안평/석탑/746		기타-경관	R	계곡	77	노거수	9.9	13.0 /	2.1			돌,흙	4	1	4	1	3	II
1573	느티나무	36.23.01 /128.37.46	138	N				P	250/	0.0	계류역	입구		4	1	1	1	1	02.05.14
	의성/안평/석탑/746		기타-경관	R	계곡	113	노거수	12.0	9.0 /	2.0			돌,흙	4	1	4	1	3	II
1574	소나무	36.24.47 /128.34.06	110	N	11-13-17-13-31	82.09.23	정자목	S	200/140	0.0	충적저지	기타	대리석/상	1	5	4	1	1	02.05.14
	의성/안평/삼춘1/273		기타-기원목	R	경작지	170	보호수	14.7	11.0 /13	3.0			시멘트	2	1	1	1	1	I

1575	느티나무	36.28.53 /128.31.56	155	C	11-13-16-3-18	82.09.23	당산목	P	300/300	0.0	계류역	내부		1	1	1	1	1	02.05.14
	의성/신평/중률/584-1	당집, 벤치	제사-신앙	R	경작지	589	보호수	27.4	17.0 /20	3.7			흙	2	1	2	2	1	I
1576	느티나무	36.28.53 /128.31.56	160	C	11-13-16-3-18	82.09.23	당산목	P	150/150	0.0	계류역	내부		2	1	1	1	1	02.05.14
	의성/신평/중률/584-1	벤치	제사-신앙	R	계류	184	보호수	15.3	13.0 /13	2.6			흙	2	3	2	1	1	I
1577	느티나무	36.28.53 /128.31.56	150	C				P	150/	0.0	계류역	내부		1	1	1	1	1	02.05.14
	의성/신평/중률/584-1	벤치	제사-신앙	R	경작지	252	노거수	17.9	13.0 /	2.0			흙	1	1	1	1	1	I
1578	갈참나무	36.28.53 /128.31.56	150	N				P	150/	0.0	계류역	내부		1	1	1	1	1	02.05.14
	의성/신평/중률/584-1	벤치	제사-신앙	R	소하천,경작지	295	노거수	19.4	18.0 /	2.0			흙	1	1	1	1	1	I
1579	팽나무	36.28.53 /128.31.56	150	N				P	150/	0.0	계류역	측면		1	1	1	1	1	02.05.14
	의성/신평/중률/584-1	벤치	제사-신앙	R	경작지,소하천	163	노거수	14.4	12.0 /	1.8			흙	1	1	1	3	1	I
1580	느티나무	36.23.49 /128.33.59	105	N				P	200/	0.0	산비탈	입구		4	2	1	3	1	02.05.14
	의성/안평/금곡/도로변		휴식-정자	R	도로,주택	107	노거수	11.7	9.0 /	2.2			암석노출	4	2	4	2	3	II
1581	느티나무	36.23.49 /128.33.59	105	N				P	200/	0.0	산비탈	입구		4	2	1	3	1	02.05.14
	의성/안평/금곡/도로변		휴식-정자	R	도로,주택	101	노거수	11.3	8.0 /	2.3			암석노출	4	2	4	1	3	II
1582	느티나무	36.23.49 /128.33.59	105	N				P	200/	0.0	산비탈	입구		4	2	1	3	1	02.05.14
	의성/안평/금곡/도로변		휴식-정자	R	도로,주택	98	노거수	11.2	9.0 /	2.3			암석노출	4	2	4	2	3	II
1583	느티나무	36.23.54 /128.34.21	115	N	11-13-17-11-29	82.09.23	정자목	P	300/200	0.0	계류역	입구		2	1	1	1	1	02.05.14
	의성/안평/금곡1/180-2		휴식-정자	R	주택,계류	363	보호수	21.5	14.0 /12	4.4			흙	2	2	2	2	1	I
1584	느티나무	36.23.54 /128.34.21	115	N				P	300/	0.0	계류역	측면		5	1	1	1	1	02.05.14
	의성/안평/금곡/180-2		휴식-정자	R	경작지,계류	42	노거수	7.3	11.0 /	5.0	태풍		자갈	5	2	5	1	3	II
1585	느티나무	36.23.54 /128.34.21	115	N				P	150/	0.0	계류역	측면		1	3	3	1	1	02.05.14
	의성/안평/금곡/180-2		휴식-정자	R	경작지	238	노거수	17.4	12.0 /	2.3			시멘트	2	1	1	1	1	I
1586	느티나무	36.23.54 /128.34.21	115	N				P	150/	0.0	계류역	측면		2	1	1	1	1	02.05.14
	의성/안평/금곡/180-2		휴식-정자	R	경작지	113	노거수	12.0	9.0 /	2.4			흙	3	1	2	1	1	I
1587	느티나무	36.23.54 /128.33.09	106	N	11-13-17-11-30	82.09.23	정자목	P	400/360	0.0	계류역	입구		1	3	3	3	1	02.05.14
	의성/안평/금곡1/154		휴식-정자	R	경작지	340	보호수	20.8	14.0 /15	4.8			시멘트	2	3	1	2	3	II
1588	느티나무	36.24.11 /128.32.00	111	C	11-13-17-11-28	82.09.23	정자목	S	200/150	0.0	산비탈	기타		1	4	3	1	1	02.05.14
	의성/안평/금곡2/1046-1		휴식-정자	R	경작지,도로인접	346	보호수	21.0	14.0 /18	4.7			시멘트	3	1	1	1	1	I
1589	회화나무	36.21.44 /128.34.26	91	C	11-13-17-19-32	82.09.23	당산목	P	200/360	0.0	충적대지	입구		1	1	3	2	1	02.05.14
	의성/안평/마전/714-1		휴식-정자	R	경작지,고속도로	203	보호수	16.1	15.0 /17	2.2				2	1	1	1	1	I
1590	왕버들	36.21.41 /128.34.20	103	N				S	150/	0.0	충적저지	입구		2	2	3	1	1	02.05.14
	의성/안평/마전리		휴식-정자	R	도로,소하천	216	노거수	16.6	8.0 /	3.9	인재			2	1	2	2	1	I
1591	왕버들	36.20.40 /128.36.04	146	N	11-13-17-6-24	82.09.23	정자목	P	200/300	0.0	충적저지	입구		4	1	3	1	1	02.05.14
	의성/안평/신안/1627	벤치, 체육시설	기타-풍치	R	경작지	272	보호수	18.6	13.0 /17	5.6	태풍			4	1	4	2	3	II
1592	팽나무	36.20.40 /128.36.04	146	C				P	150/	0.0	충적대지	입구		2	1	1	1	1	02.05.14
	의성/안평/신안/1627	벤치, 체육시설	기타-풍치	R	경작지	230	노거수	17.1	13.0 /	2.4			흙	2	1	2	1	1	I
1593	느티나무	36.20.40 /128.36.04	146	C	11-13-17-6-26	82.09.23		P	150/150	0.0	충적대지	입구		1	1	1	1	1	02.05.14
	의성/안평/신안/1627	벤치, 체육시설	기타-풍치	R	경작지	495	보호수	25.1	15.0 /	3.9			흙	2	1	1	1	1	I
1594	느티나무	36.20.37 /128.36.19	144	N	11-13-17-6-25	82.09.23	정자목	S	500/470	0.0	계류역	입구	대리석/상	1	1	3	1	1	02.05.14
	의성/안평/신안/1481	벤치	휴식-정자	R	계류	434	보호수	23.5	15.0 /24	6.6			시멘트,흙	2	1	1	1	1	I
1595	왕버들	36.19.52 /128.35.17	100	N	11-13-17-7-27	82.09.23	정자목	S	150/130	0.0	계류역	입구		3	1	3	1	1	02.05.14
	의성/안평/대사1/295-3		휴식-정자	R	도로	238	보호수	17.4	10.0 /15	3.7			시멘트,흙	3	1	3	1	1	I

1596	은행나무	36.16.00 /128.38.36	144	C	11-13-10	82.09.23	정자목	S	370/370	0.0	충적대지	입구		5	5	3	2	1	02.05.14
	의성/금성/구련1/441		휴식-정자	R	경작지,도로,주택	165	보호수	14.5	13.0 /25	3.6			시멘트,흙	5	1	5	2	5	II
1597	은행나무	36.16.14 /128.39.05	105	C				S	200/	0.0	충적대지	내부		1	2	2	2	1	03.03.08
	의성/금성/구련1리		휴식-정자	R	주택	179	노거수	15.1	14.0 /	5.4		+	시멘트,흙	2	1	1	2	2	I
1598	팽나무	36.16.14 /128.39.05	105	C	11-13-8-11	82.09.23		S	200/200	0.0	충적대지	기타	대리석/상	1	1	1	1	1	02.05.14
	의성/금성/초전1/570-1	울타리	휴식-정자	R	경작지,도로	232	보호수	17.2	8.0 /14	3.7		+	흙	2	1	1	1	1	I
1599	느티나무	36.16.54 /128.40.20	116	N	11-9	82.09.23	당산목	S	500/500	0.0	충적대지	내부	대리석/상	1	2	1	1	1	02.05.14
	의성/금성/초전/29-2		휴식-정자	R	주택,마을안길	467	보호수	24.4	11.0 /19	7.3		+	흙	2	1	1	2	1	I
1600	느티나무	36.16.57 /128.42.00	120	C	11-13-8-4-9	82.09.23	정자목	P	120/120	0.0	충적대지	입구		3	5	5	2	1	02.05.14
	의성/금성/제오1/1016		휴식-정자	R	도로,임야,주택	72	보호수	9.6	16.0 /25	3.5			시멘트	3	1	3	2	3	II
1601	느티나무	36.16.57 /128.42.00	120	C	11-13-8-4-9	82.09.23	정자목	P	120/120	0.0	충적대지	입구		2	2	2	2	1	02.05.14
	의성/금성/제오1/1016		휴식-정자	R	도로,임야,주택	257	보호수	18.1	17.0 /	4.0				2	1	2	2	2	I
1602	회화나무	36.16.38 /128.41.39	124	C	11-13-8-10	82.09.23	당산목	P	250/250	0.0	충적대지	입구		4	2	2	2	1	02.05.14
	의성/금성/학미3/429		휴식-정자	R	경작지,소하천,주택	394	보호수	22.4	8.0 /10	3.8	인재		흙	4	1	4	2	3	II
1603	회화나무	36.16.38 /128.41.39	124	C	11-13-8-10	82.09.23	당산목	P	250/250	0.0	충적대지	입구		4	2	2	1	1	02.05.14
	의성/금성/학미/429		휴식-정자	R	경작지,하천,주택	158	보호수	14.2	8.0 /	2.3			흙	4	1	4	2	4	II
1604	회화나무	36.16.38 /128.41.39	125	C	11-13-11	82.09.23	풍치목	P	300/300	0.0	충적대지	입구		2	1	1	1	1	02.05.14
	의성/금성/청로/747-1,2		기타-풍치	R	경작지,도로	129	보호수	12.8	16.0 /18	2.3			흙	2	1	2	2	2	I
1605	회화나무	36.16.38 /128.41.39	125	C	11-13-11	82.09.23	풍치목	P	300/300	0.0	충적대지	입구		5	1	1	1	1	02.05.14
	의성/금성/청로/747-1,2		기타-풍치	R	경작지,도로	104	보호수	11.5	11.0 /	2.4	인재		흙	5	1	5	2	5	II
1606	회화나무	36.16.38 /128.41.39	125	C	11-13-11	82.09.23	풍치목	P	300/300	0.0	충적대지	입구		1	1	1	1	1	02.05.14
	의성/금성/청로/747-1,2		기타-풍치	R	경작지,도로	156	보호수	14.1	18.0 /	2.9	인재		흙	2	1	2	2	2	I
1607	회화나무	36.16.38 /128.41.39	125	C	11-13-11	82.09.23	풍치목	P	300/300	0.0	충적대지	입구		3	1	1	1	1	02.05.14
	의성/금성/청로/747-1,2		기타-풍치	R	경작지,도로,주택	145	보호수	13.6	14.0 /	3.3	인재		흙	3	1	3	2	3	I
1608	회화나무	36.16.38 /128.41.39	125	C	11-13-11	82.09.23	풍치목	P	300/300	0.0	충적대지	입구		2	1	1	1	1	02.05.15
	의성/금성/청로/747-1,2		기타-풍치	R	도로,주택	143	보호수	13.5	17.0 /	2.2	인재		흙	2	1	2	2	2	I
1609	회화나무	36.16.38 /128.41.39	125	C	11-13-11	82.09.23	풍치목	P	300/300	0.0	충적대지	입구		3	1	1	1	1	02.05.14
	의성/금성/청로/747-1,2	주택	기타-풍치	R	도로,주택	203	보호수	16.1	15.0 /	3.8			흙	3	1	3	2	3	I
1610	회화나무	36.16.38 /128.41.39	125	C	11-13-11	82.09.23	풍치목	P	300/300	0.0	충적대지	입구		2	1	1	2	1	02.05.14
	의성/금성/청로/747-1,2	주택	기타-풍치	R	도로,주택	100	보호수	11.3	17.0 /	2.3			흙	2	1	2	2	2	I
1611	회화나무	36.14.07 /128.40.59	125	C	11-13-11	82.09.23	풍치목	P	350/300	0.0	충적대지	입구		5	1	1	1	1	02.05.14
	의성/금성/청로/747-1,2	벤치, 체육시설	휴식-정자	R	경작지,하천,도로	156	보호수	14.1	7.0 /	4.5	인재		흙	5	1	5	2	5	II
1612	회화나무	36.16.38 /128.41.39	125	C	11-13-11	82.09.23	풍치목	P	300/300	0.0	충적대지	입구		1	1	1	1	1	02.05.14
	의성/금성/청로/747-1,2	벤치, 체육시설	휴식-정자	R	경작지,하천,도로	191	보호수	15.6	9.0 /	3.1			흙	1	1	1	2	1	I
1613	회화나무	36.16.38 /128.41.39	125	C	11-13-11	82.09.23		P	300/300	0.0	충적대지	입구		3	1	1	1	1	02.05.14
	의성/금성/청로/747-1,2	벤치, 체육시설	휴식-정자	R	경작지,하천,도로	152	보호수	13.9	8.0 /	2.3			흙	4	1	3	2	4	II
1614	회화나무	36.16.38 /128.41.39	125	C	11-13-11	82.09.23	풍치목	P	300/300	0.0	충적대지	입구		5	2	1	1	1	02.05.14
	의성/금성/청로/747-1,2	벤치, 체육시설	휴식-정자	R	경작지,하천,도로	34	보호수	6.6	5.0 /	3.2	인재			5	1	5	2	5	II
1615	말채나무	36.16.38 /128.41.39	125	C	11-13-11	82.09.23	풍치목	P	300/300	0.0	충적대지	입구		4	2	3	2	1	02.05.14
	의성/금성/청로/747-1,2	벤치, 체육시설	기타-풍치	R	경작지,하천,도로	97	보호수	11.1	6.0 /	1.6				4	1	4	2	4	II
1616	회화나무	36.16.38 /128.41.39	125	C				P	300/	0.0	충적대지	입구		1	2	3	2	1	02.05.14
	의성/금성/청로/747-1,2	체육시설, 시멘마당	휴식-정자	R	경작지,도로	98	노거수	11.2	9.0 /	1.9				1	1	1	2	1	I

1617	팽나무	36.16.38 /128.41.38	125	C				P	150/	0.0	충적대지	입구		2	1	1	2	1	02.05.14
	의성/금성/청로/747-1.2	벤치, 체육시설	휴식-정자	R	경작지,하천,도로	161	노거수	14.3	6.0 /	1.8			흙	2	4	2	2	2	I
1618	회화나무	36.14.23 /128.42.05	126	C	11-13-12	82.09.23	정자목	S	370/350	0.0	충적대지	입구	대리석/상	3	2	3	3	1	02.05.14
	의성/금성/산운1/326		휴식-정자	R	도로,주택	222	보호수	16.8	6.0 /15	5.1			시멘트	3	1	3	2	2	II
1619	왕버들	36.14.21 /128.44.23	148	C	11-13-7-9	82.09.23	당산목	P	220/200	0.0	충적저지	입구	대리석/상	2	1	1	1	1	02.05.14
	의성/가음/장/930	벤치	휴식-정자	R	경작지,도로	238	보호수	17.4	13.0 /20	2.5			흙	2	1	2	2	1	I
1620	말채나무	36.14.21 /128.44.23	148	C				P	120/	0.0	충적저지	입구		1	1	1	1	1	02.05.14
	의성/가음/장/930	벤치	휴식-정자	R	경작지	74	노거수	9.7	6.0 /	2.5				1	1	1	2	1	I
1621	느티나무	36.14.21 /128.44.23	148	C				P	200/	0.0	충적대지	입구		2	2	2	2	1	02.05.14
	의성/가음/장/930		제사-신앙	R	도로,경작지	165	노거수	14.5	6.0 /	3.8				2	1	2	2	2	I
1622	느티나무	36.14.21 /128.44.23	148	C				P	100/	0.0	충적저지	입구		5	5	5	3	1	02.05.14
	의성/가음/장/930		휴식-정자	R	도로,경작지	65	노거수	9.1	15.0 /	2.2			시멘트	5	1	5	2	5	II
1623	회화나무	36.14.21 /128.44.23	148	C				P	150/	0.0	충적저지	입구		2	1	1	1	1	02.05.14
	의성/가음/장/930	벤치	휴식-정자	R	도로,경작지	97	노거수	11.1	15.0 /	2.3			흙	2	1	2	2	1	I
1624	느티나무	36.14.21 /128.44.23	148	C				P	100/	0.0	충적저지	입구		2	1	3	2	1	02.05.14
	의성/가음/장/930	벤치	휴식-정자	R	도로,경작지	240	노거수	17.5	14.0 /	1.8			시멘트,흙	2	1	2	2	2	I
1625	왕버들	36.14.21 /128.44.23	148	C				P	100/	0.0	충적저지	입구		2	1	1	2	1	02.05.14
	의성/가음/장/930	벤치	휴식-정자	R	도로,경작지	363	노거수	21.5	17.0 /	3.8			흙	3	1	3	2	2	I
1626	상수리나무나무	36.14.21 /128.44.23	148	N				S	150/	0.0	충적대지	입구		1	1	1	1	1	02.05.14
	의성/가음/장리		기타-경관	R	도로	196	노거수	15.8	14.0 /	1.9			흙	1	1	1	2	1	I
1627	회화나무	36.13.34 /128.43.58	127	C	11-13-18	82.09.23	당산목	S	500/490	0.0	충적대지	내부	"알미늄,대리석"/상	5	2	3	3	1	02.05.14
	의성/가음/가산/724		제사-신앙	R	주택,도로,경작지	201	보호수	16.0	11.0 /16	5.0			흙	5	1	5	2	3	II
1628	회화나무	36.13.37 /128.44.21	132	C	11-13-7-5-8	82.09.23	정자목	S	250/150	0.0	충적대지	입구	대리석/상	1	2	3	3	1	02.05.14
	의성/가음/양지/339		휴식-정자	R	주택,경작지	201	보호수	16.0	13.0 /16	4.5				2	1	1	2	1	I
1629	느티나무	36.17.30 /128.45.51	145	C	11-13-5-8-1	82.09.23	정자목	P	250/200	0.0	충적대지	내부		2	2	1	1	1	02.05.14
	의성/사곡/신리/187-1	시멘좌대	휴식-정자	R	주택,경작지	98	보호수	11.2	9.0 /	3.7				2	1	2	2	2	I
1630	느티나무	36.17.30 /128.45.51	145	C	11-13-5-8-1	82.09.23	정자목	P	200/200	0.0	충적대지	내부		3	1	1	1	1	02.05.14
	의성/사곡/신리/187-1	시멘좌대	휴식-정자	R	주택,경작지	109	보호수	11.8	9.0 /	3.3			시멘트,흙	3	1	3	2	3	I
1631	느티나무	36.17.30 /128.45.51	145	C	11-13-5-8-1	82.09.23	정자목	P	200/200	0.0	충적대지	내부		4	2	2	1	1	02.05.14
	의성/사곡/신리/187-1	시멘좌대	휴식-정자	R	주택,경작지	85	보호수	10.4	9.0 /	2.8				4	2	4	2	3	II
1632	느티나무	36.17.30 /128.45.51	145	C	11-13-5-8-1	82.09.23	정자목	P	200/200	0.0	충적대지	내부		4	2	2	2	1	02.05.14
	의성/사곡/신리/187-1	시멘좌대	휴식-정자	R	주택,경작지	71	보호수	9.5	0.0 /	2.2			시멘트,흙	4	2	4	2	3	II
1633	느티나무	36.17.30 /128.45.51	145	C	11-13-5-8-1	82.09.23	정자목	P	100/100	0.0	충적대지	내부		1	2		1	1	02.05.14
	의성/사곡/신리/187-1		휴식-정자	R	주택,경작지	113	보호수	12.0	11.0 /	1.5			시멘트,흙	1	1	1	2	1	I
1634	회화나무	36.17.30 /128.45.51	145	C				P	150/	0.0	충적대지	내부	대리석/상	1	1	1	1	1	02.05.14
	의성/사곡/신리/187-1		휴식-정자	R	도로,주택	98	노거수	11.2	9.0 /	2.3			돌	2	1	2	2	1	I
1635	느티나무	36.18.17 /128.47.20	150	C	11-13-5-3-5	82.09.23	정자목	P	350/150	0.0	산비탈	후방	대리석/상	1	5	3	1	1	02.05.14
	의성/사곡/양지/1346		휴식-정자	R	경작지,학교	408	보호수	22.8	15.0 /13	3.3			시멘트	1	1	1	2	1	I
1636	왕버들	36.18.17 /128.47.20	150	N			정자목	P	150/	0.0	산비탈	후방		3	1	1	1	1	02.05.14
	의성/사곡/양지/1346		휴식-정자	R	경작지,임야,수로	249	노거수	17.8	12.0 /	4.2				3	1	3	2	1	I
1637	느티나무	36.16.29 /128.50.48	230	N	11-13-5-6-6	82.09.23	정자목	P	300/280	0.0	계류역	입구	대리석/상	2	1	1	1	1	02.05.14
	의성/사곡/공정/164		휴식-정자	R	임야,계곡	426	보호수	23.3	16.0 /25	4.4			흙	2	1	2	1	2	I

1638	느티나무	36.16.29 /128.50.48	230	N				P	250/	0.0	계류역	입구		1	2	3	1	1	02.05.14
	의성/사곡/공정/164		휴식-정자	R	계곡,도로	165	노거수	14.5	12.0 /	3.2			시멘트	2	1	2	2	2	I
1639	느티나무	36.16.29 /128.50.48	230	N				P	250/	0.0	계류역	입구		2	2	3	3	1	02.05.14
	의성/사곡/공정/164		휴식-정자	R	계곡,도로	102	노거수	11.4	12.0 /	3.5			흙	2	1	2	2	3	II
1640	느티나무	36.16.25 /128.50.41	210	N	11-13-5-3	82.09.23	당산목	S	400/350	0.0	계류역	입구	알미늄/중	1	2	1	1	1	02.05.14
	의성/사곡/공정/1224		제사-신앙	R	주택,계곡	305	보호수	19.7	14.0 /21	5.6	인재		시멘트,흙	1	3	1	3	1	I
1641	느티나무	36.18.05 /128.44.58	140	N	11-13-5-9-7	82.09.23	정자목	P	200/150	0.0	계류역	내부		3	2	3	3	1	02.05.14
	의성/사곡/작승/475		휴식-정자	R	도로,소하천,경작	85	보호수	10.4	15.0 /20	2.6			시멘트	3	1	3	2	3	II
1642	느티나무	36.18.05 /128.44.58	140	N	11-13-5-9-7150	82.09.23	정자목	P	200/150	0.0	계류역	입구	플라스틱/상	3	2	3	3	1	02.05.14
	의성/사곡/작승/475		휴식-정자	R	도로,소하천,경작	152	보호수	13.9	14.0 /	2.2			시멘트,자갈	3	2	3	2	3	II
1643	왕버들	36.19.04 /128.44.36	100	N	11-13-5-1-4	82.09.23	정자목	P	250/200	0.0	계류역	내부	대리석/상	5	2	1	5	1	02.05.14
	의성/사곡/오상2/658-27	시멘좌대	휴식-정자	R	도로,주택,하천	15	보호수	4.4	4.0 /18	3.2	태풍		시멘트,흙	5	1	5	5	5	II
1644	왕버들	36.19.04 /128.44.36	100	N	11-13-5-1-4	82.09.23	정자목	P	250/200	0.0	계류역	내부		2	2	3	3	1	02.05.14
	의성/사곡/오상/658-27		휴식-정자	R	도로,주택,하천	167	보호수	14.6	13.0 /	2.8				2	1	2	2	3	II
1645	왕버들	36.19.04 /128.44.36	100	N				P	300/	0.0	계류역	내부		1	2	1	3	1	02.05.14
	의성/사곡/오상/658-27		휴식-정자	R	도로,주택,하천	333	노거수	20.6	14.0 /	4.2			시멘트	2	1	1	2	3	I
1646	왕버들	36.19.04 /128.44.36	100	N				S	100/	0.0	계류역	입구		1	2	4	3	1	02.05.14
	의성/사곡/오상/658-27		휴식-정자	R	소하천,도로,주택	179	노거수	15.1	12.0 /	2.3	인재			1	1	1	2	3	I
1647	회화나무	36.19.29 /128.43.12	80	C	11-13-1-6-2	82.09.23	풍치목	P	200/250	0.0	충적대지	기타	대리석/중	1	2	1	1	1	02.05.14
	의성/의성/치선/699		휴식-정자	R	도로변,경작지	95	보호수	11.0	12.0 /19	3.5			시멘트,흙	2	1	1	2	1	I
1648	회화나무	36.19.29 /128.43.12	80	C				P	120/	0.0	충적대지	기타		1	2	1	1	1	02.05.14
	의성/의성/치선/699		휴식-정자	R	도로,경작지	240	노거수	17.5	11.0 /11	2.4			시멘트,흙	2	1	1	2	1	I
1649	느티나무	36.23.05 /128.41.28	154	C	11-13-1-13-1	82.09.23	풍치목	P	100/120	0.0	충적대지	입구		1	1	1	1	1	02.06.01
	의성/의성/업2/244		기타-풍치	R	경작지	275	보호수	18.7	20.0 /19	2.1			흙	1	1	1	1	1	I
1650	느티나무	36.23.05 /128.41.28	154	C				P	130/	0.0	충적대지	입구		1	1	1	1	1	02.05.14
	의성/의성/업리2/244		기타-풍치	R	경작지,축사	397	노거수	22.5	20.0 /	2.7			흙	1	1	1	1	1	I
1651	회화나무	36.22.37 /128.42.28	157	C	11-13-3	82.09.23	정자목	P	300/300	0.0	충적대지	입구	대리석/상	1	2		3	1	02.06.01
	의성/의성/업리1/49		휴식-정자	R	주택,도로	551	보호수	26.5	18.0 /18	4.7			흙	1	1	1	3	3	I
1652	회화나무	36.22.37 /128.42.28	157	C	11-13-3	82.09.23	정자목	P	300/300	0.0	충적대지	입구	대리석/상	1	2	1	3	1	02.06.01
	의성/의성/업리1/49		휴식-정자	R	주택,도로	165	보호수	14.5	18.0 /18	2.5			흙	3	1	1	3	3	I
1653	느티나무	36.22.37 /128.42.28	157	C				P	150/	0.0	충적대지	입구		1	2	1	3	1	02.05.14
	의성/의성/업리1/49		휴식-정자	R	주택,도로	224	노거수	16.9	17.0 /17	2.8			흙	1	1	1	3	3	I
1654	느티나무	36.22.37 /128.42.25	147	N				S	150/	0.0	충적대지	기타		1	1	1	1	1	02.06.01
	의성/의성/업리	벤치	휴식-정자	R	저수지	349	노거수	21.1	0.0 /	4.2	인재		시멘트	1	1	1	2	1	I
1655	느티나무	36.22.39 /128.42.25	147	N				S	100/	0.0	충적저지	기타		1	1	1	1	1	02.06.01
	의성/의성/업리		기타-제방둑	R	저수지	104	노거수	11.5	0.0 /	2.3			흙	1	1	1	1	1	I
1656	왕버들	36.22.39 /128.42.26	147	N				S	150/	0.0	충적저지	기타		5	2	1	1	1	02.06.01
	의성/의성/업리		기타-호안목	R	저수지	135	노거수	13.1	0.0 /	5.2	인재		흙	5	1	5	3	5	II
1657	느티나무	36.23.13 /128.39.49	182	N	11-13-2-2	82.09.23	정자목	P	400/530	0.0	충적대지	기타	알미늄/상	1	1	1	1	1	02.06.01
	의성/단촌/방하/547		휴식-정자	R	경작지,소하천	467	보호수	24.4	15.0 /15	4.3			시멘트,돌	1	1	1	1	1	I
1658	느티나무	36.23.13 /128.39.49	182	N				P	120/	0.0	충적대지	기타		1	1	1	1	1	02.06.01
	의성/단촌/방하/547		휴식-정자	R	경작지	227	노거수	17.0	0.0 /	2.4			흙	1	1	1	1	1	I

1659	느티나무	36.23.13 /128.39.49	182	N				S	120/	0.0	충적대지	입구		1	2	1	2	1	02.06.01
	의성/단촌/방하/547		휴식-정자	R	경작지, 도로	252	노거수	17.9	0.0 /	2.2			흙	1	1	1	2	1	I
1660	왕버들	36.23.10 /128.39.51	187	N				S	150/	0.0	계류역	입구		2	2	1	1	1	02.06.01
	의성/단촌/방하/547		기타-소하천	R	소하천, 도로	181	노거수	15.2	0.0 /	3.2			흙	2	1	2	2	1	I
1661	왕버들	36.24.57 /128.40.38	165	N	11-13-2-3	82.09.23	정자목	P	150/200	0.0	충적저지	기타		1	2	1	1	1	02.06.01
	의성/단촌/하화/1230-3		기타-경관	R	경작지, 도로	405	보호수	22.7	15.0 /15	2.2			흙	1	1	1	2	1	I
1662	왕버들	36.24.57 /128.40.38	165	N				P	150/	0.0	충적저지	기타		1	2	1	1	1	02.06.01
	의성/단촌/하화/1230-3		기타-경관	R	경작지	158	노거수	14.2	15.0 /	2.8			흙	1	1	1	2	1	I
1663	가죽나무	36.40.35 /128.40.38	165	C				S	100/	0.0	마을도로	내부		1	5	5	5	1	03.01.11
	의성/단촌/하화/1230-3		기타-경관	R	도로, 주택	139	노거수	13.3	15.0 /	2.4	인재		시멘트	1	1	1	1	1	II
1664	느티나무	36.26.23 /128.41.09	148	N	11-8	82.09.23	정자목	S	550/530	0.0	충적대지	입구	대리석/상	3	4	2	3	1	02.06.01
	의성/단촌/세촌/108	버스정류소	휴식-정자	R	주택, 도로	298	보호수	19.5	13.0 /20	5.7	병충해, 인재	+	블럭	4	1	3	2	3	II
1665	왕버들	36.24.42 /128.38.28	165	N	11-13-2-2-3	82.09.23	정자목	S	150/120	0.0	계류역	기타		1	2	5	3	1	02.06.01
	의성/단촌/장림/391		휴식-정자	R	도로, 소하천	161	보호수	14.3	14.0 /18	3.8			시멘트, 흙	3	1	3	2	2	II
1666	느티나무	36.25.29 /128.41.25	159	C	11-13-6	82.09.23	풍치목	P	300/300	0.0	충적대지	입구	대리석/상	5	5	3	5	1	02.06.01
	의성/단촌/관덕/926	시멘좌대	휴식-정자	R	경작지, 도로	71	보호수	9.5	8.0 /10	2.9	태풍	+	시멘트	5	1	5	3	4	II
1667	느티나무	36.25.29 /128.41.25	159	C				P	150/	0.0	충적대지	입구		2	5	3	5	1	02.06.01
	의성/단촌/관덕/926	시멘좌대	휴식-정자	R	경작지, 도로	139	노거수	13.3	12.0 /	1.5			시멘트	2	3	2	3	3	II
1668	느티나무	36.25.29 /128.41.25	159	C				P	150/	0.0	충적대지	입구		3	5	3	5	1	02.06.01
	의성/단촌/관덕/926	시멘좌대	휴식-정자	R	경작지, 도로	57	노거수	8.5	8.0 /	1.4			시멘트	3	1	3	2	3	II
1669	느티나무	36.25.29 /128.41.25	159	C				P	250/	0.0	충적대지	입구		3	5	3	3	1	02.06.01
	의성/단촌/관덕/926	시멘좌대	휴식-정자	R	경작지, 도로	246	노거수	17.7	12.0 /	3.0			시멘트	3	1	3	2	3	II
1670	말채나무	36.25.29 /128.41.25	159	C				P	100/	0.0	충적대지	입구		1	5	3	3	1	02.06.01
	의성/단촌/관덕/926		휴식-정자	R	경작지, 도로	181	노거수	15.2	12.0 /	1.8			시멘트	1	1	1	2	1	I
1671	왕버들	36.25.29 /128.41.46	156	N	11-13-6	82.09.23	호안목	S	300/300	0.0	계류역	기타	대리석/상	1	1	1	1	1	02.06.01
	의성/단촌/관덕/636		기타-호안목	R	하천	397	보호수	22.5	15.0 /15	2.0			흙	1	1	1	1	1	I
1672	왕버들	36.25.29 /128.42.56	174	N	11-13-2-4	82.09.23	풍치목	P	350/520	0.0	계류역	입구		2	1	1	1	1	02.06.01
	의성/단촌/병방/605		기타-경관	R	소하천, 경작지	259	보호수	18.1	14.0 /18	4.9			흙	2	2	2	1	3	I
1673	왕버들	36.25.29 /128.42.56	174	N	11-13-2-4	82.09.23	풍치목	P	350/520	0.0	계류역	입구		2	1	1	1	1	02.06.01
	의성/단촌/병방/605		기타-경관	R	소하천, 경작지	289	보호수	19.2	15.0 /	3.6			흙	2	1	2	1	3	I
1674	왕버들	36.25.29 /128.42.56	174	N				P	350/	0.0	계류역	입구		2	1	1	1	1	02.06.01
	의성/단촌/병방/605		기타-경관	R	소하천, 경작지	283	노거수	19.0	14.0 /	4.1			흙	2	1	2	1	3	I
1675	왕버들	36.25.29 /128.42.56	174	N				P	350/	0.0	계류역	입구		3	1	1	1	1	02.06.01
	의성/단촌/병방/605		기타-경관	R	소하천	193	노거수	15.7	14.0 /	8.4			자갈	3	3	3	1	3	II
1676	왕버들	36.25.29 /128.42.56	174	N				P	350/	0.0	계류역	입구		3	1	1	1	1	02.06.01
	의성/단촌/병방/605		기타-경관	R	소하천	191	노거수	15.6	15.0 /	5.1	태풍		자갈	3	2	3	1	3	I
1677	상수리나무나무	36.25.29 /128.42.56	174	N				P	150/	0.0	계류역	입구		1	1	1	1	1	02.06.01
	의성/단촌/병방/605		기타-경관	R	경작지, 소하천	165	노거수	14.5	15.0 /	2.6			흙	1	1	1	1	1	I
1678	아까시나무	36.25.29 /128.42.56	174	N				P	150/	0.0	계류역	입구		1	1	1	1	1	02.06.01
	의성/단촌/병방/605		기타-경관	R	경작지, 소하천	145	노거수	13.6	18.0 /	2.2			흙	1	1	1	1	1	I
1679	왕버들	36.25.26 /128.43.06	181	N				P	150/	0.0	계류역	후방		1	2	2	1	1	02.06.01
	의성/단촌/병방리		휴식-정자	R	소하천, 도로	127	노거수	12.7	12.0 /	3.2			시멘트	2	1	1	2	2	I

1680	미류	36.25.26 /128.43.06	181	N				P	120/	0.0	계류역	후방		1	2	1	1	1	02.06.01
	의성/단촌/병방리		휴식-정자	R	소하천.도로	82	노거수	10.2	14.0 /	3.5			흙	1	1	1	2	3	I
1681	향나무	36.25.57 /128.43.42	179	C		82.09.23	경관목	S	250/240	0.0	충적대지	내부		1	2	1	3	1	02.06.01
	의성/점곡/송내/714		기타-경관	R	주택.도로	203	보호수	16.1	12.0 /	2.4			자갈	1	1	1	2	3	I
1682	굴참나무	36.25.57 /128.43.42	179	N		02.03.05	경관목	S	200/220	0.0	산비탈	후방		1	1	1	1	1	02.06.01
	의성/점곡/송내/산95		기타-경관	R	임야	246	보호수	17.7	12.0 /	2.4			흙	1	2	1	1	1	I
1683	느티나무	36.25.20 /128.45.07	185	C	11-13-3-1-14	96.07.23	정자목	S	300/250	0.0	충적대지	입구	대리석/상	1	1	1	1	1	02.06.01
	의성/점곡/사촌/605-4	제단	제사-신앙	R	경작지	390	보호수	22.3	13.0 /12	5.0			자갈	1	1	1	2	1	I
1684	상수리나무나무	36.25.19 /128.45.40	207	C				P	300/	0.0	계류역	입구		3	1	1	1	1	02.06.01
	의성/점곡/사촌/357		기타-풍치	R	도로.소하천.경작지	177	노거수	15.0	18.0 /	3.0			흙	3	1	3	2	3	I
1685	상수리나무나무	36.25.19 /128.45.40	207	C				P	230/	0.0	계류역	입구		2	1	1	1	1	02.06.01
	의성/점곡/사촌/357		기타-풍치	R	소하천.경작지	181	노거수	15.2	18.0 /	2.4			흙	2	1	2	2	3	I
1686	상수리나무나무	36.25.19 /128.45.40	207	C				P	250/	0.0	계류역	입구		2	1	1	1	1	02.06.01
	의성/점곡/사촌/357		기타-풍치	R	소하천.경작지	64	노거수	9.0	16.0 /	2.7			흙	2	1	2	2	3	I
1687	상수리나무나무	36.25.19 /128.45.40	207	C				P	300/	0.0	계류역	입구		2	1	1	1	1	02.06.01
	의성/점곡/사촌/357		기타-풍치	R	소하천.경작지	434	노거수	23.5	19.0 /	2.6			흙	2	1	2	2	3	I
1688	회화나무	36.25.19 /128.45.40	207	C				P	200/	0.0	계류역	입구		2	1	1	1	1	02.06.01
	의성/점곡/사촌/357		기타-풍치	R	소하천.경작지	133	노거수	13.0	17.0 /	2.4			흙	2	1	2	2	3	I
1689	회화나무	36.25.20 /128.45.56	200	C		82.09.23	정자목	S	400/400	0.0	충적대지	내부		1	2	1	1	1	02.06.01
	의성/점곡/사촌3/233		기타-경관	R	주택	216	보호수	16.6	18.0 /	4.1			흙	2	1	1	2	2	I
1690	향나무	36.25.17 /128.45.51	189	C		82.09.23	희귀목	S	400/400	0.0	충적대지	내부		1	1	1	1	1	02.06.01
	의성/점곡/사촌3/205		기타-경관	R	주택	68	보호수	9.3	9.0 /9	2.3			흙	1	1	1	2	2	I
1691	회화나무	36.23.57 /128.46.37	209	C	11-13-3-6	82.09.23	풍치목	P	290/290	0.0	계류역	입구		1	2	1	1	1	02.06.01
	의성/점곡/윤암/555		기타-경관	R	소하천.재실	219	보호수	16.7	12.0 /16	2.8			흙	1	1	1	2	1	I
1692	상수리나무나무	36.23.57 /128.46.37	209	C				P	200/	0.0	계류역	입구		1	2	1	1	1	02.06.01
	의성/점곡/윤암/555		기타-경관	R	소하천.재실	336	노거수	20.7	17.0 /	2.2			흙	1	1	1	2	1	I
1693	말채나무	36.23.57 /128.46.37	209	C				P	200/	0.0	계류역	입구		1	2	1	1	1	02.06.01
	의성/점곡/윤암/555		기타-경관	R	소하천.재실	82	노거수	10.2	11.0 /	2.0			흙	1	1	1	2	1	I
1694	왕버들	36.23.51 /128.46.34	202	C				S	400/	0.0	계류역	측면		5	1	1	1	1	02.06.01
	의성/점곡/윤암/537		휴식-정자	R	소하천	366	노거수	21.6	11.0 /	8.6			흙	5	1	5	3	5	II
1695	회화나무	36.22.31 /128.45.10	209	C	11-13-8	82.09.23	풍치목	S	400/350	0.0	계류역	측면		3	2	1	3	1	02.06.01
	의성/단촌/명고/875		기타-경관	R	소하천	184	보호수	15.3	10.0 /13	4.3	태풍		흙	3	1	3	2	3	II
1696	회화나무	36.21.36 /128.43.46	145	C	11-13-1-1	82.09.23	풍치목	S	200/200	0.0	충적대지	측면		3	2	1	3	1	02.06.01
	의성/의성/중/171		기타-경관	R	주택	320	보호수	20.2	14.0 /19	3.2			흙	3	1	3	2	3	II
1697	회화나무	36.21.36 /128.43.46	145	C				S	200/	0.0	산비탈	내부		4	1	1	1	1	02.06.01
	의성/의성/중/171		기타-경관	R	주택	83	노거수	10.3	8.0 /	3.5			흙	5	1	5	2	3	II
1698	말채나무	36.21.36 /128.43.46	145	C				P	150/	0.0	산비탈	입구		2	2	3	3	1	02.06.01
	의성/의성/중리2/171	시멘좌대	휴식-정자	R	임야	191	노거수	15.6	14.0 /	2.8	인재		시멘트.흙	2	2	2	2	3	II
1699	느티나무	36.19.13 /128.43.11	146	N	11-13-1	92.09.23	정자목	P	310/300	0.0	계류역	내부	대리석/중	3	2	1	2	1	02.06.01
	의성/의성/오로/74	목좌대. 체육시설	휴식-정자	R	계곡.도로.주택	191	보호수	15.6	12.0 /19	3.8			시멘트.흙	3	1	3	2	3	II
1700	느티나무	36.19.13 /128.43.11	145	N				P	170/	0.0	계류역	내부		1	2	1	3	1	02.06.01
	의성/의성/오로/74		휴식-정자	R	도로.주택	246	노거수	17.7	11.0 /11	2.4	인재		시멘트.흙	1	1	1	2	3	I

1701	느티나무	36.19.13 /128.43.11	145	N				P	120/	0.0	계류역	내부		2	2	1	3	1	02.06.01
	의성/의성/오로/74		휴식-정자	R	도로,주택	121	노거수	12.4	14.0 /	1.6			시멘트,흙	2	1	2	2	3	I
1702	느티나무	36.19.13 /128.48.11	145	N				P	100/	0.0	계류역	내부		2	2	3	3	1	02.06.01
	의성/의성/오로/74	체육시설	휴식-정자	R	도로,주택	181	노거수	15.2	11.0 /	1.6			시멘트,흙	2	1	2	2	3	II
1703	느티나무	36.19.13 /128.43.11	145	N				P	100/	0.0	계류역	내부		1	2	3	3	1	02.06.01
	의성/의성/오로/74		휴식-정자	R	도로	184	노거수	15.3	13.0 /	2.0				1	1	1	2	3	I
1704	느티나무	36.19.13 /128.43.11	145	N				P	100/	0.0	계류역	내부		1	1	1	2	1	02.06.01
	의성/의성/오로/74	정자, 시멘좌대	휴식-정자	R	주택	104	노거수	11.5	15.0 /	3.0			흙	1	1	1	2	3	I
1705	느티나무	36.19.13 /128.43.11	145	N				P	100/	0.0	계류역	내부		1	2	1	3	1	02.06.01
	의성/의성/오로/74		휴식-정자	R	주택	277	노거수	18.8	15.0 /	1.8			흙	1	1	1	2	3	I
1706	느티나무	36.19.13 /128.43.11	145	N				P	100/	0.0	계류역	내부		1	2	2	2	1	02.06.01
	의성/의성/오로/74		휴식-정자	R	주택,도로,계류	184	노거수	15.3	12.0 /	2.0				1	1	1	2	1	I
1707	회화나무	36.19.13 /128.43.11	145	N				P	300/	0.0	계류역	내부		1	2	3	3	1	02.06.01
	의성/의성/오로/74		휴식-정자	R	계류,도로,주택	401	노거수	22.6	14.0 /	2.8			시멘트,흙	2	1	1	2	3	I
1708	회화나무	36.19.13 /128.43.11	145	N				P	300/	0.0	계류역	내부		1	2	3	3	1	02.06.01
	의성/의성/오로/74		휴식-정자	R	계류,도로,주택	121	노거수	12.4	11.0 /	2.1			시멘트	2	1	2	2	3	II
1709	회화나무	36.19.13 /128.43.11	145	N				P	250/	0.0	계류역	내부		1	2	3	3	1	02.06.01
	의성/의성/오로/74		휴식-정자	R	계류,도로,주택	72	노거수	9.6	14.0 /	1.7				1	1	1	2	3	I
1710	회화나무	36.19.13 /128.43.11	145	N				P	250/	0.0	계류역	내부		1	2	3	3	1	02.06.01
	의성/의성/오로/74		휴식-정자	R	계류,도로,주택	346	노거수	21.0	13.0 /	2.6				2	1	1	2	3	I
1711	회화나무	36.19.13 /128.43.11	145	N				P	200/	0.0	계류역	내부		1	2	1	2	1	02.06.01
	의성/의성/오로/74		휴식-정자	R	계류,도로,주택	311	노거수	19.9	12.0 /	1.9			흙	1	1	1	1	1	I
1712	회화나무	36.19.13 /128.43.11	145	N				P	200/	0.0	계류역	내부		1	2	3	3	1	02.06.01
	의성/의성/오로/74		휴식-정자	R	도로,주택	323	노거수	20.3	12.0 /	2.5				2	1	1	2	3	I
1713	회화나무	36.19.13 /128.43.11	145	N				P	100/	0.0	계류역	내부		1	2	3	3	1	02.06.01
	의성/의성/오로/74		휴식-정자	R	도로,주택,계류	97	노거수	11.1	13.0 /	1.4				1	1	1	2	3	I
1714	회화나무	36.19.13 /128.43.11	145	N				P	150/	0.0	계류역	내부		1	2	3	3	1	02.06.01
	의성/의성/오로/74		휴식-정자	R	도로,계류	167	노거수	14.6	13.0 /	1.9				2	1	2	2	3	II
1715	회화나무	36.19.13 /128.43.11	145	N				P	100/	0.0	계류역	내부		1	2	3	3	1	02.06.01
	의성/의성/오로/74		휴식-정자	R	도로,계류	143	노거수	13.5	18.0 /	1.9				1	1	1	2	3	I
1716	말채나무	36.19.13 /128.43.11	145	N				P	200/	0.0	충적대지	내부		4	1	1	3	1	02.06.01
	의성/의성/오로/74		휴식-정자	R	도로,주택	50	노거수	8.0	11.0 /	2.5	인재		흙	4	1	4	2	3	II
1717	말채나무	36.19.13 /128.43.11	145	N				P	100/	0.0	계류역	내부		1	1	1	3	1	02.06.01
	의성/의성/오로/74		휴식-정자	R	주택,계류	156	노거수	14.1	14.0 /	1.9			흙	1	2	1	2	3	I
1718	상수리나무나무	36.19.13 /128.43.11	145	N				P	150/	0.0	계류역	내부		1	2	1	2	1	02.06.01
	의성/의성/오로/74		휴식-정자	R	도로,계류	133	노거수	13.0	14.0 /	1.8			흙	1	1	1	1	1	I
1719	왕버들	36.14.34 /128.49.29	119	N		82.09.23	정자목	S	250/	0.0	계류역	입구		2	4	3	3	1	03.03.08
	의성/춘산/대사1리		휴식-정자	R	주택,경작지,소하천	266	보호수	18.4	13.0 /	4.7	인재		시멘트,흙	5	1	2	2	4	II
1720	느티나무	36.25.47/129.03.24	' 205	N	1-15-1-1-1	81.07.03	정자목	S	220/200	1.24	계류역	내부	대리석/상	2	2	4	4	1	02.04.13
	청송/청송/월막/289	주차장	휴식-정자	R	하천변,주차장	102	보호수	11.4	14/	3.9		+	포장	2	1	1	2	2	II
1721	왕버들	36.25.49/129.03.20	196	N				S	200/	1.1	계류역	내부		2	1	1	1	1	02.04.13
	청송/청송/월막/	주차장	휴식-정자	R	하천변,주차장	277	노거수	18.8	15/	3.46		+	자갈,흙	2	1	2	2	1	I

1722	왕버들	36.26.18/129.02.05	263	N	193	68.03.04	동신목	S	380/380	1.81	계류역	입구	알미늄/상	4	1	1	1	1	02.04.13
	청송/파천/관/721외 17필	벤치	기타-경관	R	계류	240	천연기념물	17.5	18/18	5.7	태풍	+	흙	5	1	4	1	3	II
1723	소나무	36.26.18/129.02.05	263	N				S	200/	1.01	계류역	입구		3	1	1	1	1	02.04.13
	청송/파천/관/721외 17필	벤치	기타-경관	R	하천변	254	노거수	18	18/	3.2			흙	2	1	3	1	1	I
1724	느티나무	36.33.58/128.59.41	298	N	11-15-10	81.07.03	당산목	S	450/450	181	계류역	입구	대리석/상	1	1	2	1	1	02.04.13
	청송/진보/추현/556		제사-신앙	R	농경지	523	보호수	25.8	16/20	5.7			흙	2	1	1	2	1	I
1725	느티나무	36.33.43/129.00.59	201	N	11-15-8-2-1	81.07.03	당산목	P	170/150	1.27	계류역	입구		4	2	2	3	1	02.04.13
	청송/진보/부곡/526	돌탑	제사-신앙	R	도로,경작지	186	보호수	15.4	15/18	4	태풍		시멘트	4	2	4	2	3	II
1726	비술나무	36.32.11/129.04.58	220	N	11-15-8-2	81.07.03	정자목	S	300/250	1.27	충적대지	내부		1	2	3	3	1	02.04.13
	청송/진보/월전/352	주택	휴식-정자	R	주택,도로	222	보호수	16.8	16/20	4	낙뢰		시멘트흙	2	1	1	2	3	I
1727	비술나무	36.23.11/129.04.58	220	N				S	300/	1.27	충적대지	내부		1	2	3	3	1	02.04.13
	청송/진보/월전/352	주택	기타-경관	R	주택,도로	295	노거수	19.4	20/	4	인재		시멘트흙	1	1	1	2	3	I
1728	비술나무	36.32.11/126.04.58	220	N	11-15-8-2	01.06.11	풍치목	S	300/270	1.36	충적저지	내부	대리석/상	2	1	2	1	1	02.04.13
	청송/진보/월전리367	주택	기타-경관	R	주택,경작지	305	보호수	19.7	18/	4.3	인재		흙,시멘트	2	1	2	2	3	I
1729	느티나무	36.29.46/129.07.15	269	N	11-15-8-3	81.07.03	정자목	S	220/200	1.59	충적대지	후방	대리석/상	3	1	1	1	1	02.04.13
	청송/진보/신촌/325	벤치	제사-신앙	R	경작지	514	보호수	25.6	19/17	5	태풍	+	흙	4	1	3	2	3	II
1730	느티나무	36.28.49/129.02.09	176	N	192	67.07.11	당산목	S	500/350	3.31	충적대지	입구	알미늄/상	5	1	2	1	1	02.04.13
	청송/파천/신기/659외 15필	울타리	제사-신앙	R	주택,경작지,도로	298	천연기념물	19.5	10/13	10.4	태풍	+	흙,시멘트	5	1	5	1	4	II
1731	느티나무	36.28.07/129.01.18	205	N	11-15-8	81.07.03	풍치목	P	620/600	2.64	계류역	입구	대리석/중	2	1	3	1	1	02.04.13
	청송/파천/황목/197		휴식-정자	R	도로,경작,계류	572	보호수	27	15/17	8.3	낙뢰		흙	2	1	2	2	3	I
1732	느티나무	36.28.07/129.01.18	205	N				P	100/	0.92	기타	입구		1	1	1	1	1	02.04.13
	청송/파천/황목/197		휴식-정자	R	도로,경작지,계류	491	노거수	25	15/	2.9	인재		흙	1	1	1	1	1	I
1733	느티나무	36.27.35/129.02.47	267	N	11-15	81.07.03	거목	S	620/600	2.26	계류역	입구	대리석/중	3	2	3	1	1	02.04.13
	청송/파천/관/406	시멘,담장	휴식-정자	R	계류,경작지,도로	353	보호수	21.2	16/16	7.1	태풍	+	흙,시멘트	3	1	3	2	3	II
1734	느티나무	36.27.17/129.00.43	248	N	11-15-7-3-1	81.07.03	정자목	P	270/250	1.38	산비탈	입구		1	2	3	2	1	02.04.13
	청송/파천/중평/15		휴식-정자	R	임야,도로,경작지	572	보호수	27	18/13	4.35	인재	+	흙,시멘트	3	1	1	2	2	I
1735	느티나무	36.27.17/129.00.43	248	N				P	150/	0.93	산비탈	입구		1	2	3	2	1	02.04.13
	청송/파천/중평/15		휴식-정자	R	임야,도로,경작지	289	노거수	19.2	18/	2.95	인재	+	흙,시멘트	1	1	1	2	2	I
1736	향나무	36.26.05/129.04.06	215	C	11-15-1-1	81.07.03	정자목	P	270/250	0.88	충적대지	내부	대리석/상	3	2	3	2	1	02.04.13
	청송/청송/월막1/6410	울타리	기타-경관	R	도로,주택	152	보호수	13.9	7/8	2.78	인재	+	흙,시멘트	3	1	3	2	3	II
1737	향나무	36.26.05/129.04.06	215	C				P	270/	0.79	충적대지	내부		3	2	3	2	1	02.04.13
	청송/청송/월막/6410	울타리	기타-경관	R	도로,주택	152	노거수	13.9	7/	2.5	인재	+	흙,시멘트	3	1	3	2	3	II
1738	소나무	36.27.44/129.04.39	220	N	99-6	98.04.07	풍치목	P	300/300	0.92	산비탈	기타	대리석/상	2	1	1	1	1	02.04.13
	청송/청송/부곡/산1		기타-경관	R	임야	209	보호수	16.3	21/17	2.9	병충해		흙	2	1	2	1	2	I
1739	느티나무	36.26.59/129.04.43	210	N				P	250/	1.66	충적대지	입구		2	1	1	1	1	03.06.13
	청송/청송/부곡2		제사-신앙	R	도로,경작지	499	노거수	25.2	20/	5.24			흙	2	1	2	2	2	I
1740	느티나무	36.26.59/129.04.43	210	N				P	150/	1.4	충적대지	입구		2	1	1	1	1	03.06.13
	청송/청송/부곡2리		제사-신앙	R	도로,경작지	589	노거수	27.4	18/	4.4			흙	2	1	2	2	2	I
1741	왕버들	36.26.22/129.04.46	231	N	297	82.11.04	당산목	P	300/300	1.33	계류역	측면	알미늄/상	2	2	3	1	1	02.04.13
	청송/청송/부곡/988-3		제사-신앙	R	하천,주택,도로	491	천연기념물	25	19/	4.2			흙,시멘트	2	1	2	2	1	I
1742	오리나무	36.26.22/129.04.46	231	C				P	150/	0.86	계류역	측면		4	2	3	2	1	02.04.13
	청송/청송/부곡/988-3		휴식-정자	R	하천,주택,도로	95	노거수	11	11/	2.7	인재		블럭	4	1	4	2	4	II

1743	오리나무	36.26.22/129.04.46	231	C				P	150/	0.66	계류역	측면		3	2	3	2	1	02.04.13
	청송/청송/부곡/988-3		휴식-정자	R	하천,주택,도로	135	노거수	13.1	11/	2.1	인재		블럭	3	1	3	2	3	II
1744	느티나무	36.26.15/129.06.30	268	N	2001-2	01.06.11	당산목	S	370/350	1.16	계류역	입구	대리석/상	2	3	4	3	1	02.04.13
	청송/청송/월외1/526	시멘좌대	제사-신앙	R	도로,계류	346	보호수	21	16/18	3.67	인재		시멘트	2	1	2	2	3	II
1745	말채나무	36.25.23/129.06.58	295	N	11-15-2	81.07.03	당산목	P	370/350	0.89	충적저지	기타	대리석/상	4	1	1	1	1	02.04.13
	청송/청송/거대/375		제사-신앙	R	경작지	104	보호수	11.5	12/8	2.8	인재		흙	4	1	4	2	4	II
1746	참느릅나무	36.25.23/129.06.58	295	N				P	200/	0.73	충적저지	기타		4	1	1	1	1	02.04.13
	청송/청송/거대/375		제사-신앙	R	경작지	98	노거수	11.2	10/	2.3	인재		흙	4	1	4	2	4	II
1747	느티나무	36.25.15/129.06.39	289	C	11-15-3	81.07.03	정자목	S	370/350	1.25	계류역	입구	대리석/중	2	2	3	3	1	02.04.13
	청송/청송/거대/457	벤치,정자	제사-신앙	R	하천,도로	430	보호수	23.4	15/13	3.93	낙뢰	+	블럭	2	2	2	2	2	II
1748	느티나무	36.23.55/129.06.51	275	N	11-15-1	81.07.03	정자목	P	470/450	1.53	계류역	입구	대리석/상	1	1	1	1	1	02.04.13
	청송/청송/교/100-2	벤치	휴식-정자	R	계류	471	보호수	24.5	21/18	4.83	인재		흙	3	1	1	1	1	I
1749	느티나무	36.23.55/129.06.51	275	N				P	150/	0.78	기타	기타		1	2	3	3	1	02.04.13
	청송/청송/교/100-2		휴식-정자	R	도로,경작지	311	노거수	19.9	23/	2.47			흙,시멘트	1	1	1	1	2	I
1750	느티나무	36.23.55/129.06.51	275	N				P	150/	0.96	기타	입구		1	2	3	3	1	02.04.13
	청송/청송/교/100-2		휴식-정자	R	도로,경작지	314	노거수	20	23/	3.1			흙,시멘트	1	1	1	1	2	I
1751	느티나무	36.23.09/129.05.28	234	N				S	200/	1.22	계류역	입구		3	5	5	3	1	02.04.13
	청송/청송/송생리		제사-신앙	R	도로,계류,주택	139	노거수	13.3	11/	3.85	인재		시멘트	3	1	3	2	3	II
1752	소나무	36.23.14/129.05.07	236	N				S	300/	1.38	산비탈	기타		1	1	1	1	1	02.04.13
	청송/청송/송생/4		기타-경관	R	임야,경작지	219	노거수	16.7	16/	4.36			흙	1	1	1	1	1	I
1753	느티나무	36.20.57/129.06.47	296	N	11-12	81.07.03	정자목	S	670/650	2.43	산비탈	기타	대리석/상	5	1	1	1	1	02.04.13
	청송/부동/심점/736-2		제사-신앙	R	도로,경작지	363	보호수	21.5	12/15	7.64	태풍	+	흙	5	1	5	1	4	II
1754	느릅나무	36.21.11/129.09.28	317	N				P	250/	1.17	계류역	내부		2	1	1	1	1	02.04.13
	청송/부동/이전리	당집	제사-신앙	R	경작지,운동장	363	노거수	21.5	21/	3.7			흙	2	1	2	1	2	I
1755	느티나무	36.18.53/129.12.39	290	C				P	250/	1.44	충적대지	입구		1	1	1	1	1	02.04.13
	청송/부동/내룡리	울타리,벤치	제사-신앙	R	도로,경작지	292	노거수	19.3	20/	4.53	인재		자갈	1	1	1	2	1	I
1756	느티나무	36.18.53/129.12.39	290	C				P	250/	1.52	충적대지	입구		1	1	1	1	1	02.04.13
	청송/부동/내룡리	울타리,벤치	제사-신앙	R	도로,경작지	855	노거수	33	20/	4.8	인재		자갈,흙	1	1	1	1	1	I
1757	소나무	36.18.36/129.11.56	311	N	11-15-2-1	81.07.03	정자목	S	220/210	1.01	산비탈	기타		2	1	1	1	1	02.04.13
	청송/부동/라/42		기타-경관	R	임야,경작지	165	보호수	14.5	15/15	3.2			흙	2	1	2	1	1	I
1758	느티나무	36.18.47/129.11.44	327	N				P	350/	1.83	계류역	입구		3	2	3	2	1	03.06.18
	청송/부동/라리	벤치,놀이시설	휴식-정자	R	계류,도로,경작지	629	노거수	28.3	17/	5.76			블럭,흙	3	1	3	2	3	II
1759	느티나무	36.18.47/129.11.44	327	N				P	300/	1.44	계류역	입구		1	2	3	1	1	03.06.18
	청송/부동/라리	벤치,놀이시설	제사-신앙	R	하천,도로,경작지	539	노거수	26.2	17/	4.53			블럭,흙	1	1	1	2	1	I
1760	졸참나무	36.18.47/129.11.44	327	N				P	200/	1.18	충적대지	입구		1	2	2	1	1	03.06.18
	청송/부동/라리	벤치,놀이시설	휴식-정자	R	하천,도로,경작지	479	노거수	24.7	22/	3.72			흙,시멘트	1	1	1	1	1	I
1761	느티나무	36.17.54/129.08.35	400	C	2001-3	01.06.11	정자목	S	400/400	2.27	충적대지	입구	대리석/상	1	2	3	1	1	02.04.13
	청송/부남/화장/556번지		휴식-정자	R	도로,주택,경작지	487	보호수	24.9	19/19	7.14	인재		시멘트,자갈	1	1	1	2	1	I
1762	느티나무	36.18.30/129.06.31	329	C	11-15-3-2	81.07.03	당산목	P	220/200	1.91	충적대지	입구	대리석/상	3	1	1	1	1	02.04.13
	청송/부남/구천/228	울타리,벤치,좌대	휴식-정자	R	도로,주택,경작지	263	보호수	18.3	17/13	6	인재		흙	3	1	3	2	2	I
1763	느티나무	36.15.59/129.08.45	367	N	11-13	81.07.03	정자목	S	570/550	2.37	충적대지	입구	대리석/중	1	1	1	1	1	02.04.13
	청송/부남/양숙/146-1	좌대,체육시설	제사-신앙	R	도로,경작지	804	보호수	32	20/20	7.45	인재		흙	1	1	2	2	1	I

1764	소태나무	36.18.49/129.05.54	330	C	2001-4	01.06.11	정자목	S	300/300	1.56	충적대지	입구	대리석/하	1	2	3	3	1	02.04.13
	청송/부남/화속1/266번지		휴식-정자	R	도로,경작지	222	보호수	16.8	12/13	4.9	인재		시멘트	1	1	1	2	2	I
1765	개오동나무	36.19.38/129.04.29	296	C	401	98.12.23	당산목	P	450/450	1.35	충적대지	입구	알루미늄/상	4	2	3	3	1	02.04.13
	청송/부남/홍원/547		휴식-정자	R	도로,경작지	163	천연기념물	14.4	14/14	4.25		+	시멘트	4	1	4	2	3	II
1766	개오동나무	36.19.38/129.04.29	296	C	401	98.12.23	당산목	P	420/418	1.21	충적대지	입구	알루미늄/상	4	2	3	3	1	02.04.13
	청송/부남/홍원/547		휴식-정자	R	도로,경작지	77	천연기념물	9.9	13/13	3.8		+	시멘트	4	1	4	2	3	II
1767	느티나무	36.19.37/129.04.20	297	N	11-15-3-1	81.07.03	당산목	P	270/200	1.81	계류역	입구	대리석/상	2	1	1	1	1	02.04.13
	청송/부남/대전/134	정자,좌대	제사-신앙	R	경작지,계류	475	보호수	24.6	11/20	5.7			흙	2	1	2	2	1	I
1768	느티나무	36.19.37/129.04.20	297	N				P	220/	1.27	계류역	입구	대리석/상	2	1	1	1	1	02.04.13
	청송/부남/대전/134	정자,좌대	제사-신앙	R	경작지,계류	263	노거수	18.3	20/	4			흙	2	1	2	2	1	I
1769	느티나무	36.21.02/129.03.30	281	N	11-15-3-1-1	81.07.03	정자목	P	400/150	1.91	계류역	입구	대리석/상	3	5	1	2	1	02.04.13
	청송/부남/감연/362-1	시멘좌대	휴식-정자	R	하천,주택	359	보호수	21.4	8/15	6			흙	3	1	3	2	3	II
1770	느티나무	36.21.39/129.21.39	267	C	11-15-2-1-1	81.07.03	정자목	P	270/250	1.03	계류역	입구	대리석/상	1	1	3	1	1	02.04.13
	청송/부동/상평/171	벤치	휴식-정자	R	하천,주택,도로	500	보호수	25.25	12/18	3.25			자갈	1	1	1	2	2	I
1771	비술나무	36.22.44/129.06.10	246	C	99-7	99.04.07	당산목	S	350/350	1.41	충적대지	내부	대리석/상	2	2	1	1	1	02.04.13
	청송/청송/송생/146-5	울타리	제사-신앙	R	경작지,계류	445	보호수	23.8	19/22	4.45			블럭,자갈	2	1	2	1	1	I
1772	느티나무	36.17.16/129.01.09	278	N	11-15-5	81.07.03	거목	P	420/400	2.25	충적대지	내부	대리석/중	4	2	3	2	1	02.04.13
	청송/현동/도평1/749	울타리	휴식-정자	R	주택,도로	227	보호수	17	20/13	7.7	태풍	+	자갈,시멘트	4	1	4	2	4	II
1773	느티나무	36.17.16/129.01.09	278	C				P	420/	2.45	충적대지	내부		4	2	3	2	1	02.04.13
	청송/현동/도평1/749	좌대,벤치	휴식-정자	R	주택,도로	201	노거수	16	18/	7.7		+	자갈,시멘트	4	1	4	2	3	II
1774	향나무	36.16.32/129.01.29	307	C	11-15-4-1	81.07.03	정자목	P	220/200	0.63	충적대지	내부	대리석/상	4	5	4	3	1	02.04.13
	청송/현동/거성/638-5		기타-경관	R	주택,도로	79	보호수	10	6/6	2			시멘트	4	1	4	2	3	II
1775	느티나무	36.14.13/129.01.33	346	N	11-15-4-7-1	81.07.03	정자목	P	270/250	1.44	계류역	내부	대리석/상	3	3	5	5	1	02.04.13
	청송/현동/월매/213		휴식-정자	R	도로,하천	109	보호수	11.8	9/14	4.55			시멘트	3	1	3	2	3	II
1776	말채나무	36.15.19/129.01.15	326	C	11-15-6	81.07.03	정자목	S	370/350	1.06	계류역	입구	대리석/상	1	1	1	1	1	02.04.13
	청송/현동/개일/267	좌대,벤치	휴식-정자	R	하천,주택	269	보호수	18.5	18/15	3.35			흙	1	1	1	2	1	I
1777	향나무	36.17.52/129.00.54	316	N	11-15-4-2	81.07.03	당산목	P	320/300	1.3	계류역	입구	대리석/상	2	5	4	3	1	02.04.13
	청송/현동/인지/216		휴식-정자	R	경작지,주택,계류	109	보호수	11.8	10/14	4.1		+	시멘트	2	1	2	2	2	II
1778	느티나무	36.17.52/129.00.54	316	N				P	320/	1.3	계류역	입구		2	5	3	3	1	02.04.13
	청송/현동/인지/216		휴식-정자	R	경작지,주택,계류	254	노거수	18	18/	4.1		+	시멘트	2	1	2	2	1	II
1779	느티나무	36.17.52/129.00.54	316	C				P	320/	1.14	계류역	입구		2	5	4	3	1	02.04.13
	청송/현동/인지/216		휴식-정자	R	경작지,주택,계류	254	노거수	18	18/	3.6		+	시멘트	2	1	2	2	2	II
1780	느티나무	36.18.49/128.59.35	284	N				S	300/	1.78	산비탈	측면		2	1	1	1	1	03.06.18
	청송/현동/인지리		기타-경관	R	임야,경작지	415	노거수	23	18/	5.6			흙	2	1	2	1	1	I
1781	느티나무	36.18.55/128.59.24	286	N	11-15-5-1	81.07.03	정자목	P	220/200	1.09	계류역	내부	대리석/중	1	5	5	3	1	02.04.13
	청송/인덕/신성1/29		휴식-정자	R	하천,도로,주택	452	보호수	24	20/14	3.45			시멘트	1	1	1	2	1	II
1782	느티나무	36.18.55/128.59.24	286	N				P	220/	1.36	계류역	내부		1	5	5	3	1	02.04.13
	청송/인덕/신성1/29		휴식-정자	R	하천,도로,주택	441	노거수	23.7	20/	4.3			시멘트	1	1	1	2	1	II
1783	느티나무	36.19.30/128.59.19	277	N				S	200/	1.27	계류역	측면		1	2	3	1	1	03.06.18
	청송/안덕/신성리148-1		휴식-정자	R	하천,주택	346	노거수	21	23/	4			자갈,시멘트	1	1	1	2	1	I
1784	상수리나무나무	36.19.36/128.59.13	296	N				P	200/	0.98	계류역	측면		1	1	2	1	1	03.06.19
	청송/안덕/신성/산6		기타-경관	R	하천,도로,경작지	336	노거수	20.7	22/	3.1			시멘트	1	1	1	2	1	I

1785	느티나무	36.21.24/128.59.45	256	N	11-15-5-2	81.07.03	정자목	S	220/200	1.08	충적대지	입구	대리석/중	3	1	3	1	1	03.06.19
	청송/안덕/고와/35		휴식-정자	R	경작지,도로	139	보호수	13.3	10/7	3.4			흙	3	1	3	2	3	II
1786	왕버들	36.18.12/128.58.43	285	N	99-9	99.04.07	당산목	S	300/300	1.08	계류역	기타	대리석/상	1	1	3	1	1	02.04.13
	청송/안덕/신성/600		기타-경관	R	하천,도로	227	보호수	17	17/17	3.4		+	흙	2	1	1	1	1	I
1787	음나무	36.18.05/128.57.53	321	N	11-15-7	81.07.03	당산목	P	370/350	0.95	산비탈	후방	대리석/상	2	1	1	1	1	02.04.13
	청송/안덕/명당/99	울타리	기타-경관	R	경작지,임야	227	보호수	17	22/20	3			흙	2	1	2	1	1	I
1788	음나무	36.18.05/128.57.53	321	N				P	370/	0.57	산비탈	후방		2	1	1	1	1	02.04.13
	청송/안덕/명당/99	울타리	기타-경관	R	경작지,임야	227	노거수	17	10/	1.8			흙	2	1	2	1	1	I
1789	느티나무	36.15.42/128.57.26	322	N		81.07.03		P	270/250	1.91	계류역	내부	대리석/상	3	2	1	3	1	02.04.13
	청송/인덕/덕성/543		휴식-정자	R	도로,계류,주택	206	노거수	16.2	12/15	6			시멘트	3	3	3	2	3	II
1790	향나무	36.16.53/128.59.00	332	C	313	82.11.04	희귀목	S	400/400	1.36	산비탈	후방	알미늄/상	1	1	1	1	1	02.04.13
	청송/인덕/장전/산18		기타-경관	R	경작지,임야	254	천연기념물	18	7.5/7.5	4.3			흙	3	1	1	1	2	I
1791	느티나무	36.14.07/128.55.52	405	N	2002-6	02.10.24	정자목	S	250/350	1.67	계류역	입구		3	2	3	2	1	03.06.19
	청송/현서/백자/674	벤치	휴식-정자	R	도로,계류	235	보호수	17.3	17/17	5.25			시멘트	3	1	3	2	3	II
1792	느티나무	36.13.36/128.54.01	391	N	11-15-6-8-1	81.07.03	정자목	P	220/220	1.06	충적대지	기타	대리석/상	1	2	5	1	1	02.04.28
	청송/현서/도/109	벤치	휴식-정자	R	임야,하천	349	보호수	21.1	20/13	3.35			시멘트	1	1	1	2	1	I
1793	느티나무	36.13.12/128.51.06	384	N				S	500/	2.93	계류역	측면		1	2	3	1	1	02.04.28
	청송/현서/도리		휴식-정자	R	경작지	452	노거수	24	14/	9.2			시멘트	2	1	2	2	2	I
1794	느티나무	36.11.33/128.54.56	424	N				P	250/	1.51	충적대지	입구		1	2	3	1	1	03.06.19
	청송/현서/사촌리		휴식-정자	R	경작지	633	노거수	28.4	17/	4.75			시멘트	1	1	1	2	1	I
1795	느티나무	36.13.02/128.54.17	389	N	11-15-6-7-1	81.07.03	당산목	P	270/250	1.14	충적대지	측면		1	2	3	1	1	02.04.28
	청송/현서/월정/164	효부각	휴식-정자	R	경작지,도로	327	보호수	20.4	12/17	3.6			시멘트	1	1	1	1	1	I
1796	향나무	36.13.04/128.54.20	402	C	108	95.06.30	경관목	P	350/350	0.8	계류역	측면	알미늄/상	2	1	1	1	1	02.04.28
	청송/현서/월정/264	침류정	기타-경관	R	임야,계류	28	도기념물	6	10/10	2.5			흙	3	1	2	2	3	I
1797	회화나무	36.13.04/128.54.20	408	C				P	150/	0.95	계류역	측면		1	1	1	1	1	02.04.28
	청송/현서/월정/264		기타-경관	R	임야,계류	79	노거수	10	17/	3			흙	1	1	1	1	1	I
1798	회화나무	36.13.04/128.54.20	408	C				P	150/	0.86	계류역	측면		1	1	1	1	1	02.04.28
	청송/현서/월정/264	침류정	기타-경관	R	임야,계류	64	노거수	9	16/	2.7			흙	1	1	1	1	1	I
1799	느티나무	36.17.15/128.55.28	328	N				S	250/	1.3	충적대지	후방		1	2	3	1	1	03.06.19
	청송/두현		휴식-정자	R	경작지	394	노거수	22.4	19/	4.1			시멘트	1	1	1	2	1	I
1800	버드나무	36.16.56/128.56.34	322	N	11-15-9	81.07.03	기형목	S	510/510	1.59	계류역	기타	대리석/상	3	1	1	1	1	02.04.28
	청송/안덕/감은2/509-1		기타-경관	R	하천	38	보호수	7	13/13	5			흙	3	1	3	1	2	I
1801	느티나무	36.39.03 /129.06.43	255	N	11-16-1	82.11.10	동신목	S	420/400	1.7	계류역	기타	알미늄/상	1	1	1	1	1	02.04.21
	영양/영양/현 1/384-12		제사-신앙	R	경작지,계류	238	보호수	17.4	18/18	5.3			흙	1	1	1	2	1	I
1802	느티나무	36.41.08 /129.07.37	294	N	11-16-5	82.11.10	당산목	S	280/370	2.0	충적대지	입구	대리석/상	2	2	3	1	3	02.04.21
	영양/일월/곡강/181		제사-신앙	R	경작지,도로	697	보호수	29.8	18/19	6.2			시멘트,흙	2	3	2	2	1	II
1803	느티나무	36.41.53 /129.07.49	292	C	11-16-4	82.11.10	당산목	S	370/370	1.7	충적대지	입구	대리석/상	3	1	2	1	1	02.04.21
	영양/일원/도계 1리		제사-신앙	R	경작지,학교	487	보호수	24.9	18/16	5.3	인재		자갈	3	2	3	2	3	II
1804	졸참나무	36.44.22 /129.08.18	342	N	11-16-4-6-17	82.11.10	당산목	P	150/270	1.0	기타	입구		1	1	1	1	1	02.04.21
	영양/일원/오리/115	당집	제사-신앙	R	경작지,도로	401	보호수	22.6	18/13	3.3			시멘트	1	1	1	1	1	I
1805	졸참나무	36.44.22 /129.08.18	342	N				P	150/	1.0	기타	입구		1	1	1	1	1	02.04.21
	영양/이월/오리/115	당집	제사-신앙	R	경작지,도로	222	노거수	16.8	15/	3.0			흙	1	1	1	1	1	I

1806	졸참나무	36.44.22 /129.08.18	342	N				P	150/	1.0	기타	입구		1	1	1	1	1	02.04.21
	영양/이월/오리/115	당집	제사-신앙	R	경작지.도로	295	노거수	19.4	16/	3.2			흙	1	1	1	1	1	I
1807	소나무	36.47.03 /129.07.51	468	N	11-16-4-13	93.07.07	당산목	P	260/260	1.1	계류역	후방	알미늄/상	1	1	1	1	1	02.04.21
	영양/일원/용화 1리282	당집	제사-신앙	R	경작지.임야.계류	298	보호수	19.5	23/20	3.4			흙	1	1	1	1	1	I
1808	소나무	36.47.03 /129.07.51	468	N	11-16-4-13	93.07.07	당산목	P	260/260	1.1	계류역	후방	알미늄/상	1	1	1	1	1	02.04.21
	영양/일원/용화 1리282	당집	제사-신앙	R	경작지.계류.임야	383	보호수	22.1	23/	3.6			흙	1	1	1	1	1	I
1809	느티나무	36.45.46 /129.11.59	436	C	11-16-5-7	82.11.10	당산목	P	120/250	0.9	충적대지	입구	대리석/상	2	2	2	2	1	02.04.21
	영양/수비/발리/531	벤치	휴식-정자	R	도로.주택.경작지	240	보호수	17.5	17/15	2.8			시멘트.자갈.흙	2	2	2	2	2	I
1810	느티나무	36.45.46 /129.11.59	436	C	11-16-5-7	82.11.10	당산목	P	200/250	1.3	충적대지	입구	대리석/상	2	2	3	1	1	02.04.21
	영양/수비/발리/531	벤치	제사-신앙	R	도로.주택	191	보호수	15.6	19/	4.0			자갈	2	1	2	2	2	I
1811	느티나무	36.45.46 /129.11.59	436	C	11-16-5-7	82.11.10	당산목	P	100/250	0.9	충적대지	입구	대리석/상	1	2	3	2	1	02.04.21
	영양/수비/발리/531	벤치	휴식-정자	R	도로.주택	106	보호수	11.6	18/	2.9			자갈.시멘트	1	1	1	2	1	I
1812	돌돌배나무	36.45.06 /129.12.04	448	N	11-16-6-8	82.11.10	당산목	P	200/200	0.5	계류역	측면	대리석/상	2	1	2	1	1	02.04.21
	영양/수비/오기/766	좌대	제사-신앙	R	경작지.계류	327	보호수	20.4	16/17	1.5	태풍		자갈	2	1	2	2	2	I
1813	상수리나무나무	36.43.21 /129.11.56	470	N	11-16-5-6-20	82.11.10	당산목	P	200/200	0.9	계류역	입구	알미늄/상	1	2	2	1	1	02.04.03
	영양/수비/오기 2/ 519-3		제사-신앙	R	임야.도로.계류	441	보호수	23.7	24/18	3.0	인재		시멘트	1	1	1	2	1	I
1814	떡갈나무	36.45.12 /129.13.14	446	N				P	200/	0.9	계류역	입구		1	1	2	1	1	02.04.21
	영양/수비/신원/482	벤치. 정자	제사-신앙	R	경작지.계류	254	노거수	18.0	18/	3.0	인재		자갈	1	1	1	2	1	I
1815	떡갈나무	36.45.12 /129.13.14	446	N				P	150/	0.7	계류역	입구		1	1	1	1	1	02.04.21
	영양/수비/신원/482	벤치. 정자	제사-신앙	R	경작지.계류	161	노거수	14.3	18/	2.3	인재		흙	1	1	1	2	1	I
1816	느티나무	36.45.12 /129.13.14	446	N	11-16-5-10	82.11.10	당산목	P	100/200	0.8	계류역	입구	알미늄/상	1	1	1	1	1	02.04.21
	영양/수비/신원 1/482	벤치. 정자	휴식-정자	R	경작지.계류	154	보호수	14.0	19/14	2.7			자갈	1	1	1	2	1	I
1817	졸참나무	36.41.47 /129.11.58	381	N	11-3-5-1-28	95.11.08	동신목	P	250/300	1.1	산비탈	입구	알미늄/상	1	1	1	1	1	02.04.27
	영양/수비/송하/274		기타-경관	R	임야.도로	483	보호수	24.8	20/20	3.5	인재		흙	1	1	1	1	1	I
1818	느티나무	36.40.24 /129.14.10	509	N				P	300/	1.2	계류역	입구		2	2	3	3	1	02.04.21
	영양/영양/가산/34	정자. 좌대	휴식-정자	R	도로.주택.경작지	373	노거수	21.8	21/21	3.8	인재		시멘트	3	1	2	2	2	II
1819	느티나무	36.40.24 /129.14.10	509	N				P	300/	1.4	계류역	입구		2	2	3	3	1	02.04.21
	영양/영양/가산/34	정자. 좌대	제사-신앙	R	도로.주택.경작지	340	노거수	20.8	21/21	4.4	인재		시멘트	2	1	2	2	2	II
1820	느티나무	36.42.50 /129.06.22	314	C	11-16-4-6	82.11.10	풍치목	P	250/270	1.5	충적대지	입구	대리석/상	1	2	2	1	1	02.04.21
	영양/일월/주곡/261-3	조지훈시비	제사-신앙	R	도로.경작지	572	보호수	27.0	24/15	4.8	인재		시멘트	1	1	1	2	1	I
1821	느티나무	36.45.10 /129.05.19	353	C				P	120/	0.9	충적대지	입구		1	1	2	1	1	02.04.21
	영양/일월/도곡리	벤치	휴식-정자	R	도로.경작지	272	노거수	18.6	23/	2.8	인재		시멘트	1	1	1	2	1	I
1822	느티나무	36.45.10 /129.05.19	353	C				P	120/	1.3	충적대지	입구		1	2	2	1	1	02.04.21
	영양/일월/도곡리	벤치	휴식-정자	R	도로.경작지	665	노거수	29.1	23/	4.0	인재		시멘트	1	1	1	2	1	I
1823	느티나무	36.45.10 /129.05.19	353	C				P	120/	0.8	충적대지	입구		1	2	2	1	1	02.04.21
	영양/일월/도곡리	벤치	휴식-정자	R	도로.경작지	177	노거수	15.0	23/	2.5	인재		시멘트	1	1	1	2	1	I
1824	느티나무	36.45.10 /129.05.19	353	C				P	120/	1.0	충적대지	입구		1	1	1	1	1	02.04.21
	영양/일월/도곡리	벤치	휴식-정자	R	도로.경작지	302	노거수	19.6	23/	3.0	인재	+	흙	1	1	1	2	1	I
1825	느티나무	36.45.10 /129.05.19	353	C				P	120/	1.1	충적대지	입구		1	1	1	1	1	02.04.21
	영양/일월/도곡리	벤치	휴식-정자	R	도로	615	노거수	28.0	23/	3.5			흙	1	1	1	2	1	I
1826	느티나무	36.45.44 /129.01.44	389	N	11-16-3-17-16	82.11.10	당산목	S	180/160	1.3	충적대지	입구	대리석/상	1	2	2	1	1	02.04.21
	영양/청기/행화/237-4	당집. 시멘좌대. 정자	제사-신앙	R	도로.경작지.계류	376	보호수	21.9	16/13	4.0	인재		시멘트	2	1	1	2	3	I

1827	느티나무	36.44.53 /129.01.54	335	N	11-16-3-15-15	82.11.10	당산목	S	300/150	2.0	충적대지	입구	대리석/상	2	2	3	2	1	02.04.21
	영양/청기/무진/137-1	정자	휴식-정자	R	경작지, 주택	295	보호수	19.4	17/16	6.3	인재		시멘트	2	1	2	2	2	I
1828	음나무	36.42.59 /129.03.13	325	N	11-16-3-4	82.11.10	당산목	P	270/250	1.0	산비탈	기타		1	1	1	1	1	02.04.21
	영양/청기/토구/273	돌담	제사-신앙	R	임야	298	보호수	19.5	19/16	3.0	인재		흙	1	1	1	2	1	I
1829	음나무	36.42.59 /129.03.13	325	N				P	120/	0.6	산비탈	기타		1	1	1	1	1	02.04.21
	영양/청기/토구/273	돌담	제사-신앙	R	임야	149	노거수	13.8	19/	2.0	인재		흙	1	1	1	1	1	I
1830	소나무	36.41.50 /129.03.18	287	N	11-16-3-9-16	82.11.10	경관목	S	250/250	0.9	산비탈	기타	알미늄/상	2	1	4	1	1	02.04.21
	영양/청기/정족/86		기타-경관	R	도로, 묘지	249	보호수	17.8	6/	2.9	인재		흙	2	2	2	1	1	I
1831	이팝나무	36.41.45 /129.03.28	289	C	11-16-3-9-15	82.11.10	당산목	S	200/200	1.0	충적대지	기타	알미늄/상	3	2	3	3	1	02.04.21
	영양/청기/정족/66-3		기타-경관	R	도로, 경작지	113	보호수	12.0	14/	3.0	인재		시멘트	3	1	3	2	3	II
1832	느티나무	36.41.44 /129.03.44	287	N	11-16-3-9-14	82.11.10	당산목	P	200/180	1.3	계류역	기타	알미늄/상	1	1	2	1	1	02.04.21
	영양/청기/정족/113-4	벤치, 좌대, 보호책	제사-신앙	R	도로, 경작지, 계류	277	보호수	18.8	18/	4.0	인재		시멘트, 자갈	1	1	1	2	1	I
1833	느티나무	36.41.44 /129.03.44	287	N				P	150/	0.9	계류역	입구	알미늄/상	1	1	2	1	1	02.04.21
	영양/청기/정족/113-4	벤치, 좌대, 보호책	제사-신앙	R	도로, 경작지, 계류	249	노거수	17.8	18/	3.0	인재		시멘트, 자갈	1	1	1	2	1	I
1834	느티나무	36.41.44 /129.03.34	265	N	11-16-3-8-13	82.11.10	당산목	S	200/110	1.5	계류역	기타		1	1	1	1	1	02.04.21
	영양/청기/정족/1154		기타-경관	R	경작지, 계류	387	보호수	22.2	12/17	4.8			자갈	1	1	1	1	1	I
1835	눈향나무	36.39.26 /129.03.55	253	C	11-16-3-6-24	82.11.10	정자목	S	300/300	0.7	충적저지	입구	알미늄/상	1	1	4	1	1	02.04.21
	영양/청기/청기 1/805		기타-경관	R	경작지, 도로	92	보호수	10.8	5/10	2.2			시멘트	1	1	1	3	3	I
1836	소나무	36.39.12 /129.03.56	246	C	11-16-3-6-12	82.11.10	정자목	S	150/110	0.9	충적저지	입구	알미늄/상	1	2	3	1	1	02.04.21
	영양/청기/청기 1/296-1		기타-경관	R	도로	191	보호수	15.6	16/18	2.8			시멘트	1	1	1	2	2	I
1837	느티나무	36.39.12 /129.03.56	246	N				P	120/	1.1	계류역	기타		1	4	4	1	1	02.04.21
	영양/청기/청기/108	체육시설	휴식-정자	R	하천, 도로	333	노거수	20.6	17/	3.5			시멘트	1	1	1	2	1	I
1838	느티나무	36.37.58 /129.04.10	225	N	11-16-3-2-9	82.11.10	정자목	P	250/190	1.4	산비탈	기타		1	1	1	1	1	02.04.21
	영양/청기/상청/788-3		기타-경관	R	경작지	707	보호수	30.0	20/15	4.3			흙	1	1	1	1	1	I
1839	느티나무	36.37.58 /129.04.10	225	N				P	200/	1.3	기타	기타		1	1	1	1	1	02.04.21
	영양/청기/상청/788-3		제사-신앙	R	경작지	707	노거수	30.0	21/	4.1			흙	1	1	1	1	1	I
1840	느티나무	36.38.57 /129.02.12	259	N	11-16-3-2-10	82.11.10	당산목	P	200/210	1.3	계류역	입구		1	2	3	1	1	02.04.21
	영양/청기/구매/642-2		휴식-정자	R	주택, 계류	330	보호수	20.5	11/18	4.2			시멘트	1	1	1	2	3	I
1841	느티나무	36.38.57 /129.02.12	259	C				P	300/	1.3	계류역	입구		1	2	3	3	1	02.04.21
	영양/청기/구매/642-2		휴식-정자	R	주택, 계류, 도로	376	노거수	21.9	16/	4.0			시멘트	1	1	1	2	1	I
1842	느티나무	36.38.57 /129.02.12	259	C				P	300/	1.3	계류역	입구		3	2	3	3	1	02.04.21
	영양/청기/구매/642-2		휴식-정자	R	주택, 계류, 도로	209	노거수	16.3	14/	4.0			시멘트	3	1	3	3	3	II
1843	느티나무	36.39.11 /129.01.32	273	N	11-16-3-5-11	82.11.10	당산목	P	250/210	1.6	계류역	측면	알미늄/상	1	2	2	1	1	02.04.21
	영양/청기/구매/866		제사-신앙	R	경작지, 계류	547	보호수	26.4	25/14	5.0			시멘트	1	1	1	2	1	I
1844	느티나무	36.39.11 /129.01.32	273	N				P	150/	1.2	계류역	측면		3	2	2	1	1	02.04.21
	영양/청기/구매/866		휴식-정자	R	경작지, 계류	184	노거수	15.3	18/	3.8			시멘트	3	1	3	2	3	II
1845	느티나무	36.39.38 /129.00.49	303	N				P	350/	1.4	계류역	입구	알미늄/상	3	2	4	3	1	02.04.21
	영양/청기/구매/221		제사-신앙	R	계류, 도로	327	노거수	20.4	15/	4.5			시멘트	3	1	3	2	3	II
1846	느티나무	36.39.38 /129.00.49	303	N				P	150/	1.0	계류역	입구		2	2	4	3	1	02.04.21
	영양/청기/구매리		휴식-정자	R	계류, 도로	179	노거수	15.1	17/	3.3			시멘트	2	1	2	2	3	II
1847	은행나무	36.36.29 /129.04.18	215	C	11-16-3	82.11.10	명목	S	420/400	1.9	충적대지	내부	알미늄/상	2	1	1	1	1	02.04.21
	영양/입안/연당/431	연못, 정자	기타-경관	R	주택, 도로	437	보호수	23.6	15/20	5.9			흙	2	1	2	2	1	I

1848	느릅나무	36.37.25 /129.02.08	257	C	11-16-2-6-5	82.11.10	정자목	S	300/200	1.5	계류역	기타	알미늄/상	2	2	2	1	1	02.04.21
	영양/입안/금학/하천 88		휴식-정자	R	계류,도로	506	보호수	25.4	25/18	4.6			시멘트	2	1	2	2	1	I
1849	느티나무	36.35.58 /129.02.01	248	N	11-16-2-7-6	82.11.10	동신목	S	200/150	0.8	산비탈	기타		3	1	1	1	1	02.04.21
	영양/입안/대천/455		기타-경관	R	임야,경작지	269	보호수	18.5	16/13	2.5			바위	3	2	3	1	1	I
1850	느티나무	36.34.20 /129.05.25	207	N	11-16-2-3	82.11.10	당산목	P	200/230	1.3	계류역	기타		1	1	1	1	1	02.04.21
	영양/입안/노달/336		휴식-정자	R	하천변	624	보호수	28.2	21/14	4.2			자갈	1	1	1	2	1	I
1851	음나무	36.34.17 /129.04.46	230	N	11-16-2-14-7	82.11.10	당산목	P	150/150	0.6	계류역	기타	알미늄/상	3	1	1	1	1	02.04.21
	영양/입안/교/161-1		휴식-정자	R	경작지,계류	58	보호수	8.6	11/16	2.0			자갈,흙	3	1	3	2	1	I
1852	느티나무	36.33.11 /129.06.22	224	N	11-16-2-18-8	82.11.10	당산목	P	220/200	1.2	충적대지	내부	알미늄/상	2	1	1	1	1	02.04.21
	영양/입안/방전/417		제사-신앙	R	주책,경작지	349	보호수	21.1	8/12	3.7			흙	2	2	2	2	1	I
1853	느티나무	36.30.47 /129.10.55	298	C	11-16-6-12	82.11.10	당산목	P	270/270	1.6	충적대지	입구	알미늄/상	2	2	2	2	1	02.04.21
	영양/석보/화매 2/547-2	좌대	휴식-정자	R	주책,경작지,도로	370	보호수	21.7	19/19	5.2			시멘트,블럭	3	1	2	2	2	I
1854	느티나무	36.30.47 /129.10.55	298	C				P	150/	1.3	충적대지	입구		2	3	3	2	1	02.04.21
	영양/석보/화매 2/547-2	벤치	휴식-정자	R	주책,경작지,도로	448	노거수	23.9	18/	4.1			시멘트,블럭	2	1	2	2	2	II
1855	느티나무	36.31.31 /129.10.29	279	N	11-16-6-11	82.11.10	당산목	P	720/700	2.2	충적대지	기타	알미늄/상	5	2	4	1	1	02.04.21
	영양/석보/택전 2/850		제사-신앙	R	계류,경작지,도로	61	보호수	8.8	13/14	7.0		+	시멘트	5	1	5	2	4	II
1856	느티나무	36.32.39 /129.08.32	233	N				P	250/	1.7	계류역	입구		1	2	1	1	1	02.04.21
	영양/석보/탑골 1리		휴식-정자	R	계류,도로	275	노거수	18.7	24/	5.2			흙	3	2	1	2	1	I
1857	소나무	36.32.25 /129.08.27	303	N	339	82.11.10	동신목	S	420/410	1.4	산비탈	기타	알미늄/상	1	1	1	1	1	02.04.21
	영양/석보/탑골 1/산159	울타리	기타-경관	R	임야	330	천연기념물	20.5	15/24	4.4			흙	2	1	1	1	1	I
1858	느티나무	36.35.09 /129.10.24	287	N	11-16-6-20-23	82.11.10	동신목	P	200/200	1.1	계류역	내부	대리석/상	3	2	2	1	1	02.04.21
	영양/석보/흥계 175	벤치	제사-신앙	R	하천변	320	보호수	20.2	17/13	3.4	태풍		시멘트,자갈	3	1	3	2	2	II
1859	느티나무	36.35.09 /129.10.24	287	N				P	300/	1.5	계류역	내부		4	3	3	2	1	02.04.21
	영양/석보/흥계 175		제사-신앙	R	계류,도로	119	노거수	12.3	10/	4.7			시멘트	4	1	4	2	4	II
1860	느티나무	36.34.12 /129.09.43	253	C				S	500/	1.9	계류역	입구		2	2	4	2	1	02.04.21
	영양/석보/주남리	벤치	휴식-정자	R	계류,도로,경작지	491	노거수	25.0	19/	6.1	인재		시멘트	2	1	2	2	2	II
1861	눈향나무	36.33.19 /129.07.52	241	C	11-16-6-2-25	82.11.10	경관목	S	110/210	0.5	기타	내부	알미늄/상	1	1	1	1	1	02.04.21
	영양/석보/원/2/320		기타-경관	R	주택	50	보호수	8.0	13/15	1.7			흙	1	1	1	2	1	I
1862	느티나무	36.33.52 /129.07.41	215	N	11-16-6-5-21	82.11.10	당산목	S	250/220	1.3	산비탈	후방		5	1	1	2	1	02.04.21
	영양/석보/옥계 1/107		기타-경관	R	임야	79	보호수	10.0	14/18	4.0	낙뢰		흙	5	1	5	1	5	II
1863	느티나무	36.33.52 /129.07.47	215	N				S	150/	0.8	계류역	내부		4	5	4	3	1	02.04.21
	영양/석보/옥계 1리		제사-신앙	R	임야	31	노거수	6.3	9/	2.7			시멘트	4	1	4	2	3	II
1864	왕버들	36.38.51 /129.09.28	266	N	11-16-1-14-4	82.11.10	동신목	S	220/200	1.3	계류역	입구	"대리석,알미늄"/상	1	2	3	3	1	02.04.21
	영양/영양/대천 1/427-1	시멘좌대, 정자	제사-신앙	R	도로,경작지,계류	336	보호수	20.7	10/11	4.1			시멘트,자갈	1	1	1	2	2	I
1865	느티나무	36.39.30 /129.08.29	266	N	11-16-1-1	82.11.10	당산목	S	600/250	2.4	계류역	입구	대리석/상	1	1	3	1	1	02.04.21
	영양/영양/하원/73	정자, 좌대	제사-신앙	R	도로,주택,계류	311	보호수	19.9	12/20	7.5			자갈	2	1	1	2	1	I
1866	느티나무	36.39.46 /129.08.34	244	N				S	270/	1.0	계류역	기타		1	1	1	1	1	02.04.21
	영양/영양/하원 351	벤치	휴식-정자	R	도로,경작지,계류	314	노거수	20.0	11/18	3.0			흙	1	1	1	2	1	I
1867	느티나무	36.40.18 /129.08.56	' 260	C				S	320/	1.7	충적저지	입구		4	3	3	3	1	02.04.21
	영양/영양/상원1/501	벤치, 좌대	휴식-정자	R	도로,경작지	107	노거수	11.7	320/	5.3	낙뢰		시멘트,자갈	4	1	4	2	3	II
1868	느티나무	36.40.43 /129.08.58	270	N				S	400/	1.5	충적대지	기타		3	2	3	2	1	02.04.21
	영양/영양/상원1/377-1		제사-신앙	R	도로,경작지	240	노거수	17.5	18/	4.7			시멘트	3	2	3	2	3	II

1869	느티나무	36.40.53 /129.09.13	271	N	11-16-2	82.11.10	동신목	P	350/350	1.4	충적대지	후방	대리석/상	3	2	2	2	1	02.04.21
	영양/영양/상원2/928		제사-신앙	R	경작지	346	보호수	21.0	12/17	4.4			시멘트	3	1	3	2	2	II
1870	느티나무	36.40.53 /129.03.13	271	N				P	350/	1.5	계류역	후방		4	2	2	2	1	02.04.21
	영양/영양/상원2/928		제사-신앙	R	경작지,계류	186	노거수	15.4	12/	4.6			시멘트	4	1	4	2	4	II
1871	느티나무	36.41.03 /129.08.30	273	N	11-16-1-14-3	82.11.10	당산목	S	700/350	2.3	충적대지	기타		4	2	2	2	1	02.04.21
	영양/영양/상원3/733	돌제단	제사-신앙	R	경작지	263	보호수	18.3	20/13	7.3	인재		시멘트	5	1	4	2	4	II
1872	느티나무	36.39.50 /129.08.25	272	N	11-16-1-2	82.11.10	당산목	S	300/250	1.6	충적저지	기타	"대리석, 알미늄"/상	2	2	2	1	1	02.04.21
	영양/영양/하원/347		제사-신앙	R	경작지	62	보호수	8.9	12/	5.1	태풍		시멘트	3	1	2	2	3	I
1873	느티나무	36.40.13 /129.07.46	274	N	11-16-1-14-2	82.11.10	당산목	S	150/150	1.2	충적저지	기타	"대리석, 알미늄"/상	4	1	2	1	1	02.04.21
	영양/영양/삼지2/415	좌대, 벤치	제사-신앙	R	경작지	308	보호수	19.8	11/15	3.8			자갈,시멘트	4	1	4	2	4	II
1874	느티나무	36.39.47 /129.06.54	269	C	11-16-1-14-5	96.12.06	경관목	S	200/200	0.8	충적대지	내부	대리석/상	5	2	3	3	1	02.04.18
	영양/영양/서부/379-1	경관	기타-경관	R	관청	87	보호수	10.5	12/13	2.5		+	시멘트	5	1	5	2	4	II
1875	느티나무	36.15.55 /129.22.23	36	N	11-14-4	82.10.29	경관목	S	320/300	#NAME?	충적저지	기타	대리석/상	2	1	3	1	1	02.04.12
	영덕/남정/부경2/345		휴식-정자	R	경작지	564	보호수	#NAME?	18/17	4.75			흙	2	1	2	1	1	I
1876	느티나무	36.17.49 /129.21.48	36	N	2001-6	01.08.06	당산목	S	500/500	1.85	충적저지	기타	대리석/상	2	2	2	1	1	02.04.12
	영덕/남정/봉전/83	정자, 당집, 시멘좌대	제사-신앙	R	경작지	543	보호수	26.3	20/	5.80			시멘트	2	1	2	2	1	I
1877	회화나무	36.19.04 /129.22.55	34	C	11-1	82.10.29	경관목	S	910/910	1.34	산비탈	후방	대리석/상	5	4	4	3	4	02.04.12
	영덕/남정/구계/207	버스간이승차장	휴식-정자	어촌	도로,주택	125	보호수	12.6	15/23	4.20	태풍	+	시멘트	5	1	5	2	5	III
1878	느티나무	36.21.15 /129.22.07	34	N	11-14-2	82.10.29	노목	P	320/300	1.18	계류역	입구	대리석/상	3	2	2	1	1	02.04.12
	영덕/강구/화전 1/517		제사-신앙	R	경작지,도로,계류	193	보호수	15.7	13/14	3.70		+	시멘트,흙	3	1	3	2	2	II
1879	느티나무	36.21.15 /129.22.07	34	N	11-14-2-9-1	82.10.29	당산목	P	250/120	1.32	계류역	입구		3	2	2	1	1	02.04.12
	영덕/강구/화전1/517		제사-신앙	R	경작지,도로,계류	129	보호수	12.8	14/16	4.15			시멘트	3	1	3	2	3	II
1880	느티나무	36.21.28 /129.21.32	39	N	11-14-2-10-1	82.10.29	당산목	S	400/140	2.13	계류역	입구	대리석/상	2	1	1	1	1	02.04.12
	영덕/강구/화전2/230	울타리	제사-신앙	R	경작지,계류	448	보호수	23.9	15/15	6.70			흙	2	2	2	1	1	I
1881	느티나무	36.21.56 /129.21.12	64	N	11-14-3	82.10.29	동신목	S	600/420	2.87	계류역	입구	대리석/상	3	2	2	2	1	02.04.12
	영덕/강구/화전2/517	당집,좌대	제사-신앙	R	경작지,계류,도로	380	보호수	22.0	19/16	9.00	인재		시멘트	5	1	3	2	3	II
1882	소나무	36.23.12 /129.22.16	11	N	11-14-1	82.10.29	경관목	S	370/350	0.96	계류역	입구	대리석/상	2	1	1	1	1	02.04.12
	영덕/영덕/남산/27	울타리	기타-경관	R	도로,계류	170	보호수	14.7	11/13	3.00			흙	2	1	2	1	1	I
1883	느티나무	36.24.10 /129.22.39	33	C	11-14-1-11-1	82.10.29	경관목	P	300/140	1.37	계류역	내부	대리석/상	1	1	1	1	1	02.04.12
	영덕/영덕/우곡/491	울타리	휴식-정자	R	도로,계류,주택	426	보호수	23.3	20/16	4.30			흙	1	3	1	2	1	I
1884	회화나무	36.27.23 /129.21.16	105	C	2000-1	01.08.27	당산목	S	600/600	1.21	계류역	내부		2	2	4	3	1	02.04.12
	영덕/영덕/화전3/524-4		제사-신앙	R	도로,주택,계류	0	보호수	0.0	19/	3.80			자갈,시멘트	2	1	2	2	1	II
1885	느티나무	36.29.20 /129.23.24	60	C	11-14-25	92.04.25	정자목	S	370/370	1.83	충적대지	기타	대리석/상	1	1	1	1	1	02.04.12
	영덕/축산/기암/337-10		휴식-정자	R	경작지	467	보호수	24.4	18/16	5.75		+	자갈	3	1	1	2	1	I
1886	느티나무	36.30.01 /129.22.50	57	N	11-14-10	82.10.29	동신목	P	200/360	1.14	계류역	입구	대리석/상	1	1	3	2	1	02.04.12
	영덕/축산/부곡/20		제사-신앙	R	계류,경작지	196	보호수	15.8	16/15	3.57			자갈	1	1	1	2	1	I
1887	느티나무	36.31.59 /129.24.40	50	N	11-14-1-2	82.10.29	동신목	S	470/470	0.94	충적대지	내부		5	5	5	5	1	02.04.12
	영덕/영해/성내2/326-2	당집,벤치	제사-신앙	R	도로,주택	90	보호수	10.7	5/8	2.95	태풍		시멘트	5	1	5	1	5	II
1888	팽나무	36.32.08 /129.24.54	40	C	11-14-16	82.10.29	경관목	S	320/320	0.92	충적대지	내부	대리석/상	1	1	1	1	1	02.04.12
	영덕/영해/괴시3/408	벤치	기타-경관	R	운동장	246	보호수	17.7	12/17	2.90			자갈	1	1	1	2	1	I
1889	소나무	36.32.21 /129.24.53	23	N	11-17-17	96.09.09	경관목	S	400/400	1.11	충적대지	내부	대리석/상	2	1	1	1	1	02.04.12
	영덕/영해/괴시/115		기타-경관	R	운동장,교사	302	보호수	19.6	12/13	3.50			흙	2	1	2	1	1	I

1890	팽나무	36.33.10 /129.25.27	10	N	11-14-14	82.10.29	동산목	P	140/420	0.94	계류역	입구	대리석/상	2	2	3	2	1	02.04.12
	영덕/영해/괴시2/549-2		제사-신앙	R	도로,계류	260	보호수	18.2	10/14	2.95			시멘트	2	1	2	2	2	I
1891	느티나무	36.32.06 /129.24.33	39	N	11-14-1-3	82.10.29	당산목	P	380/380	1.46	산비탈	내부	대리석/상	4	1	2	3	1	02.04.12
	영덕/영해/성내1/677		제사-신앙	R	주택,임야	254	보호수	18.0	10/9	4.60			시멘트	4	1	4	2	4	II
1892	은행나무	36.31.45 /129.20.54	70	C	11-14-7-22-1	82.10.29	거목	S	140/120	0.84	계류역	입구	대리석/상	1	2	3	3	1	02.04.12
	영덕/영해/묘곡2/354	벤치	휴식-정자	R	도로,주택,계류	260	보호수	18.2	19/20	2.65			블럭,시멘트	1	1	1	2	1	I
1893	느티나무	36.32.18 /129.22.54	36	N	11-14-7-1	82.10.29	동산목	P	520/330	2.52	충적저지	입구	대리석/상	2	2	2	1	1	02.04.12
	영덕/영해/원구/241-1	좌대,벤치	제사-신앙	R	경작지	531	보호수	26.0	21/21	7.90			블럭	2	1	2	2	1	I
1894	느티나무	36.32.18 /129.22.54	36	N				P	400/	1.67	충적저지	입구		3	3	2	1	1	02.04.12
	영덕/영해/원구/241-1	좌대,벤치	제사-신앙	R	경작지	531	노거수	26.0	20/	5.25			블럭	3	1	3	2	2	II
1895	느티나무	36.32.21 /129.21.56	54	N	11-14-15	82.10.29	동산목	P	600/370	2.12	충적대지	후방	대리석/상	1	2	2	1	1	02.04.12
	영덕/영해/원구2/851	당집	제사-신앙	R	경작지	527	보호수	25.9	21/25	6.65			블럭	1	3	1	2	1	I
1896	느티나무	36.32.21 /129.21.56	54	N				P	150/	0.92	충적대지	후방		3	2	2	2	1	02.04.12
	영덕/영해/원구2/851		제사-신앙	R	경작지	186	노거수	15.4	18/	2.90			블럭	1	2	3	2	1	I
1897	졸참나무	36.32.34 /129.20.36	78	N	11-17-9-13-2	96.12.06	정자목	S	420/420	1.32	계류역	내부	대리석/상	2	1	1	1	1	02.04.12
	영덕/창수/신기/198-3		휴식-정자	R	주택,계류,경작지	129	보호수	12.8	14/15	4.15			흙	2	1	2	2	3	I
1898	느티나무	36.34.18 /129.16.42	39	N	11-5	82.10.29	당산목	P	1000/630	2.34	계류역	내부	대리석/상	4	1	1	1	1	02.04.12
	영덕/창수/신리2/339		제사-신앙	R	계류,도로	531	보호수	26.0	12/16	7.35		+	흙	4	2	4	1	4	II
1899	느티나무	36.35.24 /129.14.56	285	N	11-14-20	82.10.29	정자목	P	120/200	0.81	계류역	입구		3	2	2	2	1	02.04.12
	영덕/창수/창수/453-1	정자,평상	휴식-정자	R	계류,도로	196	보호수	15.8	14/14	2.55			시멘트	3	1	3	2	3	II
1900	은행나무	36.36.18 /129.19.24	100	C	11-14-9-1	82.10.29	정자목	P	300/290	1.18	계류역	입구	대리석/상	2	1	1	1	1	02.04.12
	영덕/창수/오촌/336-1	울타리	기타-경관	R	도로,임야,계류	161	보호수	14.3	20/23	3.70			흙	2	1	2	1	3	I
1901	상수리나무나무	36.37.38 /129.18.45	142	N	11-17-9-13-3	96.12.06	당산목	P	220/220	0.84	계류역	입구	대리석/상	1	1	2	1	1	02.04.12
	영덕/창수/삼계/264-2	당집	제사-신앙	R	도로,경작지,계류	363	보호수	21.5	21/25	2.65			자갈,시멘트	1	1	1	2	1	I
1902	상수리나무나무	36.37.38 /129.18.45	142	N				P	150/	0.88	계류역	입구		1	2	2	1	1	02.04.12
	영덕/창수/삼계/264-2	당집,벤치	제사-신앙	R	도로,경작지,계류	298	노거수	19.5	23/	2.75			시멘트,자갈	1	1	1	2	1	I
1903	느티나무	36.37.15 /129.19.01	143	N	11-14-21	82.10.29	동산목	S	350/350	1.48	충적저지	기타	대리석/상	1	1	1	1	1	02.04.12
	영덕/창수/삼계/560-1		제사-신앙	R	경작지	607	보호수	27.8	17/15	4.65		+	자갈	2	1	1	1	1	I
1904	느티나무	36.35.07 /129.20.24	77	N	11-14-9-13-1	82.10.29	거목	S	1000/530	2.39	계류역	입구	대리석/상	4	1	1	1	1	02.04.12
	영덕/창수/미곡1/482	평상	휴식-정자	R	도로,경작지	209	보호수	16.3	12/10	7.50			흙	5	2	4	2	4	II
1905	은행나무	36.33.01 /129.22.03	64	C	11-14-22	82.10.29	정자목	S	500/480	1.62	산비탈	후방	대리석/상	1	1	1	1	1	02.04.12
	영덕/창수/인량2/459-1		휴식-정자	R	주택,경작지	452	보호수	24.0	22/25	5.10			자갈	1	1	1	1	1	I
1906	팽나무	36.32.55 /129.22.04	52	N				S	200/	1.07	충적대지	내부		1	1	1	1	1	02.04.12
	영덕/창수/인량2리		휴식-정자	R	도로,주택	302	노거수	19.6	14/	3.35			흙	1	1	1	2	1	I
1907	회화나무	36.32.56 /129.22.27	49	N	11-17-26	96.12.06	경관목	P	250/500	0.84	충적저지	입구	대리석/상	5	2	2	2	1	02.04.12
	영덕/창수/인량/250	당집	제사-신앙	R	도로,경작지	47	보호수	7.7	8/15	2.65	인재		시멘트	5	2	5	2	5	II
1908	회화나무	36.33.12 /129.24.19	46	C	99-21	99.10.07		P	550/550	1.69	기타	내부	대리석/상	5	1	1	1	1	02.04.12
	영덕/병곡/송천/388		기타-경관	R	주택	119	보호수	12.3	14/	5.30			흙	5	1	5	1	5	II
1909	팽나무	36.33.12 /129.24.19	46	C				P	200/	0.91	기타	내부		5	1	1	1	1	02.04.12
	영덕/병곡/송천/388		기타-경관	R	주택	85	노거수	10.4	9/	2.85			흙	5	1	5	1	5	II
1910	팽나무	36.33.15 /129.24.22	50	N	11-14-18	82.10.19	정자목	P	370/370	1.00	충적대지	내부	대리석/상	1	2	2	2	1	02.04.12
	영덕/병곡/송천2/219	벤치	휴식-정자	R	주택	252	보호수	17.9	13/17	3.15			시멘트	1	1	1	1	1	I

1911	회화나무	36.33.15 /129.24.22	50	C				S	250/	1.08	충적대지	내부		5	2	2	2	1	02.04.12
	영덕/병곡/송천2/219	벤치	휴식-정자	R	주택	88	노거수	10.6	9/	3.40			시멘트	5	1	5	2	4	II
1912	느티나무	36.23.16 /129.24.39	17	N	11-14-2-20-1	82.10.29	당산목	P	140/140	0.81	계류역	내부	대리석/상	2	2	2	1	1	02.04.12
	영덕/강구/하저/50	벤치,평상	휴식-정자	R	주택,계류	201	보호수	16.0	25/20	2.55			시멘트,블럭	2	1	2	2	1	I
1913	회화나무	36.23.16 /129.24.39	17	C				P	140/	0.91	계류역	내부		3	3	2	2	1	02.04.12
	영덕/강구/하저/50	벤치,평상	휴식-정자	R	주택,계류	292	노거수	19.3	25/	2.85			시멘트,블럭	2	1	3	2	3	II
1914	느티나무	36.24.01 /129.25.31	32	N	11-14-1-2-3-1	82.10.29	동신목	P	270/270	1.11	계류역	후방	대리석/상	1	1	1	1	1	02.04.12
	영덕/영덕/대부/255	당집	제사-신앙	R	계류,경작지	302	보호수	19.6	17/13	3.50			흙	1	1	1	1	1	I
1915	느티나무	36.29.47 /129.26.06	41	N	11-3	82.10.29	동신목	P	520/500	2.58	계류역	기타	대리석/상	3	2	2	1	1	02.04.12
	영덕/축산/축산2/584	당집,벤치	제사-신앙	R	계류,경작지	669	보호수	29.2	18/15	8.10			블럭	3	1	3	2	2	II
1916	느티나무	36.28.53 /129.26.03	32	N	11-14-1-1	82.10.29	동신목	S	380/630	0.89	계류역	내부	대리석/상	4	4	4	3	1	02.04.12
	영덕/축산/경정1/405	당집	제사-신앙	R	주택,도로,계류	172	보호수	14.8	12/14	2.80		+	시멘트,자갈	4	1	4	2	5	II
1917	향나무	36.28.16 /129.26.10	23	N	11-4	82.10.29	노목	S	1000/520	0.20	바닷가	측면		1	1	1	1	1	02.04.12
	영덕/축산/경정3/647		기타-경관	R	도로,바다	28	보호수	6.0	1.5/2	0.64			흙	1	1	1	1	1	I
1918	느티나무	36.15.25 /129.19.43	92	N	11-14-9	82.10.29	정자목	S	320/320	1.46	충적저지	입구	대리석/상	4	1	1	1	1	02.04.12
	영덕/지품/오천/207-3		휴식-정자	R	경작지,주택	206	보호수	16.2	9/11	4.60		+	흙	4	1	4	2	4	II
1919	느티나무	36.25.38 /129.18.39	60	N	11-14-5-1	82.10.29	경관목	S	270/270	1.67	계류역	입구	대리석/상	2	2	2	2	1	02.04.12
	영덕/지품/신양/41-2		휴식-정자	R	도로,경작지,계류	165	보호수	14.5	13/16	5.25			시멘트	2	1	2	2	2	I
1920	소태나무	36.23.29 /129.15.33	115	N	11-14-5	82.10.29	동신목	P	420/420	0.85	계류역	내부	대리석/중	2	2	2	2	1	02.04.12
	영덕/달산/용전/199	당집	제사-신앙	R	주택,계류	203	보호수	16.1	15/15	2.67			돌,시멘트	2	2	2	2	3	II
1921	고욤나무	36.23.29 /129.15.33	115	N				P	100/	0.62	계류역	내부		1	2	2	2	1	02.02.12
	영덕/달산/용전/199	당집	제사-신앙	R	주택,계류	127	노거수	12.7	14/	1.95			돌,시멘트	1	1	1	2	3	I
1922	느티나무	36.25.42 /129.18.30	72	N	11-14-8	82.10.29	동신목	S	320/320	1.53	계류역	기타	대리석/상	1	2	2	2	1	02.04.12
	영덕/지품/신양/62		제사-신앙	R	경작지	510	보호수	25.5	17/16	4.80			시멘트	1	1	1	2	1	I
1923	느티나무	36.25.48 /129.17.22	109	N	11-14-6	82.10.29	동신목	P	370/370	2.01	계류역	입구	대리석/중	3	1	1	3	1	02.04.12
	영덕/지품/눌곡/586	당집	제사-신앙	R	임야,계류	317	보호수	20.1	14/13	6.30			흙	3	3	3	2	3	II
1924	느티나무	36.26.52 /129.17.03	99	N	11-2	82.10.29	당산목	S	1000/520	2.87	계류역	입구	대리석/상	2	2	2	2	1	02.04.12
	영덕/지품/신안/82	당집	제사-신앙	R	주택,도로,계류	257	보호수	18.1	14/17	9.00		+	시멘트	2	2	2	2	1	I
1925	느티나무	36.28.24 /129.16.53	155	N	11-14-7	82.10.29	경관목	S	200/370	1.18	계류역	후방	대리석/상	2	2	1	1	1	02.04.12
	영덕/지품/도계1/497	평상	휴식-정자	R	주택,계류	222	보호수	16.8	19/15	3.70			자갈	2	2	2	2	1	I
1926	느티나무	36.27.36 /129.10.46	305	N	11-14-5-16-1	82.10.29	동신목	P	160/400	1.11	계류역	입구	대리석/상	1	2	2	1	1	02.04.12
	영덕/지품/기사/263	당집	제사-신앙	R	도로,계곡	506	보호수	25.4	12/16	3.50			시멘트	1	1	1	2	1	I
1927	느티나무	36.30.01 /129.22.50	570	N	11-14-1-0	82.10.20	동신목	P	380/360	1.66	계류역	입구		3	1	3	2	1	02.04.12
	영덕/축산/부곡/20		제사-신앙	R	계류,경작지	214	보호수	16.5	16/	5.20			자갈	3	1	3	2	3	II
1928	느티나무	35.38.29/128.35.03	139	N				S	200/	1.85	계류역	입구		1	2	3	2	1	02.03.07
	청도/풍각/봉기리	제방	기타-경관	R	경작지,제방,도로	598	노거수	27.6	15/	5.8			자갈,시멘트	2	1	2	2	2	I
1929	느티나무	35.38.21/128.36.12	137	N	11-37	83.01.25	정자/당산목	S	560/560	2.10	충적대지	내부	대리석/상	1	2	3	1	1	02.03.07
	청도/풍각/봉기/326	벤치,쓰레기통,체육시설	휴식-정자	R	주택,경작지	551	보호수	26.5	21/20	6.6			콘크리트,흙	2	1	1	2	2	I
1930	느티나무	35.39.21/128.35.13	142	N	11-19-4-1	83.01.25	정자목	S	260/260	1.27	충적대지	내부		3	2	3	3	1	02.03.07
	청도/풍각/성곡/502	일부콘크리트 바닥	휴식-정자	R	주택,경작지	209	보호수	16.3	11/16	4			시멘트,흙	3	1	3	2	3	II
1931	왕버들	35.37.15/128.36.35	125	N	11-19-6	83.01.25	당산목	S	320/300	2.28	계류역	측면	대리석/상	3	2	3	3	1	02.03.07
	청도/풍각/차산/112		휴식-정자	R	계류,주택,도로	585	보호수	27.3	15/15	7.15			콘크리트,흙	3	1	3	2	3	II

1932	느티나무	35.37.13/128.35.14	142	N	2001-1	02.03.22	당산목	S	320/300	2.68	계류역	내부	대리석/상	3	3	3	2	1	02.03.07
	청도/풍각/흑석2/1679	벤치,시멘콘크리트	휴식-정자	R	계류,주택	343	보호수	20.9	15/	8.4		+	시멘트,자갈	3	1	3	2	3	II
1933	느티나무	35.36.36/128.34.29	184	N				S	150/	1.31	계류역	입구		2	2	3	1	1	02.03.07
	청도/풍각/안산2	버스간이정류소	휴식-정자	R	경작지,계류,도로	624	노거수	28.2	15/	4.1			시멘트,흙	2	3	2	2	1	I
1934	왕버들	35.39.17/128.37.08	141	N				S	300/	2.13	계류역	측면		3	4	3	2	1	02.03.07
	청도/각북/명대1리		제사-신앙	R	도로,계류	308	노거수	19.8	11/	6.7			시멘트,흙	4	2	3	2	3	II
1935	털왕버들	35.42.10/128.35.06	221	N	298	82.11.04	희귀목	S	220/200	1.31	계류역	내부	알미늄/상	3	1	1	1	1	02.03.07
	청도/각북/덕촌2/561-1외 3필	하천변	기타-경관	R	경작지,계류,도로	219	천연기념물	16.7	15.5/	4.1	태풍	+	모래	4	1	3	2	3	II
1936	왕버들	35.42.23/128.34.42	215	N	11-19-7	83.01.25	동신목	S	330/310	1.58	충적대지	내부	대리석/상	4	5	5	5	1	02.03.07
	청도/각북/오산/834	주택	제사-신앙	R	주택,도로	170	보호수	14.7	12/22	4.95	인재		콘크리트	5	1	5	3	5	II
1937	느티나무	35.42.19/128.34.43	198	N	11-19-5-1	83.01.25	동신목	P	210/210	1.74	충적대지	입구		2	2	3	2	1	02.03.07
	청도/각북/오산/904	체육시설	제사-신앙	R	소공원,경장지	107	보호수	11.7	13.5/12	5.45	태풍		시멘트,흙	2	1	2	2	2	I
1938	은행나무	35.39.54/128.36.05	171	C				S	200/	1.43	충적저지	측면		1	2	1	1	1	02.03.07
	청도/각북/삼평리들복판		기타-경관	R	경작지	240	노거수	17.5	17/	4.5			자갈,흙	2	1	2	1	2	I
1939	은행나무	35.39.21/128.38.09	136	C	301	82.11.04	노목,거목	S	400/1300	2.75	충적대지	내부	알미늄/상	1	1	1	1	1	02.03.07
	청도/이서/대전/638	주택	기타-경관	R	경작지,주택	539	천연기념물	26.2	25/	8.65		+	자갈,흙	1	1	1	1	1	I
1940	은행나무	35.37.59/128.38.35	131	C	11-19-3-2	83.01.25	동신목	S	230/210	1.56	충적저지	기타	대리석/상	2	5	3	2	1	02.03.07
	청도/각남/신당1/228	벤치	휴식-정자	R	경작지	356	보호수	21.3	19/22	4.9	인재	+	시멘트	4	1	2	2	3	II
1941	느티나무	35.36.32/128.39.48	191	N				S	210/	1.23	계류역	후방		1	2	3	2	1	02.03.07
	청도/각남/사1리	벤치,쓰레기통,좌대	휴식-정자	R	경작지,계류,소공원	243	노거수	17.6	14/	3.85			자갈,시멘트	1	1	1	2	1	I
1942	느티나무	35.36.58/128.39.31	158	C	11-19-3-2	83.01.25	정자목	S	230/	1.61	계류역	후방	대리석/상	3	2	3	3	1	02.03.07
	청도/각남/사1/762번지	정자	휴식-정자	R	계류,도로,경작지	277	보호수	18.8	11/	5.05			시멘트,흙	3	1	3	2	3	II
1943	느티나무	35.36.43/128.38.31	146	N	11-19-5	83.01.25	동신목	P	330/310	1.69	산비탈	측면	대리석/상	1	1	1	1	1	02.03.07
	청도/각남/함박/23	시멘좌대	휴식-정자	R	경작지,계류,임야	317	보호수	20.1	13/13	5.3			시멘트,자갈	3	1	1	2	1	I
1944	느티나무	35.36.46/128.38.31	142	N				P	500/	1.88	산비탈	측면		4	1	1	1	1	02.03.07
	청도/각남/함박리		휴식-정자	R	임야,경작지	363	노거수	21.5	15/	5.9	태풍		흙	4	1	4	2	3	II
1945	느티나무	35.36.46/128.38.31	142	N				P	500/	1.70	산비탈	측면		3	1	1	1	1	02.03.07
	청도/각남/함박리		제사-신앙	R	임야,경작지	349	노거수	21.1	13/	5.35			자갈,흙	3	1	3	1	3	I
1946	느티나무	35.38.12/128.39.09	143	N				S	640/	2.17	산비탈	입구		5	5	1	5	3	02.03.07
	청도/각남/신당2리	우물,울타리	휴식-정자	R	임야,경작지,도로	55	노거수	8.4	7.5/	6.8	인재		시멘트	5	1	5	5	5	III
1947	느티나무	35.38.12/128.40.26	115	N	11-19-4	83.01.25	정자목	S	510/490	2.15	충적대지	측면	대리석/상	5	2	3	4	1	02.03.07
	청도/각남/구곡/167		휴식-정자	R	경작지,도로,주택	198	보호수	15.9	11/16	6.75	태풍		콘크리트	5	2	5	2	4	II
1948	팽나무	35.38.16/128.40.27	111	C				P	150/	0.94	충적대지	입구		1	3	3	2	1	02.03.07
	청도/각남/구곡리	8각정자,벤치	휴식-정자	R	도로,경작지	243	노거수	17.6	11/	2.95			시멘트,흙	1	1	1	2	2	I
1949	느티나무	35.38.16/128.40.27	111	C				P	200/	1.11	충적대지	입구		1	1	1	1	1	02.03.07
	청도/각남/구곡리	8각정자,벤치	휴식-정자	R	도로,경작지	564	노거수	26.8	15/	3.5			자갈	2	1	1	2	1	I
1950	은행나무	35.39.04/128.40.42	103	C				P	530/	1.15	충적대지	내부		1	1	1	1	1	02.03.07
	청도/이서/서원/87		기타-경관	R	서원내	317	노거수	20.1	19.5/	3.6			자갈	1	1	1	2	1	I
1951	은행나무	35.39.04/128.40.42	103	C	11-39	83.01.25	명목	S	520/500	0.96	충적대지	내부	대리석/상	1	1	1	1	1	02.03.07
	청도/이서/서원/87		기타-경관	R	서원내	333	보호수	20.6	20.5/15	3			자갈	1	1	1	1	1	I
1952	왕버들	35.38.57/128.40.40	95	N				S	150/	1.35	계류역	내부		2	5	4	2	2	02.03.07
	청도/이서/서원리	놀이시설,시멘트벤치	휴식-정자	R	주택,계류	380	노거수	22	13.5/	4.25			시멘트	2	2	2	2	2	II

1953	느티나무	35.40.03/128.39.15	135	N	11-19-6-1	83.01.25	동신목	S	220/200	1.46	충적대지	내부	대리석/상	2	1	5	3	1	02.03.07
	청도/이서/수야/236-1		휴식-정자	R	경작지, 도로	598	보호수	27.6	13/	4.6			시멘트, 흙	2	1	2	3	2	ll
1954	왕버들	35.39.43/128.41.02	102	N				S	250/	1.34	충적대지	내부		3	3	4	3	1	02.03.07
	청도/화양/토평2리	사각정자	휴식-정자	R	주택, 도로, 경작지	201	노거수	16	11.5/	4.2	태풍		시멘트	3	1	3	2	3	ll
1955	느티나무	35.39.56/128.41.26	93	N	11-19-9	96.10.29	정자목	S	340/340	1.19	산비탈	기타	대리석/상	2	1	3	1	1	02.03.07
	청도/화양/토평/37		휴식-정자	R	도로, 임야	669	보호수	29.2	12/15	3.75			흙	2	1	2	2	3	l
1956	느티나무	35.38.37/128.42.40	143	N	11-19-3	83.01.25	경관목	S	380/	1.56	언덕위	후방	대리석/상	1	1	1	1	1	02.03.07
	청도/화양읍 교촌/150-2		기타-경관	R	향교내	238	보호수	17.4	13.5/16	4.9			마사토	2	1	2	2	1	l
1957	느티나무	35.38.37/128.42.40	143	N				S	380/	1.51	언덕위	후방		1	1	1	1	1	02.03.07
	청도/화양읍 교촌/150-2		기타-경관	R	향교내	252	노거수	17.9	15/	4.75			마사토	1	1	1	1	1	l
1958	팽나무	35.38.29/128.43.26	150	N	11-22-2-2	96.10.29	당산목	S	270/250	1.46	산비탈	기타	대리석/상	2	1	1	1	1	02.03.07
	청도/화양/범곡/830	당집	제사-신앙	R	경작지	471	보호수	24.5	17/21	4.6			돌더미	2	1	2	1	1	l
1959	느티나무	35.39.60/128.44.39	95	N	11-19-2-1	83.01.25	정자목	S	300/280	1.43	충적저지	기타		1	2	3	2	1	02.03.07
	청도/화양/진라1/315	벤치	휴식-정자	R	경작지	380	보호수	22	11/16	4.5			시멘트, 흙	1	1	1	2	2	l
1960	팽나무	35.39.55/128.45.09	100	N	11-19-2	83.01.25	정자목	S	320/300	1.50	계류역	입구	대리석/상	1	2	3	3	1	02.03.07
	청도/청도/무등/403	울타리	휴식-정자	R	주택, 도로, 경작, 계류	401	보호수	22.6	15/13	4.7			시멘트, 흙	2	1	1	2	1	l
1961	느티나무	35.39.28/128.44.60	100	N	11-19-1	83.01.25	당산목	S	420/400	1.86	충적대지	내부	대리석/상	1	4	4	2	1	02.03.07
	청도/청도/송읍/372-2	울타리	제사-신앙	R	도로	92	보호수	10.8	14.5/14	5.85			시멘트, 흙	2	1	2	2	2	ll
1962	팽나무	35.41.59/128.48.22	195	N	11-19-9-1	83.01.25	거목	S	270/250	1.62	계류역	입구	대리석/상	5	2	3	3	1	02.03.07
	청도/매전/덕산/203-1	회관, 울타리	휴식-정자	R	주택, 경작지	302	보호수	19.6	17/14	5.1	태풍	+	시멘트, 흙	5	2	5	3	4	ll
1963	소나무	35.40.00/128.51.41	110	N	295	82.11.04	희귀목	S	220/200	0.67	충적대지	내부	알미늄/상	1	1	5	1	1	02.03.07
	청도/매전/동산/151-1	울타리	기타-경관	R	도로, 경작지, 계류	115	천연기념물	12.1	14/	2.1			흙	2	1	1	1	1	l
1964	느티나무	35.39.11/128.55.02	175	N	11-19-8-3	83.01.25	정자목	S	12월 15일	2.26	충적대지	내부	대리석/상	4	4	5	4	1	02.03.07
	청도/금천/오봉2/1012		휴식-정자	R	주택, 도로	252	보호수	17.9	12/15	7.1	태풍	+	시멘트	4	1	4	2	4	ll
1965	느티나무	35.40.06/128.51.41	115	N	11-40	83.01.25	동신목	S	300/500	1.34	산비탈	후방		1	1	2	1	1	02.03.07
	청도/매전/동산/1170		제사-신앙	R	경작지, 계류	370	보호수	21.7	12/13	4.2			흙	1	1	1	1	1	l
1966	느티나무	35.38.10/128.50.52	97	N	11-22-9	83.01.25	정자목	S	420/400	1.80	충적대지	입구	대리석/상	2	2	4	2	1	02.03.07
	청도/매전/호화1/650-1	나무벤치	휴식-정자	R	경작지, 도로	311	보호수	19.9	12/	5.65		+	자갈	2	1	2	2	2	ll
1967	은행나무	35.38.11/128.50.54	93	C				S	400/	1.50	충적저지	내부		4	3	3	3	1	02.03.07
	청도/매전/호화1/650-1		휴식-정자	R	주택, 도로, 경작지	77	노거수	9.9	13/	4.7	태풍		자갈, 시멘트	4	1	4	3	4	ll
1968	느티나무	35.39.50/128.51.05	112	N	11-10	83.01.25	당산목	S	520/300	1.48	계류역	입구	대리석/상	5	5	5	3	1	02.03.07
	청도/매전/동산		제사-신앙	R	도로, 계류	437	보호수	23.6	10/	4.65	태풍	+	시멘트	4	1	5	3	4	ll
1969	은행나무	35.40.44/128.50.09	143	C	109	83.01.25	당산목	S	520/500	2.31	산비탈	후방	알미늄/상	1	1	1	1	1	02.03.07
	청도/매전/하평리	벤치	제사-신앙	R	임야	1188	도기념물	38.9	27.5/27	7.25			흙	1	3	1	2	1	l
1970	느티나무	35.43.47/128.51.28	192	N	11-19-8	83.01.25	동신목	S	500/480	2.10	계류역	입구	대리석/상	2	3	5	2	1	02.03.07
	청도/금천/김전/1041	시멘좌대	휴식-정자	R	계류, 경작지	295	보호수	19.4	12/9	6.6			시멘트, 흙	2	2	2	2	2	ll
1971	회화나무	35.42.29/128.54.36	113	C	11-19-8-1	83.01.25	동신목	S	270/250	1.15	충적대지	기타	대리석/중	3	2	3	2	1	02.03.07
	청도/운문/방지/133	벤치	휴식-정자	R	도로, 경작지	243	보호수	17.6	16/16	3.6			자갈, 흙	2	1	3	2	2	ll
1972	회화나무	35.42.38/128.54.47	' 162	C				P	150/	0.80	충적대지	입구		3	2	3	2	1	02.03.07
	청도/운문명 방지	4각정자, 벤치	휴식-정자	R	도로, 경작지	137	노거수	13.2	17/	2.5			시멘트, 자갈	3	1	3	2	2	ll
1973	회화나무	35.42.38/128.54.47	162	C				P	200/	1.15	충적대지	입구		3	2	3	2	1	02.03.07
	청도/운문명 방지	4각정자, 벤치	휴식-정자	R	도로, 경작지	441	노거수	23.7	19/	3.6			시멘트, 자갈	3	1	3	2	2	ll

1974	회화나무	35.42.38/128.54.47	162	C				P	150/	0.96	충적대지	입구		3	2	3	2	1	02.03.07
	청도/운문명 방지	4각정자.벤치	휴식-정자	R	도로.경작지	254	노거수	18	16/	3			시멘트.자갈	3	1	3	2	3	II
1975	소나무	35.39.29/128.57.47	140	N	180	66.08.25	희귀목	S	420/400	1.08	충적대지	내부	알미늄/상	1	1	1	1	1	02.03.07
	청도/운문/신원/1789		기타-경관	R	사찰내	394	천연기념물	22.4	9/	3.4			흙	1	1	1	1	1	I
1976	회화나무	35.39.32/128.57.43	243	C				S	250/	1.37	충적대지	내부		3	1	1	1	1	02.03.07
	청도/운문/신원/1789		기타-경관	R	사찰내	145	노거수	13.6	21/	4.3			흙	3	1	3	2	3	I
1977	느티나무	35.39.33/128.57.48	245	N				S	300/	1.59	충적대지	입구		4	2	3	2	1	02.03.07
	청도/운문/신원/1789		기타-경관	R	사찰내	152	노거수	13.9	12/	5	태풍		시멘트.흙	4	1	4	2	4	II
1978	은행나무	35.36.37/128.44.27	230	C	402	83.01.25	전설목	P	820/800	2.88	계류역	입구	알미늄/상	1	1	3	1	1	02.03.07
	청도/청도/원/981		기타-경관	R	계류.사찰내	745	천연기념물	30.8	29/15	9.05		+	흙	1	1	1	1	1	I
1979	은행나무	35.36.37/128.44.27	230	C				P	820/	1.88	산비탈	입구		3	1	3	1	1	02.03.07
	청도/청도/원/981		기타-경관	R	계류.사찰내	471	노거수	24.5	25/	5.9			흙	3	1	3	1	3	II
1980	느티나무	35.39.38/128.16.43	85	N	11-42	82.10.29	정자목	S	650/630	1.85	충적대지	내부	대리석/상	2	3	3	1	1	02.03.24
	고령/쌍림/평지/744		휴식-정자	R	주택.경작지	415	보호수	23	20/21	5.8			블럭	2	1	2	1	1	I
1981	느티나무	35.39.33/128.15.46	85	N	11-19-8-14-1	82.10.29	정자목	P	350/330	1.73	산비탈	입구	대리석/상	3	5	5	3	1	02.04.25
	고령/쌍림/신곡2/산60		휴식-정자	R	임야.도로	216	보호수	16.6	13/13	5.42	인재		시멘트	3	1	3	3	3	II
1982	소나무	35.40.26/128.13.47	80	N	11-19-8-10-1	94.10.21	명목	S	120/110	0.42	산비탈	내부	대리석/상	1	1	1	1	1	02.04.25
	고령/쌍림/매촌/362		기타-경관	R	임야.주택	147	보호수	13.7	12/13	1.31			흙	1	1	1	1	1	I
1983	은행나무	35.39.57/128.10.29	130	C	11-19-5	82.10.29	정자목	S	500/520	1.11	계류역	입구	대리석/상	2		1	1	1	02.04.25
	고령/쌍림/산주/742		휴식-정자	R	경작지.도로.계류	240	보호수	17.5	19/20	3.5			시멘트.흙	2	1	2	1	1	I
1984	왕버들	35.42.00/128.15.04	55	N	11-19-8-18-1	82.10.29	풍치목	S	200/200	0.96	충적대지	입구	대리석/상	2	5	5	5	1	02.04.25
	고령/쌍림/고곡/377		기타-경관	R	도로.소하천.주택	184	보호수	15.3	12/15	3			블럭.시멘트.흙	2	2	2	2	3	II
1985	왕버들	35.42.00/128.15.04	55	N	11-19-8-18-1	82.10.29	풍치목	P	200/200	1.08	충적대지	입구	대리석/상	2	5	5	5	1	02.04.25
	고령/쌍림/고곡/377		기타-경관	R	도로.소하천.주택	196	보호수	15.8	13/	3.38			블럭.시멘트.흙	2	1	2	1	3	II
1986	왕버들	35.42.00/128.15.04	55	N	11-19-8-18-1	82.10.29	풍치목	P	200/200	1.56	충적대지	입구	대리석/상	2	5	5	4	1	02.04.25
	고령/쌍림/고곡/377		기타-경관	R	도로.소하천.주택	408	보호수	22.8	15/	4.9			블럭.시멘트	2	1	2	1	2	II
1987	왕버들	35.42.00/128.15.04	55	N				P	200/	0.99	충적대지	입구		4	5	5	4	1	02.04.25
	고령/쌍림/고곡/377		기타-경관	R	도로.소하천.주택	191	노거수	15.6	11/	3.1			블럭.시멘트	4	1	4	1	4	II
1988	왕버들	35.42.00/128.15.04	55	N				P	200/	1.06	충적대지	입구		4	1	5	4	1	02.04.25
	고령/쌍림/고곡/377		기타-경관	R	도로.소하천.주택	163	노거수	14.4	13/	3.32			블럭.시멘트	4	1	4	1	4	II
1989	왕버들	35.45.34/128.15.02	110	N	11-19-2-18-1	82.10.29	정자목	S	170/170	1.27	제방둑	기타	대리석/상	1	2	3	2	1	02.04.25
	고령/덕곡/후암2/300	사각정자	휴식-정자	R	경작지.계류.제방	363	보호수	21.5	15/16	4			시멘트.흙	1	1	1	2	1	I
1990	왕버들	35.45.34/128.15.02	110	N				P	170/	1.02	제방둑	기타		5	5	1	1	1	02.04.25
	고령/덕곡/후암2/300		휴식-정자	R	경작지.계류.제방	143	노거수	13.5	8/	3.2	태풍.인재		시멘트.흙	5	1	5	1	1	II
1991	왕버들	35.45.34/128.15.02	110	N				P	170/	0.88	제방둑	기타		1	1	1	1	1	02.04.25
	고령/덕곡/후암2/300		휴식-정자	R	경작지.계류.제방	179	노거수	15.1	11/	2.75			흙	1	1	1	1	1	I
1992	왕버들	35.46.33/128.14.05	109	C	11-19-2-12-1	82.10.29	정자목	S	140/140	1.50	마을도로변	내부	대리석/상	1	5	5	1	1	02.04.25
	고령/덕곡/예/387-1	벤치	휴식-정자	R	주택.도로	620	보호수	28.1	15/15	4.7			블럭.시멘트	1	1	1	1	1	I
1993	왕버들	35.46.33/128.14.05	109	C				S	140/140	1.40	마을도로변	내부		1	2	3	1	1	02.04.25
	고령/덕곡/예/387-1		휴식-정자	R	경작지.도로	471	노거수	24.5	15/	4.4			시멘트.흙	1	1	1	1	1	I
1994	왕버들	35.46.25/128.13.42	90	N	11-19-2-12-1	82.10.29	정자목	S	180/180	1.59	충적대지	입구	대리석/상	4	3	1	3	1	02.04.25
	고령/덕곡/본/19	벤치	휴식-정자	R	경작지.도로.주택	246	보호수	17.7	9/12	5	태풍		자갈	3	1	3	3	3	II

1995	느티나무	35.46.59/128.12.56	116	N	11-19-2	82.10.29	정자목	S	450/420	1.87	충적대지	입구	대리석/상	5	1	1	5	1	02.04.25
	고령/덕곡/가륜/457	벤치	휴식-정자	R	경작지	390	보호수	22.3	10/13	5.87	태풍,낙뢰	+	자갈	5	1	5	5	5	II
1996	느티나무	35.48.31/128.12.25	126	N	11-19-2-1	82.10.29	경관목	S	420/420	1.72	계류역	기타	대리석/상	3	1	1	1	1	02.04.25
	고령/덕곡/백2/200		기타-경관	R	경작지,계류	184	보호수	15.3	10/10	5.4			흙	5	1	3	5	2	II
1997	팽나무	35.45.28/128.16.54	66	N				S	250/250	1.19	산비탈	측면		2	5	5	2	1	02.04.25
	고령/운수/월산리		휴식-정자	R	주택,도로	235	노거수	17.3	12/	3.75			돌,시멘트	2	2	2	2	2	II
1998	느티나무	35.44.57/128.17.54	70	C	11-19-3-1	82.10.29	정자목	P	400/370	1.55	쉼터	내부	대리석/상	1	5	5	1	1	02.04.25
	고령/운수/운산1/373-1	벤치	휴식-정자	R	주택,도로	295	보호수	19.4	13/18	4.86	눈		자갈,시멘트	2	1	2	1	1	II
1999	느티나무	35.44.57/128.17.54	70	C				P	400/	1.31	쉼터	내부		1	5	5	1	1	02.04.25
	고령/운수/운산1/373-1	벤치	휴식-정자	R	주택,도로	257	노거수	18.1	12/	4.1	눈		자갈,시멘트	2	1	2	1	1	II
2000	느티나무	35.44.21/128.14.50	95	N	11-19-1-16-1	82.10.29	경관목	S	350/340	1.51	계류역	내부	대리석/상	1	2	3	3	1	02.04.25
	고령/고령/중화/372-1		기타-경관	R	경작지,도로,계류	568	보호수	26.9	16/18	4.75			돌,시멘트	1	1	1	2	1	I
2001	느티나무	35.43.37/128.16.04	60	N	11-19-1-8-1	82.10.29	경관목	S	350/340	1.21	산비탈	내부	대리석/상	4	5	5	4	4	02.04.25
	고령/고령/연조/434		기타-경관	R	주택,도로	323	보호수	20.3	11/13	3.8		+	축대,흙	4	1	4	2	4	III
2002	모과나무	35.43.40/128.16.10	66	N	11-19-1	82.10.29	경관목	S	370/370	0.96	마을내	기타	대리석/상	3	3	3	1	1	02.04.25
	고령/고령/쾌빈/455		기타-경관	R	화단	43	보호수	7.4	7/8	3		+	시멘트	5	1	3	2	2	II
2003	느티나무	35.50.17/128.24.51	70	N	11-19-5-1	82.10.29	당산목	S	500/480	1.63	산비탈	후방	대리석/상	2	2	2	2	1	02.04.29
	고령/다산/노곡/산37	벤치,사각정자	휴식-정자	R	주택	366	보호수	21.6	10/15	5.12	태풍,인재		자갈,시멘트,흙	3	1	3	2	3	II
2004	느티나무	35.49.53/128.23.29	70	N	11-19-5-11-1	82.10.29	정자목	S	300/300	1.32	산비탈	입구	대리석/상	3	5	5	4	1	02.04.29
	고령/다산/나정2/산86	벤치,정자	휴식-정자	R	임야,도로	314	보호수	20	10/10	4.15			자갈,시멘트	3	1	3	3	3	II
2005	느티나무	35.48.50/128.24.29	50	N	11-19-4	82.10.29	정자목	S	500/480	1.11	계류역	입구	대리석/상	1	5	5	2	1	02.04.29
	고령/다산/벌지2/118	벤치,평상	제사-신앙	R	경작지,계류,도로	387	보호수	22.2	14/	3.5	인재	+	시멘트	2	1	1	2	1	II
2006	느티나무	35.48.32/128.23.38	60	N	11-19-5-2	82.10.29	정자목	S	400/440	1.54	계류역	입구	대리석/상	3	5	5	3	1	02.04.29
	고령/다산/벌지1/1332	좌대,정자	휴식-정자	R	경작지,계류	370	보호수	21.7	13/14	4.82			시멘트	3	1	3	3	1	II
2007	느티나무	35.48.32/128.23.38	60	N	11-19-5-2	82.10.29	정자목	S	200/	1.22	계류역	입구		3	1	1	1	1	02.04.29
	고령/다산/벌지1/1332		기타-경관	R	경작지,계류,제방	118	보호수	12.26	12/	3.82			흙	3	1	3	1	1	I
2008	느티나무	35.44.06/128.23.10	55	N	11-19-3	82.10.29	당산목	S	450/370	1.75	산비탈	측면	대리석/상	3	1	1	1	1	02.04.29
	고령/성산/삼대/산26		제사-신앙	R	임야,경작지,계류	259	보호수	18.18	13/15	5.48			흙	3	1	3	2	1	I
2009	느티나무	35.43.32/128.24.10	60	N				S	200/	1.18	계류역	입구		2	5	5	4	1	02.04.29
	고령/성산/우곡리	벤치	휴식-정자	R	도로,계류	216	노거수	16.6	11/	3.72			시멘트,자갈	2	1	2	2	2	II
2010	느티나무	35.43.32/128.24.10	60	N				P	200/	0.96	계류역	입구		2	5	5	1	1	02.04.29
	고령/성산/우곡리	벤치	휴식-정자	R	도로,계류	260	노거수	18.2	12/	3			돌,시멘트	2	3	2	2	2	II
2011	느티나무	35.43.09/128.25.17	60	N	11-19-6-3	82.10.29	정자목	S	350/320	1.67	계류역	내부	대리석/상	2	5	5	5	1	02.04.29
	고령/개진/인안/375	좌대,정자	휴식-정자	R	계류,경작지,주택	585	보호수	27.3	14/19	5.25			시멘트,모래	3	1	3	2	3	II
2012	은행나무	35.42.33/128.25.24	55	C	11-19-6-2	82.10.29	정자목	P	520/520	1.43	산비탈	후방	대리석/상	1	2	3	1	1	02.04.29
	고령/개진/부1/30	벤치	기타-경관	R	주택,임야	423	보호수	23.2	16/23	4.48			시멘트,자갈	1	1	1	1	1	I
2013	은행나무	35.42.33/128.25.24	55	C				P	100/	0.66	산비탈	후방		1	2	3	1	1	02.04.29
	고령/개진/부1/30	벤치	기타-경관	R	주택,임야	119	노거수	12.3	18/	2.06			시멘트,자갈	1	1	1	1	1	I
2014	느티나무	35.37.35/128.22.11	45	N	11-19-7-10-1	82.10.29	괴목	S	350/320	0.71	충적대지	입구	대리석/상	4	1	1	1	1	02.04.29
	고령/우곡/연/438	벤치	휴식-정자	R	경작지,도로,계류	560	보호수	26.7	11/16	2.23	태풍	+	모래,자갈,시멘트	3	1	4	3	1	II
2015	느티나무	35.40.55/128.19.46	44	N	11-19-7-16-1	82.10.29	정자목	P	450/470	1.32	충적대지	측면	대리석/상	3	5	5	1	1	02.04.29
	고령/우곡/야정2/49	벤치	휴식-정자	R	경작지,도로	615	보호수	28	10/16	4.15			시멘트,자갈	3	2	3	2	1	II

2016	느티나무	35.40.55/128.19.46	44	N	11-19-7-16-1	82.10.29	정자목	P	450/470	1.18	충적대지	측면	대리석/상	1	5	5	1	1	02.04.29
	고령/우곡/야정2/49	벤치	휴식-정자	R	경작지, 도로	415	보호수	23	16/	3.7			시멘트, 자갈	2	2	1	2	1	〃
2017	느티나무	35.40.55/128.19.46	44	N	11-19-7-16-1	82.10.29	정자목	P	450/470	1.15	충적대지	측면	대리석/상	5	5	5	1	1	02.04.29
	고령/우곡/야정2/49	벤치	휴식-정자	R	경작지, 도로	77	보호수	9.9	12/	3.6			시멘트, 자갈	5	2	5	2	1	〃
2018	은행나무	35.41.01/128.18.58	57	C	11-19-7-1	82.10.29	경관목	S	250/270	1.27	충적대지	내부	대리석/상	3	3	2	3	1	02.04.29
	고령/우곡/속/313		휴식-정자	R	경작지, 주택	464	보호수	24.3	16/	4			시멘트	3	1	3	3	2	〃
2019	왕버들	35.44.40/128.20.56	56	N	11-19-4-14	82.10.29	경관목	S	200/170	1.25	계류역	기타	대리석/상	2	5	5	1	1	02.04.29
	고령/성산/기족/348-5		기타-경관	R	경작지, 도로, 계류	203	보호수	16.1	12/12	3.91		+	시멘트	3	1	3	3	1	〃
2020	왕버들	35.43.00/128.16.33	60	N	11-19-1-5-1	82.10.29	정자목	P	150/130	1.25	충적저지	기타	대리석/상	2	3	1	1	1	02.04.29
	고령/고령/고아2/418-6	벤치, 좌대	휴식-정자	R	경작지	799	보호수	31.9	16/15	3.92			흙	2	1	2	2	1	I
2021	왕버들	35.43.00/128.16.33	60	N				P	150/	1.18	충적저지	기타		2	3	1	1	1	02.04.29
	고령/고령/고아2/418-6	벤치, 좌대	휴식-정자	R	경작지	523	노거수	25.8	18/	3.69			흙	2	1	2	2	1	I
2022	느티나무	35.41.46/128.18.11	58	N	11-19-1-1	82.10.29	경관목	P	350/330	1.59	산비탈	입구	대리석/상	1	5	5	1	1	02.04.30
	고령/고령/내곡3/산113	벤치	휴식-정자	R	임야, 도로	456	보호수	24.1	16/14	4.98			시멘트	2	1	1	1	1	I
2023	팽나무	35.41.46/128.18.11	58	N				P	350/	1.37	산비탈	입구		3	1	3	3	1	02.04.30
	고령/고령/내곡3/산113	벤치	휴식-정자	R	경작지, 도로	443	노거수	23.75	14/	4.3			흙	3	1	3	1	3	〃
2024	팽나무	35.41.46/128.18.11	58	N				P	300/	0.72	산비탈	입구		2	2	2	2	2	02.04.30
	고령/고령/내곡3/산113		휴식-정자	R	임야, 도로	269	노거수	18.5	10/	2.25			흙	3	2	2	3	2	〃
2025	느티나무	35.43.33/128.18.19	56	N	11-19-6-1	82.10.29	당산목	S	500/400	2.04	산비탈	내부	대리석/상	1	2	2	1	1	02.04.30
	고령/개진/양전/124	벤치, 정자	제사-신앙	R	주택, 임야	289	보호수	19.2	17/20	6.4			시멘트, 자갈	1	1	1	1	1	I
2026	왕버들	35.44.23/128.21.54	62	N	11-19-4-1-1	82.10.29	당산목	S	230/200	1.04	충적대지	기타	대리석/상	2	5	5	1	1	02.04.30
	고령/성산/어곡/410	벤치	제사-신앙	R	경작지, 임야, 계류	227	보호수	17	10/14	3.25			시멘트, 자갈	2	1	2	2	1	〃
2027	팽나무	35.43.44/128.13.09	230	N				S	250/	1.19	산비탈	기타		3	1	1	1	1	02.03.24
	고령/쌍림/고곡리	당집, 벤치	기타-경관	R	사찰	314	노거수	20	14/	3.75			돌	3	1	3	1	1	I
2028	왕버들	35.48.20/128.12.51	134	N				S	150/	1.50	산비탈	내부		2	1	2	1	1	02.03.24
	고령/덕곡/백2리		휴식-정자	R	도로, 주택, 경작지	298	노거수	19.5	12/	4.72			시멘트	2	1	2	1	2	I
2029	왕버들	35.45.33/128.16.13	70	N				S	150/	1.46	충적저지	기타		2	2	2	2	1	02.03.24
	고령/운수/월산리	정자	휴식-정자	R	경작지, 도로	123	노거수	12.5	8/	4.57	인재		시멘트	2	1	2	2	2	I
2030	왕버들	35.45.39/128.18.27	60	N				S	150/	1.48	계류역	내부		3	3	3	4	1	02.03.24
	고령/운수/유리	정자	휴식-정자	R	주택, 계류, 경작지	302	노거수	19.6	13/	4.66		+	시멘트	3	1	3	3	3	〃
2031	왕버들	35.54.44/128.16.56	54	N	403	99.04.06	풍치목	P	450/300~500	1.92	계류역	내부	플라스틱/중	2	2	1	3	1	02.03.08
	성주/성주/경산446-1일원	체육시설, 운동장	휴식-정자	R	공원, 주택, 도로, 계류	353	천연기념물	21.2	15/	6.02	인재		자갈, 시멘트	2	2	2	2	1	I
2032	왕버들	35.54.44/128.16.56	54	N	403	99.04.06	풍치목	P	200/300~500	1.15	계류역	내부	플라스틱/중	4	1	1	2	1	02.03.08
	성주/성주/경산446-1일원	체육시설, 운동장	휴식-정자	R	주택, 도로, 공원, 계류	129	천연기념물	12.8	10/	3.6	인재		흙	4	1	4	2	4	〃
2033	왕버들	35.54.44/128.16.56	54	N	403	99.04.06	풍치목	P	200/300~500	0.89	계류역	내부	플라스틱/중	4	1	1	2	1	02.03.08
	성주/성주/경산446-1일원	울타리, 관리사	휴식-정자	R	주택, 도로, 공원, 계류	143	천연기념물	13.5	11/	2.78			모래	4	2	4	2	4	〃
2034	왕버들	35.54.44/128.16.56	54	N	403	99.04.06	풍치목	P	200/300~500	1.00	계류역	내부	플라스틱/중	3	1	1	1	1	02.03.08
	성주/성주/경산446-1일원		휴식-정자	R	주택, 공원, 계류	161	천연기념물	14.3	12/	3.13			모래	3	2	3	2	3	〃
2035	왕버들	35.54.46/128.16.55	65	N	403	99.04.06	풍치목	P	250/300~500	0.78	계류역	내부	플라스틱/중	5	1	1	3	1	02.03.08
	성주/성주/경산446-1일원		휴식-정자	R	체육시설, 주택, 계류	87	천연기념물	10.5	8/	2.44			모래	5	1	5	2	5	〃
2036	왕버들	35.54.46/128.16.55	65	N	403	99.04.06	풍치목	P	200/300~500	0.84	계류역	내부	플라스틱/중	5	1	1	3	1	02.03.08
	성주/성주/경산446-1일원		휴식-정자	R	체육시설, 주택, 계류	90	천연기념물	10.7	8/	2.63			모래	5	1	5	2	5	〃

2037	왕버들	35.54.45/128.16.52	53	N	403	99.04.06	풍치목	P	200/300~500	1.26	계류역	내부	플라스틱/중	3	1	1	1	1	02.03.08
	성주/성주/경산446-1일원		휴식-정자	R	체육시설,주택,계류	191	천연기념물	15.6	13/	3.95			모래	3	1	3	2	2	I
2038	왕버들	35.54.46/128.16.53	53	N	403	99.04.06	풍치목	P	200/300~500	0.93	계류역	내부	플라스틱/중	4	1	1	2	1	02.03.08
	성주/성주/경산446-1일원		휴식-정자	R	체육시설,주택,계류	216	천연기념물	16.6	14/	2.92			모래	4	1	4	2	4	II
2039	왕버들	35.54.46/128.52.40	60	N	403	99.04.06	풍치목	P	200/300~500	0.68	계류역	내부	플라스틱/중	5	1	1	2	1	02.03.08
	성주/성주/경산446-1일원		휴식-정자	R	체육시설,주택,계류	467	천연기념물	24.4	11/	2.12			모래	4	1	5	2	4	II
2040	왕버들	35.54.46/128.52.40	60	N	403	99.04.06	풍치목	P	200/300~500	0.76	계류역	내부	플라스틱/중	3	1	1	2	1	02.03.08
	성주/성주/경산446-1일원		휴식-정자	R	체육시설,주택,계류	390	천연기념물	22.3	12/	2.4			모래	3	1	3	2	2	I
2041	왕버들	35.54.46/128.16.52	60	N	403	99.04.06	풍치목	P	200/300~500	0.85	계류역	내부	플라스틱/중	3	1	2	2	1	02.03.08
	성주/성주/경산446-1일원		휴식-정자	R	체육시설,주택,계류	193	천연기념물	15.7	13/	2.67			모래	3	1	3	2	2	II
2042	왕버들	35.54.45/128.16.51	60	N	403	99.04.06	풍치목	P	200/300~500	0.93	계류역	내부	플라스틱/중	3	1	1	2	1	02.03.08
	성주/성주/경산446-1일원		휴식-정자	R	체육시설,주택,계류	238	천연기념물	17.4	16/	2.93			모래	3	1	3	2	2	I
2043	왕버들	35.54.45/128.16.51	60	N	403	99.04.06	풍치목	P	200/300~500	0.87	계류역	내부	플라스틱/중	3	1	1	2	1	02.03.08
	성주/성주/경산446-1일원		휴식-정자	R	주택,공원,계류	243	천연기념물	17.6	12/	2.72			모래	3	2	3	2	2	II
2044	왕버들	35.54.45/128.16.51	60	N	403	99.04.06	풍치목	P	200/300~500	1.15	계류역	내부	플라스틱/중	3	1	1	2	1	02.03.08
	성주/성주/경산446-1일원		휴식-정자	R	주택,도로,공원	376	천연기념물	21.9	13/	3.6			모래	3	2	3	2	2	II
2045	왕버들	35.54.45/128.16.51	60	N	403	99.04.06	풍치목	P	200/300~500	1.10	계류역	내부	플라스틱/중	2	1	1	2	1	02.03.08
	성주/성주/경산446-1일원		휴식-정자	R	주택,도로,공원	92	천연기념물	10.8	14/	3.46			모래	2	1	2	2	1	I
2046	왕버들	35.54.45/128.16.51	60	N	403	99.04.06	풍치목	P	200/300~500	0.68	계류역	내부	플라스틱/중	4	1	1	2	1	02.03.08
	성주/성주/경산446-1일원		휴식-정자	R	주택,도로,공원	141	천연기념물	13.4	11/	2.12			모래	4	2	4	2	3	II
2047	왕버들	35.54.45/128.16.51	60	N	403	99.04.06	풍치목	P	200/300~500	0.86	계류역	내부	플라스틱/하	3	1	1	1	1	02.03.08
	성주/성주/경산446-1일원		휴식-정자	R	주택,도로,공원	177	천연기념물	15	14/	2.69			모래	3	1	3	3	3	II
2048	왕버들	35.54.45/128.16.51	60	N	403	99.04.06	풍치목	P	200/300~500	0.93	계류역	내부	플라스틱/중	1	1	1	1	1	02.03.08
	성주/성주/경산446-1일원		휴식-정자	R	주택,도로,공원	224	천연기념물	16.9	14/	2.93			모래	1	1	1	2	1	I
2049	왕버들	35.54.45/128.16.51	60	N	403	99.04.06	풍치목	P	200/300~500	1.08	계류역	내부	플라스틱/중	1	1	1	1	1	02.03.08
	성주/성주/경산446-1일원		휴식-정자	R	주택,도로,공원	189	천연기념물	15.5	14/	3.38			모래	1	1	1	1	1	I
2050	왕버들	35.54.45/128.16.51	60	N	403	99.04.06	풍치목	P	200/300~500	0.87	계류역	내부	플라스틱/중	1	1	1	1	1	02.03.08
	성주/성주/경산446-1일원		휴식-정자	R	주택,도로,공원	292	천연기념물	19.3	14/	2.73			모래	1	1	1	1	1	I
2051	왕버들	35.54.47/128.16.50	60	N	403	99.04.06	풍치목	P	200/300~500	0.83	계류역	내부	플라스틱/중	1	1	1	1	1	02.03.08
	성주/성주/경산446-1일원		휴식-정자	R	주택,도로,공원	272	천연기념물	18.6	14/	2.6			모래	1	1	1	2	1	I
2052	왕버들	35.54.47/128.16.50	60	N	403	99.04.06	풍치목	P	250/300~500	1.19	계류역	내부	플라스틱/중	1	1	1	1	1	02.03.08
	성주/성주/경산446-1일원		휴식-정자	R	주택,도로,공원	283	천연기념물	19	12/	3.73		+	모래	1	1	1	2	1	I
2053	왕버들	35.54.47/128.16.50	60	N	403	99.04.06	풍치목	P	250/300~500	0.77	계류역	내부	플라스틱/중	3	1	3	1	1	02.03.08
	성주/성주/경산446-1일원		휴식-정자	R	주택,도로,공원	109	천연기념물	11.8	10/	2.43			모래	3	1	3	3	3	II
2054	왕버들	35.54.47/128.16.50	60	N	403	99.04.06	풍치목	P	250/300~500	0.91	계류역	내부	플라스틱/중	3	1	1	1	1	02.03.08
	성주/성주/경산446-1일원		휴식-정자	R	주택,도로,공원	249	천연기념물	17.8	11/	2.85			모래	3	1	3	2	2	I
2055	왕버들	35.54.47/128.16.50	60	N	403	99.04.06	풍치목	P	250/300~500	1.21	계류역	내부	플라스틱/중	2	1	2	1	1	02.03.08
	성주/성주/경산446-1일원		휴식-정자	R	주택,도로,공원	514	천연기념물	25.6	16/	3.8			모래	2	1	2	2	2	I
2056	왕버들	35.54.47/128.16.50	60	N	403	99.04.06	풍치목	P	250/300~500	0.94	계류역	내부	플라스틱/중	3	1	2	1	1	02.03.08
	성주/성주/경산446-1일원		휴식-정자	R	주택,도로,공원	58	천연기념물	8.6	11/	2.96		+	모래	3	1	3	2	1	I
2057	왕버들	35.54.47/128.16.50	60	N	403	99.04.06	풍치목	P	200/300~500	1.03	계류역	내부	플라스틱/중	2	1	1	1	1	02.03.08
	성주/성주/경산446-1일원		휴식-정자	R	주택,도로,공원	311	천연기념물	19.9	14/	3.24		+	모래	2	1	2	2	2	I

2058	왕버들	35.54.47/128.16.50	60	N	403	99.04.06	풍치목	P	150/300~500	0.92	계류역	내부	플라스틱/중	1	1	1	1	1	02.03.08
	성주/성주/경산446-1일원		휴식-정자	R	주택, 도로, 공원	419	천연기념물	23.1	14/	2.88			모래	1	1	1	2	2	I
2059	왕버들	35.54.47/128.16.50	60	N	403	99.04.06	풍치목	P	150/300~500	0.83	계류역	내부	플라스틱/중	1	1	1	1	1	02.03.08
	성주/성주/경산446-1일원		휴식-정자	R	주택, 도로, 공원	383	천연기념물	22.1	14/	2.61			모래	1	1	1	2	1	I
2060	왕버들	35.54.47/128.16.50	60	N	403	99.04.06	풍치목	P	250/300~500	0.90	계류역	내부	플라스틱/중	2	1	1	1	1	02.03.08
	성주/성주/경산446-1일원		휴식-정자	R	주택, 도로, 공원	137	천연기념물	13.2	12/	2.82			모래	2	1	2	2	2	I
2061	왕버들	35.54.47/128.16.50	60	N	403	99.04.06	풍치목	P	150/300~500	0.90	계류역	내부	플라스틱/중	2	1		2	2	02.03.08
	성주/성주/경산446-1일원		휴식-정자	R	주택, 도로, 공원	260	천연기념물	18.2	14/	2.84			모래	1	1	2	1	1	I
2062	왕버들	35.54.47/128.16.50	60	N	403	99.04.06	풍치목	P	250/300~500	1.39	계류역	내부	플라스틱/중	1	1		2	1	02.03.08
	성주/성주/경산446-1일원		휴식-정자	R	주택, 도로, 공원	243	천연기념물	17.6	16/	4.37			모래	1	1	1	1	1	I
2063	왕버들	35.54.47/128.16.50	60	N	403	99.04.06	풍치목	P	0/300~500	1.04	계류역	내부	플라스틱/중	2	1		2	2	02.03.08
	성주/성주/경산446-1일원		휴식-정자	R	주택, 도로, 공원	203	천연기념물	16.1	13/	3.26			모래	1	1	2	1	1	I
2064	왕버들	35.54.47/128.16.50	60	N	403	99.04.06	풍치목	P	150/300~500	0.64	계류역	내부	플라스틱/중	3	1		2	3	02.03.08
	성주/성주/경산446-1일원		휴식-정자	R	주택, 도로, 공원	75	천연기념물	9.8	13/	2			모래	1	1	3	1	1	I
2065	왕버들	35.54.47/128.16.50	60	N	403	99.04.06	풍치목	P	250/300~500	1.19	계류역	내부	플라스틱/중	4	3		3	4	02.03.08
	성주/성주/경산446-1일원		휴식-정자	R	주택, 도로, 공원	31	천연기념물	6.3	11/	3.73		+	모래	1	3	4	1	2	III
2066	왕버들	35.54.47/128.16.50	60	N	403	99.04.06	풍치목	P	150/300~500	0.60	계류역	내부	플라스틱/중	3	2		2	2	02.03.08
	성주/성주/경산446-1일원		휴식-정자	R	주택, 도로, 공원	156	천연기념물	14.1	10/	1.89			모래	1	2	3	1	2	II
2067	왕버들	35.54.47/128.16.50	60	N	403	99.04.06	풍치목	P	250/300~500	1.21	계류역	내부	플라스틱/중	1	1		2	1	02.03.08
	성주/성주/경산446-1일원		휴식-정자	R	주택, 도로, 공원	216	천연기념물	16.6	14/	3.8			모래	1	1	1	1	1	I
2068	왕버들	35.54.47/128.16.50	60	N	403	99.04.06	풍치목	P	150/300~500	0.68	계류역	내부	플라스틱/중	5	1		2	5	02.03.08
	성주/성주/경산446-1일원		휴식-정자	R	주택, 도로, 공원	36	천연기념물	6.8	7/	2.14		+	모래	1	1	5	1	1	III
2069	왕버들	35.54.47/128.16.50	60	N	403	99.04.06	풍치목	P	15/300~500	0.87	계류역	내부	플라스틱/중	3	1		2	2	02.03.08
	성주/성주/경산446-1일원		휴식-정자	R	주택, 도로, 공원	280	천연기념물	18.9	13/	2.72			모래	1	3	1	1	1	I
2070	왕버들	35.54.47/128.16.50	60	N	403	99.04.06	풍치목	P	250/300~500	0.84	계류역	내부	플라스틱/중	2	1		2	2	02.03.08
	성주/성주/경산446-1일원		휴식-정자	R	주택, 도로, 공원	174	천연기념물	14.9	14/	2.64			모래	1	1	2	1	1	I
2071	왕버들	35.54.47/128.16.50	60	N	403	99.04.06	풍치목	P	250/300~500	0.99	계류역	내부	플라스틱/중	1	1		2	1	02.03.08
	성주/성주/경산446-1일원		휴식-정자	R	주택, 도로, 공원	193	천연기념물	15.7	16/	3.12			모래	1	1	1	1	1	I
2072	왕버들	35.54.47/128.16.50	60	N	403	99.04.06	풍치목	P	200/300~500	0.95	계류역	내부	플라스틱/중	3	1		2	3	02.03.08
	성주/성주/경산446-1일원		휴식-정자	R	주택, 도로, 공원	174	천연기념물	14.9	12/	2.98		+	모래	1	1	3	1	1	I
2073	왕버들	35.54.47/128.16.50	60	N	403	99.04.06	풍치목	P	200/300~500	0.88	계류역	내부	플라스틱/중	2	1		2	2	02.03.08
	성주/성주/경산446-1일원		휴식-정자	R	주택, 도로, 공원	98	천연기념물	11.2	11/	2.77			모래	1	1	2	1	1	I
2074	왕버들	35.54.47/128.16.50	60	N	403	99.04.06	풍치목	P	250/300~500	0.90	계류역	내부	플라스틱/중	4	1		2	4	02.03.08
	성주/성주/경산446-1일원		휴식-정자	R	주택, 도로, 공원	186	천연기념물	15.4	10/	2.82			모래	1	1	4	1	1	III
2075	왕버들	35.54.47/128.16.50	60	N	403	99.04.06	풍치목	P	150/300~500	0.79	계류역	내부	플라스틱/중	3	1		2	3	02.03.08
	성주/성주/경산446-1일원		휴식-정자	R	주택, 도로, 공원	135	천연기념물	13.1	13/	2.49		+	모래	1	1	3	1	1	I
2076	왕버들	35.54.47/128.16.50	60	N	403	99.04.06	풍치목	P	250/300~500	1.10	계류역	내부	플라스틱/중	1	1		2	1	02.03.08
	성주/성주/경산446-1일원		휴식-정자	R	주택, 도로, 공원	305	천연기념물	19.7	16/	3.44			모래	1	1	1	1	1	I
2077	왕버들	35.54.47/128.16.50	60	N	403	99.04.06	풍치목	P	250/300~500	1.16	계류역	내부	플라스틱/중	3	1		2	3	02.03.08
	성주/성주/경산446-1일원		휴식-정자	R	주택, 도로, 공원	232	천연기념물	17.2	9/	3.64			모래	1	1	3	1	1	I
2078	왕버들	35.54.47/128.16.50	60	N	403	99.04.06	풍치목	P	250/300~500	1.16	계류역	내부	플라스틱/중	1	3		2	3	02.03.08
	성주/성주/경산446-1일원		휴식-정자	R	주차장이용, 공원	275	천연기념물	18.7	13/	3.64			시멘트, 흙	1	3	1	1	5	II

2079	왕버들	35.54.47/128.16.50	60	N	403	99.04.06	풍치목	P	200/300~500	1.00	계류역	내부	플라스틱/중	3	1		2	3	02.03.08
	성주/성주/경산446-1일원		휴식-정자	R	주택,도로,공원	174	천연기념물	14.9	16/	3.15			모래	1	1	3	1	1	I
2080	왕버들	35.54.47/128.16.50	60	N	403	99.04.06	풍치목	P	200/300~500	0.86	계류역	내부	플라스틱/중	2	1		2	2	02.03.08
	성주/성주/경산446-1일원		휴식-정자	R	주택,도로,공원	317	천연기념물	20.1	17/	2.71			모래	1	1	2	1	1	I
2081	왕버들	35.54.47/128.16.50	60	N	403	99.04.06	풍치목	P	250/300~500	1.31	계류역	내부	플라스틱/중	1	1		2	1	02.03.08
	성주/성주/경산446-1일원		휴식-정자	R	주택,도로,공원	383	천연기념물	22.1	18/	4.12			모래	1	1	1	1	1	I
2082	왕버들	35.54.47/128.16.50	60	N	403	99.04.06	풍치목	P	100/300~500	0.60	계류역	내부	플라스틱/중	3	1		2	2	02.03.08
	성주/성주/경산446-1일원		휴식-정자	R	주택,도로,공원	98	천연기념물	11.2	11/	1.88			모래	1	1	3	1	1	I
2083	왕버들	35.54.47/128.16.50	60	N	403	99.04.06	풍치목	P	150/300~500	0.73	계류역	내부	플라스틱/중	3	1		2	3	02.03.08
	성주/성주/경산446-1일원		휴식-정자	R	주택,도로,공원	193	천연기념물	15.7	13/	2.3			모래	1	1	3	1	1	I
2084	왕버들	35.54.47/128.16.50	60	N	403	99.04.06	풍치목	P	150/300~500	0.65	계류역	내부	플라스틱/중	3	1		2	3	02.03.08
	성주/성주/경산446-1일원		휴식-정자	R	주택,도로,공원	216	천연기념물	16.6	13/	2.05			모래	1	1	3	1	1	I
2085	왕버들	35.54.47/128.16.50	60	N	403	99.04.06	풍치목	P	150/300~500	0.61	계류역	내부	플라스틱/중	4	1		2	4	02.03.08
	성주/성주/경산446-1일원		휴식-정자	R	주택,도로,공원	179	천연기념물	15.1	12/	1.93			모래	1	1	4	1	1	III
2086	왕버들	35.54.47/128.16.50	60	N	403	99.04.06	풍치목	P	150/300~500	0.67	계류역	내부	플라스틱/중	3	1		2	3	02.03.08
	성주/성주/경산446-1일원		휴식-정자	R	주택,도로,공원	167	천연기념물	14.6	14/	2.11		+	모래	1	1	3	1	1	I
2087	왕버들	35.54.47/128.16.50	60	N	403	99.04.06	풍치목	P	150/300~500	0.72	계류역	내부	플라스틱/중	3	1		2	3	02.03.08
	성주/성주/경산446-1일원		휴식-정자	R	주택,도로,공원	230	천연기념물	17.1	14/	2.27			모래	1	1	3	1	1	I
2088	왕버들	35.54.47/128.16.50	60	N	403	99.04.06	풍치목	P	150/300~500	0.84	계류역	내부	플라스틱/중	4	1		2	4	02.03.08
	성주/성주/경산446-1일원		휴식-정자	R	주택,도로,공원	135	천연기념물	13.1	14/	2.65		+	모래	1	1	4	1	1	III
2089	왕버들	35.54.47/128.16.50	60	N	403	99.04.06	풍치목	P	200/300~500	0.83	계류역	내부	플라스틱/중	2	3		2	2	02.03.08
	성주/성주/경산446-1일원		휴식-정자	R	주택,도로,공원	179	천연기념물	15.1	13/	2.61			모래	1	2	2	1	2	II
2090	느티나무	35.50.16/128.18.16	72	N	11-21-3-1	82.10.26	정자목	S	220/200	1.19	충적대지	내부	대리석/상	3	2	2	3	1	02.03.08
	성주/용암/덕평 620		휴식-정자	R	경작지,주택,도로	235	보호수	17.3	14/16	3.75	인재	+	시멘트	4	2	3	3	4	II
2091	왕버들	35.47.30/128.14.5	102	N	11-24-4-10-1	82.10.26	당산목	S	300/	2.45	계류역	측면	대리석/상	2	2	2	2	1	02.03.08
	성주/수륜/계정2/620		휴식-정자	R	도로,주택,경작지	1017	보호수	36	19/	7.7			시멘트	3	2	2	2	2	II
2092	느티나무	35.47.57/128.09.01	480	N	11-21-4-9	82.10.26	정자목	S	200/200	1.05	충적대지	입구		2	1	1	1	1	02.03.08
	성주/수륜/백운/1196		휴식-정자	R	경작지	254	보호수	18	12/14	3.3			흙	3	2	2	2	1	I
2093	은행나무	35.49.47/128.11.31	128	C	11-1-42	82.10.26	경관목	S	620/600	1.83	충적대지	내부	대리석/상	2	1	1	1	1	02.03.08
	성주/수륜/신파/134		휴식-정자	R	계류,주택	452	보호수	24	18/20	5.76		+	흙	2	1	2	2	1	I
2094	느티나무	35.51.07/128.11.40	124	N	11-24-1	82.10.26	거목	S	400/400	1.40	충적대지	서원내	대리석/상	2	1	1	1	1	02.03.08
	성주/수륜/신정/		기타-경관	R	주택	327	보호수	20.4	20/20	4.4			흙	2	2	2	2	1	I
2095	소나무	35.50.56/128.06.57	428	N	11-21-2	82.10.26	경관목	S	300/300	0.88	산비탈	입구	대리석/상	3	1	1	1	1	02.03.08
	성주/가천/용사/379		기타-경관	R	도로,경작지	79	보호수	10	7.5/6	2.75			자갈	3	1	3	2	3	I
2096	회화나무	35.52.56/128.10.02	280	C				S	300/	1.46	도로변	도로변		5	5	5	5	1	02.03.08
	성주/가천/창천리		기타-경관	R	도로,주택	260	노거수	18.2	9/	4.6	인재	+	시멘트	5	1	5	2	5	II
2097	왕버들	35.55.33/128.10.56	220	N	11-24-3	82.10.26	정자목	P	350/300	2.23	충적대지	들판	대리석/상	2	1	1	1	1	02.03.08
	성주/금수/어은/394		휴식-정자	R	경작지,저수지	707	보호수	30	12/14	7			흙	2	1	2	2	2	I
2098	왕버들	35.55.33/128.10.56	220	N	11-24-3	82.10.26	정자목	P	350/300	2.32	충적대지	들판	대리석/상	2	1	1	1	1	02.03.08
	성주/금수/어은/394		휴식-정자	R	경작지,저수지	380	보호수	22	14/	7.3			흙	2	1	2	2	2	I
2099	소나무	35.53.46/128.11.08	190	N	11-24-4	82.10.26	기형목	S	370/370	1.23	산비탈	도로변	대리석/상	2	1	1	1	1	02.03.08
	성주/대가/도남리		기타-경관	R	임야,도로	216	보호수	16.6	6.5/6	3.85	태풍	+	흙	2	1	2	2	1	I

2100	왕버들	35.52.48/128.11.31	190	N				S	600/	1.97	충적저지	입구		3	2	3	3	1	02.03.08
	성주/대가/대천리		휴식-정자	R	경작지,도로	408	노거수	22.8	17/	6.2			시멘트,흙	3	1	3	2	3	II
2101	느티나무	35.53.11/128.11.42	155	N	11-24-5	82.10.26	정자목	S	350/350	1.50	충적저지	입구	대리석/상	2	2	3	2	1	02.03.08
	성주/대가/옥화/555		휴식-정자	R	경작지,도로	314	보호수	20	16/15	4.7		+	시멘트,흙	2	2	2	2	1	I
2102	느티나무	35.56.10/128.13.26	82	C	11-21-8-1	82.10.26	정자목	S	250/200	1.85	충적대지	후방	대리석/상	1	1	1	1	1	02.03.08
	성주/벽진/봉계1/1077	벤치	휴식-정자	R	도로,주택	346	보호수	21	16/15	5.8			흙	1	3	1	2	1	I
2103	측백나무	35.56.51/128.13.19	86	N	11-21-6	82.10.26	거목	S	450/400	0.75	충적대지	내부	대리석/상	5	1	3	1	1	02.03.08
	성주/벽지/수촌/906		기타-경관	R	주택	10	보호수	3.5	9.5/	2.35		+	자갈	5	1	5	2	5	II
2104	은행나무	35.57.18/128.13.19	80	C			거목	S	300/	1.27	충적대지	입구		5	5	5	5	1	02.03.08
	성주/벽진/운정리		기타-경관	R	도로	87	노거수	10.5	12/20	4	인재		시멘트	5	1	5	2	5	II
2105	느티나무	35.59.53/128.12.09	186	N	11-24-8	82.10.26	거목	P	300/300	1.62	계류역	입구	대리석/상	1	2	2	2	1	02.03.08
	성주/벽진/용암/117	돌탑	휴식-정자	R	도로,계류	491	보호수	25	17/17	5.1			시멘트,자갈	2	1	1	2	2	I
2106	느티나무	35.59.53/128.12.09	186	N			거목	P	300/	0.97	계류역	입구		2	2	2	2	1	02.03.08
	성주/벽진/용암/117	돌탑	휴식-정자	R	도로,계류	314	노거수	20	11/	3.05			시멘트,자갈	2	1	2	2	2	I
2107	느티나무	35.57.20/128.10.08	320	N	11-24-7	82.10.26	거목	S	420/400	1.91	산비탈	기타	대리석/상	1	1	1	1	1	02.03.08
	성주/벽진/봉학/1215		기타-경관	R	임야,경작지	506	보호수	25.4	20/20	6			흙	1	1	1	1	1	I
2108	느티나무	35.59.21/128.15.10	88	N	11-24-9	82.10.26	정자목	S	400/400	2.55	충적대지	입구	대리석/상	4	5	5	4	1	02.03.08
	성주/초전/동포2/537		휴식-정자	R	도로,주택	289	보호수	19.2	10/12	8		+	시멘트	4	1	4	2	4	II
2109	은행나무	35.59.47/128.15.46	87	C	11-3-44	82.10.29	정자목	S	700/700	1.94	충적대지	내부	대리석/상	2	2	2	2	1	02.03.08
	성주/초전/봉정1/536	울타리	휴식-정자	R	주택,도로	499	보호수	25.2	22/17	6.1		+	시멘트	2	1	2	2	2	I
2110	느티나무	35.57.26/128.20.05	190	N	11-21-10-2	82.10.29	경관목	P	250/200	1.55	산비탈	임야	대리석/상	2	1	1	1	1	02.03.08
	성주/월항/안촌/218-2		기타-경관	R	사찰,임야	308	보호수	19.8	20/17	4.87			자갈	2	1	2	2	1	I
2111	느티나무	35.57.26/128.20.05	190	N				P	250/	1.27	산비탈	임야	대리석/상	3	1	1	1	1	02.03.08
	성주/월항/안촌/218-2		기타-경관	R	사찰,임야	216	노거수	16.6	11/	4			자갈	3	1	3	2	3	I
2112	느티나무	36.00.45/128.18.02	190	N				P	250/	1.24	산비탈	임야		1	2	1	1	1	02.03.08
	성주/월항/안촌/218-2		기타-경관	R	도로,임야	419	노거수	23.1	11.5/11.5	3.88			시멘트	1	1	1	1	1	I
2113	느티나무	36.00.45/128.18.02	190	N				P	250/	1.78	산비탈	임야		1	1	1	1	1	02.03.08
	성주/월항/안촌/218-2		기타-경관	R	도로,계류	243	노거수	17.6	17/	5.6			흙	1	1	1	1	1	I
2114	느티나무	36.00.45/128.18.00	283	N	11-21-10-1	82.10.26	당산목	S	250/200	1.46	산비탈	입구	대리석/상	3	1	1	1	1	02.03.08
	성주/월항/인촌/333-1	보호망	제사-신앙	R	경작지	143	보호수	13.5	14/16	4.58			흙	3	1	3	2	3	I
2115	아까시나무	35.59.11/128.17.44	92	N	11-24-10-1	91.12.20	정자목	S	200/200	1.24	충적대지	기타	대리석/상	1	2	2	1	1	02.03.08
	성주/월항/지방/154		휴식-정자	R	도로,주택	277	보호수	18.8	18.5/20	3.88			시멘트	1	1	1	2	1	I
2116	느티나무	35.59.39/128.18.26	100	N	11-21-10-3	82.10.26	정자목	P	250/200	1.50	계류역	입구	대리석/상	3	1	2	1	1	02.03.08
	성주/월항/지방/154	벤치	휴식-정자	R	도로,경작지,계류	531	보호수	26	16/16	4.71			시멘트	3	1	3	2	1	I
2117	느티나무	35.59.39/128.18.28	145	N	11-21-10-4	82.10.26	정자목	P	250/200	1.21	계류역	입구	대리석/상	1	1	1	1	1	02.03.08
	성주/월항/지방/154		휴식-정자	R	계류,주택	227	보호수	17	14/14	3.8			흙	1	1	1	1	1	I
2118	느티나무	35.57.26/128.20.06	78	N	11-21-11	82.10.26	정자목	S	350/300	1.59	충적대지	들판	대리석/상	5	1	1	1	1	02.03.08
	성주/월항/유월57	울타리	휴식-정자	R	경작지,도로	75	보호수	9.8	8/15	5	화재	+	흙	5	1	5	2	5	II
2119	느티나무	35.56.36/128.19.40	84	N	11-21-10	82.10.26	정자목	S	350/300	1.66	산비탈	후방	대리석/상	1	1	1	1	1	02.03.08
	성주/월항/대산3/732		휴식-정자	R	임야	305	보호수	19.7	15/16	5.2			흙	1	3	1	1	1	I
2120	왕버들	35.56.30/128.19.40	59	N				S	300/	2.00	계류역	측면		2	5	3	3	1	02.03.08
	성주/월항/대산3리	정자,좌대	휴식-정자	R	계류,경작지,도로	479	노거수	24.7	14/	6.27			시멘트	2	1	2	3	2	II

2121	왕버들	35.55.28/128.19.41	75	N				S	300/	2.48	충적대지	입구		3	2	3	2	1	02.03.08
	성주/월항/대산1리		휴식-정자	R	경작지 도로	572	노거수	27	14/	7.8			시멘트	4	1	3	2	4	॥
2122	소나무	35.36.43/128.25.23	67	N	11-20-1-2	94.10.05	경관목	S	300/300	0.89	산비탈	기타	대리석/상	1	1	1	1	1	02.03.12
	칠곡/왜관/낙산3/산18-1	보호방책망	기타-경관	R	임야,도로	289	보호수	19.2	24/	2.8			흙	1	1	1	1	1	I
2123	팽나무	35.57.29/128.28.23	60	N	11-25-8-5	82.10.26	정자목	S	220/200	1.37	산비탈	입구	대리석/상	1	2	4	1	1	02.03.12
	칠곡/기산/노석/산41	벤치,정자	휴식-정자	R	임야,도로	298	보호수	19.5	12.5/10	4.3			흙	2	2	1	2	1	I
2124	은행나무	35.00.32/128.19.29	285	C	11-25-1	93.08.11	정자목	S	900/910	2.20	계류역	기타	대리석/상	2	1	1	1	1	02.03.12
	칠곡/기산/각산/908/대원사	대리석벤치	휴식-정자	R	사찰,계류	479	보호수	24.7	24/30	6.9	태풍	+	흙	2	1	1	2	1	I
2125	느티나무	35.59.14/128.20.04	120	N	11-25-8-11	82.10.26	당산목	S	350/300	2.17	계류역	내부	대리석/상	4	2	5	3	1	02.03.12
	칠곡/기산/각산/1166	정자,벤치	제사-신앙	R	주택,도로,계류	405	보호수	22.7	16.5/	6.8	태풍,낙뢰		시멘트,흙	4	3	4	2	3	॥
2126	향나무	36.00.39/128.23.46	50	C				S	300/	0.30	충적저지	내부		5	5	5	5	1	02.03.12
	칠곡/약목/관호2/457-1		기타-경관	R	주택,도로	25	노거수	5.6	5/	0.95	인재		시멘트	5	1	5	2	5	॥
2127	느티나무	36.04.17/128.19.19	146	N	11-25-6-4	82.10.26	정자목	S	260/260	2.07	충적대지	기타	대리석/상	1	2	3	1	1	02.03.12
	칠곡/북삼/숭오리1365	농업창고	휴식-정자	R	경작지,도로	829	보호수	32.5	21/25	6.5			시멘트,흙	1	1	1	1	1	I
2128	회화나무	36.03.40/128.24.17	61	C				S	400/	1.24	충적대지	입구		4	1	3	3	1	02.03.12
	칠곡/석적/남율1/235	정자	휴식-정자	R	경작지	219	노거수	16.7	11/	3.9	태풍		흙	5	1	4	3	5	॥
2129	느티나무	36.04.09/128.25.59	110	N	11-25-1	82.10.26	정자목	P	600/600	2.74	충적저지	입구	대리석/상	2	1	1	1	1	02.03.12
	칠곡/석적/성곡/878	울타리,벤치	휴식-정자	R	경작지,도로,계류	527	보호수	25.9	18/15	8.6	태풍,낙뢰	+	자갈	2	1	2	2	2	I
2130	느티나무	36.04.09/128.25.59	110	N	11-25-1	82.10.26	정자목	P	600/600	2.45	충적저지	입구	대리석/상	3	1	3	2	1	02.03.12
	칠곡/석적/성곡/878	울타리,벤치	휴식-정자	R	경작지,도로,계류	230	보호수	17.1	14/	7.7	태풍,낙뢰	+	자갈	3	1	3	2	2	॥
2131	회화나무	36.02.19/128.25.13	69	C	11-25-5-3	82.10.26	정자목	S	350/350	1.21	충적대지	내부		3	5	3	2	1	02.03.12
	칠곡/석적/포남2/931	우물	휴식-정자	R	주택,경작지	249	보호수	17.8	15.5/12	3.8	인재	+	시멘트,자갈	3	2	3	2	3	॥
2132	느티나무	36.01.45/128.25.08	67	N	99-19	82.10.26	정자목	S	450/450	1.82	계류역	후방		3	2	3	1	1	02.03.12
	칠곡/석적/포남3/1651	우물	휴식-정자	R	도로,임야,계류	292	보호수	19.3	12/	5.7			자갈,시멘트	3	2	3	2	2	॥
2133	느티나무	36.00.47/128.24.15	45	N	11-25-3	82.10.26	정자목	P	500/500	2.23	계류역	입구	대리석/상	5	3	2	3	1	02.03.12
	칠곡/석적/중지/503	벤치,정자	휴식-정자	R	도로,주택,계류	510	보호수	25.5	10/10	7	태풍,낙뢰	+	모래,시멘트	5	1	5	2	4	॥
2134	느티나무	36.00.47/128.24.15	45	N				P	150/	1.24	계류역	입구		1	2	3	1	1	03.05.04
	칠곡/석적/중지/503	벤치,정자	휴식-정자	R	도로,주택,계류	275	노거수	18.7	13/	3.9			모래,시멘트	1	1	1	2	1	I
2135	향나무	36.01.36/128.26.19	92	C	19-3-20	82.10.26	경관목	S	300/300	0.54	충적대지	입구	철재/중	3	5	5	4	1	02.03.12
	칙곡/석적/반계/97	벤치,정자	기타-경관	R	경작지,도로	85	보호수	10.4	7.5/	1.7			시멘트	3	1	3	3	3	॥
2136	느티나무	36.02.12/128.26.42	115	N	11-20-5-7	94.10.05	우량목	S	300/200	1.56	충적대지	내부	대리석/상	3	2	3	3	1	02.03.04
	칠곡/석적/망정1/831	벤치	휴식-정자	R	도로,주택	298	보호수	19.5	19/	4.9	태풍	+	시멘트,자갈	4	1	3	2	3	॥
2137	느티나무	35.57.42/128.29.42	72	C				P	150/	1.04	충적대지	내부		1	1	1	1	1	02.03.12
	칠곡/지천/신4리		기타-경관	R	주택,제실	219	노거수	16.7	19.5/	3.25			흙	1	1	1	1	1	I
2138	느티나무	36.55.29/128.29.11	67	N	19-3-14	82.10.26	경관목	S	300/300	1.46	산비탈	기타		2	1	1	1	1	02.03.12
	칠곡/지천/영오1리	무덤	기타-경관	R	임야	390	보호수	22.3	13/	4.6	화재		흙	2	3	2	2	1	I
2139	은행나무	35.55.37/128.29.13	62	C				S	380/	0.73	충적대지	내부		1	1	1	1	1	03.05.04
	칠곡/지천/영오1/347		기타-경관	R	주택	137	노거수	13.2	11/	2.3			흙	1	1	1	2	1	I
2140	왕버들	36.05.58/128.32.32	108	N		82.10.26	당산목	S	350/300	2.58	계류역	기타		2	1	1	1	1	02.03.12
	칠곡/가산/석우/572-3	발전시설	휴식-정자	R	경작지,계류	539	보호수	26.2	19/	8.1	태풍		흙	4	1	2	2	3	I
2141	떡갈나무	35.55.02/128.33.04	280	N	11-25-3	89.08.03	당산목	수림	310/310	1.27	산비탈	기타	대리석/상	4	1	1	1	1	02.03.12
	칠곡/가산/금화/산29	돌무덤,벤치	제사-신앙	R	임야,도로	133	보호수	13	12/13	4	낙뢰	+	흙	4	1	4	2	3	॥

2142	느티나무	36.00.03/128.35.53	212	N	19-3-17	82.10.26	당산목	S	350/350	1.43	계류역	내부	대리석/상	2	4	3	2	1	02.03.16
	칠곡/동명/기성/343	성황당, 주택	제사-신앙	U	주택, 계류	57	보호수	8.5	0/	4.5			시멘트, 흙	2	1	2	2	2	II
2143	느티나무	36.02.53/128.30.46	280	N	11-25-2	82.10.26	당산목	S	420/410	2.17	계류역	입구	대리석/상	2	1	1	1	1	02.03.16
	칠곡/가산/학산/94	정자, 돌담	제사-신앙	R	계류, 주택, 도로	263	보호수	18.3	18/20	6.8	태풍	+	흙	2	3	2	2	2	I
2144	느티나무	36.00.52/128.35.04	340	N	11-25-3-2	82.10.26	당산목	S	500/250	2.43	충적대지	입구	대리석/상	1	5	5	1	1	02.03.16
	칠곡/동명/남원/1185	정자	휴식-정자	R	경작지, 계류	227	보호수	17	16/15	7.63		+	시멘트	2	1	1	2	1	II
2145	느티나무	35.58.29/128.33.52	125	N	11-25-3-1	82.10.26	당산목	S	800/300	2.01	계류역	내부	대리석/하	3	5	5	3	1	02.03.17
	칠곡/동명/구덕/669-2	좌대	제사-신앙	R	계류, 주택, 도로	53	보호수	8.2	7.5/7	6.3	인재	+	시멘트, 흙	3	1	3	3	3	II
2146	소나무	36.32.32 /128.19.50	105	N	11-27-12-22	72.08.09	경관목	P	100/250	0.5	동산	측면	대리석/상	1	1	1	1	1	02.04.
	예천/풍양/청곡 820	팔각정	기타-경관	R	경작지	31	보호수	6.3	16/25	1.7			흙	1	1	1	2	1	I
2147	소나무	36.32.32 /128.19.80	105	N				P	100/	0.5	동산	측면		1	1	1	1	1	02.04.
	예천/풍양/청곡 820	팔각정	기타-경관	R	경작지	33	노거수	6.5	16/	1.7			흙	1	1	1	2	1	I
2148	소나무	36.32.32 /128.19.50	105	N				P	200/	1.0	동산	측면		3	1	1	1	1	02.04.
	예천/풍양/청곡 820	팔각정	기타-경관	R	농경지	79	노거수	10.0	15/	3.0			흙	3	1	3	2	1	I
2149	회화나무	36.32.32 /128.19.50	128	C	11-27-19	79.08.09	경관목	S	300/300	1.3	동산	측면	대리석/상	1	1	1	1	1	02.04.
	예천/풍양/청곡 821	팔각정	기타-경관	R	경작지	363	보호수	21.5	20/20	4.1		+	흙	2	1	2	2	1	I
2150	소나무	36.31.32 /128.17.26	114	N	11-27-12-5-31	72.08.09	동신목	S	150/150	0.6	충적대지	측면		3	1	1	1	1	02.04.
	예천/풍양/청운 999-3		기타-경관	R	도로, 주택, 경작지	93	보호수	10.9	16/18	2.0			흙	3	1	3	2	1	I
2151	팽나무	36.31.36 /128.17.22	119	C	11-27-12-21	72.08.09	정자목	P	200/200	1.0	충적대지	내부	대리석/상	1	4	5	3	1	02.04.
	예천/풍양/청운 1001-2	벤치	휴식-정자	R	경작지	214	보호수	16.5	20/20	3.3			흙	1	1	1	2	1	II
2152	회화나무	36.33.38 /128.19.01	90	C	11-27-12-23	72.08.09	거목	S	400/200	1.6	충적저지	하천	대리석/상	2	1	1	1	1	02.04.
	예천/풍양/삼강 166-1		휴식-정자	R	주택, 농경지, 제방	415	보호수	23.0	25/25	4.9	태풍	+	흙	3	1	2	2	3	I
2153	느티나무	36.31.15 /128.23.32	130	N	11-27-17	79.08.09	상징목	P	300/300	1.3	산비탈	후방		2	1	1	1	1	02.04.
	예천/지보/도장 37	정자, 벤치	휴식-정자	R	임야, 경작지	246	보호수	17.7	14/17	4.0			흙	2	1	2	2	1	I
2154	느티나무	36.31.15 /128.23.32	130	N				P	300/	1.0	산비탈	후방		2	1	1	1	1	02.04.
	예천/지보/도장 37	정자, 벤치	휴식-정자	R	경작지, 임야	172	노거수	14.8	14/	3.3			흙	2	1	2	2	1	I
2155	느티나무	36.33.37 /128.22.45	160	N	11-27-11-5-30	72.08.09	경관목	S	190/160	1.0	계류역	들판	대리석/상	1	1	1	1	1	02.04.
	예천/지보/만화 338-1		휴식-정자	R	경작지, 계류	423	보호수	23.2	11/8	3.1			흙	1	1	1	2	1	I
2156	느티나무	36.35.03 /128.24.58	118	N	11-27-11-4-28	72.08.08	정자목	S	100/190	0.6	충적대지	입구	대리석/상	1	1	5	1	1	02.04.
	예천/지보/송평 174		휴식-정자	R	경작지, 주택	203	보호수	16.1	8/15	1.8			시멘트, 흙	1	1	1	2	3	I
2157	느티나무	36.36.53 /128.23.27	121	N	11-27-10-20	72.08.09	정자목	S	600/220	2.1	계류역	입구	대리석/상	5	1	1	1	1	02.04.
	예천/개포/이사 산56	정자, 벤치	휴식-정자	R	임야, 도로, 계류	165	보호수	14.5	9/13	6.7			흙	5	3	5	2	4	II
2158	느티나무	36.36.51 /128.22.25	132	C	11-27-10-5-26	72.08.09	정자목	S	150/120	1.2	충적대지	내부	대리석/상	3	1	1	1	1	02.04.
	예천/개포/우감/26		휴식-정자	R	주택, 도로	113	보호수	12.0	10/	3.8			흙	3	1	3	2	3	I
2159	느티나무	36.35.47 /128.24.20	121	N	2000-7	00.08.24	경관목	P	600/500	2.4	산비탈	후방	대리석/상	3	1	1	1	1	02.04.
	예천/개포/동송/379-1		휴식-정자	R	경작지	191	보호수	15.6	11/8	7.5			자갈	3	3	3	2	3	II
2160	느티나무	36.35.47 /128.24.20	121	N				P	600/	2.6	산비탈	후방		3	1	1	1	1	02.04.
	예천/개포/동송/379-1		휴식-정자	R	경작지	249	노거수	17.8	13/	8.3			자갈	3	4	3	2	3	II
2161	느티나무	36.35.50 /128.24.20	123	N				P	400/	1.0	산비탈	후방		3	1	1	1	1	02.04.
	예천/개포/동송		기타-경관	R	경작지, 임야	289	노거수	19.2	13/	3.0	화재		흙	3	1	3	2	3	I
2162	은행나무	36.35.46 /128.24.24	113	C				S	500/	1.2	산비탈	내부		4	1	1	1	1	02.04.
	예천/개포/동송리		기타-경관	R	주택	174	노거수	14.9	15/	3.7	인재		흙	4	2	4	2	3	II

2163	느티나무	36.36.18 /128.22.08	102	C	11-27-10-7-25	72.08.09	정자목	S	150/100	1.2	동산	내부	대리석/상	1	1	1	1	1	02.04.
	예천/개포/신음리	벤치	휴식-정자	R	주택,도로	129	보호수	12.8	12/15	3.8	인재		자갈	1	1	1	2	3	I
2164	느티나무	36.36.08 /128.22.59	130	C	11-27-10-18	72.08.09	정자목	S	250/150	1.2	충적대지	내부	철재/하	1	1	2	2	1	02.04.
	예천/개포/우감2/188		휴식-정자	R	주택,도로	201	보호수	16.0	10/14	3.8			시멘트,흙	1	1	1	3	1	I
2165	회화나무	36.36.40 /128.20.06	116	C	11-27-10-19	72.08.09	정자목	S	250/250	1.0	충적대지	내부	대리석/상	1	2	2	2	1	02.04.
	예천/개포/황산430	정자	휴식-정자	R	주택,도로,경작지	333	보호수	20.6	16/27	3.1			시멘트,자갈	1	1	1	2	2	I
2166	왕버들	36.36.36 /128.17.26	86	N	11-27-9-3-27	72.08.09	당산목	P	130/130	1.1	계류역	입구		1	2	4	2	1	02.04.
	예천/용궁/가야 210-3	제단	제사-신앙	R	경작지,도로,계류	263	보호수	18.3	11/13	3.6			시멘트	1	1	1	2	1	I
2167	팽나무	36.36.03 /128.16.24	86	C	400호	72.08.09	당산목	S	500/480	1.7	충적저지	들판	대리석/상	3	1	1	1	1	02.04.
	예천/용궁/금남/696	제단, 벤치	제사-신앙	R	경작지	323	천연기념물	20.3	10/	5.3			흙	3	1	3	2	3	I
2168	느티나무	36.35.12 /128.17.28	93	N	11-27-94-19	72.10.29	당산목	S	170/150	1.2	산비탈	측면	철재/하	1	1	1	1	1	02.07.13
	예천/용궁/우이1/504		제사-신앙	R	경작지,임야	387	보호수	22.2	14/	3.8			흙	1	1	1	1	1	I
2169	왕버들	36.35.46 /128.17.51	92	N	11-27-9-8-23	72.08.09	당산목	S	150/130	1.1	계류역	입구		4	2	3	2	1	02.04.
	예천/용궁명 산택 250		제사-신앙	R	경작지,도로,계류	69	보호수	9.4	11/14	3.5	태풍		시멘트	4	1	4	2	4	II
2170	느티나무	36.35.36 /128.18.56	86	C	11-27-9-6-20	72.08.09	동신목	P	200/180	1.5	계류역	입구	대리석/상	1	1	1	1	1	02.04.
	예천/용궁/대음 815-17	벤치, 체육시설	휴식-정자	R	경작지,도로,계류	280	보호수	18.9	14/24	4.8			흙	1	1	1	2	1	I
2171	느티나무	36.35.36 /128.18.56	86	C				P	200/	1.0	계류역	입구		4	2	2	1	1	02.04.
	예천/용궁/대음 815-17		휴식-정자	R	계류,도로,경작지	85	노거수	10.4	9/	3.2			흙	4	1	4	2	4	II
2172	느티나무	36.38.46 /128.24.02	55	N	11-27-13	79.08.09	당산목	S	350/310	1.6	충적저지	들판	대리석/상	3	3	3	3	1	02.04.
	예천/유천/성평 116		제사-신앙	R	경작지,도로	181	보호수	15.2	12/18	5.1			흙	3	1	3	2	3	II
2173	느티나무	36.38.30 /128.24.03	110	C	11-27-15	72.08.09	경관목	S	600/390	2.7	충적대지	입구		3	1	3	1	1	02.04.
	예천/유천/고산190	제단	제사-신앙	R	경작지	535	보호수	26.1	12.5/18	8.4			흙	3	1	3	2	1	I
2174	느티나무	36.38.01 /128.24.19	107	C	11-27-16	72.08.09	정자목	S	420/390	1.3	충적대지	입구		3	2	2	1	1	02.04.
	예천/유천/화지 49	효열각, 벤치	휴식-정자	R	도로	280	보호수	18.9	13/20	4.2			시멘트	3	1	3	2	1	I
2175	느티나무	36.42.53 /128.26.19	200	N	11-27-4-8-2	72.08.09	당산목	P	300/300	1.8	산비탈	입구	대리석/상	1	1	1	1	1	02.04.
	예천/하리/율곡 260	벤치	제사-신앙	R	경작지	527	보호수	25.9	16/20	5.6			흙	1	1	1	1	1	I
2176	느티나무	36.42.53 /128.26.19	200	N				P	300/	1.8	산비탈	입구		1	1	1	1	1	02.04.
	예천/하리/율곡 260	벤치	제사-신앙	R	경작지,도로	397	노거수	22.5	15/	5.6			흙	1	1	1	1	1	I
2177	회화나무	36.44.00 /128.26.36	189	C	11-27-4-7-3	72.08.09	정자목	S	150/150	1.1	계류역	입구	대리석/상	1	2	4	2	1	02.04.
	예천/하리/오류 458	정자, 벤치	휴식-정자	R	주택,도로,계류	487	보호수	24.9	13/16	3.4			시멘트	1	1	1	2	3	I
2178	느티나무	36.44.40 /128.26.38	188	N	11-27-4	72.08.09	경관목	S	480/460	1.8	계류역	학교내	대리석/상	3	2	3	2	1	02.04.
	예천/하리/우곡 214		휴식-정자	R	계류,학교	191	보호수	15.6	11/13	5.8			블럭,자갈	3	1	3	2	3	II
2179	느티나무	36.46.12 /128.25.20	276	N	11-27-3-1	72.08.09	정자목	P	290/290	1.1	계류역	측면	대리석/상	1	2	3	1	1	02.04.
	예천/상리/도촌/42	벤치, 당집	제사-신앙	R	계류,주택,임야	295	보호수	19.4	11/13	3.3			시멘트,흙	1	1	1	2	3	I
2180	느티나무	36.46.44 /128.25.55	401	N	11-27-3	72.08.09	당산목	P	420/420	1.2	계류역	임야	대리석/상	2	1	2	1	1	02.04.
	예천/상리/도촌/86	당집	제사-신앙	R	임야,계류	602	보호수	27.7	17/25	3.7			시멘트,흙	2	3	2	1	3	I
2181	느티나무	36.46.50 /128.24.58	350	N	11-27-3-1-1	72.08.09	전설목	S	190/270	1.2	산비탈	입구	대리석/상	1	2	3	2	1	02.04.
	예천/상리/두성 71	체육시설, 벤치	제사-신앙	R	경작지,도로	445	보호수	23.8	16/18	3.9			시멘트,흙	1	1	1	3	1	I
2182	느티나무	36.46.50 /128.24.39	' 367	N	11-27-3-2	72.08.09	동신목	S	290/270	1.4	계류역	입구	대리석/상	1	2	2	1	1	02.04.
	예천/상리/두성 62		제사-신앙	R	도로,경작지,계류	514	보호수	25.6	19/18	4.3			시멘트	1	1	1	1	1	I
2183	느티나무	36.47.26 /128.23.41	512	N	99-15	72.08.09	당산목	S	220/200	1.0	산비탈	입구	대리석/상	1	1	1	1	1	02.04.
	예천/상리/용두 567	좌대, 벤치, 정자	제사-신앙	R	경작지,도로	366	보호수	21.6	13/	3.1			자갈	1	1	1	2	1	I

2184	느티나무	36.39.40 /128.29.55	156	N	11-27-8	72.08.09	풍치목	P	320/200	1.3	산비탈	측면	대리석/상	1	1	1	1	1	02.04.
	예천/보문/신월/495		휴식-정자	R	임야,도로,경작지	607	보호수	27.8	16/23	4.1			흙	1	1	1	3	1	I
2185	느티나무	36.39.40 /128.29.55	156	N				P	320/	1.3	산비탈	측면		1	1	1	1	1	02.04.
	예천/보문/신월/495		휴식-정자	R	임야,도로,경작지	539	노거수	26.2	14/	4.1			흙	1	1	1	2	1	I
2186	느티나무	36.39.49 /128.29.48	143	N	11-27-6-6	72.08.09	경관목	P	600/290	1.7	산비탈	동산		5	1	1	1	1	02.05.10
	예천/보문/신월2/538		기타-경관	R	임야	133	보호수	13.0	10/15	5.2	인재		흙	5	1	5	1	5	II
2187	느티나무	36.39.35 /128.31.14	125	N	11-27-7	72.08.09	경관목	P	320/150	1.0	산비탈	임야	대리석/상	1	1	1	1	1	02.04.
	예천/보문/오암 153		휴식-정자	R	임야,하천	163	보호수	14.4	14/20	3.0			바위,흙	1	1	1	1	1	I
2188	느티나무	36.39.35 /128.31.14	125	N				P	120/	0.8	산비탈	임야		1	1	1	1	1	02.05.10
	예천/보문/오암 153		휴식-정자	R	임야,하천	106	노거수	11.6	14/	2.5			바위,흙	1	1	1	1	1	I
2189	느티나무	36.39.35 /128.31.14	125	N				P	150/	1.0	산비탈	임야		1	1	1	1	1	02.05.10
	예천/보문/오암 153		휴식-정자	R	임야	353	노거수	21.2	14/	3.0			바위,흙	1	1	1	1	1	I
2190	느티나무	36.38.14 /128.33.05	240	N	11-27-6-7	72.08.09	당산목	P	100/260	0.8	계류역	입구	대리석/상	3	1	1	1	1	02.05.10
	예천/보문/오암 2/422-1	돌탑	제사-신앙	R	도로,계류,경작지	87	보호수	10.5	13/17	2.6			흙	3	1	3	2	3	I
2191	느티나무	36.38.14 /128.33.05	240	N				P	100/	0.9	계류역	입구		3	1	1	1	1	02.05.10
	예천/보문/오암 2/422-1	돌탑	제사-신앙	R	농경지,도로,계류	92	노거수	10.8	13/	2.8			흙	3	1	3	2	3	I
2192	느티나무	36.38.14 /128.33.05	240	N				P	100/	0.7	계류역	입구		2	1	1	1	1	02.05.10
	예천/보문/오암 2/422-1	돌탑	제사-신앙	R	농경지,도로,계류	165	노거수	14.5	14/	2.3			흙	2	1	2	2	2	I
2193	느티나무	36.38.14 /128.33.05	240	N				P	100/	0.8	계류역	입구		3	1	1	1	1	02.05.10
	예천/보문/오암 2/422-1	돌탑	제사-신앙	R	농경지,도로,계류	119	노거수	12.3	14/	2.4			흙	3	1	3	2	3	I
2194	느티나무	36.38.14 /128.33.05	240	N				P	100/	0.6	계류역	입구		3	1	1	1	1	02.05.10
	예천/보문/오암 2/422-1	돌탑	제사-신앙	R	농경지,도로,계류	100	노거수	11.3	0/	2.0			흙	3	1	3	2	3	I
2195	느티나무	36.38.14 /128.33.05	240	N				P	100/	0.8	계류역	입구		3	1	1	1	1	02.05.10
	예천/보문/오암 2/422-1	돌탑	제사-신앙	R	경작지,도로,계류	107	노거수	11.7	14/	2.4			흙	3	1	3	2	3	I
2196	느티나무	36.39.16 /128.32.06	158	N	11-27-5-7	72.08.09	정자목	S	100/150	0.8	산비탈	내부		1	1	1	1	1	02.05.10
	예천/보문/오암 1/65	정자, 벤치	휴식-정자	R	주택,도로	193	보호수	15.7	12/15	2.4			자갈	1	1	1	3	1	I
2197	느티나무	36.39.50 /128.31.53	152	N	11-27-9	72.08.09	정자목	S	120/300	0.9	산비탈	입구	대리석/상	2	1	1	1	1	02.05.10
	예천/보문/작곡 474		휴식-정자	R	도로,임야	123	보호수	12.5	10/14	2.8			흙	2	1	2	2	2	I
2198	느티나무	36.40.00 /128.32.43	185	N	11-27-6-11-9	72.08.09	경관목	S	200/170	0.6	산비탈	임야	대리석/상	1	1	1	1	1	02.05.10
	예천/보문/작곡 25-1		기타-경관	R	임야	133	보호수	13.0	12/15	2.0			흙	1	1	1	1	1	I
2199	느티나무	36.40.40 /128.33.16	167	C	11-30-6-9	72.08.09	정자목	S	270/250	1.4	계류역	내부	대리석/상	2	2	3	3	1	02.05.10
	예천/보문/수계 2히 604-2	정자, 벤치	휴식-정자	R	주택,도로,계류	317	보호수	20.1	15/25	4.3			자갈	2	1	2	2	1	I
2200	느티나무	36.41.08 /128.32.56	131	N	11-27-6-8	72.08.09	경관목	P	270/250	1.8	충적대지	입구		1	2	3	3	1	02.05.10
	예천/보문/수계 1/691		휴식-정자	R	도로,학교	330	보호수	20.5	17/17	5.7			시멘트	2	2	2	2	2	II
2201	느티나무	36.41.08 /128.32.56	131	N				P	200/	1.5	충적대지	입구		3	2	3	3	1	02.05.10
	예천/보문/수계 1/691		휴식-정자	R	도로,주택	163	노거수	14.4	14/	4.8			시멘트	3	1	3	3	3	II
2202	느티나무	36.43.57 /128.34.27	135	N	11-27-6	72.08.09	풍치목	P	420/400	2.0	계류역	들판	대리석/상	1	1	1	1	1	02.05.10
	예천/감천/미석 121		휴식-정자	R	계류,경작지	518	보호수	25.7	16/	6.2			흙	3	3	1	1	1	I
2203	느티나무	36.43.57 /128.34.27	135	N				P	200/	1.2	계류역	들판		1	1	1	1	1	02.05.10
	예천/감천/미석 3리		휴식-정자	R	계류,경작지	479	노거수	24.7	15/	3.7			흙	1	3	1	3	1	I
2204	느티나무	36.42.20 /128.31.55	173	N	2001-12	72.08.09	경관목	P	520/500	2.0	계류역	입구		1	1	1	1	1	02.05.10
	예천/감천/마촌/산4		기타-경관	R	경작지,계류	499	보호수	25.2	13/	6.3			흙	2	3	1	1	1	I

2184	느티나무	36.39.40 /128.29.55	156	N	11-27-8	72.08.09	풍치목	P	320/200	1.3	산비탈	측면	대리석/상	1	1	1	1	1	02.04.
	예천/보문/신월/495		휴식-정자	R	임야,도로,경작지	607	보호수	27.8	16/23	4.1			흙	1	1	1	3	1	Ⅰ
2185	느티나무	36.39.40 /128.29.55	156	N				P	320/	1.3	산비탈	측면		1	1	1	1	1	02.04.
	예천/보문/신월/495		휴식-정자	R	임야,도로,경작지	539	노거수	26.2	14/	4.1			흙	1	1	1	2	1	Ⅰ
2186	느티나무	36.39.49 /128.29.48	143	N	11-27-6-6	72.08.09	경관목	P	600/290	1.7	산비탈	동산		5	1	1	1	1	02.05.10
	예천/보문/신월2/538		기타-경관	R	임야	133	보호수	13.0	10/15	5.2	인재		흙	5	1	5	1	5	Ⅱ
2187	느티나무	36.39.35 /128.31.14	125	N	11-27-7	72.08.09	경관목	P	320/150	1.0	산비탈	임야	대리석/상	1	1	1	1	1	02.04.
	예천/보문/오암 153		휴식-정자	R	임야,하천	163	보호수	14.4	14/20	3.0			바위,흙	1	1	1	1	1	Ⅰ
2188	느티나무	36.39.35 /128.31.14	125	N				P	120/	0.8	산비탈	임야		1	1	1	1	1	02.05.10
	예천/보문/오암 153		휴식-정자	R	임야,하천	106	노거수	11.6	14/	2.5			바위,흙	1	1	1	1	1	Ⅰ
2189	느티나무	36.39.35 /128.31.14	125	N				P	150/	1.0	산비탈	임야		1	1	1	1	1	02.05.10
	예천/보문/오암 153		휴식-정자	R	임야	353	노거수	21.2	14/	3.0			바위,흙	1	1	1	1	1	Ⅰ
2190	느티나무	36.38.14 /128.33.05	240	N	11-27-6-7	72.08.09	당산목	P	100/260	0.8	계류역	입구	대리석/상	3	1	1	1	1	02.05.10
	예천/보문/오암 2/422-1	돌탑	제사-신앙	R	도로,계류,경작지	87	보호수	10.5	13/17	2.6			흙	3	1	3	2	3	Ⅰ
2191	느티나무	36.38.14 /128.33.05	240	N				P	100/	0.9	계류역	입구		3	1	1	1	1	02.05.10
	예천/보문/오암 2/422-1	돌탑	제사-신앙	R	농경지,도로,계류	92	노거수	10.8	13/	2.8			흙	3	1	3	2	3	Ⅰ
2192	느티나무	36.38.14 /128.33.05	240	N				P	100/	0.7	계류역	입구		2	1	1	1	1	02.05.10
	예천/보문/오암 2/422-1	돌탑	제사-신앙	R	농경지,도로,계류	165	노거수	14.5	14/	2.3			흙	2	1	2	2	2	Ⅰ
2193	느티나무	36.38.14 /128.33.05	240	N				P	100/	0.8	계류역	입구		3	1	1	1	1	02.05.10
	예천/보문/오암 2/422-1	돌탑	제사-신앙	R	농경지,도로,계류	119	노거수	12.3	14/	2.4			흙	3	1	3	2	3	Ⅰ
2194	느티나무	36.38.14 /128.33.05	240	N				P	100/	0.6	계류역	입구		3	1	1	1	1	02.05.10
	예천/보문/오암 2/422-1	돌탑	제사-신앙	R	농경지,도로,계류	100	노거수	11.3	0/	2.0			흙	3	1	3	2	3	Ⅰ
2195	느티나무	36.38.14 /128.33.05	240	N				P	100/	0.8	계류역	입구		3	1	1	1	1	02.05.10
	예천/보문/오암 2/422-1	돌탑	제사-신앙	R	경작지,도로,계류	107	노거수	11.7	14/	2.4			흙	3	1	3	2	3	Ⅰ
2196	느티나무	36.39.16 /128.32.06	158	N	11-27-5-7	72.08.09	정자목	S	100/150	0.8	산비탈	내부		1	1	1	1	1	02.05.10
	예천/보문/오암 1/85	정자, 벤치	휴식-정자	R	주택,도로	193	보호수	15.7	12/15	2.4			자갈	1	1	1	3	1	Ⅰ
2197	느티나무	36.39.50 /128.31.53	152	N	11-27-9	72.08.09	정자목	S	120/300	0.9	산비탈	입구	대리석/상	2	1	1	1	1	02.05.10
	예천/보문/작곡 474		휴식-정자	R	도로,임야	123	보호수	12.5	10/14	2.8			흙	2	1	2	2	2	Ⅰ
2198	느티나무	36.40.00 /128.32.43	185	N	11-27-6-11-9	72.08.09	경관목	S	200/170	0.6	산비탈	임야	대리석/상	1	1	1	1	1	02.05.10
	예천/보문/작곡 25-1		기타-경관	R	임야	133	보호수	13.0	12/15	2.0			흙	1	1	1	1	1	Ⅰ
2199	느티나무	36.40.40 /128.33.16	167	C	11-30-6-9	72.08.09	정자목	S	270/250	1.4	계류역	내부	대리석/상	2	2	3	3	1	02.05.10
	예천/보문/수계 2히 604-2	정자, 벤치	휴식-정자	R	주택,도로,계류	317	보호수	20.1	15/25	4.3			자갈	2	1	2	2	1	Ⅰ
2200	느티나무	36.41.08 /128.32.56	131	N	11-27-6-8	72.08.09	경관목	P	270/250	1.8	충적대지	입구		1	2	3	3	1	02.05.10
	예천/보문/수계 1/691		휴식-정자	R	도로,학교	330	보호수	20.5	17/17	5.7			시멘트	2	2	2	2	2	Ⅱ
2201	느티나무	36.41.08 /128.32.56	131	N				P	200/	1.5	충적대지	입구		3	2	3	3	1	02.05.10
	예천/보문/수계 1/691		휴식-정자	R	도로,주택	163	노거수	14.4	14/	4.8			시멘트	3	1	3	3	3	Ⅱ
2202	느티나무	36.43.57 /128.34.27	135	N	11-27-6	72.08.09	풍치목	P	420/400	2.0	계류역	들판	대리석/상	1	1	1	1	1	02.05.10
	예천/감천/미석 121		휴식-정자	R	계류,경작지	518	보호수	25.7	16/	6.2			흙	3	3	1	1	1	Ⅰ
2203	느티나무	36.43.57 /128.34.27	135	N				P	200/	1.2	계류역	들판		1	1	1	1	1	02.05.10
	예천/감천/미석 3리		휴식-정자	R	계류,경작지	479	노거수	24.7	15/	3.7			흙	1	3	1	3	1	Ⅰ
2204	느티나무	36.42.20 /128.31.55	173	N	2001-12	72.08.09	경관목	P	520/500	2.0	계류역	입구		1	1	1	1	1	02.05.10
	예천/감천/마촌/산4		기타-경관	R	경작지,계류	499	보호수	25.2	13/	6.3			흙	2	3	1	1	1	Ⅰ

2205	느티나무	36.44.32 /128.31.24	210	N	11-27-20	72.08.09	정자목	P	520/500	1.4	동산	후방	대리석/상	1	1	1	1	1	02.05.10
	예천/감천/증거 51		휴식-정자	R	경작지,임야	437	보호수	23.6	15/18	4.5			흙	1	2	1	3	1	I
2206	느티나무	36.44.32 /128.31.24	210	N				P	520/	1.7	동산	후방		2	1	1	1	1	02.05.10
	예천/감천/증거 51		휴식-정자	R	경작지,임야	426	노거수	23.3	15/	5.3			흙	2	1	2	2	1	I
2207	느티나무	36.44.32 /128.31.24	210	N				P	520/	1.6	동	후방		3	1	1	1	1	02.05.10
	예천/감천/증거 51		휴식-정자	R	경작지,임야	441	노거수	23.7	0/	4.9			흙	2	1	3	3	1	I
2208	느티나무	36.42.47 /128.30.02	153	N				P	100/	0.6	계류역	측면		2	1	1	2	1	02.05.10
	예천/감천/관현 2/453	정자	휴식-정자	R	도로,계류	131	노거수	12.9	13/15	2.0			바위	2	1	2	1	3	I
2209	느티나무	36.42.47 /128.30.02	153	N				P	100/	0.8	계류역	측면		2	2	3	2	1	02.05.10
	예천/감천/관현 2/453	정자	기타-경관	R	도로,계류	93	노거수	10.9	13/	2.6			시멘트	2	1	2	2	3	II
2210	느티나무	36.42.47 /128.30.02	153	N				P	100/	0.7	계류역	측면		2	2	3	2	1	02.05.10
	예천/감천/관현 2/453	정자	기타-경관	R	도로,계류	113	노거수	12.0	13/	2.1			시멘트	2	1	2	1	3	I
2211	느티나무	36.42.47 /128.30.02	153	N	11-27-5-7-8	72.08.09	정자목	P	130/110	0.8	계류역	측면		1	1	3	2	1	02.05.10
	예천/감천/관현 2/453	정자	기타-경관	R	도로,계류	133	보호수	13.0	13/	2.4			바위,시멘트	1	1	1	2	1	I
2212	소나무	36.43.25 /128.29.39	150	C	294호	72.08.09	동신목	S	620/600	1.3	계류역	입구	알미늄/상	1	1	1	1	1	02.05.10
	예천/감천/천향 804		제사-신앙	R	도로,계류,주택	921	천연기념물	34.3	10/	4.2		+	흙	3	2	1	1	1	I
2213	느티나무	36.44.51 /128.29.49	206	N	11-27-5-11-5	72.08.09	정자목	S	250/150	1.7	계류역	후방		2	1	1	1	1	02.05.10
	예천/감천/진평 2/565		휴식-정자	R	계류,경작지	594	보호수	27.5	15/20	5.3			흙	2	1	2	2	1	I
2214	느티나무	36.45.21 /128.30.04	194	N	11-27-5-5	72.08.09	정자목	S	270/250	1.7	산비탈	측면	대리석/상	3	1	1	1	1	02.05.10
	예천/감천/벌방 320		휴식-정자	R	경작지	298	보호수	19.5	14/19	5.4			흙	4	2	3	1	3	II
2215	느티나무	36.45.23 /128.30.05	192	N				P	200/	1.3	충적대지	내부		1	1	1	1	1	03.07.12
	예천/감천/벌방	벤치, 좌대	휴식-정자	R	도로,주택	349	노거수	21.1	14/	4.1			흙	1	1	1	2	1	I
2216	느티나무	36.45.23 /128.30.05	192	N				P	150/	1.0	충적대지	내부		1	1	1	1	1	03.07.12
	예천/감천/벌방	벤치, 좌대	휴식-정자	R	도로,주택	179	노거수	15.1	14/	3.2			흙	1	1	1	2	1	I
2217	느티나무	36.45.23 /128.30.05	192	N				P	130/	0.8	충적대지	내부		1	2	2	1	1	03.07.12
	예천/감천/벌방	벤치, 좌대	휴식-정자	R	도로,주택	87	노거수	10.5	13/	2.5			시멘트	1	1	1	2	1	I
2218	느티나무	36.45.54 /128.29.26	275	N	11-27-5-4	72.08.09	당산목	S	600/250	1.5	계류역	내부	대리석/상	2	2	3	2	1	02.05.10
	예천/감천/수한 161		제사-신앙	R	경작지,계류,주택	286	보호수	19.1	12/13	4.7			바위,시멘트	2	3	2	2	2	II
2219	상수리나무나무	36.45.54 /128.29.26	275	N				S	100/	0.8	산비탈	후방		2	2	2	2	1	02.05.10
	예천/감천/수한 161		휴식-정자	R	주택,농경지	292	노거수	19.3	14/	2.5			시멘트	2	1	2	2	1	I
2220	느티나무	36.44.34 /128.30.20	190	N				P	200/	1.5	계류역	입구		1	1	1	1	1	02.05.10
	예천/감천/진평 3리		기타-경관	R	임야,도로,계류	423	노거수	23.2	13/	4.7			흙	2	3	1	1	1	I
2221	느티나무	36.44.34 /128.30.20	190	N				P	150/	1.3	계류역	입구		1	1	1	1	1	02.05.10
	예천/감천/진평 3리		기타-경관	R	도로,임야,계류,경작지	327	노거수	20.4	12/	3.9			흙	1	2	1	1	1	I
2222	느티나무	36.41.51 /128.30.04	166	N	11-27-5-4-6	72.08.09	풍치목	P	140/120	0.9	산비탈	후방	대리석/상	1	1	1	1	1	02.05.10
	예천/감천/덕율 2/65		기타-경관	R	주택,임야	129	보호수	12.8	12/15	2.7			흙	1	3	1	1	1	I
2223	느티나무	36.41.51 /128.30.04	166	N				P	120/	0.8	산비탈	후방		1	1	1	1	1	02.05.10
	예천/감천/덕율 2/65		기타-경관	R	임야,주택	152	노거수	13.9	11/	2.4			흙	1	3	1	1	1	I
2224	음나무	36.45.49 /128.27.13	220	C	11-27-5	72.08.09	정자목	P	320/300	1.7	충적저지	입구	대리석/상	3	3	3	2	1	02.05.10
	예천/하리/은산1/184-1	남근석	제사-신앙	R	도로,경작지	165	보호수	14.5	11/20	5.2		+	시멘트,흙	3	1	3	2	3	II
2225	느티나무	36.45.49 /128.27.13	220	C				P	100/	1.0	충적저지	입구		1	2	2	2	1	02.05.10
	예천/하리/은산1/184-1	조수공적비	휴식-정자	R	도로,경작지	302	노거수	19.6	12/	3.0			시멘트,흙	1	1	1	2	1	I

2226	느티나무	36.48.02 /128.26.38	440	N	11-27-2	72.08.09	동신목	S	320/300	1.8	계류역	입구	대리석/상	1	2	3	3	1	02.05.10
	예천/상리/백석 570	당집	제사-신앙	R	도로,경작지,계류	373	보호수	21.8	19/25	5.6			시멘트,흙	1	1	1	2	1	I
2227	느티나무	36.48.54 /128.27.48	410	N	11-27-3-3	72.08.09	당산목	S	300/290	1.7	산비탈	입구		1	4	3	3	1	02.05.10
	예천/상리/고항 438		제사-신앙	R	주택,도로	448	보호수	23.9	12/16	5.5			시멘트	2	2	1	3	2	II
2228	느티나무	36.41.39 /128.25.27	178	C	11-30-2-1-36	96.10.29	동신목	S	100/100	0.9	충적대지	입구		1	1	1	1	1	02.05.10
	예천/용문/능천 429		휴식-정자	R	경작지,도로,주택	286	보호수	19.1	12/13	2.7			흙	1	1	1	2	1	I
2229	느티나무	36.41.12 /128.24.47	167	C	11-27-2-12-35	72.08.09	동신목	S	250/150	1.6	충적대지	내부	대리석/상	2	2	3	1	1	02.05.10
	예천/용문/상금곡 442-3		제사-신앙	R	주택,도로	405	보호수	22.7	13/17	5.1			시멘트,흙	2	1	2	2	1	I
2230	향나무	36.41.21 /128.24.48	181	C	110호	72.08.09	희귀목	S	300/300	0.7	충적대지	내부	알미늄/상	3	2	1	3	1	02.05.10
	예천/용문/죽림 166-2		기타-경관	R	주택,경작지	43	도기념물	7.4	7/10	2.1		+	흙	3	1	3	2	3	II
2231	소나무	36.42.28 /128.26.37	145	N				P	200/	0.7	계류역	측면		1	1	1	1	1	02.05.10
	예천/용문/제곡 491	정자	기타-경관	R	경작지,계류,주택	289	노거수	19.2	11/	2.3			모래	1	1	1	2	1	I
2232	소나무	36.42.28 /128.26.37	145	N				P	200/	0.8	계류역	측면		1	1	1	1	1	02.05.10
	예천/용문/제곡 491	정자	기타-경관	R	도로,경작지,계류	184	노거수	15.3	14/	2.4			모래	2	1	1	2	1	I
2233	소나무	36.43.01 /128.21.36	184	C	111호	95.06.30	고사	S	150/600	1.0	계류역	입구	알미늄/상	3	1	1	1	1	03.07.13
	예천/용문/사부/817		기타-경관	R	경작지,도로,계류	152	도기념물	13.9	8/	3.0			모래	3	1	3	1	2	I
2234	느티나무	36.43.22 /128.20.52	165	N				S	800/	2.1	충적저지	입구		4	1	1	1	1	03.07.13
	예천/용문/사부리		기타-경관	R	경작지,도로	356	노거수	21.3	12/	6.6	인재		흙	5	1	4	2	4	II
2235	느티나무	36.40.50 /128.21.48	247	N	11-27-2-6-32	72.08.09	풍치목	P	250/150	1.2	계류역	입구		1	1	1	1	1	02.05.10
	예천/용문/노사 290	돌탑	제사-신앙	R	경작지,계류	527	보호수	25.9	17/20	3.7			흙	1	1	1	1	1	I
2236	느티나무	36.40.50 /128.21.48	247	N				P	250/	1.1	계류역	입구		1	1	1	1	1	02.05.10
	예천/용문/노사 290		제사-신앙	R	경작지,계류	452	노거수	24.0	17/	3.4			흙	1	1	1	1	1	I
2237	느티나무	36.38.51 /128.23.16	222	N	11-27-11	72.08.09	정자목	S	400/380	1.6	산비탈	후방	대리석/상	1	1	1	1	1	02.04.
	예천/유천/수심 23		휴식-정자	R	경작지	688	보호수	29.6	14/20	5.0			흙	1	1	1	2	1	I
2238	느티나무	36.40.36 /128.20.35	247	N	11-27-8-12	72.08.09	풍치목	P	250/225	1.1	산비탈	입구	대리석/상	1	2	2	2	1	02.04.
	예천/유천/사곡/233-4		휴식-정자	R	도로,경작지	394	보호수	22.4	13/18	3.6			시멘트	2	1	1	2	3	I
2239	느티나무	36.40.34 /128.20.19	286	C	11-27-14	72.08.09	거목	S	600/590	1.9	산비탈	후방		3	1	1	1	1	02.04.
	예천/용문/사부/168		제사-신앙	R	임야,도로	125	보호수	12.6	12/23	6.0			흙	3	1	3	1	3	I
2240	느티나무	36.40.12 /128.20.48	188	N	11-27-8-11-16	72.08.09	정자목	S	130/110	1.0	산비탈	입구	대리석/상	1	1	2	1	1	02.04.
	예천/유천/하천 83-1	시멘좌대	제사-신앙	R	임야,도로	499	보호수	25.2	13.5/18	3.3			시멘트	1	1	1	1	1	I
2241	느티나무	36.38.55 /128.21.30	157	N	11-27-8-13	72.08.09	정자목	P	800/210	2.6	계류역	입구	대리석/상	4	1	3	1	1	02.04.
	예천/유천/고림 249		휴식-정자	R	경작지,주택,도로	198	보호수	15.9	11.5/18	8.1	태풍		시멘트,흙	4	1	4	2	3	II
2242	느티나무	36.38.55 /128.21.30	157	N				P	200/	1.5	계류역	입구		2	2	2	2	1	02.04.
	예천/유천/고림 249		휴식-정자	R	경작지,도로,계류	383	노거수	22.1	12.5/	4.6			시멘트	2	2	2	2	2	I
2243	느티나무	36.37.57 /128.20.47	131	N	11-27-8-16		정자목	P	300/280	1.6	충적대지	입구	대리석/상	3	1	3	2	1	02.04.
	예천/유천/송지/222		휴식-정자	R	주택,경작지	295	보호수	19.4	14/22	4.9			흙	3	1	3	2	2	II
2244	느티나무	36.37.57 /128.20.47	131	N				P	150/	1.1	충적대지	입구		3	1	3	1	1	02.04.
	예천/유천/송지/222		휴식-정자	R	주택,경작지	158	노거수	14.2	14/	3.4			흙	3	2	3	2	1	II
2245	느티나무	36.38.01 /128.20.52	124	C	11-27-8-14-15	72.08.09	당산목	S	200/180	1.0	충적대지	입구	대리석/상	3	1	1	1	1	02.04.
	예천/유천/송지/228		제사-신앙	R	주택,경작지,도로	286	보호수	19.1	12/15	3.3	태풍		흙	3	1	3	2	1	I
2246	은행나무	36.35.26 /128.26.22	120	C	11-36	96.06.21	전설목	S	500/500	2.1	계류역	후방	대리석/상	1	1	1	1	1	02.05.10
	예천/호명/원곡 219		기타-경관	R	주택,계류,임야	456	보호수	24.1	20/26	6.5			흙	1	1	1	1	1	I

2247	느티나무	36.34.59 /128.27.02	120	N	11-27-7-3-11	72.08.09	정자목	S	350/150	1.8	계류역	입구	대리석/상	2	1	1	1	1	02.05.10
	예천/호명/송곡 497		휴식-정자	R	경작지,도로,계류	383	보호수	22.1	12/20	5.5			흙	2	1	2	2	1	I
2248	왕버들	36.34.35 /128.27.51	126	N	11-27-7-4-14	72.08.09	정자목	P	180/150	1.5	충적저지	들판		1	1	1	1	1	02.05.10
	예천/호명/금릉 291-1		기타-경관	R	경작지,도로	475	보호수	24.6	180/	4.7			자갈,흙	1	1	1	2	1	I
2249	팽나무	36.33.43 /128.27.55	120	C	11-27-7-4-10	72.08.09	정자목	S	130/150	1.1	산비탈	입구	대리석/상	1	1	1	1	1	02.05.10
	예천/호명/금릉 212		휴식-정자	R	경작지,도로,주택	298	보호수	19.5	12/15	3.4			흙	1	1	1	2	1	I
2250	느티나무	36.35.45 /128.29.44	121	C	11-27-10	72.08.09	정자목	P	630/600	1.7	충적대지	입구	대리석/상	3	1	1	1	1	02.05.10
	예천/호명/본/719	벤치, 좌대	휴식-정자	R	경작지,도로,주택	177	보호수	15.0	11/20	5.3			흙	5	1	3	2	4	II
2251	느티나무	36.35.45 /128.29.44	121	C				P	120/	0.7	충적대지	입구		2	1	1	1	1	02.05.10
	예천/호명/본/719	벤치, 좌대	휴식-정자	R	경작지,도로,주택	149	노거수	13.8	11/	2.3			흙	2	1	2	2	1	I
2252	느티나무	36.35.45 /128.29.44	121	C				P	150/	1.0	충적대지	입구		1	2	1	1	1	02.05.10
	예천/호명/본/719	벤치, 좌대	기타-경관	R	경작지,도로,주택	97	노거수	11.1	10/	3.3			시멘트	3	1	1	2	1	I
2253	회화나무	36.35.45 /128.29.44	121	C				P	220/	0.7	충적대지	입구		1	2	2	1	1	02.05.10
	예천/호명/본/719	벤치, 좌대	기타-경관	R	경작지,도로,주택	186	노거수	15.4	15/	2.3			시멘트	2	1	1	2	1	I
2254	느티나무	36.36.43 /128.27.22	113	N				S	400/	1.4	계류역	후방		4	2	2	2	1	03.07.13
	예천/호명/종산121		기타-경관	R	도로,계류,주택	193	노거수	15.7	12/	4.3	인재		시멘트,흙	4	1	4	2	4	II
2255	은행나무	36.36.40 /128.25.47	109	C	11-27-7-16-13	72.08.09	동신목	S	500/300	3.7	산비탈	후방		1	1	1	1	1	02.05.10
	예천/호명/담암 451		기타-경관	R	경작지,임야	572	보호수	27.0	17/18	11.6			흙	1	1	1	1	1	I
2256	느티나무	36.37.21 /128.26.15	100	C	11-27-7-15-12	72.08.09	정자목	S	150/120	1.1	계류역	후방	대리석/상	3	1	2	1	1	02.05.10
	예천/호명/내신 161		휴식-정자	R	경작지,도로,계류	252	보호수	17.9	10.5/20	3.5	태풍		시멘트	3	1	3	2	1	I
2257	느티나무	36.28.54 /128.16.47	94	N	11-27-18	72.08.09	정자목	P	200/300	1.0	충적저지	입구	대리석/상	5	2	4	1	1	02.05.10
	예천/풍양/효갈 1089-4		기타-경관	R	경작지,주택	115	보호수	12.1	20/25	3.1	복토		시멘트	5	1	5	2	3	II
2258	소나무	36.55.01 /129.03.08	437	N	11-29-10	82.10.29	경관목	P	320/300	1.5	산비탈	후방	대리석/상	2	1	1	1	1	02.04.19
	봉화/소천/분천/산246-4		제사-신앙	R	임야	346	보호수	21.0	27/20	4.7			흙	2	1	2	1	1	I
2259	느티나무	36.55.35 /129.00.36	330	N	11-29-6-4	82.10.29	정자목	S	260/240	1.3	충적대지	기타	대리석/상	1	1	1	1	1	02.04.07
	봉화/소천/현동/답 504-2		기타-경관	U	농경지	254	보호수	18.0	20/	4.2			자갈	1	1	1	2	1	I
2260	느티나무	36.56.15 /129.00.12	345	C				P	150/	1.0	충적대지	내부		1	1	1	1	1	02.04.19
	봉화/소천/현동	정자,벤치	제사-신앙	R	경작지	269	노거수	18.5	17/25	3.2			흙	1	1	1	1	1	I
2261	소나무	37.03.16 /129.06.20	592	N	11-29-6-3	82.10.29	경관목	S	220/200	1.3	충적대지	내부		3	1	1	1	1	02.04.19
	봉화/석포/석포/81-1	의자,정자	기타-경관	R	운동장	581	보호수	27.2	20/	4.2			흙	3	1	3	2	2	I
2262	소나무	37.02.51 /129.05.36	592	N	11-29-6-2	82.10.29	임목연구목	P	500/500	0.3	산비탈	기타	알미늄/상	2	1	1	2	1	02.04.19
	봉화/석포/산1-1		기타-육종	R	임야	177	보호수	15.0	20/25	0.8			흙	2	3	2	1	2	I
2263	느티나무	36.56.07 /128.55.07	368	N	11-29-5-4	82.10.29	정자목	S	400/290	1.8	충적대지	내부	대리석/상	4	1	1	1	1	02.04.19
	봉화/춘양/의양/대지 133	정자	기타-경관	R	경작지,한수정	193	보호수	15.7	11/15	5.7			흙	5	2	4	2	3	II
2264	음나무	36.59.58 /128.52.25	462	C	11-29-5-1	82.10.29	당산목	P	250/230	0.8	산비탈	입구	대리석/상	1	1	1	1	1	02.04.19
	봉화/춘양/애당/종교 496	당집, 벤치,정자	제사-신앙	R	경작지,주택	254	보호수	18.0	23/25	2.3			자갈	1	1	1	2	1	I
2265	느티나무	37.00.18 /128.50.10	489	N	11-1	82.10.29	경관목	P	620/600	1.9	계류역	입구	대리석/상	5	1	1	1	1	02.04.19
	봉화/춘양/서벽/산237	기념비, 벤치	기타-경관	R	운동장,도로,계류	302	보호수	19.6	16/	5.8		+	자갈	5	1	5	2	3	II
2266	소나무	37.02.47 /128.47.10	311	N	11-29-5-3	82.10.29	수종연구목	S	220/200	1.0	계류역	기타	대리석/상	1	1	3	1	1	02.04.19
	봉화/춘양/우구치/산1-1	선적비	기타-경관	R	계곡,도로,임야	240	보호수	17.5	14/28	3.1			흙	1	1	1	2	3	I
2267	소나무	37.00.25 /128.48.43	440	4.5	11-29-5-2	82.10.29	희귀목	P	240/220	1.4	산비탈	기타	대리석/상	1	1	1	1	1	02.04.19
	봉화/춘양/서벽/산76		기타-경관	R	임야	167	보호수	14.6	14/20	4.5			흙	1	3	1	2	1	I

2268	소나무	36.56.07 /128.44.14	251	N	11-29-5	82.10.29	경관목	S	370/350	1.1	충적대지	측면	대리석/상	1	1	1	1	1	02.04.19
	봉화/물야/북지/대지 803	벤치, 울타리	휴식-정자	R	도로,경작지,주택	260	보호수	18.2	9/7	3.5			흙	1	1	1	2	1	I
2269	느티나무	36.56.45 /128.45.22	296	N	11-29-4	82.10.29	정자목	S	330/310	1.5	계류역	입구	대리석/상	1	1	2	2	1	02.04.19
	봉화/물야/개단3/대지 978	벤치, 좌대	휴식-정자	R	주택,도로,계류	531	보호수	26.0	18/20	4.6		+	시멘트	2	1	1	2	1	I
2270	느티나무	36.56.45 /128.45.22	296	N				P	200/	1.2	산비탈	후방		3	1	1	1	1	02.04.19
	봉화/물야/개단3/대지 978		기타-경관	R	임야,주택	289	노거수	19.2	15/	3.7			흙	3	3	3	1	3	II
2271	느티나무	36.56.50 /128.45.28	302	N				S	200/	1.2	충적대지	입구		1	1	1	1	1	02.04.19
	봉화/물야/개단 3리	벤치	휴식-정자	R	경작지,도로	298	노거수	19.5	12/	3.8			흙	2	1	1	2	1	I
2272	느티나무	36.57.36 /128.45.32	311	C	11-29-2-3	82.10.29	풍치목	P	330/310	1.6	계류역	입구	대리석/상	1	1	1	1	1	02.04.19
	봉화/물야/개단/임 1112-1	정자, 벤치,좌대	기타-풍치	R	계류,경작지	320	보호수	20.2	20/20	5.1			흙	2	1	1	2	1	I
2273	느티나무	36.57.36 /128.45.32	311	C				P	120/	0.9	계류역	입구		1	1	1	1	1	02.04.19
	봉화/물야/개단/임1112-1	시멘트좌대, 정자,벤치	기타-풍치	R	계류,경작지	243	노거수	17.6	19/	2.9			흙	1	1	1	2	1	I
2274	느티나무	36.57.36 /128.45.32	311	C				P	120/	0.9	계류역	입구		1	1	1	1	1	02.04.19
	봉화/물야/개단/임1112-1	좌대,정자	기타-풍치	R	계류,경작지	353	노거수	21.2	21/	2.7			흙	1	1	1	2	1	I
2275	느티나무	36.58.32 /128.44.20	311	N	11-29-2-1	82.10.29	정자목	S	240/220	1.3	충적대지	내부	대리석/상	1	2	3	2	1	02.04.19
	봉화/물야/오록3/산541-2		휴식-정자	R	임야,주택,도로	415	보호수	23.0	19/	4.0	인재		흙	1	2	1	2	2	I
2276	느티나무	36.58.23 /128.42.08	334	N	11-29-3	82.10.29	당산목	S	500/370	2.2	기타	입구	대리석/상	5	4	4	4	1	02.04.19
	봉화/물야/압동2/답 580		휴식-정자	R	도로,경작지	201	보호수	16.0	9/10	6.9			시멘트	5	1	5	2	4	II
2277	느티나무	36.56.51 /128.41.14	245	N				S	250/	1.8	계류역	입구		1	1	2	1	1	02.04.19
	봉화/물야/수신2리		휴식-정자	R	계류,경작지	412	노거수	22.9	17/	5.6			시멘트	3	1	1	2	2	I
2278	회화나무	36.55.41 /128.40.24	231	C	11-29-2-2	82.10.29	경관목	P	270/250	1.1	산비탈	내부	대리석/상	2	1	1	1	1	02.05.19
	봉화/물야/수식/대지 68-2		기타-경관	R	경작지,주택	139	보호수	13.3	17/14	3.6			흙	2	1	2	2	1	I
2279	회화나무	36.55.41 /128.40.24	231	C	11-29-2-2	82.10.29	경관목	P	150/250	0.8	산비탈	내부	대리석/상	2	1	1	1	1	02.05.19
	봉화/물야/수식/대지 68-2		기타-경관	R	경작지,주택	141	보호수	13.4	16/	2.3			흙	3	1	2	1	2	I
2280	느티나무	36.55.19 /128.41.32	283	N				P	250/	1.5	계류역	입구		2	1	1	1	1	02.04.19
	봉화/물야/수식2리		휴식-정자	R	도로,하천	121	노거수	12.4	13/	4.8			흙	2	1	2	1	1	I
2281	느티나무	36.51.11 /128.43.59	229	N	11-29-1-2	82.10.29	당산목	P	250/250	1.3	계류역	기타	대리석/상	3	1	1	1	1	02.04.19
	봉화/봉화/석평/전 226		제사-신앙	R	경작지,계류	45	보호수	7.6	18/20	4.2		+	흙	3	1	3	1	3	I
2282	왕버들	36.51.11 /128.43.59	229	N				P	150/	1.2	계류역	기타		3	1	1	3	1	02.04.19
	봉화/봉화/석평/226		제사-신앙	R	농경지,계류	397	노거수	22.5	16/	3.8			흙	3	1	3	1	2	I
2283	느티나무	36.52.14 /128.44.43	259	N	11-29-1-1	82.10.29	정자목	P	300/280	1.4	산비탈	입구	대리석/상	2	2	2	2	1	02.04.19
	봉화/봉화/거촌/산47	벤치	휴식-정자	R	도로,주택,임야	373	보호수	21.8	16/25	4.3			시멘트	2	3	1	2	2	I
2284	느티나무	36.49.29 /128.44.17	287	N	11-29-15	82.10.29	풍치목	S	370/350	2.0	산비탈	후방	대리석/상	4	2	2	2	1	02.04.19
	봉화/상운/설매/전 315-1		기타-경관	R	경작지,임야,도로	196	보호수	15.8	16/15	6.4		+	시멘트	4	1	4	2	4	II
2285	느티나무	36.49.12 /128.47.09	284	N	11-29-14	82.10.29	풍치목	S	320/300	1.6	산비탈	후방	대리석/상	1	1	1	1	1	02.04.19
	봉화/상운/토일/산158		기타-경관	R	경작지,임야	707	보호수	30.0	17/18	5.0			흙	1	1	1	1	1	I
2286	느티나무	36.49.12 /128.47.09	284	N				S	400/	1.4	산비탈	후방		3	1	1	2	1	02.04.19
	봉화/상운/토일/산158	정자	기타-경관	R	임야,주택	254	노거수	18.0	8/	4.5			바위	3	2	3	1	3	II
2287	느티나무	36.49.58 /128.47.03	344	N	11-29-13	82.10.29	풍치목	S	200/420	1.2	계류역	기타	대리석/상	2	1	1	1	1	02.04.29
	봉화/상운/문촌/도로1325		휴식-정자	R	경작지,도로,계류	254	보호수	18.0	16/15	3.7			흙	2	1	2	2	1	I
2288	느티나무	36.50.25 /128.47.33	296	N	11-29-12	82.10.29	당산목	S	500/440	2.0	산비탈	후방	대리석/상	3	1	1	1	1	02.04.19
	봉화/상운/문촌/산156		기타-경관	R	임야	615	보호수	28.0	21/13	6.3			흙	5	1	3	1	4	II

2289	호도나무	36.50.47 /128.47.24	351	N	11-29-12	82.10.29	희귀목	S	250/230	0.8	계류역	내부		3	1	1	1	1	02.04.19
	봉화/상운/문촌/전 622		기타-경관	R	경작지,계류	346	보호수	21.0	14/20	2.6			흙	3	3	3	1	3	II
2290	느티나무	36.52.01 /128.48.35	317	N	11-29-8	82.10.29	당산목	S	350/330	1.4	산비탈	내부	대리석/상	4	1	3	1	1	02.04.19
	봉화/봉성/봉양/산94		제사-신앙	R	도로,주택,임야	295	보호수	19.4	18/16	4.4			흙	4	2	4	2	4	II
2291	은행나무	36.53.07 /128.49.06	334	C	11-29-6	82.10.29	명목	S	440/420	1.9	향교내	내부	대리석/상	5	1	1	1	1	02.04.19
	봉화/봉성/봉성/종교 267	향교	기타-경관	R	향교내	227	보호수	17.0	12.5/25	6.0	태풍	+	흙	5	1	5	2	4	II
2292	느티나무	36.53.47 /128.48.37	321	N	11-29-3-2	82.10.29	풍치목	S	230/230	1.4	계류역	입구	대리석/상	2	2	2	2	1	02.04.19
	봉화/봉성/외삼/도로 15-11		휴식-정자	R	경작지,계류,도로	452	보호수	24.0	19/20	4.4			시멘트	2	1	1	2	2	I
2293	느티나무	36.55.32 /128.48.21	324	N	11-29-9	82.10.29	정자목	P	330/310	1.4	산비탈	입구	대리석/상	2	2	2	2	1	02.04.19
	봉화/봉성/동양/전 227-2	좌대	휴식-정자	R	도로,계류	452	보호수	24.0	23/15	4.5			시멘트	2	1	2	2	2	I
2294	느티나무	36.55.32 /128.48.21	324	N				P	250/	1.2	산비탈	입구		1	1	1	1	1	02.04.19
	봉화/봉성/동양/전 227-2		제사-신앙	R	도로,임야	452	노거수	24.0	24/	3.8			흙	1	1	1	1	1	I
2295	소나무	36.53.41 /128.51.02	404	N	11-29-4-1	82.10.29	당산목	P	300/270	0.7	충적저지	기타	대리석/상	2	1	2	1	1	02.04.19
	봉화/법전/풍정/답 409-1		제사-신앙	R	경작지,도로,계류	189	보호수	15.5	21/	2.3			시멘트	2	1	2	2	2	I
2296	소나무	36.55.35 /128.51.23	443	N	11-29-4-2	82.10.29	당산목	P	220/200	0.9	계류역	입구	대리석/상	1	2	2	1	1	02.04.19
	봉화/법전/법전/답 628	돌탑	제사-신앙	R	도로,경작지,계류	380	보호수	22.0	17/18	2.8			시멘트	1	1	1	2	3	I
2297	돌돌배나무	36.55.35 /128.51.23	443	N				P	100/	0.6	계류역	입구	대리석/상	2	2	1	1	1	02.04.19
	봉화/법전/법전/답 628	돌탑	제사-신앙	R	도로,경작지,계류	79	노거수	10.0	8/20	2.0			돌	2	1	2	2	2	I
2298	느티나무	36.52.18 /128.56.42	413	N	11-29-8-1	82.10.29	당산목	S	600/400	2.8	계류역	내부	대리석/상	4	2	3	2	1	02.04.19
	봉화/명호/삼동2/하천 301	벤치,장승	제사-신앙	R	계류,도로	113	보호수	12.0	9/15	8.8		+	시멘트	5	1	4	2	3	II
2299	느티나무	36.48.10 /128.53.16	228	N	11-29-8-15-1	82.10.29	당산목	S	200/180	1.1	계류역	내부	대리석/상	2	4	5	3	1	02.04.19
	봉화/명호/북곡 1/1310-2	벤치	제사-신앙	R	도로,하천	314	보호수	20.0	16/15	3.5			시멘트,자갈	2	1	2	3	3	II
2300	느티나무	36.49.46 /128.57.03	376	N	11-29-11	82.10.29	풍치목	S	400/330	1.9	계류역	측면	대리석/상	4	2	2	2	1	02.04.19
	봉화/재산/상/도로 836		기타-경관	R	도로,계류	43	보호수	7.4	7/18	6.0	태풍		세석,시멘트	5	1	4	2	3	II
2301	굴참나무	36.47.00 /128.57.43	377	N	11-29-7-1	82.10.29	당산목	P	230/210	0.8	산비탈	기타	대리석/상	1	1	1	1	1	02.04.19
	봉화/재산/남면/종교 698	당집	제사-신앙	R	경작지,도로	415	보호수	23.0	22/28	2.5			흙	1	1	1	1	1	I
2302	소나무	36.47.00 /128.57.43	377	N	11-29-7-2	82.10.29	당산목	P	200/260	0.6	산비탈	기타	대리석/상	4	1	1	1	1	02.04.19
	봉화/재산/남면/종교 698	당집	제사-신앙	R	경작지,임야	113	보호수	12.0	11/10	2.0			흙	4	1	5	1	3	II
2303	돌돌배나무	36.47.00 /128.57.43	377	N	11-29-8-15-1	82.10.29	당산목	P	170/150	0.9	산비탈	기타	대리석/상	1	1	1	1	1	02.04.19
	봉화/재산/남면/종교 698	당집	제사-신앙	R	경작지	201	보호수	16.0	20/20	2.8			흙	1	1	1	1	1	I
2304	소나무	36.45.52 /129.20.20	177	N	11-33-8-21-1	82.10.26	당산목	P	270/250	1.25	산비탈	후방	대리석/상	2	1	1	1	1	02.04.02
	울진/온정/외선미 전 662	돌담	제사-신앙	R	경작지,임야	232	보호수	17.20	21.5/21	3.92			흙	2	2	2	1	1	I
2305	느티나무	36.43.09 /129.20.36	158	N	11-33-8-2	82.10.26	당산목	P	400/400	1.44	계류역	후방	대리석/상	3	4	3	3	1	02.04.06
	울진/온정/소태/1272	울타리	제사-신앙	R	도로,계류,임야	246	보호수	17.70	16/14	4.52			시멘트,흙	3	1	3	2	3	II
2306	느티나무	36.43.09 /129.20.36	158	N				P	400/	1.80	계류역	후방	대리석/상	3	5	5	3	1	02.04.06
	울진/온정/소태/1272	울타리	제사-신앙	R	계류,임야,도로	227	노거수	17.00	14/	5.65			시멘트	3	1	3	2	3	II
2307	느티나무	36.43.09 /129.20.36	158	N				P	400/	1.77	계류역	후방		3	2	3	2	1	02.04.06
	울진/온정/소태/1272	울타리	제사-신앙	R	계류,경작지,도로	201	노거수	16.00	17/	5.55			시멘트,흙	3	1	3	2	3	II
2308	느티나무	36.43.01 /129.20.31	181	N	11-38-8-4-2	82.10.26	노거수	P	250/250	1.32	산비탈	후방	대리석/상	3	1	1	1	1	02.04.06
	울진/온정/온정/457		제사-신앙	R	도로,임야	317	보호수	20.10	19/22	4.16			흙	3	1	3	2	3	I
2309	소나무	36.43.04 /129.21.00	132	N	11-33-8	82.10.26	풍치목	S	320/300	1.22	충적대지	내부	대리석/상	2	1	2	1	1	02.04.06
	울진/온정/소태리도로		제사-신앙	R	임야,도로,계류	257	보호수	18.10	16/18	3.84		+	지갈,시멘트,블럭	2	1	2	2	2	I

2310	느티나무	36.42.18 /129.20.39	149	N	11-33-8-4-1	82.10.26	노거수	P	200/200	1.91	계류역	측면		2	1	1	1	1	02.04.07
	울진/온정/온정리		휴식-정자	R	경작지,계류,소공원	380	보호수	22.00	22/18	6.00		+	흙	3	1	2	2	3	I
2311	느티나무	36.42.18 /129.20.39	149	N				P	100/	0.88	계류역	측면		2	1	1	1	1	02.04.07
	울진/온정/온정리		휴식-정자	R	계류,소공원	172	노거수	14.80	7/	2.75		+	흙	2	2	2	2	1	I
2312	느티나무	36.42.18 /129.20.39	149	N				P	200/	1.25	계류역	측면		1	1	1	1	1	02.04.07
	울진/온정/온정리		휴식-정자	R	주택,소공원	224	노거수	16.90	18/	3.94			흙	1	1	1	2	1	I
2313	고욤나무	36.42.18 /129.20.39	149	C				P	150/	0.84	계류역	측면		3	1	1	1	1	02.04.07
	울진/온정/온정리		휴식-정자	R	계류,소공원	106	노거수	11.60	14/	2.65			흙	4	1	3	2	3	II
2314	회화나무	36.42.18 /129.20.39	149	C				P	150/	0.97	계류역	측면		2	1	1	1	1	02.04.07
	울진/온정/온정리	벤치	휴식-정자	R	계류,소공원	201	노거수	16.00	16/	3.05			흙	2	1	2	2	2	I
2315	느티나무	36.41.12 /129.26.22	184	N	11-33-8-6-1	82.10.26	기형목	P	200/250	1.04	계류역	입구	대리석/상	2	2	2	2	1	02.04.07
	울진/온정/조금/133	벤치	제사-신앙	R	도로,계류	246	보호수	17.70	21/	3.28			시멘트,흙	2	1	2	2	2	I
2316	말채나무	36.41.12 /129.26.22	184	N				P	150/	0.85	계류역	입구		3	5	2	2	1	02.04.07
	울진/온정/조금/133	벤치	제사-신앙	R	도로,계류	227	노거수	17.00	21/	2.67			시멘트	3	1	3	2	3	II
2317	느티나무	36.41.12 /129.26.22	184	N				P	120/	0.97	계류역	입구		3	2	2	2	1	02.04.07
	울진/온정/조금/133		휴식-정자	R	도로,계류	147	노거수	13.70	13/	3.06			시멘트,자갈	3	1	3	2	2	II
2318	느티나무	36.41.12 /129.26.22	184	N				P	120/	1.03	계류역	입구		2	2	2	1	1	02.04.07
	울진/온정/조금/133		휴식-정자	R	도로,계류	95	노거수	11.00	9/	3.24			시멘트,흙	2	1	2	2	2	I
2319	굴참나무	36.40.34 /129.20.09	208	N	11-33-8-6-2	82.10.26	노거수	P	170/150	1.04	계류역	측면		3	1	1	1	1	02.04.07
	울진/온정/조금/산629		기타-경관	R	계류	198	보호수	15.90	24/26	3.25			흙	3	1	3	1	1	I
2320	굴참나무	36.40.34 /129.20.09	208	N				P	170/	0.99	계류역	측면		3	1	1	1	1	02.04.07
	울진/온정/조금/산629		기타-경관	R	계류	249	노거수	17.80	25/	3.10			흙	3	1	3	1	3	I
2321	느티나무	36.42.26 /129.22.02	189	N	11-33-8-15-1	82.10.26	노거수	S	270/250	1.41	계류역	입구	대리석/상	2	1	2	1	1	02.04.07
	울진/온정/금천/739	보호돌담	제사-신앙	R	도로,경작지,계류	359	보호수	21.40	19/24	4.42			시멘트	2	1	2	2	1	I
2322	느티나무	36.41.32 /129.23.19	202	N	11-33-8-11-1	82.10.26	노거수	P	100/150	0.88	산비탈	내부		2	1	1	1	1	02.04.07
	울진/온정/덕인/128	정자, 벤치	휴식-정자	R	임야,주택,도로	320	보호수	20.20	20/15	2.76			흙	2	1	2	2	1	I
2323	소나무	36.41.32 /129.23.19	202	N				P	120/	0.91	산비탈	내부		1	1	1	1	1	02.04.07
	울진/온정/덕인/128	정자, 벤치	휴식-정자	R	주택,임야	133	노거수	13.00	20/	2.85			흙	1	2	1	2	1	I
2324	느티나무	36.41.23 /129.22.46	180	N	11-33-8-3	82.10.26	노거수	S	600/600	1.97	계류역	입구		5	1	1	1	1	02.04.07
	울진/온정/덕인/1482	당집	제사-신앙	R	임야,계류	289	보호수	19.20	12/22	6.20			흙	5	1	5	1	5	II
2325	회화나무	36.43.28 /129.25.23	34	C	11-33-2-13-1	82.10.26	노거수	S	250/250	1.24	계류역	입구	대리석/상	1	2	3	1	1	02.04.07
	울진/평해/삼달2/644-2	벤치	휴식-정자	R	하천,제방	346	보호수	21.00	20/15	3.90			시멘트,흙	1	1	1	2	1	I
2326	향나무	37.00.04 /129.24.55	33	C	11-33-1-4	82.10.26	희귀목	S	320/300	0.34	계류역	내부	대리석/상	1	1	1	1	1	02.04.07
	울진/울진/온양1/332-1	보호시멘기둥	제사-신앙	어촌	계류,도로,주택	154	보호수	14.00	0/8	1.08			자갈	2	1	1	2	1	I
2327	향나무	37.03.15 /129.25.10	32	N	158호	64.01.31	희귀목	P	500/500	1.19	산비탈	내부	알미늄/상	3	2	2	2	1	02.04.07
	울진/죽변/후정/산30	당집	제사-신앙	R	도로,경작지	33	천연기념물	6.50	13/	3.74		+	자갈,시멘트	3	1	3	2	3	II
2328	향나무	37.03.15 /129.25.10	32	N				P	150/	0.70	산비탈	내부	알미늄/상	1	1	1	1	1	02.04.07
	울진/죽변/후정/산30	당집	제사-신앙	R	도로,주택	77	노거수	9.90	10/	2.20			흙	1	1	1	1	1	I
2329	팽나무	37.03.52 /129.24.20	67	N	11-33-9-7-1	82.10.26	노거수	S	200/200	0.90	산비탈	내부		1	5	3	3	1	02.04.07
	울진/죽변/후정/전785	정자, 벤치, 울타리	휴식-정자	R	도로,주택	123	보호수	12.50	13/13	2.84			시멘트	1	1	1	2	1	I
2330	굴참나무	37.04.47 /129.22.37	64	N	11-33-3-1	82.10.26	노거수	S	370/350	1.34	산비탈	내부	대리석/상	3	1	2	1	1	02.04.07
	울진/북/신화/산11		기타-경관	R	임야,도로	333	보호수	20.60	28/25	4.20	태풍	+	시멘트	2	2	3	1	3	I

2331	느티나무	37.06.35 /129.22.34	37	N	11-33-3	82.10.26	풍치목	S	500/500	1.78	충적대지	내부	대리석/상	3	3	2	1	1	02.04.07
	울진/북/라곡/92-1	벤치, 당집, 울타리	제사-신앙	R	도로,주택	346	보호수	21.00	17/20	5.60	태풍		시멘트,흙	3	1	3	2	1	II
2332	굴참나무	37.05.57 /129.22.01	38	N	11-33-3-2	82.10.26	노거수	S	420/400	1.24	산비탈	후방		1	2	2	1	1	02.04.07
	울진/북/부구2/산14		기타-경관	R	임야,도로	283	보호수	19.00	20/20	3.90			시멘트,흙	1	1	1	1	1	I
2333	느티나무	37.03.16 /129.21.59	142	C	11-33-9-11-1	82.10.26	노거수	S	120/100	1.11	충적대지	입구	대리석/상	1	2	2	1	1	02.04.07
	울진/죽변/화성2/임야 1420	벤치	휴식-정자	R	경작지,도로	254	보호수	18.00	19/	3.50			시멘트,흙	1	1	1	2	1	I
2334	향나무	37.02.22 /129.23.05	80	C	312호	82.11.04	노거수	S	500/500	1.50	산비탈	후방	나무/상	2	1	1	1	1	02.04.07
	울진/죽변/화성1/산190	울타리	기타-경관	R	임야	214	천연기념물	16.50	14/	4.70			흙	3	1	1	1	3	I
2335	굴참나무	37.01.49 /129.22.28	90	N	11-33-1-2	82.10.26	노거수	S	320/300	1.34	산비탈	측면	대리석/상	1	1	1	1	1	02.04.07
	울진/울진/명도/산62		기타-경관	R	임야	201	보호수	16.00	21/17	4.22			흙	1	1	1	1	1	I
2336	소나무	37.01.02 /129.21.59	58	N	11-33-1	82.10.26	기형목	P	370/350	0.89	충적저지	기타	대리석/상	3	1	1	1	1	02.04.07
	울진/울진/호월2/임745-1		기타-경관	R	경작지	302	보호수	19.60	10/14	2.80			흙	3	1	3	2	3	I
2337	팽나무	37.01.02 /129.21.59	58	N				P	200/	1.05	충적저지	기타		3	1	1	1	1	02.04.07
	울진/울진/호월2/임745-1		기타-경관	R	경작지	269	노거수	18.50	18/	3.30			흙	3	1	3	3	3	II
2338	회화나무	36.59.49 /129.23.50	32	N	11-33-1-1	82.10.26	희귀목	S	700/700	1.66	충적저지	내부		5	2	2	2	1	02.04.07
	울진/울진/고성/전164-1		기타-경관	R	경작지,주택,도로	66	보호수	9.20	9.5/9.3	5.20	인재		시멘트	5	1	5	2	5	II
2339	굴참나무	36.57.50 /129.23.57	34	N	96호	62.12.03	전설목	P	340/300	1.83	산비탈	후방	철재/상	4	1	1	1	1	02.04.07
	울진/근남/수산/381-1	울타리, 벤치	기타-경관	R	임야	165	천연기념물	14.50	19/	5.75		+	흙	4	1	4	2	4	II
2340	느티나무	36.57.11 /129.23.46	25	N	11-33-5-3-3	82.10.26	노거수	S	470/450	1.37	충적대지	내부		4	2	3	2	1	02.04.07
	울진/근남/노음/177		휴식-정자	R	도로,주택	106	보호수	11.60	9/8	4.31		+	시멘트,흙	4	1	4	2	4	II
2341	소나무	36.57.04 /129.23.50	35	N	11-33-5-3-2	82.10.26	노거수	S	320/300	0.99	계류역	내부	대리석/상	2	2	2	2	1	02.04.07
	울진/근남/노음3/전85		휴식-정자	R	경작지,계류,도로	275	보호수	18.70	18/22	3.12			시멘트,자갈	2	1	2	2	2	I
2342	굴참나무	36.56.28 /129.22.14	62	N	11-33-5	82.10.26	노거수	P	300/500	1.04	산비탈	측면	대리석/상	1	1	1	1	1	02.05.19
	울진/근남/구산4/73	좌대, 벤치	휴식-정자	R	임야,경작지	346	보호수	21.00	20/25	3.25			흙	3	1	1	2	1	I
2343	굴참나무	36.56.28 /129.22.14	62	N				P	250/	0.88	산비탈	측면		1	2	2	1	1	02.05.19
	울진/근남/구산4/73	좌대, 벤치	휴식-정자	R	임야,경작지	196	노거수	15.80	22/	2.75			시멘트	3	1	1	2	1	I
2344	회화나무	36.56.56 /129.22.36	34	C	11-33-5-4	82.10.26	희귀목	P	520/500	1.07	충적대지	후방	대리석/상	2	1	1	1	1	02.05.19
	울진/근남/구산1/산31-5		기타-경관	R	하천,주택,경작지	260	보호수	18.20	25/24	3.35			흙	2	1	2	2	2	I
2345	소나무	36.57.19 /129.22.43	42	N	99-3	99.02.11	풍치목	P	300/300	0.97	충적대지	기타	대리석/상	3	2	2	2	1	02.04.07
	울진/근남/수곡/257		기타-경관	R	경작지	302	보호수	19.60	12/10	3.05			시멘트	3	1	3	2	1	II
2346	소나무	36.57.19 /129.22.43	42	N	99-3	99.02.11	풍치목	P	150/300	0.83	충적대지	기타	대리석/상	3	2	2	1	1	02.04.07
	울진/근남/수곡/257		기타-경관	R	경작지	143	보호수	13.50	11/	2.60			시멘트	3	1	3	2	1	I
2347	팽나무	36.56.28 /129.25.11	48	N	11-33-5-18-1	82.10.26	노거수	S	320/300	1.27	충적대지	후방	대리석/상	1	1	1	1	1	02.04.07
	울진/근남/산포3/산117-1	당집	제사-신앙	R	경작지	305	보호수	19.70	23/20	3.98			흙	1	1	1	2	1	I
2348	느티나무	36.56.28 /129.25.11	32	N				S	150/	0.91	충적대지	후방		1	1	1	1	1	02.04.07
	울진/온정/산포3/산117-1		제사-신앙	R	임야,경작지	340	노거수	20.80	17/	2.85			흙	1	1	1	1	1	I
2349	소나무	36.55.43 /129.25.09	34	N	11-33-5-14-1	82.10.26	풍치목	S	220/200	0.70	산비탈	기타		1	1	1	1	1	02.04.07
	울진/근남/진복1/임38		기타-경관	R	임야	79	보호수	10.00	12/12	2.20			흙	1	1	1	1	1	I
2350	느티나무	36.49.48 /129.25.58	45	N	11-33-7-1	82.10.26	기형목	S	370/350	1.64	충적대지	측면	대리석/상	3	1	1	1	1	02.04.07
	울진/기성/사동/전128		휴식-정자	R	경작지,주택	346	보호수	21.00	12/15	5.15		+	흙	3	1	3	2	3	I
2351	회화나무	36.49.33 /129.26.30	44	C	11-33-7-5-1	82.10.26	희귀목	S	220/200	1.08	산비탈	내부		3	1	1	1	1	02.04.07
	울진/기성/사동1/산18		기타-경관	R	임야,주택,경작지	243	보호수	17.60	18/18	3.40		+	흙	3	1	3	2	3	I

2352	느티나무	36.49.12 /129.25.27	58	N	11-33-7-3	82.10.26	노거수	P	370/350	1.94	충적저지	기타	대리석/상	1	2	2	1	1	02.04.07
	울진/기성/삼산/산8-1		제사-신앙	R	경작지	615	보호수	28.00	23/18	6.10			시멘트	1	1	1	1	1	I
2353	팽나무	36.47.56 /129.27.17	39	N	11-73	82.10.26	노거수	S	520/500	1.18	충적저지	기타	대리석/상	2	2	2	2	1	02.04.07
	울진/기성/척산/전367-1	당집, 울타리	제사-신앙	R	도로,경작지	452	보호수	24.00	12/10	3.70			시멘트	2	1	2	2	2	I
2354	느티나무	36.47.21 /129.24.53	71	N	11-33-7	82.10.26	노거수	P	150/200	1.11	계류역	내부	대리석/상	3	3	3	3	1	02.04.07
	울진/기성/다천1/임508	벤치, 좌대	제사-신앙	R	경작지,계류	184	보호수	15.30	13/18	3.48		+	시멘트	3	1	3	2	3	II
2355	느티나무	36.47.21 /129.24.53	71	N				P	250/	1.46	계류역	내부		2	3	3	3	1	02.04.07
	울진/기성/다천1/임508	벤치, 좌대	제사-신앙	R	경작지,계류	346	노거수	21.00	17.5/	4.57			시멘트	2	1	2	2	3	II
2356	느티나무	36.47.10 /129.24.03	94	N	11-33-7-2	82.10.26	희귀목	P	320/300	1.48	충적대지	입구	대리석/상	5	2	2	2	1	02.04.07
	울진/기성/다천2/임103-2	정자, 벤치	휴식-정자	R	경작지,도로	152	보호수	13.90	9.5/7	4.65			자갈,시멘트	5	1	5	2	5	II
2357	말채나무	36.47.10 /129.24.03	94	N				P	250/	1.23	계류역	입구		5	5	5	5	1	02.04.07
	울진/기성/다천2/임103-2		휴식-정자	R	계류,도로	106	노거수	11.60	9/	3.87			시멘트	5	1	5	2	4	II
2358	느티나무	36.47.10 /129.24.03	94	N				P	120/	1.16	계류역	입구		3	1	1	1	1	02.04.07
	울진/기성/다천2/임103-2		기타-경관	R	계류,주택,경작지	275	노거수	18.70	16/	3.65			흙	3	1	3	2	3	I
2359	소나무	36.47.34 /129.25.14	65	N				P	150/	0.89	충적저지	기타		2	2	2	2	1	02.04.07
	울진/기성/다천2리		제사-신앙	R	경작지	211	노거수	16.40	20/	2.80			시멘트	2	1	2	2	2	I
2360	소나무	36.47.34 /129.25.14	65	N				P	150/	0.80	충적저지	기타		3	2	2	2	1	02.04.07
	울진/기성/다천2리		제사-신앙	R	경작지	177	노거수	15.00	20/	2.50			시멘트	3	1	3	2	3	II
2361	소나무	36.47.34 /129.25.14	65	N				P	150/	0.86	충적저지	기타		2	2	2	2	1	02.04.07
	울진/기성/다천2리		제사-신앙	R	경작지	191	노거수	15.60	20/	2.70			시멘트	2	1	2	2	2	I
2362	느티나무	36.43.24 /129.26.27	32	N	11-33-2-3-1	82.10.26	노거수	S	370/350	1.54	산비탈	후방	대리석/상	1	1	1	1	1	02.04.07
	울진/평해/평해/전971-1		기타-경관	R	임야,계류	380	보호수	22.00	16/14	4.85			흙	1	1	1	1	1	I
2363	느티나무	36.41.24 /129.26.54	46	N	11-33-10-3-1	82.10.26	당산목	S	270/250	1.42	산비탈	내부	대리석/상	4	2	3	3	1	02.04.07
	울진/후포/후포/923	당집	제사-신앙	R	도로,임야	211	보호수	16.40	15.5/11	4.45			시멘트	4	1	4	2	4	II
2364	느티나무	36.40.53 /129.27.56	24	N	11-33-10-1	82.10.26	풍치목	S	300/300	1.82	산비탈	내부	대리석/상	3	2	2	1	1	02.04.07
	울진/후포/후포1/558	벤치	휴식-정자	R	주택,임야	363	보호수	21.50	21/15	5.70		+	시멘트	3	4	3	2	3	II
2365	회화나무	36.43.50 /129.28.28	32	C	11-33-2-13-1	82.10.26	희귀목	P	150/350	0.89	계류역	측면		3	2	2	1	1	02.04.07
	울진/평해/지산/전8		휴식-정자	R	도로,하천	92	보호수	10.80	8/13	2.80			시멘트	3	1	3	1	3	II
2366	느티나무	36.44.15 /129.28.02	28	N	11-33-2-11-1	82.10.26	노거수	P	120/250	1.02	충적대지	내부	대리석/상	3	1	2	2	1	02.04.07
	울진/평해/월송/전303-16		휴식-정자	R	도로	254	보호수	18.00	19/17	3.20			시멘트	3	1	3	2	3	II
2367	팽나무	36.44.15 /129.28.02	28	N				S	150/	1.05	충적대지	내부		1	2	2	1	1	02.04.07
	울진/평해/월송/전303-16		휴식-정자	R	주택	72	노거수	9.60	16/	3.30			시멘트	1	1	1	2	1	I
2368	소나무	36.44.15 /129.28.02	28	N				P	120/	0.73	기타	내부		1	2	2	1	1	02.04.07
	울진/평해/월송/전303-16		기타-경관	R	주택	177	노거수	15.00	11/	2.30			시멘트,자갈	1	1	1	2	2	I
2369	느티나무	36.52.27 /129.23.18	162	N	11-33-6-2	82.10.26	노거수	S	320/300	1.85	계류역	입구	대리석/상	1	2	2	1	1	02.04.07
	울진/원남/신흥2/하천	보호블럭	제사-신앙	R	경작지,도로,계류	531	보호수	26.00	21/20	5.80			시멘트,흙	2	1	1	1	1	I
2370	느티나무	36.53.36 /129.23.12	132	N	11-33-6-3	82.10.26	노령목	P	320/300	1.66	산비탈	입구	대리석/상	3	1	1	1	1	02.04.07
	울진/원남/신흥/임435		제사-신앙	R	임야,도로	397	보호수	22.50	20/	5.20			흙	3	2	3	2	3	II
2371	팽나무	36.54.56 /129.22.56	53	N	11-33-6-2-1	82.10.26	기형목	S	200/200	1.58	충적저지	내부	대리석/상	1	1	1	1	1	02.04.07
	울진/원남/매화2/1032-1		휴식-정자	R	경작지,관공서	308	보호수	19.80	12/15	4.97			자갈	2	1	1	2	1	I
2372	모감주나무	36.55.40 /129.22.44	44	N	11-33-6-4-2	93.10.15	희귀목	S	100/100	0.22	충적대지	후방		1	1	1	1	1	02.05.19
	울진/원남/금매2/870-1		기타-경관	R	경작지,주택	57	보호수	8.50	12/13	0.70			흙	1	1	1	1	1	I

2373	향나무	36.55.53 /129.23.18	45	C	11-33-6-1	82.10.26	노거수	S	150/400	0.61	산비탈	후방		1	1	1	1	1	02.05.19
	울진/원남/금매/산17-1		기타-경관	R	임야,경작지	57	보호수	8.50	22/20	1.90			흙	1	1	1	1	1	I
2374	소나무	36.58.02 /129.22.35	45	N	99-5	99.02.11	경관목	P	150/200	0.67	산비탈	측면	대리석/상	2	1	1	1	1	02.04.07
	울진/근남/행곡/469-5		기타-경관	R	임야,계류	154	보호수	14.00	17/	2.10			흙	2	3	2	2	1	I
2375	은행나무	36.57.57 /129.22.39	40	C	99-4	99.02.11	정자목	S	150/150	1.27	계류역	입구	대리석/상	1	2	3	1	1	02.04.07
	울진/근남/행곡/344-1	평상, 벤치	휴식-정자	R	계류,주택,도로	254	보호수	18.00	17/	4.00			블럭,시멘트	1	1	1	2	1	I
2376	느티나무	36.58.10 /129.22.26	43	N	11-33-5-1	82.10.26	희귀목	P	520/500	1.88	충적대지	기타		4	2	2	1	1	02.04.07
	울진/근남/행곡1/임547-2	당집	제사-신앙	R	도로,경작지	201	보호수	16.00	13/20	5.90			시멘트	4	1	4	2	4	II
2377	느티나무	36.58.10 /129.22.26	43	N				P	120/	0.89	충적저지	기타		3	1	1	1	1	02.04.07
	울진/근남/행곡1/임547-2	당집	제사-신앙	R	도로,경작지	177	노거수	15.00	14/	2.80			흙	3	1	3	1	3	I
2378	느티나무	36.58.10 /129.22.26	43	N				P	150/	1.02	충적대지	기타		4	1	1	1	1	02.04.07
	울진/근남/행곡1/임547-2	당집	제사-신앙	R	도로,경작지	177	노거수	15.00	14/	3.20			흙	4	1	4	2	3	II
2379	느티나무	36.58.10 /129.22.26	43	N				P	150/	1.08	충적대지	기타		3	1	1	1	1	02.04.07
	울진/근남/행곡1/임547-2	당집	제사-신앙	R	도로,경작지	254	노거수	18.00	14/	3.40			흙	3	1	3	1	3	I
2380	소나무	36.58.11 /129.22.14	46	N	409호	99.04.06	희귀종	S	300/300	0.96	충적대지	입구	대리석/상	2	1	2	1	1	02.04.07
	울진/근남/행곡/627	당집	제사-신앙	R	경작지,도로	177	천연기념물	15.00	10/	3.00			시멘트	2	1	2	1	2	I
2381	소나무	36.56.43 /129.17.15	180	N	99-2	99.02.11	수형목	S	150/150	0.41	충적저지	기타		5	1	1	1	1	02.05.19
	울진/서/하원/2-1		기타-경관	R	경작지	50	보호수	8.00	6/3.5	1.30	낙뢰		흙	5	1	5	1	5	II
2382	은행나무	36.56.15 /129.16.33	220	C	11-33-4	82.10.26	노거수	P	300/600	1.15	충적대지	기타	대리석/상	5	1	1	1	1	02.05.19
	울진/서/하원/122	사찰	기타-경관	R	사찰내	123	보호수	12.50	11/25	3.60	태풍	+	자갈	5	1	5	2	3	II
2383	느티나무	36.56.15 /129.16.33	220	N	11-33-4-1	82.10.26	노거수	P	600/600	1.66	계류역	기타	대리석/상	4	1	1	1	1	02.05.19
	울진/서/하원/산34	사찰	기타-경관	R	사찰내	266	보호수	18.40	23/23	5.20		+	흙	4	1	4	2	3	II
2384	느티나무	36.56.15 /129.16.33	220	N				P	300/	1.34	계류역	기타		4	1	1	1	1	02.05.19
	울진/서/하원/산34	사찰	기타-경관	R	사찰내	390	노거수	22.30	24/	4.20			흙	4	1	4	2	3	II
2385	물푸레나무	36.55.28 /129.08.18	470	C	11-33-4-2	82.10.26	노거수	P	200/400	0.86	계류역	측면	대리석/상	5	1	1	1	1	02.04.07
	울진/서/광회/158-1	당집	제사-신앙	R	계류,경작지	54	보호수	8.30	7/14.5	2.70		+	흙	5	1	5	2	4	II
2386	돌돌배나무	36.55.28 /129.08.18	470	N				P	100/	0.51	계류역	측면		3	1	1	1	1	02.04.07
	울진/서/광회/158-1	당집	제사-신앙	R	계류,경작지	59	노거수	8.70	11/	1.60			흙	3	1	3	2	3	I
2387	돌돌배나무	36.55.36 /129.07.50	470	N	11-33-4-12-1	82.10.26	노령천연림	P	150/300	0.70	계류역	측면	대리석/상	1	1	1	1	1	02.04.07
	울진/서/광회/222-2		제사-신앙	R	계류,경작지,도로	143	노거수	13.50	15/20	2.20		+	흙	2	1	1	2	1	I
2388	돌돌배나무	36.55.36 /129.07.50	470	N				P	150/300	0.54	계류역	측면		1	1	1	1	1	02.04.07
	울진/서/광회/222-2		제사-신앙	R	도로,계류,경작지	113	노거수	12.00	15/	1.70			흙	1	1	1	2	1	I
2389	물푸레나무	36.55.36 /129.07.50	470	N				P	150/300	0.61	계류역	측면		1	1	1	1	1	02.04.07
	울진/서/광회/222-2		제사-신앙	R	계류,도로,경작지	95	노거수	11.00	15/	1.92			흙	1	1	1	2	1	I
2390	물푸레나무	36.55.36 /129.07.50	470	N	11-33-4-12-1	82.10.26	노거수	P	150/300	0.64	계류역	측면	대리석/상	1	1	1	1	1	02.04.07
	울진/서/광회/222-2		제사-신앙	R		143	보호수	13.50	15/	2.00			흙	1	1	1	2	1	I

부록

노거수 나라의 여행

소나무(포항시 장기면 두원리)
촬영: 02. 3. 31

느티나무(안동시 풍산읍 수리)
촬영: 02. 3. 31

느티나무(문경시 산북면 김용리)
촬영: 03. 4. 20

느티 · 팽나무(안동 풍천 금계리)
촬영: 02. 6. 4

느티나무(고령군 개진면 연리리)
촬영: 02. 3. 31

느티나무(영주시 문수면 숭문1리)
촬영: 05. 10. 31

느티나무(상주시 화남면 동관2리)
촬영: 02. 3. 31

TV 출연한 느티나무
(영양군 석보면 옥계1리)
촬영: 02. 4. 28

느티나무(청도군 운문면 신원리)
촬영: 03. 6. 1

느티나무(예천군 개포면 이사리) 촬영:02. 4. 20

느티나무(영양군 석포면 옥계1리)
촬영:03. 7. 17

말채나무(영천시 신령면 완전리)
촬영:05. 11. 6

회화나무(안동시 길안면 천리) 촬영:05. 11. 4

느티나무(안동시 도산면 온혜리)
촬영:02. 5. 15

왕버들(영천시 도림2동) 촬영:03. 6. 7

느티나무(안동시 녹전면 사신리)
촬영:02. 6. 5

느티나무(성주군 초전면 동포리)
촬영:02. 3. 8

회화나무(안동시 풍천면 임금리)
촬영:02. 6. 4

느티나무(영주시 평은면 강동2리)
촬영:02. 4. 5

느티나무(청도군 청도읍 송읍리) 촬영:03. 11. 9

느티나무(문경시 산북면 가곡리) 촬영 :02. 4. 5

느티나무(영주시 평은면 용혈2리)
촬영:02. 4. 5

느티나무(예천군 개포면 동송리) 촬영:02. 4. 20

팽나무(포항시 기계면 문성리)
촬영:02. 4. 9

소나무 군목(울진군 기성면 다천2리) 촬영:03. 7. 20

느티나무 (안동시 녹전면 사신리)
촬영:02. 6. 5

사라진
천년기념물 왕버들
(청송군 청송읍 부곡리)
촬영:02. 4. 13

사라진 학문놀이 회화나무
(칠곡군 석적면 남율1리)
촬영:03. 5. 4

느티나무(의성군 점곡면 사촌리)

사라진
회화나무(포항 청하면 중산3리,보경사)
촬영:03. 7. 15

황금빛 소나무(울진군)
촬영: 02. 4. 7

Further reading

주요 참고 문헌

강전유. 1993. 수목외과수술자료. 나무종합병원.

경상북도. 1998. 보호수 관리대장.

경상북도. 2004. 경북통계연보. 766.

경상북도사편찬위원회. 1983. 경상북도사(상·중·하). 상 13-115. 대구 : 경북인쇄소.

국립국학원. 2006. 노거수. http://www.korean.go.kr (2006년 10월 30일 검색)

김용수, 임원현, 노정화, 윤영환. 1996. 노거수목의 보호와 활용에 관한연구. 한국정원학회지 14(2):14-18.

김용옥. 1989. 여자란 무엇인가. 통나무. 서울.

김우태. 1999. 노거수의 실태 및 보전대책. 고려대학교 대학원 석사학위논문.

김종원. 1993. 우리나라의 자연환경 현황 분석 연구. 서울 : 한국환경기술개발원.

김종원. 2005. 경북 4 개 도립공원의 실태 및 발전방안에 대한 생태학적 연구, 경북발전 연구 논문집 4: 235-256.

김종원. 2006. 녹지생태학. 제 2 판. [식생학 시리즈-1]. 서울: 도서출판월드사이언스.

김종원. 2006. 자연과 인간. 제 2 판. 서울: 도서출판월드사이언스.

김종원, 박용목, 이은주, 주기재, 최기룡. (공역) 2006. [보전생물학 입문 제 3 판]. 월드사이언스. 서울.

김종원, 이율경. 2006. [식물사회학적 식생조사와 평가방법]. [식생학 시리즈-2]. 월드사이언스. 서울.

김태욱. 1998. 한국의 수목. 서울 : 교학사.

김학범, 장동수. 1993. 고문헌에 나타난 한국마을숲의 시원에 관한 연구. 한국정원학회지 11: 19-40.

김학범, 장동수. 1994. 마을숲. 한국전통부락의 당숲과 수구막이. 한국기층문화의 탐구-6. 열화당, 서울.

김현삼, 이용재, 홍경석, 황호준, 윤영범. 1972. 조선식물지 (I). 조선식물지편집위원회. 과학원출판사.

남연화, 윤영활. 2002. 시대적 배경을 통해 본 마을 숲의 변천과 보존. 한국조경학회지 20: 23-32.

남태호. 1994. 도시지역에 있어서 노거수의 잔존요인 분석. 경북대학교 대학원석사학위논문.

내무부. 1967. 노거수 및 자연식물군락지 보호관리요령.

내무부. 1972. 보호수지. 648-836.

문창국, 김삼식. 1976. 南海島의 樹木(基1). 論文集. 15(1)

문화재청. 2003. '마을숲 문화재 자원조사 연구보고서'.

박용진. 1995. 성황당림의 이용 및 입지특성에 관한 연구. 東海岸研究 6: 43-60.

박재철. 1999. 진안지역 마을숲에 관한 연구. 농촌 계획 5: 56-65.

박종민, 이정택, 변무섭. 2000. 전북지역 노거수 자원의 실태조사 분석에 관한연구. 한국정원학회지. 18(3).

산림청. 1984. 보호수지. 451-553.

성동환. 2005. 풍수 논리 속의 생태개념과 생태기술. 대동문화연구 50: 503-534.

송구영. 1995. 보호수로 지정된 참나무. 숲과 문화 연구회. pp. 50-59.

신세균, 심우경. 1992. 보호수의 관리실태 및 보호 대책. 한국정원학회지. 10(2).

심근정, 강신용, 김수봉, 김용수. 1999. 농촌지역 노거수의 변천과정과 보전대책. 환경과학집. 4: 1-17.

심우경. 1991. 한국 보호수의 상징적 가치와 보호대책. 한국정원학회지. 9(1) : 91-104.

예천군. 2002. 보호수대장.

유재은. 1999. 경인지역의 노거수 자원. 자연과학논문집 18(1).

이도원. 2004. [한국의 전통생태학. 생태학은 옛 사람의 삶 안에 있었다]. 사이언스북스. 서울.

이명균, 임동순. 2006. 조건부가치측정법(CVM)을 이용한 [마을숲]의 경제적 가치 평가에 대한 시도. 2006학년도 한국학연구원 생명환경학분과 기획학술대회 자료집. pp. 75-96.

이삼우. 1988. 노거수 및 숲의 보존과 토속신앙의 존재가치의 재평가에 대한 제언. 도시문제. 23(5).

이우철. 1996. [원색한국기준식물도감]. 아카데미서적. 서울.

이원열, 서호석, 이대섭, 김성식, 조현제. 1992. 전통 생활환경보전림의 실태 및 보존대책. [임업연구원보고결과] 44: 25-33.

이율경, 김종원. 2005. 한국의 하천식생. 월드사이언스출판사.

이정택. 2000. 노거수 자원의 가치와 보호관리 실태에 관한 연구. 전북대학교 교육대학원 석사학위논문.

이종근. 1992. 노거수, 제 1 호. 노거수회.

이현영. 2000. 한국의 기후. 서울 : 법문사. 43-45.

이희봉. 1998. 노거수의 보호실태와 치료방법에 관한 연구. 고려대학교 자연과학대학원 석사학위논문.

이희승(편저). 2006. 국어대사전. 수정판. 민중서림.

장동수, 이규목, 김학범. 1993. 경상도 지방에 조성된 임수의 경향과 특징에 관한 연구. 한국조경학회지 11(2): 77-89

장정룡. 1993. 동해안 마을신앙과 설화. 강릉대학교 인문과학연구소. 인문학보 15: 23-42.

정진철, 전경수, 장규관, 최정호. 1993. 노거수 관리실태에 관한 연구. 논문집 12(1).

최재웅, 김동엽. 2006. 농촌 문화경관 관련시책과 마을숲, 당산숲의 위상 제고를 위한 기초연구. 한국조경학회지 34: 41-58.

환경부. 2003. 토지피복지도. [검색: 2004년 10월 10일] 인터넷주소: http://ngis.me.go.kr/egis/

Begon, M., Harper, J. L. and Townsend, C. R. 1996. "Ecology". Individuals, Populations and Communities. 3rd. Blackwell Science, Oxford.

Kim, J. W. 1992. "Vegetation of Northeast Asia: On the syntaxonomy and syngeography of the oak and beech forests". Ph. D. diss., University of Vienna. Vienna.

Kremen, C. and Ostfeld, R.S. 2005. "A call to ecologists: measuring, analyzing, and managing ecosystem services". Front Ecol. Environ 3: 540-548.

Raunkiaer, C. 1934. "The Life Forms of Plants and Statistical Plant Geography". Oxford University Press, Oxford.

Rho, J.H., Shin, S.S. and Jo, C.M. 2005. "A study on restoration model of the Dubang village grove". Journal of the Korean Institute of Traditional Landscape Architecture. 23: 1-9.

Swift, M.J., Heal, O.W. and Anderson, J.M. 1979. Decomposition in Terrestrial Ecosystems. Blackwell Scientific Publications. Oxford.

Tilman, D. 1982. Resource Competition and Community Structure, Princeton University Press, Princeton, NJ.

Tuxen R. 1956. "Die heutige potentielle natuliche Vegetation als Gegenstand der Vegetationskartierung". Angw. Pflanzensoz. 13: 5-42.

Tuxen, R. 1956. Die heuitige potentielle natuliche Vegetation als Gegenstand der vegetationskaruerung. Angew. Pflanzen-scziologie 13 : 5-42. Stolzen au/Weser.

Wilson, E. O. 1984. "Biophilia" Harvard

University Press, Cambridge, MA.

朝鮮總督府. 1919. 朝鮮巨樹老樹名目誌.

朝鮮總督府林業試驗場. 1938. 朝鮮の林藪.

고유종(固有種, native species): 지역에서 자생하는 종으로 생명주기(life cycle)의 완성과 자연적 분산 분포가 성취되는 그룹이며, 자생하는 해당지역이 분포 중심지에 포함되는 경우. 식물지리학적으로 특정 지리구계 또는 지역에만 분포하는 특산종(特産種, endemic species)도 포함된다.

교목(喬木, tree): 태양광선 에너지의 공간적 배분으로부터 삼림(숲)은 일반적으로 다층구조(교목층, 아교목층, 관목층, 초본층)를 가지고 있는 식물종의 집단이다. 숲의 상층부를 형성하고 있는 수목 종들 가운데 가장 키가 큰 나무 를 지칭하며, 일반적으로 임관(林冠, 숲의 지붕)을 구성하는 수종들이 대표적이다.

귀화식물(歸化植物, alien species): 식물지리학적 구계 구분에서 그 기원 또는 중심 분포 지역을 벗어난 지역에 침투하여 생명주기를 온전하게 완성하는데 성공한 야생상의 식물종에 대한 총칭이다. 일반적으로 부르는 외국식물 또는 외래식물은 귀화식물의 부분집합에 해당한다.

근균(根菌): 토양권(pedosphere) 내에서 식물 뿌리에 공생하는 박테리아 그룹의 총칭.

낙엽활엽수림(落葉闊葉樹林, summergreen broad-leaved forest): 겨울과 비생육기에는 광합성 기관인 잎을 제거하는, 즉 낙엽이 지는 수종들로 이루어진 숲으로 그러한 상관적 특성으로부터 붙여진 이름이다. 낙엽활엽수림에 대응되는 숲은 연중 지상부에 광합성 작용이 가능한 잎을 가지고 있는 상록활엽수림(evergreen broad-leaved forest)이다.

난온대(暖溫帶, warm-temperate zone): 동백나무, 사철나무, 차나무, 후박나무, 가시나무 등과 같은 내동성(耐冬性)이 높은 상록수종이 자랄 수 있는 생물기후대로서 위로는 냉온대와 아래로는 아열대로 연결되어 있다. 우리나라 남부 도서지방은 수평적으로 난온대 지역에 속하며, 아열대나 열대와 달리 서리의 피해가 발생하는 지역이다.

내화수종(耐火樹種, fire-resistance plant species): 불은 특정 식물종들에 대하여 종자발아의 개시 사인(sign)이 되기도 하면서 불에 약한 종들을 제거(screening)하기도 한다. 소나무는 주기적인 산불지역에서 그러한 생태적 메커니즘에 적응하고 있는 만생(serotiny, cf. aestival 조생?)의 종이며, 두터운 코르크층이 발달한 참나무 종류는 강한 불에도 살아남는 내화수종이다.

냉온대 남부·저산지대(冷溫帶 南部·低山地帶, cool-temperate southern·submontane zone): 생물기후대 가운데, 수평적으로 하부의 난온대와 상부의 아고산대와의 사이에 위치하는 냉온대는 다시 크게 세 가지 식생대로 세분된다. 남부·저산지대는 냉온대 가운데에서도 난온대와 접하고 있는 가장 낮은 하부지역에 위치한다. 따라서 난온대의 일부 추위를 잘 견디는 상록 식물종들(예: 송악, 줄사철나무, 사철나무 등)이 이 남부·저산지대 낙엽수림 속에 출현하기도 한다.

단목군(單木群, grove): 숲보다 작은 규모의 교목성 수종들의 집합을 의미하며, 보다 규모가 큰 숲이 파괴되면 파편상의 숲 규모로 남아 있는 상관이 대표적인 단목군의 형상이다. 단목군에는 전통마을숲으로부터 기원하는 전통단목군도 존재하지만, 울진 광희리의 단목군 경우처럼 물푸레나무와 산돌배나무 등에 의한 처음부터 단목군의 상태로부터 유래하는 경우도 있다.

답압(踏壓, trodden pressure): 사람이나 동물

에 의하여 밟히는 힘을 의미하며, 지표면이 다져지는 생태적 영향을 발생시키는 요인이다. 그러한 답압은 토양 속에 매몰되어 있는 식물종자의 발아와 토양소동물의 호흡이 원천적으로 저해받게 되는 토양의 통기성(通氣性)과 통수성(通水性)을 크게 파고한다.

모듈생물체(module organism): 무든 생물체는 독립적인 배우자(암수)에 의한 유성생식에 의존하는 단위생물체(unitary organism)와 그에 대응하는 무성생식의 모듈생물체로 분류한다. 어느 한쪽 부모의 유전정보를 정확하게 50%씩 전달받는 단위생물체와는 달리 모듈생물체는 어느 한쪽의 부모 유전정보를 100% 그대로 전달받는 것이 명백한 차이점이다. 식물종의 대부분은 모듈생물체로 분류되며, 뿌리, 줄기, 가지, 잎, 꽃 등은 각각의 모듈이다. 나무 수형은 그러한 모듈의 모듈성(modularity)에 의하여 결정되는데, 젊은 가지, 늙은 가지, 젊은 잎, 늙은 잎, 가지의 확대 양식, 줄기의 생장 양식 등등은 나무의 상관을 결정한다.

민족생태학(民族生態學, ethnoecology): 민속생태학이라고 하며, 특정 민족이나 씨족 공동체가 해당지역의 토착생물자원(indigenous resources)에 대한 전통적 이용과 보존에 대하여 생태학적 관점으로 연구하는 분야이다. 생태학에 포함되는 분야이면서 민족생물학(민족식물학 또는 민족동물학) 분야와 밀접한 상호관계를 가지고 있다.

민족식물종(民族植物種, ethnobotanical species): 민속식물종이라고도 하며, 민족생물학, 민속 생물학, 민족 식물학 등의 연구 대상이 되는 토착식물종(indigenous plant species)을 의미한다.

민족식생자원(民族植生資源, ethnophytocoenosen): 민속식생자원이라고도 하며, 토착 식생자원 (indigenous vegetation resources)으로서 전통 마을숲은 대표적인 사례이다.

반고유종(半固有種, apophyten, seminative species, semiendemic species): 식물구계학적으로 동일한 구계에 속하지만, 현재의 해당지역에서 자생(naturalized)하지 않는 식물종으로 생명주기(life cycle)와 자연적 분산 분포가 성취되지 않는 종 그룹이며, 반특산종을 포함한다. 개오동나무와 은행나무가 그 대표적인 사례이다.

분포(分布, distribution): 생물 분포는 자연분포와 인공분포로 구분할 수 있다. 자연분포는 자연적 기원의 자생을 의미하며, 생물학적으로 생명환을 완성하면서 그 분산분포를 보여주는 것을 의미한다. 인공분포는 인위적으로 식재한 것으로부터 유래하는 경우를 의미한다.

부생식물(腐生植物, saprophyte): 생물체 유기물에 의존하는 식물종에 대한 총칭으로 수정란풀, 천마 등이 대표적이며, 식물종으로서의 분해자라 할 수 있는 그룹이다. 부생식물은 뿌리가 분해자인 부생균과 뒤엉켜 공생한다. 소나무, 산삼, 노루발풀, 꽃며느리밥풀 등은 부분적인 부생식물의 특성을 가지고 있다.

비보림(裨補林, Beebo-rim, Beebo forest): 전통마을숲의 기능하는데, 마을의 생활환경을 보존하기 위하여 마을사람들에 의해 보호되고 전승되고 있는 숲에 대한 통칭이다. 전통적인 비보림의 문화는 풍수사상과 깊은 상호관계를 가지고 있으며, 생태학적 기능을 감당하는 마을숲으로 숲에 대한 독창적인 우리의 전통문화이다.

상관(相觀, physiognomy): 식물군락이 보여주는 외관의 양상을 의미하며, 군락을 구성하고 있는 종조성에 따라서 다른 양상을 보여준다.

생명환(生命環, 生活環, 생명주기, life cycle):

생물종의 출생의 과정에서부터 사망에 이르기까지의 생물학적 주기성을 의미한다. 식물의 경우 일이년생 또는 다년생의 생명환으로 구분하고, 일이년생이나 다년생 속에서도 보다 높은 해상도로 생명환을 더욱 세분하기도 한다.

생태계과정(生態系過程, ecological process): 생물적 요소(생물종의 다양성)와 비생물종 요소(환경조건)의 복잡한 상호관계를 의미하며, 에너지 흐름과 물질순환은 대표적인 생태계 과정이라 할 수 있다.

생태기행(生態紀行, ecotourism): 교육과 체험을 기초로 하는 지속 가능한 관광 (sustainable tourism)이며, 일명 생태관광이라고도 부른다. 생태기행은 자연과 문화자원 (natural and cultural resource)을 전제로 하며, 전원·농촌의 대상으로 하는 녹색관광 (green tourism) 또는 농촌관광 (rural tourism)과 다소 구별되며, 책임있는 여행 (Responsible tour), 상이한 문화와 자연을 존중하는 여행 (Respectful tour), 환상적이고 이기적 (개인적)인 것을 전제로 하지 않는 시간과 공간의 특성에 따라 다양하게 발생되는 현장여건에 순응하는 합리적 여행 (Resonable tour), 방문지역을 학습하고 생태관광의 기본 윤리지침을 숙지하며, 방문지역의 거주민을 돕는 논리적인 이성적 여행(Rationable tour)을 의미한다.

선구식물종(先驅植物種, pioneer plant species): 천이 초기에 출현하는 식물종으로서 일반적으로 속성수(速成樹), 단명(短命), 호광성(好光性 또는 陽地性) 등의 생태 특성을 가지고 있다. 오동나무 종류, 개오동, 아까시나무 등이다.

수령(樹齡, tree age): 나무의 나이를 의미하며, 나이테 분석을 통하여 알 수 있다.

숲정이(rural forest): 부락 배후의 산지에 조성된 인공숲을 의미하며, 상수리나무(드물게 굴참나무), 대나무류, 소나무류 등의 삼림식물종을 이용한다. 충적 평지대의 논밭 경작지와 같은 대상식생으로서 삼림수종을 이용한 산지의 경작지로 고려된다(김종원 2006). 숲정이 문화는 물질순환과 에너지 흐름에 부합하는 생태적 환경적 지속가능한 전통적인 토지이용 방식이다. 전통 마을 입구에 주로 위치하고 있는 마을숲(village forest, 주로 풍수 기능)과 본질적 기능에 차이가 있으며, 따라서 그 숲의 구조에서도 차이가 난다. 우리나라 숲정이는 일본의 사또야마(さとやま, 里山; 동산숲)에 대응되는 마을 공동체가 관리하는 산비탈 숲이며, 神社の森, 鎮守の森, 神道の森, 故鄕の森 등과도 다르다. 신사림과 고향림은 우리나라 전통마을숲(특히 풍수림)의 부분집합에 해당한다.

식재종(植栽種): 인공적으로 식재되어 재배되고 있는 식물종을 의미한다.

아교목(亞喬木, subtree): 숲의 층 구조 속에서 숲의 지붕을 형성하는 교목층의 바로 아래의 층을 차지하는 수목들을 지칭하며, 키 작은 관목 수종을 제외한 교목성 수종으로 이루어지는 경우가 흔하다.

아열대(亞熱帶, subtropical zone): 수평적으로 난온대와 열대(tropical zone) 사이에 위치하며, 바나나의 경작이 가능하며, 나무고사리나 야자수가 생육가능하며, 해안에는 맹그로브 숲이 발달하는 생물기후대이다. 따라서 난온대의 동백나무, 사철나무 등과 같은 기후대와 명백히 다르다. 아열대 지역에는 연중 서리가 내리는 날이 존재하지 않는다.

온대림(溫帶林, temperate forest): 수평적으로 아열대와 한 대 사이에 위치하는 식생대에서 참나무류, 너도밤나무류, 단풍나무류 등의 매우 다양한 떨기나무 종류들로 이루어진 낙엽활엽수림으로 지구 중위도 지역에 널리 발달하고 있다.

외래종(外來種, exotic species): 생물구계지리학적으로 다른 지역에 침투하여 야생상태에서 자생하는 생물종으로 식물 분야에서는 고귀화(archeophyten) 및 신귀화(neophyten) 외래종으로 구분하기도 한다. (반고유종, 고유종, 귀화식물, 자생식물 등의 설명 참조).

외지종(外地種, non-native species): 특정 서식처 또는 식생형에 대하여 전형적이고 고유의 대응성을 가지고 있는 식물종 이외의 종을 의미한다. 예를 들면, 찔레꽃은 숲가장자리의 임연식생에 대하여 전형적인 수반종(隨伴種)이지만, 삼림식생에 대해서는 외지종이다.

위극상(僞極相, pseudoclimax): 가짜 극상의 패턴을 의미하는데, 천이계열상 극상에 이르지 못하고 천이 도중상의 패턴에서 유지되는 식생을 의미한다. 일명 '언저리극상'이라고도 이해되는 paraclimax라고도 표현한다. 산지 암각지에 발달하고 있는 소나무 왜생의 식물군락은 위극상에 대한 좋은 사례이다. 위극상은 주기적인 환경 재해(가뭄, 홍수, 돌풍 등등)에 의하여 극상에 이르지 못하는 생태적 양상이다. 다양한 지속군락들 가운데 한 형태가 위극상이다.

이차림(二次林, secondary forest): 일차림 또는 자연림에 대응되는 삼림으로 여러 가지 간섭과 훼손 요인에 의하여 천이 도중상의 삼림에 대한 총칭이다.

임계수령(臨界樹齡, threshold tree age): 수목이 노령화에 의한 개체의 쇠퇴가 뚜렷하게 진행되는 생명환의 특정 단계에 이르는 나이을 의미한다. 수종에 따라서 임계수령은 다르다. 임계수령에 도달한 수목은 전체 생체량의 감소로 이어진다.

자생식물(自生植物, naturalized plant): 해당 지역의 자연환경조건에 대응하여 생명환(life cycle)을 완성하면서, 분산, 정착, 생장, 생식을 온전하게 성취하는 식물을 의미한다. 따라서 '자생'이란 생태학적 용어이며, 어디 어디에 그냥 있는 것이 확인된다고 해서 자생이라 규정할 수 없다. 인공적으로 식재하여 관리됨으로써 개체 또는 계통의 존속이 성취되는 것은 자생이 아니다. 자생식물의 범주는 특산식물, 고유식물, 외래식물, 외지식물 등의 구분 범주와 달리 현재에 생명환의 성취를 기준으로 판단할 수 있다. 예를 들면 "은행나무는 현재 우리나라에도 어느 지구상에도 자생하지 않으며, 향나무는 울릉도에 자생식물이며, 한반도에는 자생하지 않는다"라는 식으로 이해해야 한다.

자원(資源, resource): 생물이 살아가는데 필요로 하는 에너지와 물질의 근원이 되는 것에 대한 총칭이며, 조건(환경조건, condition)과 달리 무한하지 않으며 소모되어 없어지는 특성 때문에 경쟁을 유발하는 결정적 요소이다. 일반적으로 먹이, 식량, 물, 가시광선 등은 대표적인 자원이다. 생태학에서는 생물의 암컷 모두는 자원의 범주에 속하는 것으로 고려한다.

잠재자연식생(潛在自然植生, potential natural vegetation): 어떤 지역이나 입지에서 인간 간섭을 배제하였을 때, 현재의 자연환경 조건의 총화로부터 궁극적으로 발달하게 될 식생을 의미한다. 따라서 잠재자연식생은 극상, 지속군락, 위극상 등의 개념을 포함한다. 예를 들면 하천림은 버드나무류의 삼림으로 대표되는데, 이러한 하천림은 홍수와 범람 요인에 의하여 주기적이고 특정의 강도에 따라 훼손됨으로써 극상의 식생형으로 발달할 수가 없기 때문에 잠재자연식생으로만 설명 가능하다.

조각화(파편화, fragmentation): 생물이 서식하는 서식처가 여러 가지 물리적 간섭요인에 의하여 서식처가 토막 나는 것을 의미한다. 예를 들면 삼림 입지를 가로지르는 도로는 그 삼림 입지를 양분하게 되는데, 조각화된 삼림은 본래의 면적으로부터 생물서식 공간으로서의 면적이 크게 감소하게 된다. 그것은 조각화에 따른 가장자리의 길이가 길어지게 되고, 그에 따라 가장자리 효과(edge effect)에 의해 삼림면적이 축소하기 때문이다. 일반적으로 넓은 서식처 면적을 요구하는 동물들은 서식처의 조각화에 의하여 멸종위기에 처해지기도 하며, 우리나라에서 대형 포유동물종의 멸종 또는 희귀성은 그러한 그들의 서식처에 대한 심한 조각화를 초래하게 된 비생태적 국토관리도 한 원인이기도 하다.

존재가치(存在價値, existence value): 모든 생물종은 보전생물학적으로 존재할 본질적 가치를 가지고 있다. 지구상에 현존하는 생물종은 장구한 세월 속에 존재하는 진화의 유산이면서 생태계 속에서 특정의 기능을 감당하는 주체라는 심원생태학(deep ecology)의 정의이며 윤리적 배려이다. 우리나라 노거수는 이러한 존재가치를 설명할 수 있는 대표적인 문화유산이면서 식물이다. 존재가치는 시장~~의 직접적~~인 물질적 상품가치를 초월하는 간접가치로 가치부여가 시도되며, 이러한 간접가치는 생물종의 생태계서비스 기능으로 그 가치가 평가되기도 한다. 마을나무 노거수 한그루에 대하여 어떠한 금전적 지불의사에도 불구하고 그 노거수를 제거하려는 시도가 성취되는 경우는 매우 드물다.

종자은행(種子銀行, seed bank): 토양 속에 매몰되어 저장되어 있는 식물종의 종자 다양성과 풍부성을 지칭한다. 토양의 종자은행 사이즈는 그 입지의 잠재적 식생회복을 가늠하는 척도가 되기도 한다.

준고유종(準固有種, subendemic species; 준특산종 포함): 지역에서 자생하는 종으로 생명주기(life cycle)의 완성과 자연적 분산 분포가 성취되는 그룹이며, 자생하는 해당지역이 분포 중심지가 아닌 경우도 포함한다. 모감주나무, 고욤나무, 가중나무 등이 여기에 해당한다.

지속군락(持續群落, perpetual plant community): 잠재자연식생 참조.

천연기념물(天然記念物, natural monument, natural heritage): 그 유래가 자연적인 것으로서 문화유산적 가치가 특별하다고 인정되는 자연(생물 또는 무생물)을 법적 제도적으로 보호하는 시스템이다. 인공적인 유래로 특별한 가치가 있는 것은 문화유산(cultural heritage)이기 때문에 천연기념물이란 용어는 자연유산 또는 천연유산이 바람직하다. 천연기념물 1호는 대구 도동의 하식애 절벽에 발달하고 있는 측백나무 수림이다.

천이(遷移, succession): 특정 입지에는 특정 시간대에 특정의 종조성을 가지는 생물집단이 형성되어 있는데, 시간이 경과함에 따라서 그 입지의 여러 가지 환경조건과 자원의 상태는 변해감으로써 생물집단의 구성원은 바뀌어간다. 그러한 생물집단의 종조성적 변화를 천이라 한다. 천이 초기, 천이 도중, 천이 후기 등과 같이 천이 시간대별 생물집단의 종조성과 생태계 기능은 명확히 다르며, 연속적이면서 복잡하게 일어난다.

탄수화물(炭水化物, carbohydrate): 일차생산자인 식물의 광합성으로부터 태양에너지를 화학에너지로 저장해 둔 유기물의 총칭으로 단당류, 이당류, 다당류로 구분한다.

토양생태계(土壤生態系, soil ecosystem): 생물적 무생물적 요소의 상호작용에 대한 일련의 한 세트를 생태계라며, 토양생태계는 그러한 계가 토양에서도 존재한다. 매우 다양한 토양소동물과 박테리아, 곰팡이 등의 분해자와 같은 생물들과 토양 알갱이, 토양 공극을 채우고 있는 물, 미네랄, 공기, 생물 사체 등등의 무생물적 요소 간의 상호작용은 하나의 생태계 전형을 보여준다. 따라서 동물생태계 또는 식물생태계라 부르는 용어는 잘못된 사용이다.

하식애(河蝕崖, river cliff): 장구한 기간 동안에 하천의 침식과 세굴 작용에 의해 발달하고 있는 절벽형의 지형을 의미하며, 주로 하천의 공격사면에서 발달하며, 기반암이 퇴적암인 지역을 통과하는 하천 구간에서 자주 발견된다. 이러한 하식애는 독특한 경관을 창출할 뿐만 아니라 하식애의 독특한 생태 환경 조건으로부터 독특한 생물상을 포함하고 있기 때문에 생태학적 그리고 보전생물학적 중요한 서식처로 고려되고 있다.

호광성(好光性, heliophyte): 태양광선이 차단되지 않는 밝은 입지를 선호하는 특성을 의미하며, 숲의 가장자리에 서식하는 식물종은 대부분 호광성이며, 숲이 훼손되고 난 후에 초기에 나타나는 식물종도 호광성이다. 예를 들면 싸리 종류는 모두 호광성이며, 선구성 식물종은 모두 호광성이다.

Vernal plant : 우리나라와 같은 온대 지역에 발달하는 낙엽활엽수림의 숲을 구성하는 식물종 가운데 이른 봄에 잎이 개엽(開葉)하기 전에 꽃부터 개화(開花)하는 종들이 다양한데, 이와 같이 잎 보다 꽃이 먼저 개화하는 식물의 총칭이다.

찾아보기

Index